互联网+数据平台建设研究

宋　旭　贺海鹏　王爱民　吴　亮　著

科学技术文献出版社
SCIENTIFIC AND TECHNICAL DOCUMENTATION PRESS
·北京·

图书在版编目（CIP）数据

互联网+数据平台建设研究 / 宋旭等著. —北京：科学技术文献出版社，2018. 8（2019.12 重印）
ISBN 978-7-5189-4765-2

Ⅰ. ①互…　Ⅱ. ①宋…　Ⅲ. ①互联网络—应用—数据处理—研究　Ⅳ. ① TP274

中国版本图书馆 CIP 数据核字（2018）第 194564 号

互联网+数据平台建设研究

策划编辑：张　丹　　责任编辑：张　红　　责任校对：张吲哚　　责任出版：张志平

出 版 者　科学技术文献出版社
地　　址　北京市复兴路15号　邮编 100038
编 务 部　（010）58882938，58882087（传真）
发 行 部　（010）58882868，58882870（传真）
邮 购 部　（010）58882873
官方网址　www.stdp.com.cn
发 行 者　科学技术文献出版社发行　全国各地新华书店经销
印 刷 者　北京虎彩文化传播有限公司
版　　次　2018 年 8 月第 1 版　2019 年 12 月第 3 次印刷
开　　本　889 × 1194　1/16
字　　数　917千
印　　张　31.75
书　　号　ISBN 978-7-5189-4765-2
定　　价　128.00元

前　言

“互联网＋”是指以互联网为主的新一代信息技术（包括移动互联网）在社会、经济、环境、文化、基础设施等各领域的扩散、应用与深度融合的过程。2015年，在国家政府工作报告会中首次提出了“互联网＋”行动计划，旨在充分发挥互联网在生产要素配置中的优化和集成作用，将互联网的发展成果深度融合于社会、经济之中。

数据是平台建设发展的根本。其所涉及的范围广泛，涵盖多个学科领域，既包括调查数据、实验数据、观测数据，也包括科技工作者长期研究过程中依据自身知识与能力计算生成的数据。目前，我国各类数据平台资源总量较少，存在数据内容质量不高、更新速度慢、可利用度低及实际利用效果较差等问题。

“互联网＋”数据平台建设研究，应强调互联网与各行业的深度融合，实现数据的产生、收集、处理，到科学数据发布，从而实现信息增值、数据再利用的整个过程，不仅关系到国家的科技进步与创新能力，甚至会影响未来国家的发展大局。本书基于“互联网＋”，利用数据挖掘技术，采用支持向量机和决策树的算法，研究开发了7个不同类信息（数据、图像）的大数据协同处理平台。周易文化信息处理平台，可以自动进行词语的比对和统计，模拟《周易》中象学、术学的演变和推理，做到客观真实地再现《周易》中易理和象学两方面的内容，具体构建有《周易》原始经、传库、释文库、珍贵文献库。甲骨文碎片缀合平台、中医方剂信息挖掘平台、烧结矿化学成分大数据计算平台、航空票务大数据管理平台、物业管理大数据协同处理平台等，较好地实现了对相关数据的智能化、快速挖掘处理，在理论研究和技术应用两个方面都具有广泛的应用前景。并且在平台的建设过程中，不断扩大数据开放规模，增加数据集总量；拓宽开放数据内容范围，增加数据含金量。

本书的特点可以概括如下。

1. 深度融合

“互联网＋”数据平台主要通过学科、组织机构、地区间的融合以实现科学数据资源更大规模的使用，横向延伸科学数据资源的广度；通过互联网技术如数据分析技术、数据关联技术等的应用，实现科学数据资源更深层次的挖掘，纵向拓展科学数据研究的深度。

2. 覆盖广泛

本书覆盖广泛，涉及“互联网＋”传统文化，周易文化信息处理平台建设研究，甲骨文碎片缀合平台建设研究和《周易》中象学、术学之演变与推理的智能化支撑平台研究；

“互联网 +” 工业应用，烧结矿化学成分大数据计算平台建设研究，“互联网 +” 健康卫生，中医方剂信息挖掘平台研究；“互联网 +” 社会民生，物业管理大数据协同处理平台建设研究和航空票务大数据管理平台建设研究。

3. 智能处理

针对传统数字信息资源体系庞杂、分散分布及异构数据库等不利状况，需要“互联网 +” 数据平台具有对海量信息进行智能处理转换的能力，使信息价值经转换后获得提升，变得更全面、更具体、更易利用，为各类行业发展提供有力的智能处理能力。

本书共 12 章，第 1 章和第 2 章主要介绍周易文化信息处理平台建设研究，以及相关关键技术和关键代码。第 3 章和第 4 章主要介绍甲骨文碎片缀合平台建设研究，以及相关关键技术和关键代码。第 5 章和第 6 章主要介绍《周易》中象学、术学之演变与推理的智能化支撑平台建设研究，以及相关关键技术和关键代码。第 7 章和第 8 章主要介绍烧结矿化学成分大数据计算平台建设研究，以及相关关键技术和关键代码。第 9 章和第 10 章主要介绍中医方剂信息挖掘平台建设研究，以及相关关键技术和关键代码。第 11 章主要介绍航空票务大数据管理平台建设研究。第 12 章主要介绍物业管理大数据协同处理平台建设研究。

全书在介绍理论知识的基础上，全面介绍有关“互联网 +” 数据平台的相关关键技术和实现方法，对某些重点和难点进行了深入式的剖析，使读者能够快速掌握“互联网 +” 数据平台的知识框架和实现方法。在每一部分内容中，每个案例都进行了详细的解释和注释。

全书图文并茂，深入浅出，可读性强。相信通过本书，读者不仅可以学习到“互联网 +” 相关理论基础，而且能够熟练掌握“互联网 +” 数据平台的相关实现方法，达到学以致用的效果，是广大研究人员值得一读的参考书。

鉴于编者的水平有限，书中的不足之处在所难免，恳请广大读者和同行批评指正。

著　者

2018 年 6 月

目　　录

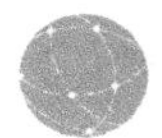

第 1 章　周易文化信息处理平台研究

几千年来，周易的研究蓬勃发展，但是其研究手段和工具很落后，汉代以来的易学研究大都以传世文献为基础，很多问题难以解决。通过周易数字化，建设周易数据库，提供贴近现代学术的周易典籍资源，推进传统文化的现代化进程，为学术研究提供新的动力。

数字化周易的意义还在于对文化遗产的永久保存，数字化技术可应用于对不可移动文物和已经消失文物古迹进行三维重建等。文物具有不可再生性，不管采取怎样的技术手段来延缓文物本体的留存时间，其消失是绝对的，保存是相对的，一旦文物因自然衰变等原因不复存在，那么通过各种技术留存下来的信息就显得弥足珍贵。文物保护的观念在我国还不够深入，文化遗产保护正在逐渐引起重视，尤其对现有文化遗产的数字化建设在当今信息时代显得尤为重要。

1.1　平台安装及配置

1.1.1　附加 SQL Server 2005 数据库

①将 App_Data 文件夹中的 . mdf 和 . ldf 文件复制到 SQL Server 2005 安装路径下的 MSSQL. 1 \ MSSQL \ Data 目录下。

②选择“开始/程序/Microsoft SQL Server 2005/SQL Server Management Studio”项，进入“连接到服务器”页面，如图 1. 1 所示。

③在“服务器名称”下拉列表中选择 SQL Server 2005 服务器名称，然后单击“连接”按钮。

④在“对象资源管理器”中右键单击“数据库”节点，在弹出的菜单中选择“附加”项，弹出“附加数据库”对话框，如图 1. 2 所示。

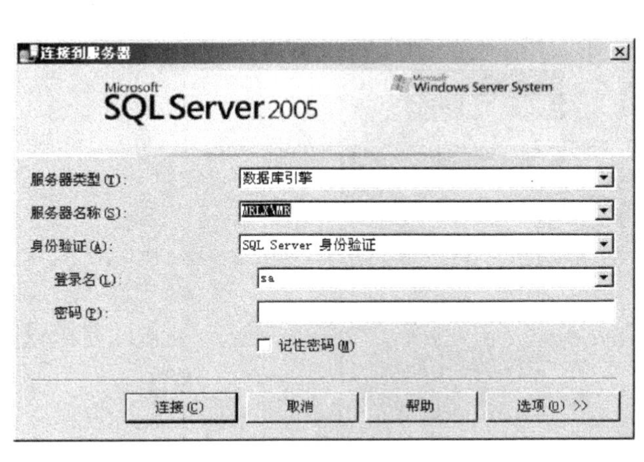

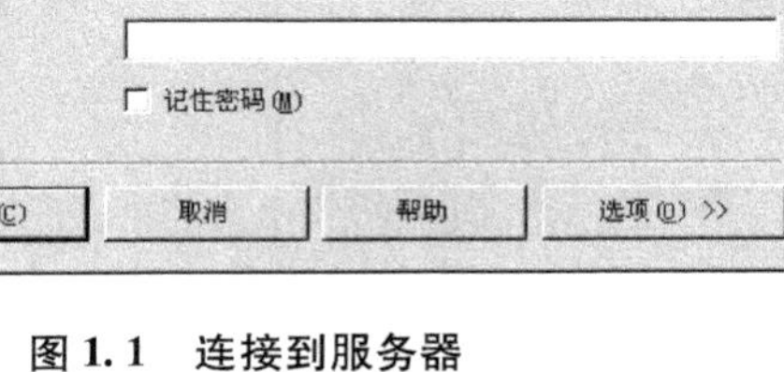

图 1. 1　连接到服务器

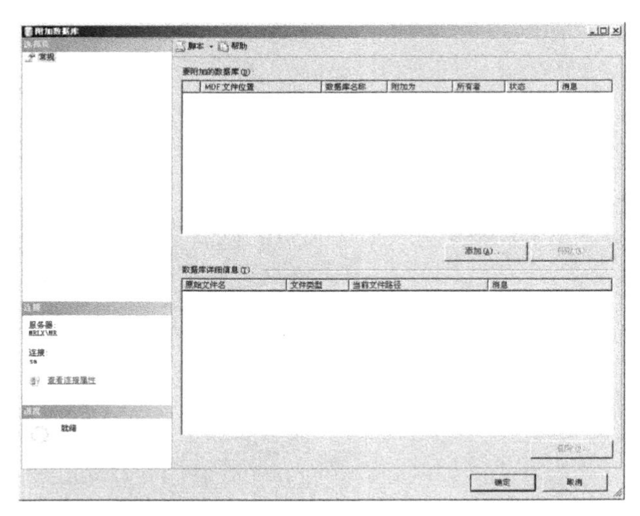

图 1. 2　附加数据库

⑤单击“添加”按钮，在弹出的“定位数据库文件”对话框中选择数据库文件路径。

⑥依次单击“确定”按钮，完成数据库附加操作。

1.1.2 配置 IIS

①依次选择“开始”/“设置”/“控制面板”/“管理工具”/“Internet 信息服务（IIS）管理器”选项，弹出“Internet 信息服务（IIS）管理器”窗口，如图 1.3 所示。

②选中“默认网站”节点，单击右键，选择“属性”。

③弹出“默认网站属性”对话框，如图 1.4 所示，单击“网站”选项卡，在“IP 地址”下拉列表中选择本机 IP 地址。

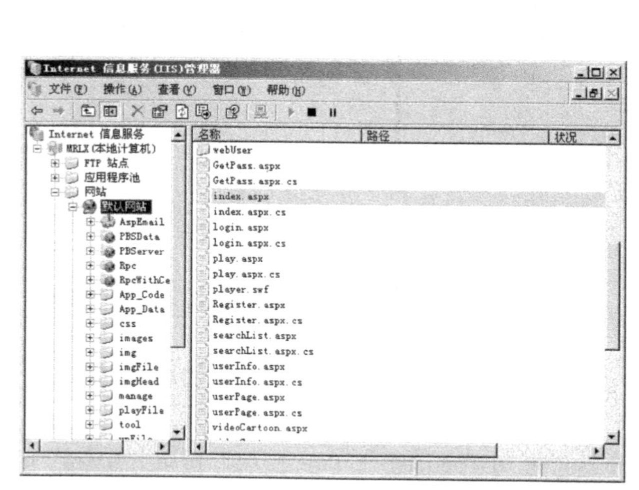

图 1.3 Internet 信息服务（IIS）管理器

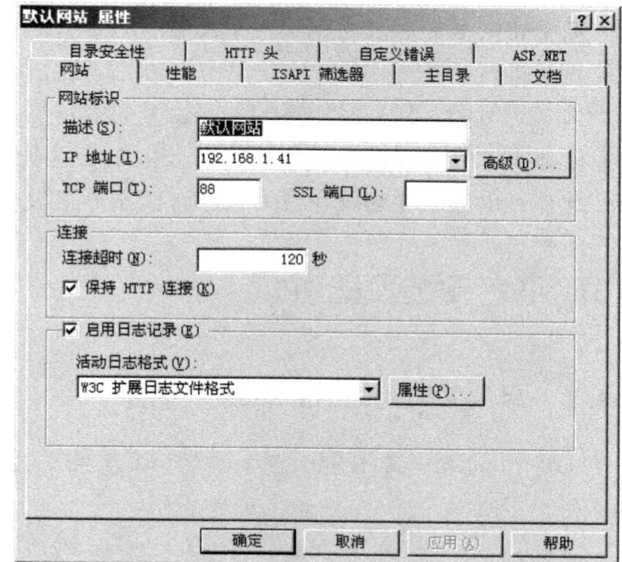

图 1.4 默认网站属性

④单击“主目录”选项卡，如图 1.5 所示。单击“浏览”按钮，弹出“浏览文件夹”对话框，选择用户的网站路径。

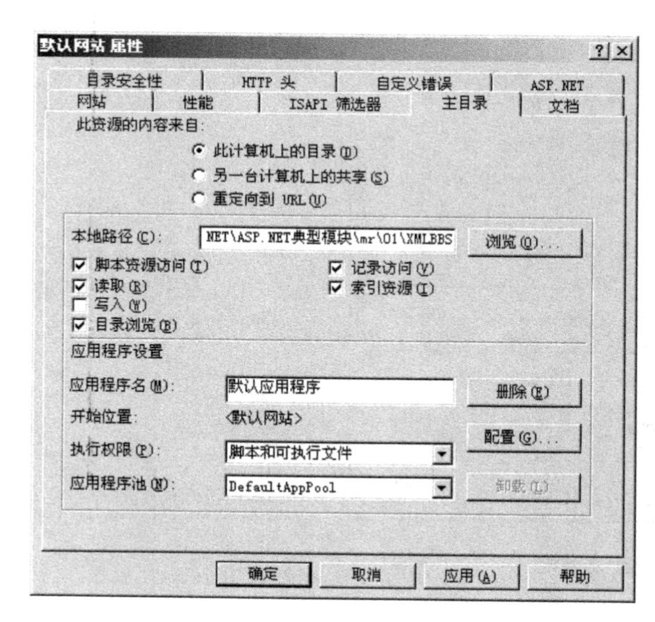

图 1.5 选择网站路径

⑤在“文档”对话框中选中首页文件“Default. aspx”，单击“确定”即可完成平台配置。

1.2　系统平台功能模块

平台主要包含视频管理、文档管理、图片管理、后台管理、前台操作等若干模块，具体如图 1.6 所示。

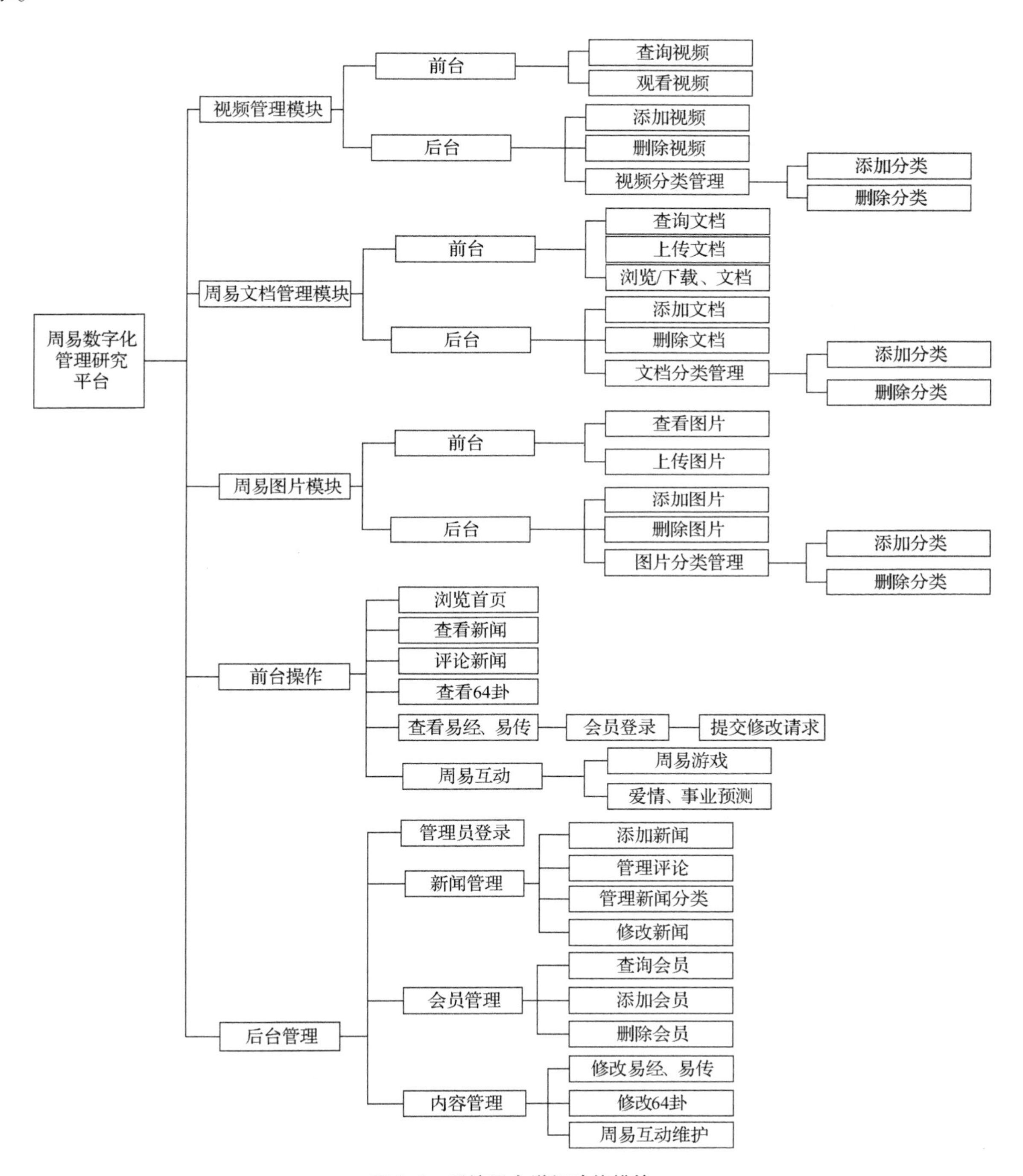

图 1.6　系统平台详细功能模块

1.3 平台功能介绍

1.3.1 首页功能介绍

首页是一个导航页和各功能模块的集中展示页，普通用户可以查看：首页丨新闻中心丨查看64卦丨周易视频丨易传丨易经丨周易文档丨周易图片库丨周易互动，并且可以导航到相应的模块中。同时，还提供了一些常用的工具网站链接，可以方便地查询交通旅游工具、电脑网络工具、学习应用工具等，为生活提供便利（图1.7）。

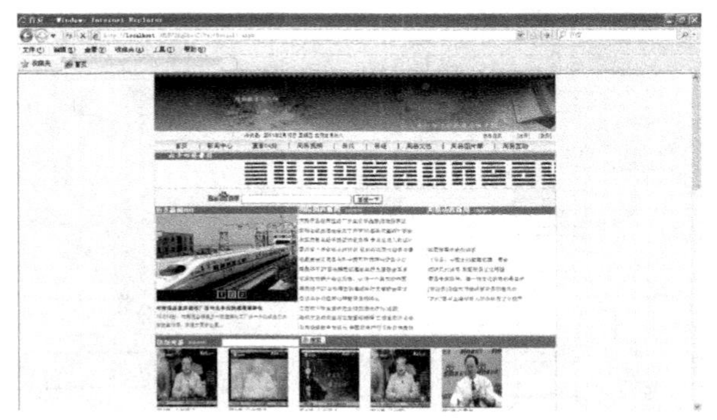

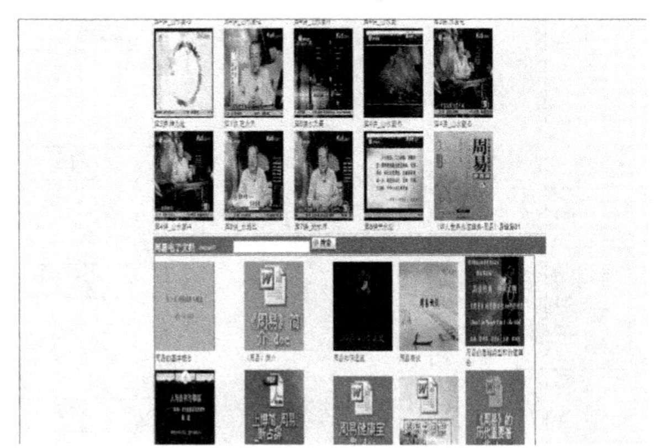

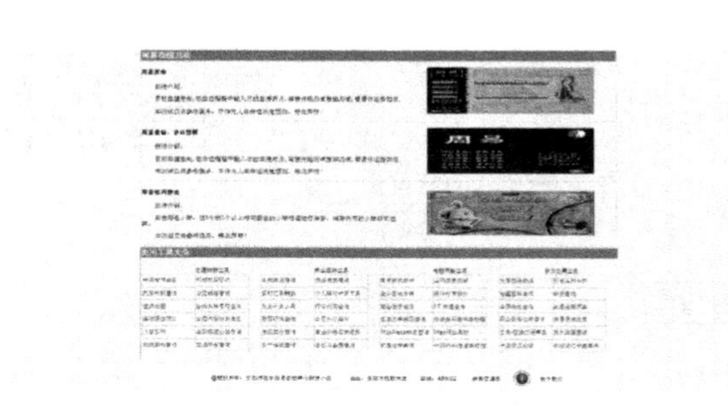

图1.7 网站首页

1.3.2 用户登录、注册

（1）用户登录

在首页的右上方有登录入口，单击进入管理页面。登录时需要填写正确的验证码，验证码由4位随机数字组成（图1.8）。

（2）用户注册

填写正确的个人信息即可注册（图1.9）。在注册时采用了AJAX技术及时提示和更新需要用户输入的信息，如提示用户密码需要输入不少于6位的字母和数字，并且提示用户填写的用户名是否已经注册等。这样在用户输入信息时，可以提高系统的交互性，增强用户的使用体验。

（3）找回密码

在用户登录界面有“找回密码”这一选项，防止某些用户忘记密码的情况。单击“找回密码”链接后进入找回密码界面，如图1.10所示。

在找回密码时首先需要用户输入需找回密码的用户名，输入后进入下一步，如图1.11所示。

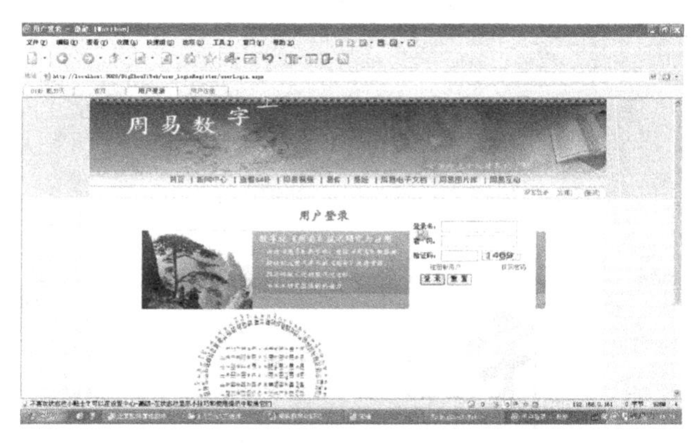

图 1.8　用户登录

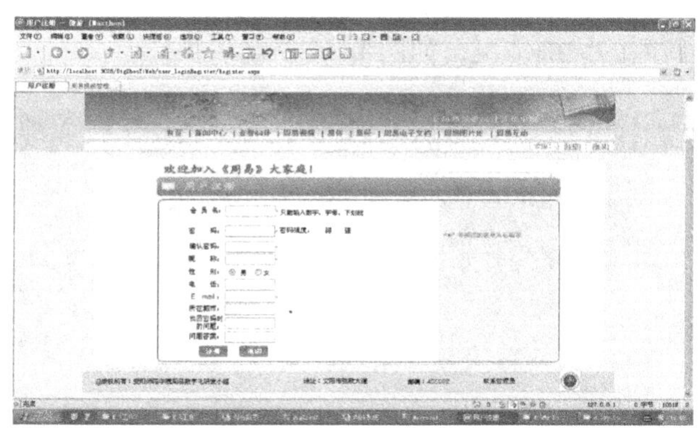

图 1.9　用户注册

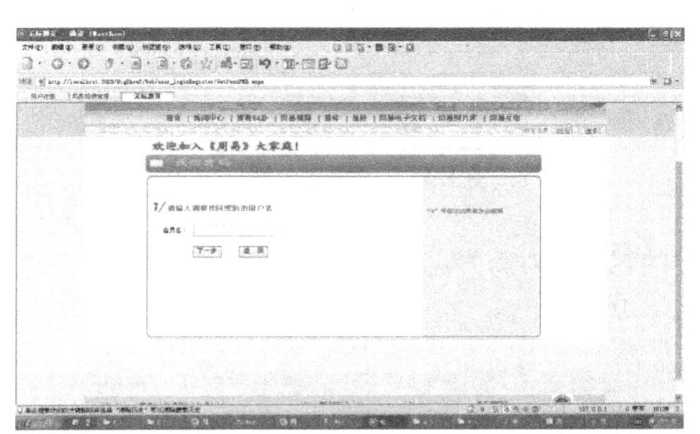

图 1.10　找回密码—输入用户名

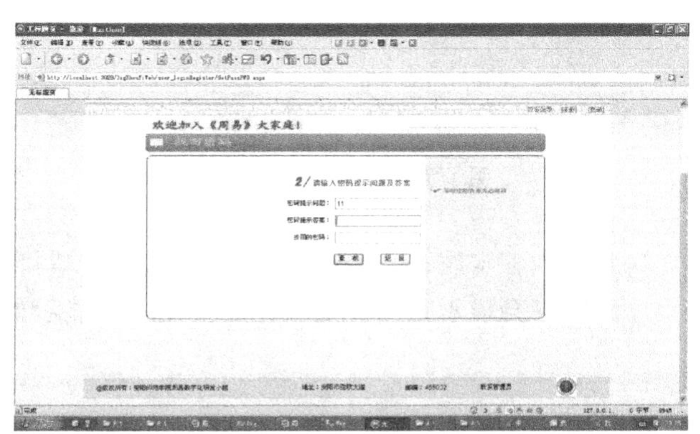

图 1.11　找回密码—输入问题和答案

输入对应的密码提示问题和答案，正确密码即会出现在密码框中。

当用户输入错误超过 3 次时，系统会自动冻结用户账号，需要 24 小时后才能再次使用“找回密码”的功能，这样可以防止黑客恶意使用软件自动填充密码提示问题，防止黑客盗取用户的密码，从而提高系统的安全性和可靠性。

1.3.3　新闻模块介绍

首页中的新闻浏览功能在首页就可以使用，作为一个大型的门户网站，新闻是必不可少的部分。单击首页的“新闻中心”即可进入新闻模块，如图 1.12 所示。

新闻模块又分为 7 个小模块，这些小的模块由各个分类的新闻类型组成，浏览新闻时可以根据新闻分类进入相应的新闻展示条目中，如单击“国际新闻”，会出现所有的国际新闻，从而浏览感兴趣的新闻（图 1.13）。

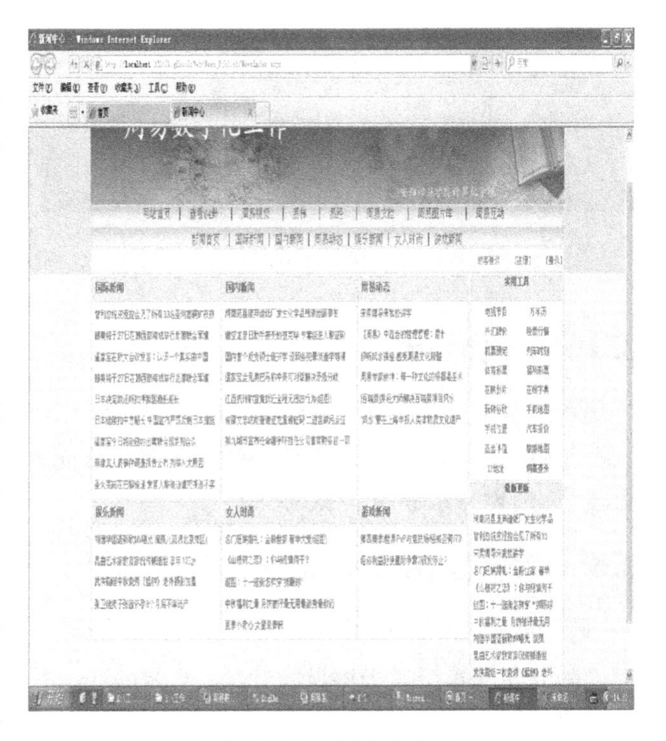

图 1.12　新闻列表模块

例如，单击“智利总统皮涅拉会见了所有33名圣何塞铜矿获救的被困矿工”这条新闻，可以浏览这条新闻的详细情况，如图1.14所示。

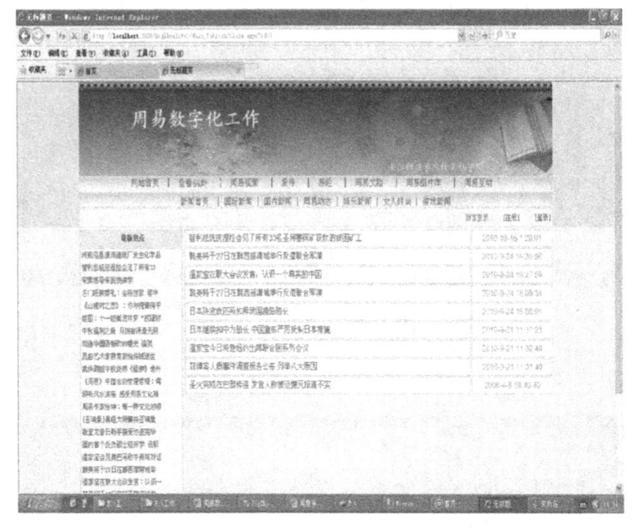

图1.13　国际新闻列表

图1.14　详细新闻界面

在新闻内容末尾，任何用户均可以匿名或填写自己的昵称后对新闻进行评论，如图1.15所示。

评论内容会显示在新闻的末尾。提交后的显示如图1.16所示。

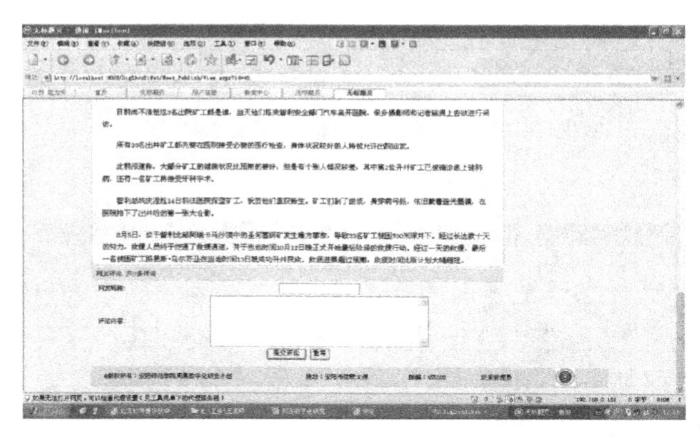

图1.15　提交评论区域

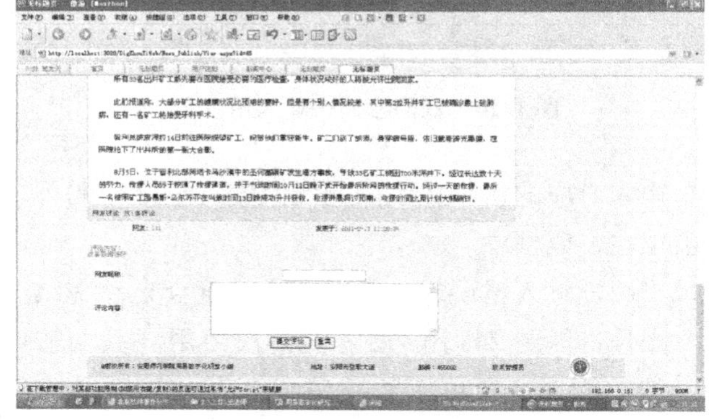

图1.16　提交评论结果

1.3.4　六十四卦模块

从首页单击进入“查看64卦”模块，如图1.17所示。

在此模块中可以进入六十四卦的导航页，从而方便用户浏览任意的卦信息。例如，浏览第21卦“火雷噬嗑”，内容显示如图1.18所示。

1.3.5　周易视频模块介绍

（1）播放视频

该部分的视频格式采用最为普及的、Windows系统和Linux系统能够识别的基本视频压缩格式，方便各类用户使用。

单击首页的“周易视频”进入周易视频模块，如图1.19所示。

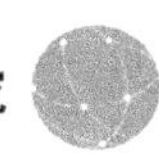

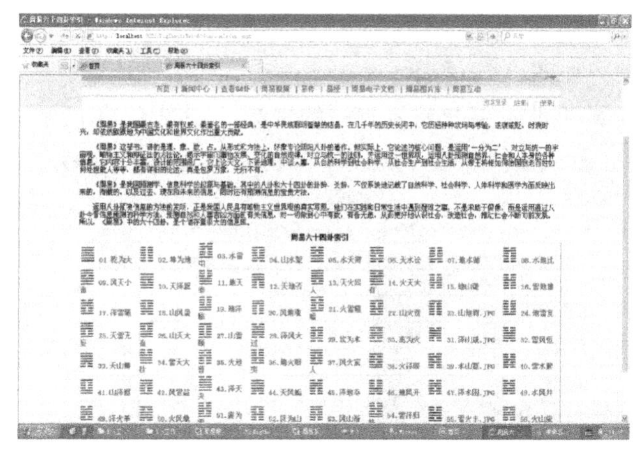

图 1.17 六十四卦列表

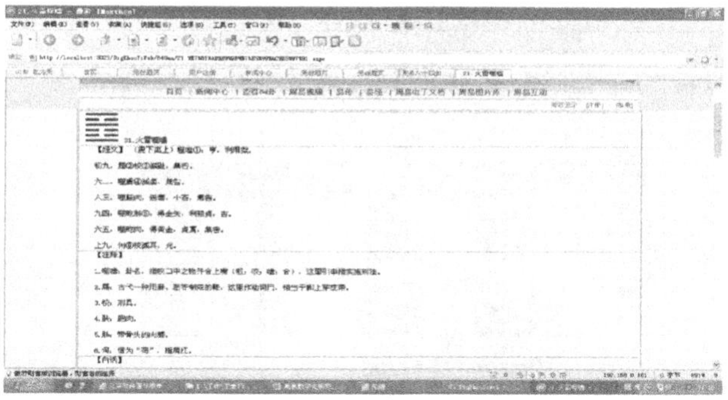

图 1.18 第 21 卦“火雷噬嗑”

视频资料是周易资料中十分重要的组成部分，对此部分的管理关系到能否让对周易感兴趣的用户和研究者直观地感受周易文化，从而更好地发展周易文化。

用户单击第一个视频“【文化大观园】千古奇书—周易（上）”即可进入本视频的信息页面，如图 1.20 所示。

图 1.19 周易视频模块

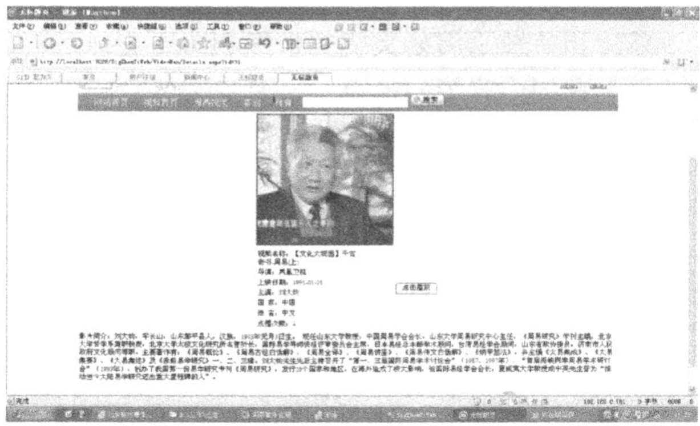

图 1.20 “【文化大观园】千古奇书—周易（上）”视频信息

在此页面用户可以查看本视频有关的信息，从而为研究和交流提供帮助。单击“点击播放”按钮即可进入视频播放界面，如图 1.21 所示。

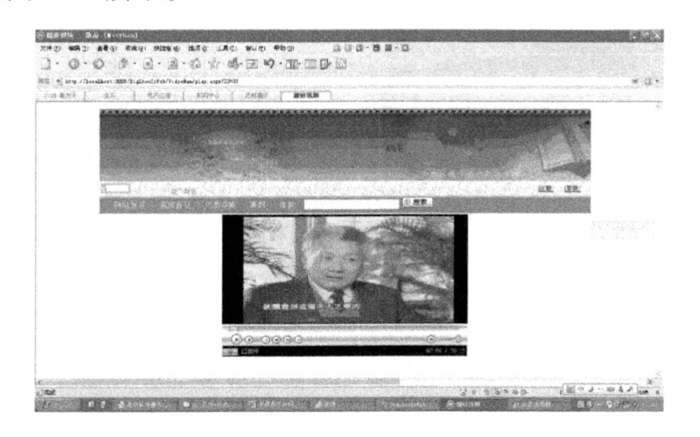

图 1.21 “【文化大观园】千古奇书—周易（上）”播放界面

（2）查询视频

在视频播放页面，用户可以查询自己感兴趣的视频，如图 1.22 所示。

在搜索框中输入视频名称，如“第 1 讲　乾为天”即可显示用户需要查找的视频，如图 1.23 所示。

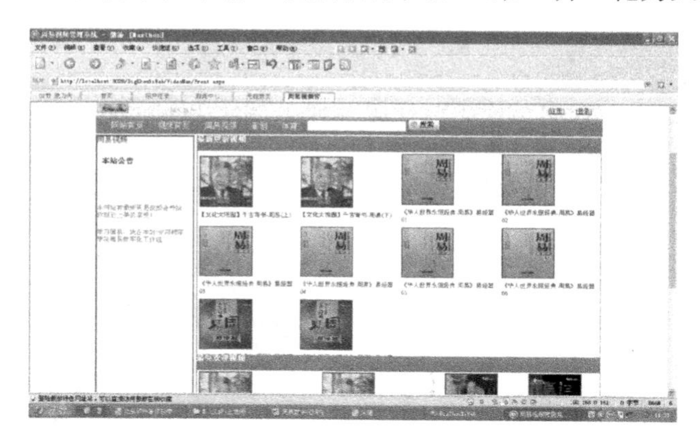

图 1.22　视频查询示意

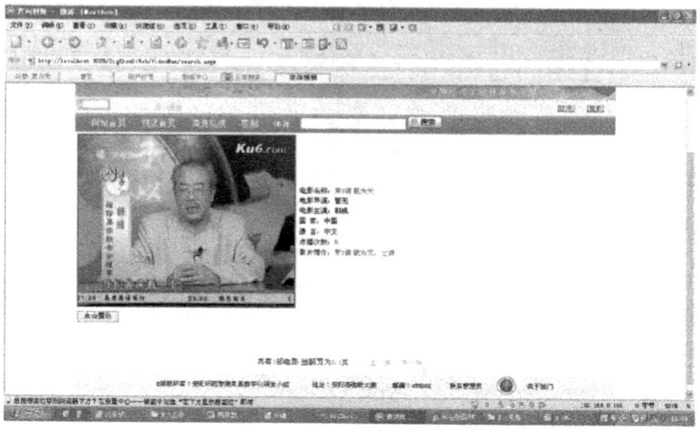

图 1.23　视频查询结果示意

该部分可以查询用户需要的视频信息，采用模糊查询技术，方便用户查找相关视频。

1.3.6　易传和易经

易传和易经是周易文化的精华和重要支柱，对研究周易十分重要，所以把这两部分单独列出来，方便用户查询相应卦象的信息。这两部分的数据存储在数据库中，管理员和高级会员还可以对相应的信息进行修改。

（1）易传

单击首页的“易传”即可进入易传模块（图 1.24），此模块主要是方便用户查询易传六十四卦任何一卦的信息。

例如，用户可以选择下拉列框中的“5 水天需”，即可查看第 5 卦水天需的信息，如图 1.25 所示。

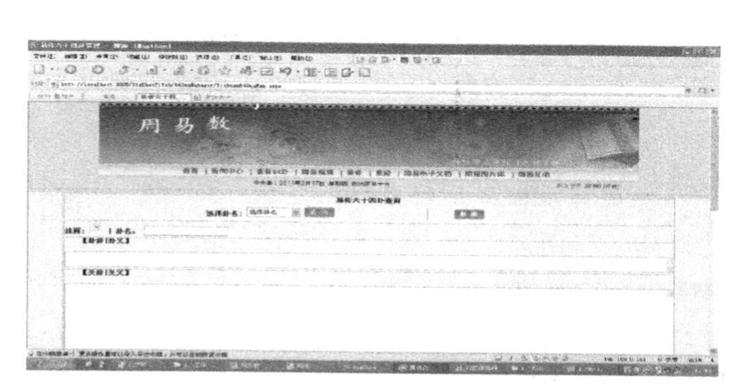

图 1.24　查询卦名

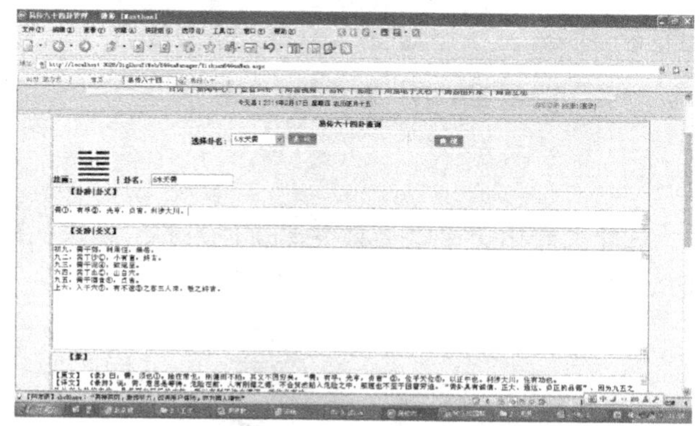

图 1.25　“第 5 卦　水天需”的信息

图 1.26 中的“修改”按钮，只有系统内的高级用户才能使用，这主要是方便研究周易的高级会员根据自己的研究成果对现有资料进行修正。普通用户没有修改的权限。

（2）易经

单击首页的“易经”即可进入易经模块，此模块主要是方便用户查询易经六十四卦任何一卦的信息，基本操作和易传类似。

例如，用户选择下拉列框中的“22 山火贲”，即可查看第 22 卦山火贲的信息，如图 1.27 所示。

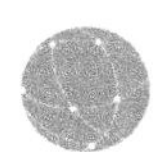

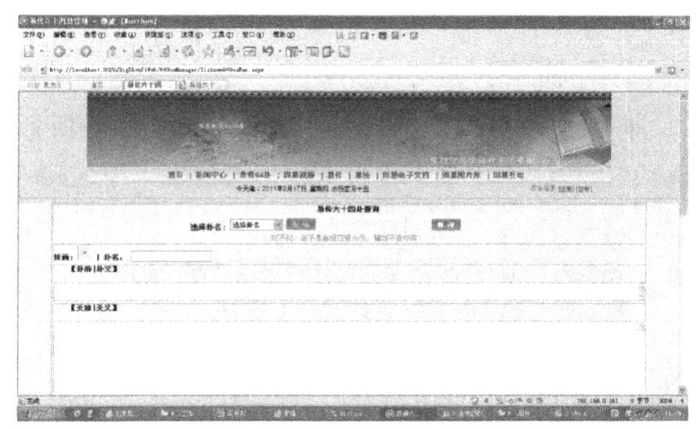

图 1.26　修改权限限制提示

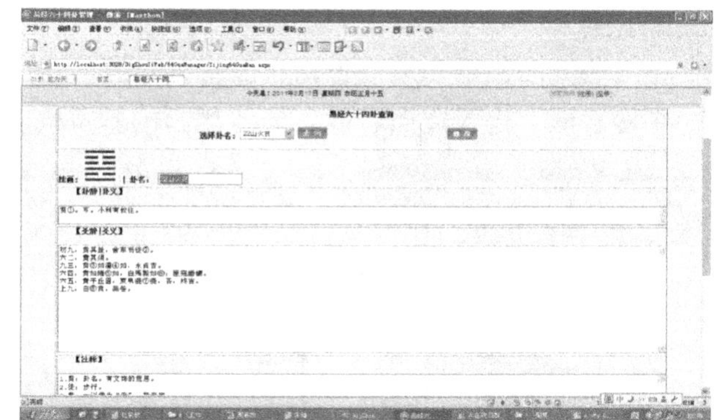

图 1.27　“第 22 卦　山火贲”的信息

图 1.28 中的“修改”按钮，只有系统内的高级用户才能使用，这主要是方便研究周易的高级会员根据自己的研究成果对现有资料进行修正。普通用户没有修改的权限。

1.3.7　周易文档管理

（1）查看文档

对于任何一种文化而言，书籍和文档是最直接的载体。周易文化博大精深，面对海量的文档书籍，需要对这些书籍进行整理归类，从而更好地研究和推广周易文化。

单击首页的“周易文档”进入周易文档模块，如图 1.29 所示。

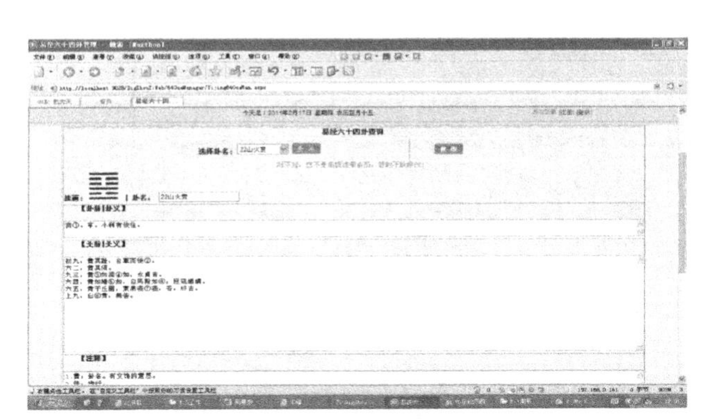

图 1.28　修改权限限制提示

图 1.29　周易文档模块

本系统支持目前主流的文档格式，如 PDF、PPT、Word 等，如单击第 1 个文档“周易的基本概念”，界面如图 1.30 所示。

单击“点击查看”按钮，即可查看文档，如图 1.31 所示。

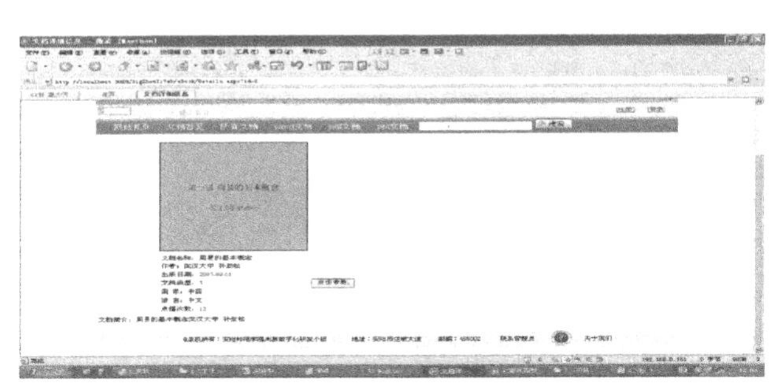

图 1.30　单个文档信息界面

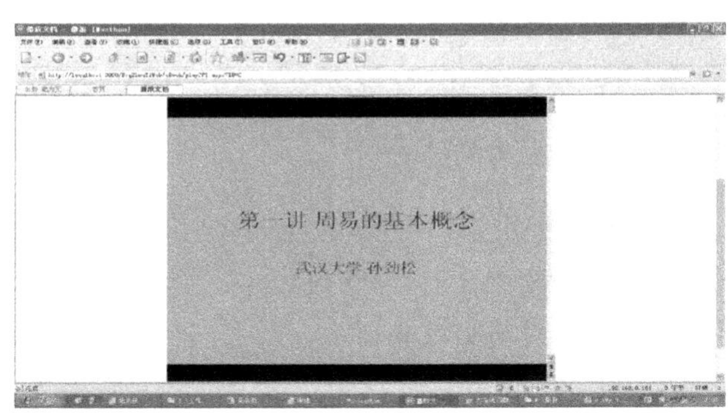

图 1.31　查看文档界面

（2）查询文档

在文档页面，用户可以查询自己感兴趣的文档，如图 1.32 所示。

在搜索框中输入文档名称，如“周易的基本概念”，即可显示用户需要查找的文档，如图 1.33 所示。

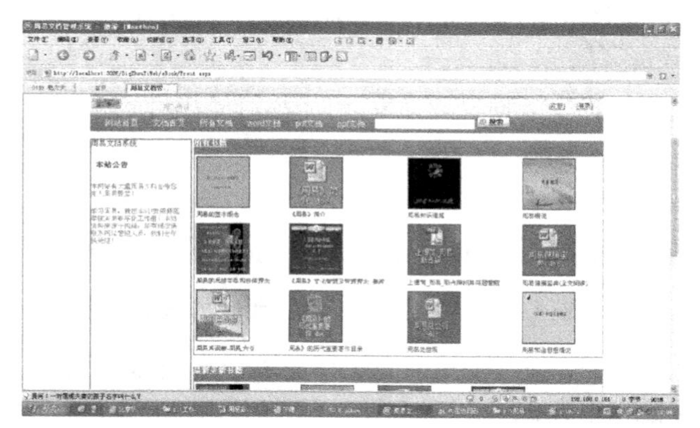

图 1.32　周易文档查询

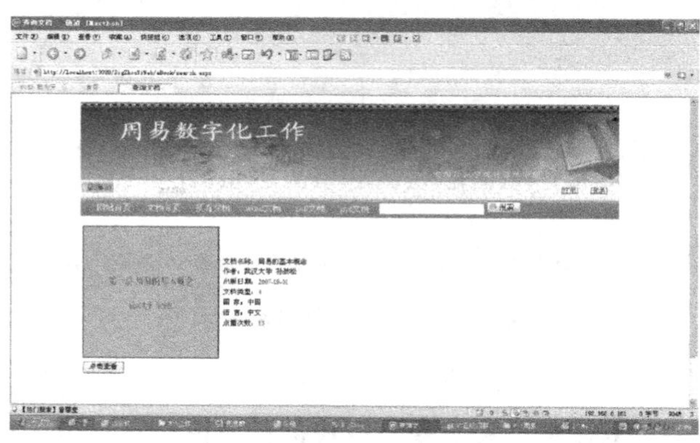

图 1.33　周易文档查询结果

该部分可以查询用户需要的视频信息，采用模糊查询技术，方便用户查找相关视频。

1.3.8　周易图片库

单击首页的“周易图片库”，进入周易图片管理模块（图 1.34）。

周易图片也是周易文化的重要组成部分。此模块可以上传图片、编辑图片信息，增加图片目录等。普通用户只能浏览图片，高级会员可以上传图片、编辑图片信息和增加图片目录。

上传图片如图 1.35 所示。

图 1.34　周易图片管理界面

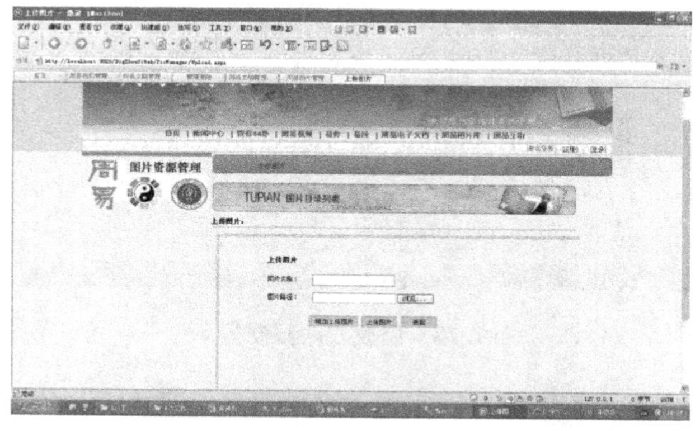

图 1.35　上传图片示意

编辑图片信息如图 1.36 所示。

增加图片目录如图 1.37 所示。

1.3.9　周易互动模块

周易互动模块为娱乐模块，主要是让用户休闲和娱乐。周易互动界面如图 1.38 所示。

该模块主要包括 3 个小游戏。

（1）周易算命小游戏

玩法介绍：鼠标左键控制，在左边框中输入生辰时月，再单击“开始测试”按钮测试，看看运势如何（图 1.39）。本测试仅供参考娱乐，不作为人生命运决定预测。

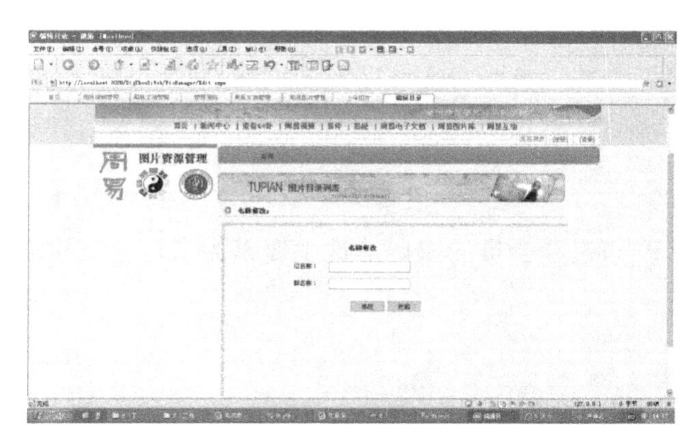

图 1.36　编辑图片示意

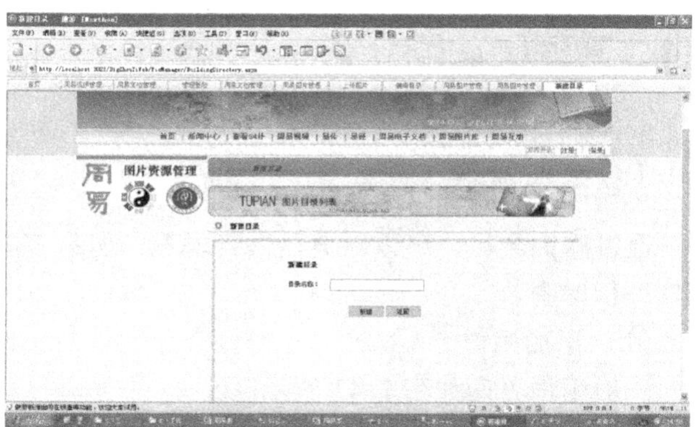

图 1.37　增加图片目录示意

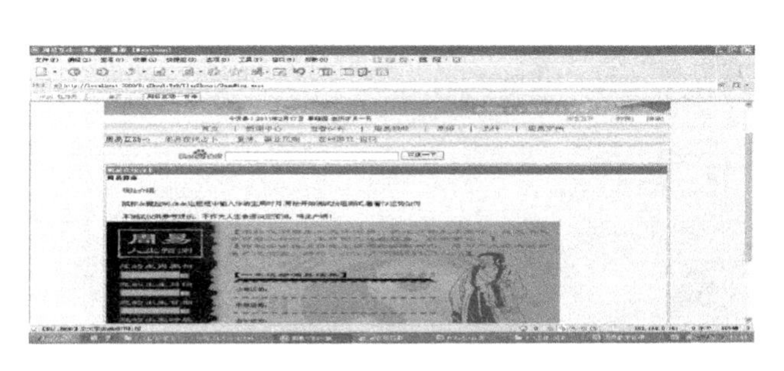

图 1.38　周易互动界面

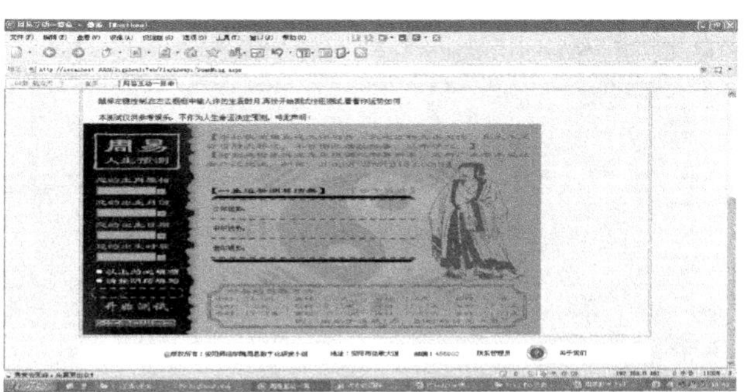

图 1.39　周易算命小游戏

（2）周易爱情、事业预测小游戏

玩法介绍：鼠标左键控制，输入姓名、年龄等个人信息，再单击“提交测试”按钮测试，看看运势如何（图 1.40）。本测试仅供参考娱乐。

（3）周易祖玛游戏

游戏介绍：射击彩色小球，使 3 个或 3 个以上相同颜色的小球相连进行消除，消除所有小球即可过关（图 1.41）。

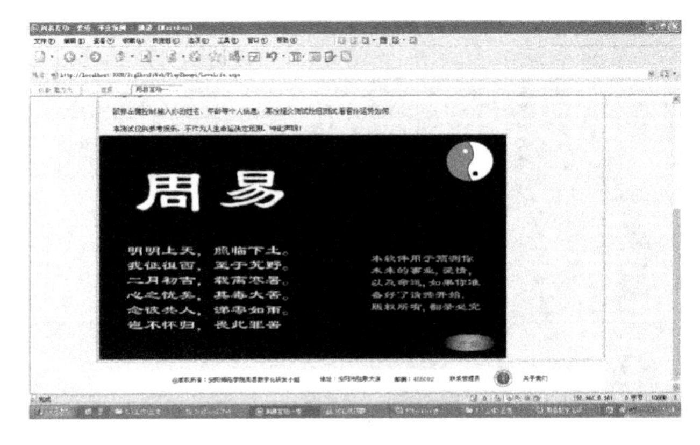

图 1.40　周易爱情、事业预测小游戏

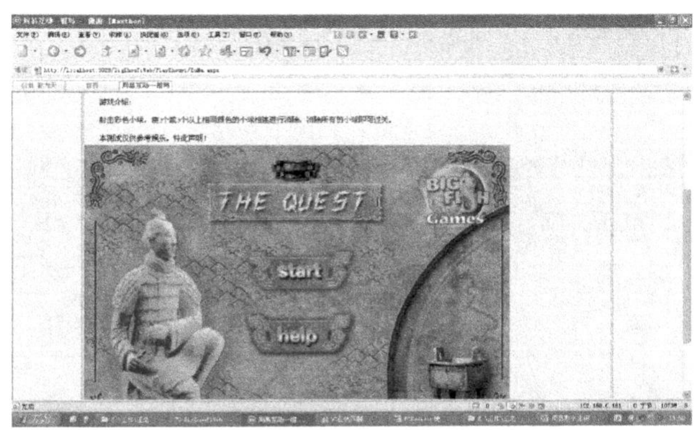

图 1.41　周易祖玛游戏

1.4 管理员功能介绍

1.4.1 会员管理

通过查询会员，可以对会员进行增删，但是不能修改和查看会员的密码，这主要是为了对会员个人信息进行保密。

（1）添加用户

添加用户界面如图 1.42 所示。

（2）用户管理

用户管理界面如图 1.43 所示，管理员只能删除会员，密码不能修改，并且以 MD5 加密的形式显示，这主要是为了对用户信息进行保密。

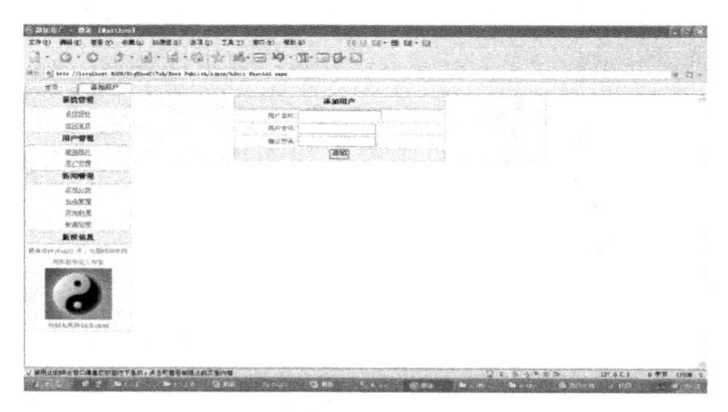

图 1.42 添加用户

图 1.43 用户管理界面

1.4.2 新闻编辑管理

可对新闻分类进行管理，包括增加、删除、修改新闻分类。

（1）增加新闻分类

填写要增加的新闻分类名称即可（图 1.44）。

（2）分类管理

管理员可以删除和编辑新闻分类（图 1.45）。

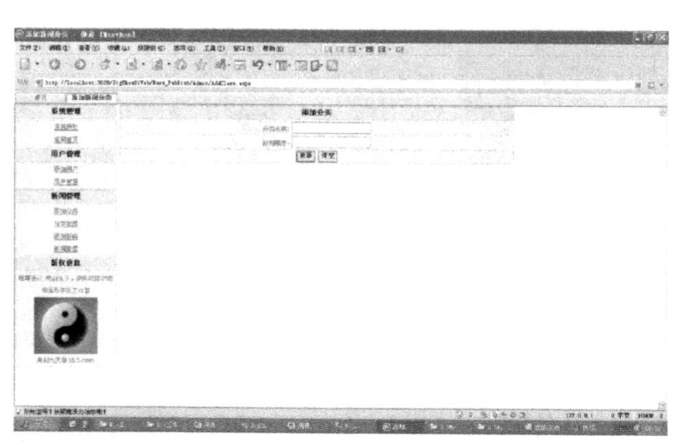

图 1.44 增加新闻分类

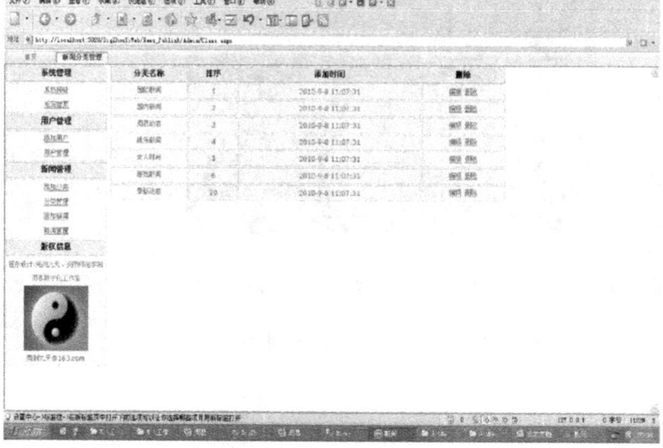

图 1.45 新闻分类管理

编辑新闻分类如图 1.46 所示，可修改新闻分类名称和排列顺序。

（3）添加新闻

添加新闻需要写入新闻标题，选择新闻所在的新闻分类，写入新闻来源等信息。最后是新闻内容，新闻内容支持图片、文字、表格等常用的新闻展示所用格式（图 1.47）。

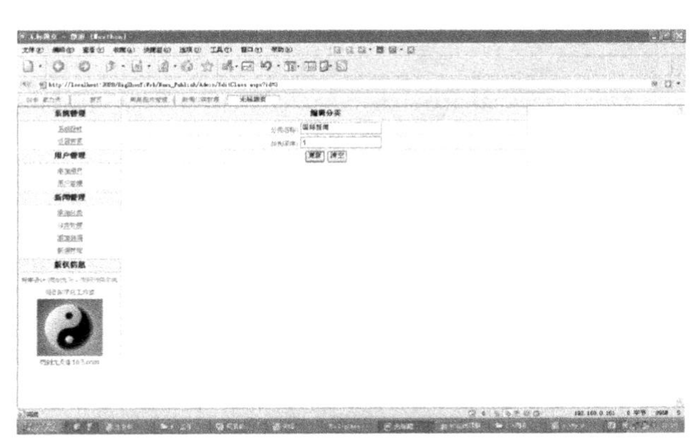

图 1.46 编辑新闻分类

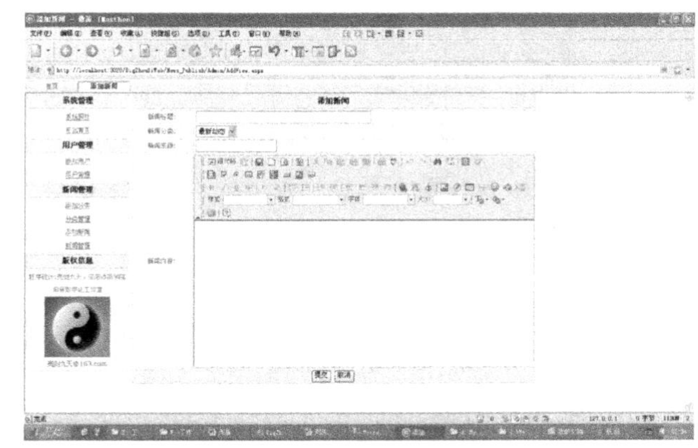

图 1.47 添加新闻

还可对新闻的字体、显示方式进行编辑，本系统采用的新闻编辑技术来源于 FCKeditor。

FCKeditor 是目前最优秀的可见即可得网页编辑器之一，它采用 Java Script 编写，具备功能强大、配置容易、跨浏览器、支持多种编程语言、开源等特点。国内许多 Web 项目和大型网站均采用了 FCKeditor（如百度，阿里巴巴）。

（4）新闻管理

新闻管理后台界面如图 1.48 所示。

新闻管理可以删除新闻，编辑界面如图 1.49 所示。

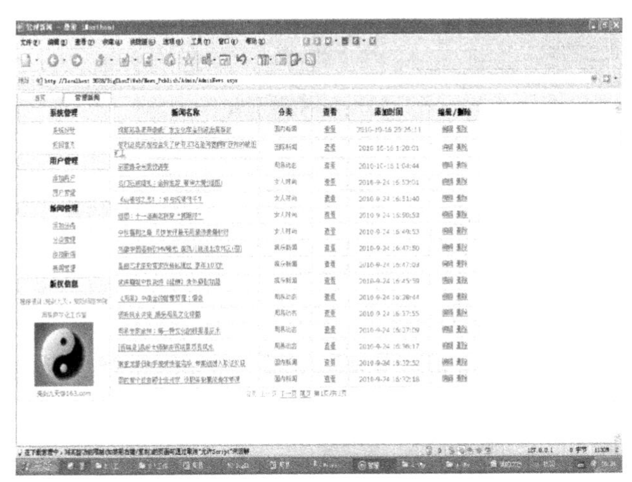

图 1.48 新闻管理后台界面

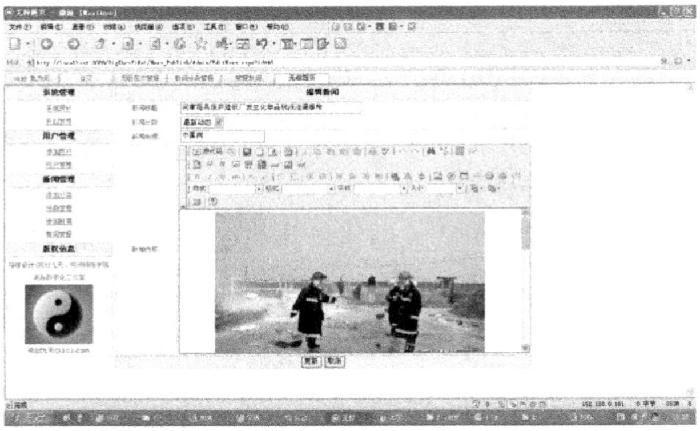

图 1.49 新闻编辑界面

编辑操作和添加新闻类似，在此不再过多叙述。编辑完成后单击“更新”按钮即可。

1.4.3 周易视频管理

登录界面如图 1.50 所示。

登录后界面如图 1.51 所示。

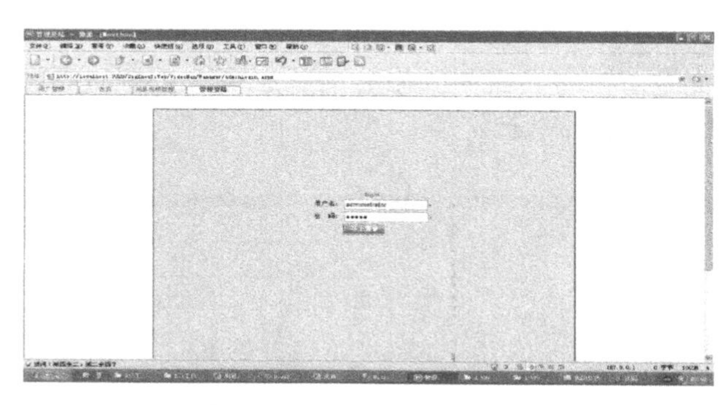

图 1.50　视频管理登录界面

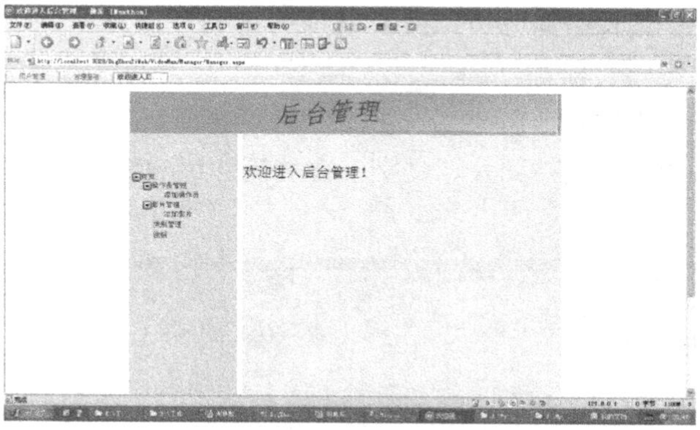

图 1.51　视频管理后台界面

（1）添加影片

添加影片，需要填写影片的信息，如名称、长度、主讲人、影片截图等信息（图 1.52）。

（2）影片类别管理

影片类别管理可以添加和删除影片分类（图 1.53）。

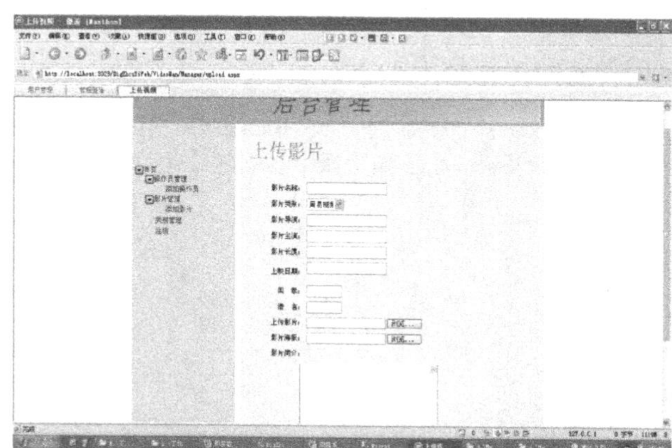

图 1.52　添加影片

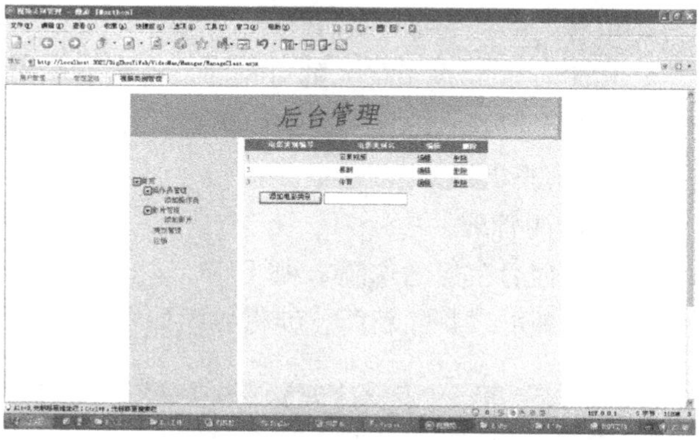

图 1.53　影片类别管理

（3）添加操作员

添加操作员需要填写操作员的信息，如名称、密码等（图 1.54）。

（4）操作员管理

可以删除操作员或编辑操作员的信息，如图 1.55 和图 1.56 所示。

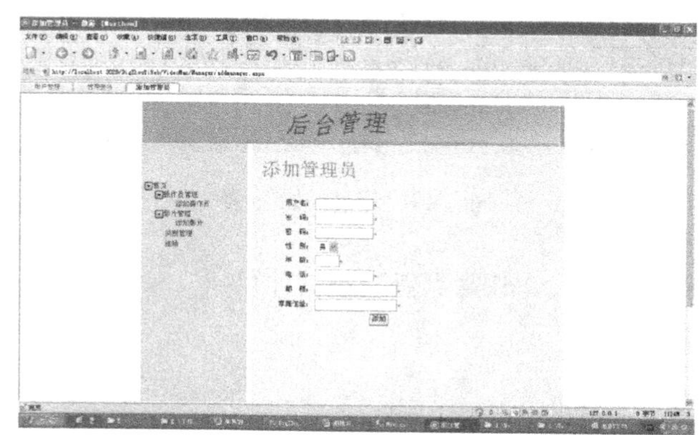

图 1.54　添加操作员

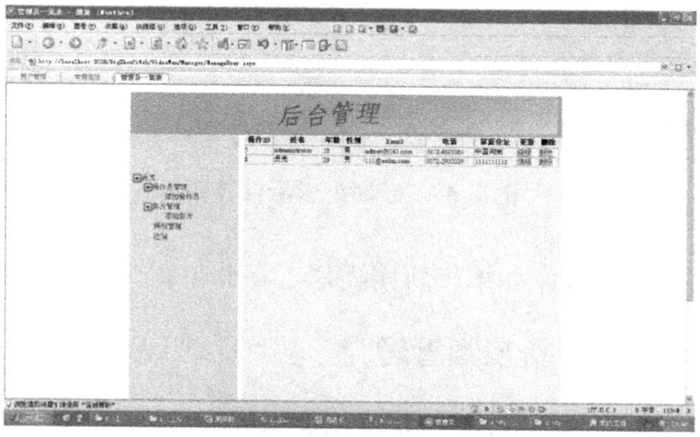

图 1.55　删除操作员

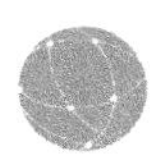

编辑完成后，单击“更新”即可。

1.4.4　周易文档管理

登录界面如图1.57所示。

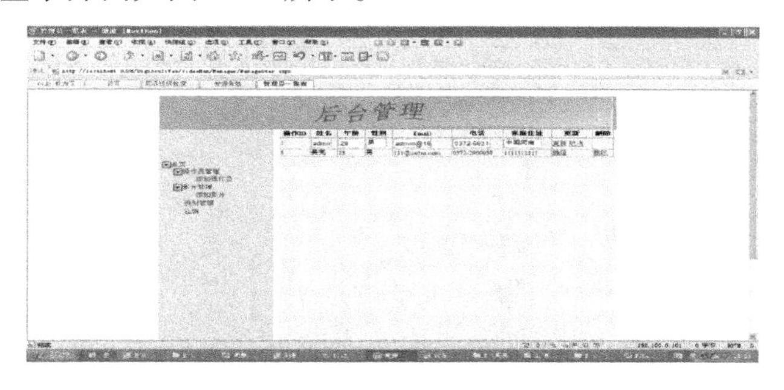

图1.56　编辑操作员信息

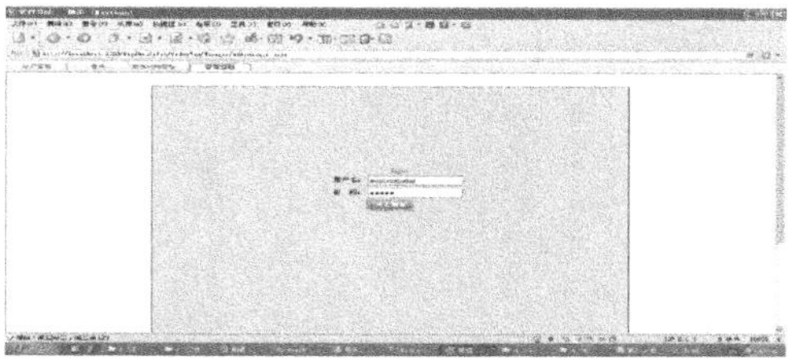

图1.57　文档管理登录

登录后界面如图1.58所示。

（1）添加文档

添加文档，需要填写文档的信息，如名称、作者、文档分类、文档截图等（图1.59）。

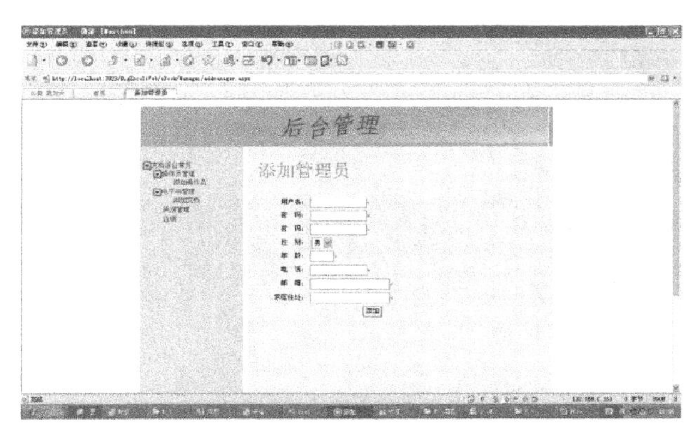

图1.58　文档管理界面

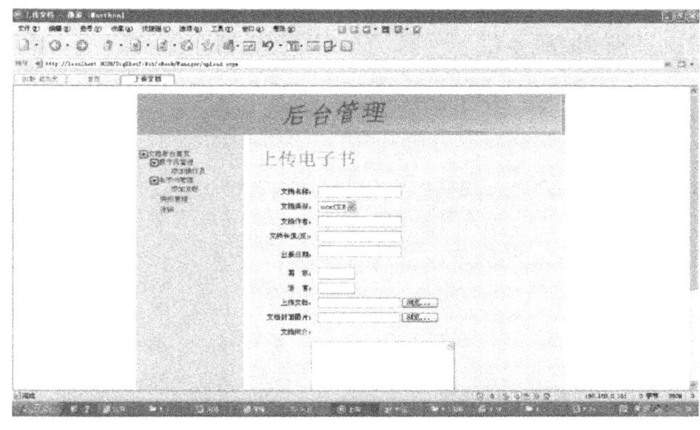

图1.59　添加文档

（2）文档类别管理

可以添加和删除文档分类（图1.60）。

（3）添加操作员

添加操作员需要填写操作员的信息，如名称、密码等（图1.61）。

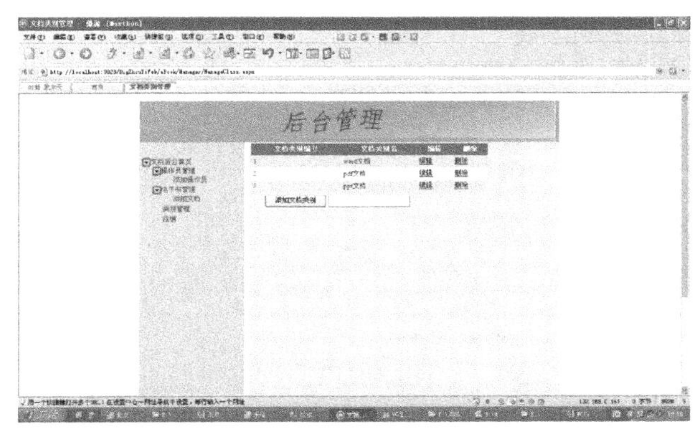

图1.60　文档类别管理

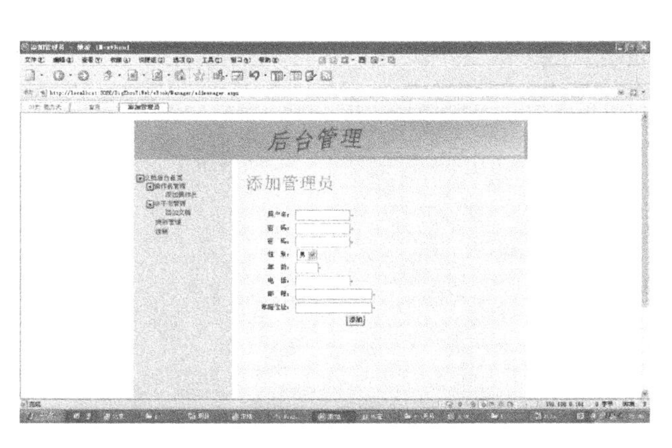

图1.61　添加操作员

（4）操作员管理

可以删除操作员或编辑操作员的信息，如图 1.62 和图 1.63 所示。

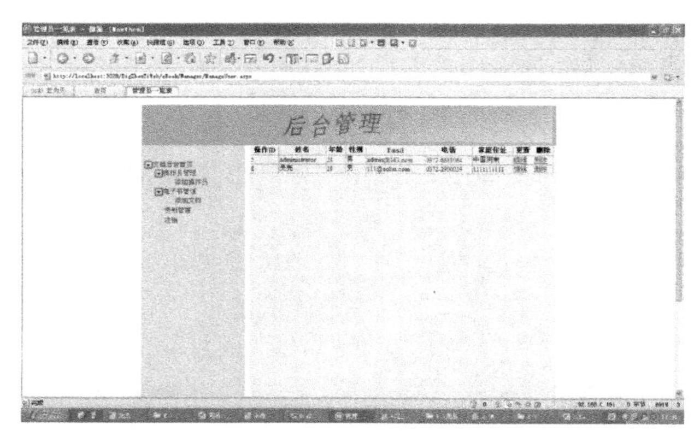

图 1.62　操作员管理

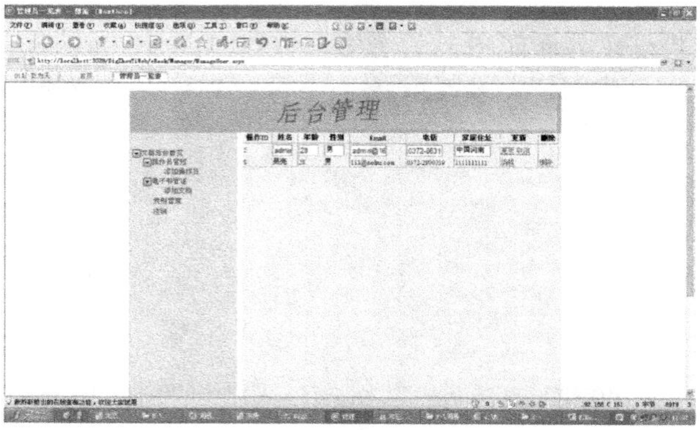

图 1.63　编辑操作员

编辑完成后，单击“更新”即可。

1.4.5　易传、易经管理

只有高级会员或管理员才能修改，如图 1.64 和图 1.65 所示。

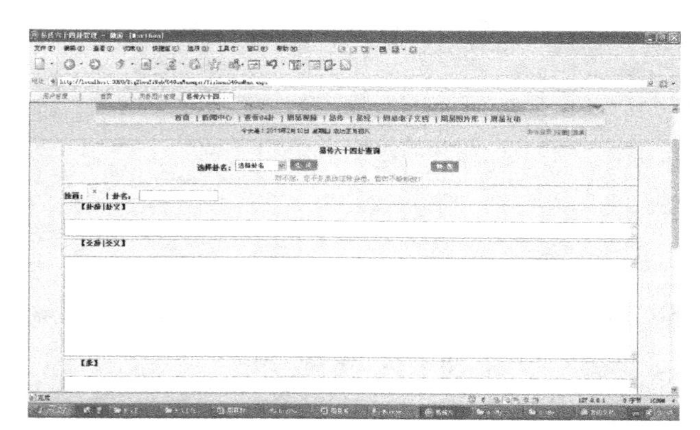

图 1.64　易传权限提示

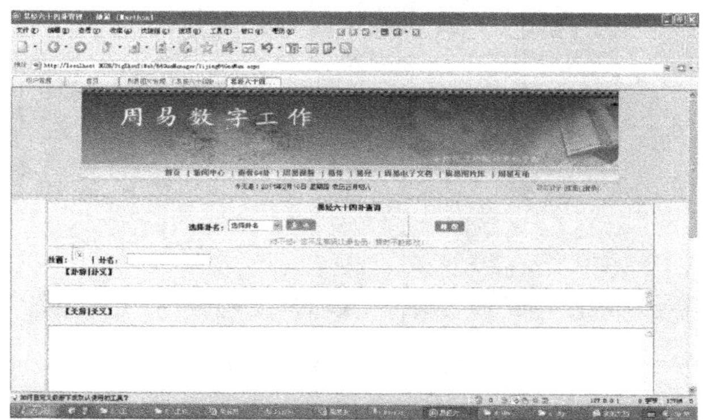

图 1.65　易经权限提示

第 2 章　周易文化信息处理平台关键代码

2.1　首页

信息综合展示平台如图 2.1 所示。

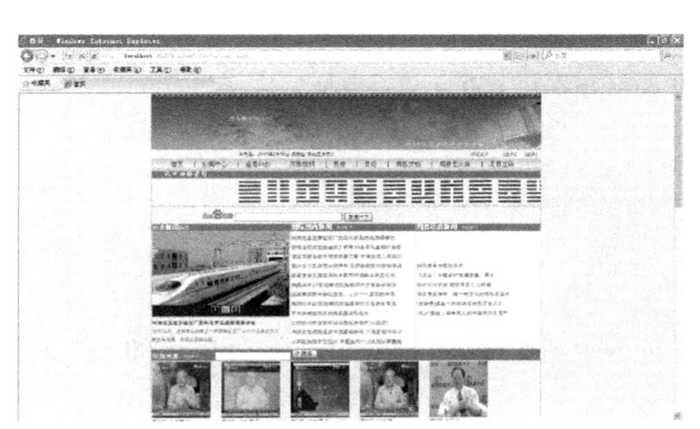

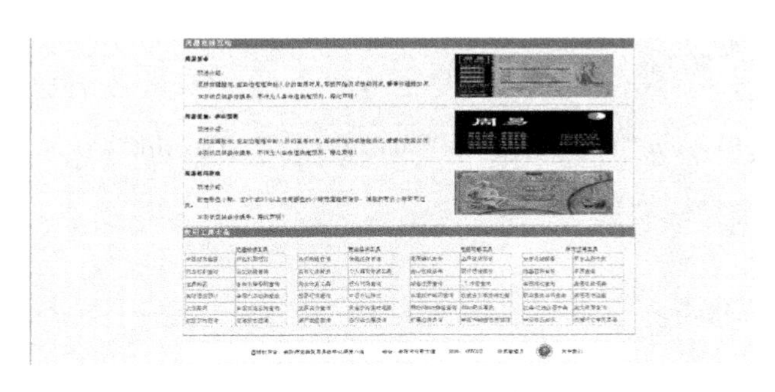

图 2.1　平台首页

前台代码如下。

```
<%@ Page Language = "C#" AutoEventWireup = "true"   CodeFile = "Default.aspx.cs" Inherits = "_Default" %>

<%@ Register src = "VideoMan/Inc/search.ascx" tagname = "search" tagprefix = "uc1" %>
<%@ Register src = "VideoMan/Inc/AllMove.ascx" tagname = "AllMove" tagprefix = "uc2" %>

<%@ Register src = "eBook/Inc/searchBook.ascx" tagname = "searchBook" tagprefix = "uc3" %>

<%@ Register src = "eBook/Inc/FirstDefaultAllbook.ascx" tagname = "FirstDefaultAllbook" tagprefix = "uc4" %>

<!DOCTYPE html PUBLIC "-//W3C//DTD XHTML 1.0 Transitional//EN"
"http://www.w3.org/TR/xhtml1/DTD/xhtml1-transitional.dtd">

<html xmlns = "http://www.w3.org/1999/xhtml">
```

```
<head runat="server">
    <title>首页</title>
    <link  rel="Stylesheet"  href="indexcss/style.Css" type="text/css" />
    <script src="indexcss/focus.js" type="text/javascript"></script>
</head>
<body >
    <form id="form1" runat="server">

    <div id = "header" align="center">
        <object classid="clsid:D27CDB6E-AE6D-11cf-96B8-444553540000"
codebase="http://download.macromedia.com/pub/shockwave/_
                cabs/flash/swflash.cab#version=6,0,29,0" style="width: 1000px; height: 150px;">
                <param name="movie" value="flash/main_head_top.swf"/>
                <param name="quality" value="high"/>
                <param name="SCALE" value="exactfit"/>
                <!---- 下src值填入和刚才一样的地址!---->
                <!---- 上value值填入flash的地址,你的flash在本机上就用相对地址!---->
                <embed src="flash/main_head_top.swf"  quality="high"
                  pluginspage="http://www.macromedia.com/go/getflashplayer"
                  type="application/x-shockwave-flash" scale="exactfit"></embed>
        </object>
        <br />
        <table align="center"
                style="padding: 0px; margin: 0px; clip: rect(-5, auto, auto, 5%); width: 1000px;">
            <tr>
                <td style="width: 200px">
                </td >
                <td width="300px" >

                    <script type="text/javascript" language="javascript"
src="indexcss/DataShow.js">
                    </script>
                </td>
                <td width="300">
                <!--
                  <iframe src="http://www.dffy.com/tool/weather/weathernew.html"
                    width="130" height="25" frameborder="no"  border="0"
marginwidth="0"
                    marginheight="0" scrolling="no"></iframe>
                    !-->
                </td>
                <td style="width: 100px">
                    <asp:Label ID="lab_username" runat="server"
ForeColor="Red"></asp:Label>
                </td>
                <td style="width: 50px">
                    <asp:HyperLink ID="HyperLink2" runat="server"
                        NavigateUrl="~/user_loginRegister/Register.aspx">[注册]</asp:HyperLink>
                </td>
                <td style="width: 50px">
                    <asp:HyperLink ID="HyperLink3" runat="server"
                        NavigateUrl="~/user_loginRegister/userLogin.aspx">[登录]</asp:HyperLink>
```

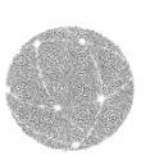

```
                </td>
            </tr>
        </table>
        <table width="1000" border="0" align="center" cellpadding="0" cellspacing="2"
            style="margin:0px; padding: -1px; background-image: url('indexcss/d_bg.gif')">
            <tr>
                <td class="class1" align="center">
                        <a href="Default.aspx">首页</a>  
                        |  <a href="News_Publish/NewsIndex.aspx" target="_blank">新闻中心
</a>  
                        |  <a href="64Gua/GuaIndex.aspx" target="_blank">查看64卦</a>
  
                        |  <a href="VideoMan/Front.aspx" target="_blank">周易视频</a>
  
                        |  <a href="64GuaManager/Yizhuan64GuaMan.aspx" target="_blank">
易传</a>  
                        |  <a href="64GuaManager/Yijing64GuaMan.aspx" target="_blank">易
经</a>  
                        |  <a href="eBook/Front.aspx" target="_blank">周易文档</a>
  
                        |  <a href="PicManager/UserPicManIndex.aspx" target="_blank">周易
图片库</a>  
                        |  <a href="PlayZhouyi/SuanMing.aspx" target="_blank">周易互动</
a>  
                </td>
            </tr>
        </table>
    </div>

    <div id="content" align="center">
        <!--64卦展示区!-->
        <div id="64gua">
        <table width="1000px"  align ="center"  height="40px" cellspacing="0px"
                cellpadding="0px" style="border: thin solid #8DEEEE" rules="rows">
            <tr>
            <td align="left" style="background-image: url('IMG/td_bg.JPG')">
                       
                <a href="64Gua/GuaIndex.aspx">
                <asp:Label ID="Label1" runat="server" Text="六十四卦索引"
                    Font-Bold="True" ForeColor="White" Font-Size="Large" Font-Names="华文新魏">
</asp:Label></a></td>
        </tr>
        <tr>
            <td height="70px">
            <script type="text/javascript" language="javascript"
src="indexcss/ScrollPicture.js">
            </script>
          <ilayer width="&{sliderwidth};" height="&{sliderheight};" name="ns_slider01" visibility="hide">
            <layer name="ns_slider 02"   onMouseover="slidespeed=0;" onMouseout="slidespeed=copy-
speed"></layer>
            </ilayer>
            </td>
```

```
        </tr>
    </table>
    </div>
    <!--百度搜索区!-->
    <div id="div_baidu" style="padding: 1px 0px 0px 0px; margin: 0px">
        </div>
        <table class="sch" align="center"
                style="padding: 0px; margin: 0px; clip: rect(auto, auto, auto, auto); width: 1000px; background-image: url('indexcss/line.gif');">
                    <tr>
                    <td align="left">
                    <input name=tn type=hidden value=baidu>

                                    
                    <a href="http://www.baidu.com/"><img src="IMG/logox3.gif" alt="Baidu"
                            align="bottom" border="0"></a>
                    <input type=text name=word size=45>
                    <input type="submit" value="百度一下">
                    </td></tr>
                </table>
        </div>
        <!--新闻发布区!-->
        <div id="news_list" style="margin: 0px; padding: 0px 0px 0px 0px;">
            <table
                style="padding: 0px 0px 0px 0px; margin: -3px 0px 0px 0px; border: thin solid #8DEEEE; width: 1000px; height: 200px;"
                rules="cols" border="1px" bordercolor="#8DEEEE" align="center">
            <tr>
                <td width="354px" align="left" style="background-image: url('IMG/td_bg.JPG')">
                    <asp:Label ID="Label3" runat="server" Text="热点新闻 HOT"
                Font-Bold="True" ForeColor="White" Font-Size="Medium" Font-Names="宋体"></asp:Label></td>
                <td width="323px" align="left" style="background-image: url('IMG/td_bg.JPG')">
                    <asp:Label ID="Label2" runat="server" Text="国际国内新闻"
                Font-Bold="True" ForeColor="White" Font-Size="Medium" Font-Names="宋体"></asp:Label>   <a href="News_Publish/NewsIndex.aspx"><font color="white">more>></font></a></td>
                <td width="323px" align="left" style="background-image: url('IMG/td_bg.JPG')">
                    <asp:Label ID="Label4" runat="server" Text="周易动态新闻"
                Font-Bold="True" ForeColor="White" Font-Size="Medium" Font-Names="宋体"></asp:Label>   <a href="News_Publish/NewsIndex.aspx"><font color="white">more>></font></a></td>

                </tr>
                <tr>
                    <td width="354px">
                        <div class="left">
                            <div class="focus">
                                <div class="focuspic">
                                    <div id="focus_cont2" style="DISPLAY: none">
```

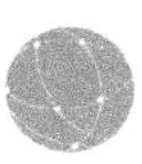

```
                    <a href = "News_Publish/View. aspx? id = 46"  target = _blank > <
img src = "IMG/tx101501. jpg" > </a >
                    <span >
                        <strong >
                            <A href = "News_Publish/View. aspx? id = 46"  target = _
blank >河南范县废弃造纸厂发生化学品残液泄漏事故</A >
                        </strong >
                        10月13日,河南范县杨集乡一家废弃化工厂内一个化学品
的大罐发生泄漏,弥漫方圆数公里...
                    </span >
                </div >
                <div id = "focus_cont1"  style = "DISPLAY: block" >
                    <A href = "News_Publish/View. aspx? id = 45"  target = _blank > <
IMG src = "IMG/tx101504. jpg" > </A >
                    <SPAN >
                        <STRONG >
                        <A href = "News_Publish/View. aspx? id = 45"  target = _blank
>智利总统会见33名获救被困矿工</A >
                        </STRONG >
                        <10月14日,智利总统皮涅拉会见了33名圣何塞铜矿获救
的被困矿工,这些获救矿工的大多数健康状况良好...
                    </SPAN >
                </div >
                <div id = "focus_cont3"  style = "DISPLAY: block" >
                    <A href = "News_Publish/View. aspx? id = 44"  target = _blank > <
IMG src = "IMG/宋柔博导来我校讲学.jpg" > </A >
                <SPAN >
                    <STRONG >
                    <A href = "News_Publish/View. aspx? id = 44"  target = _blank >宋
柔博导来我校讲学</A >
                    </STRONG >
                    <今天,北京语言大学宋柔博导来我校讲学,我校刘永革院长和
王爱明院长出席了报告会。报告会由刘永革院长主持...
                    </SPAN >
                </div >
            </div >
            <div class = "bg" > </div >
            <div class = "focusnav" > <SPAN class = current
id = focus_btn1 >1 </SPAN >  <SPAN id = focus_btn2 >2 </SPAN > </SPAN >  <SPAN
id = focus_btn3 >3 </SPAN >  </div >
        <script type = "text/javascript" >var a1 = new focus("focus",3) </script >
            </div >
        </div >

      </td >
      <td width = "354px"  align = "left"  class = "td_repeterstyle" >
          <asp:Repeater ID = "Repeater_news"  runat = "server" >
                                <ItemTemplate > <a href = "News_Publish/View. aspx?
id = <% #Eval("id") % >" > <% #Eval("Titel"). ToString(). Trim(). Length  > 22 ?Eval("Titel"). ToString().
Trim(). Substring(0, 22) : Eval("Titel"). ToString(). Trim()%  > </a > <br / > </ItemTemplate >
                                </asp:Repeater >
            </td >
```

```
<td width="354px" align="left" class="td_repeterstyle">
    <asp:Repeater ID="Repeater_zhouyi" runat="server">
        <ItemTemplate><a href="News_Publish/View.aspx?id=<%#Eval("id")%>"><%#Eval("Titel").ToString().Trim().Length > 22 ? Eval("Titel").ToString().Trim().Substring(0, 22) : Eval("Titel").ToString().Trim()%></a><br /></ItemTemplate>
        </asp:Repeater>
    </td>
  </tr>
  </table>
</div>

<!--周易视屏区!-->
<div id="div_video">
    <table
        style="padding: 0px; margin: 2px; border: thin solid #8DEEEE; width: 1000px;height: 300px;
        " rules="cols" border="1px" bordercolor="#8DEEEE" align="center">
        <tr>
            <td align="left" style="background-image: url('IMG/td_bg.JPG');" height="20px">
                <asp:Label ID="Label5" runat="server" Text="视频周易"
            Font-Bold="True" ForeColor="White" Font-Size="Medium" Font-Names="华文宋体"></asp:Label>   <a href="VideoMan/Front.aspx"><font color="white">more>></font></a>
                     <uc1:search ID="search1"
                runat="server" />
            </td>

            </tr>
            <tr>
            <td height="280px">

                <uc2:AllMove ID="AllMove1" runat="server" />

            </td>
            </tr>
        </table>
    </div>
    <!--周易电子文档区!-->
    <div id="div3">
        <table
            style="padding: 0px; margin: 2px; border: thin solid #8DEEEE; width: 1000px;height: 300px;"
            rules="cols" border="1px" bordercolor="#8DEEEE" align="center">
            <tr>
                <td align="left" style="background-image: url('IMG/td_bg.JPG');" height="20px">
                    <asp:Label ID="Label8" runat="server" Text="周易电子文档"
            Font-Bold="True" ForeColor="White"
            Font-Size="Medium" Font-Names="华文宋体"></asp:Label>   <a href="eBook/Front.aspx"><font color="white">more>></font></a>
                     
                <uc3:searchBook ID="searchBook1" runat="server" />
```

```
                    </td>

                </tr>
                <tr>
                <td height = "280px" >

                    <uc4:FirstDefaultAllbook ID = "FirstDefaultAllbook1" runat = "server" />

                </td>
                </tr>
            </table>
        </div>
        <!-- 周易命运测试区!-- >
        <div id = "div2" >
            <table
                style = "padding: 0px; margin: 2px; border: thin solid #8DEEEE; width: 1000px;height: 370px; "
                rules = "rows" border = "1px" bordercolor = "#8DEEEE" align = "center" >
                <tr>
                    <td colspan = "2" align = "left" style = "background - image: url('IMG/td_bg. JPG');"height
= "20px" >
                        <asp:Label ID = "Label7" runat = "server" Text = "周易在线互动"
                    Font - Bold = "True" ForeColor = "White" Font - Size = "Medium" Font - Names = "华文宋
体" > </asp:Label>
                    </td>
                </tr>
                <tr>
                <td height = "100px" width = "500px" align = "left" >
                <p class = "p_introduce" > <h4>周易算命</h4> </p>
                <p class = "p_introduce" >玩法介绍:</p>
                <p class = "p_introduce" >鼠标左键控制,在左边框中输入你的生辰时月,再按开始测试按钮
测试,看看你运势如何.</p>
                <p class = "p_introduce" >本测试仅供参考娱乐,不作为人生命运决定预测。特此声明! </p>
                </td>
                <td height = "100px" width = "400px" align = "center" >
                    <a href = " PlayZhouyi/SuanMing. aspx" > <asp:Image ID = " Image3" runat = " server"
Height = "100px"
                      ImageUrl = " ~/IMG/suming. JPG" Width = "350px" />
                    </a>
                </td>
                </tr>
                <tr>
                <td height = "100px" width = "500px" align = "left" >
                <p class = "p_introduce" > <h4>周易爱情、事业预测</h4> </p>
                <p class = "p_introduce" >玩法介绍:</p>
                <p class = "p_introduce" >鼠标左键控制,在左边框中输入你的生辰时月,再按开始测试按钮
测试,看看你运势如何.</p>
                <p class = "p_introduce" >本测试仅供参考娱乐,不作为人生命运决定预测。特此声明! </p>
                </td>
                <td height = "100px" width = "400px" align = "center" >
                    <a href = "PlayZhouyi/LoveLife. aspx" > <asp:Image ID = "Image1" runat = "server" Height
= "100px"
                      ImageUrl = " ~/IMG/LoveLife. JPG" Width = "350px" />
```

```
                    </a>
                </td>
                </tr>
                <tr>
                <td height="100px" width="500px" align="left">
                <p class="p_introduce"><h4>周易祖玛游戏</h4></p>
                <p class="p_introduce">玩法介绍:</p>
                <p class="p_introduce">射击彩色小球,使3个或3个以上相同颜色的小球相连进行消除,
消除所有的小球即可过关。</p>
                <p class="p_introduce">本测试仅供参考娱乐。特此声明!</p>
                </td>
                <td height="100px" width="400px" align="center">
                    <a href="PlayZhouyi/ZuMa.aspx"><asp:Image ID="Image4" runat="server" Height
="100px"
                      ImageUrl="~/IMG/zhouyizuma.JPG" Width="350px"/>
                    </a>
                </td>
                </tr>
            </table>
        </div>
        <!--实用工具区!-->
        <div id="div1">
            <table
                style="border-color:#8DEEEE;padding:0px;margin:2px;width:1000px;height:220px;
border-right-style:solid;border-right-width:1px;"
                rules="cols" border="1px" bordercolor="#8DEEEE" align="center">
                <tr>
                    <td colspan="4" align="left" style="background-image:url('IMG/td_bg.JPG');"
height="20px">
                        <asp:Label ID="Label6" runat="server" Text="实用工具大全"
                    Font-Bold="True" ForeColor="White" Font-Size="Medium" Font-Names="华文宋
体"></asp:Label>
                    </td>
                </tr>


                <tr>
                <td height="200px">
                    <table
                    style="border-color:#8DEEEE;padding:0px;margin:0px;height:220px;
width:1000px;"
                    align="center">
                        <tr>
                            <td >
                            <div class=cate id=cate>

               
            
                            交通旅游工具<br/>
                            <UL class=clearfix>
                              <LI><A href="http://ditu.google.cn/" target=_blank>中国城市地图</
A></LI>
                              <LI><A
```

```
                    </td>

                </tr>
                <tr>
                <td height="280px">

                    <uc4:FirstDefaultAllbook ID="FirstDefaultAllbook1" runat="server" />

                </td>
                </tr>
            </table>
        </div>
        <!--周易命运测试区!-->
        <div id="div2">
            <table
                style="padding:0px; margin:2px; border:thin solid #8DEEEE; width:1000px;height:370px;"
                rules="rows" border="1px" bordercolor="#8DEEEE" align="center">
                <tr>
                    <td colspan="2" align="left" style="background-image:url('IMG/td_bg.JPG');"height
="20px">
                        <asp:Label ID="Label7" runat="server" Text="周易在线互动"
                Font-Bold="True" ForeColor="White" Font-Size="Medium" Font-Names="华文宋
体"></asp:Label>
                    </td>
                </tr>
                <tr>
                <td height="100px" width="500px" align="left">
                <p class="p_introduce"><h4>周易算命</h4></p>
                <p class="p_introduce">玩法介绍:</p>
                <p class="p_introduce">鼠标左键控制,在左边框中输入你的生辰时月,再按开始测试按钮
测试,看看你运势如何.</p>
                <p class="p_introduce">本测试仅供参考娱乐,不作为人生命运决定预测。特此声明!</p>
                </td>
                <td height="100px" width="400px" align="center">
                    <a href="PlayZhouyi/SuanMing.aspx"><asp:Image ID="Image3" runat="server"
Height="100px"
                      ImageUrl="~/IMG/suming.JPG" Width="350px" />
                    </a>
                </td>
                </tr>
                <tr>
                <td height="100px" width="500px" align="left">
                <p class="p_introduce"><h4>周易爱情、事业预测</h4></p>
                <p class="p_introduce">玩法介绍:</p>
                <p class="p_introduce">鼠标左键控制,在左边框中输入你的生辰时月,再按开始测试按钮
测试,看看你运势如何.</p>
                <p class="p_introduce">本测试仅供参考娱乐,不作为人生命运决定预测。特此声明!</p>
                </td>
                <td height="100px" width="400px" align="center">
                    <a href="PlayZhouyi/LoveLife.aspx"><asp:Image ID="Image1" runat="server" Height
="100px"
                      ImageUrl="~/IMG/LoveLife.JPG" Width="350px" />
```

```
                    </a>
                </td>
                </tr>
                <tr>
                <td height="100px" width="500px" align="left">
                <p class="p_introduce"><h4>周易祖玛游戏</h4></p>
                <p class="p_introduce">玩法介绍:</p>
                <p class="p_introduce">射击彩色小球,使3个或3个以上相同颜色的小球相连进行消除,
消除所有的小球即可过关。</p>
                <p class="p_introduce">本测试仅供参考娱乐。特此声明!</p>
                </td>
                <td height="100px" width="400px" align="center">
                    <a href="PlayZhouyi/ZuMa.aspx"><asp:Image ID="Image4" runat="server" Height
="100px"
                      ImageUrl="~/IMG/zhouyizuma.JPG" Width="350px" />
                    </a>
                </td>
                </tr>
            </table>
        </div>
        <!--实用工具区!-->
        <div id="div1">
            <table
                style="border-color: #8DEEEE; padding: 0px; margin: 2px; width: 1000px; height: 220px;
border-right-style: solid; border-right-width: 1px;"
                rules="cols" border="1px" bordercolor="#8DEEEE" align="center">
                <tr>
                    <td colspan="4" align="left" style="background-image: url('IMG/td_bg.JPG');"
height="20px">
                        <asp:Label ID="Label6" runat="server" Text="实用工具大全"
                    Font-Bold="True" ForeColor="White" Font-Size="Medium" Font-Names="华文宋
体"></asp:Label>
                    </td>
                </tr>


                <tr>
                <td height="200px">
                    <table
                    style="border-color: #8DEEEE; padding: 0px; margin: 0px; height: 220px;
width: 1000px;"
                    align="center">
                        <tr>
                            <td >
                            <div class=cate id=cate>

               
            
                            交通旅游工具<br/>
                            <UL class=clearfix>
                              <LI><A href="http://ditu.google.cn/" target=_blank>中国城市地图</
A></LI>
                              <LI><A
```

 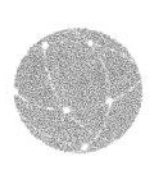

```
href = " http://www. 95i. cn/search. php? type = title&amp; ordertype = date&amp; action = result&amp; ordertype = date&amp;keyword = % BB% FA% C6% B1&amp;channel = 1000000182"
                                        target = _blank >折扣机票预订 </A >  </LI >
                                        < LI > < A
href = " http://www. 46. com/s/html/chaxun. htm#train"
                                        target = _blank >列车时刻查询 </A >  </LI >
                                        < LI > < A href = " http://www. 8684. cn/"  target = _blank >公交线路查询 </
A >  </LI >
                                        < LI > < A href = " http://www. 9654. com/m/world. htm"  target = _blank >世界
地图 </A >  </LI >
                                        < LI > < A href = " http://www. jsyks. com/Tools/cphmcx/"  target = _blank >各
地车牌号码查询 </A >
                                        </LI >
                                        < LI > < A
href = " http://www. 46. com/s/html/chaxun. htm#hotel"
                                        target = _blank >宾馆酒店预订 </A >  </LI >
                                        < LI > < A
href = " http://www. chelink. com/topic/changtu. htm"
                                        target = _blank >全国汽车站刻查表 </A >  </LI >
                                        < LI > < A
href = " http://huoche. com/"  target = _blank >火车票网 </A >  </LI >
                                        < LI > < A
href = " http://info. jctrans. com/gongju/cx1/20051031176730. shtml"
                                        target = _blank >全国高速公路查询 </A >  </LI >
                                        < LI > < A
href = " http://travel. elong. com/flights/Default. aspx? Campaign_ID = 4053869"
                                        target = _blank >航班实时查询 </A >  </LI >
                                        < LI > < A href = " http://wz. gocar. cn/biaoshi/index. htm"  target = _blank >交
通标志查询 </A >
                                        </LI >

                                        </UL >
                                        </div >
                                      </td >

                                      < td  >
                                      < div class = cate >
                            
            
                                      商业经济工具 < br/ >
                                      < UL class = clearfix >
                                        < LI > < A href = " http://www. kiees. cn/"  target = _blank >各类快递查询 </
A >  </LI >
                                        < LI > < A href = " http://www. kuaidiwo. cn/freight. htm"  target = _blank >快递
运费查询 </A >
                                      </LI >
                                        < LI > < A
href = " http://www. 46. com/s/html/chaxun. htm#foreignexchange"
                                        target = _blank >实时汇率转换 </A >  </LI >
                                        < LI > < A href = " http://www. zhibo365. com/licaijishu. asp"
                                        target = _blank >个人理财计算工具 </A >  </LI >
                                        < LI > < A
```

```
href = "http://www.cnele.com/CN/mod-article_act-item_aid-162/"
                        target = _blank >购房计算工具</A >  </LI >
                        <LI > <A href = "http://ok.fy.ah163.net/other/hangye.htm"  target = _blank >
行业代码查询</A >
                        </LI >
                        <LI > <A href = "http://finance.google.cn/finance"  target = _blank >股票行
情查询</A >  </LI >
                        <LI > <A href = "http://www.boc.cn/sourcedb/whpj/"  target = _blank >今日
外汇牌价</A >  </LI >
                        <LI > <A
href = "http://www.chinatax.gov.cn/n480462/n481069/n3759321/index.html"
                        target = _blank >发票真伪查询</A >  </LI >
                        <LI > <A
href = " http://www.95i.cn/search.php? type = title&amp; ordertype = date&amp; action = result&amp; ordertype =
date&amp;keyword = % BB% C6% BD% F0&amp;channel = 1000000182"
                        target = _blank >黄金价格实时走势</A >  </LI >
                        <LI > <A href = "http://newhouse.soufun.com/"  target = _blank >房产楼盘
查询</A >  </LI >
                        <LI > <A href = "http://fair.mofcom.gov.cn/"  target = _blank >各行业会展
查询</A >  </LI >
                        </UL >
                        </div >
                      </td >
                      <td >
                      <div class = cate >
               
            
                      电脑网络工具<br/ >
                      <UL class = clearfix >
                        <LI > <A href = "http://www.xiazaiba.com/diy.html"  target = _blank >常用
装机软件</A >  </LI >
                        <LI > <A
href = "http://www.linkwan.com/GB/BROADMETER/speedauto/"
                        target = _blank >上网速度测试</A >  </LI >
                        <LI > <A href = "http://shadu.duba.net/"  target = _blank >金山在线杀毒
</A >  </LI >
                        <LI > <A href = "http://www.pconline.com.cn/market/"  target = _blank >硬
件行情报价</A >
                      </LI >
                        <LI > <A
href = "http://cp.35.com/chinese/chk_domain.html"
                        target = _blank >域名注册查询</A >  </LI >
                        <LI > <A href = "http://detail.it168.com/"  target = _blank >IT 术语查询</
A >  </LI >
                        <LI > <A href = "http://qq.ip138.com/wb/wb.asp"  target = _blank >五笔汉
字编码查询</A >  </LI >
                        <LI > <A href = "http://www.xiazaiba.com/virusscan.html"
                        target = _blank >在线多引擎病毒扫描</A >  </LI >
                        <LI > <A href = "http://alexa.chinaz.com/"  target = _blank >网站 Alexa 排名
查询</A >  </LI >
                        <LI > <A href = "http://www.wapurl.com/"  target = _blank >Wap 网址导航
</A >  </LI >
```

```
                                    < LI > < A href = " http://www. kuozhanming. com/"  target = _blank > 扩展名辞
典库 </A >  </LI >
                                    < LI > < A href = " http://www. infomall. cn/"  target = _blank > 中国 Web 信息
博物馆 </A >  </LI >
                                    </UL >
                                    </div  >
                                    </td >
                                  < td  >
                                  < div class = cate >
                             
               
                                  学习应用工具 < br/ >
                                  < UL class = clearfix >
                                    < LI > < A
href = " http://www. 46. com/s/html/chaxun. htm#engdictionary"
                                   target = _blank > 免费在线翻译 </A >  </LI >
                                    < LI > < A
href = " http://www. 46. com/s/html/chaxun. htm#history"
                                   target = _blank > 历史上的今天 </A >  </LI >
                                    < LI > < A href = " http://zh. wikipedia. org/"  target = _blank > 维基百科全书
</A >  </LI >
                                    < LI > < A href = " http://www. chsi. com. cn/xlcx/"  target = _blank > 学历查询
</A >  </LI >
                                    < LI > < A
href = " http://www. edu. cn/HomePage/jiao_yu_zi_yuan/college. php"
                                   target = _blank > 全国高校查询 </A >  </LI >
                                    < LI > < A href = " http://www. iciba. com/"  target = _blank > 英语在线词典
</A >  </LI >
                                    < LI > < A href = " http://cert. osta. org. cn/"  target = _blank > 职业资格证书查
询 </A >  </LI >
                                    < LI > < A href = " http://www. sinoya. com/search_1. asp"  target = _blank > 英
语语法速查 </A >
                                  </LI >
                                    < LI > < A href = " http://www. zdic. net/"  target = _blank > 汉典 - 在线汉语字
典 </A >  </LI >
                                    < LI > < A href = " http://www. acronym. cn/"  target = _blank > 英文缩写查询
</A >  </LI >
                                    < LI > < A href = " http://www. nongli. com/item2/index. html"  target = _blank
> 中国农历知识 </A >
                                    </LI >
                                    < LI > < A href = " http://www. 21 - sun. com/ZYHY/default. htm"
                                   target = _blank > 机械词汇中英互译 </A >  </LI > </UL >
                                    </div  >
                                    </td >

                                </tr >
                            </table >



                        </td >
                        </tr >
                    </table >
```

```
        </div>


    </div>




    <div id  =  "div_foot"
          align = "center"   >
      <table width = "1000px"    align  = "center"    height = "40px"  cellspacing = "0px"
             cellpadding = "0px"  style = "background - color: #FFFFFF" >
              <tr align = "center" >
                <td width = "125px" > </td >
                <td width = "300px" >@版权所有:安阳师范学院周易数字化研发小组</td >
                <td width = "150px" >地址:安阳市弦歌大道</td >
                <td width = "100px" >邮编:455002  </td >
                <td width = "100px" > <a >联系管理员  </a> </td >
                <td width = "50px" >
                    <asp:Image ID = "Image2"  runat = "server"
               ImageUrl = " ~/64Gua/pic/安师标志 . gif"  Height = "37px"  Width = "38px"  />
                </td >
                <td width = "75px" > <a >关于我们  </a> </td >
                <td width = "100px" > </td >
          </tr >
      </table >
    </div >
    </form >
    </form >
</body >
</html >
```

后台对应的代码如下。

```
using System;
using System. Configuration;
using System. Data;
using System. Linq;
using System. Web;
using System. Web. Security;
using System. Web. UI;
using System. Web. UI. HtmlControls;
using System. Web. UI. WebControls;
using System. Web. UI. WebControls. WebParts;
using System. Xml. Linq;
using System. Data. SqlClient;

public partial class _Default  : System. Web. UI. Page
{
    DBconnection dbcon  =  new DBconnection( ) ;
    protected void Page_Load( object sender, EventArgs e)
    {
```

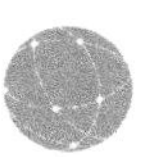

```
        //读取 cookie
        ///////////////////////////
        string str_welcome;
        if (Request.Cookies["user_name"] != null)
        {
            str_welcome = "欢迎:" + Request.Cookies["user_name"].Value;
        }
        else
        {
            str_welcome = "游客登录";
        }
        this.lab_username.Text = str_welcome;
        ////////////////////

        //载入国际新闻 载入国内新闻
        Load_internationalandinternal_NEWS();
        // 载入周易动态新闻
        Load_zhouyi_NEWS();

    }
    /// <summary>
    /// 载入国际新闻 载入国内新闻
    /// </summary>
    public void Load_internationalandinternal_NEWS()
    {

        SqlConnection Conn = new SqlConnection(dbcon.strConn);

        SqlDataAdapter Da1 = new SqlDataAdapter("Select * from NewView where Class_id = 3 or Class_id = 2
order by id desc", Conn);

        DataSet Ds1 = new DataSet();

        Da1.Fill(Ds1, "NewView");

        PagedDataSource Pds = new PagedDataSource();

        Pds.DataSource = Ds1.Tables["NewView"].DefaultView;

        Pds.AllowPaging = true;

        Pds.PageSize = 12;

        this.Repeater_news.DataSource = Pds;

        this.Repeater_news.DataBind();
    }
    /// <summary>
    /// 载入周易动态新闻
    /// </summary>
    public void Load_zhouyi_NEWS()
    {
```

```
        SqlConnection Conn = new SqlConnection(dbcon.strConn);

    SqlDataAdapter Da3 = new SqlDataAdapter("Select * from NewView where Class_id = 7 order by id desc", Conn);

        DataSet Ds3 = new DataSet();

        Da3.Fill(Ds3, "NewView");

        PagedDataSource Pds = new PagedDataSource();

        Pds.DataSource = Ds3.Tables["NewView"].DefaultView;

        Pds.AllowPaging = true;

        Pds.PageSize = 12;

        this.Repeater_zhouyi.DataSource = Pds;

        this.Repeater_zhouyi.DataBind();
    }
}
```

2.2 新闻中心首页

新闻中心首页如图2.2所示。

图2.2 新闻中心首页

前台代码如下。

```
<%@ Page Language="C#" MasterPageFile="~/News_Publish/NewsMasterPage.master" AutoEventWireup=
"true" CodeFile="NewsIndex.aspx.cs"
```

```
Inherits = "News_Publish_NewsIndex" Title = "新闻中心" % >

 < asp:Content ID = "Content1" ContentPlaceHolderID = "head" Runat = "Server" >
 </asp:Content >
 < asp:Content ID = "Content2" ContentPlaceHolderID = "ContentPlaceHolder1" Runat = "Server" >

    < table width = "1000px" border = "0" cellpadding = "0" cellspacing = "1" align = "center" >
    < tr valign = "top" >
    < td align = "center" >
    < table width = "800" border = "0" cellspacing = "2" cellpadding = "0" align = "center" >
      < tr >
        < td height = "25" class = "Defauit1" >  国际新闻 </td >
        < td height = "25" class = "Defauit1" >  国内新闻 </td >
        < td height = "25" class = "Defauit1" >  周易动态 </td >
      </tr >
      < tr >
        < td class = "Defauit2" valign = "top" >
            < table align = "center" width = "98% " >
                < tr >
                    < td align = "left" >
                        < asp:Repeater ID = "Repeater1" runat = "server" >
                            < ItemTemplate >
                                < a href = "./View.aspx? id = <% #Eval( "id" ) % >" > <% #Eval( "Ti-
tel" ).ToString( ).Trim( ).Length > 22 ? Eval( "Titel" ).ToString( ).Trim( ).Substring(0, 22) : Eval( "Titel" )
.ToString( ).Trim( )% >
                                </a >
                                < br / >
                            </ItemTemplate >
                        </asp:Repeater >
                    </td >
                </tr >
            </table >
        </td >
        < td class = "Defauit2" valign = "top" >
            < table align = "center" width = "98% " >
                < tr >
                    < td align = "left" > < asp:Repeater ID = "Repeater2" runat = "server" >
                                                    < ItemTemplate > < a
href = "./View.aspx? id = <% #Eval( "id" ) % >" > <% #Eval( "Titel" ).ToString( ).Trim( ).Length > 22 ? Eval
( "Titel" ).ToString( ).Trim ( ).Substring(0, 22) : Eval( "Titel" ).ToString( ).Trim( )% > </a > < br / > </Item-
Template >
                                                    </asp:Repeater > </td >

                </tr >
            </table >
        </td >
        < td class = "Defauit2" valign = "top" >
            < table align = "center" width = "98% " >
                < tr >
                    < td align = "left" > < asp:Repeater ID = "Repeater3" runat = "server" >
                                                    < ItemTemplate > < a href = "./View.aspx? id = <% #
Eval( "id" ) % >" > <% #Eval( "Titel" ).ToString( ).Trim( ).Length > 22 ? Eval( "Titel" ).ToString( ).Trim( ).
Substring(0, 22) : Eval( "Titel" ).ToString( ).Trim( )% > </a > < br / > </ItemTemplate >
```

```
                                                            </asp:Repeater> </td>
                      </tr>
                  </table>
              </td>
          </tr>
          <tr>
            <td height="25" class="Defauit1" > 娱乐新闻</td>
            <td height="25" class="Defauit1" > 女人时尚</td>
            <td height="25" class="Defauit1" > 游戏新闻</td>
          </tr>
          <tr>
            <td class="Defauit2" valign="top" >
                  <table align="center" width="98% " >
                      <tr>
                          <td align="left" > <asp:Repeater ID="Repeater4" runat="server" >
                                                            <ItemTemplate> <a href="./View. aspx? id=<%#
Eval("id") %>" > <%#Eval("Titel").ToString().Trim().Length > 22 ?Eval("Titel").ToString().Trim()
.Substring(0, 22) : Eval("Titel").ToString().Trim()%> </a> <br /> </ItemTemplate>
                                                            </asp:Repeater> </td>
                      </tr>
                  </table>
              </td>

              <td class="Defauit2" valign="top" >
                  <table align="center" width="98% " >
                      <tr>
                          <td align="left" > <asp:Repeater ID="Repeater5" runat="server" >
                                                            <ItemTemplate> <a href="./View. aspx? id=<%#
Eval("id") %>" > <%#Eval("Titel").ToString().Trim().Length > 22 ?Eval("Titel").ToString().Trim ().
Substring(0, 22) : Eval("Titel").ToString().Trim()%> </a> <br /> </ItemTemplate>
                                                            </asp:Repeater> </td>
                      </tr>
                  </table>
              </td>
              <td class="Defauit2" valign="top" >
                <table align="center" width="98% " >
                      <tr>
                          <td align="left" > <asp:Repeater ID="Repeater 6" runat="server" >
                                                            <ItemTemplate> <a href="./View. aspx? id=<%#
Eval("id") %>" > <%#Eval("Titel").ToString().Trim().Length > 22 ?Eval("Titel").ToString().Trim ().
Substring(0, 22) : Eval("Titel").ToString().Trim()%> </a> <br /> </ItemTemplate>
                                                            </asp:Repeater> </td>
                      </tr>
                  </table>
              </td>
            </tr>
          </table>
          </td>
          <td>
              <table width="200px" border="0" cellspacing="2" cellpadding="0" >
                <tr valign="top" >
                  <td class="View3" height="25" align="center" >实用工具</td>
```

 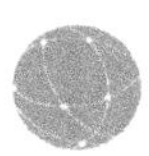

```
          </tr>
          <tr valign="top">
            <td class="View4" align="center">
              <table width="180" border="0" cellspacing="3" cellpadding="0" style="padding: 0px; margin: 0px">
              <tr>
                <td><a cd="0" href="http://www.265.com/Dianshi_Guangbo/" target="_blank">电视节目</a></td>
                <td><a cd="1" href="http://www.365rili.com/" target="_blank">万年历</a></td>
              </tr>
              <tr>
                <td><a cd="2" href="http://www.boc.cn/cn/common/whpj.html" target="_blank">外汇牌价</a> </td>
                <td><a cd="3" href="http://www.google.com.hk/finance?client=aff-a&hl=zh-CN" target="_blank">股票行情</a></td>
                </tr>
                <tr>
                  <td><a cd="4" href="http://jipiao.kuxun.cn/" target="_blank">机票预定</a></td>
                  <td><a cd="5" href="http://www.tielu.org/" target="_blank">列车时刻</a> </td>
            </tr>
            <tr>
                <td><a cd="6" href="http://www.lottery.gov.cn/" target="_blank">体育彩票</a></td>
                <td><a cd="7" href="http://www.zhcw.com/" target="_blank">福利彩票</a></td>
            </tr>
            <tr>
                <td><a cd="8" href="http://www.google.com.hk/search?hl=zh-CN&q=%E7%94%B5%E5%BD%B1&btnG=Google+%E6%90%9C%E7%B4%A2&meta=&aq=f&oq=&client=aff-avalanche" target="_blank">在映影片</a> </td>
                <td><a cd="9" href="http://www.google.com.hk/dictionary" target="_blank">在线字典</a> </td>
            </tr>
            <tr>
                <td><a cd="10" href="http://www.google.com.hk/intl/zh-CN/help/features.html" target="_blank">玩转谷歌</a> </td>
                <td><a cd="11" href="http://www.google.com.hk/intl/zh-CN/mobile/maps/" target="_blank">手机地图</a> </td>
            </tr>
            <tr>
                <td><a cd="12" href="http://www.chashouji.com/" target="_blank">手机位置</a></td>
                <td><a cd="13" href="http://product.cheshi.com/price.html" target="_blank">汽车报价</a></td>
            </tr>
            <tr>
                <td><a cd="14" href="http://fund.eastmoney.com/fund.html" target="_blank">基金净值</a></td>
                <td><a cd="15" href="Lvyou_Ditu/#271" target="_blank">旅游地图</a></td>
            </tr>
            <tr>
                <td><a cd="16" href="http://www.ip138.com/" target="_blank">IP 地址</a></td>
```

```
                <td><a cd="17" href="Heike_Anquan/#225" target="_blank">病毒查杀</a></td>
            </tr>
                </table>
            </td>
        </tr>
        <tr valign="top">
            <td class="View3" height="25" align="center">最新更新</td>
        </tr>
        <tr>
            <td class="View4"><table align="center" width="98% ">
        <tr>
        <td align="left"><asp:Repeater ID="RepeaterR" runat="server">
                                                    <ItemTemplate><a href="./View.aspx? id=<%#
Eval("id")%>"><%#Eval("Titel").ToString().Trim().Length > 14 ? Eval("Titel").ToString().Trim().
Substring(0, 14) : Eval("Titel").ToString().Trim()%></a><br/></ItemTemplate>
                                                    </asp:Repeater></td>
        </tr>
        </table></td>
            </tr>
        </table>
    </td>
    </tr>
</table>

</asp:Content>
```

后台代码如下。

```
using System;
using System.Collections;
using System.Configuration;
using System.Data;
using System.Linq;
using System.Web;
using System.Web.Security;
using System.Web.UI;
using System.Web.UI.HtmlControls;
using System.Web.UI.WebControls;
using System.Web.UI.WebControls.WebParts;
using System.Xml.Linq;

using System.Data.SqlClient;

public partial class News_Publish_NewsIndex : System.Web.UI.Page
{
    DBconnection dbcon = new DBconnection();
    protected void Page_Load(object sender, EventArgs e)
    {

        //载入国际新闻
        Load_international_NEWS();
        //载入国内新闻
        Load_internal_NEWS();
```

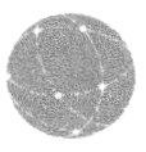

```
        // 载入周易动态新闻
        Load_zhouyi_NEWS( ) ;
        // 载入娱乐新闻
        Load_pastime_NEWS( ) ;
        //载入女人时尚新闻
        Load_FemaleFashion_NEWS( ) ;
        // 载入游戏新闻
        Load_game_NEWS( ) ;
        // 载入所有新闻
        Load_ALL_news( ) ;
    }
    /// <summary>
    /// 载入国际新闻
    /// </summary>
    public void Load_international_NEWS( )
    {
        SqlConnection Conn = new SqlConnection( dbcon. strConn) ;

        SqlDataAdapter Da1 = new SqlDataAdapter( "Select * from NewView where Class_id =3 order by id desc" ,
Conn) ;

        DataSet Ds1 = new DataSet( ) ;

        Da1. Fill( Ds1 , "NewView" ) ;

        PagedDataSource Pds = new PagedDataSource( ) ;

        Pds. DataSource = Ds1. Tables[ "NewView" ]. DefaultView;

        Pds. AllowPaging = true;

        Pds. PageSize = 16;

        Repeater1. DataSource = Pds;

        Repeater1. DataBind( ) ;
    }
    /// <summary>
    /// 载入国内新闻
    /// </summary>
    public void Load_internal_NEWS( )
    {
        SqlConnection Conn = new SqlConnection( dbcon. strConn) ;

        SqlDataAdapter Da2 = new SqlDataAdapter( "Select * from NewView where Class_id =2 order by id desc" ,
Conn) ;

        DataSet Ds2 = new DataSet( ) ;

        Da2. Fill( Ds2 , "NewView" ) ;

        PagedDataSource Pds = new PagedDataSource( ) ;
```

```
        Pds.DataSource = Ds2.Tables["NewView"].DefaultView;

        Pds.AllowPaging = true;

        Pds.PageSize = 16;

        Repeater2.DataSource = Pds;

        Repeater2.DataBind();
    }
    /// <summary>
    /// 载入周易动态新闻
    /// </summary>
    public void Load_zhouyi_NEWS()
    {
        SqlConnection Conn = new SqlConnection(dbcon.strConn);

        SqlDataAdapter Da3 = new SqlDataAdapter("Select * from NewView where Class_id =7 order by id desc",
Conn);

        DataSet Ds3 = new DataSet();

        Da3.Fill(Ds3, "NewView");

        PagedDataSource Pds = new PagedDataSource();

        Pds.DataSource = Ds3.Tables["NewView"].DefaultView;

        Pds.AllowPaging = true;

        Pds.PageSize = 16;

        Repeater3.DataSource = Pds;

        Repeater3.DataBind();
    }

    /// <summary>
    /// 载入娱乐新闻
    /// </summary>
    public void Load_pastime_NEWS()
    {
        SqlConnection Conn = new SqlConnection(dbcon.strConn);

        SqlDataAdapter Da4 = new SqlDataAdapter("Select * from NewView where Class_id =4 order by id desc",
Conn);

        DataSet Ds4 = new DataSet();

        Da4.Fill(Ds4, "NewView");
```

 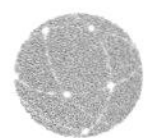

```
        PagedDataSource Pds = new PagedDataSource();

        Pds.DataSource = Ds4.Tables["NewView"].DefaultView;

        Pds.AllowPaging = true;

        Pds.PageSize = 16;

        Repeater4.DataSource = Pds;

        Repeater4.DataBind();
    }

    /// <summary>
    /// 载入女人时尚新闻
    /// </summary>
    public void Load_FemaleFashion_NEWS()
    {
        SqlConnection Conn = new SqlConnection(dbcon.strConn);

        SqlDataAdapter Da5 = new SqlDataAdapter("Select * from NewView where Class_id=5 order by id desc",
Conn);

        DataSet Ds5 = new DataSet();

        Da5.Fill(Ds5, "NewView");

        PagedDataSource Pds = new PagedDataSource();

        Pds.DataSource = Ds5.Tables["NewView"].DefaultView;

        Pds.AllowPaging = true;

        Pds.PageSize = 16;

        Repeater5.DataSource = Pds;

        Repeater5.DataBind();
    }
    /// <summary>
    /// 载入游戏新闻
    /// </summary>
    public void Load_game_NEWS()
    {
        SqlConnection Conn = new SqlConnection(dbcon.strConn);

        SqlDataAdapter Da6 = new SqlDataAdapter("Select * from NewView where Class_id=6 order by id desc",
Conn);

        DataSet Ds6 = new DataSet();

        Da6.Fill(Ds6, "NewView");
```

```
        PagedDataSource Pds = new PagedDataSource();

        Pds.DataSource = Ds6.Tables["NewView"].DefaultView;

        Pds.AllowPaging = true;

        Pds.PageSize = 16;

        Repeater 6.DataSource = Pds;

        Repeater 6.DataBind();
    }

    /// <summary>
    /// 载入所有新闻
    /// </summary>
    public void Load_ALL_news()
    {
        SqlConnection Conn = new SqlConnection(dbcon.strConn);

        SqlDataAdapter DaR = new SqlDataAdapter("Select top(10) * from NewView order by id desc", Conn);

        DataSet DsR = new DataSet();

        DaR.Fill(DsR, "NewView");

        PagedDataSource Pds = new PagedDataSource();

        Pds.DataSource = DsR.Tables["NewView"].DefaultView;

        Pds.AllowPaging = true;

        Pds.PageSize = 10;

        RepeaterR.DataSource = Pds;

        RepeaterR.DataBind();
    }
}
```

2.3 六十四卦首页

六十四卦首页如图 2.3 所示。

前台代码如下。

```
<%@ Page Language="C#" MasterPageFile="~/64Gua/GuaMasterPage.master" AutoEventWireup="true" CodeFile="GuaIndex.aspx.cs" Inherits="_64Gua_GuaIndex" Title="周易六十四卦索引" %>

<asp:Content ID="Content1" ContentPlaceHolderID="head" Runat="Server">
</asp:Content>
```

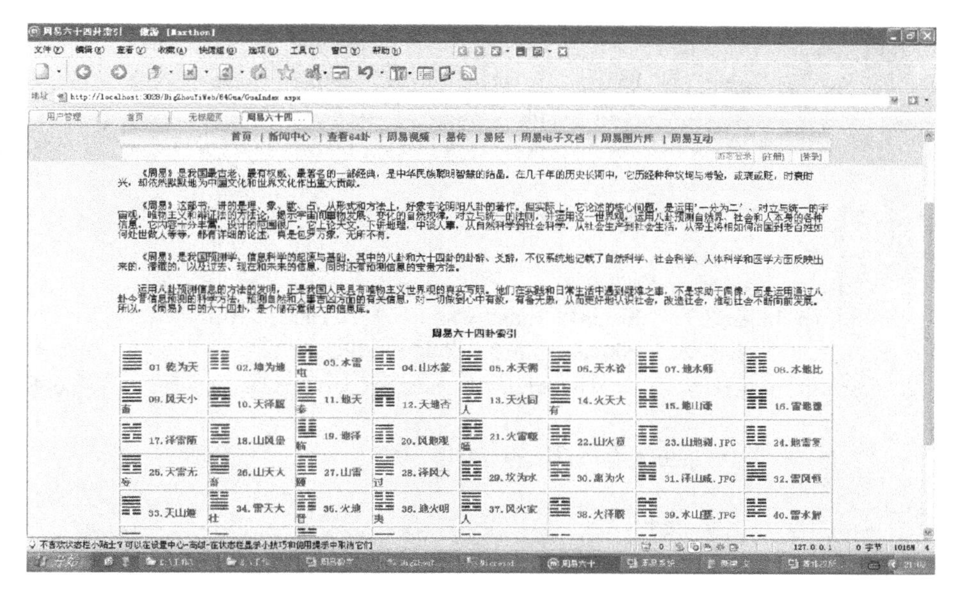

图 2.3　六十四卦首页

```
<asp:Content ID = "Content2" ContentPlaceHolderID = "ContentPlaceHolder1" Runat = "Server" >
    <div id = "div_content"

        style = "font - family: 宋体, Arial, Helvetica, sans - serif; font - size: 14px; font - weight: normal; position: relative; width: 80% ; right: 10% ; left: 10% ; top: 10px;" >
        <p >《周易》是我国最古老、最有权威、最著名的一部经典,是中华民族聪明智慧的结晶。在几千年的历史长河中,它历经种种坎坷与考验,或褒或贬,时衰时兴,却依然默默地为中国文化和世界文化做出重大贡献。
        </p >
        <p >《周易》这部书,讲的是理、象、数、占。从形式和方法上,好像专论阴阳八卦的著作。但实际上,它论述的核心问题是运用“一分为二”、对立与统一的宇宙观,唯物主义和辩证法的方法论,揭示宇宙间事物发展、变化的自然规律,对立与统一的法则,并运用这一世界观,运用八卦预测自然界、社会和人本身的各种信息。它内容十分丰富,涉及的范围很广,它上论天文,下讲地理,中谈人事,从自然科学到社会科学,从社会生产到社会生活,从帝王将相如何治国到老百姓如何处世做人等,都有详细的论述,真是包罗万象,无所不有。
        </p >
        <p >《周易》是我国预测学、信息科学的起源与基础。其中的八卦和六十四卦的卦辞、爻辞,不仅系统地记载了自然科学、社会科学、人体科学和医学方面反映出来的,潜藏的,以及过去、现在和未来的信息,同时还有预测信息的宝贵方法。
        </p >
        <p >运用八卦预测信息的方法的发明,正是我国人民具有唯物主义世界观的真实写照。他们在实践和日常生活中遇到疑难之事,不是求助于偶像,而是运用通过八卦今昔信息预测的科学方法,预测自然和人事吉凶方面的有关信息,对一切做到心中有数,有备无患,从而更好地认识社会,改造社会,推动社会不断向前发展。所以,《周易》中的六十四卦,是个储存量很大的信息库。
        </p >

        <table align = "center" border = "1" rules = "all" style = "color: #EE8262" >
        <caption class = "td_menu" >周易六十四卦索引 </caption >
            <tr >
                <td class  =  "td_index" >
                    <asp:Image ID = "Image2" runat = "server" Height = "30px"
                        ImageUrl = " ~/64Gua/pic/1. 乾为天 . JPG" / >
                    <asp:HyperLink ID = "HyperLink2" runat = "server" NavigateUrl = " ~/64Gua/01. 乾为天. aspx" >01 乾为天 </asp:HyperLink >
```

```
            </td>
        <td class = "td_index">
            <asp:Image ID = "Image1" runat = "server" Height = "30px"
                ImageUrl = " ~/64Gua/pic/2. 坤为地.JPG" />
            <asp:HyperLink ID = "HyperLink1" runat = "server" NavigateUrl = " ~/64Gua/02. 坤为地.
aspx"
              >02. 坤为地</asp:HyperLink>
            </td>
          <td class = "td_index">
            <asp:Image ID = "Image4" runat = "server" Height = "30px"
                ImageUrl = " ~/64Gua/pic/3. 水雷屯.JPG" />
            <asp:HyperLink ID = "HyperLink4" runat = "server" NavigateUrl = " ~/64Gua/03. 水雷屯.
aspx"
                >03. 水雷屯</asp:HyperLink>
            </td>
          <td class = "td_index">
            <asp:Image ID = "Image3" runat = "server" Height = "30px"
                ImageUrl = " ~/64Gua/pic/4. 山水蒙.JPG" />
            <asp:HyperLink ID = "HyperLink3" runat = "server" NavigateUrl = " ~/64Gua/04. 山水蒙.
aspx"
                >04. 山水蒙</asp:HyperLink>
            </td>
        <td class = "td_index">
            <asp:Image ID = "Image5" runat = "server" Height = "30px"
                ImageUrl = " ~/64Gua/pic/5. 水天需.JPG" />
            <asp:HyperLink ID = "HyperLink5" runat = "server" NavigateUrl = " ~/64Gua/05. 水天需.
aspx"
                >05. 水天需</asp:HyperLink>
            </td>
        <td class = "td_index">
            <asp:Image ID = "Image6" runat = "server" Height = "30px"
                ImageUrl = " ~/64Gua/pic/6. 天水讼.JPG" />
            <asp:HyperLink ID = "HyperLink6" runat = "server" NavigateUrl = " ~/64Gua/06. 天水讼.
aspx"
              >06. 天水讼</asp:HyperLink>
            </td>
          <td class = "td_index">
            <asp:Image ID = "Image7" runat = "server" Height = "30px"
                ImageUrl = " ~/64Gua/pic/7. 地水师.JPG" />
            <asp:HyperLink ID = "HyperLink7" runat = "server" NavigateUrl = " ~/64Gua/07. 地水师.
aspx"
                >07. 地水师</asp:HyperLink>
            </td>
          <td class = "td_index">
            <asp:Image ID = "Image8" runat = "server" Height = "30px"
                ImageUrl = " ~/64Gua/pic/8. 水地比.JPG" />
            <asp:HyperLink ID = "HyperLink8" runat = "server" NavigateUrl = " ~/64Gua/08. 水地比.
aspx"
                >08. 水地比</asp:HyperLink>
            </td>
    </tr>
    <tr>
```

```
<td class = "td_index" >
    <asp:Image ID = "Image9" runat = "server" Height = "30px"
        ImageUrl = " ~/64Gua/pic/9. 风天小畜 .JPG" / >
    <asp:HyperLink ID = "HyperLink9" runat = "server" NavigateUrl = " ~/64Gua/09. 风天小
畜 .aspx"
        >09. 风天小畜 </asp:HyperLink >
    </td >
<td class = "td_index" >
    <asp:Image ID = "Image10" runat = "server" Height = "30px"
        ImageUrl = " ~/64Gua/pic/10. 天泽履 .JPG" / >
    <asp:HyperLink ID = "HyperLink10" runat = "server" NavigateUrl = " ~/64Gua/10. 天泽
履 .aspx"
      >10. 天泽履 </asp:HyperLink >
    </td >
  <td class = "td_index" >
    <asp:Image ID = "Image11" runat = "server" Height = "30px"
        ImageUrl = " ~/64Gua/pic/11. 地天泰 .JPG" / >
    <asp:HyperLink ID = "HyperLink11" runat = "server" NavigateUrl = " ~/64Gua/11. 地天
泰 .aspx"
        >11. 地天泰 </asp:HyperLink >
    </td >
  <td class = "td_index" >
    <asp:Image ID = "Image12" runat = "server" Height = "30px"
        ImageUrl = " ~/64Gua/pic/12. 天地否 .JPG" / >
    <asp:HyperLink ID = "HyperLink12" runat = "server" NavigateUrl = " ~/64Gua/12. 天地
否 .aspx"
        >12. 天地否 </asp:HyperLink >
    </td >
<td class = "td_index" >
    <asp:Image ID = "Image13" runat = "server" Height = "30px"
        ImageUrl = " ~/64Gua/pic/13. 天火同人 .JPG" / >
    <asp:HyperLink ID = "HyperLink13" runat = "server" NavigateUrl = " ~/64Gua/13. 天火
同人 .aspx"
        >13. 天火同人 </asp:HyperLink >
    </td >
<td class = "td_index" >
    <asp:Image ID = "Image14" runat = "server" Height = "30px"
        ImageUrl = " ~/64Gua/pic/14. 火天大有 .JPG" / >
    <asp:HyperLink ID = "HyperLink14" runat = "server" NavigateUrl = " ~/64Gua/14. 火天
大有 .aspx"
        >14. 火天大有 </asp:HyperLink >
    </td >
<td class = "td_index" >
    <asp:Image ID = "Image15" runat = "server" Height = "30px"
        ImageUrl = " ~/64Gua/pic/15. 地山谦 .JPG" / >
    <asp:HyperLink ID = "HyperLink15" runat = "server" NavigateUrl = " ~/64Gua/15. 地山
谦 .aspx"
        >15. 地山谦 </asp:HyperLink >
    </td >
<td class = "td_index" >
    <asp:Image ID = "Image16" runat = "server" Height = "30px"
        ImageUrl = " ~/64Gua/pic/16. 雷地豫 .JPG" / >
```

```
                    <asp:HyperLink ID = "HyperLink16" runat = "server" NavigateUrl = " ~/64Gua/16. 雷地
豫.aspx"
                        >16. 雷地豫</asp:HyperLink>
                    </td>
            </tr>
            <tr>
                <td class = "td_index" >
                    <asp:Image ID = "Image17" runat = "server" Height = "30px"
                        ImageUrl = " ~/64Gua/pic/17. 泽雷随.JPG" />
                    <asp:HyperLink ID = "HyperLink17" runat = "server" NavigateUrl = " ~/64Gua/17. 泽雷
随.aspx"
                        >17. 泽雷随</asp:HyperLink>
                    </td>
                <td class = "td_index" >
                    <asp:Image ID = "Image18" runat = "server" Height = "30px"
                        ImageUrl = " ~/64Gua/pic/18. 山风蛊.JPG" />
                    <asp:HyperLink ID = "HyperLink18" runat = "server" NavigateUrl = " ~/64Gua/18. 山风
蛊.aspx"
                        >18. 山风蛊</asp:HyperLink>
                    </td>
                <td class = "td_index" >
                    <asp:Image ID = "Image19" runat = "server" Height = "30px"
                        ImageUrl = " ~/64Gua/pic/19. 地泽临.JPG" />
                    <asp:HyperLink ID = "HyperLink19" runat = "server" NavigateUrl = " ~/64Gua/19. 地泽
临.aspx"
                        >19. 地泽临</asp:HyperLink>
                    </td>
                <td class = "td_index" >
                    <asp:Image ID = "Image20" runat = "server" Height = "30px"
                        ImageUrl = " ~/64Gua/pic/20. 风地观.JPG" />
                    <asp:HyperLink ID = "HyperLink20" runat = "server" NavigateUrl = " ~/64Gua/20. 风地
观.aspx"
                        >20. 风地观</asp:HyperLink>
                    </td>
                <td class = "td_index" >
                    <asp:Image ID = "Image21" runat = "server" Height = "30px"
                        ImageUrl = " ~/64Gua/pic/21. 火雷噬嗑.JPG" />
                    <asp:HyperLink ID = "HyperLink21" runat = "server" NavigateUrl = " ~/64Gua/21. 火雷
噬嗑.aspx"
                        >21. 火雷噬嗑</asp:HyperLink>
                    </td>
                <td class = "td_index" >
                    <asp:Image ID = "Image22" runat = "server" Height = "30px"
                        ImageUrl = " ~/64Gua/pic/22. 山火贲.JPG" />
                    <asp:HyperLink ID = "HyperLink22" runat = "server" NavigateUrl = " ~/64Gua/22. 山火
贲.aspx"
                        >22. 山火贲</asp:HyperLink>
                    </td>
                <td class = "td_index" >
                    <asp:Image ID = "Image23" runat = "server" Height = "30px"
                        ImageUrl = " ~/64Gua/pic/23. 山地剥.JPG" />
                    <asp:HyperLink ID = "HyperLink23" runat = "server" NavigateUrl = " ~/64Gua/23. 山地
```

```
剥.aspx"
                >23. 山地剥.JPG </asp:HyperLink >
            </td >
        <td class = "td_index" >
            <asp:Image ID = "Image24" runat = "server" Height = "30px"
                ImageUrl = "~/64Gua/pic/24. 地雷复.JPG" / >
            <asp:HyperLink ID = "HyperLink24" runat = "server" NavigateUrl = "~/64Gua/24. 地雷
复.aspx"
                >24. 地雷复 </asp:HyperLink >
            </td >
    </tr >
    <tr >
        <td class = "td_index" >
            <asp:Image ID = "Image25" runat = "server" Height = "30px"
                ImageUrl = "~/64Gua/pic/25. 天雷无妄.JPG" / >
            <asp:HyperLink ID = "HyperLink25" runat = "server" NavigateUrl = "~/64Gua/25. 天雷
无妄.aspx"
                >25. 天雷无妄 </asp:HyperLink >
            </td >
        <td class = "td_index" >
            <asp:Image ID = "Image26" runat = "server" Height = "30px"
                ImageUrl = "~/64Gua/pic/26. 山天大畜.JPG" / >
            <asp:HyperLink ID = "HyperLink26" runat = "server" NavigateUrl = "~/64Gua/26. 山天
大畜.aspx"
                >26. 山天大畜 </asp:HyperLink >
            </td >
        <td class = "td_index" >
            <asp:Image ID = "Image27" runat = "server" Height = "30px"
                ImageUrl = "~/64Gua/pic/27. 山雷颐.JPG" / >
            <asp:HyperLink ID = "HyperLink27" runat = "server" NavigateUrl = "~/64Gua/27. 山雷
颐.aspx"
                >27. 山雷颐 </asp:HyperLink >
            </td >
        <td class = "td_index" >
            <asp:Image ID = "Image28" runat = "server" Height = "30px"
                ImageUrl = "~/64Gua/pic/28. 泽风大过.JPG" / >
            <asp:HyperLink ID = "HyperLink28" runat = "server" NavigateUrl = "~/64Gua/28. 泽风
大过.aspx"
                >28. 泽风大过 </asp:HyperLink >
            </td >
        <td class = "td_index" >
            <asp:Image ID = "Image29" runat = "server" Height = "30px"
                ImageUrl = "~/64Gua/pic/29. 坎为水.JPG" / >
            <asp:HyperLink ID = "HyperLink29" runat = "server" NavigateUrl = "~/64Gua/29. 坎为
水.aspx"
                >29. 坎为水 </asp:HyperLink >
            </td >
        <td class = "td_index" >
            <asp:Image ID = "Image30" runat = "server" Height = "30px"
                ImageUrl = "~/64Gua/pic/30. 离为火.JPG" / >
            <asp:HyperLink ID = "HyperLink30" runat = "server" NavigateUrl = "~/64Gua/30. 离为
火.aspx"
```

```
                    >30. 离为火 </asp:HyperLink >
                </td >
            < td class = "td_index" >
                < asp:Image ID = "Image31" runat = "server" Height = "30px"
                    ImageUrl = " ~/64Gua/pic/31. 泽山咸 . JPG" / >
                < asp:HyperLink ID = "HyperLink31" runat = "server" NavigateUrl = " ~/64Gua/31. 泽山
咸 . aspx"
                    >31. 泽山咸 . JPG </asp:HyperLink >
                </td >
            < td class = "td_index" >
                < asp:Image ID = "Image32" runat = "server" Height = "30px"
                    ImageUrl = " ~/64Gua/pic/32. 雷风恒 . JPG" / >
                < asp:HyperLink ID = "HyperLink32" runat = "server" NavigateUrl = " ~/64Gua/32. 雷风
恒 . aspx"
                    >32. 雷风恒 </asp:HyperLink >
                </td >
        </tr >
        < tr >
            < td class = "td_index" >
                < asp:Image ID = "Image33" runat = "server" Height = "30px"
                    ImageUrl = " ~/64Gua/pic/33. 天山遯 . JPG" / >
                < asp:HyperLink ID = "HyperLink33" runat = "server" NavigateUrl = " ~/64Gua/33. 天山
遯 . aspx"
                    >33. 天山遯 </asp:HyperLink >
                </td >
            < td class = "td_index" >
                < asp:Image ID = "Image34" runat = "server" Height = "30px"
                    ImageUrl = " ~/64Gua/pic/34. 雷天大壮 . JPG" / >
                < asp:HyperLink ID = "HyperLink34" runat = "server" NavigateUrl = " ~/64Gua/34. 雷天
大壮 . aspx"
                    >34. 雷天大壮 </asp:HyperLink >
                </td >
            < td class = "td_index" >
                < asp:Image ID = "Image35" runat = "server" Height = "30px"
                    ImageUrl = " ~/64Gua/pic/35. 火地晋 . JPG" / >
                < asp:HyperLink ID = "HyperLink35" runat = "server" NavigateUrl = " ~/64Gua/35. 火地
晋 . aspx"
                    >35. 火地晋 </asp:HyperLink >
                </td >
            < td class = "td_index" >
                < asp:Image ID = "Image36" runat = "server" Height = "30px"
                    ImageUrl = " ~/64Gua/pic/36. 地火明夷 . JPG" / >
                < asp:HyperLink ID = "HyperLink36" runat = "server" NavigateUrl = " ~/64Gua/36. 地火
明夷 . aspx"
                    >36. 地火明夷 </asp:HyperLink >
                </td >
            < td class = "td_index" >
                < asp:Image ID = "Image37" runat = "server" Height = "30px"
                    ImageUrl = " ~/64Gua/pic/37. 风火家人 . JPG" / >
                < asp:HyperLink ID = "HyperLink37" runat = "server" NavigateUrl = " ~/64Gua/37. 风火
家人 . aspx"
                    >37. 风火家人 </asp:HyperLink >
```

```
            </td>
        <td class = "td_index" >
            <asp:Image ID = "Image38" runat = "server" Height = "30px"
                ImageUrl = " ~/64Gua/pic/38. 火泽睽.JPG" />
            <asp:HyperLink ID = "HyperLink38" runat = "server" NavigateUrl = " ~/64Gua/38. 火泽
睽.aspx"
                >38. 火泽睽</asp:HyperLink>
            </td>
        <td class = "td_index" >
            <asp:Image ID = "Image39" runat = "server" Height = "30px"
                ImageUrl = " ~/64Gua/pic/39. 水山蹇.JPG" />
            <asp:HyperLink ID = "HyperLink39" runat = "server" NavigateUrl = " ~/64Gua/39. 水山
蹇.aspx"
                >39. 水山蹇.JPG</asp:HyperLink>
            </td>
        <td class = "td_index" >
            <asp:Image ID = "Image40" runat = "server" Height = "30px"
                ImageUrl = " ~/64Gua/pic/40. 雷水解.JPG" />
            <asp:HyperLink ID = "HyperLink40" runat = "server" NavigateUrl = " ~/64Gua/40. 雷水
解.aspx"
                >40. 雷水解</asp:HyperLink>
            </td>
    </tr>
    <tr>
        <td class = "td_index" >
            <asp:Image ID = "Image41" runat = "server" Height = "30px"
                ImageUrl = " ~/64Gua/pic/41. 山泽损.JPG" />
            <asp:HyperLink ID = "HyperLink41" runat = "server" NavigateUrl = " ~/64Gua/41. 山泽
损.aspx"
                >41. 山泽损</asp:HyperLink>
            </td>
        <td class = "td_index" >
            <asp:Image ID = "Image42" runat = "server" Height = "30px"
                ImageUrl = " ~/64Gua/pic/42. 风雷益.JPG" />
            <asp:HyperLink ID = "HyperLink42" runat = "server" NavigateUrl = " ~/64Gua/42. 风雷
益.aspx"
                >42. 风雷益</asp:HyperLink>
            </td>
        <td class = "td_index" >
            <asp:Image ID = "Image43" runat = "server" Height = "30px"
                ImageUrl = " ~/64Gua/pic/43. 泽天夬.JPG" />
            <asp:HyperLink ID = "HyperLink43" runat = "server" NavigateUrl = " ~/64Gua/43. 泽天
夬.aspx"
                >43. 泽天夬</asp:HyperLink>
            </td>
        <td class = "td_index" >
            <asp:Image ID = "Image44" runat = "server" Height = "30px"
                ImageUrl = " ~/64Gua/pic/44. 天风姤.JPG" />
            <asp:HyperLink ID = "HyperLink44" runat = "server" NavigateUrl = " ~/64Gua/44. 天风
姤.aspx"
                >44. 天风姤</asp:HyperLink>
            </td>
```

```
                <td class = "td_index" >
                    <asp:Image ID = "Image45" runat = "server" Height = "30px"
                        ImageUrl = " ~/64Gua/pic/45. 泽地萃.JPG" />
                    <asp:HyperLink ID = "HyperLink45" runat = "server" NavigateUrl = " ~/64Gua/45. 泽地
萃.aspx"
                        >45. 泽地萃</asp:HyperLink>
                    </td>
                <td class = "td_index" >
                    <asp:Image ID = "Image46" runat = "server" Height = "30px"
                        ImageUrl = " ~/64Gua/pic/46. 地风升.JPG" />
                    <asp:HyperLink ID = "HyperLink46" runat = "server" NavigateUrl = " ~/64Gua/46. 地风
升.aspx"
                        >46. 地风升</asp:HyperLink>
                    </td>
                <td class = "td_index" >
                    <asp:Image ID = "Image47" runat = "server" Height = "30px"
                        ImageUrl = " ~/64Gua/pic/47. 泽水困.JPG" />
                    <asp:HyperLink ID = "HyperLink47" runat = "server" NavigateUrl = " ~/64Gua/47. 泽水
困.aspx"
                        >47. 泽水困.JPG</asp:HyperLink>
                    </td>
                <td class = "td_index" >
                    <asp:Image ID = "Image48" runat = "server" Height = "30px"
                        ImageUrl = " ~/64Gua/pic/48. 水风井.JPG" />
                    <asp:HyperLink ID = "HyperLink48" runat = "server" NavigateUrl = " ~/64Gua/48. 水风
井.aspx"
                        >48. 水风井</asp:HyperLink>
                    </td>
            </tr>
              <tr>
                <td class = "td_index" >
                    <asp:Image ID = "Image49" runat = "server" Height = "30px"
                        ImageUrl = " ~/64Gua/pic/49. 泽火革.JPG" />
                    <asp:HyperLink ID = "HyperLink49" runat = "server" NavigateUrl = " ~/64Gua/49. 泽火
革.aspx"
                        >49. 泽火革</asp:HyperLink>
                    </td>
                <td class = "td_index" >
                    <asp:Image ID = "Image50" runat = "server" Height = "30px"
                        ImageUrl = " ~/64Gua/pic/50. 火风鼎.JPG" />
                    <asp:HyperLink ID = "HyperLink50" runat = "server" NavigateUrl = " ~/64Gua/50. 火风
鼎.aspx"
                        >50. 火风鼎</asp:HyperLink>
                    </td>
                <td class = "td_index" >
                    <asp:Image ID = "Image51" runat = "server" Height = "30px"
                        ImageUrl = " ~/64Gua/pic/51. 震为雷.JPG" />
                    <asp:HyperLink ID = "HyperLink51" runat = "server" NavigateUrl = " ~/64Gua/51. 震为
雷.aspx"
                        >51. 震为雷</asp:HyperLink>
                    </td>
                <td class = "td_index" >
```

 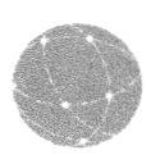

```
                    <asp:Image ID="Image52" runat="server" Height="30px"
                        ImageUrl="~/64Gua/pic/52. 艮为山.JPG" />
                    <asp:HyperLink ID="HyperLink52" runat="server" NavigateUrl="~/64Gua/52. 艮为
山.aspx"
                        >52. 艮为山</asp:HyperLink>
                    </td>
                <td class = "td_index">
                    <asp:Image ID="Image53" runat="server" Height="30px"
                        ImageUrl="~/64Gua/pic/53. 风山渐.JPG" />
                    <asp:HyperLink ID="HyperLink53" runat="server" NavigateUrl="~/64Gua/53. 风山
渐.aspx"
                        >53. 风山渐</asp:HyperLink>
                    </td>
                <td class = "td_index">
                    <asp:Image ID="Image54" runat="server" Height="30px"
                        ImageUrl="~/64Gua/pic/54. 雷泽归妹.JPG" />
                    <asp:HyperLink ID="HyperLink54" runat="server" NavigateUrl="~/64Gua/54. 雷泽
归妹.aspx"
                        >54. 雷泽归妹</asp:HyperLink>
                    </td>
                <td class = "td_index">
                    <asp:Image ID="Image55" runat="server" Height="30px"
                        ImageUrl="~/64Gua/pic/55. 雷火丰.JPG" />
                    <asp:HyperLink ID="HyperLink55" runat="server" NavigateUrl="~/64Gua/55. 雷火
丰.aspx"
                        >55. 雷火丰.JPG</asp:HyperLink>
                    </td>
                <td class = "td_index">
                    <asp:Image ID="Image56" runat="server" Height="30px"
                        ImageUrl="~/64Gua/pic/56. 火山旅.JPG" />
                    <asp:HyperLink ID="HyperLink56" runat="server" NavigateUrl="~/64Gua/56. 火山
旅.aspx"
                        >56. 火山旅</asp:HyperLink>
                    </td>
            </tr>
            <tr>
                <td class = "td_index">
                    <asp:Image ID="Image57" runat="server" Height="30px"
                        ImageUrl="~/64Gua/pic/57. 巽为风.JPG" />
                    <asp:HyperLink ID="HyperLink57" runat="server" NavigateUrl="~/64Gua/57. 巽为
风.aspx"
                        >57. 巽为风</asp:HyperLink>
                    </td>
                <td class = "td_index">
                    <asp:Image ID="Image58" runat="server" Height="30px"
                        ImageUrl="~/64Gua/pic/58. 兑为泽.JPG" />
                    <asp:HyperLink ID="HyperLink58" runat="server" NavigateUrl="~/64Gua/58. 兑为
泽.aspx"
                        >58. 兑为泽</asp:HyperLink>
                    </td>
                <td class = "td_index">
                    <asp:Image ID="Image59" runat="server" Height="30px"
```

```
                ImageUrl = " ~/64Gua/pic/59. 风水涣 . JPG" / >
            < asp:HyperLink ID = " HyperLink59" runat = " server" NavigateUrl = " ~/64Gua/59. 风水
涣 . aspx"
                > 59. 风水涣 < /asp:HyperLink >
            < /td >
        < td class  =  " td_index" >
            < asp:Image ID = " Image60" runat = " server" Height = " 30px"
                ImageUrl = " ~/64Gua/pic/60. 水泽节 . JPG" / >
            < asp:HyperLink ID = " HyperLink60" runat = " server" NavigateUrl = " ~/64Gua/60. 水泽
节 . aspx"
                > 60. 水泽节 < /asp:HyperLink >
            < /td >
        < td class  =  " td_index" >
            < asp:Image ID = " Image61" runat = " server" Height = " 30px"
                ImageUrl = " ~/64Gua/pic/61. 风泽中孚 . JPG" / >
            < asp:HyperLink ID = " HyperLink61" runat = " server" NavigateUrl = " ~/64Gua/61. 风泽
中孚 . aspx"
                > 61. 风泽中孚 < /asp:HyperLink >
            < /td >
        < td class  =  " td_index" >
            < asp:Image ID = " Image62" runat = " server" Height = " 30px"
                ImageUrl = " ~/64Gua/pic/62. 雷山小过 . JPG" / >
            < asp:HyperLink ID = " HyperLink62" runat = " server" NavigateUrl = " ~/64Gua/62. 雷山
小过 . aspx"
                > 62. 雷山小过 < /asp:HyperLink >
            < /td >
        < td class  =  " td_index" >
            < asp:Image ID = " Image63" runat = " server" Height = " 30px"
                ImageUrl = " ~/64Gua/pic/63. 水火既济 . JPG" / >
            < asp:HyperLink ID = " HyperLink63" runat = " server" NavigateUrl = " ~/64Gua/63. 水火
既济 . aspx"
                > 63. 水火既济 . JPG < /asp:HyperLink >
            < /td >
        < td class  =  " td_index" >
            < asp:Image ID = " Image64" runat = " server" Height = " 30px"
                ImageUrl = " ~/64Gua/pic/64. 火水未济 . JPG" / >
            < asp:HyperLink ID = " HyperLink64" runat = " server" NavigateUrl = " ~/64Gua/64. 火水
未济 . aspx"
                > 64. 火水未济 < /asp:HyperLink >
            < /td >
    < /tr >
  < /table >
< /div >

< /asp:Content >
```

2.4 用户注册页面

用户注册页面如图 2.4 所示。

前台代码如下。

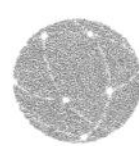

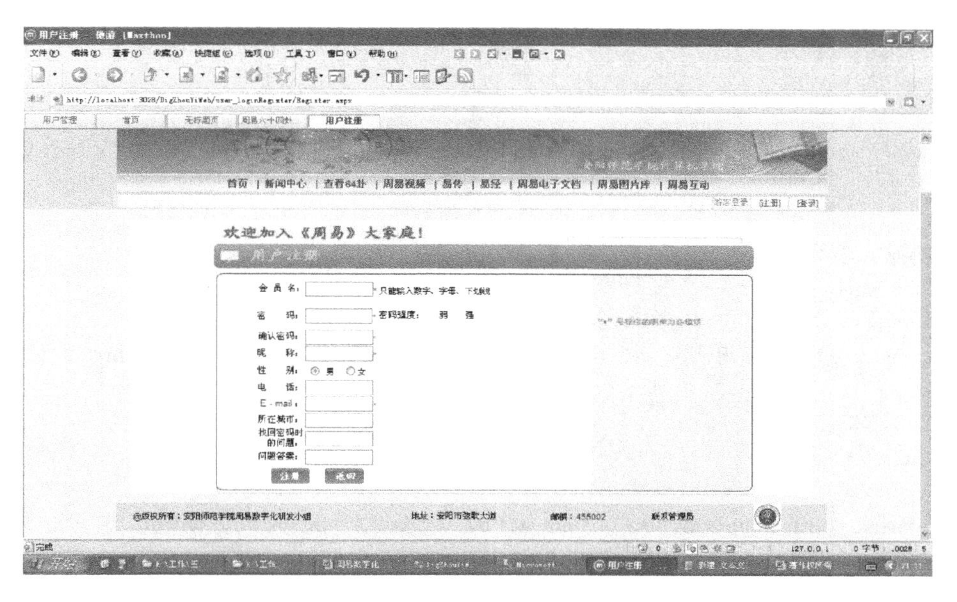

图 2.4　用户注册页面

```
<%@ Page Language="C#" MasterPageFile="~/64Gua/GuaMasterPage.master" AutoEventWireup="true" Code-
File="Register.aspx.cs"
Inherits="user_loginRegister_Register" Title="用户注册" %>


<asp:Content ID="Content1" ContentPlaceHolderID="head" Runat="Server">


    <script type="text/javascript">
    function passHint()
    {
        var txt = document.getElementById('txtPass').value;
        if(txt.length < 6)
        {
            document.all("tab").rows[0].cells[1].bgColor = "red";
            document.all("tab").rows[0].cells[2].bgColor = "";
            document.getElementById("tab").rows[0].cells[2].bgColor = "";
            document.getElementById("tab").rows[0].cells[1].bgColor = "red";
        }else
        {
            document.all("tab").rows[0].cells[2].bgColor = "red";
            document.all("tab").rows[0].cells[1].bgColor = "";
            document.getElementById("tab").rows[0].cells[2].bgColor = "red";
            document.getElementById("tab").rows[0].cells[1].bgColor = "";
      }


      }
     //显示会员名输入提示
     function tName()
        {
            document.getElementById("sp").innerHTML = "只能输入数字、字母、下画线,<br>例如:mr_
2008";
```

```
    }
    //显示密码输入提示
    function tPass( )
    {
        document. getElementById( "sp" ). innerHTML = "为了提供密码的安全性。<br>建议密码在6位
以上。";
    }
    //显示昵称输入提示
    function tNickName( )
    {
        document. getElementById( "sp" ). innerHTML = "在圈子中使用的昵称。<br>例如,宇过天晴";
    }
    //显示电话号码输入提示
    function tPhone( )
    {
        document. getElementById( "sp" ). innerHTML = "输入手机号,以方便联系您<br>手机号应为11
位";
    }
    //显示电子邮件输入提示
    function tEmail( )
    {
        document. getElementById( "sp" ). innerHTML = "请输入正确的电子邮件。<br>例如,mr2008@
mr. com";
    }
    //显示所在城市输入提示
    function tCity( )
    {
      document. getElementById( "sp" ). innerHTML = "输入所在城市。<br>例如,长春市";
    }
    </script>

  </asp:Content>
  <asp:Content ID = "Content2" ContentPlaceHolderID = "ContentPlaceHolder1" Runat = "Server">


      <asp:ScriptManager ID = "ScriptManager1" runat = "server">
      </asp:ScriptManager>
        
      <div style = "text - align: center">
          <table border = "0" cellpadding = "0" cellspacing = "0" style = "background - attachment: inherit;
          background - image: url('pic/注册. jpg'); width: 960px; background - repeat: no - repeat;
          height: 400px">
          <tr>
              <td style = "width: 834px; height: 80px">
              </td>
              <td style = "width: 607px; height: 80px">
              </td>
              <td style = "width: 363px; height: 80px">
              </td>
              <td style = "width: 770px; height: 80px">
              </td>
              <td style = "width: 296px; height: 80px">
```

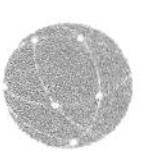

```
                </td>
            </tr>
            <tr>
                <td style = "width: 834px; height: 200px" >
                </td>
                <td style = "width: 607px; height: 200px" >
                </td>
                <td style = "width: 363px; height: 200px; text - align: left" valign = "top" >
                    <asp:UpdatePanel ID = "UpdatePanel1" runat = "server" >
                        <ContentTemplate >
                            <table border = "0" cellpadding = "0" cellspacing = "0" style = "width: 477px;
height: 40px;" >
                                <tr >
                                    <td style = "width: 88px; height: 20px; text - align: right" >
                                        <span style = "font - size: 10pt" >会 员 名: </span >
                                    </td >
                                    <td style = "height: 20px; text - align: left; width: 509px;" >
                                        <asp:TextBox onFocus = " tName( );" ID = " txtName" runat = "
server" Width = "89px" AutoPostBack = "True"
OnTextChanged = "txtName_TextChanged" > </asp:TextBox > <span style = " color: #ff0000" > * </span > <
asp:RequiredFieldValidator
                                        ID = "rfvName" runat = "server" ErrorMessage = "用户名不能
为空" Width = "1px"
ControlToValidate = "txtName" > * </asp:RequiredFieldValidator >
                                        <asp:Label ID = "labUser" runat = "server" Text = "只能输入
数字、字母、下画线" Width = "159px" Font - Size = "12px" > </asp:Label >
                                        <asp:Label ID = "labIsName" runat = "server" Font - Size = "
12px" > </asp:Label > </td >
                                    </tr >
                                </table >
                            </ContentTemplate >
                        </asp:UpdatePanel >
                        <table border = "0" cellpadding = "0" cellspacing = "0" style = "width: 428px; height:
140px;" >
                            <tr >
                                <td style = "width: 68px; height: 38px; text - align: right;" >
                                    <span style = " font - size: 10pt" >密      码: </
span > </td >
                                <td style = "width: 13px; height: 38px; text - align: left" >
                                    <asp:TextBox ID = "txtPass" runat = "server" onFocus = "tPass( );" on-
change = "passHint( )"
                                TextMode = " Password" Width = "88px" ontextchanged = " txtPass_
TextChanged" > </asp:TextBox > <span style = "color: #ff0000" > * </span > </td >
                                <td colspan = "2" style = "height: 38px" >
                                    <table id = "tab" border = "0" cellpadding = "0" cellspacing = "0" style
 = "width: 182px" >
                                        <tr >
                                            <td style = "width: 276px" >
                                                <span style = "font - size: 10pt" >密码强度: </span >
 </td >
                                            <td id = "r" style = "width: 100px" >
                                                <asp:Label ID = "labEbb" runat = "server" Text = "弱"
```

```
Width = "18px"  Font - Size = "12px" > </asp:Label > </td >
                                                    < td style = "width: 92px" >
                                                        < asp: Label ID = " labStrong"  runat = " server"  Text =
"强"  Width = "18px"  Font - Size = "12px" > </asp:Label > </td >
                                                    < td style = "width: 106px" >
                                                        </td >
                                                </tr >
                                            </table >
                                        </td >
                                    </tr >
                                    < tr style = "color: #000000" >
                                        < td style = "width: 68px; text - align: right;" >
                                            < span style = "font - size: 10pt" >确认密码: </span > </td >
                                        < td style = "width: 13px; text - align: left" >
                                            < asp:TextBox ID = "txtQpass"  runat = "server"  TextMode = "Password"
Width = "89px" > </asp:TextBox > < span
                                                style = "color: #ff0000" > * </span > </td >
                                        < td style = "width: 127px" >
                                            < asp:CompareValidator ID = "covPass"  runat = "server"  ControlToCom-
pare = "txtPass"
                                                ControlToValidate = "txtQpass"  ErrorMessage = "两次密码不一致"
Font - Size = "12px" > </asp:CompareValidator > </td >
                                        < td style = "width: 120px; color: #000000;" >
                                        </td >
                                    </tr >
                                    < tr style = "color: #000000" >
                                        < td style = "width: 68px; text - align: right;" >
                                            < span style = " font - size: 10pt" >昵      称: </
span > </td >
                                        < td style = "width: 13px; text - align: left" >
                                            < asp:TextBox ID = " txtNickname"  runat = " server"  onFocus = " tNick-
Name();"  Width = "89px" > </asp:TextBox > < span
                                                style = "color: #ff0000" > * </span > </td >
                                        < td style = "width: 127px" >
                                        </td >
                                        < td style = "width: 120px" >
                                        </td >
                                    </tr >
                                    < tr >
                                        < td style = "width: 68px; height: 21px; text - align: right;" >
                                            < span style = " font - size: 10pt" >性      别: </
span > </td >
                                        < td style = "width: 13px; height: 21px; text - align: left" >
                                                < asp:RadioButtonList ID = "radlistSex"  runat = "server"  RepeatDi-
rection = "Horizontal"
                                                    Width = "95px"  Font - Size = "12px" >
                                                    < asp:ListItem Selected = "True" > 男 </asp:ListItem >
                                                < asp:ListItem >女 </asp:ListItem >
                                            </asp:RadioButtonList > </td >
                                        < td style = "width: 127px; height: 21px" >
                                        </td >
                                        < td style = "width: 120px; height: 21px" >
```

 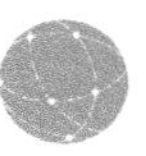

```
                        </td>
                    </tr>
                    <tr>
                        <td style = "width: 68px; height: 24px; text - align: right;" >
                            <span style = "font - size: 10pt" >电      话: </
span > </td >
                        <td style = "width: 13px; text - align: left; height: 24px;" >
                            <asp:TextBox onFocus = "tPhone( );" ID = "txtPhone" runat = "server"
Width = "89px" > </asp:TextBox > </td >
                        <td style = "width: 127px; height: 24px;" >
                        </td >
                        <td style = "width: 120px; height: 24px;" >
                        </td >
                    </tr >
                    <tr >
                        <td style = "width: 68px; text - align: right; height: 23px;" >
                            <span style = "font - size: 10pt" >E - mail : </span > </td >
                        <td style = "width: 13px; text - align: left; height: 23px;" >
                            <asp:TextBox ID = "txtEmail" onFocus = "tEmail( );" runat = "server"
Width = "89px" > </asp:TextBox > <span
                                style = "color: #ff0000" > * </span > </td >
                        <td style = "width: 127px; height: 23px;" >
                            <asp:RegularExpressionValidator ID = "revEmail" runat = "server" Con-
trolToValidate = "txtEmail"
                                ErrorMessage = "邮件格式不正确" ValidationExpression = "\w +
([ - +.']\w + ) * @ \w + ([ -.]\w + ) * \. \w + ([ -.]\w + ) * "
Font - Size = "12px" > </asp:RegularExpressionValidator > </td >
                        <td style = "width: 120px; height: 23px;" >
                        </td >
                    </tr >
                    <tr >
                        <td style = "width: 68px; text - align: right;" >
                            <span style = "font - size: 10pt" >所在城市: </span > </td >
                        <td style = "width: 13px; text - align: left" >
                            <asp:TextBox ID = "txtCity" onFocus = "tCity( );" runat = "server"
Width = "89px" > </asp:TextBox > </td >
                        <td style = "width: 127px" >
                        </td >
                        <td style = "width: 120px" >
                        </td >
                    </tr >
                    <tr >
                        <td style = "width: 68px; text - align: right;" >
                            <span style = "font - size: 10pt" >找回密码时的问题: </span > </td >
                        <td style = "width: 13px; text - align: left" >
                            <asp:TextBox ID = "txt_Question" runat = "server" Width = "89px" >
</asp:TextBox > </td >
                        <td style = "width: 127px" >
                        </td >
                        <td style = "width: 120px" >
                        </td >
                    </tr >
```

```
                                <tr>
                                    <td style="width: 68px; text-align: right;">
                                        <span style="font-size: 10pt">问题答案: </span> </td>
                                    <td style="width: 13px; text-align: left">
                                        <asp:TextBox ID="txt_Answer" runat="server" Width="89px"> </
asp:TextBox> </td>
                                    <td style="width: 127px">
                                    </td>
                                    <td style="width: 120px">
                                    </td>
                                </tr>
                                <tr>
                                    <td colspan="2" style="height: 35px; text-align: center">
                                        <asp:ImageButton ID="ibtn_Register" runat="server"
                                            ImageUrl=" ~/user_loginRegister/pic/btn 注册 .gif" onclick="
ibtn_Register_Click" />

                                              <asp:ImageButton ID="ibtn_Return"
runat="server"

                                            ImageUrl=" ~/user_loginRegister/pic/btn 返回 .gif"
                                            onclick="ibtn_Return_Click" />
                                    </td>
                                    <td style="width: 120px; height: 35px;">
                                         </td>
                                </tr>

                            </table>
                        </td>
                        <td align="center" style="width: 770px; height: 200px; text-align: left;" valign="top">
                            <div style="width: 200px;">
                                <span id="sp" style="font-size: 12px; color: BlueViolet;"> </span>
                            </div>
                        </td>
                        <td>
                        </td>
                    </tr>

                </table>
            </div>

</asp:Content>
```

后台代码如下。

```
using System;
using System.Collections;
using System.Configuration;
using System.Data;
using System.Linq;
using System.Web;
using System.Web.Security;
using System.Web.UI;
using System.Web.UI.HtmlControls;
using System.Web.UI.WebControls;
```

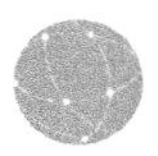

```
using System.Web.UI.WebControls.WebParts;
using System.Xml.Linq;

using System.Data.SqlClient;
using System.Text.RegularExpressions;
using System.Drawing;

public partial class user_loginRegister_Register : System.Web.UI.Page
{
    DBconnection dbcon = new DBconnection();
    protected void user_loginRegister_Load(object sender, EventArgs e)
    {

    }
protected void ibtn_Register_Click(object sender, ImageClickEventArgs e)
{
    //调用 isNameFormar 自定义方法判断输入的用户名是否满足要求
    if (isNameFormar())
    {
        //调用自定义 isName 方法判断用户名是否已存在
        if (isName())
        {
            //使用 Label 控件显示提示信息
            labIsName.Text = "用户名已存在!";
            //设置 Label 控件的颜色
            labIsName.ForeColor = System.Drawing.Color.Red;
            RegisterStartupScript("", "<script>alert('请正确填写信息!')</script>");
        }
        else
        {
            //获取用户填写的会员名
            string userName = txtName.Text;
            //获取用户填写的密码并使用 MD5 进行加密
            string userPass = FormsAuthentication.HashPasswordForStoringInConfigFile(txtPass.Text, "MD5");
            //获取昵称
            string nickname = txtNickname.Text.Trim();
            string sex = "";
            //获取用户选择的性别
            if (radlistSex.SelectedValue.Trim() == "男")
            {
                sex = "男";
            }
            else
            {
                sex = "女";
            }
            //获取电话号码
            string phone = txtPhone.Text.Trim();
            //获取电子邮件地址
            string email = txtEmail.Text.Trim();
            //获取所在城市
            string city = txtCity.Text.Trim();
```

```
            //找回密码时的问题和答案
            string str_question = this.txt_Question.Text.Trim();
            string str_answer = this.txt_Answer.Text.Trim();
            //创建 SQL 语句,该语句用来添加用户的详细信息
            string sqlIns = "insert into tb_userInfo values('" + userName + "','" + userPass + "','" + nick-
name + "','" + sex + "','" + phone + "','" + email + "','" + city + "','" + str_question + "','" + str
_answer + "','" + System.DateTime.Now + "')";
            //创建数据库连接
            SqlConnection Conn = new SqlConnection(dbcon.strConn);
            //打开数据库连接
            Conn.Open();
            //创建 SqlCommand 对象
            SqlCommand com = new SqlCommand(sqlIns, Conn);
            //判断 ExecuteNonQuery 方法返回的参数是否大于 0,大于 0 表示注册成功
            if (com.ExecuteNonQuery() > 0)
            {
                RegisterStartupScript("", "<script>alert('注册成功!')</script>");
                //清空文本框中的信息
                txtName.Text = txtNickname.Text = txtPhone.Text = txtEmail.Text = txtCity.Text = this.txt_
Question.Text = this.txt_Answer.Text = "";
                labIsName.Text = "";
                ///////写入 cookie
                HttpCookie user_cookie = new HttpCookie("user_name");
                user_cookie.Value = userName;
                user_cookie.Expires = System.DateTime.Now.AddMinutes(30);//cookie 时效 30 分钟
                Response.Cookies.Add(user_cookie);
                ///////////////////////////////
            }
            else
            {
                RegisterStartupScript("", "<script>alert('请正确填写信息!')</script>");
            }
        }
    }
    else
    {
        RegisterStartupScript("", "<script>alert('请正确填写信息!')</script>");
    }
}

protected bool isName()
{
    //创建一个布尔型变量并初始化为 false;
    bool blIsName = false;
    //创建 SQL 语句,该语句用来判断用户名是否存在
    string sqlSel = "select count(*) from tb_userInfo where userName='" + txtName.Text + "'";
    //创建数据库连接
    SqlConnection Conn = new SqlConnection(dbcon.strConn);
    //打开数据库连接
    Conn.Open();
    //创建 SqlCommand 对象
    SqlCommand com = new SqlCommand(sqlSel, Conn);
```

 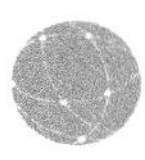

```
    //判断 ExecuteScalar 方法返回的参数是否大于0,大于表示用户名已存在
    if (Convert.ToInt32(com.ExecuteScalar()) > 0)
    {
        blIsName = true;
    }
    else
    {
        blIsName = false;
    }
    //返回布尔值变量
    return blIsName;

}

protected bool isNameFormar()
{
    //创建一个布尔型变量并初始化为 false;
    bool blNameFormar = false;
    //设置正则表达式
    Regex re = new Regex("^\\w+$");
    //使用 Regex 对象中的 IsMatch 方法判断用户名是否满足正则表达式
    if (re.IsMatch(txtName.Text))
    {
        //设置布尔变量为 true
        blNameFormar = true;
        //设置 label 控件的颜色
        labUser.ForeColor = System.Drawing.Color.Black;
    }
    else
    {
        labUser.ForeColor = System.Drawing.Color.Red;
        blNameFormar = false;
    }
    //返回布尔型变量
    return blNameFormar;
}

protected void txtName_TextChanged(object sender, EventArgs e)
{
    //判断用户名是否为空
    if (txtName.Text == "")
    {
        //使用 Label 控件给出提示
        labIsName.Text = "用户名不能为空";
        //设置 Label 控件的颜色
        labIsName.ForeColor = System.Drawing.Color.Red;
    }
    else
    {
        //调用自定义 isNameFormar 方法判断用户名是否满足格式要求
        if (isNameFormar())
        {
```

```
                //调用 isName 自定义方法判断用户名是否已注册
                if (isName())
                {
                    labIsName.Text = "用户名已存在!";
                    labIsName.ForeColor = System.Drawing.Color.Red;
                }
                else
                {
                    labIsName.Text = "可以注册!";
                    labIsName.ForeColor = System.Drawing.Color.Blue;
                }
            }
            else
            {
                labIsName.Text = "";
            }
        }

    }
    protected void ibtn_Return_Click(object sender, ImageClickEventArgs e)
    {
        Response.Redirect("~/user_loginRegister/userLogin.aspx");
    }

    /// <summary>
    /// 验证密码强度
    /// </summary>
    /// <param name="sender"></param>
    /// <param name="e"></param>
    protected void txtPass_TextChanged(object sender, EventArgs e)
    {
        if (this.txtPass.Text.Trim().Length < 6)
        {
            this.labEbb.BackColor = Color.Red;
            this.labStrong.BackColor = Color.White;
        }
        else
        {
            this.labEbb.BackColor = Color.White;
            this.labStrong.BackColor = Color.Red;
        }
    }
}
```

2.5 找回密码页面

找回密码页面如图 2.5 所示。

前台代码如下。

```
<%@ Page Language="C#" MasterPageFile="~/64Gua/GuaMasterPage.master" AutoEventWireup="true" CodeFile="GetPassPWD.aspx.cs" Inherits="user_loginRegister_GetPassPWD" Title="无标题页" %>
```

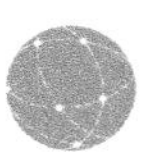

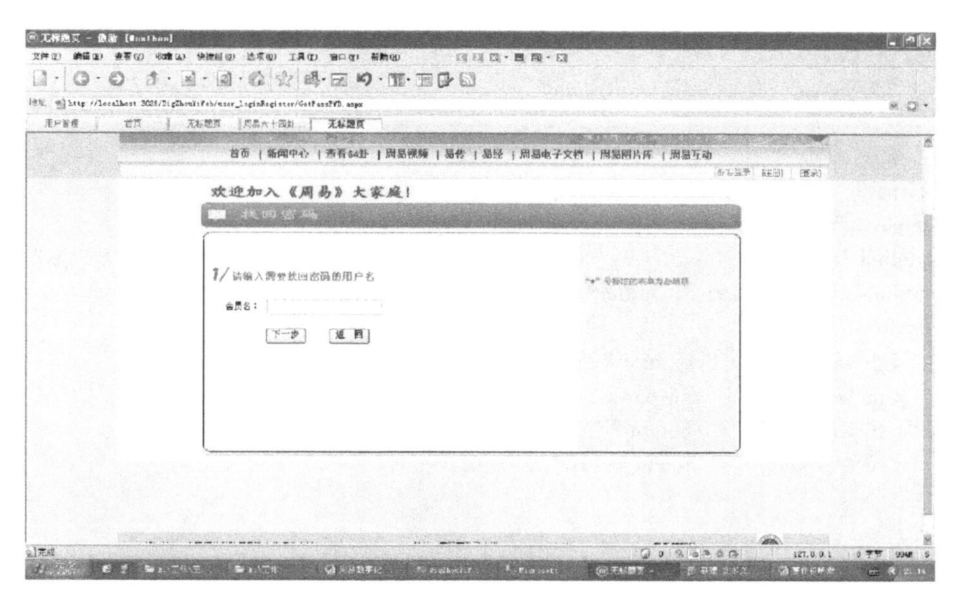

图 2.5　找回密码页面

```
< asp:Content ID = "Content1"  ContentPlaceHolderID = "head"  Runat = "Server" >

    < style type = "text/css" >
        . style1
        {
            width: 1000px;
            height: 53px;
        }
        . style2
        {
            width: 110px;
        }
        . style3
        {
            width: 100px;
        }
    < /style >

< /asp:Content >
< asp:Content ID = "Content2"  ContentPlaceHolderID = "ContentPlaceHolder1"  Runat = "Server" >
< div style = "text - align: center" >
    < table   border = "0"  cellpadding = "0"  cellspacing = "0"
        style = "background - image: url('pic/找回密码 . jpg'); width: 1003px; height: 500px; background - at-
tachment: inherit; background - repeat: no - repeat;" >
        < tr >
        < td class = "style3" >
            < /td >
            < td class = "style1" >
            < /td >
            < td class = "style2" >
            < /td >
```

```
</tr>

<tr>
  <td class = "style3" >
      </td>
  <td height = "254"  valign = "top"  background = "pic/tou_7. gif"  scope = "row" >
  <asp:Panel ID = "PanelInputName"  runat = "server"  Height = "50px"  Width = "829px" >
      <table width = "829px"  border = "0"  cellpadding = "0"  cellspacing = "0" >
      <tr>
        <th width = "29"  height = "23"  scope = "row" > </th>
        <td height = "23"  colspan = "5"  align = "center" > </td>
        <td width = "273"  height = "23" > </td>
        <td colspan = "4"  height = "12" > </td>
      </tr>
      <tr>
        <th align = "center"  scope = "row" >  </th>
        <td height = "61"  colspan = "5"  align = "center"  class = "biaozhunziti" > <label> <img src = "
pic/buzhou1. jpg"  width = "226"  height = "22"  /> </label> </td>
        <td>  </td>
        <td colspan = "4"  height = "12" > </td>
      </tr>
      <tr>
        <th height = "33"  scope = "row" >  </th>
        <td width = "86"  align = "right"  class = "biaozhunziti" >
            会员名: </td>
        <td colspan = "4" >
            <asp:TextBox ID = "txtName"  runat = "server"  Width = "155px" > </asp:TextBox>
        </td>


      </tr>
      <tr>
        <th height = "12"  scope = "row" > </th>
        <td height = "12"  class = "biaozhunziti" > </td>
        <td height = "12"  colspan = "4" > </td>
        <td colspan = "4"  height = "12" > </td>
      </tr>
      <tr>
        <td align = "center"  scope = "row"  style = "height: 26px" >  </td>
        <td align = "center"  scope = "row"  style = "height: 26px" >  </td>
        <td width = "70"  align = "center"  scope = "row"  style = "height: 26px" >
              <asp:Button ID = "btnNext"  runat = "server"  OnClick = "btnNext_Click"  Text = "下
一步"  /> </td>
        <td width = "12"  align = "center"  scope = "row"  style = "height: 26px" >  </td>
        <td width = "88"  align = "center"  scope = "row"  style = "height: 26px" >
                        <asp:Button ID = "btnNreturn"  runat = "server"  PostBackUrl = " ~/Default. aspx"
Text = "返回"  /> </td>
        <td width = "10"  align = "center"  scope = "row"  style = "height: 26px" >  </td>
        <td align = "center"  scope = "row"  style = "height: 26px" >  </td>
      </tr>
    </table>
        </asp:Panel>
```

```
            <asp:Panel ID = "PanelGetPass" runat = "server" Height = "124px" Visible = "False" Width
= "829px" >

              <table width = "829" border = "0" cellpadding = "0" cellspacing = "0" >
        <tr>
          <th width = "290" height = "16" scope = "row" > </th>
          <td height = "16" colspan = "5" align = "center" > </td>
          <td width = "27" height = "16" > </td>
          <td colspan = "4" height = "12" > </td>
        </tr>
        <tr>
          <th align = "center" scope = "row" >  </th>
          <td height = "54" colspan = "5" align = "center" class = "biaozhunziti" > <label>
              <img src = "pic/buzhou2. jpg" width = "218" height = "22" /> </label> </td>
          <td>  </td>

        </tr>
        <tr>
          <th height = "33" scope = "row" >  </th>
          <td align = "right" class = "biaozhunziti" style = "width: 97px" >密码提示问题: </td>
          <td colspan = "4" >
                      <asp:TextBox ID = "txtQuestion" runat = "server" Width = "157px" ReadOnly =
"True" > </asp:TextBox> </td>
          <td>  </td>
        </tr>
        <tr>
          <th scope = "row" style = "height: 33px" >  </th>
          <td align = "right" class = "biaozhunziti" style = "width: 97px; height: 33px" >密码提示答案:
</td>
          <td colspan = "4" style = "height: 33px" >
                      <asp:TextBox ID = "txtAnswer" runat = "server" Width = "157px" > </asp:Text-
Box> </td>
          <td style = "height: 33px" >  </td>
        </tr>
        <tr>
          <th scope = "row" style = "height: 33px" >  </th>
          <td align = "right" class = "biaozhunziti" style = "width: 97px; height: 33px" >找回的密码: </td>
          <td colspan = "4" style = "height: 33px" >
                      <asp: TextBox ID = " txtPass" runat = " server" Width = " 156px" ReadOnly =
"True" > </asp:TextBox> </td>
          <td style = "height: 33px" >  </td>
        </tr>
        <tr>
          <th height = "13" scope = "row" > </th>
          <td height = "13" class = "biaozhunziti" style = "width: 97px" > </td>
          <td height = "13" colspan = "4" > </td>
          <td height = "13" > </td>
        </tr>
        <tr>
          <td align = "center" scope = "row" style = "height: 24px" >  </td>
          <td align = "center" scope = "row" style = "height: 24px; width: 97px;" >  </td>
```

```
                    <td width="65" align="center" scope="row" style="height: 24px" >
                                    <asp:Button ID="btnGet" runat="server" Text="查找" OnClick="btnGet_
Click" /> </td>
                    <td width="12" align="center" scope="row" style="height: 24px" >  </td>
                    <td width="88" align="center" scope="row" style="height: 24px" >
                                    <asp:Button ID="btnReturn" runat="server" Text="返回" PostBackUrl="~/
Default.aspx" /> </td>
                    <td width="10" align="center" scope="row" style="height: 24px" >  </td>
                    <td align="center" scope="row" style="height: 24px" >  </td>
                  </tr>
                </table>

                    </asp:Panel>




              </td>
              <td class="style2" >
                  </td>
            </tr>

          </table>
        </div>

</asp:Content>
```

后台代码如下。

```
using System;
using System.Collections;
using System.Configuration;
using System.Data;
using System.Linq;
using System.Web;
using System.Web.Security;
using System.Web.UI;
using System.Web.UI.HtmlControls;
using System.Web.UI.WebControls;
using System.Web.UI.WebControls.WebParts;
using System.Xml.Linq;
using System.Data.SqlClient;

public partial class user_loginRegister_GetPassPWD : System.Web.UI.Page
{

    static int i = 0;
    protected void Page_Load(object sender, EventArgs e)
    {

    }
```

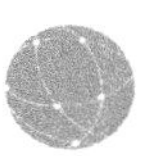

```
protected void btnNext_Click( object sender, EventArgs e)
{
    //调用自定义方法,并传入两个参数,用来查询用户名是否存在
    SqlDataReader sdr = getData( "select * from tb_userInfo where userName = @ value" , txtName. Text);
    //判读用户名是否存在
    if (sdr. Read())
    {
        //获取冻结密码找回的日期
        DateTime congeal ;
        if( sdr[ "congealDate" ]. ToString( ) = = "" )
        {
            congeal = DateTime. Now. AddHours( -25);
        }
        else
        {
            congeal = Convert. ToDateTime( sdr[ "congealDate" ]);
        }

        //创建 TimeSpan 对象,该对象表示两个时间的间隔
        TimeSpan ts = DateTime. Now - congeal;
        //获取两个时间的间隔以小时表示
        int hours = Convert. ToInt32( ts. TotalHours);
        //判断时间间隔是否大于 24 小时,如果大于将显示回答密码提示问题区域
        if (hours > 24)
        {
            //如果存在隐藏输入用户名区域
            PanelInputName. Visible = false;
            //显示找回密码区域
            PanelGetPass. Visible = true;
            //显示密码提示问题
        txtQuestion. Text = sdr[ "Question" ]. ToString( );
        }
        else
        {
            RegisterStartupScript( "" , " < script > alert('还有" + (24 - hours) + "小时后可以使用该功
能!!') </script > " );
        }
    }
    else
    {
        RegisterStartupScript( "false" , " < script > alert('用户名不存在!!') </script > " );
    }
}
protected void btnGet_Click( object sender, EventArgs e)
{
     + +i;  //该变量是公共的静态变量用来保存回答密码提示问题的次数
    //调用自定义方法,并传入两个参数,用来查询密码提示答案是否正确
    SqlDataReader sdr = getData( "select * from tb_userInfo where userName ='" + txtName. Text + "' and
Answer = @ value" , txtAnswer. Text);
        //判读密码提示答案是否存在
        if (sdr. Read())
        {
```

```
                //判断用户回答的密码提示问题是否正确
                if (txtAnswer.Text == sdr["Answer"].ToString())
                {
                    //显示会员的密码
                    txtPass.Text = sdr["Pass"].ToString();
                    RegisterStartupScript("true", "<script>alert('恭喜你密码已找回!!')</script>");
                }

        }
        else
        {
            //判断用户是否已回答了三次问题
            if (i < 3)
            {

                RegisterStartupScript("false", "<script>alert('提示答案错误!! 你还有" + (3 - i) + "次机会!')</script>");
            }
            else
            {

                i = 0;
                //创建 SQL 语句,更新会员回答密码提示问题的冻结时间
                string sql = " update tb_userInfo set congealDate ='" + DateTime.Now.ToString() + "' where userName ='" + txtName.Text + "'";
                //创建数据库连接
                SqlConnection con = new SqlConnection(ConfigurationManager.AppSettings["con"]);
                //打开数据连接
                con.Open();
                //创建 SqlCommand 对象
                SqlCommand com = new SqlCommand(sql, con);
                //执行 Sql 语句
                com.ExecuteNonQuery();
                RegisterStartupScript("false", "<script>alert('您 3 次回答问题的机会已用完! 在 24 小时后才可以使用此功能!');location='Default.aspx'</script>");
            }

        }
    }
    protected SqlDataReader getData(string sql, string value)
    {
        //创建数据库连接
        SqlConnection con = DBconnection.getcon();
        //打开数据库连接
        con.Open();
        //创建 sqlCommand 对象
        SqlCommand com = new SqlCommand(sql, con);
        //添加一个参数,并指定参数的类型及大小
        com.Parameters.Add(new SqlParameter("@value", SqlDbType.VarChar, 50));
        //设置参数的值
        com.Parameters["@value"].Value = value;
        //返回 DataReader 对象
```

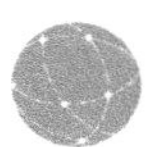

```
        return com. ExecuteReader( ) ;
    }

}
```

2.6　后台管理添加操作员页面

后台管理添加操作员页面如图 2.6 所示。

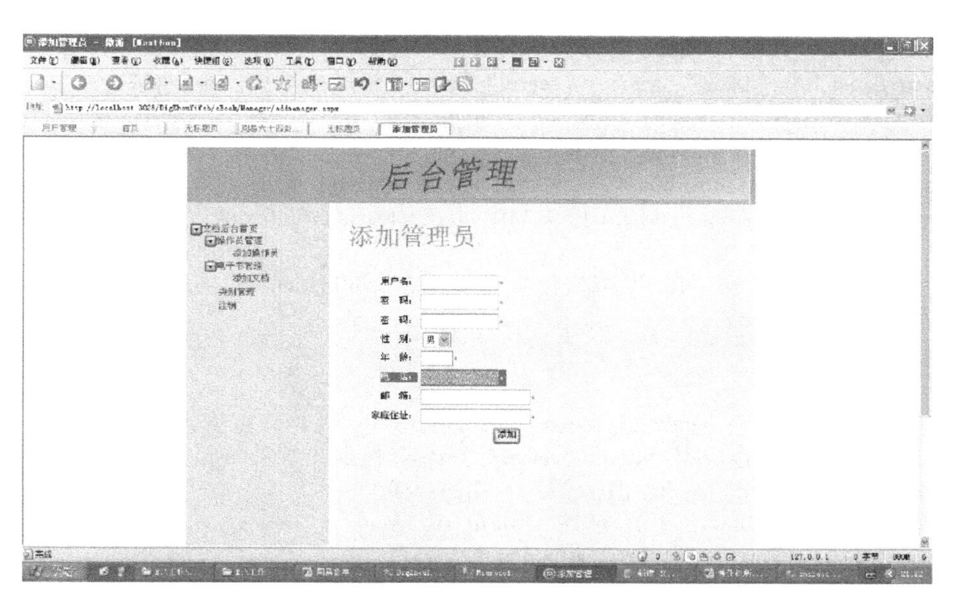

图 2.6　后台管理添加操作员页面

前台代码如下。

```
<% @ Page Language = "C#" MasterPageFile = " ~/eBook/Manager/ManagCenter. master" AutoEventWireup = "true"
CodeFile = "addmanager. aspx. cs" Inherits = "eBook_Manager_addmanager" Title = "添加管理员" % >

<asp:Content ID = "Content1" ContentPlaceHolderID = "head" Runat = "Server" >
</asp:Content>
<asp:Content ID = "Content2" ContentPlaceHolderID = "ContentPlaceHolder1" Runat = "Server" >

<br/> <br/>       <span style = "text - align:left; color:Red; font - size:
36px" >添加管理员 </span> <br/> <br/> <br/>
<table style = " text - align:center;width:585px;" >
<tr>
<td style = "width: 20% ; height: 21px; text - align: right" >
    <asp:Label ID = "Label1" runat = "server" Text = "用户名:" > </asp:Label> </td>
<td style = "width: 80% ; height: 21px; text - align: left" >
    <asp:TextBox ID = "TextBox1" runat = "server" Width = "104px" > </asp:TextBox> <span  style = " color:
red" > * </span>
    <asp:RequiredFieldValidator ID = "RequiredFieldValidator1" runat = "server" ControlToValidate = "TextBox1"
        ErrorMessage = "不能为空!" > </asp:RequiredFieldValidator> </td>
</tr>
    <tr>
        <td style = "width: 20% ; height: 21px; text - align: right" >
```

```
                <asp:Label ID="Label2" runat="server" Text="密码:"></asp:Label></td>
            <td style="width: 80%; height: 21px; text-align: left">
                <asp:TextBox ID="TextBox2" runat="server" Width="104px" MaxLength="16" TextMode="
Password"></asp:TextBox><span style=" color:red">*</span>
                <asp:RegularExpressionValidator ID="RegularExpressionValidator3" runat="server" ControlToVali-
date="TextBox2"
                    ErrorMessage="6~16位字母、数字、下画线!" ValidationExpression="^(\w){6,16}$"></
asp:RegularExpressionValidator></td>
        </tr>
        <tr>
            <td style="width: 20%; height: 21px; text-align: right">
                <asp:Label ID="Label7" runat="server" Text="密码:"></asp:Label></td>
            <td style="width: 80%; height: 21px; text-align: left">
                <asp:TextBox ID="TextBox3" runat="server" Width="104px" MaxLength="16" TextMode="
Password"></asp:TextBox><span style=" color:red">*</span>
                <asp:RegularExpressionValidator ID="RegularExpressionValidator4" runat="server" ControlToVali-
date="TextBox3"
                    ErrorMessage="6~16位字母、数字、下画线!" ValidationExpression="^(\w){6,16}$"></
asp:RegularExpressionValidator></td>
        </tr>
        <tr>
            <td style="width: 20%; height: 21px; text-align: right">
                <asp:Label ID="Label3" runat="server" Text="性别:"></asp:Label></td>
            <td style="width: 80%; height: 21px; text-align: left">
                 <asp:DropDownList ID="DropDownList1" runat="server">
                    <asp:ListItem>男</asp:ListItem>
                    <asp:ListItem>女</asp:ListItem>
                </asp:DropDownList></td>
        </tr>
        <tr>
            <td style="width: 20%; height: 21px; text-align: right">
                <asp:Label ID="Label4" runat="server" Text="年龄:"></asp:Label></td>
            <td style="width: 80%; height: 21px; text-align: left">
                <asp:TextBox ID="TextBox4" runat="server" Width="40px"></asp:TextBox><span style="
color:red">*</span>
                <asp:RequiredFieldValidator ID="RequiredFieldValidator4" runat="server" ControlToValidate="
TextBox4"
                    ErrorMessage="不能为空!"></asp:RequiredFieldValidator>
                <asp:RangeValidator ID="RangeValidator1" runat="server" ErrorMessage="年龄必须为0~100
的整数!" Type="Integer" ControlToValidate="TextBox4" MaximumValue="100" MinimumValue="0"></asp:
RangeValidator></td>
        </tr>

        <tr>
            <td style="width: 20%; height: 21px; text-align: right">
                <asp:Label ID="Label6" runat="server" Text="电话:"></asp:Label></td>
            <td style="width: 80%; height: 21px; text-align: left">
                <asp:TextBox ID="TextBox6" runat="server" Width="105px"></asp:TextBox><span style
=" color:red">*</span>
                <asp:RegularExpressionValidator ID="RegularExpressionValidator1" runat="server" ControlToVali-
date="TextBox6"
                    ErrorMessage="必须为正确格式的电话号码!" ValidationExpression="0\d{2,3}-\d{5,9}|0
```

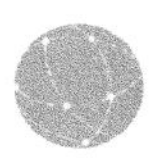

```
\d{2,3} - \d{5,9}" > </asp:RegularExpressionValidator> </td>
        </tr>
        <tr>
            <td style = "width: 20% ; height: 21px; text - align: right" >
                <asp:Label ID = "Label8" runat = "server" Text = "邮箱:" > </asp:Label> </td>
            <td style = "width: 80% ; height: 21px; text - align: left" >
                <asp:TextBox ID = "TextBox8" runat = "server" > </asp:TextBox> <span style = " color:red" > *
</span>
                <asp:RegularExpressionValidator ID = " RegularExpressionValidator2" runat = " server" ControlToVali-
date = "TextBox8"
                    ErrorMessage = "必须输入有效邮箱名!" ValidationExpression = "^[ \w - \. ]{2,25} \@ [ \w - ]
{2,35}(?:(?:\.(?:com|org|gov)(? = \. cn))|(?:\.[a - z]{2}(? = \. cn))|(?:\.(?:net)(?! \.)))?\.
(?:com|cn|mobi|tel|asia|net|org|name|me|tv|cc|hk|biz|info) $ " > </asp:RegularExpressionValidator> </td>
        </tr>
        <tr>
            <td style = "width: 20% ; height: 21px; text - align: right" >
                <asp:Label ID = "Label5" runat = "server" Text = "家庭住址:" > </asp:Label> </td>
            <td style = "width: 80% ; height: 21px; text - align: left" >
                <asp:TextBox ID = "TextBox5" runat = "server" > </asp:TextBox> <span style = " color:red" > *
</span>
                <asp:RequiredFieldValidator ID = " RequiredFieldValidator7" runat = " server" ControlToValidate = "
TextBox5"
                    ErrorMessage = "不能为空!" > </asp:RequiredFieldValidator> </td>
        </tr>
        <tr>
            <td colspan = "2" style = " height: 21px; text - align: center" >
                <div style = "margin - right:100px;" > <asp:Button ID = "Button1" runat = "server" Text = "添加"
OnClick = "Button1_Click" /> </div> </td>
            <td style = "width: 80% ; height: 21px; text - align: left" >
            </td>
        </tr>
        <tr>
            <td style = "width: 20% ; height: 21px; text - align: right" >
            </td>
            <td style = "width: 80% ; height: 21px; text - align: left" >
            </td>
        </tr>
        <tr>
            <td style = "width: 20% ; height: 21px; text - align: right" >
            </td>
            <td style = "width: 80% ; height: 21px; text - align: left" >
            </td>
            </tr>
</table>

</asp:Content>
```

后台代码如下。

```
using System;
using System. Collections;
using System. Configuration;
```

```
using System. Data;
using System. Linq;
using System. Web;
using System. Web. Security;
using System. Web. UI;
using System. Web. UI. HtmlControls;
using System. Web. UI. WebControls;
using System. Web. UI. WebControls. WebParts;
using System. Xml. Linq;

using System. Data. SqlClient;

public partial class eBook_Manager_addmanager : System. Web. UI. Page
{
    DBconnection dbcon = new DBconnection( );

    protected void Page_Load( object sender, EventArgs e)
    {
        if (Session[ "UserName" ] ! = null)
        {
            if (Session[ "UserName" ]. ToString( ) ! = "administrator" )
            {
                Response. Write( " < script laguage = 'javascript' > alert( '您没有此权限!') ; window. location. href
( 'Manager. aspx') </script > " ) ;
            }
        }
    }

    protected void Button1_Click( object sender, EventArgs e)
    {

        string uname = this. TextBox1. Text;
        string pwd = this. TextBox3. Text;
        string phone = this. TextBox6. Text;
        string email = this. TextBox8. Text;
        string sex = this. DropDownList1. SelectedValue. ToString( ) ;
        string adress = this. TextBox5. Text;
        int age = Convert. ToInt32( this. TextBox4. Text. Trim( ) ) ;

        if ( Page. IsValid)
        {
            checkuser( ) ;

            if ( checkuser( ) = = true)
            {
                //int roleid = 7;
                string strpwd = System. Web. Security. FormsAuthentication. HashPasswordForStoringInConfigFile
( pwd. Trim( ) , "md5" ). ToString( ). ToLower( ). Substring( 8, 16) ;
                adduser( uname, strpwd, age, sex, email, phone, adress) ;
                Response. Write( " < script laguage = 'javascript' > alert( '添加成功!') ; window. location. href( '
ManageUser. aspx') </script > " ) ;
```

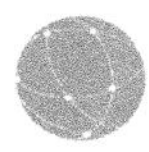

```
            }
            else
            {
                Response.Redirect("reg.aspx");
            }
        }

    }
    public void adduser( string Username, string Pwd, int Age, string Sex, string Email, string Phone, string Adress)
    {
        SqlConnection con = new SqlConnection(dbcon.strConn);
        con.Open();
        SqlCommand cmd = new SqlCommand("addmanager", con);
        cmd.CommandType = CommandType.StoredProcedure;

        SqlParameter unparameter = cmd.Parameters.Add("@username", SqlDbType.NVarChar, 16);
        unparameter.Value = Username;
        SqlParameter Adparameter = cmd.Parameters.Add("@address", SqlDbType.NVarChar, 200);
        Adparameter.Value = Adress;
        SqlParameter Phparameter = cmd.Parameters.Add("@phone", SqlDbType.NVarChar, 26);
        Phparameter.Value = Phone;
        //SqlParameter Rparameter = cmd.Parameters.Add("@roleid", SqlDbType.Int);
        //Rparameter.Value = Roleid;
        SqlParameter Aparameter = cmd.Parameters.Add("@Age", SqlDbType.Int);
        Aparameter.Value = Age;
        SqlParameter Sparameter = cmd.Parameters.Add("@sex", SqlDbType.NVarChar, 2);
        Sparameter.Value = Sex;
        SqlParameter Eparameter = cmd.Parameters.Add("@email", SqlDbType.NVarChar, 30);
        Eparameter.Value = Email;
        SqlParameter Pparameter = cmd.Parameters.Add("@pwd", SqlDbType.NVarChar, 64);
        Pparameter.Value = Pwd;
        try
        {
            cmd.ExecuteNonQuery();
        }
        catch (Exception e1)
        {
            Response.Write(e1.Message);
        }
        con.Close();


    }
    //检查用户名是否已存在
    public bool checkuser()
    {
        string username = this.TextBox1.Text.ToString();
        if (IsUsed(username) == = true)
        {
            Label8.Text = "该用户名已被使用,请确认";
            Label8.Visible = true;
```

```
            return false;
        }
        else
        {
            return true;
        }
    }
    public bool IsUsed(string uname)
    {
        SqlConnection con = new SqlConnection(dbcon.strConn);

        con.Open();
        //SqlCommand cmd = new SqlCommand("select count(*) from ", con);
        SqlCommand cmd = new SqlCommand("checkmanager", con);
        cmd.CommandType = CommandType.StoredProcedure;
        SqlParameter unparameter = cmd.Parameters.Add("@username", SqlDbType.NVarChar, 16);
        unparameter.Value = uname;
        SqlDataReader dr = cmd.ExecuteReader();
        try
        {
            if (dr.Read())
            {
                return true;
            }
            else
            {
                return false;
            }
        }
        finally
        {
            dr.Close();
            con.Close();
        }
    }

}
```

2.7 图片管理页面

图片管理页面如图 2.7 所示。

前台代码如下。

```
<%@ Page Language="C#" MasterPageFile="~/64Gua/GuaMasterPage.master" EnableEventValidation="false"
AutoEventWireup="true" CodeFile="UserPicManIndex.aspx.cs" Inherits="PicManager_UserPicManIndex" Title="
周易图片管理" %>

<asp:Content ID="Content1" ContentPlaceHolderID="head" Runat="Server">
    <link href="css/css.css" rel="stylesheet" type="text/css" />
</asp:Content>
```

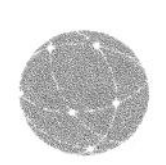

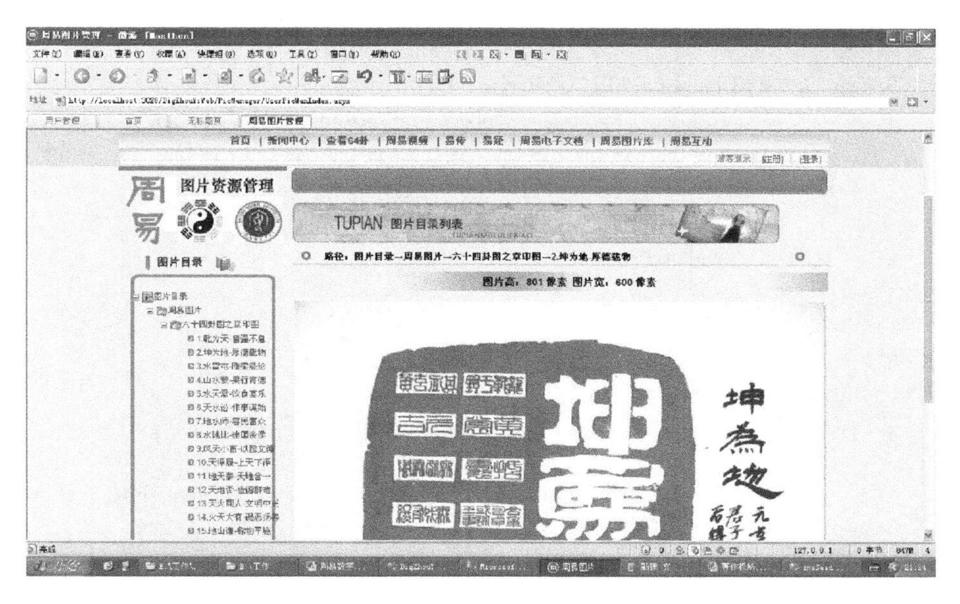

图 2.7　图片管理页面

```
<asp:Content ID = "Content2" ContentPlaceHolderID = "ContentPlaceHolder1" Runat = "Server" >


    <table  border = "0" cellpadding = "0" cellspacing = "0" align = "center" style = "width: 1000px; padding:
0px; margin: 0px" >
        <tr >
            <td width = "240" height = "846" align = "left" valign = "top" >
                <table width = "240" border = "0" cellpadding = "0" cellspacing = "0" align = "center" >
                    <tr >
                        <td height = "118" colspan = "2" valign = "top" >
                            <img src = "images/logo. jpg"  / > </td >
                    </tr >
                    <tr >
                        <td width = "2" rowspan = "4" valign = "top" >
                              </td >
                        <td width = "208" height = "38" valign = "top" >
                            <img src = "images/tpml. jpg" width = "202" height = "38" / > </td >
                    </tr >
                    <tr >
                        <td width = "238" height = "12" valign = "top" >
                            <img src = "images/bbg1. jpg" width = "238" height = "12" / > </td >
                    </tr >
                    <tr >
                        <td height = "630" align = "left" valign = "top" background = "images/bbg2. jpg"
                            class = "redFont" style = "padding: 0px 0px 0px 10px" >
                            <br/ >
                            <asp:TreeView ID = "treeList" runat = "server" Height = "195px" OnSelected-
NodeChanged = "treeList_SelectedNodeChanged"
                                Width = "109px" CssClass = "redFont" ForeColor = "Red" >
                                <RootNodeStyle ForeColor = "Red" / >
                            </asp:TreeView >
                        </td >
```

```
                        < /tr >
                        < tr >
                            < td height = "12"  valign = "top" >
                                < img src = "images/bbg3. jpg"  width = "238"  height = "12"  / > < /td >
                        < /tr >
                        < tr >
                            < td colspan = "2"  valign = "top" >
                                  < /td >
                        < /tr >
                    < /table >
                < /td >
                < td width = "760"  valign = "top" >
                    < table width = "760px"  border = "0"  cellpadding = "0"  cellspacing = "0" >
                        < tr >
                            < td height = "46"  colspan = "3"  background = "images/dhbg. jpg"  width = "760" >
                            < /td >
                        < /tr >
                        < tr >
                            < td height = "71"  colspan = "3"  valign = "top" >
                                < img src = "images/tp. jpg"  width = "695"  height = "70"  / > < /td >
                        < /tr >
                        < tr >
                            < td height = " 30 "  colspan = " 2 "  valign = " middle "  background = " images/1jbg. jpg" >
                                < span class = "b" >            路径: < asp:Label ID = "lblPath"  runat = "server"  Text = "Label" > < /asp:Label > < /span > < /td >
                        < /tr >
                        < tr >
                            < td colspan = "2"  valign = "top" >
                                < form id = "form2"  name = "form1"  method = "post"  action = "" >
                                    < table width = "757"  border = "0"  cellpadding = "0"  cellspacing = "0" >
                                        < tr >
                                            < td   height = "44"  valign = "middle"  background = "images/btbg. jpg"  class = "C"
                                                align = "center" >
                                                       
                                                < asp:Label ID = "lblWidth"  runat = "server"  Text = "Label" > < /asp:Label >
                                                < asp:Label ID = "lblHeight"  runat = "server"  Text = "Label" > < /asp:Label > < /td >
                                        < /tr >

                                        < tr >
                                            < td   height = "600"  width = "750"  valign = "top"  style = "padding - right: 5px; padding - left: 5px;
                                                background - image: url( images/zpbg. jpg); padding - bottom: 5px; margin: 5px; padding - top: 5px;
                                                background - repeat: no - repeat"  align = "center" >
                                                < asp: Image ID = "imagePic"  runat = "server"  Height = "550px"  Width = "745px"  / >

                                            < /td >
```

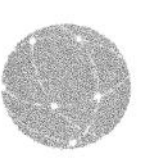

```
                                    </tr>
                                </table>
                            </form>
                        </td>
                    </tr>
                </table>
            </td>
        </tr>
    </table>

</asp:Content>
```

后台代码如下。

```
using System;
using System.Collections;
using System.Configuration;
using System.Data;
using System.Linq;
using System.Web;
using System.Web.Security;
using System.Web.UI;
using System.Web.UI.HtmlControls;
using System.Web.UI.WebControls;
using System.Web.UI.WebControls.WebParts;
using System.Xml.Linq;

using System.Net;
using System.Drawing;
using System.IO;

public partial class PicManager_UserPicManIndex : System.Web.UI.Page
{
    //声明数据库操作类对象
    ImageDataBase imgData = new ImageDataBase();
    //声明图片设置类对象
    PictureSet pSet = new PictureSet();
    //声明图片存储字段
    static string savePicPath = "";

    protected void Page_Load(object sender, EventArgs e)
    {
        if (! Page.IsPostBack)
        {
            this.lblPath.Text = "";
            //调用自定义方法
            BindListView(treeList);
        }
    }
    /// <summary>
    /// 自定义方法,绑定 TreeView 控件
    /// </summary>
```

```
/// <param name="treeView"></param>
public void BindListView(TreeView treeView)
{
    //清空树的所有节点
    treeView.Nodes.Clear();
    //创建根节点
    TreeNode rootNode = new TreeNode();
    rootNode.Text = "图片目录";
    rootNode.Value = "1";
    rootNode.ImageUrl = "Image/Root.gif";
    //展开所有节点
    rootNode.Expanded = true;
    rootNode.Selected = true;
    //添加根节点
    treeView.Nodes.Add(rootNode);
    // 获取所有节点信息
    DataTable dataTable = imgData.GetPicInfo();
    //创建其他节点
    CreateChildNode(rootNode, dataTable);
}
/// <summary>
/// 为 TreeView 控件绑定子节点(递归)
/// </summary>
/// <param name="parentNode"></param>
/// <param name="dataTable"></param>
private void CreateChildNode(TreeNode parentNode, DataTable dataTable)
{
    DataRow[] rowList = dataTable.Select("ParentID='" + parentNode.Value + "'");
    foreach (DataRow row in rowList)
    {  //创建新节点
        TreeNode node = new TreeNode();
        //设置节点的属性
        node.Text = row["ImgName"].ToString();
        node.Value = row["ImgID"].ToString();
        if (row["isDir"].ToString() == "True")
        {
            node.Expanded = true;
            node.Target = "_self";
            node.ImageUrl = "Image/Dir.gif";
        }
        else
        {
            node.Target = "_blank";
            node.ImageUrl = "Image/Picture.gif";
        }
        node.ImageToolTip = row["ImgUrl"].ToString();
        parentNode.ChildNodes.Add(node);
        //递归调用,创建其他节点
        CreateChildNode(node, dataTable);
    }
}
```

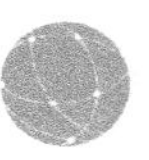

```
protected void treeList_SelectedNodeChanged(object sender, EventArgs e)
{
    if (treeList.SelectedNode.ImageToolTip != "")
    {
        //存放到临时文件中
        string pPath = treeList.SelectedNode.ImageToolTip;
        // 临时文件夹是否存放临时文件
        if (! System.IO.File.Exists (Server.MapPath (@" Pictures \ temp \" + pPath.Substring (9,
pPath.Length - 9))))
            System.IO.File.Copy(Server.MapPath (pPath), Server.MapPath (@" Pictures \ temp \" +
pPath.Substring(9, pPath.Length - 9)), true);

        imagePic.ImageUrl = @"Pictures\temp\" + pPath.Substring(9, pPath.Length - 9);
        savePicPath = treeList.SelectedNode.ImageToolTip;
        imagePic.Visible = true;
        //Response.Write(Server.MapPath(imagePic.ImageUrl));
        //Response.End();
        //获取图片尺寸
        FileWebRequest q = (FileWebRequest) FileWebRequest.Create (Server.MapPath (imagePic.Ima-
geUrl));
        FileWebResponse p = (FileWebResponse)q.GetResponse();

        System.Drawing.Image image = System.Drawing.Image.FromStream(p.GetResponseStream());
        lblHeight.Text = "图片宽:" + image.Height.ToString() + "   像素";
        lblWidth.Text = "图片高:" + image.Width.ToString() + "   像素";
    }
    //在根节点
    if (treeList.SelectedNode.Depth == 0)
        lblPath.Text = treeList.SelectedNode.Text;
    //在二级节点
    if (treeList.SelectedNode.Depth == 1)
        lblPath.Text = treeList.SelectedNode.Parent.Text + "→" + treeList.SelectedNode.Text;
    //在三级节点
    if (treeList.SelectedNode.Depth == 2)
        lblPath.Text = treeList.SelectedNode.Parent.Parent.Text + "→" + treeList.SelectedNode.Parent.
Text + "→" + treeList.SelectedNode.Text;
    //在四级节点
    if (treeList.SelectedNode.Depth == 3)
        lblPath.Text = treeList.SelectedNode.Parent.Parent.Parent.Text + "→" + treeList.SelectedNode.
Parent.Parent.Text + "→" + treeList.SelectedNode.Parent.Text + "→" + treeList.SelectedNode.Text;

}


protected void imgBtnPicSet_Click(object sender, ImageClickEventArgs e)
{
    //设置整个目录图片文件,
    if (treeList.SelectedNode == null)
    {
        ///显示提示信息
        Response.Write("<script>window.alert('请选择合适的目录添加')</script>");
```

```
            return;
        }
        else if (! imgData. CheckDir(treeList. SelectedValue))        //对选择的图片进行设置水印
        {
            //设置水印图片
            imagePic. ImageUrl = "";
            imagePic. Dispose();

            pSet. WaterMark(Server. MapPath(savePicPath));
            imagePic. ImageUrl = savePicPath;
        }
        else        //对选中的目录进行设置水印
        {
            foreach (DataRow dr in imgData. GetPicture(treeList. SelectedValue). Rows)
            {
                pSet. WaterMark(Server. MapPath(dr[0]. ToString()));
                imagePic. ImageUrl = savePicPath;
            }
        }
    }

    protected void imgBtnAddPicture_Click(object sender, ImageClickEventArgs e)
    {
        if (treeList. SelectedNode == null)
        {
            //显示提示信息
            Response. Write("<script>window. alert('请选择合适的目录上传')</script>");
            return;
        }
        else if (! imgData. CheckDir(treeList. SelectedValue))
        {
            //显示提示信息
            Response. Write("<script>window. alert('请选择合适的目录上传')</script>");
            return;
        }
        Response. Redirect("Upload. aspx? ImgID=" + treeList. SelectedValue);
    }
    protected void imgBtnNewDir_Click(object sender, ImageClickEventArgs e)
    {
        if (treeList. SelectedNode == null)
        {
            ///显示提示信息
            Response. Write("<script>window. alert('请选择合适的目录添加')</script>");
            return;
        }
        else if (! imgData. CheckDir(treeList. SelectedValue))
        {
            //显示提示信息
            Response. Write("<script>window. alert('请选择合适的目录添加')</script>");
            return;
        }
        Response. Redirect("BuildingDirectory. aspx? ImgID=" + treeList. SelectedValue);
```

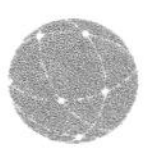

```
    }
    protected void ImageButton2_Click(object sender, ImageClickEventArgs e)
    {
        if (treeList.SelectedNode == null)
        {
            ///显示提示信息
            Response.Write("<script>window.alert('请选择合适的修改项目')</script>");
            return;
        }
        else if (treeList.SelectedValue == "1")
        {
            //显示提示信息
            Response.Write("<script>window.alert('根目录不能修改名称')</script>");
            return;
        }

        Response.Redirect("Edit.aspx?" +
                                    "ImgID=" + treeList.SelectedValue + "&" +
                                    "ImgName=" + Server.HtmlEncode(treeList.SelectedNode.Text));
    }
    protected void imgBtnDeleteNode_Click(object sender, ImageClickEventArgs e)
    {
        if (treeList.SelectedNode == null)
        {
            //显示提示信息
            Response.Write("<script>window.alert('请选择合适的删除对象')</script>");
            return;
        }
        else if (treeList.SelectedValue == "1")
        {
            //显示提示信息
            Response.Write("<script>window.alert('根目录不能删除')</script>");
            return;
        }
        else if (imgData.CheckChildNode(treeList.SelectedValue))
        {
            //显示提示信息
            Response.Write("<script>window.alert('请先删除目录下的文件和子目录')</script>");
            return;
        }
        // 删除节点
        imgData.DeleteNode(treeList.SelectedValue);
        try
        {
System.IO.File.Delete(Server.MapPath(treeList.SelectedNode.ImageToolTip));
            // 显示提示信息
            Response.Write("<script>window.alert('删除成功!')</script>");
        }
        catch (Exception ex)
        {
        }
        BindListView(treeList);
```

```
            imagePic.Visible = false;
        }
}
```

2.8 数据库后台代码

后台代码如下。

```
using System;
using System.Data;
using System.Configuration;
using System.Linq;
using System.Web;
using System.Xml.Linq;
using System.Data.SqlClient;
using System.Collections;

namespace DBMan
{
    /// <summary>
    ///DBHelper 的摘要说明 数据库操作类
    /// </summary>
    public class DBHelper
    {
        protected static string conString = "Data Source=localhost;Initial Catalog=zmsSeed;Persist Security Info=True;User ID=sa;Password=123456";

        #region 构造 DBHelper 对象
        /// <summary>
        /// 构造 DBHelper 对象
        /// </summary>
        public DBHelper()
        {
            //
            //TODO: 在此处添加构造函数逻辑
            //
        }
        #endregion

        #region  执行查询返回查询结果

        // <summary>
        //执行 SQL 语句,返回查询结果的个数
        // </summary>
        // <returns>影响的记录数</returns>
        public int ExecuteSelect(string StrSql, params SqlParameter[] cmdParms)
        {
            using (SqlConnection connection = new SqlConnection(conString))
            {
                using (SqlCommand cmd = new SqlCommand())
                {
```

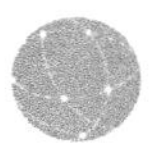

```
                connection.Open();
                PrepareCommand(cmd, connection, StrSql, cmdParms);
                int rows;
                try
                {
                    rows = (int)cmd.ExecuteScalar();
                }
                catch (Exception e)
                {
                    throw new Exception(e.Message);
                }
                finally
                {
                    connection.Close();
                }
                cmd.Parameters.Clear();
                return rows;
            }
        }
    }

#endregion

#region  执行数据库命令  返回影响的记录数
//<summary>
//执行SQL语句,返回影响的记录数  返回int类型
//</summary>
public int ExecuteSql(string StrSql, string conString)
{
    using (SqlConnection connection = new SqlConnection(conString))
    {
        using (SqlCommand cmd = new SqlCommand(StrSql, connection))
        {
            connection.Open();
            int rows = 0;
            try
            {
                rows = cmd.ExecuteNonQuery();
            }
            catch (Exception ex)
            {
                throw new Exception(ex.Message);
            }
            finally
            {
                connection.Close();
            }

            return rows;
        }
    }
}
```

```
// < summary >
//执行 SQL 语句,返回影响的记录数    返回 string 类型
// < /summary >
public string strExecuteSql( string StrSql, string conString)
{
    try
    {
        using (SqlConnection connection = new SqlConnection(conString))
        {
            using (SqlCommand cmd = new SqlCommand(StrSql, connection))
            {
                connection. Open( ) ;
                int rows = cmd. ExecuteNonQuery( ) ;
                return rows. ToString( ) ;
            }
        }
    }
    catch (Exception ex)
    {
        return ex. Message;
    }
}


// < summary >
//执行 SQL 语句,返回影响的记录数
// < /summary >
// < param name = " StrSql" > SQL 语句 < /param >
// < returns > 影响的记录数 < /returns >
public int ExecuteSql( string StrSql)
{
    using (SqlConnection connection = new SqlConnection(conString))
    {
        using (SqlCommand cmd = new SqlCommand(StrSql, connection))
        {
            connection. Open( ) ;
            int rows;
            try
            {
                rows = cmd. ExecuteNonQuery( ) ;
            }
            catch (Exception ex)
            {
                throw new Exception(ex. Message) ;
            }
            finally
            {
                connection. Close( ) ;
            }
            return rows;
        }
    }
```

 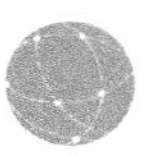

```
}

// <summary>
//执行 SQL 语句,返回影响的记录数
// </summary>
// <returns>影响的记录数</returns>
public int ExecuteSql(string StrSql, params SqlParameter[] cmdParms)
{
    using (SqlConnection connection = new SqlConnection(conString))
    {
        using (SqlCommand cmd = new SqlCommand())
        {
            connection.Open();
            PrepareCommand(cmd, connection, StrSql, cmdParms);
            int rows;
            try
            {
                rows = cmd.ExecuteNonQuery();
            }
            catch (Exception e)
            {
                throw new Exception(e.Message);
            }
            finally
            {
                connection.Close();
            }
            cmd.Parameters.Clear();
            return rows;
        }
    }
}
#endregion


#region  执行数据库查询语句 返回 object 类型
// <summary>
//执行一条计算查询结果语句,返回查询结果(object)
// </summary>
// <param name="StrSql">计算查询结果语句</param>
// <returns>查询结果(object)</returns>
public object GetSingle(string StrSql)
{
    using (SqlConnection connection = new SqlConnection(conString))
    {
        using (SqlCommand cmd = new SqlCommand(StrSql, connection))
        {
            connection.Open();
            object obj;
            try
            {
                obj = cmd.ExecuteScalar();
```

```
                }
                catch (Exception ex)
                {
                    throw new Exception(ex. Message);
                }
                finally
                {
                    connection. Close();
                }
                if ((Object. Equals(obj, null)) || (Object. Equals(obj, System. DBNull. Value)))
                {
                    return null;
                }
                else
                {
                    return obj;
                }
            }
        }
    }


// <summary>
//执行一条计算查询结果语句,返回查询结果(object),返回首行首列的值;
// </summary>
// <returns>影响的记录数</returns>
public object ExecuteScalar(string StrSql, params SqlParameter[] cmdParms)
{
    using (SqlConnection connection = new SqlConnection(conString))
    {
        using (SqlCommand cmd = new SqlCommand())
        {
            connection. Open();
            PrepareCommand(cmd, connection, StrSql, cmdParms);
            object obj;
            try
            {
                obj = cmd. ExecuteScalar();
            }
            catch (Exception e)
            {
                throw new Exception(e. Message);
            }
            finally
            {
                connection. Close();
                cmd. Parameters. Clear();
            }
            return obj;
        }
    }
```

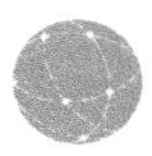

```
}
#endregion

#region 执行查询语句,返回 SqlDataReader
//// <summary>
/// 执行查询语句,返回 SqlDataReader
/// </summary>
/// <param name="strSQL">查询语句</param>
/// <returns>SqlDataReader</returns>
public SqlDataReader ExecuteReader(string strSQL)
{
    SqlConnection connection = new SqlConnection(conString);
    SqlCommand cmd = new SqlCommand(strSQL, connection);
    try
    {
        connection.Open();
        SqlDataReader myReader = cmd.ExecuteReader(CommandBehavior.CloseConnection);
        return myReader;
    }
    catch (System.Data.SqlClient.SqlException e)
    {
        throw new Exception(e.Message);
    }
    finally
    {
        connection.Close();
    }

}

//// <summary>
/// 执行查询语句,返回 SqlDataReader
/// </summary>
/// <param name="strSQL">查询语句</param>
/// <returns>SqlDataReader</returns>
public SqlDataReader ExecuteReader(string SQLString, params SqlParameter[] cmdParms)
{
    SqlConnection connection = new SqlConnection(conString);
    SqlCommand cmd = new SqlCommand();
    connection.Open();
    try
    {
        PrepareCommand(cmd, connection, SQLString, cmdParms);
        SqlDataReader myReader = cmd.ExecuteReader(CommandBehavior.CloseConnection);
        cmd.Parameters.Clear();
        return myReader;
    }
    catch (System.Data.SqlClient.SqlException e)
    {
        throw new Exception(e.Message);
    }
    finally
```

```
        {
            connection. Close( ) ;
        }

    }
    #endregion

    #region 执行查询语句,返回 DataSet
    //// <summary>
    /// 执行查询语句,返回 DataSet
    /// </summary>
    /// <param name="SQLString">查询语句</param>
    /// <returns>DataSet</returns>
    public DataSet GetDataSet( string SQLString)
    {
        using (SqlConnection connection = new SqlConnection( conString) )
        {
            DataSet ds = new DataSet( ) ;
            try
            {
                connection. Open( ) ;
                SqlDataAdapter adapter = new SqlDataAdapter( SQLString, connection) ;
                adapter. Fill( ds, "ds" ) ;
                connection. Close( ) ;
                return ds;
            }
            catch (System. Data. SqlClient. SqlException ex)
            {
                throw new Exception( ex. Message) ;
            }
            finally
            {
                connection. Close( ) ;
            }

        }
    }
    //// <summary>
    /// 执行查询语句,返回 DataSet
    /// </summary>
    /// <param name="SQLString">查询语句</param>
    /// <returns>DataSet</returns>
    public DataSet GetDataSet( string SQLString, params SqlParameter[ ] cmdParms)
    {
        using (SqlConnection connection = new SqlConnection( conString) )
        {
            DataSet ds = new DataSet( ) ;
            SqlCommand cmd = new SqlCommand( ) ;
            try
            {
                connection. Open( ) ;
                PrepareCommand( cmd, connection, SQLString, cmdParms) ;
```

 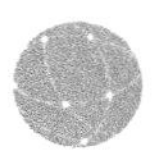

```
                SqlDataAdapter adapter = new SqlDataAdapter(SQLString, connection);
                adapter.Fill(ds, "ds");

                connection.Close();
                return ds;
            }
            catch (System.Data.SqlClient.SqlException ex)
            {
                throw new Exception(ex.Message);
            }
            finally
            {
                connection.Close();
            }

        }
    }
    #endregion

    #region 准备数据
    /// <summary>
    /// 准备数据库操作数据
    /// </summary>
    /// <param name="cmd"></param>
    /// <param name="connection"></param>
    /// <param name="StrSql"></param>
    /// <param name="cmdParms"></param>
    protected void PrepareCommand(SqlCommand cmd, SqlConnection connection, string StrSql, params SqlPa-
rameter[] cmdParms)
    {
        cmd.Connection = connection;
        cmd.CommandText = StrSql;
        cmd.CommandType = CommandType.Text;
        if (cmdParms != null)
        {
            foreach (SqlParameter param in cmdParms)
                cmd.Parameters.Add(param);
        }
    }

    /// <summary>
    /// 准备数据
    /// </summary>
    /// <param name="cmd"></param>
    /// <param name="conn"></param>
    /// <param name="trans"></param>
    /// <param name="cmdText"></param>
    /// <param name="cmdParms"></param>
    private void PrepareCommand(SqlCommand cmd, SqlConnection conn, SqlTransaction trans, string cmdText,
params SqlParameter[] cmdParms)
```

```
{
    if (conn. State ! = ConnectionState. Open)
        conn. Open( ) ;
    cmd. Connection = conn;
    cmd. CommandText = cmdText;
    if (trans ! = null)
        cmd. Transaction = trans;
    cmd. CommandType = CommandType. Text;//cmdType;
    if (cmdParms ! = null)
    {
        foreach (SqlParameter parm in cmdParms)
            cmd. Parameters. Add(parm) ;
    }
}
#endregion

#region 执行多条 SQL 语句,实现数据库事务
/// <summary>
/// 执行多条 SQL 语句,实现数据库事务。
/// </summary>
/// <param name = "SQLStringList" >多条 SQL 语句 </param>
public void ExecuteSqlTran( ArrayList SQLStringList)
{
    using (SqlConnection conn = new SqlConnection(conString))
    {
        conn. Open( ) ;
        SqlCommand cmd = new SqlCommand( ) ;
        cmd. Connection = conn;
        SqlTransaction tx = conn. BeginTransaction( ) ;
        cmd. Transaction = tx;
        try
        {
            for (int n = 0; n < SQLStringList. Count; n + +)
            {
                string strsql = SQLStringList[n]. ToString( ) ;
                if (strsql. Trim( ). Length > 1)
                {
                    cmd. CommandText = strsql;
                    cmd. ExecuteNonQuery( ) ;
                }
            }
        tx. Commit( ) ;
        }
    catch (System. Data. SqlClient. SqlException E)
        {
        tx. Rollback( ) ;
        throw new Exception(E. Message) ;
        }
    finally
        {
        conn. Close( ) ;
        }
```

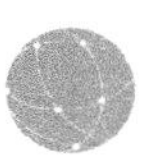

```
        }
    }


    //// <summary>
    /// 执行多条SQL语句,实现数据库事务。
    /// </summary>
    /// <param name="SQLStringList">SQL语句的哈希表(key为sql语句,value是该语句的SqlParameter[])</param>
    public void ExecuteSqlTran(Hashtable SQLStringList)
    {
        using (SqlConnection conn = new SqlConnection(conString))
        {
            conn.Open();
            using (SqlTransaction trans = conn.BeginTransaction())
            {
                SqlCommand cmd = new SqlCommand();
                try
                {
                    //循环
                    foreach (DictionaryEntry myDE in SQLStringList)
                    {
                        string cmdText = myDE.Key.ToString();
                        SqlParameter[] cmdParms = (SqlParameter[])myDE.Value;
                        PrepareCommand(cmd, conn, trans, cmdText, cmdParms);
                        int val = cmd.ExecuteNonQuery();
                        cmd.Parameters.Clear();
                    }
                    trans.Commit();
                }
                catch (Exception e)
                {
                    trans.Rollback();
                    conn.Close();
                    throw new Exception(e.Message);
                }
            }
            conn.Close();
        }
    }
    #endregion


    #region 存储过程操作
    /**/
    /// <summary>
    /// 执行存储过程;
    /// </summary>
    /// <param name="storeProcName">存储过程名</param>
    /// <param name="parameters">所需要的参数</param>
    /// <returns>返回受影响的行数</returns>
    public int RunProcedureExecuteSql(string storeProcName, params SqlParameter[] parameters)
```

```
{
    using (SqlConnection connection = new SqlConnection(conString))
    {
        SqlCommand cmd = BuildQueryCommand(connection, storeProcName, parameters);
        int rows = cmd. ExecuteNonQuery();
        cmd. Parameters. Clear();
        connection. Close();
        return rows;
    }
}
/* */
/// <summary>
/// 执行存储过程,返回首行首列的值
/// </summary>
/// <param name = "storeProcName">存储过程名</param>
/// <param name = "parameters">存储过程参数</param>
/// <returns>返回首行首列的值</returns>
public Object RunProcedureGetSingle(string storeProcName, params SqlParameter[] parameters)
{
    using (SqlConnection connection = new SqlConnection(conString))
    {
        try
        {
            SqlCommand cmd = BuildQueryCommand(connection, storeProcName, parameters);
            object obj = cmd. ExecuteScalar();
            cmd. Parameters. Clear();
            if ((Object. Equals(obj, null)) || (Object. Equals(obj, System. DBNull. Value)))
            {
                return null;
            }
            else
            {
                return obj;
            }
        }
        catch (System. Data. SqlClient. SqlException e)
        {
            throw new Exception(e. Message);
        }
    }
}
/* */
/// <summary>
/// 执行存储过程
/// </summary>
/// <param name = "storedProcName">存储过程名</param>
/// <param name = "parameters">存储过程参数</param>
/// <returns>SqlDataReader</returns>
public SqlDataReader RunProcedureGetDataReader(string storedProcName, params SqlParameter[] parameters)
{
    SqlConnection connection = new SqlConnection(conString);
    SqlDataReader returnReader;
```

 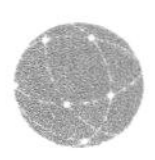

```
            SqlCommand cmd = BuildQueryCommand(connection, storedProcName, parameters);
            cmd.CommandType = CommandType.StoredProcedure;
            returnReader = cmd.ExecuteReader(CommandBehavior.CloseConnection);
            cmd.Parameters.Clear();
            return returnReader;
        }
        //// <summary>
        /// 执行存储过程
        /// </summary>
        /// <param name="storedProcName">存储过程名</param>
        /// <param name="parameters">存储过程参数</param>
        /// <returns>DataSet</returns>
        public DataSet RunProcedureGetDataSet(string storedProcName, params SqlParameter[] parameters)
        {
            using (SqlConnection connection = new SqlConnection(conString))
            {
                DataSet dataSet = new DataSet();
                connection.Open();
                SqlDataAdapter sqlDA = new SqlDataAdapter();
                sqlDA.SelectCommand = BuildQueryCommand(connection, storedProcName, parameters);
                sqlDA.Fill(dataSet);
                connection.Close();
                sqlDA.SelectCommand.Parameters.Clear();
                sqlDA.Dispose();
                return dataSet;
            }
        }
        //// <summary>
        /// 执行多个存储过程,实现数据库事务。
        /// </summary>
        /// <param name="SQLStringList">存储过程的哈希表(key 是该语句的 params SqlParameter[],value
为存储过程语句)</param>
        public bool RunProcedureTran(Hashtable SQLStringList)
        {
            using (SqlConnection connection = new SqlConnection(conString))
            {
                connection.Open();
                using (SqlTransaction trans = connection.BeginTransaction())
                {
                    SqlCommand cmd = new SqlCommand();
                    try
                    {
                        //循环
                        foreach (DictionaryEntry myDE in SQLStringList)
                        {
                            cmd.Connection = connection;
                            string storeName = myDE.Value.ToString();
                            SqlParameter[] cmdParms = (SqlParameter[])myDE.Key;

                            cmd.Transaction = trans;
                            cmd.CommandText = storeName;
                            cmd.CommandType = CommandType.StoredProcedure;
```

```
                        if (cmdParms ! = null)
                        {
                            foreach (SqlParameter parameter in cmdParms)
                                cmd. Parameters. Add(parameter);
                        }
                        int val = cmd. ExecuteNonQuery();
                        cmd. Parameters. Clear();
                    }
                    trans. Commit();
                    return true;
                }
                catch
                {
                    trans. Rollback();
                    return false;
                    throw;
                }
            }
        }
    }
    //// <summary>
    /// 构建 SqlCommand 对象(用来返回一个结果集,而不是一个整数值)
    /// </summary>
    /// <param name="connection">数据库连接</param>
    /// <param name="storedProcName">存储过程名</param>
    /// <param name="parameters">存储过程参数</param>
    /// <returns>SqlCommand</returns>
    private SqlCommand BuildQueryCommand(SqlConnection connection, string storedProcName, params SqlPa-
rameter[] parameters)
    {
        if (connection. State ! = ConnectionState. Open)
            connection. Open();
        SqlCommand command = new SqlCommand(storedProcName, connection);
        command. CommandType = CommandType. StoredProcedure;
        if (parameters ! = null)
        {
            foreach (SqlParameter parameter in parameters)
            {
                command. Parameters. Add(parameter);
            }
        }
        return command;
    }
    #endregion


  }
}
```

2.9 六十四卦之01卦　乾为天

六十四卦之01卦　乾为天页面如图2.8所示。

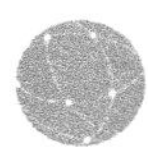

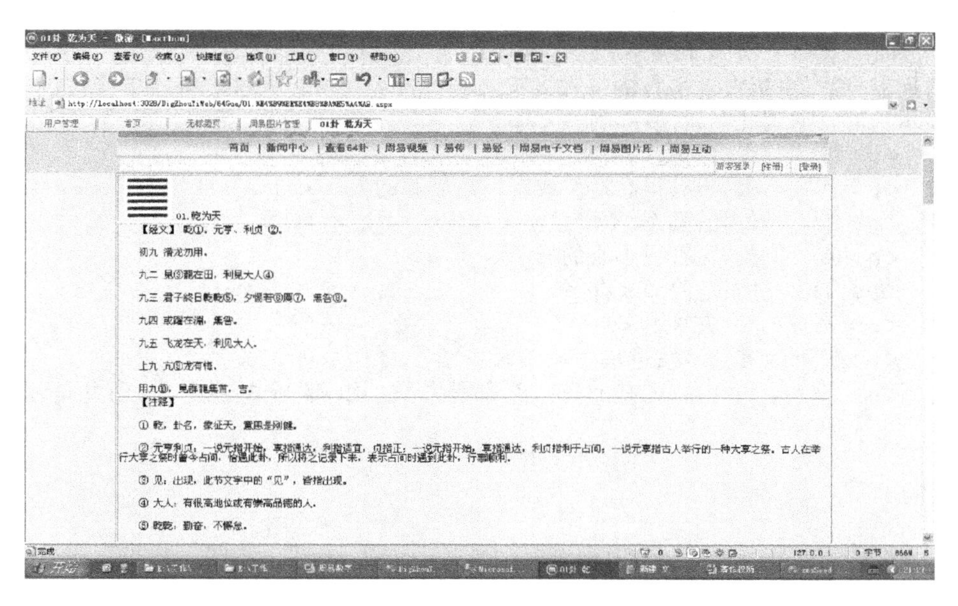

图 2.8 “01 卦 乾为天”页面

前台代码如下。

```
<%@ Page Language="C#" MasterPageFile="~/64Gua/GuaMasterPage.master" AutoEventWireup="true" CodeFile="01.乾为天.aspx.cs" Inherits="_64Gua_01卦_乾为天" Title="01卦 乾为天" %>

<asp:Content ID="Content1" ContentPlaceHolderID="head" Runat="Server">
</asp:Content>
<asp:Content ID="Content2" ContentPlaceHolderID="ContentPlaceHolder1" Runat="Server">
<div
        style="font-family: 宋体, Arial, Helvetica, sans-serif; font-size: 14px; font-weight: normal; position: relative; width: 80%; right: 10%; left: 10%">
    <table border="1" rules="all" style="border-color: #FFDAB9">
        <tr>
            <td> <asp:Image ID="Image3" runat="server" ImageUrl="~/64Gua/pic/1.乾为天.JPG" />
                01.乾为天</td>
        </tr>
        <tr>
            <td>
                <p>【经文】乾①。元亨、利贞②。</p>
                <p>初九　潜龙勿用。</p>
                <p>九二　見③龍在田,利見大人④</p>
                <p>九三　君子終日乾乾⑤,夕惕若⑥厲⑦,無咎⑧。</p>
                <p>九四　或躍在淵,無咎。</p>
                <p>九五　飞龙在天,利见大人。</p>
                <p>上九　亢⑨龙有悔。</p>
                <p>用九⑩,見群龍無首,吉。</p>
            </td>
        </tr>
        <tr>
            <td>
                <p>【注释】</p>
```

<p>①　乾，卦名，象征天，意思是刚健。</p>

<p>②　元亨利贞：一说元指开始，亨指通达，利指适宜，贞指正；一说元指开始，亨指通达，利贞指利于占问；一说元亨指古人举行的一种大亨之祭。古人在举行大亨之祭时曾今占问，恰遇此卦，所以将之记录下来，表示占问时遇到此卦，行事顺利。</p>

<p>③　见：出现，此节文字中的“见”，皆指出现。</p>

<p>④　大人：有很高地位或有崇高品德的人。</p>

<p>⑤　乾乾：勤奋，不懈怠。</p>

<p>⑥　剔若：警惕小心的样子。</p>

<p>⑦　厉：危险。</p>

<p>⑧　咎：灾难。</p>

<p>⑨　亢：极度；过甚。</p>

<p>⑩　用九：指乾卦的每一爻都是九数（用：都、全的意思）。用九是乾卦特有的爻题。</p>

</td>
</tr>
<tr>
<td>

<p>【白话】</p>

乾 万事亨通，有利于占问。
初九 龙潜藏于深渊，不宜采取行动。
九二 龙出现在大地上，有利于出现大人物。
九三　君子整天勤奋努力，毫不懈怠，到晚上也谨慎小心，有危险，但不会造成灾难。
九四　龙或跃离深渊，或进入深渊（一切视情况而定），没有灾难。
九五　龙在天空盘旋腾飞，有利于出现大人物。
上九　龙腾飞过高，将会发生令人悔恨的事。
用九　群龙出现在天空，但都不以首领自居，吉祥。

</td>
</tr>
<tr>
<td>

<p class ="td_menu">易传</p>

<p>【原文】《象》曰①：大哉乾元②，万物资始③，乃统天④。云行雨施，品物流形⑤。态呀终笔⑥，六位时成，时乘六龙以御天⑦。乾道变化，各正性命。保合大和，乃利贞⑧。首出庶物，万国咸宁⑨。</p>

<p>【译文】《象辞》说：伟大啊，上天的开创之功。万物依赖它获得生命的胚胎，它们统统属于上天。云在飘行，雨在降洒，繁殖万物，赋予形体。太阳运行，升上降下，出东没西，向南朝北，六方位置，依太阳的轨迹而得以确定。太阳驾驶着六条飞龙在空中有规律地运行。这种运行变化，形成季节气候，万物从而在大自然中找到适合生存的地位。天的运行，保持、调整着全面和谐的关系，于是达到普利万物、正常循环的境界。天的功德超出万种。物类，给万国带来普遍的康宁。</p>

<p>【注释】①象（tuan 团去声），《周易正义》：“象，断也，断定一卦之义，所以名为象也。”古人以《象》上下、《象》上下、《系辞》上下凡六篇和《文言》《说卦》《序卦》《杂卦》凡四篇，合称十翼。用十翼以释经，故又称《易传》。②乾，天。元，始，犹言创始。③资，凭借，依赖。④统。统率。统天，犹言统属于天。⑤品，品类。这里用如动词，有繁殖义。品物，繁殖万物。流，这里引申为赋予。流形，赋予形体。⑥大明，高亨说：“《集解》引侯果曰：‘大明，日也。’甚是。终，谓日入；始，谓日出。”⑦御，《集解》引荀爽曰：御者，行也。”上古神话，日乘着六条飞龙拉着的车子，以羲和为御，运行在天空。⑧保，保持。合，调整。大和，大读为太。太和，指自然界的一种普遍调顺谐和的关系。利，施利。贞，中正。《象》《象》释贞多用此意，与经意有出入。⑨庶，众。庶物，犹言万物。首出庶物，当指天的功德超出万种物类。咸，皆，周遍。</p>

<p>【原文】《象》曰①：天行健，君子以自强不息②。</p>

<p>【译文】《象辞》说：天道刚健，运行不已。君子观此卦象，从而以天为法，自强不息。</p>

<p>【注释】①象，《易·乾》疏：“圣人设卦以写万物之象。后人用文字以释万物之所象，故曰象。”《象》，易传名，十翼之一。它主要是依据卦象、爻位对卦辞、爻辞进行解释、评价、推衍。其内容贯穿着儒家政治伦理思想。②行，王引之说：“行，道也。天行谓天道也。”君子，指德才兼备的人。《象辞》释卦辞，通常将

卦象所表示的自然现象与人的品德行为勉强地联系起来加以阐发。</p>

<p>【原文】</p>

<p>初九①:潜龙勿用②。</p>

<p>《象》曰:潜龙勿用,阳在下也。</p>

<p>【译文】 </p>

<p>初九:潜藏的龙,无法施展。</p>

<p>《象辞》说:潜藏的龙,无法施展,因为初九阳爻处在一卦的下位,所以压抑难伸。</p>

<p>【注释】</p>

<p>①初九:爻题。易卦的爻题,以"九"标示阳爻,以"六"标示阴爻。又以初、二、三、四、五、上标示从下至上各爻的顺序。就各爻在全卦中的关系而言,初、三、五为阳位,二、四、上为阴位;而二、五又分为下卦与上卦的中位,初、四分为下卦与上卦的下位,三、上分为下卦与上卦的上位。《文言》还将二看作地位,五看作天位,三看作人位。阴爻、阳爻在这些位置上的分布构成了一定的爻位关系。爻位关系是分析各爻意义的一种重要依据(详见各爻分析)。②潜龙勿用,比喻君子压抑予下层,不能有所作为。

<p>【原文】</p>

<p>九二:见龙在田 ,利见大人①。</p>

<p>《象》曰:见龙在田,德普施也。</p>

<p>【译文】</p>

<p>九二:龙出现在大地上,有利于会见贵族王公。</p>

<p>《象辞》说:龙出现在大地上,喻指君子走出了压抑的低谷,正开始谋取能够广泛施予德泽的社会地位。</p>

<p>【注释】</p>

<p>①见,读若现,出现。见龙,系"龙见"的倒装,犹言龙出现。在田,犹言出现在大地上。王弼说:"出潜离隐,故曰'见龙',处于地上,故曰'在田'。德施周普,居中不偏,虽非君位,君之德也。初则不彰。三则乾乾 ,四则或跃,上则过亢。利见大人,唯二五焉。"王弼对于《乾》卦整体结构的解说颇为有理。本卦阳爻,由初爻而升到上位,爻辞以龙在地下、人间、天空各个层次的变化来比拟这一爻象,从而附会出人在人生不同际遇中的自我作用和命运。见龙在田,爻辞以龙出潜在田,表示初九阳爻升进一步,居于下卦中位。此位象极佳,比喻君子挣脱了压抑的处境,开始步予社会生活,创造建功立业的条件。

<p>【原文】</p>

<p> 九三:君子终日乾乾①,夕惕若,厉,无咎②。</p>

<p>《象》曰:终日乾乾,反复道也。</p>

<p>【译文】</p>

<p>九三:有才德的君子始终是白天勤奋努力,夜晚戒惧反省,虽然处境艰难,但终究没有灾难。</p>

<p>《象辞》说:君子整日里勤奋努力,意思是反复行道,坚持不舍。</p>

<p>【注释】</p>

<p>①乾乾,勤奋努力。②惕,警惕。若,助词,无义。厉,危险。无咎,没有灾难。本爻为阳位,居下卦之极。根据《系辞》"三与五,同功而异位,三多凶,五多功"的理论,可见本卦九三之爻,象征着君子处于既可大有作为而又充满凶险的处境之中,如能倍加勤勉戒惧,可以没有灾难。

<p>【原文】</p>

<p>九四:或跃在渊,无咎①。</p>

<p>《象》曰:或跃在渊,进无咎也。</p>

<p>【译文】</p>

<p>九四:龙也许跳进深潭,没有灾难。</p>

<p>《象辞》说:龙也许跳进深潭,表示可以有所作为而没有灾难。</p>

<p>【注释】</p>

<p>①或跃在渊,九四阳爻居上卦下位,根据《系辞》"二与四,同功而异位,其善不同。二多誉,四多惧"的理论,可见本卦九四之爻,象征着处于进可取誉,退可免难的转折时期。爻辞以龙跃深渊为喻,龙跃入深潭,退可藏身于千仞之下,进可升腾于云天之外,进退有据,潜跃由心,喻指君子处境从容,故无灾难。</p>

<p>【原文】</p>

<p>九五:飞龙在天,利见大人①。</p>

<p>《象》曰:飞龙在天,大人造也②。</p>

<p>【译文】</p>

<p>九五:龙飞腾在空中,有利于会见贵族王公。</p>

<p>《象辞》说:龙飞腾在空中,意味着君子大有所为。</p>

<p>【注释】</p>

<p>①飞龙在天,喻君子处尊贵之位。②造,朱熹说:"造,犹作也。"大人造,犹言,(九五爻象表明)尊贵的君子大有所为,大有造化。九五之爻,居阳位,又处于上卦中位,可谓性象相合,所处得当,喻指君子处世得意,其事业如日中天。</p>

<p>【原文】. </p>

<p>上九:亢龙有悔①。</p>

<p>《象》曰:亢龙有悔,盈不可久也。</p>

<p>【译文】</p>

<p>上九:升腾到极限的龙会有灾祸之困。</p>

<p>《象辞》说:升腾到极限的龙会有灾祸之困,这是警诫人们崇高、盈满是不可能长久保持的。</p>

<p>【注释】</p>

<p>①亢,王肃说:"穷高曰亢。"子夏《传》:"亢,极也。"悔,《系辞》:"悔吝者,忧虞之象也。"亢龙有悔,以升腾到极高处的龙,喻指身居崇高地位的统治者,脱离臣民,孤高无辅,必遭灾祸。因为上九之爻,居全卦之尽头,在本卦系统中,乃是孤立无援之象。</p>

<p>【原文】</p>

<p>用九①:见群龙无首,吉。</p>

<p>《象》曰:用九天德 ,不可为首也。</p>

<p>【译文】群龙出现在天空,看不出首领,吉利。</p>

<p>《象辞》说:六爻全阳,纯阳纯刚正是天道之性,至高无上,不可能再有别的首领。</p>

<p>【注释】</p>

<p>①用九,《乾》卦特有的爻题。汉帛书《周易》作"迥九"。迥,通。用九即为通九,犹言六爻皆九。属阳性,表示全阳爻将尽变为阴爻。②用九天德,因《乾》卦六爻皆为九,属纯阳纯刚之性,这正是天的品德最为集中的反映。</p>

<p>【文言】</p>

<p>【原文】《文言》曰①:元者,善之长也。亨者,嘉之会也②。利者,义之和也。贞者,事之干也。君子体仁足以长人,嘉会足以合礼,利物足以和义,贞固足以干事。君子行此四德者,故曰:"乾:元、亨、利、贞。" </p>
此四德者,故日。"乾。垂、亨、犁、客。" </p>

<p>【译文】《文言》说:元,是众善的首领。亨,是众美的集合。利,是义理的统一。贞,是事业的主干主。君子履行仁义就足够可以号令大众,众美的结合就足够可以符合礼义,利人利物就足够可以和同义理,坚持正道就足够可以成就事业。君子身体力行这四种美德,所以说:"《乾》卦具有这四种品德:元、亨、利、贞。"

<p>【注释】①《文言》,十翼之一,专释乾、坤两卦的义理。②嘉,《说文》:"嘉,美也。"

<p>【原文】初九曰:"潜龙勿用。"何谓也?子曰:"龙,德而隐者也。不易乎世,不成乎名,遯世无闷①,不见是而无闷。乐则行之,忧则违之,确乎其不可拔,潜龙也。"九二曰:"见龙在田,利见大人。"何谓也?子曰:"龙,德而中正者也。庸言之信,庸行之谨②,闲邪存其诚③,善世而不伐④,德博而化。《易》曰:'见龙在田,利见大人。'君德也。"九三曰:"君子终日乾乾,夕惕若,厉,无咎。"何谓也?子曰:"君子进德修业。忠信,所以进德也。修辞立其诚,所以居业也。知至至之⑤,可与言几也⑥。知终终之⑦,可与存义也。是故居上位而不骄,在下位而不忧。故乾乾因其时而惕,虽危无咎矣。"九四曰:"或跃在渊,无咎。"何谓也?子曰:"上下无常,非为邪也。进退无恒,非离群也。君子进德脩业,欲及时也。故无咎。"九五曰:"飞龙在天,利见大人。"何谓也?子曰:"同声相应,同气相求。水流湿,火就燥。云从龙,风从虎。圣人作而万物睹。本乎天者亲上,本乎地者亲下。则各从其类也。上九曰:"亢龙有悔。"何谓也?子曰:"贵而无位,高而无民,贤人在下位而无辅,是以动而有悔也。" </p>

<p>【译文】初九爻辞说:"潜藏的龙,无法施展。"这是什么意思?孔子说:"龙是比喻有才德而隐居的君子。操行坚定不为世风所转移,不求虚名,隐居避世而没有苦闷,言行不为世人所赏识而没有烦恼。乐意的事就施行它,忧患的事就避开它,坚定而不可动摇,这是潜龙的品德。"九二爻辞说:"龙出现在大地上,有利于会见贵族王公。"这是什么意思?孔子说:"龙是比喻有德行而秉性中正的君子。日常言论讲究诚信,日常行为讲究谨慎,防止邪恶的侵蚀,保持忠诚的秉性,引导世人向善而不夸耀,德行博大而能感化人民。《易经》上说:'龙出现在大地上,有利于会见贵族王公。'就是说民间出现了有才德的君子。"九三爻辞说:"君子始终是白天勤

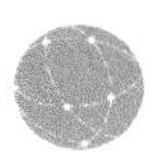

奋努力，夜晚戒惧反省，虽然处境艰难，终究没有灾难。"这是什么意思？孔子说："君子致力于培育品德，增进学业。以忠信来培养品德，以修饰言辞来建立诚信，这是操持自己事业的立足点。知道事业可以发展就发展它，从而努力去捕捉一瞬即逝的事机；知道事业应该终止就终止它，从而保持行为的道义。所以处于尊贵的地位而不骄傲，处于卑微的地位而不忧愁。所以君子勤奋努力，随时提高警惕，虽然处境危险也没有灾害。"九四爻辞说："也许跳进深潭，没有灾难。"这是什么意思？孔子说："有时处在上位，有时处在下位，本来就是变动无常的，不是什么行为邪恶的缘故。有时奋进，有时退隐，本来就是应时变化的，不是什么喜爱离群索居的缘故。君子致力于培养品德增进学业，随时准备着抓住时机全力以赴，所以没有灾难。"九五爻辞说："龙飞腾在天，有利于会见贵族王公。"这是什么意思？孔子说："声息相同就互相应和，气味相投就互相求助。水向低湿的地方流动，火向干燥的地方漫延。云萦绕着龙，风追随着虎。圣人兴起，万物景仰。根基在天上的附丽于天空，根基在地上的依附着大地，万物都归属于各自的类别当中。"上九爻辞说："升腾到极限的龙，将有灾祸之困。"这是什么意思？孔子说："身份显贵而没有根基，地位崇高而没有人民，有才德的压抑在下层，不能获得他们的辅助，因此有所行动必招祸殃。"</p>

<p>【注释】①遯，本作遁，逃遁。闷，烦闷。遯世无闷，犹言甘心隐居，无所烦闷。②两庸字，李鼎祚说："庸，常也。"庸言、庸行，犹言日常的言行。③闲，《集解》引宋衷曰："闲，防也."④善世而不伐，善，这里用如动词。善世，犹青明导世人向善。伐，夸耀。不伐，犹言不自称其能。⑤知至至之，前至字，名词，发展。后至字用如动词。⑥今本无"言"字。阮元曰："古本足利本与下有言字。"《集解》本亦有言字。依文意有言字是。今据补。几，《系辞》下曰："几者，动之微，吉凶之先见者也。"即今所言事机、征兆。⑦知终终之，前终字，名词，结果。后终字，用如动词。</p>

<p>【原文】"潜龙勿用"，下也①。"见龙在田"，时舍也。"终日乾乾"，行事也。"或跃在渊"，自试也。"飞龙在天"，上治也。"亢龙有悔"，穷之灾也②。"乾元""用九"，天下治也。</p>

<p>【译文】"潜伏的龙，无法施展"，是说有才德的君子压抑于底层。"龙出现在大地上"，是说君子暂时隐伏等待时机。"终日里勤奋努力"，是讲君子刻苦修身自强不息。"也许跳进深潭"，是讲君子投身社会自我考验。"龙腾飞在天"，是讲君子获得地位治国治民。"升腾到极限的龙将有灾殃"，是讲事业极盛必由盛转衰。"天的美德""纯阳全盛"，是讲天下政治安定。</p>

<p>【注释】①沙少海先生说："'下也'二字，意不完整；且与下文'时舍也''行事也'等句结构方式不同；'下'字上疑脱'处'，字。王弼注：'潜龙勿用何乎？必穷处于下也。'似王本原有'处'字。"②穷，极限，穷极。穷之灾，犹盲事物发展到极限，必遭穷困之灾。</p>

<p>【原文】"潜龙勿用"，阳气潜藏。"见龙在田"，天下文明①。"终日乾乾"，与时偕行。"或跃在渊"，乾道乃革②。"飞龙在天"，乃位乎天德③。"亢龙有悔"，与时偕极④。"乾元""用九"，乃见天则。</p>

<p>【译文】"潜伏的龙，无法施展"，初九阳爻居下位，象征万物蛰伏，阳气潜藏。"龙出现在大地上"，阳爻上升一位，象征万物发生，大地锦绣，风光明媚。"终日里勤奋努力"，阳爻再进一位，象征万物蓬勃，与时俱进。"也许跳进深潭"，阳爻又升上一位，象征阳气更盛，天道发生变化。"龙飞腾在天空"，阳爻上升到崇高的地位，象征时值金秋，天的功德已圆满完成。"升腾到极限的龙将有灾殃"，阳爻上升到极限，象征阳气极盛，将由盛转衰。"天的美德""纯阳全盛"，阳爻依位次而上升，阳气依时节面旺盛，六爻全阳，将尽变为阴爻，从而体现了天道运行的原则。</p>

<p>【注释】①文，纹章，此处讲草木生发，大地锦织有文采。明，明媚。②革，变化。乾道，天道。③位乎天德，九五之爻，处于上卦中位，此位又称天位。此爻是全卦之主爻，集中体现了天的品德属性。④偕，《说文》："偕，俱也。"与时偕极，犹言阳爻依次上升，阳气依时旺盛，一同达到了极限。⑤天则，天的法则。'</p>

<p>【原文】乾元亨者①，始而亨者也，利贞者，性情也。乾始能以美利天下，不言所利，大矣哉！大哉乾乎！刚健中正，纯粹精也。六爻发挥，旁通情也②。时乘六龙，以御天也。云行雨施，天下平也。</p>

<p>【译文】《乾》卦的卦辞：元、亨，是讲天具有生成之功，和谐之美。利、贞，是讲天具有恩惠之情，永恒之性。乾为天，只有天才能把美满的利益施予天下，而且从不提起它的恩德，伟大呀！伟大的上天！真正是刚强、劲健、适中、均衡，达到了纯粹精妙的境地。六个阳爻发挥舒展，广通天道、地道、人道。阳气的结晶——太阳，驾驶着六条飞龙在空中飞行，分布着云彩，降洒着雨露，普天之下同享和平。</p>

<p>【注释】①王念孙说："乾元下亦当有亨字。"此说是，今据补。②六爻发挥，旁通情也，犹言周流错综于六个爻位之间的阴阳之爻，发动舒展，沟通反映出天道、地道、人道的情状。</p>

<p>【原文】君子以德为行，日可见之行也。"潜"之为言也，隐而未见，行而未成，是以君子弗"用"也。君子学以聚之，问以辩之，宽以居之，仁以行之。《易》曰："见龙在田，利见大人。"君德也。九三，重刚而不中，上不在天，下不在田①，故"乾乾"因其时而"惕"，虽危"无咎"矣。九四，重刚而不中，上不在天，下不在田，中不在人②，故"或"之。或之者，疑之也。故"无咎"。夫"大人"者，与天地合其德，与日月合其明，与四时

合其序，与鬼神合其吉凶③；先天而天弗违，后天而奉天时。天且弗违，而况于人乎？况于鬼神乎？“亢”之为言也，知进而不知退，知存而不知亡，知得而不知丧。其唯圣人乎！知进退存亡而不失其正者，其唯圣人乎！</p>

<p>【译文】君子以养成自身的品德作为行为的目的，每天应该落实在行动上。“潜”的意义在于，隐伏而不显露，当自身修养尚未达到成熟的程度，所以君子不能有所作为。君子通过学习来积累知识，通过诘疑来辨明是非，以远大作为内心的目标，以仁义作为履行的责任。《易经》说：“飞龙出现在大地上，有利于会见贵族王公。”这就是说出现了有才德的君子。九三爻辞的含义是指，九三阳爻处在重叠的阳爻之上，没有处在上、下卦的中位，既没有占据天位，也没有占据地位，还须勤奋努力，随时提高警惕，不过处境虽然险恶，还没有灾难。九四阳爻处在重叠的阳爻之上，没有处在上、下卦的中位，既没有占据天位，又没有占据地位，也没有占据人位，所以有“也许”的说法。“也许”这个词就是表示迟疑。但没有灾难。九五爻辞所讲的“大人”，他的德行与天地相配合，生成万物，他的光明与日月相配合，普照一切；他的政令与四季相配合，井然有序；他的赏罚与鬼神相配合，吉凶一致。他的行动先天而发，但上天不会背弃他，他的行动后天而发，那是依奉天时行事。上天尚且不背弃他，更何况人呢？更何况鬼神呢？“亢奋”这个词意思是，自以为自己的事业只会发展不会衰败，只会存在不会消亡，只会胜利不会失败。也许只有圣人才能了解进退存亡的相互联系，恰当地把握它们互相转化的关系，做到这一点，恐怕只有圣人吧！</p>

<p>【注释】①重刚而不中，九二阳爻为刚，九三阳爻为刚，所以说“重刚”。九三不在上下卦的中位，所以说“不中”。上不在天，下不在田，上卦中位即第五爻为天位，下卦中位第二爻为地位，九三之爻即不处上卦中位，又不处下卦中位，所以说，“上不在天，下不在田”。田，即指地位。②中不在人位，下卦上位，即第三爻，为人位，九四之爻固不在人位。③合，配合，一致。</p>

</td>
</tr>
</table>
</div>
</asp:Content>

第3章　甲骨文碎片缀合平台研究

在甲骨文的研究工作中，缀合破碎的甲骨片是一项重要的准备步骤。1917 年，王国维将《戬》1.10 与《后》上 8.14 两片缀合，根据词意的连续性推断出上甲到示癸的顺序，纠正了《殷本纪》的错误。1937 年，郭沫若在善斋甲骨中缀合了三片，又解决了上甲至大庚周祭的顺序。1955 年，中国科学院考古研究所完成了《殷墟文字缀合》，将《殷墟文字甲编》和《殷墟文字乙编》中零碎的甲骨做了缀合，给研究工作带来了很大的方便。但甲骨文出土以后，由于长期埋藏于地下及后来发掘出土的原因，导致甲骨分裂破碎。而在甲骨出土早期，由于当时古董商为了利益驱动而大肆收购，或按片数征收，导致甲骨也受到了人为的破坏。加之早期甲骨收藏分散，使得同一片甲骨分散见于多本图录之中，占卜文字也因此支离破碎，不能连读，对于研究商代历史产生一定的障碍。因此，对甲骨加以连缀释读，就成为甲骨学研究的一个重要前提之一。然而，传统的甲骨片缀合工作量很大，如果全靠人力来整理十分困难。能否利用计算机技术辅助甲骨文缀合，使甲骨学家从这一繁重的工作中解放出来，这是学术界共同关注的问题。

本甲骨文碎片缀合平台利用计算机辅助龟甲类甲骨文碎片缀合，建立了碎片数字化处理的基础理论和有关甲骨片的图像预处理、图像轮廓特征及区域特征提取技术。给出了基于位置数、碎片边界信息、碎片上文字笔画信息、碎片边界上文字信息等 5 个缀合规则。研究了龟甲类甲骨文碎片计算机辅助缀合平台，仿真结果表明，系统对于待缀合的碎片能自动生成基于“骨版 + 碎片 + 特征”三要素的动态疑似目标碎片数据库，在此基础上，通过人机交互，根据卜辞类别、卜辞内容、贞人、时期、出土地点等非图片信息进行判断，可以快速辅助用户实现终级缀合。

3.1　甲骨文碎片缀合平台系统配置

运行甲骨辅助缀合器.exe，在默认情况下，单击“下一步”，直到结束。在 C:\Program Files 目录下会生成甲骨文辅助缀合系统这一文件夹，将此文件夹中的数据库文件 tree.bak 放到用户指定的路径下。

3.1.1　还原 SQL Server 2008 数据库

①选择“开始/程序/Microsoft SQL Server 2008/SQL Server Management Studio”项，进入“连接到服务器”对话框，如图 3.1 所示。

②填写服务器名称即计算机名称，选择 Windows 身份验证，然后单击“连接”，启动后进入数据库的主界面，如图 3.2 所示。

③右键单击“数据库”，单击“还原数据库”，弹出“还原数据库”对话框，如图 3.3 所示。

④单击源设备旁的圆形复选框按钮，然后单击源设备左边的选择按钮，弹出“指定备份”对话框，如图 3.4 所示。

⑤单击“添加”，弹出“定位备份文件”对话框，如图 3.5 所示。

⑥打开刚才指定的路径，选择要还原的数据库文件 tree.bak，单击确定；在用于还原的备份集里选择要还原的数据库备份，同时，单击目标数据库右侧的下拉列表，选择“tree”，如图 3.6 所示。

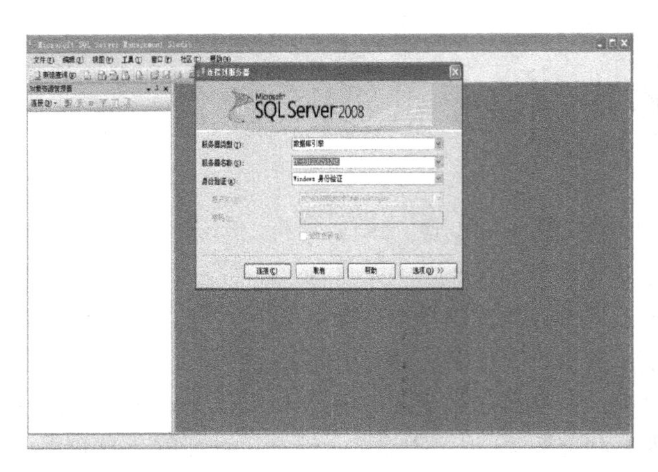

图 3.1 “连接到服务器”对话框

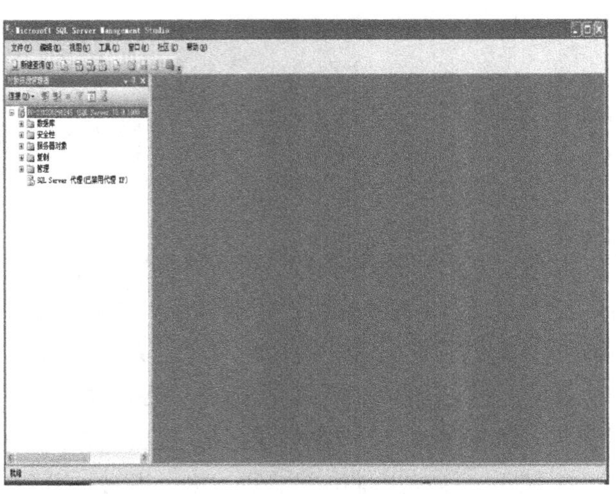

图 3.2 数据库主界面

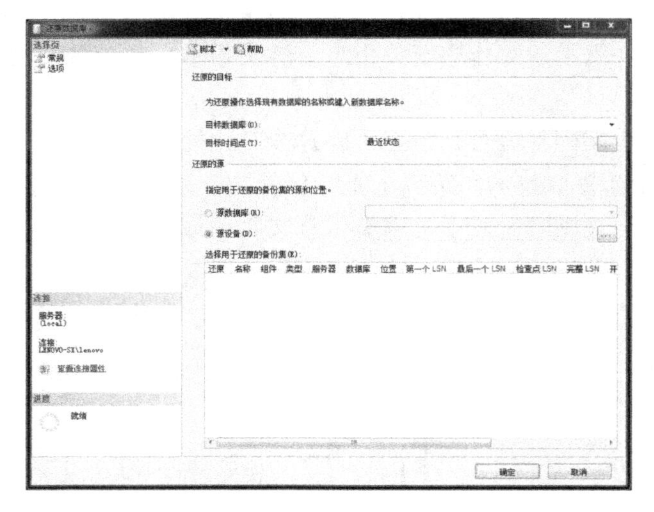

图 3.3 “还原数据库”对话框

图 3.4 “指定备份”对话框

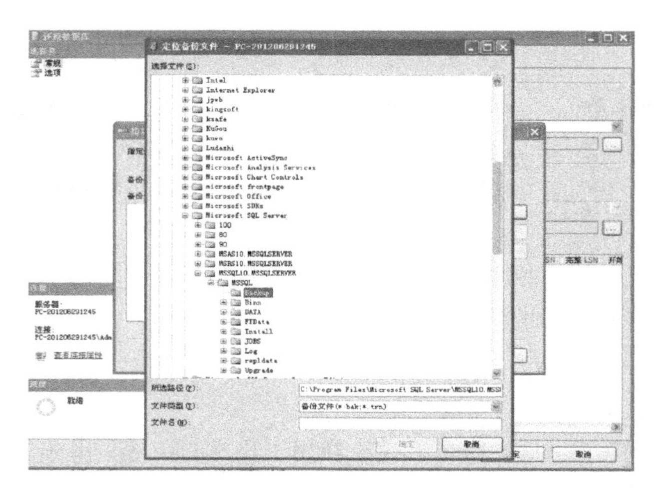

图 3.5 “定位备份文件”对话框

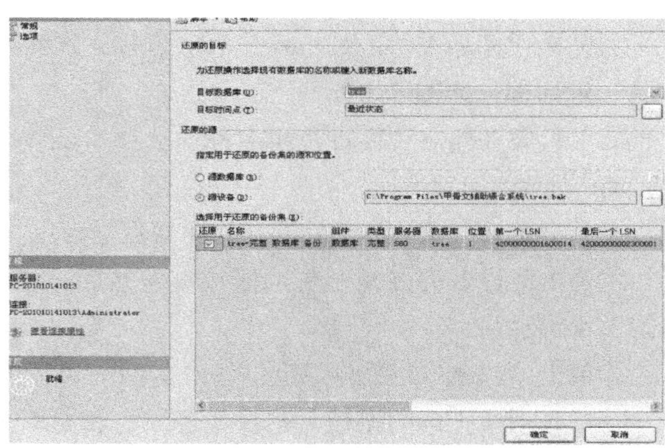

图 3.6 “还原的目标”对话框

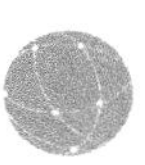

3.1.2　配置数据源 ODBC

①依次选择“开始”/“设置”/“控制面板”/“管理工具”选项，弹出“管理工具对话框”窗口，如图 3.7 所示。

②双击数据源，弹出“ODBC 数据源管理器”对话框，如图 3.8 所示。

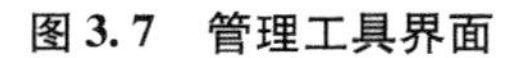

图 3.7　管理工具界面

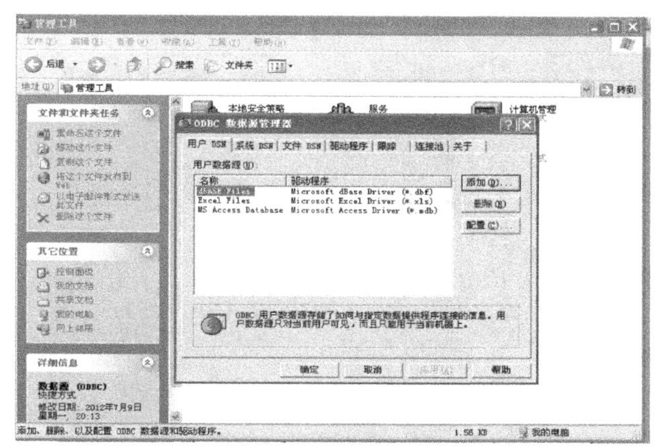

图 3.8　“ODBC 数据源管理器”对话框

③单击“添加”按钮，弹出“创建新数据源”对话框，如图 3.9 所示。

④选择 SQL Server，单击“完成”，弹出“创建到 SQL Server 的新数据源”对话框，在对话框中填写数据源名称（Oracle_ Match）和服务器（计算机名称），如图 3.10 所示。

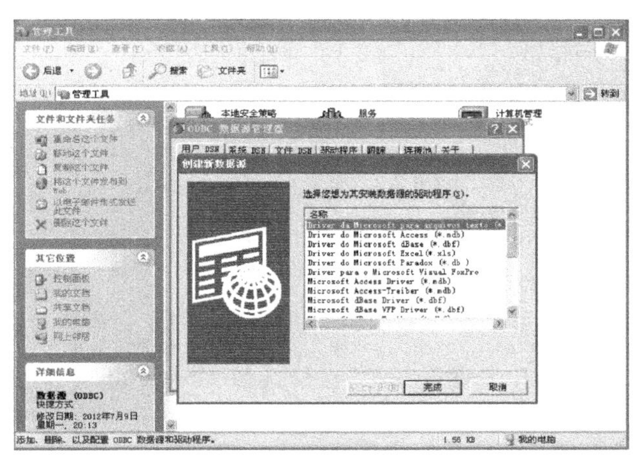

图 3.9　“创建新数据源”对话框

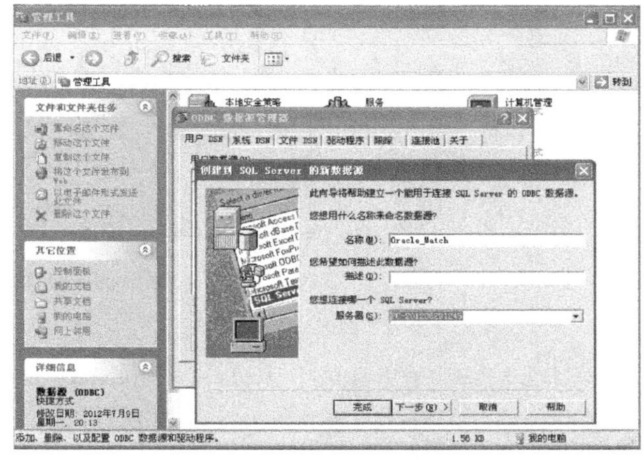

图 3.10　“创建到 SQL Server 的新数据源”对话框

⑤连续 2 次单击“下一步”，勾选“更改默认的数据库为（D）:”前面的复选框，单击下拉列表框，选择还原的数据库 tree，如图 3.11 所示。

⑥单击“下一步”，单击“完成”，弹出“ODBC Mrosolft SQL Server 安装”对话框，如图 3.12 所示。

⑦单击“测试数据源”，弹出“Mrosolft SQL Server 数据源测试”对话框，如图 3.13 所示。

单击“确定”，完成数据源 ODBC 的配置。

3.1.3　在 VC 环境下安装配置 OPENCV 环境

①下载 OpenCV 安装程序（1.0 版本）。假如要将 OpenCV 安装到 C:\Program Files\OpenCV，在安装

时选择“将\OpenCV\bin 加入系统变量”，或安装完成后手动添加环境变量“C:\Program Files\OpenCV\bin”。

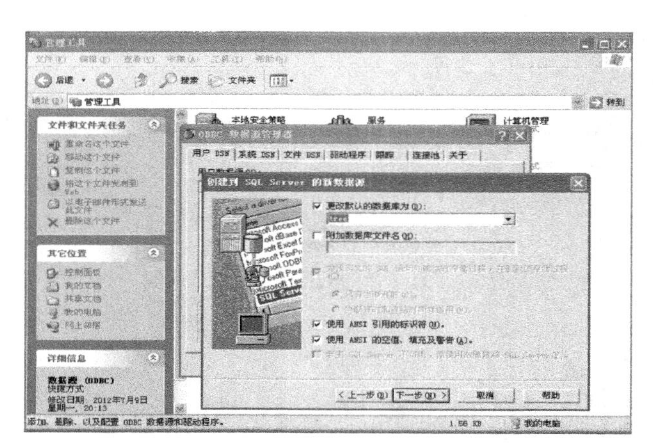

图 3.11　“更改默认的数据库”对话框

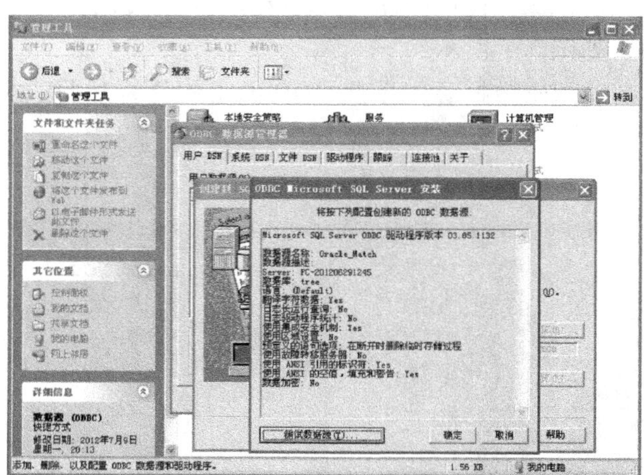

图 3.12　“ODBC Mrosolft SQL Server 安装”对话框

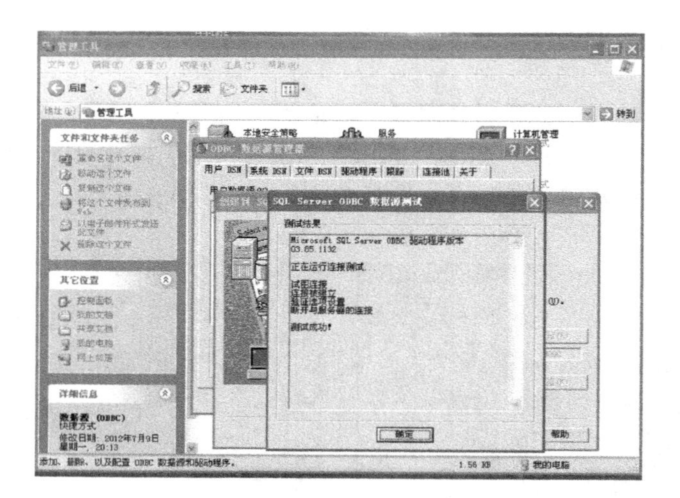

图 3.13　“Mrosolft SQL Server 数据源测试”对话框

②启动 VC++6.0，菜单 Tools ->Options ->Directories：先设置 lib 路径，选择 Library files，在下方填入路径：C:\Program Files\OpenCV\lib。

然后，选择 include files，在下方填入路径：

C:\Program Files\OpenCV\cxcore\include

C:\Program Files\OpenCV\cv\include

C:\Program Files\OpenCV\cvaux\include

C:\Program Files\OpenCV\ml\include

C:\Program Files\OpenCV\otherlibs\highgui

C:\Program Files\OpenCV\otherlibs\cvcam\include

③每创建一个将要使用 OpenCV 的 VC Project，都需要给它指定需要的 lib。菜单：Project ->Settings，然后将 Setting for 选为 All Configurations，然后选择右边的 link 标签，在 Object/library modules 附加上：cxcore. lib cv. lib ml. lib cvaux. lib highgui. lib cvcam. lib。

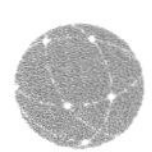

3.2 甲骨文碎片缀合平台系统功能

甲骨文碎片缀合平台系统功能如图 3.14 至图 3.18 所示。

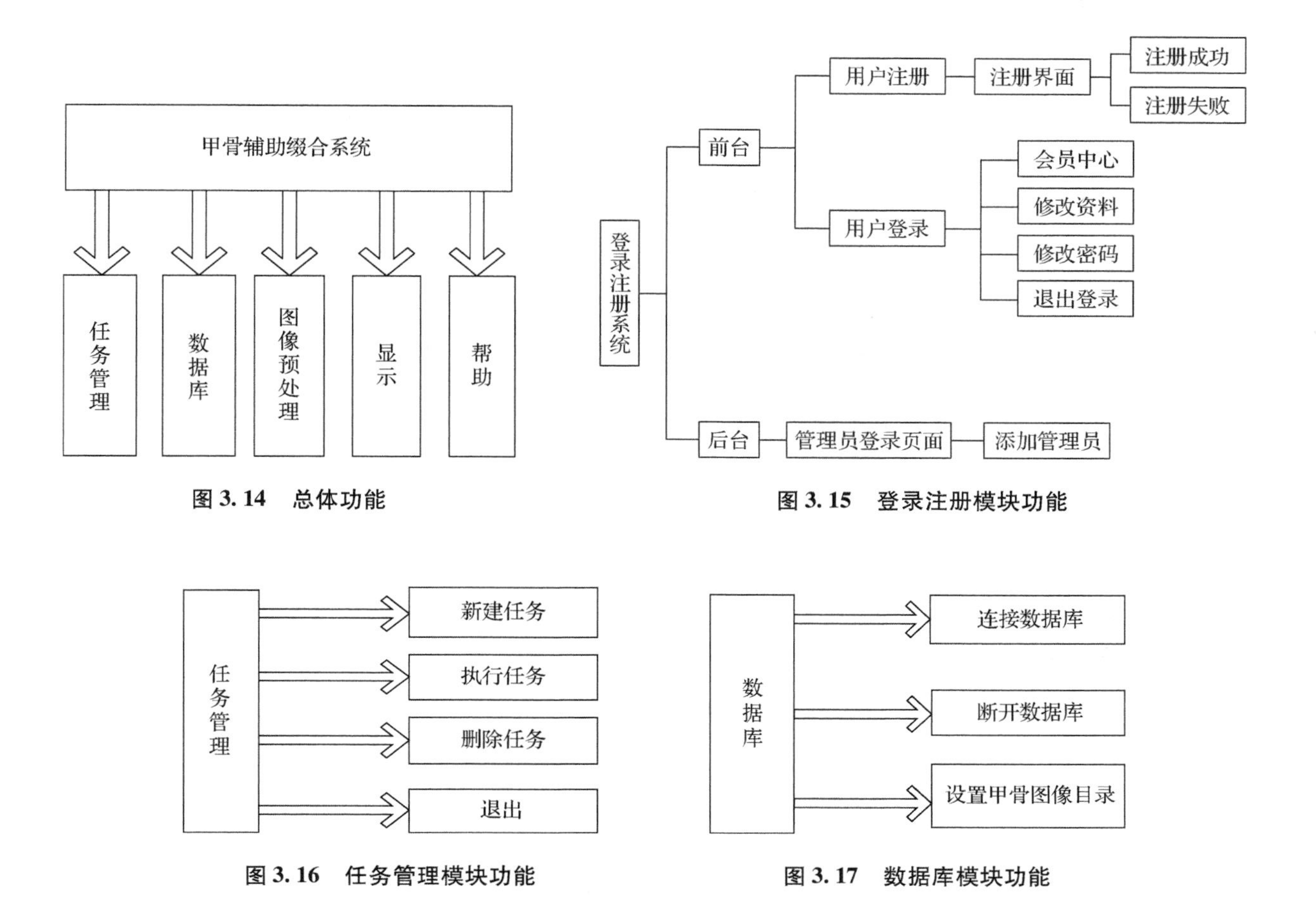

图 3.14 总体功能

图 3.15 登录注册模块功能

图 3.16 任务管理模块功能

图 3.17 数据库模块功能

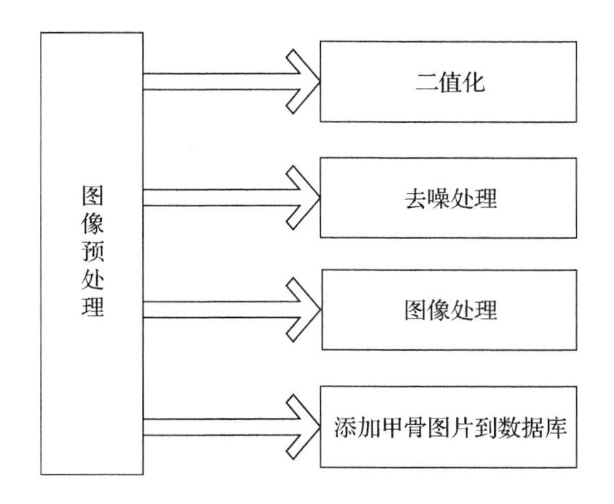

图 3.18 图像预处理模块功能

3.3 甲骨文碎片缀合平台模块介绍

3.3.1 平台数据库设计

（1）缀合任务表

此表记录了具体缀合任务的一些基本信息，如任务 ID、任务名称、任务类型、任务图片等。设计结构如表 3.1 所示。

表 3.1 缀合任务表 task

列名	数据类型	允许 Null 值
taskID	int	☑
ParentID	int	☑
BrotherNum	int	☑
TaskName	nchar(100)	☑
TaskType	int	☑
MainImg	nchar(100)	☑
CandImg	ntext	☑
TaskDesc	nchar(100)	☑
		☐

（2）甲骨图片信息表

此表用于保存甲骨图片的相关信息，设计结构如表 3.2 所示。

表 3.2 甲骨图片信息表 pic

列名	数据类型	允许 Null 值
type	nchar(10)	☑
id	int	☑
pic	image	☑
[desc]	nchar(10)	☑
		☐

（3）缀合任务类型信息表

此表用于保存具体缀合任务的类型信息，设计结构如表 3.3 所示。

表 3.3 缀合任务类型信息表 TaskType

列名	数据类型	允许 Null 值
TypeID	int	☑
TypeDesc	nchar(100)	☑
		☐

3.3.2 用户登录与注册界面

用户登录与注册界面如图 3.19 至图 3.22 所示。

3.3.3 主要模块界面

甲骨辅助缀合系统进入界面如图 3.23 所示。在缀合系统总界面（图 3.24）完成甲骨图片的匹配和缀合，显示匹配数据和匹配结果。在其菜单栏进入其他功能模块，包括任务管理、数据库、图像预处理、

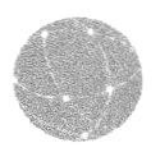

显示模块，以及任务列表框和显示任务列表。

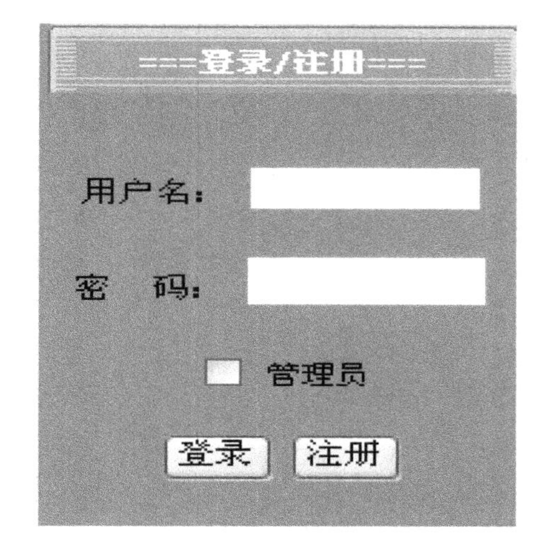

图 3.19　用户登录界面

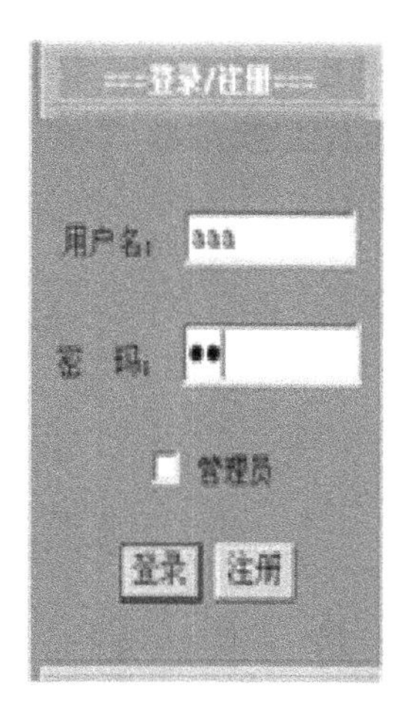

图 3.20　新用户登录界面

图 3.21　欢迎新用户界面

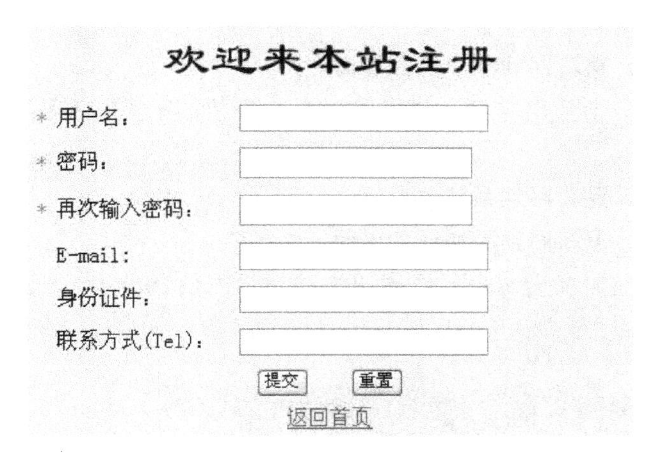

图 3.22　用户注册信息界面

图 3.23　甲骨辅助缀合系统进入界面

在用户添加缀合任务的过程中（图 3.25），根据操作情况不同会出现多个不同的弹出窗口。

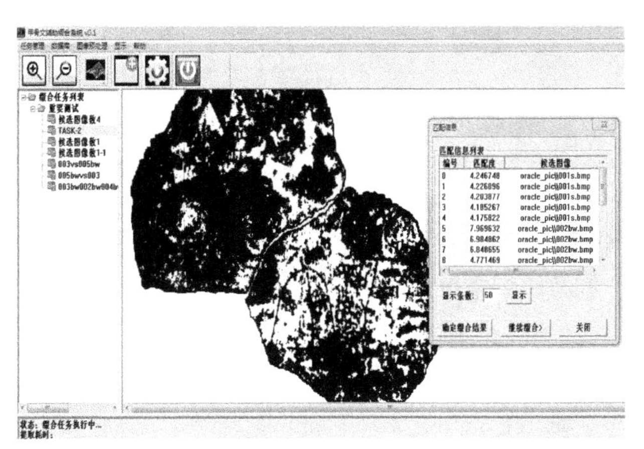
图 3.24　甲骨辅助缀合系统的总界面

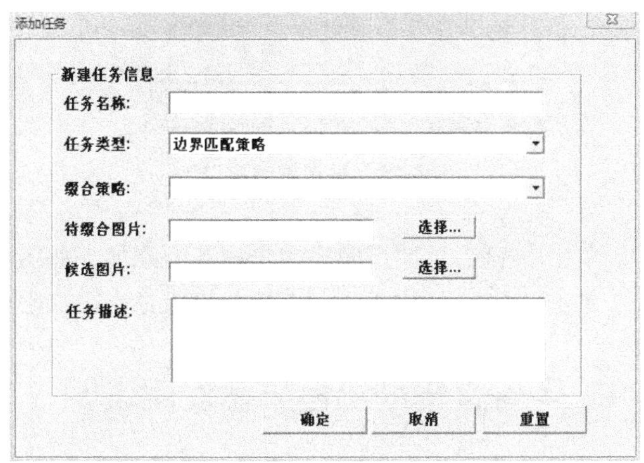

图 3.25　添加缀合任务界面

①当用户没有填写任务名称就单击“确定”按钮时，会出现一个弹出窗口，弹出信息为：“任务名称不能为空!”，如图3.26所示。

单击“确定”按钮或者直接关闭该弹出窗口之后，重新回到添加任务界面。

②当用户没有选择待缀合图片和候选图片就单击“确定”按钮时，会出现一个弹出窗口，弹出信息为：“选择待缀合图片和候选图片!”，如图3.27所示。

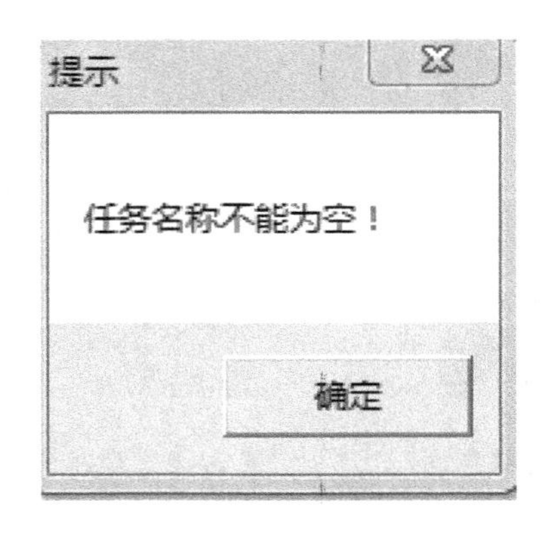

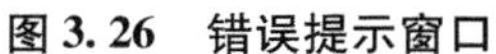

图3.26　错误提示窗口

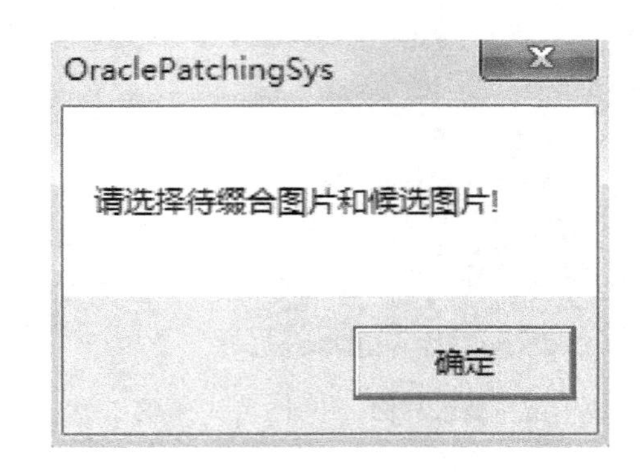

图3.27　选择图片提示窗口

单击“确定”按钮或者直接关闭该弹出窗口之后，重新回到添加任务界面。

③当用户在该界面单击“重置”按钮时，会出现一个弹出窗口，弹出信息为：“请重新填写任务信息!”，如图3.28所示。

单击“确定”按钮或者直接关闭该弹出窗口之后，重新回到系统主页面。

单击“确定”按钮或者直接关闭该弹出窗口之后，重新回到添加任务界面。

④当用户在该界面填写完整，并单击“确定”按钮时，会出现一个弹出窗口，弹出信息为：“新建缀合任务成功”，如图3.29所示。

图3.28　重置提示窗口

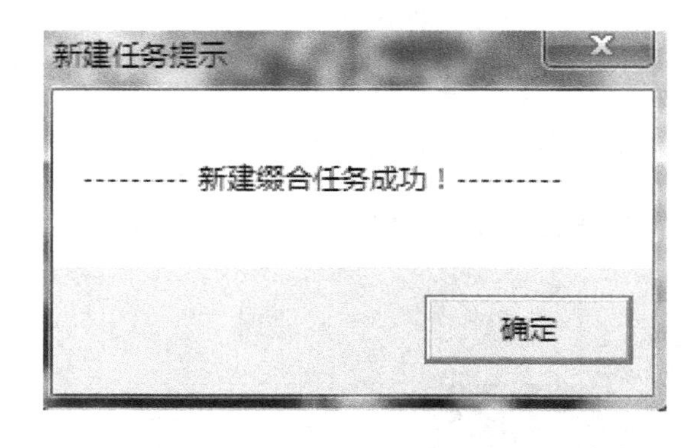

图3.29　错误提示窗口

单击“确定”按钮完成缀合任务的添加，如图3.30至图3.32所示。

单击“确定”按钮或者直接关闭该弹出窗口之后，重新回到系统主页面。

3.4　甲骨文辅助缀合平台使用说明

①启动甲骨文辅助缀合系统程序，双击图3.33显示的可执行文件。

弹出进入程序的界面，如图3.34所示（如果进不去，将特殊文件文件夹中的全部.dll文件复制到甲

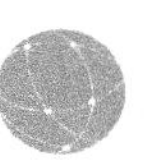

骨文辅助缀合系统文件夹中即可）。

②单击“退出”按钮，则退出本程序；单击“进入”按钮，进入程序，正常出现如图 3.35 和图 3.36 所示的界面。

③展开左边树形列表中的“重要测试”，如图 3.37 所示。

选中其中的某一具体任务，单击“”运行按钮，则界面显示出两幅图的匹配效果及匹配信息，如图 3.38 所示。

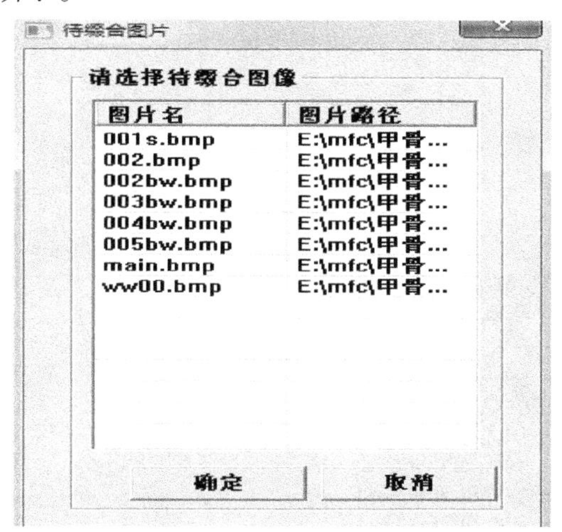

图 3.30　选择待缀合图片界面

图 3.31　选择候选图片界面

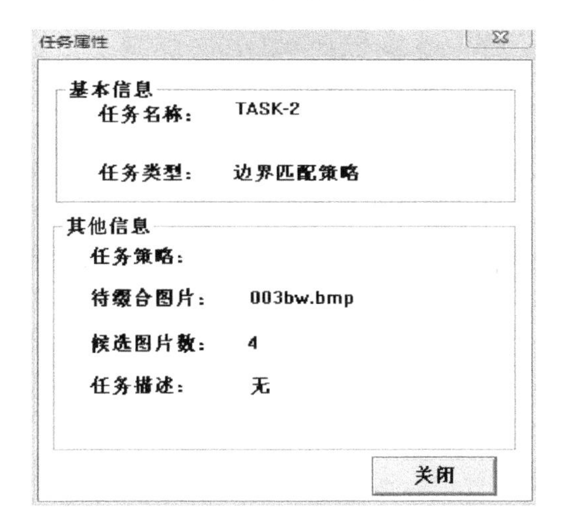

图 3.32　具体缀合任务属性界面

图 3.33　甲骨文缀合系统可执行文件

图 3.34　进入系统的界面

图 3.35　进入系统的运行界面

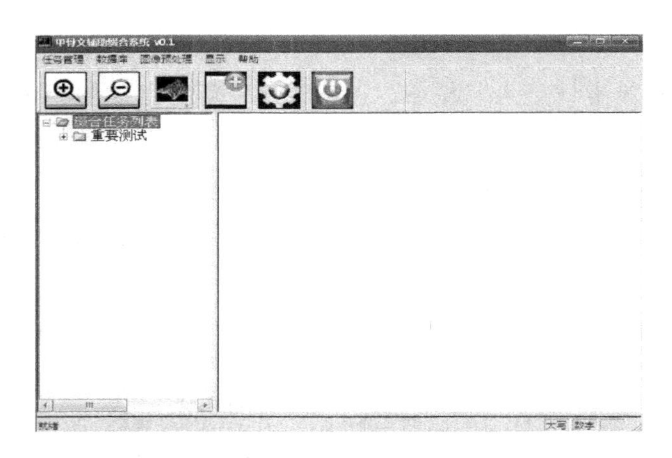

图 3.36　甲骨文缀合系统界面

图 3.37　任务列表

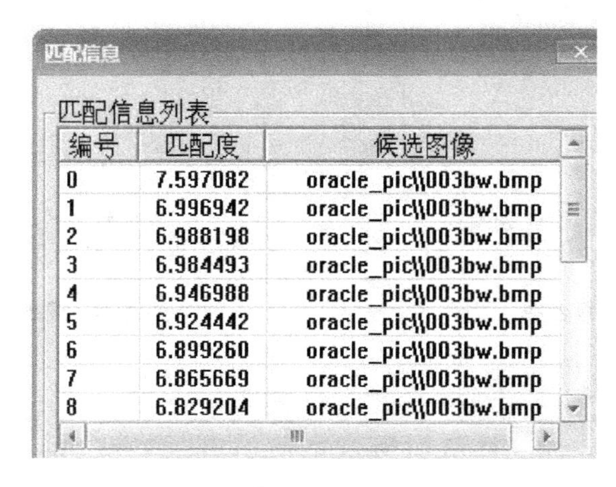

编号	匹配度	候选图像
0	7.597082	oracle_pic\\003bw.bmp
1	6.996942	oracle_pic\\003bw.bmp
2	6.988198	oracle_pic\\003bw.bmp
3	6.984493	oracle_pic\\003bw.bmp
4	6.946988	oracle_pic\\003bw.bmp
5	6.924442	oracle_pic\\003bw.bmp
6	6.899260	oracle_pic\\003bw.bmp
7	6.865669	oracle_pic\\003bw.bmp
8	6.829204	oracle_pic\\003bw.bmp

图 3.38　具体任务对应的匹配数据

确定缀合结果　继续缀合>　关闭

图 3.39　对匹配效果的操作

图 3.38 中，匹配度是按照由大到小排列，程序显示了每两幅图的前 20 条信息。

用户选中最优的一条匹配度判断两幅图是否可以完成匹配。如果是，单击“确认缀合结果”按钮，再继续从待缀合图片中选择下一幅图进行匹配，如图 3.39 所示。

如果用户已经确定缀合结果，单击图 3.39 中的“继续缀合”按钮，如有多幅图，则继续缀合，否则，缀合结束，单击“确定”按钮，如图 3.40 所示。

上述步骤是数据库中直接有的任务，用户也可以添加自己的任务，有 2 种方法。

方法一：单击“　”按钮。

方法二：右键单击需要添加的根节点，如图 3.41 所示。

图 3.40　无候选图片

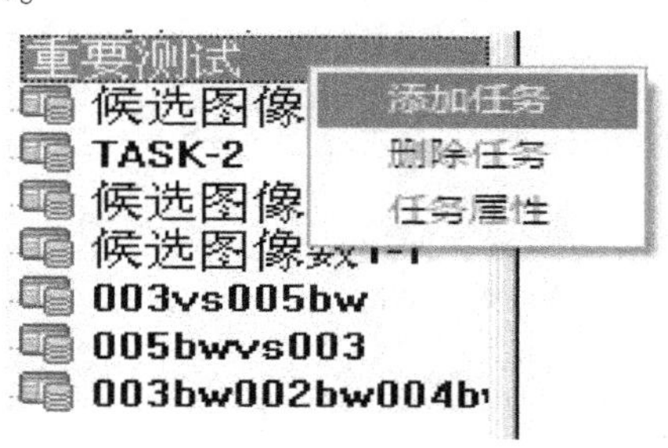

图 3.41　添加任务操作

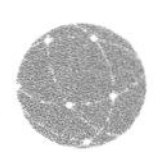

上述 2 种方法都可以打开“任务添加”对话框，如图 3.42 所示。

添加任务的步骤如下。

①打开“添加任务”对话框。

②填写任务名称，用户根据自己命名习惯定义。

③采用默认的任务类型，如边界匹配策略。

④在缀合策略下拉列表中选择边界缀合。

⑤单击待缀合图片右边的“选择”按钮，显示图 3.42，在此以图 003bw 为例作为待缀合图片。

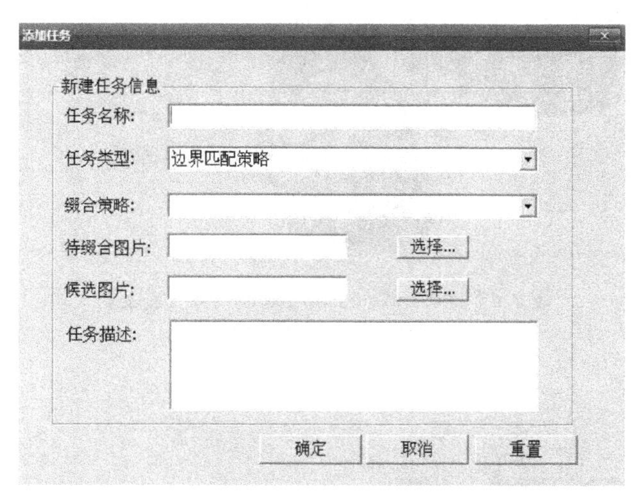

图 3.42　添加任务界面

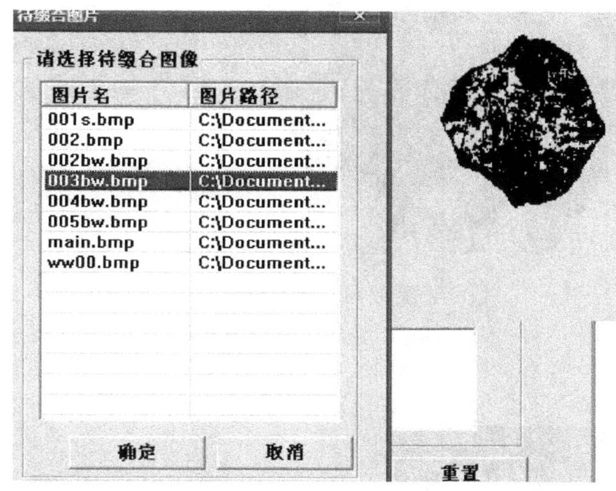

图 3.43　添加待缀合图片

⑥单击候选图片右边的“选择”按钮，显示图 3.44，用户可以选取多幅图作为候选图，在此仅以 005bw 为例。

⑦任务描述显示在数据库中，可以不填。

⑧单击“确定”按钮，添加任务完成，用户可以看到添加的任务，如图 3.45 所示。

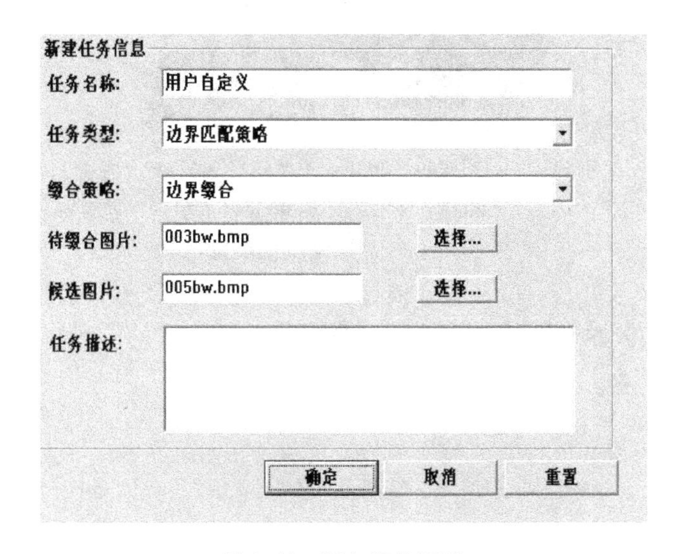

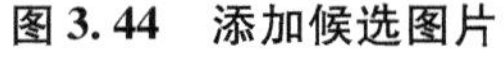
图 3.44　添加候选图片

图 3.45　成功添加任务

单击“用户自定义任务”，再单击运行按钮，用户可以看到自己添加的两幅图的匹配效果，如图 3.46 所示。

最后，单击“[button icon]”按钮，退出程序。

按照本例，用户可以看到以下缀合过程，如图 3. 47 至图 3. 49 所示。

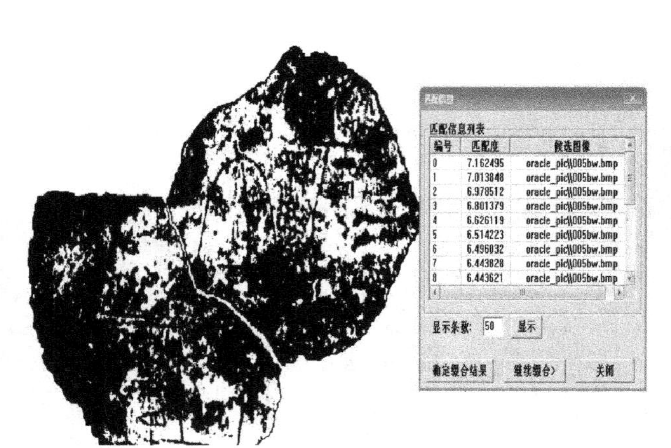

图 3. 46　匹配效果

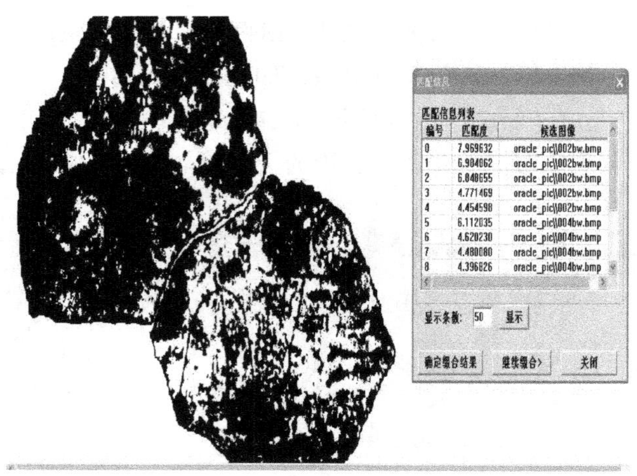

图 3. 47　003bw（右下）vs 002bw（左上）匹配率最大的位置

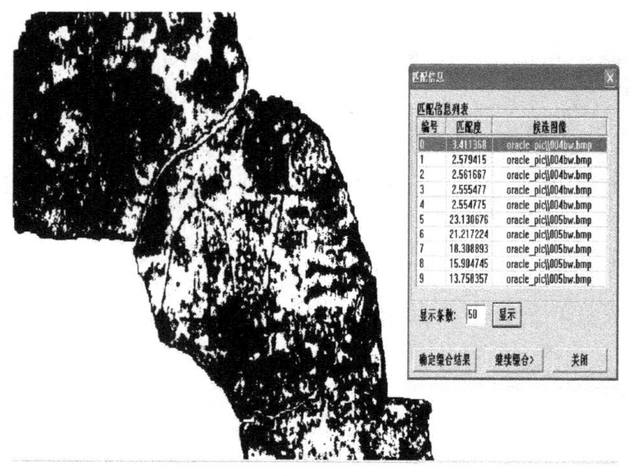

图 3. 48　003bw（中间）、002bw（左上）vs 004bw（右下）匹配率最大的位置

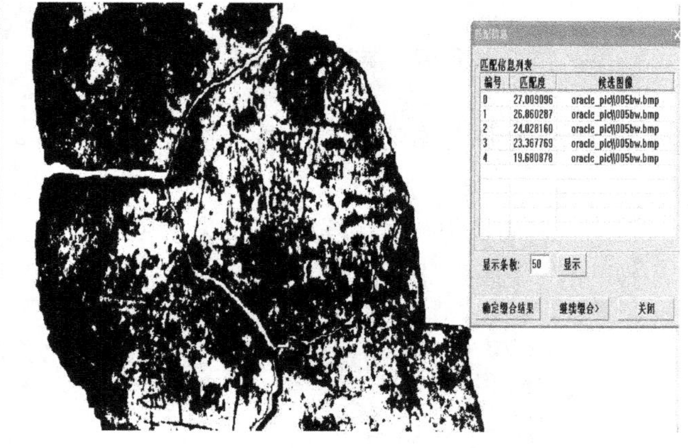

图 3. 49　003bw（中间）、002bw（左上）、004bw（右下）vs 005bw（左下）匹配率最大的位置

经过上述 3 个过程，用户可以得到一幅较为完整的图片，达到了预期要求。

第 4 章　甲骨文碎片缀合平台关键代码

4.1　界面模块代码

4.1.1　系统启动界面实现代码

```
// qidongDlg.cpp : implementation file
//

#include "stdafx.h"
#include "oraclepatchingsys.h"
#include "qidongDlg.h"
#ifdef _DEBUG
#define new DEBUG_NEW
#undef THIS_FILE
static char THIS_FILE[] = __FILE__;
#endif

/////////////////////////////////////////////////////////////////////////////
// CqidongDlg dialog


CqidongDlg::CqidongDlg(CWnd* pParent /*=NULL*/)
    : CDialog(CqidongDlg::IDD, pParent)
{
    //{{AFX_DATA_INIT(CqidongDlg)
        // NOTE: the ClassWizard will add member initialization here
    //}}AFX_DATA_INIT
    m_iPos=0;
}


void CqidongDlg::DoDataExchange(CDataExchange* pDX)
{
    CDialog::DoDataExchange(pDX);
    //{{AFX_DATA_MAP(CqidongDlg)
    DDX_Control(pDX, IDC_tuichu, m_tuichu);
    DDX_Control(pDX, IDC_BUTTON_icon, m_icon);
    //}}AFX_DATA_MAP
}


BEGIN_MESSAGE_MAP(CqidongDlg, CDialog)
    //{{AFX_MSG_MAP(CqidongDlg)
```

```
    ON_WM_TIMER()
    ON_BN_CLICKED(IDC_BUTTON_icon, OnBUTTONicon)
    ON_BN_CLICKED(IDC_tuichu, Ontuichu)
    ON_WM_PAINT()
    //}}AFX_MSG_MAP
END_MESSAGE_MAP()

/////////////////////////////////////////////////////////////////////////////
// CqidongDlg message handlers

BOOL CqidongDlg::OnInitDialog()
{
    //int i = sleep + m_iPos;
    CDialog::OnInitDialog();
    //SetTimer(1,2000,NULL);
    CRect rect;
    rect.left  = 0;
    rect.top  = 0;
    rect.right  = 750;
    rect.bottom  = 550;
    MoveWindow(&rect,TRUE);
    HBITMAP hBmp1 = ::LoadBitmap(AfxGetInstanceHandle(),   MAKEINTRESOURCE(IDB_BITMAP_Enter));
    m_icon.SetBitmap(hBmp1);
    HBITMAP hBmp2 = ::LoadBitmap(AfxGetInstanceHandle(),   MAKEINTRESOURCE(IDB_BITMAP_Exit));
    m_tuichu.SetBitmap(hBmp2);

    /* HICON hicon1 = ::LoadIcon(AfxGetInstanceHandle(),   MAKEINTRESOURCE(IDI_ICON19));
    m_icon.SetIcon(hicon1);  */
    return TRUE;   // return TRUE unless you set the focus to a control
              // EXCEPTION: OCX Property Pages should return FALSE
}

void CqidongDlg::OnTimer(UINT nIDEvent)
{
    // TODO: Add your message handler code here and/or call default
    AnimateWindow(GetSafeHwnd(),1000,AW_HIDE|AW_BLEND);
    CDialog::OnOK();
    CDialog::OnTimer(nIDEvent);
}

void CqidongDlg::OnBUTTONicon()
{
  CDialog::OnOK();
}

void CqidongDlg::Ontuichu()
{
  exit(0);
}

void CqidongDlg::OnPaint()
{
```

 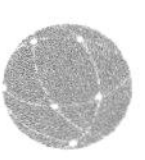

```
    // device context for painting

    CPaintDC dc(this);
    CRect rect;
    GetClientRect(&rect);
    CDC dcMem;
    dcMem.CreateCompatibleDC(&dc);
    CBitmap bmpBackground;
    bmpBackground.LoadBitmap(IDB_BITMAP_Start);//插入图片对应的 ID
    BITMAP bitmap;
    bmpBackground.GetBitmap(&bitmap);
    CBitmap *pbmpOLd = dcMem.SelectObject(&bmpBackground);
    dc.StretchBlt(0,0,rect.Width(),rect.Height(),&dcMem,0,0,bitmap.bmWidth,bitmap.bmHeight,SRCCOPY);
}
```

4.1.2 系统初始化界面代码

```
// InitDataBaseDlg.cpp : implementation file
//

#include "stdafx.h"
#include "OraclePatchingSys.h"
#include "InitDataBaseDlg.h"
#include <fstream>
#include <iostream>
#include <cmath>
using namespace std;
#ifdef _DEBUG
#define new DEBUG_NEW
#undef THIS_FILE
static char THIS_FILE[] = __FILE__;
#endif

/////////////////////////////////////////////////////////////////////////////
// CInitDataBaseDlg dialog


CInitDataBaseDlg::CInitDataBaseDlg(CWnd* pParent /*=NULL*/)
        : CDialog(CInitDataBaseDlg::IDD, pParent)
{
        //{{AFX_DATA_INIT(CInitDataBaseDlg)
        // NOTE: the ClassWizard will add member initialization here
        //}}AFX_DATA_INIT
        m_iPos = 0;
}


void CInitDataBaseDlg::DoDataExchange(CDataExchange* pDX)
{
        CDialog::DoDataExchange(pDX);
        //{{AFX_DATA_MAP(CInitDataBaseDlg)
        DDX_Control(pDX, IDC_PROGRESS1, m_ctrPrg);
```

```
        //}}AFX_DATA_MAP
}


BEGIN_MESSAGE_MAP(CInitDataBaseDlg, CDialog)
        //{{AFX_MSG_MAP(CInitDataBaseDlg)
        //}}AFX_MSG_MAP
END_MESSAGE_MAP()

/////////////////////////////////////////////////////////////////////////////
// CInitDataBaseDlg message handlers

//全局函数
DWORD WINAPI   DownloadThread(void * pArg)
{
        //这里写上创建线程做什么的函数
        CInitDataBaseDlg * pDlg = (CInitDataBaseDlg * )pArg;
        while(pDlg->m_iPos <100)
        {
        pDlg->m_iPos += 5;
        pDlg->m_ctrPrg.SetPos(pDlg->m_iPos);
        Sleep(200);
        }

        pDlg->EndDialog(0);
        return 0;
}

extern CString strPicPath;
BOOL CInitDataBaseDlg::OnInitDialog()
{
        CDialog::OnInitDialog();
    //读出文本到 strPicPath;
        ifstream infile("config.ini", ios::in); //以输入的方式打开文件
        if(! infile)
        {
        cerr << "open error!" << endl;
        exit(1);
        }
        char a[1000];
        CString path;
        infile >>a;
        path = a;
        if(path! ="")
         strPicPath = path;
        else
         strPicPath = "oracle_pic";



        //更改字体
        CFont * f;
```

 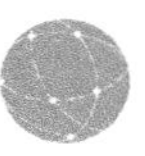

```
        f = new CFont;
        f - >CreateFont(18,                 // nHeight
         0,             // nWidth
         0,             // nEscapement
         0,             // nOrientation
         FW_LIGHT,        // nWeight
         FALSE,          // bItalic
         FALSE,         // bUnderline
         0,             // cStrikeOut
         ANSI_CHARSET,                // nCharSet
         OUT_DEFAULT_PRECIS,           // nOutPrecision
         CLIP_DEFAULT_PRECIS,         // nClipPrecision
         DEFAULT_QUALITY,             // nQuality
         DEFAULT_PITCH | FF_SWISS, // nPitchAndFamily
         _T("宋体"));                 // lpszFac

        GetDlgItem(IDC_STATIC_INIT) - >SetFont(f);

        //创建处理线程
        DWORD dwThreadID = 0;
        HANDLE
hThread = CreateThread(NULL,0,DownloadThread,(void * )this,0,&dwThreadID);
        return TRUE;
}
```

4.1.3 树形任务列表代码

```
// TaskListView. cpp : implementation file
//

#include "stdafx. h"
#include "OraclePatchingSys. h"
#include "TaskListView. h"
#include "Task. h"
#include "NewTaskDlg. h"
#include "MainFrm. h"
#include "Pro. h"

#ifdef _DEBUG
#define new DEBUG_NEW
#undef THIS_FILE
static char THIS_FILE[ ] = __FILE__;
#endif

/////////////////////////////////////////////////////////////////////////////
// CTaskListView

IMPLEMENT_DYNCREATE(CTaskListView, CFormView)

CTaskListView::CTaskListView()
: CFormView(CTaskListView::IDD)
{
```

```
        //{{AFX_DATA_INIT(CTaskListView)
        // NOTE: the ClassWizard will add member initialization here
        //}}AFX_DATA_INIT
}

CTaskListView::~CTaskListView()
{
}

void CTaskListView::DoDataExchange(CDataExchange* pDX)
{
        CFormView::DoDataExchange(pDX);
        //{{AFX_DATA_MAP(CTaskListView)
        DDX_Control(pDX, IDC_TREE1, m_treeTaskList);
        //}}AFX_DATA_MAP
}


BEGIN_MESSAGE_MAP(CTaskListView, CFormView)
//{{AFX_MSG_MAP(CTaskListView)
ON_NOTIFY(NM_RCLICK, IDC_TREE1, OnRclickTree1)
ON_COMMAND(IDM_M1_ADDTASK, OnM1Addtask)
ON_COMMAND(IDM_M1_DELTASK, OnM1Deltask)
        ON_NOTIFY(TVN_ITEMEXPANDED, IDC_TREE1, OnItemexpandedTree1)
        ON_COMMAND(ID_shuxing, Onshuxing)
        ON_WM_SIZE()
        //}}AFX_MSG_MAP
END_MESSAGE_MAP()

/////////////////////////////////////////////////////////////////////////////
// CTaskListView diagnostics

#ifdef _DEBUG
void CTaskListView::AssertValid() const
{
        CFormView::AssertValid();
}

void CTaskListView::Dump(CDumpContext& dc) const
{
        CFormView::Dump(dc);
}
#endif //_DEBUG

/////////////////////////////////////////////////////////////////////////////
// CTaskListView message handlers

void CTaskListView::OnInitialUpdate()
{
        CFormView::OnInitialUpdate();
        CRect rt;
        GetWindowRect(&rt);
```

 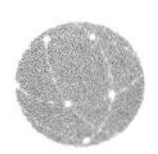

```
        ScreenToClient( &rt) ;
        GetClientRect( &m_rect) ; //添加代码
        //节点的图标
        int i = 0;
        int i_count = 3;
        //载入图标
        HICON icon[4];
        icon[0] = AfxGetApp() - > LoadIcon (IDI_ICON3);
        icon[1] = AfxGetApp() - > LoadIcon (IDI_ICON1);
        icon[2] = AfxGetApp() - > LoadIcon (IDI_ICON2);

        //创建图像列表控件
        CImageList * m_imagelist = new CImageList;

        m_imagelist - > Create(16,16,ILC_COLOR8 | ILC_MASK,2,2);

        m_imagelist - > SetBkColor (RGB(255,255,255));

        for( int n = 0;n < i_count;n + + )
        {
        m_imagelist - > Add( icon[n]); //把图标载入图像列表控件
        }
        //为 m_treeTaskList 设置一个图像列表,使 CtreeCtrl 的节点显示不同的图标
    m_treeTaskList. SetImageList( m_imagelist,TVSIL_NORMAL);

        m_treeTaskList. MoveWindow( &rt,TRUE);


        HTREEITEM root  =  m_treeTaskList. InsertItem("缀合任务列表",1,1,TVI_ROOT,TVI_LAST);


        //展开
        DWORD
dwStyle = ::GetWindowLong( m_treeTaskList. m_hWnd,GWL_STYLE);
        dwStyle| = TVS_DISABLEDRAGDROP;
        SetWindowLong( m_treeTaskList. m_hWnd,GWL_STYLE,dwStyle);


        //从数据库取数据
        CTask tbTask,tbTaskTmp;
        if(! tbTask. Open( CRecordset::dynaset, NULL))
        {
        MessageBox("打开失败");
        }

        tbTaskTmp. Open( CRecordset::dynaset, NULL);
        CTask  * p_Set = &tbTask;
        CTask  * p_Set2 = &tbTaskTmp;
        CString strTaskName;
        int iTaskID;

        if (p_Set - > IsEOF())
```

```
            }
            return;
            }
        p_Set - > MoveFirst( );
            p_Set2 - > MoveFirst( );
        while ( ! p_Set - > IsEOF( ) )
        {
            strTaskName = p_Set - > m_TaskName;
            iTaskID  =  p_Set - > m_taskID;
            if( p_Set - > m_TaskType = =0)
            {
                HTREEITEM hParentTreeNode  =  m_treeTaskList. InsertItem( strTaskName,1,1,root,NULL);

                p_Set2 - > MoveFirst( );
                while ( ! p_Set2 - > IsEOF( ) )
                {
                    if ( p_Set2 - > m_ParentID  = =  iTaskID)
                    {
            m_treeTaskList. InsertItem( p_Set2 - > m_TaskName,0,0,hParentTreeNode,NULL);
                }
                p_Set2 - > MoveNext( );
                }
            }
            p_Set - > MoveNext( );
            }
            p_Set - > MoveFirst( );

            //展开根节点
            m_treeTaskList. Expand( root,TVE_EXPAND);
}

void CTaskListView::OnRclickTree1( NMHDR *  pNMHDR, LRESULT *  pResult)
{
            CMenu menu, * pSubMenu;//定义下面要用到的 cmenu 对象
        menu. LoadMenu( IDR_MENU1);//装载自定义的右键菜单
        pSubMenu = menu. GetSubMenu(0);//获取第一个弹出菜单,所以第一个菜单必须有子菜单
        CPoint oPoint;//定义一个用于确定光标位置的位置
        GetCursorPos( &oPoint);//获取当前光标的位置,以便使得菜单可以跟随光标
        pSubMenu - > TrackPopupMenu( TPM_LEFTALIGN,oPoint. x,oPoint. y,this);//在指定位置显示弹出菜单
            * pResult  =  0;
}

void CTaskListView::OnM1Addtask( )
{
            // TODO: Add your command handler code here
            CTask rs;
            CString strSelTaskName;
            CTaskListView * pListView = ( CTaskListView * ) ( ( CMainFrame * ) AfxGetMainWnd( ) ) - > GetActiveView
( );
            HTREEITEM hSel  =  pListView - > m_treeTaskList. GetSelectedItem( );
            strSelTaskName  =  pListView - > m_treeTaskList. GetItemText( hSel);
            CString sql;
```

```
        sql. Format( "select  *  from task where TaskName  = '% s'" ,strSelTaskName) ;
        rs. Open( CRecordset: :dynaset,sql) ;
        if (rs. m_TaskType = =1)
        {
        MessageBox( "具体任务下不能添加任务!" ) ;
            return;
        }
        CNewTaskDlg dlg;
        dlg. DoModal( ) ;
}

void CTaskListView: :OnM1Deltask( )
{
        // TODO: Add your command handler code here
        if (IDOK !  = MessageBox( "确定要删除缀合任务吗?" , "删除" ,MB_OKCANCEL) )
        {
        return;
        }
        UpdateData( TRUE) ;
        CDatabase db;
        if( !  db. Open( _T( "Oracle_Match" ) , FALSE, FALSE, _T( "ODBC;UID =s" ) )  = = 1)
        {
        MessageBox( "连接失败" ) ;
        return;
        }

        CTask rs1,rs;
        rs. Open( ) ;
        CTaskListView
* vv = ( CTaskListView * ) ( ( CMainFrame * ) AfxGetMainWnd( ) ) - > GetActiveView( ) ;
        HTREEITEM dang = vv - > m_treeTaskList. GetSelectedItem( ) ;
        CString test;
    test = vv - > m_treeTaskList. GetItemText( dang) ;
    CString sql;
        sql. Format( "select  *  from task where TaskName  = '% s'" ,test) ;
        rs1. Open( CRecordset: :dynaset,sql) ;//指向父任务
        rs. MoveFirst( ) ;//指向子任务
        while( !  rs. IsEOF( ) )
        {
         if( rs1. m_taskID = = rs. m_ParentID)
             rs. Delete( ) ;
         rs. MoveNext( ) ;
        }
        rs. Requery( ) ;
        rs1. Delete( ) ;
        rs1. Requery( ) ;
        m_treeTaskList. DeleteItem( dang) ;
}

void CTaskListView: :OnItemexpandedTree1 ( NMHDR *  pNMHDR, LRESULT *  pResult)
{
        NM_TREEVIEW *  pNMTreeView  =  ( NM_TREEVIEW * ) pNMHDR;
```

```
        // TODO: Add your control notification handler code here

    HTREEITEM expandeditem = pNMTreeView->itemNew.hItem;//获取展开结点的句柄
        if(pNMTreeView->action    ==    1)//收起
        {
        //设置收起后的图片
        m_treeTaskList.SetItemImage(expandeditem,1,1);

        }
    else    if(pNMTreeView->action    ==    2)//展开
        {
        //设置展开后的图片
        m_treeTaskList.SetItemImage(expandeditem,2,2);

        }
        *pResult = 0;
}

void CTaskListView::Onshuxing()
{

        CProperty dlg;
        dlg.DoModal();
}

void CTaskListView::ReSize(int nID, int cx, int cy)
{
        CWnd *pWnd;
    pWnd = GetDlgItem(nID);      //获取控件句柄
    if(pWnd)
    {
        CRect rect;   //获取控件变化前大小
        pWnd->GetWindowRect(&rect);
        ScreenToClient(&rect);//将控件大小转换为在对话框中的区域坐标
       rect.left = (int)(rect.left * ((float)cx/(float)m_rect.Width()));//调整控件大小
       rect.right = (int)(rect.right * ((float)cx/(float)m_rect.Width()));
        rect.top = (int)(rect.top * ((float)cy/(float)m_rect.Height()));
        rect.bottom = (int)(rect.bottom * ((float)cy/(float)m_rect.Height()));
        pWnd->MoveWindow(rect);//设置控件位置
    }


}

void CTaskListView::OnSize(UINT nType, int cx, int cy)
{
        CFormView::OnSize(nType, cx, cy);

        // TODO: Add your message handler code here
    if(nType! =SIZE_MINIMIZED) //判断是否为最小化
    {
        ReSize(IDC_TREE1, cx, cy);
        GetClientRect(&m_rect);
```

```
    }
}
```

4.1.4 添加任务界面代码

```
// NewTaskDlg.cpp : implementation file
//

#include "stdafx.h"
#include "OraclePatchingSys.h"
#include "NewTaskDlg.h"
#include "MainImgSelectDlg.h"
#include "candDlg.h"
#include "Task.h"
#include "TaskListView.h"
#include "MainFrm.h"
#include "TaskType.h"
#include "picrecord.h"
//#include "DBManger.h"
#ifdef _DEBUG
#define new DEBUG_NEW
#undef THIS_FILE
static char THIS_FILE[] = __FILE__;
#endif
/////////////////////////////////////////////////////////////////////////////
// CNewTaskDlg dialog

CNewTaskDlg::CNewTaskDlg(CWnd* pParent /*=NULL*/)
: CDialog(CNewTaskDlg::IDD, pParent)
{
        //{{AFX_DATA_INIT(CNewTaskDlg)
        m_strCandImg = _T("");
        m_strMainImg = _T("");
        m_strTaskDesc = _T("");
        m_strTaskName = _T("");
        //}}AFX_DATA_INIT
}

void CNewTaskDlg::DoDataExchange(CDataExchange* pDX)
{
        CDialog::DoDataExchange(pDX);
        //{{AFX_DATA_MAP(CNewTaskDlg)
        DDX_Control(pDX, IDC_EDIT_CANDIMG, m_ctrCand);
        DDX_Control(pDX, IDC_EDIT_MAINIMG, m_ctrMain);
        DDX_Control(pDX, IDC_COMBO_TASKTYPE, m_ctrTaskType);
        DDX_Text(pDX, IDC_EDIT_CANDIMG, m_strCandImg);
        DDX_Text(pDX, IDC_EDIT_MAINIMG, m_strMainImg);
        DDX_Text(pDX, IDC_EDIT_TASKDESC, m_strTaskDesc);
        DDX_Text(pDX, IDC_EDIT_TASKNAME, m_strTaskName);
        //}}AFX_DATA_MAP
}
```

```
BEGIN_MESSAGE_MAP(CNewTaskDlg, CDialog)
//{{AFX_MSG_MAP(CNewTaskDlg)
ON_BN_CLICKED(IDC_BUTTON_CANCEL, OnButtonCancel)
ON_BN_CLICKED(IDC_BUTTON_ADDTASK, OnButtonAddtask)
        ON_BN_CLICKED(IDC_SelectBUTTON, OnSelectBUTTON)
        ON_BN_CLICKED(IDC_SelBUTTON2, OnSelBUTTON2)
        ON_BN_CLICKED(IDC_BUTTON3_RESET, OnButton3Reset)
        //}}AFX_MSG_MAP
END_MESSAGE_MAP()

/////////////////////////////////////////////////////////////////////////////
// CNewTaskDlg message handlers
CNewTaskDlg *pDlg;
void CNewTaskDlg::OnButtonCancel()
{
        // TODO: Add your control notification handler code here
        OnOK();
}

void CNewTaskDlg::OnButtonAddtask()
{
        //更新数据,保证填写必要任务信息
        UpdateData(TRUE);
        if (m_strTaskName == "")
        {
        MessageBox("任务名称不能为空!","提示");
        return;
        }
        //得到当前选中树节点的信息
        CTask taskSet;
        CTaskListView * pListView = (CTaskListView *)((CMainFrame *)AfxGetMainWnd())->GetActiveView
();
        HTREEITEM hSel = pListView->m_treeTaskList.GetSelectedItem();
        CString strSelTaskName;
        strSelTaskName = pListView->m_treeTaskList.GetItemText(hSel);
        CString sql;
        sql.Format("select * from task where TaskName ='%s'",strSelTaskName);
        taskSet.Open(CRecordset::dynaset,sql);
        //查看是否有重名的任务
        taskSet.MoveFirst();
        taskSet.m_TaskName.TrimRight("");
        m_strTaskName.TrimRight("");
    while(!taskSet.IsEOF())
        {
         if(!strcmp(taskSet.m_TaskName,m_strTaskName))
         {
            MessageBox("任务名称已经存在!");
            OnButton3Reset();
            return;
```

 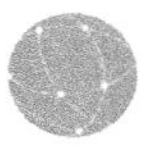

```
        }

         taskSet. MoveNext( ) ;
         taskSet. m_TaskName. TrimRight( "  " ) ;

        }
        if ( m_strMainImg = = "" &&m_strCandImg = = "" )
        {
         MessageBox( "请选择待缀合图片和候选图片!" ) ;
         return;
        }
    if ( m_strMainImg = = "" )
        {
         MessageBox( "请选择待缀合图片!" ) ;
         return;
        }
        if ( m_strCandImg = = "" )
        {
         MessageBox( "请选择候选图片!" ) ;
         return;
        }
        //添加记录到数据库中
        taskSet. AddNew( ) ;
        taskSet. m_TaskName  =  m_strTaskName;
        taskSet. m_TaskType  =  m_ctrTaskType. GetCurSel( ) ;
        taskSet. m_TaskDesc  =  m_strTaskDesc;
        taskSet. m_MainImg  =  m_strMainImg;
        taskSet. m_CandImg  =  m_strCandImg;
        taskSet. m_BrotherNum  =  GetbrotherNum( ) ;//调用 getbrotherNum( )函数得到兄弟编号
        taskSet. m_ParentID  =  GetparentID( ) ;//调用 getparentID( )函数得到父节点的 ID
        taskSet. m_taskID  =  SelfID( ) ;//调用 SelfID( )函数得到新节点的 ID
        if ( taskSet. CanUpdate(  ) )
        {
         taskSet. Update( ) ;
        }

        pListView - > m_treeTaskList. InsertItem( m_strTaskName, hSel, NULL) ;
        OnOK( ) ;
        MessageBox( " ---------新建缀合任务成功!---------" ,"新建任务提示") ;

}


BOOL CNewTaskDlg: :OnInitDialog( )
{
    pDlg = this;
        CDialog: :OnInitDialog( ) ;
        CTaskType rs;
        rs. Open( ) ;
        rs. MoveFirst( ) ;

        int i  =  0;
```

```
        while ( ! rs. IsEOF( ) )
        {
         m_ctrTaskType. InsertString( i,rs. m_TypeDesc) ;
         i + + ;
         rs. MoveNext( ) ;
        }

        m_ctrTaskType. SetCurSel(1) ;
        UpdateData(TRUE) ;
        //m_ctrMain. SetReadOnly(TRUE) ;
        //m_ctrCand. SetReadOnly(TRUE) ;
        GetDlgItem(IDC_EDIT_MAINIMG) - > HideCaret( ) ;
        GetDlgItem(IDC_EDIT_CANDIMG) - > HideCaret( ) ;
        return TRUE;
}
//得到新任务的 ID
int CNewTaskDlg: :SelfID( )
{

    int id =0;
        CTask s;
    s. Open(CRecordset: :dynaset,_T(" select Max(taskID) from task" ) ) ;
        id = s. m_taskID + 1 ;
    return id;
}

//得到自己在兄弟中的编号
int CNewTaskDlg: :GetbrotherNum( )
{
        CTaskListView * pListView = (CTaskListView * ) ( (CMainFrame * ) AfxGetMainWnd( ) ) - > GetActiveView
( ) ;
    HTREEITEM hSel  =  pListView - > m_treeTaskList. GetSelectedItem( ) ;
        HTREEITEM hchild  =  pListView - > m_treeTaskList. GetChildItem(hSel) ;
        int ncount =0;
        while(hchild)
        {
         ncount + + ;
         hchild  = pListView - > m_treeTaskList. GetNextSiblingItem(hchild) ;
        }
        return ncount + 1 ;
}

//得到父节点的 ID
int CNewTaskDlg: :GetparentID( )
{
    CString strSelTaskName;
        int pid =0;
        CTaskListView * pListView = (CTaskListView * ) ( (CMainFrame * ) AfxGetMainWnd( ) ) - > GetActiveView
( ) ;
        HTREEITEM hSel  =  pListView - > m_treeTaskList. GetSelectedItem( ) ;
        strSelTaskName  =  pListView - > m_treeTaskList. GetItemText(hSel) ;
    CString sql;
```

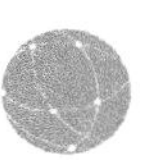

```
        sql. Format("select * from task where TaskName ='%s'",strSelTaskName);
        CTask rs;
        rs. Open(CRecordset::dynaset,sql);
    pid=rs. m_taskID;
        return  pid;
}

void CNewTaskDlg::OnSelectBUTTON()
{

  CMainImgSelectDlg dlg;
  dlg. DoModal();

}

void CNewTaskDlg::OnSelBUTTON2()
{
        CCandImgsSelectDlg dlg;
  dlg. DoModal();
}

void CNewTaskDlg::OnButton3Reset()
{
        //重置功能
        GetDlgItem(IDC_EDIT_TASKNAME)->SetWindowText("");
        GetDlgItem(IDC_EDIT_MAINIMG)->SetWindowText("");
        GetDlgItem(IDC_EDIT_CANDIMG)->SetWindowText("");
        GetDlgItem(IDC_EDIT_TASKDESC)->SetWindowText("");
        MessageBox("请重新填写任务信息!");// TODO: Add your control notification handler code here

}
```

4.1.5 待缀合图片界面代码

```
// MainDlg. cpp : implementation file
//

#include "stdafx. h"
#include "OraclePatchingSys. h"
#include "MainImgSelectDlg. h"
#include "NewTaskDlg. h"
#include "picrecord. h"
#include "ShowPicDlg. h"
#ifdef _DEBUG
#define new DEBUG_NEW
#undef THIS_FILE
static char THIS_FILE[] = __FILE__;
#endif

/////////////////////////////////////////////////////////////////////////////
// CMainDlg dialog
```

```
extern CNewTaskDlg * pDlg;
CMainImgSelectDlg::CMainImgSelectDlg(CWnd * pParent /* =NULL */)
        : CDialog(CMainImgSelectDlg::IDD, pParent)
{
        //{{AFX_DATA_INIT(CMainDlg)
        // NOTE: the ClassWizard will add member initialization here
        //}}AFX_DATA_INIT
}


void CMainImgSelectDlg::DoDataExchange(CDataExchange * pDX)
{
        CDialog::DoDataExchange(pDX);
        //{{AFX_DATA_MAP(CMainDlg)
        DDX_Control(pDX, IDC_LIST_MainImag, m_listmainimag);
        //}}AFX_DATA_MAP
}


BEGIN_MESSAGE_MAP(CMainImgSelectDlg, CDialog)
        //{{AFX_MSG_MAP(CMainDlg)
        ON_BN_CLICKED(IDC_Main_BUTTON, OnMainBUTTON)
        ON_NOTIFY(NM_SETFOCUS, IDC_LIST_MainImag, OnSetfocusLISTMainImag)
        ON_NOTIFY(NM_CLICK, IDC_LIST_MainImag, OnClickLISTMainImag)
        ON_BN_CLICKED(IDC_CANCEL, OnCancel)
        ON_WM_SIZE()
        //}}AFX_MSG_MAP
END_MESSAGE_MAP()

/////////////////////////////////////////////////////////////////////////////
// CMainDlg message handlers
extern CString strPicPath ;
BOOL CMainImgSelectDlg::OnInitDialog()
{
        CDialog::OnInitDialog();

    GetClientRect(&m_rect); //添加代码
        m_ShowPicDlg = new CShowPicDlg();
        m_ShowPicDlg->Create(IDD_DIALOG_SHOWPIC,this);

        //从文件读取图像信息,初始化列表
        m_listmainimag.SetExtendedStyle(LVS_EX_FLATSB|LVS_EX_FULLROWSELECT|LVS_EX_HEADER-
DRAGDROP|LVS_EX_ONECLICKACTIVATE|LVS_EX_GRIDLINES);
        RECT rect;
        m_listmainimag.GetClientRect(&rect);
    int width = rect.right - rect.left;
        m_listmainimag.InsertColumn(0,_T("图片名"),LVCFMT_LEFT,width/2);
    m_listmainimag.InsertColumn(1,_T("图片路径"),LVCFMT_LEFT,width/2);
    CString strDir = strPicPath ;
        strDir += L"//";
        strDir =strDir+_T("*.*");
        CFileFind finder;
```

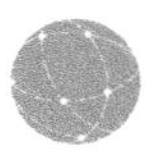

```
        CString strPath;
        BOOL bWorking = finder.FindFile(strDir);
        int i =0;
        while(bWorking)

        {

         bWorking = finder.FindNextFile();
         strPath = finder.GetFilePath();
         CString name = finder.GetFileName();
           if(! finder.IsDirectory() && ! finder.IsDots()&&name.Right(4) = =".bmp")
           {
                    m_listmainimag.InsertItem(i,name);//插入行
                    m_listmainimag.SetItemText(i,1,strPath);//设置该行的不同列的显示字符
              i + +;
           }
        }
    UpdateData(FALSE);
    return TRUE;

}

/*
BOOL CMainImgSelectDlg::OnInitDialog()
{
        //从数据库读取图像信息,初始化列表
        CDialog::OnInitDialog();
        m_listmainimag.SetExtendedStyle(LVS_EX_FLATSB|LVS_EX_FULLROWSELECT|LVS_EX_HEADER-
DRAGDROP|LVS_EX_ONECLICKACTIVATE|LVS_EX_GRIDLINES);
        RECT rect;
        m_listmainimag.GetClientRect(&rect);
    int width = rect.right - rect.left;
        // TODO: Add extra initialization here
        m_listmainimag.InsertColumn(0,_T("编号"),LVCFMT_LEFT,width/3);
    m_listmainimag.InsertColumn(1,_T("类型"),LVCFMT_LEFT,width/3);
    m_listmainimag.InsertColumn(2,_T("描述"),LVCFMT_LEFT,width/3);
    Cpicrecord rs;
        CString sql;
        sql.Format("select * from pic order by id");
        if (! rs.Open(CRecordset::snapshot,sql))
        {
         MessageBox("打开失败");
        }
        rs.MoveFirst();
        int i;
        for(i =0;i <100,! rs.IsEOF();i + +)
        {
        char a[30];
        itoa(rs.m_id,a,10);
         m_listmainimag.InsertItem(i,a);//插入行
         m_listmainimag.SetItemText(i,1,rs.m_type);//设置该行的不同列的显示字符
         m_listmainimag.SetItemText(i,2,rs.m_desc);
```

```
            rs. MoveNext( ) ;
            }
            UpdateData( FALSE) ;

            return TRUE;   // return TRUE unless you set the focus to a control
                           // EXCEPTION: OCX Property Pages should return FALSE
}
*/

void CMainImgSelectDlg::OnMainBUTTON( )
{
   POSITION pos  =  m_listmainimag . GetFirstSelectedItemPosition( ) ;


            int Item  =  m_listmainimag . GetNextSelectedItem( pos) ;
            CString Main = m_listmainimag . GetItemText( Item,0) ;
            pDlg - > m_ctrMain. SetWindowText( Main) ;
               OnOK( ) ;

}
void CMainImgSelectDlg::OnCancel( )
{
        OnOK( ) ;
}

void CMainImgSelectDlg::OnSetfocusLISTMainImag( NMHDR *  pNMHDR, LRESULT *  pResult)
{
            // TODO: Add your control notification handler code here
             * pResult  =  0;
}

void CMainImgSelectDlg::OnClickLISTMainImag( NMHDR *  pNMHDR, LRESULT *  pResult)
{
            // TODO: Add your control notification handler code here
            CString str;
            int nId;

            //首先得到单击的位置

            POSITION pos = m_listmainimag. GetFirstSelectedItemPosition( ) ;
            if( pos = = NULL)
            {
                //MessageBox( _T( "请至少选择一项" ) ) ;
            }

            nId = ( int) m_listmainimag. GetNextSelectedItem( pos) ;

            //得到图片的路径
            str = m_listmainimag. GetItemText( nId,1) ;
            m_ShowPicDlg - > SetPic( str) ;
            m_ShowPicDlg - > ShowWindow( SW_NORMAL) ;
```

```
        //位置
        CRect rect,rt;
        this - > GetWindowRect( &rect) ;
        m_ShowPicDlg - > GetWindowRect( &rt) ;

        //ClientToScreen( &rect) ;
        //ClientToScreen( &rt) ;

        CRect rc;
        rc. top  =  rect. top;
        rc. left  =  rect. right;
        rc. bottom  =  rect. top  +  rt. Height( ) ;
        rc. right  =  rect. right  +  rt. Width( ) ;
        m_ShowPicDlg - > MoveWindow( &rc) ;

        * pResult  =  0;
}

void CMainImgSelectDlg: :ReSize( int nID, int cx, int cy)
{
        CWnd  * pWnd;
    pWnd  =  GetDlgItem( nID) ;        //获取控件句柄
    if( pWnd)
    {
         CRect rect;    //获取控件变化前大小
         pWnd - > GetWindowRect( &rect) ;
         ScreenToClient( &rect) ;//将控件大小转换为在对话框中的区域坐标

        rect. left = ( int) ( rect. left * ( ( float) cx/( float) m_rect. Width( ) ) ) ;//调整控件大小

        rect. right = ( int) ( rect. right * ( ( float) cx/( float) m_rect. Width( ) ) ) ;
         rect. top = ( int) ( rect. top * ( ( float) cy/( float) m_rect. Height( ) ) ) ;
         rect. bottom  =  ( int) ( rect. bottom * ( ( float) cy/( float) m_rect. Height( ) ) ) ;
         pWnd - > MoveWindow( rect) ;//设置控件位置
    }


}

void CMainImgSelectDlg: :OnSize( UINT nType, int cx, int cy)
{
        CDialog: :OnSize( nType, cx, cy) ;
    // TODO: Add your message handler code here
    if( nType!  = SIZE_MINIMIZED) //判断是否为最小化
    {
        ReSize( IDC_LIST_MainImag, cx, cy) ;
        ReSize( IDC_STATIC12, cx, cy) ;
        ReSize( IDC_Main_BUTTON, cx, cy) ;
        ReSize( IDC_CANCEL, cx, cy) ;
        GetClientRect( &m_rect) ;
    }
```

```
}
```

4.1.6 候选图片界面代码

```
// candDlg. cpp : implementation file
//

#include "stdafx. h"
#include "OraclePatchingSys. h"
#include "candDlg. h"
#include "MainImgSelectDlg. h"
#include "NewTaskDlg. h"
#include "picrecord. h"
#ifdef _DEBUG
#define new DEBUG_NEW
#undef THIS_FILE
static char THIS_FILE[ ] = __FILE__;
#endif

/////////////////////////////////////////////////////////////////////////////
// CcandDlg dialog

extern CNewTaskDlg * pDlg;
CCandImgsSelectDlg::CCandImgsSelectDlg(CWnd * pParent /* =NULL */)
        : CDialog(CCandImgsSelectDlg::IDD, pParent)
{
        //{{AFX_DATA_INIT(CcandDlg)
         // NOTE: the ClassWizard will add member initialization here
        //}}AFX_DATA_INIT
}


void CCandImgsSelectDlg::DoDataExchange(CDataExchange * pDX)
{
        CDialog::DoDataExchange(pDX);
        //{{AFX_DATA_MAP(CcandDlg)
        DDX_Control(pDX, IDC_LIST_CandImag, m_listCandImag);
        //}}AFX_DATA_MAP
}


BEGIN_MESSAGE_MAP(CCandImgsSelectDlg, CDialog)
        //{{AFX_MSG_MAP(CcandDlg)
        ON_BN_CLICKED(IDC_Cand_BUTTON, OnCandBUTTON)
        ON_NOTIFY(NM_CLICK, IDC_LIST_CandImag, OnClickLISTCandImag)
        ON_BN_CLICKED(IDC_CANCEL, OnCancel)
        ON_WM_SIZE()
        //}}AFX_MSG_MAP
END_MESSAGE_MAP()

/////////////////////////////////////////////////////////////////////////////
// CcandDlg message handlers
```

 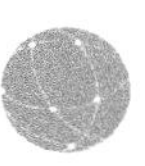

```
void CCandImgsSelectDlg::OnCandBUTTON()
{

        POSITION pos = m_listCandImag.GetFirstSelectedItemPosition();
    CNewTaskDlg * p = (CNewTaskDlg * )((CDialog * )AfxGetMainWnd()) -> GetActiveWindow();
        CString Cand = "";
        while(pos! = NULL)
        {
        int Item = m_listCandImag.GetNextSelectedItem(pos);

        Cand = Cand + m_listCandImag.GetItemText(Item,0) + ';';
        }
        Cand.TrimRight(";");
         pDlg -> m_ctrCand.SetWindowText(Cand);
            OnOK();
}
extern CString strPicPath;
BOOL CCandImgsSelectDlg::OnInitDialog()
{

        CDialog::OnInitDialog();
        m_listCandImag.SetExtendedStyle(LVS_EX_FLATSB|LVS_EX_FULLROWSELECT|LVS_EX_HEADER-
DRAGDROP|LVS_EX_ONECLICKACTIVATE|LVS_EX_GRIDLINES|LVS_EX_CHECKBOXES);
        RECT rect;
        m_listCandImag.GetClientRect(&rect);
    int width = rect.right - rect.left;
        m_listCandImag.InsertColumn(0,_T("图片名"),LVCFMT_LEFT,width/2);
    m_listCandImag.InsertColumn(1,_T("图片路径"),LVCFMT_LEFT,width);


    CString strDir = strPicPath;
        strDir += L"//";
        strDir = strDir + _T("*.*");
        CFileFind finder;
        CString strPath;
        BOOL bWorking = finder.FindFile(strDir);
        int i = 0;
        while(bWorking)

        {

        bWorking = finder.FindNextFile();
        strPath = finder.GetFilePath();
        CString name = finder.GetFileName();
        if(! finder.IsDirectory() && ! finder.IsDots()&&name.Right(4) == ".bmp")

        {
            m_listCandImag.InsertItem(i,name);//插入行
            m_listCandImag.SetItemText(i,1,strPath);//设置该行的不同列的显示字符
            i++;
```

```
        }

        }
        UpdateWindow();
    return TRUE;

}
/* BOOL CCandImgsSelectDlg::OnInitDialog()
{
        CDialog::OnInitDialog();
        m_listCandImag.SetExtendedStyle(LVS_EX_FLATSB|LVS_EX_FULLROWSELECT|LVS_EX_HEADER-
DRAGDROP|LVS_EX_ONECLICKACTIVATE|LVS_EX_GRIDLINES|LVS_EX_CHECKBOXES);
        RECT rect;
        m_listCandImag.GetClientRect(&rect);
    int width = rect.right - rect.left;
        // TODO: Add extra initialization here
        m_listCandImag.InsertColumn(0,_T("编号"),LVCFMT_LEFT,width/3);
    m_listCandImag.InsertColumn(1,_T("类型"),LVCFMT_LEFT,width/3);
    m_listCandImag.InsertColumn(2,_T("描述"),LVCFMT_LEFT,width/3);
    Cpicrecord rs;
        CString sql;
        sql.Format("select * from pic order by id");
        if (! rs.Open(CRecordset::snapshot,sql))
        {
        MessageBox("打开失败");
        }
    rs.MoveFirst();
        int i;
        for(i=0;i<100,! rs.IsEOF();i++)
        {
        char a[30];
        itoa(rs.m_id,a,10);
        m_listCandImag.InsertItem(i,a);//插入行
        m_listCandImag.SetItemText(i,1,rs.m_type);//设置该行的不同列的显示字符
        m_listCandImag.SetItemText(i,2,rs.m_desc);
        rs.MoveNext();
        }
        UpdateData(FALSE);

        return TRUE;  // return TRUE unless you set the focus to a control
                      // EXCEPTION: OCX Property Pages should return FALSE
}
*/

void CCandImgsSelectDlg::OnClickLISTCandImag(NMHDR * pNMHDR, LRESULT * pResult)
{

        LPNMITEMACTIVATE pNMItemActivate = reinterpret_cast<LPNMITEMACTIVATE>(pNMHDR);
        // TODO: Add your control notification handler code here
        int nItem = pNMItemActivate->iItem;
        if ( nItem > -1 )
        {
```

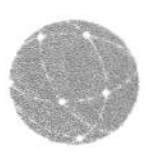

```
        UINT Flag = 0;
        m_listCandImag.HitTest( pNMItemActivate->ptAction, &Flag );
        if ( Flag == LVHT_ONITEMSTATEICON )
        {
            bool bChecked = ListView_GetCheckState( m_listCandImag.m_hWnd,nItem );
            if(! bChecked)
            {// 勾选,设置整行选中状态
                m_listCandImag.SetItemState( nItem ,  LVIS_SELECTED , LVIS_SELECTED );
            }
            else
            {// 消除整行选中状态
                m_listCandImag.SetItemState( nItem ,  0, LVIS_SELECTED );
            }
        }
    *pResult = 0;
        }
}

void CCandImgsSelectDlg::OnCancel()
{
        OnOK();
}

void CCandImgsSelectDlg::ReSize(int nID, int cx, int cy)
{

        CWnd *pWnd;
    pWnd = GetDlgItem(nID);       //获取控件句柄
    if(pWnd)
    {
        CRect rect;    //获取控件变化前大小
        pWnd->GetWindowRect(&rect);
        ScreenToClient(&rect);//将控件大小转换为在对话框中的区域坐标
        rect.left = (int)(rect.left * ((float)cx/(float)m_rect.Width()));//调整控件大小
        rect.right = (int)(rect.right * ((float)cx/(float)m_rect.Width()));
        rect.top = (int)(rect.top * ((float)cy/(float)m_rect.Height()));
        rect.bottom = (int)(rect.bottom * ((float)cy/(float)m_rect.Height()));
        pWnd->MoveWindow(rect);//设置控件位置
    }



}

void CCandImgsSelectDlg::OnSize(UINT nType, int cx, int cy)
{
        CDialog::OnSize(nType, cx, cy);
    // TODO: Add your message handler code here
    if(nType! =SIZE_MINIMIZED) //判断是否为最小化
    {
        ReSize(IDC_LIST_CandImag, cx, cy);
        ReSize(IDC_Cand_BUTTON, cx, cy);
        ReSize(IDC_CANCEL, cx, cy);
```

```
        ReSize(IDC_STATIC11, cx, cy);
        GetClientRect(&m_rect);
    }

}
```

4.1.7 任务属性界面代码

```
// Pro.cpp : implementation file
//

#include "stdafx.h"
#include "oraclepatchingsys.h"
#include "Pro.h"
#include "Task.h"
#include "TaskListView.h"
#include "MainFrm.h"
//#include "MyButton.h"
//#include  "AFXWIN.h"

#ifdef _DEBUG
#define new DEBUG_NEW
#undef THIS_FILE
static char THIS_FILE[] = __FILE__;
#endif

/////////////////////////////////////////////////////////////////////////////
// CPro dialog


CProperty::CProperty(CWnd * pParent /* =NULL */)
        : CDialog(CProperty::IDD, pParent)
{
        //{{AFX_DATA_INIT(CPro)
        m_mainpic = _T("");
        m_candpic = _T("");
        m_taskname = _T("");
        m_taskdes = _T("");
        m_taskmethid = _T("");
        m_tasktype = _T("");
        //}}AFX_DATA_INIT
}


void CProperty::DoDataExchange(CDataExchange * pDX)
{
        CDialog::DoDataExchange(pDX);
        //{{AFX_DATA_MAP(CPro)
        //DDX_Control(pDX, IDC_CHECK1, m_pbu);
        DDX_Text(pDX, IDC_STATIC_MAINPIC, m_mainpic);
        DDX_Text(pDX, IDC_STATIC_CANDPIC, m_candpic);
        DDX_Text(pDX, IDC_STATIC_SNAME, m_taskname);
```

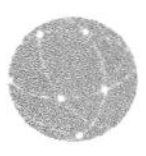

```
        DDX_Text(pDX, IDC_STATIC_TASKDES, m_taskdes);
        DDX_Text(pDX, IDC_STATIC_TASKMESID, m_taskmethid);
        DDX_Text(pDX, IDC_STATIC_TASKTYP, m_tasktype);
        //}}AFX_DATA_MAP
}
BEGIN_MESSAGE_MAP(CProperty, CDialog)
        //{{AFX_MSG_MAP(CPro)
        ON_BN_CLICKED(IDC_BUTTON1, OnButton1)
        ON_WM_PAINT()
        ON_WM_CTLCOLOR()

        //}}AFX_MSG_MAP
END_MESSAGE_MAP()

/////////////////////////////////////////////////////////////////////////////
// CPro message handlers
int f(CString str1, CString str2, CString str[1000])//函数的功能:查看候选图片的个数,结果从0开始数
{
        int i =0;
        int nstart =0;
        int nEnd = str1.Find(str2,nstart);
        while(nEnd >0)
        {
        CString   strTemp;
        for(int j = nstart;j < nEnd;j ++)
        {
             strTemp += str1[j];
        }
        str[i] = strTemp;

        i ++;
        nstart = nEnd;
        nstart ++;
        nEnd = str1.Find(str2,nstart);
        }
        if(i >=0)
        {
        CString   strTemp;
        for(int j = nstart;j < str1.GetLength();j ++)
        {
             strTemp += str1[j];
        }
        str[i] = strTemp;
        }

        return i;
}

BOOL CProperty::OnInitDialog()
{
```

```
/*        CMyButton m_btn;
        m_btn. SubclassDlgItem(IDC_BUTTON1,this);
        m_btn. SetUpColor(RGB(255,0,0));
        m_btn. SetDownColor(RGB(255,0,0)); */

        //将按钮修改为 BS_OWNERDRAW 风格,其他风格无效

        //GetDlgItem(IDC_BUTTON1) - > ModifyStyle(0,BS_OWNERDRAW,0);


        //CWinApp as;
        //SetDialogBkColor(RGB(255,255,255),RGB(10,35,150));
        CDialog::OnInitDialog();
        // TODO: Add extra initialization here
        //得到当前选中树节点的信息
        CTask taskSet1;
        CString strSelTaskName;
        taskSet1. Open(AFX_DB_USE_DEFAULT_TYPE, "task");
        CTaskListView * pListView = (CTaskListView * )((CMainFrame * )AfxGetMainWnd()) - > GetActiveView
();
        HTREEITEM hSel  =  pListView - > m_treeTaskList. GetSelectedItem();
        strSelTaskName  =  pListView - > m_treeTaskList. GetItemText(hSel);


    CString sql;
        sql. Format("select  *  from task where TaskName  ='% s'",strSelTaskName);
        CTask rs;
        rs. Open(CRecordset::dynaset,sql);
        m_taskname = rs. m_TaskName;
        int num;
        CString str[1000];
        char sr[100];
        CString s = ";";
        num = f(rs. m_CandImg,s,str);
        if(num > =0)
            num = num + 1;
        itoa(num,sr,10);

        if (rs. m_TaskDesc = = "")
        {
         m_taskdes = "无";
        }
        else
         m_taskdes = rs. m_TaskDesc;


        if (rs. m_TaskType = =0)
        {
         m_tasktype = "任务分类";
         m_candpic = "无";
         m_mainpic = "无";
         m_taskmethid = "无";
```

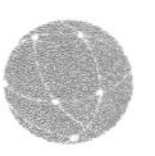

```
        }
        else
        {
          m_candpic = sr;
          m_mainpic = rs. m_MainImg;
          m_tasktype = "边界匹配策略";
        }
        UpdateData( FALSE) ;

        return TRUE;   // return TRUE unless you set the focus to a control
                       // EXCEPTION: OCX Property Pages should return FALSE
}

void CProperty::OnButton1( )
{
        // TODO: Add your control notification handler code here
        OnOK( ) ;
}

void CProperty::OnPaint( )
{
        CPaintDC dc( this) ; // device context for painting

        // TODO: Add your message handler code here
        //CPaintDC dc( this) ;
        CRect rect;
        GetClientRect( rect) ;
        dc. FillSolidRect( rect,RGB(255,255,255) ) ;
        CDialog::OnPaint( ) ;

        // Do not call CDialog::OnPaint( ) for painting messages
}

HBRUSH CProperty::OnCtlColor( CDC * pDC, CWnd * pWnd, UINT nCtlColor)
{

        HBRUSH hbr  =  CDialog::OnCtlColor( pDC, pWnd, nCtlColor) ;
        HBRUSH hb = CreateSolidBrush( RGB(255,255,255) ) ;

      switch( nCtlColor)
        {
            case CTLCOLOR_STATIC://对所有静态文本控件的设置
              {
                pDC - > SetBkMode( TRANSPARENT) ;  //设置背景为透明
                //pDC - > SetTextColor( RGB(0,0,0) ) ; //设置字体颜色
                HBRUSH B  =  CreateSolidBrush( RGB(255,255,255) ) ; //创建画刷
                return (HBRUSH) B;//返回画刷句柄
              }
          case CTLCOLOR_EDIT://对所有编辑框的设置
              {
                pDC - > SetBkMode( RGB(255,255,255) ) ;
                //pDC - > SetTextColor( RGB(0,0,0) ) ;
```

```
            //pWnd - > SetFont( cFont) ;//设置字体
            HBRUSH B  =  CreateSolidBrush( RGB(255,255,255) ) ;
            return (HBRUSH) B;
        }
      case CTLCOLOR_BTN:
        {
            //pDC - > SetBkMode( TRANSPARENT) ;
            // pDC - > SetBkColor( TRANSPARENT) ;  //设置背景为透明
            //pDC - > SetTextColor( RGB(0,0,0) ) ; //设置字体颜色
            //pDC - > TextOut(54,9,"关闭") ;

            //HBRUSH B  =  CreateSolidBrush( RGB(255,255,255) ) ; //创建画刷
            //return (HBRUSH) B;//返回画刷句柄
        }
        default:
            return CDialog::OnCtlColor( pDC,pWnd, nCtlColor) ;

    }

    // TODO: Change any attributes of the DC here

    // TODO: Return a different brush if the default is not desired
    return hb;
}

/ * void CPro::OnDrawItem( int nIDCtl, LPDRAWITEMSTRUCT lpDrawItemStruct)
{
    // TODO: Add your message handler code here and/or call default
    UINT uStyle  =  DFCS_BUTTONPUSH;

    // This code only works with buttons.
    ASSERT( lpDrawItemStruct - > CtlType  = =  IDC_BUTTON1) ;

    // If drawing selected, add the pushed style to DrawFrameControl.
    //if (lpDrawItemStruct - > itemState & ODS_SELECTED)
    //uStyle | =  DFCS_PUSHED;

    // Draw the button frame.
    //::DrawFrameControl( lpDrawItemStruct - > hDC, &lpDrawItemStruct - > rcItem,
    //DFC_BUTTON, uStyle) ;

    // Get the button's text.
    CString strText;
    GetWindowText( strText) ;

    // Draw the button text using the text color red.
    COLORREF crOldColor  =  ::SetTextColor( lpDrawItemStruct - > hDC, RGB(255,0,0) ) ;
    ::DrawText( lpDrawItemStruct - > hDC, strText, strText. GetLength( ) ,
    &lpDrawItemStruct - > rcItem, DT_SINGLELINE|DT_VCENTER|DT_CENTER) ;
    ::SetTextColor( lpDrawItemStruct - > hDC, crOldColor) ;

//      CDialog::OnDrawItem( nIDCtl, lpDrawItemStruct) ;
```

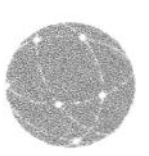

```
} */
```

4.1.8 目录设置界面代码

```
// SetPicPathDlg.cpp : implementation file
//

#include "stdafx.h"
#include "OraclePatchingSys.h"
#include "SetPicPathDlg.h"
#include "MainFrm.h"
#include <fstream>
#include <iostream>
#include <cmath>
using namespace std;
#ifdef _DEBUG
#define new DEBUG_NEW
#undef THIS_FILE
static char THIS_FILE[] = __FILE__;
#endif


extern CString strPicPath;
/////////////////////////////////////////////////////////////////////////////
// CSetPicPathDlg dialog


CSetPicPathDlg::CSetPicPathDlg(CWnd* pParent /*=NULL*/)
	: CDialog(CSetPicPathDlg::IDD, pParent)
{
	//{{AFX_DATA_INIT(CSetPicPathDlg)
	m_strPicPath = _T("");
	//}}AFX_DATA_INIT
}


void CSetPicPathDlg::DoDataExchange(CDataExchange* pDX)
{
	CDialog::DoDataExchange(pDX);
	//{{AFX_DATA_MAP(CSetPicPathDlg)
	DDX_Text(pDX, IDC_EDIT_PICPATH, m_strPicPath);
	//}}AFX_DATA_MAP
}


BEGIN_MESSAGE_MAP(CSetPicPathDlg, CDialog)
	//{{AFX_MSG_MAP(CSetPicPathDlg)
	ON_BN_CLICKED(IDC_Select_BUTTON, OnSelectBUTTON)
	//}}AFX_MSG_MAP
END_MESSAGE_MAP()

/////////////////////////////////////////////////////////////////////////////
```

```
// CSetPicPathDlg message handlers

void CSetPicPathDlg::OnOK()
{
        // TODO: Add extra validation here
        //strPicPath =
        UpdateData(TRUE);
        strPicPath = m_strPicPath;
        //把 strPicPath 写入 config.ini 文件 --2012-7-23

        CDialog::OnOK();
}

void CSetPicPathDlg::OnSelectBUTTON()
{
        CString sFolderPath;
        BROWSEINFO bi;
        char Buffer[MAX_PATH];
        //初始化入口参数 bi 开始
        bi.hwndOwner = NULL;
        bi.pidlRoot = NULL;//初始化制定的 root 目录很不容易,
        bi.pszDisplayName = Buffer;//此参数如为 NULL 则不能显示对话框
        bi.lpszTitle = "修改接收路径";
        //bi.ulFlags = BIF_BROWSEINCLUDEFILES;//包括文件
        bi.ulFlags = BIF_EDITBOX;//包括文件
        bi.lpfn = NULL;
        bi.iImage = IDR_MAINFRAME;
        //初始化入口参数 bi 结束
        LPITEMIDLIST pIDList = SHBrowseForFolder(&bi);//调用显示选择对话框
        if(pIDList)
        {
        SHGetPathFromIDList(pIDList, Buffer);
        //取得文件夹路径到 Buffer 里
        sFolderPath = Buffer;//将路径保存在一个 CString 对象里
        }
        LPMALLOC lpMalloc;
        if(FAILED(SHGetMalloc(&lpMalloc))) return;
        //释放内存
        lpMalloc->Free(pIDList);
        lpMalloc->Release();
        m_strPicPath = sFolderPath;
        //将路径保存到一文件中去
        ofstream outfile("config.ini"); //以输出方式打开文件
    for(int i = 0; Buffer[i] != 0; i++)
        outfile.put(Buffer[i]);
    UpdateData(FALSE);

}
```

4.1.9 图片显示界面代码

```
// ShowPicDlg.cpp : implementation file
```

```
//

#include "stdafx.h"
#include "OraclePatchingSys.h"
#include "ShowPicDlg.h"

#ifdef _DEBUG
#define new DEBUG_NEW
#undef THIS_FILE
static char THIS_FILE[] = __FILE__;
#endif

/////////////////////////////////////////////////////////////////////////////
// CShowPicDlg dialog


CShowPicDlg::CShowPicDlg(CWnd* pParent /*=NULL*/)
	: CDialog(CShowPicDlg::IDD, pParent)
{
	//{{AFX_DATA_INIT(CShowPicDlg)
	// NOTE: the ClassWizard will add member initialization here
	//}}AFX_DATA_INIT
}


void CShowPicDlg::DoDataExchange(CDataExchange* pDX)
{
	CDialog::DoDataExchange(pDX);
	//{{AFX_DATA_MAP(CShowPicDlg)
	// NOTE: the ClassWizard will add DDX and DDV calls here
	//}}AFX_DATA_MAP
}

void CShowPicDlg::SetPic(CString strPicPath)
{
	m_strPicPath = strPicPath;
	RedrawWindow();
}


BEGIN_MESSAGE_MAP(CShowPicDlg, CDialog)
	//{{AFX_MSG_MAP(CShowPicDlg)
	ON_WM_PAINT()
	//}}AFX_MSG_MAP
END_MESSAGE_MAP()

/////////////////////////////////////////////////////////////////////////////
// CShowPicDlg message handlers

void CShowPicDlg::OnPaint()
{
```

```
        CPaintDC dc(this); // device context for painting

        CString str = m_strPicPath;
        //显示待缀合图像
        BITMAP bitmap1;
        CBitmap bmp1;//定义位图对象
        CDC memDC1;//定义一个设备上下文
        memDC1.CreateCompatibleDC(GetDC());//创建兼容的设备上下文
        bmp1.m_hObject = (HBITMAP)::LoadImage(NULL,str,IMAGE_BITMAP,0,0,LR_LOADFROMFILE);
        memDC1.SelectObject(&bmp1);//选中位图对象
        bmp1.GetBitmap(&bitmap1);


        this->GetDC()->StretchBlt(
         0,0,
         200,
         200,
         &memDC1,
         0,
         0,
         bitmap1.bmWidth,
         bitmap1.bmHeight,
         SRCAND);//绘制位图
}
```

4.1.10 任务匹配信息显示界面代码

```
// MatchInfoDlg.cpp : implementation file
//

#include "struct.h"
#include "stdafx.h"
#include "OraclePatchingSys.h"
#include "MatchInfoDlg.h"
#include "MainFrm.h"
#include "EdgeMatchView.h"
#include "NewTaskDlg.h"
#include "cv.h"
#include "highgui.h"
#include "common.h"

#ifdef _DEBUG
#define new DEBUG_NEW
#undef THIS_FILE
static char THIS_FILE[] = __FILE__;
#endif

extern CString strPicPath;
/////////////////////////////////////////////////////////////////////////////
// CMatchInfoDlg dialog
```

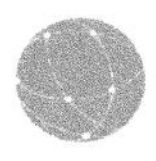

```
CMatchInfoDlg::CMatchInfoDlg(CWnd* pParent /*=NULL*/)
: CDialog(CMatchInfoDlg::IDD, pParent)
{
        //{{AFX_DATA_INIT(CMatchInfoDlg)
        m_iListCount = 50;
        //}}AFX_DATA_INIT
}


void CMatchInfoDlg::DoDataExchange(CDataExchange* pDX)
{
        CDialog::DoDataExchange(pDX);
        //{{AFX_DATA_MAP(CMatchInfoDlg)
        DDX_Control(pDX, IDC_LIST2, m_ResList);
        DDX_Text(pDX, IDC_EDIT_ITEMCOUNT, m_iListCount);
        //}}AFX_DATA_MAP
}


BEGIN_MESSAGE_MAP(CMatchInfoDlg, CDialog)
//{{AFX_MSG_MAP(CMatchInfoDlg)
ON_NOTIFY(NM_CLICK, IDC_LIST2, OnClickList2)
        ON_NOTIFY(LVN_ITEMCHANGED, IDC_LIST2, OnItemchangedList2)
        ON_BN_CLICKED(IDC_LIST, OnList)
        ON_COMMAND(ID_TOOLBAR_NEWWINDOW, OnToolbarNewwindow)
        ON_BN_CLICKED(IDB_SAVEBMP, OnSavebmp)
        ON_BN_CLICKED(IDC_BUTTON_CONTINUE_MATCH, OnButtonContinueMatch)
        //}}AFX_MSG_MAP
END_MESSAGE_MAP()

/////////////////////////////////////////////////////////////////////////////
// CMatchInfoDlg message handlers

void CMatchInfoDlg::SetData(CTaskInfo *pTask,MatchProcessData* data,int iCount)
{
        m_matchData = data;
        m_pTask = pTask;

        m_ResList.DeleteAllItems();
        for (int i=0;i<iCount;i++)
        {
         char Num[16];
         itoa(i,Num,10);

         char s[16];
         sprintf(s, "%f", data[i].MatchRate);

         int iPos = m_ResList.InsertItem(i,Num);
         m_ResList.SetItemText(i,1,s);
         m_ResList.SetItemText(i,2,data[i].strCandImg);

        }
```

```
}

void CMatchInfoDlg::OnClickList2(NMHDR * pNMHDR, LRESULT * pResult)
{
        // TODO: Add your control notification handler code here
        *pResult = 0;
}

void CMatchInfoDlg::OnItemchangedList2(NMHDR * pNMHDR, LRESULT * pResult)
{
        NM_LISTVIEW * pNMListView = (NM_LISTVIEW *)pNMHDR;
        // TODO: Add your control notification handler code here

        POSITION pos = m_ResList.GetFirstSelectedItemPosition();
        int a = m_ResList.GetNextSelectedItem(pos);

        char str[100];
        m_ResList.GetItemText(a,0,str,100);

        CMainFrame * pMfr = (CMainFrame *)(GetParent());
        CEdgeMatchView * pedV = (CEdgeMatchView *)pMfr->m_wndSplitter2.GetPane(0,1);

        if (a < 0)
        {
         return;
        }
        pedV->SetPosition(m_matchData[a].x,m_matchData[a].y,m_matchData[a].strMainImg,m_matchData
[a].strCandImg);
        *pResult = 0;
}

void CMatchInfoDlg::OnList()
{
        // TODO: Add your control notification handler code here
        m_ResList.DeleteAllItems();

        UpdateData(TRUE);
        for (int i=0;i<m_iListCount;i++)
        {
         char Num[16];
         itoa(i,Num,10);

         char s[16];
         sprintf(s, "%f", m_matchData[i].MatchRate);

         int iPos = m_ResList.InsertItem(i,Num);
         m_ResList.SetItemText(i,1,"左-右");
         m_ResList.SetItemText(i,2,s);
        }

}
```

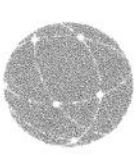

```
void CMatchInfoDlg::OnToolbarNewwindow()
{
	// TODO: Add your command handler code here
	CNewTaskDlg dlg;
	dlg.DoModal();

}

BOOL CMatchInfoDlg::OnInitDialog()
{
	CDialog::OnInitDialog();
	DWORD dwSytle = ::GetWindowLong(m_ResList.m_hWnd,GWL_STYLE);//设置为报表形式
	SetWindowLong(m_ResList.m_hWnd,GWL_STYLE,dwSytle|LVS_REPORT);
	DWORD ExStyle = m_ResList.GetExtendedStyle();
	m_ResList.SetExtendedStyle(ExStyle|LVS_EX_FULLROWSELECT|LVS_EX_GRIDLINES);
	m_ResList.InsertColumn(0,"编号",LVCFMT_CENTER,50,0);
	m_ResList.InsertColumn(1,"匹配度",LVCFMT_CENTER,80,0);
	m_ResList.InsertColumn(2,"候选图像",LVCFMT_CENTER,200,0);

	return TRUE;  // return TRUE unless you set the focus to a control
	              // EXCEPTION: OCX Property Pages should return FALSE
}


//两幅位图合成一副缀合好的位图
void CMatchInfoDlg::OnSavebmp()
{
	//获取缀合位置
	POSITION pos = m_ResList.GetFirstSelectedItemPosition();
	int a = m_ResList.GetNextSelectedItem(pos);

	if (a<0)
	{
	 return;
	}

	/*保存位图*/
	HDC hScrDC, hMemDC;
	int width, height,startX,startY;
	startX = 0;
	startY = 0;

	BYTE *lpBitmapBits = NULL;

	CMainFrame *pMainFrame = (CMainFrame *)AfxGetMainWnd();
	CEdgeMatchView * pMatchView = (CEdgeMatchView *)pMainFrame->m_wndSplitter2.GetPane(0,1);

	//获取需要保存位图的大小
	width = pMatchView->m_rect.Width();
	height = pMatchView->m_rect.Height();

	CDC * m_pmemDC = pMatchView->m_pMemDC2;
```

```
hScrDC = m_pmemDC - > GetSafeHdc( );
hMemDC = CreateCompatibleDC( hScrDC);

BITMAPINFO RGB16BitsBITMAPINFO;
ZeroMemory( &RGB16BitsBITMAPINFO, sizeof( BITMAPINFO) );
RGB16BitsBITMAPINFO. bmiHeader. biSize = sizeof( BITMAPINFOHEADER);
RGB16BitsBITMAPINFO. bmiHeader. biWidth = width;
RGB16BitsBITMAPINFO. bmiHeader. biHeight = height;
RGB16BitsBITMAPINFO. bmiHeader. biPlanes = 1;
RGB16BitsBITMAPINFO. bmiHeader. biBitCount = 16;

HBITMAP directBmp = CreateDIBSection( hMemDC, (BITMAPINFO * )&RGB16BitsBITMAPINFO,
 DIB_RGB_COLORS, (void * * )&lpBitmapBits, NULL, 0);
HGDIOBJ previousObject = SelectObject( hMemDC, directBmp);

BitBlt( hMemDC, 0, 0, width, height, hScrDC,0,0, SRCCOPY);

BITMAPFILEHEADER bmBITMAPFILEHEADER;
ZeroMemory( &bmBITMAPFILEHEADER, sizeof( BITMAPFILEHEADER) );
bmBITMAPFILEHEADER. bfType = 0x4d42; //bmp
bmBITMAPFILEHEADER. bfOffBits = sizeof( BITMAPFILEHEADER) + sizeof( BITMAPINFOHEADER);

bmBITMAPFILEHEADER. bfSize = bmBITMAPFILEHEADER. bfOffBits + ((((width * 16) + 31) & ~
31) / 8) * height; ///2 = (16 / 8)

FILE * mStream = NULL;
if( ( mStream = fopen( strPicPath + "\\\\" + "main. bmp", "wb ") ) )
{
 //write bitmap file header
 fwrite( &bmBITMAPFILEHEADER, sizeof( BITMAPFILEHEADER), 1, mStream);
 //write bitmap info
 fwrite( &( RGB16BitsBITMAPINFO. bmiHeader), sizeof( BITMAPINFOHEADER), 1, mStream);
 fwrite( lpBitmapBits,((((width * 16) + 31) & ~31) / 8) * height, 1, mStream);
 fclose( mStream);
}


//删除候选位图集合中缀合成功的候选位图
vector < CString > : : iterator itr = m_pTask - > m_vecCandImg. begin( );
int b = m_pTask - > m_vecCandImg. size( );

vector < CString > : : iterator ers_i;

while (itr ! = m_pTask - > m_vecCandImg. end( ) )
{
 CString tmp = (CString) ( * itr);
 if ( * itr = = m_matchData[ a]. strCandImg)
    ers_i = itr;

  + + itr;
}
 m_pTask - > m_vecCandImg. erase( ers_i);
```

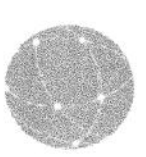

```
        MessageBox(" = = = = = 生成新的待缀合图像,继续缀合请单击开始按钮 = = = = = ","提示",MB_
OK);
        v//this - > OnOK();

        //仅显示当前缀合好的图像
        //更新任务信息
        m_pTask - > m_strMainImg  =  strPicPath + "\\\\" + "main. bmp";
        pMatchView - > m_strMainImg  =  strPicPath + "\\\\" + "main. bmp";
        pMatchView - > m_bIsOnePic  =  TRUE;
        pMatchView - > RedrawWindow();

}

void CMatchInfoDlg::OnButtonContinueMatch()
{
        //
        MatchProcessData * data;
        int n  =  m_pTask - > ExcuteTask(data,5);
        if (n  < =0)
        {
         MessageBox("无候选图片,任务已经执行完毕!");
         return;
        }


        //更新视图,设置为最佳匹配位置
        CMainFrame * pMainFrame  =  (CMainFrame * )AfxGetMainWnd();
        CEdgeMatchView * pMatchView  =  (CEdgeMatchView * )pMainFrame - > m_wndSplitter2. GetPane(0,1);
        pMatchView - > SetPosition(data[0]. x,data[0]. y,data[0]. strMainImg,data[0]. strCandImg);


        pMatchView - > m_bIsOnePic  =  FALSE;
        pMatchView - > RedrawWindow();
        SetData(m_pTask,data,n);
        RedrawWindow();


}
```

4.1.11　状态栏任务匹配信息显示界面代码

```
// DynInfoView. cpp : implementation file
//

#include "stdafx. h"
#include "OraclePatchingSys. h"
#include "DynInfoView. h"

#ifdef _DEBUG
#define new DEBUG_NEW
#undef THIS_FILE
```

```
static char THIS_FILE[ ] = __FILE__;
#endif

/////////////////////////////////////////////////////////////////////////////
// CDynInfoView

IMPLEMENT_DYNCREATE(CDynInfoView, CFormView)

CDynInfoView::CDynInfoView()
	: CFormView(CDynInfoView::IDD)
{
	//{{AFX_DATA_INIT(CDynInfoView)
	// NOTE: the ClassWizard will add member initialization here
	//}}AFX_DATA_INIT
}

CDynInfoView::~CDynInfoView()
{
}

void CDynInfoView::DoDataExchange(CDataExchange* pDX)
{
	CFormView::DoDataExchange(pDX);
	//{{AFX_DATA_MAP(CDynInfoView)
//	DDX_Control(pDX, IDC_PROGRESS_TASKPROG, m_ctrlTaskProgress);
	DDX_Control(pDX, IDC_EDIT1, m_ctlDynInfo);
	//}}AFX_DATA_MAP
}


BEGIN_MESSAGE_MAP(CDynInfoView, CFormView)
	//{{AFX_MSG_MAP(CDynInfoView)
	 // NOTE - the ClassWizard will add and remove mapping macros here.
	//}}AFX_MSG_MAP
END_MESSAGE_MAP()

/////////////////////////////////////////////////////////////////////////////
// CDynInfoView diagnostics

#ifdef _DEBUG
void CDynInfoView::AssertValid() const
{
	CFormView::AssertValid();
}

void CDynInfoView::Dump(CDumpContext& dc) const
{
	CFormView::Dump(dc);
}
#endif //_DEBUG

/////////////////////////////////////////////////////////////////////////////
```

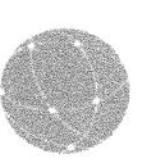

```
// CDynInfoView message handlers

void CDynInfoView::CalcWindowRect(LPRECT lpClientRect, UINTnAdjustType)
{
	// TODO: Add your specialized code here and/or call the base class
	CFormView::CalcWindowRect(lpClientRect, nAdjustType);

}

void CDynInfoView::OnInitialUpdate()
{
	CFormView::OnInitialUpdate();

	//m_ctrlTaskProgress.SetPos(50);

	// TODO: Add your specialized code here and/or call the base class
}

BOOL CDynInfoView::PreCreateWindow(CREATESTRUCT& cs)
{
	// TODO: Add your specialized code here and/or call the base class
	return CFormView::PreCreateWindow(cs);
}

void CDynInfoView::OnDraw(CDC * pDC)
{
	// TODO: Add your specialized code here and/or call the base class
	CRect ClientRect;
	GetClientRect(&ClientRect);
	m_ctlDynInfo.MoveWindow(&ClientRect,TRUE);
	m_ctlDynInfo.SetWindowText("状态:缀合任务执行中...\r\n 提取耗时:");
}
```

4.1.12　系统关于对话框代码

```
// OraclePatchingSys.cpp : Defines the class behaviors for the application.
//

#include "stdafx.h"
#include "OraclePatchingSys.h"
#include "qidongDlg.h"
#include "MainFrm.h"
#include "OraclePatchingSysDoc.h"
#include "OraclePatchingSysView.h"
#include "InitDataBaseDlg.h"

#ifdef _DEBUG
#define new DEBUG_NEW
#undef THIS_FILE
static char THIS_FILE[] = __FILE__;
#endif
```

```
////////////////////////////////////////////////////////////////////////////
// COraclePatchingSysApp

BEGIN_MESSAGE_MAP(COraclePatchingSysApp, CWinApp)
	//{{AFX_MSG_MAP(COraclePatchingSysApp)
	ON_COMMAND(ID_APP_ABOUT, OnAppAbout)
	ON_COMMAND(ID_TOOLBAR_ZOOM_OUT, OnToolbarRoomOut)
	ON_COMMAND(ID_TOOLBAR_ZOOM_IN, OnToolbarZoomIn)
	ON_COMMAND(ID_TOOLBAR_SETUP, OnToolbarSetup)
	ON_COMMAND(ID_TOOLBAR_SEARCH, OnToolbarSearch)
	ON_COMMAND(ID_TOOLBAR_BORDER, OnToolbarBorder)
	ON_COMMAND(IDM_ABOUT, OnAbout)
	//}}AFX_MSG_MAP
	// Standard file based document commands
	ON_COMMAND(ID_FILE_NEW, CWinApp::OnFileNew)
	ON_COMMAND(ID_FILE_OPEN, CWinApp::OnFileOpen)
	// Standard print setup command
	ON_COMMAND(ID_FILE_PRINT_SETUP, CWinApp::OnFilePrintSetup)
END_MESSAGE_MAP()

////////////////////////////////////////////////////////////////////////////
// COraclePatchingSysApp construction

COraclePatchingSysApp::COraclePatchingSysApp()
{
	// TODO: add construction code here,
	// Place all significant initialization in InitInstance
}

////////////////////////////////////////////////////////////////////////////
// The one and only COraclePatchingSysApp object

COraclePatchingSysApp theApp;

////////////////////////////////////////////////////////////////////////////
// COraclePatchingSysApp initialization

BOOL COraclePatchingSysApp::InitInstance()
{
	AfxEnableControlContainer();
    AfxInitRichEdit( );
	// Standard initialization
	// If you are not using these features and wish to reduce the size
	//  of your final executable, you should remove from the following
	//  the specific initialization routines you do not need.

#ifdef _AFXDLL
	Enable3dControls();// Call this when using MFC in a shared DLL
#else
	Enable3dControlsStatic();// Call this when linking to MFC statically
#endif
```

```
        // Change the registry key under which our settings are stored.
        // TODO: You should modify this string to be something appropriate
        // such as the name of your company or organization.
        SetRegistryKey(_T("Local AppWizard - Generated Applications"));

        LoadStdProfileSettings();  // Load standard INI file options (including MRU)

        //  Register the application's document templates. Document templates
        //  serve as the connection between documents, frame windows and views.

        CSingleDocTemplate* pDocTemplate;
        pDocTemplate = new CSingleDocTemplate(
         IDR_MAINFRAME,
         RUNTIME_CLASS(COraclePatchingSysDoc),
         RUNTIME_CLASS(CMainFrame),         // main SDI frame window
         RUNTIME_CLASS(COraclePatchingSysView));
        AddDocTemplate(pDocTemplate);

        // Parse command line for standard shell commands, DDE, file open
        CCommandLineInfo cmdInfo;
    CqidongDlg dlg1;
        dlg1.DoModal();
        CInitDataBaseDlg dlg;
        dlg.DoModal();
        // Dispatch commands specified on the command line
        if (! ProcessShellCommand(cmdInfo))
         return FALSE;

        // The one and only window has been initialized, so show and update it.
        m_pMainWnd->ShowWindow(SW_MAXIMIZE);
        m_pMainWnd->UpdateWindow();

        return TRUE;
}


/////////////////////////////////////////////////////////////////////////////
// CAboutDlg dialog used for App About

class CAboutDlg : public CDialog
{
public:
        CAboutDlg();

// Dialog Data
        //{{AFX_DATA(CAboutDlg)
        enum { IDD = IDD_ABOUTBOX };
        //}}AFX_DATA

        // ClassWizard generated virtual function overrides
        //{{AFX_VIRTUAL(CAboutDlg)
        protected:
```

```
	virtual void DoDataExchange(CDataExchange * pDX);	// DDX/DDV support
	//}}AFX_VIRTUAL

// Implementation
protected:
	//{{AFX_MSG(CAboutDlg)
	 // No message handlers
	//}}AFX_MSG
	DECLARE_MESSAGE_MAP()
};

CAboutDlg::CAboutDlg() : CDialog(CAboutDlg::IDD)
{
	//{{AFX_DATA_INIT(CAboutDlg)
	//}}AFX_DATA_INIT
}

void CAboutDlg::DoDataExchange(CDataExchange * pDX)
{
	CDialog::DoDataExchange(pDX);
	//{{AFX_DATA_MAP(CAboutDlg)
	//}}AFX_DATA_MAP
}

BEGIN_MESSAGE_MAP(CAboutDlg, CDialog)
	//{{AFX_MSG_MAP(CAboutDlg)
	// No message handlers
	//}}AFX_MSG_MAP
END_MESSAGE_MAP()

// App command to run the dialog
void COraclePatchingSysApp::OnAppAbout()
{
	CAboutDlg aboutDlg;
	aboutDlg.DoModal();
}

/////////////////////////////////////////////////////////////////////////////
// COraclePatchingSysApp message handlers


void COraclePatchingSysApp::OnToolbarRoomOut()
{
	// TODO: Add your command handler code here




/*		CMainFrame * pMainWnd = (CMainFrame *)this->GetMainWnd();
	COracleWorkSpaceView * pWorkView = (COracleWorkSpaceView * ) pMainWnd->m_wndSplitter1.GetPane(0, 1);

	CSize sizeTotal;
```

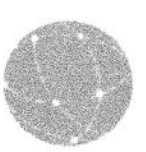

```
        // CSize sizePage( sizeTotal. cx/2 ,sizeTotal. cy/2) ;
        //Because of MM_LOENGLISH, Sizes are in . 01 of an inch

        sizeTotal = pWorkView - > GetTotalSize( ) ;
        sizeTotal. cx = (long)(sizeTotal. cx * 1. 1) ;
        sizeTotal. cy = (long)(sizeTotal. cy * 1. 1) ;

        pWorkView - > SetScrollSizes( MM_TEXT, sizeTotal) ;
//pWorkView - > GetParentFrame( ) - > RecalcLayout( ) ;


*/

/*      CDC dcMem;
        //创建兼容 DC
        dcMem. CreateCompatibleDC( pWorkView - > GetDC( ) ) ;
        dcMem. SelectObject( : :CreateCompatibleBitmap( pWorkView - > GetDC( ) - > m_hDC,1000,1000) ) ;



        int m = pWorkView - > GetScrollPos(1) ;
        int n = pWorkView - > GetScrollPos(0) ;
        pWorkView - > GetDC( ) - >

        pWorkView - > GetDC( ) - > BitBlt( m - 0,n - 0,1000 * 1. 1,1000 * 1. 1,&dcMem,0 ,0,SRCAND) ;

*/
        //CBitmap * pOldBitmap = ( CBitmap * ) dcMem. SelectObject( hbmp) ;



//      HDC hdcScaled = CreateCompatibleDC( hdcScreen) ;

//      hbmScaled = CreateCompatibleBitmap( hdcScreen,
//       GetDeviceCaps( hdcScreen, HORZRES) * 2,
//       GetDeviceCaps( hdcScreen, VERTRES) * 2) ;


        //pWorkView - > GetDC( ) - > get
        //pWorkView - > ResizeParentToFit( ) ;

}

void COraclePatchingSysApp: : OnToolbarZoomIn( )
{
/*      CMainFrame * pMainWnd = (CMainFrame * )this - > GetMainWnd( ) ;
        COracleWorkSpaceView * pWorkView = ( COracleWorkSpaceView * ) pMainWnd - > m _ wndSplit-
ter1. GetPane(0, 1) ;

        CSize sizeTotal;
```

```
        // CSize sizePage(sizeTotal.cx/2,sizeTotal.cy/2);
        //Because of MM_LOENGLISH, Sizes are in .01 of an inch

        sizeTotal = pWorkView->GetTotalSize();
        sizeTotal.cx = (long)(sizeTotal.cx * 0.9);
        sizeTotal.cy = (long)(sizeTotal.cy * 0.9);

        pWorkView->SetScrollSizes(MM_LOENGLISH, sizeTotal);
        pWorkView->Invalidate();
        */

}

void COraclePatchingSysApp::OnToolbarSetup()
{
}

void COraclePatchingSysApp::OnToolbarSearch()
{
}

void COraclePatchingSysApp::OnToolbarBorder()
{
}

void COraclePatchingSysApp::OnAbout()
{
        CAboutDlg dlg;
        dlg.DoModal();
}
```

4.2 数据库模块代码

```
#if !defined(AFX_TASK1_H__DC20B191_870F_4302_8C12_CEB751A55D34__INCLUDED_)
#define AFX_TASK1_H__DC20B191_870F_4302_8C12_CEB751A55D34__INCLUDED_

#if _MSC_VER > 1000
#pragma once
#endif // _MSC_VER > 1000
// Task1.h : header file
//

#include <afxdb.h>
/////////////////////////////////////////////////////////////////////////////
// CTask1 recordset

class CTask : public CRecordset
{
public:
    CTask(CDatabase * pDatabase = NULL);
    DECLARE_DYNAMIC(CTask)
```

 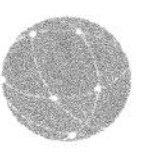

```
// Field/Param Data
    //{{AFX_FIELD(CTask1, CRecordset)
    longm_taskID;
    longm_ParentID;
    longm_BrotherNum;
    CStringm_TaskName;
    longm_TaskType;
    CStringm_MainImg;
    CStringm_CandImg;
    CStringm_TaskDesc;
    //}}AFX_FIELD
// Overrides
    // ClassWizard generated virtual function overrides
    //{{AFX_VIRTUAL(CTask1)
    public:
    virtual CString GetDefaultConnect();      // Default connection string
    virtual CString GetDefaultSQL();      // Default SQL for Recordset
    virtual void DoFieldExchange(CFieldExchange * pFX);  // RFX support
    //}}AFX_VIRTUAL

// Implementation
#ifdef _DEBUG
    virtual void AssertValid() const;
    virtual void Dump(CDumpContext& dc) const;
#endif
};

//{{AFX_INSERT_LOCATION}}
// Microsoft Visual C++ will insert additional declarations immediately before the previous line.

#endif // !defined(AFX_TASK1_H__DC20B191_870F_4302_8C12_CEB751A55D34__INCLUDED_)
// Task1.cpp : implementation file
//

#include "stdafx.h"
#include "OraclePatchingSys.h"
#include "Task.h"

#ifdef _DEBUG
#define new DEBUG_NEW
#undef THIS_FILE
static char THIS_FILE[] = __FILE__;
#endif

/////////////////////////////////////////////////////////////////////////////
// CTask1

IMPLEMENT_DYNAMIC(CTask, CRecordset)

CTask::CTask(CDatabase * pdb)
        : CRecordset(pdb)
```

```
{
        //{{AFX_FIELD_INIT(CTask1)
        m_taskID = 0;
        m_ParentID = 0;
        m_BrotherNum = 0;
        m_TaskName = _T("");
        m_TaskType = 0;
        m_MainImg = _T("");
        m_CandImg = _T("");
        m_TaskDesc = _T("");
        m_nFields = 8;
        //}}AFX_FIELD_INIT
        m_nDefaultType = dynaset;
}


CString CTask::GetDefaultConnect()
{
        return _T("ODBC;DSN = Oracle_Match");
}

CString CTask::GetDefaultSQL()
{
        return _T("[dbo].[task]");
}

void CTask::DoFieldExchange(CFieldExchange * pFX)
{
        //{{AFX_FIELD_MAP(CTask1)
        pFX->SetFieldType(CFieldExchange::outputColumn);
        RFX_Long(pFX, _T("[taskID]"), m_taskID);
        RFX_Long(pFX, _T("[ParentID]"), m_ParentID);
        RFX_Long(pFX, _T("[BrotherNum]"), m_BrotherNum);
        RFX_Text(pFX, _T("[TaskName]"), m_TaskName);
        RFX_Long(pFX, _T("[TaskType]"), m_TaskType);
        RFX_Text(pFX, _T("[MainImg]"), m_MainImg);
        RFX_Text(pFX, _T("[CandImg]"), m_CandImg);
        RFX_Text(pFX, _T("[TaskDesc]"), m_TaskDesc);
        //}}AFX_FIELD_MAP
}

/////////////////////////////////////////////////////////////////////////////
// CTask1 diagnostics

#ifdef _DEBUG
void CTask::AssertValid() const
{
        CRecordset::AssertValid();
}

void CTask::Dump(CDumpContext& dc) const
{
```

 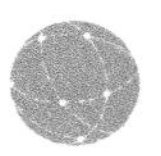

```
        CRecordset::Dump(dc);
}
#endif //_DEBUG
// picrecord. cpp : implementation file
//

#include "stdafx. h"
#include "OraclePatchingSys. h"
#include "picrecord. h"

#ifdef _DEBUG
#define new DEBUG_NEW
#undef THIS_FILE
static char THIS_FILE[ ] = __FILE__;
#endif

//////////////////////////////////////////////////////////////////////////////
// Cpicrecord

IMPLEMENT_DYNAMIC(CPicRecord, CRecordset)

CPicRecord::CPicRecord(CDatabase * pdb)
        : CRecordset(pdb)
{
        //{{AFX_FIELD_INIT(Cpicrecord)
        m_type = _T("");
        m_id = 0;
        m_desc = _T("");
        m_nFields = 4;
        //}}AFX_FIELD_INIT
        m_nDefaultType = snapshot;
}


CString CPicRecord::GetDefaultConnect()
{
        return _T("ODBC;DSN=Oracle_Match");
}

CString CPicRecord::GetDefaultSQL()
{
        return _T("[dbo].[pic]");
}

void CPicRecord::DoFieldExchange(CFieldExchange * pFX)
{
        //{{AFX_FIELD_MAP(Cpicrecord)
        pFX->SetFieldType(CFieldExchange::outputColumn);
        RFX_Text(pFX, _T("[type]"), m_type);
        RFX_Long(pFX, _T("[id]"), m_id);
        RFX_LongBinary(pFX, _T("[pic]"), m_pic);
        RFX_Text(pFX, _T("[desc]"), m_desc);
```

```
        //}}AFX_FIELD_MAP
}

/////////////////////////////////////////////////////////////////////////////
// Cpicrecord diagnostics

#ifdef _DEBUG
void CPicRecord::AssertValid() const
{
        CRecordset::AssertValid();
}

void CPicRecord::Dump(CDumpContext& dc) const
{
        CRecordset::Dump(dc);
}
#endif //_DEBUG


#if !defined(AFX_PICRECORD_H__0F7FB777_EEAD_430B_A218_9F1C0868A114__INCLUDED_)
#define AFX_PICRECORD_H__0F7FB777_EEAD_430B_A218_9F1C0868A114__INCLUDED_
#include "afxdb.h"
#if _MSC_VER > 1000
#pragma once
#endif // _MSC_VER > 1000
// picrecord.h : header file
//

/////////////////////////////////////////////////////////////////////////////
// Cpicrecord recordset

class CPicRecord : public CRecordset
{
public:
        CPicRecord(CDatabase* pDatabase = NULL);
        DECLARE_DYNAMIC(CPicRecord)

// Field/Param Data
        //{{AFX_FIELD(Cpicrecord, CRecordset)
        CStringm_type;
        longm_id;
        CLongBinarym_pic;
        CStringm_desc;
        //}}AFX_FIELD



// Overrides
        // ClassWizard generated virtual function overrides
        //{{AFX_VIRTUAL(Cpicrecord)
        public:
        virtual CString GetDefaultConnect();      // Default connection string
```

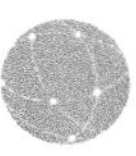

```
        virtual CString GetDefaultSQL( );      // Default SQL for Recordset
        virtual void DoFieldExchange(CFieldExchange * pFX);  // RFX support
        //}}AFX_VIRTUAL

// Implementation
#ifdef _DEBUG
        virtual void AssertValid( ) const;
        virtual void Dump(CDumpContext& dc) const;
#endif
};

//{{AFX_INSERT_LOCATION}}
// Microsoft Visual C++ will insert additional declarations immediately before the previous line.

#endif
// !defined(AFX_PICRECORD_H__0F7FB777_EEAD_430B_A218_9F1C0868A114__INCLUDED_)
// TaskInfo.h: interface for the CTaskInfo class.
//
//////////////////////////////////////////////////////////////////////

#if !defined(AFX_TASKINFO_H__12EB2EDF_B4DF_402A_B12A_BAE7A6F8900A__INCLUDED_)
#define
AFX_TASKINFO_H__12EB2EDF_B4DF_402A_B12A_BAE7A6F8900A__INCLUDED_

#if _MSC_VER > 1000
#pragma once
#endif // _MSC_VER > 1000
#include <vector>
//#include "struct.h"
#include "Matcher.h"

using namespace std;
class CTaskInfo
{
public:
        CTaskInfo( );
        virtual ~CTaskInfo( );
public:
        CMatcher m_Matcher;  //缀合器

        CString m_strTaskName;
        CString m_strTaskDesc;

        CString m_strMainImg;//待缀合图片
        vector<CString> m_vecCandImg;//候选图片集合

        int     m_iCandImgCount;//候选图片数
        int     m_iTaskState;//任务状态

public:
        int ExcuteTask(MatchProcessData * &Matchdata,int iDataCount);
```

```
        //"001. bmp;002. bmp;003;004;" - >001. bmp 002. bmp
};

#endif
// ! defined(AFX_TASKINFO_H__12EB2EDF_B4DF_402A_B12A_BAE7A6F8900A__INCLUDED_)


// TaskInfo. cpp: implementation of the CTaskInfo class.
//
//////////////////////////////////////////////////////////////////////

#include "stdafx. h"
#include "OraclePatchingSys. h"
#include "TaskInfo. h"

#ifdef _DEBUG
#undef THIS_FILE
static char THIS_FILE[ ] = __FILE__;
#define new DEBUG_NEW
#endif

//////////////////////////////////////////////////////////////////////
// Construction/Destruction
//////////////////////////////////////////////////////////////////////

CTaskInfo::CTaskInfo( )
{
}

CTaskInfo:: ~ CTaskInfo( )
{

}

/ ************************************************************************** /
/ *
函数功能:根据当前<待缀合图像>和<候选图像集>进行缀合,生成缀合数据;
参数说明:
Matchdata - 匹配时,每个位置产生的数据
iDataCount - 对于每幅候选图像保存多少条排序后的数据
返回值:
作者:张长青
校正:张长青
更新日期:2012 - 7 - 9                                              * /
/ ************************************************************************** /
int CTaskInfo::ExcuteTask( MatchProcessData * &Matchdata,int iDataCount)
{
        int iCandCount  =  m_vecCandImg. size( );

        if ( iCandCount < =0)
        {
         return 0;
```

 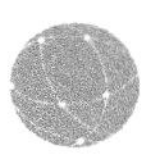

```
        }

        MatchProcessData * * AreaRate = new MatchProcessData * [iCandCount];

        int i = 0;
        for (i =0;i < iCandCount;i + + )
        {
         int n = m_Matcher. Match(AreaRate[i],m_strMainImg,m_vecCandImg. at(i));
         m_Matcher. SortByMatchDegree(AreaRate[i],n);
        }

        int j = 0;
        Matchdata = new MatchProcessData[iCandCount * iDataCount];
        for (i = 0;i < iCandCount;i + + )
        {
         for (j =0;j < iDataCount;j + + )
          {
            Matchdata[i * iDataCount + j]. x = AreaRate[i][j]. x;
            Matchdata[i * iDataCount + j]. y = AreaRate[i][j]. y;
            Matchdata[i * iDataCount + j]. iMatchLen = AreaRate[i][j]. iMatchLen;
            Matchdata[i * iDataCount + j]. iArea = AreaRate[i][j]. iArea;
            Matchdata[i * iDataCount + j]. MatchRate = AreaRate[i][j]. MatchRate;

            Matchdata[i * iDataCount + j]. strMainImg = AreaRate[i][j]. strMainImg;
            Matchdata[i * iDataCount + j]. strCandImg = AreaRate[i][j]. strCandImg;

          }

        }
        return iCandCount * iDataCount;
}
#if ! defined(AFX_TASKLISTVIEW_H__2BC1EBE9_9C86_42BD_B138_C52DB3AE7476__INCLUDED_)
#define AFX_TASKLISTVIEW_H__2BC1EBE9_9C86_42BD_B138_C52DB3AE7476__INCLUDED_

#if _MSC_VER > 1000
#pragma once
#endif // _MSC_VER > 1000
// TaskListView. h : header file
//

/////////////////////////////////////////////////////////////////////////////
// CTaskListView form view

#ifndef __AFXEXT_H__
#include <afxext. h>
#endif

class CTaskListView : public CFormView
{
protected:
        CTaskListView(); // protected constructor used by dynamic creation
        DECLARE_DYNCREATE(CTaskListView)
```

```
    CRect m_rect;
// Form Data
public:
        //{{AFX_DATA(CTaskListView)
        enum { IDD = IDD_DIALOG_TASKLIST };
        CTreeCtrlm_treeTaskList;
        //}}AFX_DATA

// Attributes
public:
        void ReSize(int nID, int cx, int cy);

// Operations

// Overrides
        // ClassWizard generated virtual function overrides
        //{{AFX_VIRTUAL(CTaskListView)
        public:
        virtual void OnInitialUpdate();
        protected:
        virtual void DoDataExchange(CDataExchange* pDX);    // DDX/DDV support
        //}}AFX_VIRTUAL

// Implementation
protected:
        virtual ~CTaskListView();
#ifdef _DEBUG
        virtual void AssertValid() const;
        virtual void Dump(CDumpContext& dc) const;
#endif

        // Generated message map functions
        //{{AFX_MSG(CTaskListView)
        afx_msg void OnRclickTree1(NMHDR* pNMHDR, LRESULT* pResult);
        afx_msg void OnM1Addtask();
        afx_msg void OnM1Deltask();
        afx_msg void OnItemexpandedTree1(NMHDR* pNMHDR, LRESULT* pResult);
        afx_msg void Onshuxing();
        afx_msg void OnSize(UINT nType, int cx, int cy);
        //}}AFX_MSG
        DECLARE_MESSAGE_MAP()
};

/////////////////////////////////////////////////////////////////////////////

//{{AFX_INSERT_LOCATION}}
// Microsoft Visual C++ will insert additional declarations immediately before the previous line.

#endif
// !defined(AFX_TASKLISTVIEW_H__2BC1EBE9_9C86_42BD_B138_C52DB3AE7476__INCLUDED_)6
#if !defined(AFX_TASKTYPE_H__6F7CA5BC_451D_42F1_96DB_11182557176F__INCLUDED_)
#define
```

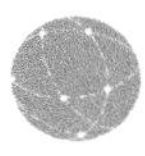

```
AFX_TASKTYPE_H__6F7CA5BC_451D_42F1_96DB_11182557176F__INCLUDED_

#if _MSC_VER > 1000
#pragma once
#endif // _MSC_VER > 1000
// TaskType. h : header file
//

/////////////////////////////////////////////////////////////////////////////
// CTaskType recordset
#include < afxdb. h >
class CTaskType : public CRecordset
{
public:
        CTaskType( CDatabase * pDatabase = NULL) ;
        DECLARE_DYNAMIC( CTaskType)

// Field/Param Data
        //{ {AFX_FIELD( CTaskType, CRecordset)
        longm_TypeID;
        CStringm_TypeDesc;
        //} }AFX_FIELD


// Overrides
        // ClassWizard generated virtual function overrides
        //{ {AFX_VIRTUAL( CTaskType)
        public:
        virtual CString GetDefaultConnect( ) ;      // Default connection string
        virtual CString GetDefaultSQL( ) ;      // Default SQL for Recordset
        virtual void DoFieldExchange( CFieldExchange * pFX) ;   // RFX support
        //} }AFX_VIRTUAL

// Implementation
#ifdef _DEBUG
        virtual void AssertValid( ) const;
        virtual void Dump( CDumpContext& dc) const;
#endif
} ;

//{ {AFX_INSERT_LOCATION} }
// Microsoft Visual C + + will insert additional declarations immediately before the previous line.

#endif
// ! defined( AFX_TASKTYPE_H__6F7CA5BC_451D_42F1_96DB_11182557176F__INCLUDED_)



// TaskType. cpp : implementation file
//

#include " stdafx. h"
```

```
#include "OraclePatchingSys.h"
#include "TaskType.h"

#ifdef _DEBUG
#define new DEBUG_NEW
#undef THIS_FILE
static char THIS_FILE[] = __FILE__;
#endif

/////////////////////////////////////////////////////////////////////////////
// CTaskType

IMPLEMENT_DYNAMIC(CTaskType, CRecordset)

CTaskType::CTaskType(CDatabase * pdb)
	: CRecordset(pdb)
{
	//{{AFX_FIELD_INIT(CTaskType)
	m_TypeID = 0;
	m_TypeDesc = _T("");
	m_nFields = 2;
	//}}AFX_FIELD_INIT
	m_nDefaultType = snapshot;
}


CString CTaskType::GetDefaultConnect()
{
	return _T("ODBC;DSN=Oracle_Match");
}

CString CTaskType::GetDefaultSQL()
{
	return _T("[dbo].[TaskType]");
}

void CTaskType::DoFieldExchange(CFieldExchange * pFX)
{
	//{{AFX_FIELD_MAP(CTaskType)
	pFX->SetFieldType(CFieldExchange::outputColumn);
	RFX_Long(pFX, _T("[TypeID]"), m_TypeID);
	RFX_Text(pFX, _T("[TypeDesc]"), m_TypeDesc);
	//}}AFX_FIELD_MAP
}

/////////////////////////////////////////////////////////////////////////////
// CTaskType diagnostics

#ifdef _DEBUG
void CTaskType::AssertValid() const
{
	CRecordset::AssertValid();
```

 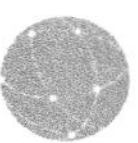

```
}

void CTaskType::Dump(CDumpContext& dc) const
{
        CRecordset::Dump(dc);
}
#endif //_DEBUG
```

4.3 后台功能模块

4.3.1 匹配算法源代码

```
#if ! defined(AFX_EDGEMATCHVIEW_H__BF738F13_4D13_4DE9_AE10_E7B6BB681904__INCLUDED_)
#define
AFX_EDGEMATCHVIEW_H__BF738F13_4D13_4DE9_AE10_E7B6BB681904__INCLUDED_

#if _MSC_VER > 1000
#pragma once
#endif // _MSC_VER > 1000
// EdgeMatchView.h : header file
//
#include "TaskInfo.h"
/////////////////////////////////////////////////////////////////////////////
// CEdgeMatchView view

class CEdgeMatchView : public CScrollView
{
protected:
    CEdgeMatchView();              // protected constructor used by dynamic creation
    DECLARE_DYNCREATE(CEdgeMatchView)

// Attributes
public:
    void SetTaskInfo(CTaskInfo& task)
    {
        m_task = task;
    }
    void SetPosition(int xPos,int yPos)
    {
        xMove = xPos;
        yMove = yPos;
        RedrawWindow();
    }
    void SetPosition(int xPos,int yPos,CString strMainImg,CString strCandImg)
    {
        xMove = xPos;
        yMove = yPos;

        m_strMainImg = strMainImg;
        m_strCandImg = strCandImg;
```

```
        RedrawWindow( );
    }
// Operations
public:
    CDC  * m_pMemDC;
    CDC  * m_pMemDC2;
    //作用是存储图像显示位置与原点的 offset
    int   m_ImgVScrollPos;
    int   m_ImgHScrollPos;

    CPoint m_ptBeginPos;//记录每次拖拽的起始光标位置
    int m_DragXDis , m_DragYDist;//总共拖拽的位移量
    CTaskInfo m_task;
    CRect m_rect;
    //存储图像相对位置:匹配位置
    int xMove;
    int yMove;

    //显示的<待缀合图像>和<候选图像>
    CString m_strMainImg;
    CString m_strCandImg;

    //
    BOOL m_bIsOnePic;
// Overrides
    // ClassWizard generated virtual function overrides
    //{{AFX_VIRTUAL(CEdgeMatchView)
    protected:
    virtual void OnDraw(CDC * pDC);        // overridden to draw this view
    virtual void OnInitialUpdate( );      // first time after construct
    //}}AFX_VIRTUAL
// Implementation
protected:
    virtual ~CEdgeMatchView( );
#ifdef _DEBUG
    virtual void AssertValid( ) const;
    virtual void Dump(CDumpContext& dc) const;
#endif

    // Generated message map functions
    //{{AFX_MSG(CEdgeMatchView)
    afx_msg void OnVScroll(UINT nSBCode, UINT nPos, CScrollBar * pScrollBar);
    afx_msg void OnPaint( );
    afx_msg void OnHScroll(UINT nSBCode, UINT nPos, CScrollBar * pScrollBar);
    afx_msg void OnMouseMove(UINT nFlags, CPoint point);
    afx_msg void OnLButtonDown(UINT nFlags, CPoint point);
    afx_msg void OnLButtonUp(UINT nFlags, CPoint point);
    afx_msg BOOL OnSetCursor(CWnd * pWnd, UINT nHitTest, UINT message);
    //}}AFX_MSG
    DECLARE_MESSAGE_MAP( )
};
```

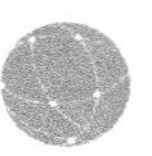

```
/////////////////////////////////////////////////////////////////////////////

//{{AFX_INSERT_LOCATION}}
// Microsoft Visual C++ will insert additional declarations immediately before the previous line.

#endif
// !defined(AFX_EDGEMATCHVIEW_H__BF738F13_4D13_4DE9_AE10_E7B6BB681904__INCLUDED_)


// EdgeMatchView.cpp : implementation file
//

#include "stdafx.h"
#include "OraclePatchingSys.h"
#include "EdgeMatchView.h"
#include "MatchInfoDlg.h"

#ifndef  IDC_HAND
#define  IDC_HAND   MAKEINTRESOURCE(32649)
#endif

/////////////////////////////////////////////////////////////////////////////
// CEdgeMatchView

IMPLEMENT_DYNCREATE(CEdgeMatchView, CScrollView)

CEdgeMatchView::CEdgeMatchView()
{
    m_ImgVScrollPos = m_ImgHScrollPos = 0;
    xMove = yMove = 0;
    m_ptBeginPos.x = m_ptBeginPos.y = 0;
    m_DragXDis   = m_DragYDist = 0;

    m_pMemDC = NULL;
    m_pMemDC2 = NULL;

    m_bIsOnePic = FALSE;
}

CEdgeMatchView::~CEdgeMatchView()
{
}
BEGIN_MESSAGE_MAP(CEdgeMatchView, CScrollView)
//{{AFX_MSG_MAP(CEdgeMatchView)
ON_WM_VSCROLL()
ON_WM_PAINT()
ON_WM_HSCROLL()
ON_WM_MOUSEMOVE()
ON_WM_LBUTTONDOWN()
ON_WM_LBUTTONUP()
ON_WM_RBUTTONDOWN()
    ON_WM_SETCURSOR()
```

```
    //}}AFX_MSG_MAP
END_MESSAGE_MAP()

/////////////////////////////////////////////////////////////////////////////
// CEdgeMatchView drawing

void CEdgeMatchView::OnInitialUpdate()
{
    CScrollView::OnInitialUpdate();

    CSize sizeTotal;
    // TODO: calculate the total size of this view
    sizeTotal.cx = sizeTotal.cy = 100;
    SetScrollSizes(MM_TEXT, sizeTotal);
}
/*
void CEdgeMatchView::OnDraw(CDC * pDC)
{
    if (m_task.m_strMainImg == "" || m_task.m_strOtherImg == "")
    {
        return;
    }

    //显示待缀合图像
    BITMAP bitmap;
    CBitmap bmp1;//定义位图对象
    CDC memDC1;//定义一个设备上下文
    memDC1.CreateCompatibleDC(pDC);//创建兼容的设备上下文
    bmp1.m_hObject = (HBITMAP)::LoadImage(NULL,m_task.m_strMainImg,IMAGE_BITMAP,0,0,LR_LOAD-
FROMFILE);
    memDC1.SelectObject(&bmp1);//选中位图对象
    bmp1.GetBitmap(&bitmap);
    this->GetDC()->BitBlt(
        0,0,
        bitmap.bmWidth + m_DragXDis,
        bitmap.bmHeight + m_DragYDist,
        &memDC1,
        m_ImgHScrollPos - m_DragXDis,
        m_ImgVScrollPos - m_DragYDist,
        SRCAND);//绘制位图

    //显示候选图像
    BITMAP bitmap2;
    CDC memDC2;//定义一个设备上下文
    memDC2.CreateCompatibleDC(pDC);//创建兼容的设备上下文
    bmp1.m_hObject = (HBITMAP)::LoadImage(NULL,m_task.m_strOtherImg,IMAGE_BITMAP,0,0,LR_LOAD-
FROMFILE);
    memDC2.SelectObject(&bmp1);//选中位图对象
    bmp1.GetBitmap(&bitmap2);
    //this->GetDC()->BitBlt(0,0,bitmap2.bmWidth,bitmap2.bmHeight,&memDC2,m_ImgHScrollPos + x,m_
ImgVScrollPos - 100,SRCAND);//绘制位图
    this->GetDC()->BitBlt(0,0,
```

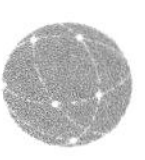

```
        bitmap2. bmWidth  +  m_DragXDis + 500,
        bitmap2. bmHeight  +  m_DragYDist  +  500,
        &memDC2,
        m_ImgHScrollPos - xMove - m_DragXDis,
        m_ImgVScrollPos - yMove - m_DragYDist,SRCAND);//绘制位图

    //根据图片大小设置视图大小
    CSize sizeTotal;
    sizeTotal. cx  =  (bitmap. bmHeight  +  bitmap2. bmHeight);
    sizeTotal. cy  =  (bitmap. bmWidth  +  bitmap2. bmWidth);
    SetScrollSizes(MM_TEXT, sizeTotal);
    this - > UpdateWindow();
}

*/

void CEdgeMatchView::OnDraw(CDC * pDC)
{
    if (m_strMainImg = = "" || m_strCandImg  = =  "")
{
        return;
}

    //显示待缀合图像
    BITMAP bitmap1;
    CBitmap bmp1;//定义位图对象
    CDC memDC1;//定义一个设备上下文
    memDC1. CreateCompatibleDC(pDC);//创建兼容的设备上下文
    bmp1. m_hObject = (HBITMAP)::LoadImage(NULL,m_strMainImg,IMAGE_BITMAP,0,0,LR_LOADFROM-
FILE);
    memDC1. SelectObject(&bmp1);//选中位图对象
    bmp1. GetBitmap(&bitmap1);


    this - > GetDC() - > BitBlt(
            0,0,
            bitmap1. bmWidth + m_DragXDis,
            bitmap1. bmHeight + m_DragYDist,
            &memDC1,
            m_ImgHScrollPos - m_DragXDis,
            m_ImgVScrollPos - m_DragYDist,
        SRCAND);//绘制位图

    //显示候选图像
    BITMAP bitmap2;
    CBitmap bmp2;//定义位图对象
    CDC memDC2;//定义一个设备上下文
    memDC2. CreateCompatibleDC(pDC);//创建兼容的设备上下文

    bmp2. m_hObject = (HBITMAP)::LoadImage(NULL,m_strCandImg,IMAGE_BITMAP,0,0,LR_LOADFROM-
FILE);
    memDC2. SelectObject(&bmp2);//选中位图对象
```

```
bmp2. GetBitmap( &bitmap2) ;

if (m_bIsOnePic  = =  FALSE)
{
    this - > GetDC( ) - > BitBlt(0,0,
        bitmap2. bmWidth  +  m_DragXDis +  500,
        bitmap2. bmHeight  +  m_DragYDist  +  500,
        &memDC2,
        m_ImgHScrollPos - xMove - m_DragXDis,
    m_ImgVScrollPos - yMove - m_DragYDist,SRCAND) ;//绘制位图
}


//将两幅图像按缀合位置载入内存 DC,用来保存为 bmp 做准备
if (m_pMemDC2 !  =  NULL)
{
    m_pMemDC2 - > DeleteDC( ) ;

}
m_pMemDC2  =  new CDC( ) ;
m_pMemDC2 - > CreateCompatibleDC( pDC) ;

CBitmap  * pBmp;
pBmp  =  new CBitmap;
pBmp -  > CreateCompatibleBitmap ( m _pMemDC2, bitmap1. bmWidth + bitmap2. bmWidth, bitmap1. bmHeight +
bitmap2. bmHeight) ;

m_pMemDC2 - > SelectObject( pBmp) ;//选中位图对象

m_rect. top  =  0;
m_rect. left  =  0;
m_rect. bottom  =  bitmap1. bmHeight + bitmap2. bmHeight;
m_rect. right     =  bitmap1. bmWidth + bitmap2. bmWidth;

m_pMemDC2 -  > FillSolidRect( m_rect,  RGB(255,255,255)) ;//填充背景


int x  =  xMove < 0? abs( xMove) :0;
int y  =  yMove < 0? abs( yMove) :0;
m_pMemDC2 - > BitBlt(
    0  +  x,
    0  +  y,
    bitmap1. bmWidth  ,
    bitmap1. bmHeight  ,
    &memDC1,
    0 ,
    0,
    SRCAND) ;//绘制位图

if (m_bIsOnePic  = =  FALSE)
{
    m_pMemDC2 - > BitBlt(
```

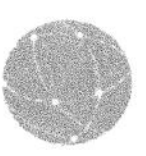

```
                xMove + x,
                yMove + y,
                bitmap2.bmWidth,
                bitmap2.bmHeight,
                &memDC2,
                0,
                0,SRCAND);//绘制位图
        }

/* m_pMemDC2->BitBlt(
            0,0,
            bitmap1.bmWidth + m_DragXDis,
            bitmap1.bmHeight + m_DragYDist,
            &memDC1,
            m_ImgHScrollPos - m_DragXDis,
            m_ImgVScrollPos - m_DragYDist,
            SRCAND);//绘制位图

        if (m_bIsOnePic == FALSE)
        {
            m_pMemDC2->BitBlt(0,0,
                bitmap2.bmWidth + m_DragXDis + 500,
                bitmap2.bmHeight + m_DragYDist + 500,
                &memDC2,
                m_ImgHScrollPos - xMove - m_DragXDis,
              m_ImgVScrollPos - yMove - m_DragYDist,SRCAND);//绘制位图
        }
        */

        //根据图片大小设置视图大小
        CSize sizeTotal;
        sizeTotal.cx = (bitmap1.bmHeight + bitmap2.bmHeight);
        sizeTotal.cy = (bitmap1.bmWidth + bitmap2.bmWidth);
        SetScrollSizes(MM_TEXT, sizeTotal);
        this->UpdateWindow();

        memDC1.DeleteDC();
        memDC2.DeleteDC();
        pBmp->DeleteObject();
}
/////////////////////////////////////////////////////////////////////////////
// CEdgeMatchView diagnostics
#ifdef _DEBUG
void CEdgeMatchView::AssertValid() const
{
        CScrollView::AssertValid();
}

void CEdgeMatchView::Dump(CDumpContext& dc) const
{
        CScrollView::Dump(dc);
}
```

```
#endif //_DEBUG

///////////////////////////////////////////////////////////////////////////////
// CEdgeMatchView message handlers

void CEdgeMatchView::OnVScroll(UINT nSBCode, UINT nPos, CScrollBar* pScrollBar)
{
    SCROLLINFO si ;
    GetScrollInfo ( SB_VERT ,& si , SIF_ALL );
    m_ImgVScrollPos = si.nPos ;
    Invalidate ( TRUE );
    CScrollView::OnVScroll(nSBCode, nPos, pScrollBar);
}

void CEdgeMatchView::OnPaint()
{
    CPaintDC dc(this); // device context for painting
    CScrollView::OnPaint();
}

void CEdgeMatchView::OnHScroll(UINT nSBCode, UINT nPos, CScrollBar* pScrollBar)
{
    SCROLLINFO si ;

    GetScrollInfo ( SB_HORZ,& si , SIF_ALL );
    m_ImgHScrollPos = si.nPos ;
    Invalidate ( TRUE );
    CScrollView::OnHScroll(nSBCode, nPos, pScrollBar);
}

void CEdgeMatchView::OnMouseMove(UINT nFlags, CPoint point)
{
    CScrollView::OnMouseMove(nFlags, point);
}

void CEdgeMatchView::OnLButtonDown(UINT nFlags, CPoint point)
{
    m_ptBeginPos.x = point.x ;
    m_ptBeginPos.y = point.y ;

    CScrollView::OnLButtonDown(nFlags, point);
}

void CEdgeMatchView::OnLButtonUp(UINT nFlags, CPoint point)
{
    m_DragXDis += point.x - m_ptBeginPos.x;
    m_DragYDist += point.y - m_ptBeginPos.y;
    RedrawWindow();

    CScrollView::OnLButtonUp(nFlags, point);
}
```

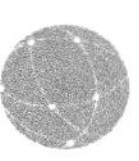

```
BOOL CEdgeMatchView::OnSetCursor(CWnd * pWnd, UINT nHitTest, UINTmessage)
{
    SetCursor(LoadCursor(NULL,IDC_HAND));
    return TRUE;
}

#if ! defined(AFX_MATCHINFODLG_H__43AA0EBB_21B1_44A4_8164_846C66BD76CE__INCLUDED_)
#define
AFX_MATCHINFODLG_H__43AA0EBB_21B1_44A4_8164_846C66BD76CE__INCLUDED_

#if _MSC_VER > 1000
#pragma once
#endif // _MSC_VER > 1000
// MatchInfoDlg.h : header file
//
#include "struct.h"
#include "TaskInfo.h"
/////////////////////////////////////////////////////////////////////////////
// CMatchInfoDlg dialog

class CMatchInfoDlg : public CDialog
{
// Construction
public:
    void SetData(CTaskInfo * pTask,MatchProcessData * data,int iCount);
    CMatchInfoDlg(CWnd * pParent = NULL);    // standard constructor

private:
    MatchProcessData * m_matchData;
    CTaskInfo * m_pTask;
// Dialog Data
    //{{AFX_DATA(CMatchInfoDlg)
    enum { IDD = IDD_DIALOG_MATCH_INFO };
    CListCtrl m_ResList;
    int m_iListCount;
    //}}AFX_DATA


// Overrides
    // ClassWizard generated virtual function overrides
    //{{AFX_VIRTUAL(CMatchInfoDlg)
    protected:
    virtual void DoDataExchange(CDataExchange * pDX);      // DDX/DDV support
    //}}AFX_VIRTUAL

// Implementation
protected:

    // Generated message map functions
    //{{AFX_MSG(CMatchInfoDlg)
    afx_msg void OnClickList2(NMHDR * pNMHDR, LRESULT * pResult);
    afx_msg void OnItemchangedList2(NMHDR * pNMHDR, LRESULT * pResult);
```

```
    afx_msg void OnList();
    afx_msg void OnToolbarNewwindow();
    virtual BOOL OnInitDialog();
    afx_msg void OnSavebmp() ;
    afx_msg void OnButtonContinueMatch();
    //}}AFX_MSG
    DECLARE_MESSAGE_MAP()

};

//{{AFX_INSERT_LOCATION}}
// Microsoft Visual C++ will insert additional declarations immediately before the previous line.

#endif
// ! defined(AFX_MATCHINFODLG_H__43AA0EBB_21B1_44A4_8164_846C66BD76CE__INCLUDED_)


// MatchInfoDlg.cpp : implementation file
//

#include "struct.h"
#include "stdafx.h"
#include "OraclePatchingSys.h"
#include "MatchInfoDlg.h"
#include "MainFrm.h"
#include "EdgeMatchView.h"
#include "NewTaskDlg.h"
#include "cv.h"
#include "highgui.h"
#include "common.h"

#ifdef _DEBUG
#define new DEBUG_NEW
#undef THIS_FILE
static char THIS_FILE[] = __FILE__;
#endif

extern CString strPicPath;
/////////////////////////////////////////////////////////////////////////////
// CMatchInfoDlg dialog


CMatchInfoDlg::CMatchInfoDlg(CWnd* pParent /*=NULL*/)
: CDialog(CMatchInfoDlg::IDD, pParent)
{
    //{{AFX_DATA_INIT(CMatchInfoDlg)
    m_iListCount = 50;
    //}}AFX_DATA_INIT
}


void CMatchInfoDlg::DoDataExchange(CDataExchange* pDX)
```

 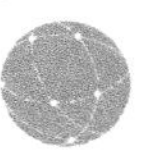

```
{
    CDialog::DoDataExchange(pDX);
    //{{AFX_DATA_MAP(CMatchInfoDlg)
    DDX_Control(pDX, IDC_LIST2, m_ResList);
    DDX_Text(pDX, IDC_EDIT_ITEMCOUNT, m_iListCount);
    //}}AFX_DATA_MAP
}


BEGIN_MESSAGE_MAP(CMatchInfoDlg, CDialog)
//{{AFX_MSG_MAP(CMatchInfoDlg)
ON_NOTIFY(NM_CLICK, IDC_LIST2, OnClickList2)
    ON_NOTIFY(LVN_ITEMCHANGED, IDC_LIST2, OnItemchangedList2)
    ON_BN_CLICKED(IDC_LIST, OnList)
    ON_COMMAND(ID_TOOLBAR_NEWWINDOW, OnToolbarNewwindow)
    ON_BN_CLICKED(IDB_SAVEBMP, OnSavebmp)
    ON_BN_CLICKED(IDC_BUTTON_CONTINUE_MATCH, OnButtonContinueMatch)
    //}}AFX_MSG_MAP
END_MESSAGE_MAP()

/////////////////////////////////////////////////////////////////////////////
// CMatchInfoDlg message handlers

void CMatchInfoDlg::SetData(CTaskInfo *pTask,MatchProcessData* data,int iCount)
{
    m_matchData = data;
    m_pTask = pTask;

    m_ResList.DeleteAllItems();
    for (int i=0;i<iCount;i++)
    {
        char Num[16];
        itoa(i,Num,10);

        char s[16];
        sprintf(s, "%f", data[i].MatchRate);

        int iPos = m_ResList.InsertItem(i,Num);
        m_ResList.SetItemText(i,1,s);
        m_ResList.SetItemText(i,2,data[i].strCandImg);

    }
}

void CMatchInfoDlg::OnClickList2(NMHDR* pNMHDR, LRESULT* pResult)
{
    // TODO: Add your control notification handler code here
    *pResult = 0;
}

void CMatchInfoDlg::OnItemchangedList2(NMHDR* pNMHDR, LRESULT* pResult)
{
```

```
    NM_LISTVIEW * pNMListView = (NM_LISTVIEW *)pNMHDR;
    // TODO: Add your control notification handler code here

    POSITION pos = m_ResList. GetFirstSelectedItemPosition();
    int a = m_ResList. GetNextSelectedItem(pos);

    char str[100];
    m_ResList. GetItemText(a,0,str,100);

    CMainFrame * pMfr = (CMainFrame *)(GetParent());
    CEdgeMatchView * pedV = (CEdgeMatchView *)pMfr->m_wndSplitter2. GetPane(0,1);

    if (a < 0)
    {
        return;
    }
    pedV->SetPosition(m_matchData[a]. x,m_matchData[a]. y,m_matchData[a]. strMainImg,m_matchData[a].
strCandImg);
    * pResult = 0;
}

void CMatchInfoDlg::OnList()
{
    // TODO: Add your control notification handler code here
    m_ResList. DeleteAllItems();

    UpdateData(TRUE);
    for (int i =0;i < m_iListCount;i ++)
    {
        char Num[16];
        itoa(i,Num,10);

        char s[16];
        sprintf(s, "%f", m_matchData[i]. MatchRate);

        int iPos = m_ResList. InsertItem(i,Num);
        m_ResList. SetItemText(i,1,"左-右");
        m_ResList. SetItemText(i,2,s);
    }

}

void CMatchInfoDlg::OnToolbarNewwindow()
{
    // TODO: Add your command handler code here
    CNewTaskDlg dlg;
    dlg. DoModal();

}

BOOL CMatchInfoDlg::OnInitDialog()
{
```

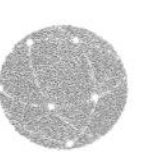

```
    CDialog::OnInitDialog();
    DWORD dwSytle = ::GetWindowLong(m_ResList.m_hWnd,GWL_STYLE);//设置为报表形式
    SetWindowLong(m_ResList.m_hWnd,GWL_STYLE,dwSytle|LVS_REPORT);
    DWORD ExStyle = m_ResList.GetExtendedStyle();
    m_ResList.SetExtendedStyle(ExStyle|LVS_EX_FULLROWSELECT|LVS_EX_GRIDLINES);
    m_ResList.InsertColumn(0,"编号",LVCFMT_CENTER,50,0);
    m_ResList.InsertColumn(1,"匹配度",LVCFMT_CENTER,80,0);
    m_ResList.InsertColumn(2,"候选图像",LVCFMT_CENTER,200,0);

    return TRUE;  // return TRUE unless you set the focus to a control
                  // EXCEPTION: OCX Property Pages should return FALSE
}


//两幅位图合成一副缀合好的位图
void CMatchInfoDlg::OnSavebmp()
{
    //获取缀合位置
    POSITION pos = m_ResList.GetFirstSelectedItemPosition();
    int a = m_ResList.GetNextSelectedItem(pos);

    if (a<0)
    {
        return;
    }

    /*保存位图*/
    HDC     hScrDC,   hMemDC;
    int     width,   height,startX,startY;
    startX   =   0;
    startY   =   0;

    BYTE      *lpBitmapBits    =    NULL;

    CMainFrame*    pMainFrame  =  (CMainFrame*)AfxGetMainWnd();
    CEdgeMatchView*  pMatchView  =  (CEdgeMatchView*)pMainFrame->m_wndSplitter2.GetPane(0,1);

    //获取需要保存位图的大小
    width    =    pMatchView->m_rect.Width();
    height    =    pMatchView->m_rect.Height();

    CDC* m_pmemDC  = pMatchView->m_pMemDC2;
    hScrDC     =    m_pmemDC-> GetSafeHdc();
    hMemDC     =    CreateCompatibleDC(hScrDC);

    BITMAPINFO    RGB16BitsBITMAPINFO;
    ZeroMemory(&RGB16BitsBITMAPINFO,    sizeof(BITMAPINFO));
    RGB16BitsBITMAPINFO.bmiHeader.biSize     =    sizeof(BITMAPINFOHEADER);
    RGB16BitsBITMAPINFO.bmiHeader.biWidth      =    width;
    RGB16BitsBITMAPINFO.bmiHeader.biHeight      =    height;
    RGB16BitsBITMAPINFO.bmiHeader.biPlanes      =    1;
    RGB16BitsBITMAPINFO.bmiHeader.biBitCount      =    16;
```

```
HBITMAP directBmp = CreateDIBSection(hMemDC, (BITMAPINFO *)&RGB16BitsBITMAPINFO,
    DIB_RGB_COLORS, (void **)&lpBitmapBits, NULL, 0);
HGDIOBJ previousObject = SelectObject(hMemDC, directBmp);

BitBlt(hMemDC, 0, 0, width, height, hScrDC, 0, 0, SRCCOPY);

BITMAPFILEHEADER bmBITMAPFILEHEADER;
ZeroMemory(&bmBITMAPFILEHEADER, sizeof(BITMAPFILEHEADER));
bmBITMAPFILEHEADER.bfType = 0x4d42; //bmp
bmBITMAPFILEHEADER.bfOffBits = sizeof(BITMAPFILEHEADER) + sizeof(BITMAPINFOHEAD-
ER);

bmBITMAPFILEHEADER.bfSize = bmBITMAPFILEHEADER.bfOffBits + ((((width * 16) + 31)
& ~31) / 8) * height; ///2 = (16 / 8)

FILE *mStream = NULL;
if((mStream = fopen(strPicPath + "\\\\" + "main.bmp", "wb")))
{
    //write bitmap file header
    fwrite(&bmBITMAPFILEHEADER, sizeof(BITMAPFILEHEADER), 1, mStream);
    //write bitmap info
    fwrite(&(RGB16BitsBITMAPINFO.bmiHeader), sizeof(BITMAPINFOHEADER), 1, mStream);
    fwrite(lpBitmapBits, ((((width * 16) + 31) & ~31) / 8) * height, 1, mStream);
    fclose(mStream);
}


//删除候选位图集合中缀合成功的候选位图
vector<CString>::iterator itr = m_pTask->m_vecCandImg.begin();
int b = m_pTask->m_vecCandImg.size();

vector<CString>::iterator ers_i;

while (itr != m_pTask->m_vecCandImg.end())
{
    CString tmp = (CString)(*itr);
    if (*itr == m_matchData[a].strCandImg)
        ers_i = itr;

    ++itr;
}
    m_pTask->m_vecCandImg.erase(ers_i);

MessageBox("=====生成新的待缀合图像,继续缀合请单击开始按钮=====","提示",MB_OK);
//this->OnOK();

//仅显示当前缀合好的图像
//更新任务信息
m_pTask->m_strMainImg = strPicPath + "\\\\" + "main.bmp";
pMatchView->m_strMainImg = strPicPath + "\\\\" + "main.bmp";
pMatchView->m_bIsOnePic = TRUE;
```

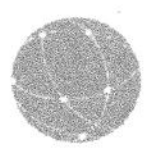

```
    pMatchView - > RedrawWindow( ) ;

}

void CMatchInfoDlg: :OnButtonContinueMatch( )
{
    //
    MatchProcessData * data;
    int n = m_pTask - > ExcuteTask( data,5) ;
    if (n < =0)
    {
        MessageBox("无候选图片,任务已经执行完毕!") ;
        return;
    }
    //更新视图,设置为最佳匹配位置
    CMainFrame *   pMainFrame = (CMainFrame * ) AfxGetMainWnd( ) ;
CEdgeMatchView * pMatchView = (CEdgeMatchView * ) pMainFrame - > m_wndSplitter2. GetPane(0,1) ;
    pMatchView - > SetPosition( data[0]. x,data[0]. y,data[0]. strMainImg,data[0]. strCandImg) ;
    pMatchView - > m_bIsOnePic = FALSE;
    pMatchView - > RedrawWindow( ) ;
    SetData( m_pTask,data,n) ;
    RedrawWindow( ) ;
}
// EdgeMatcher. h: interface for the CEdgeMatcher class.
//
//////////////////////////////////////////////////////////////////////
#if ! defined( AFX_EDGEMATCHER_H__3AFBACC1_7559_4CFC_8399_4E97EFDA622C__INCLUDED_)
#define
AFX_EDGEMATCHER_H__3AFBACC1_7559_4CFC_8399_4E97EFDA622C__INCLUDED_

#if _MSC_VER > 1000
#pragma once
#endif // _MSC_VER > 1000

#include "struct. h"
/ ************************************************************************ /
```

4.3.2　缀合算法

```
/ ************************************************************************ /
class CMatcher
{
private:
    CString m_strMainImg;
    CString m_strCandImg;
    //CString * m_strCandImgArr;
    //int m_iCandImgCount;
public:
    CMatcher( ) ;
    CMatcher( CString strMainImg,CString strCandImg) ;
    virtual ~CMatcher( ) ;
public:
```

```
    //void Match(int iType,);

private:
    int  Exchage (EDGE_POINT* edge,int n);
    int  GetAllPointEdge(CString szFileName,EDGE_POINT* pEdge,int& iPtCount);
    int  GetSpePoint(int &c1,int &c2,int &c3,int &c4,
         int &d1,int &d2,int &d3,int &d4,
         EDGE_POINT *pEdge,
         int maxX,int maxY,int minX,int minY,
         int iPtCount);
    int  GetEdge(int n1,int n2,int n3,EDGE_POINT* OldEdge,EDGE_POINT* NewEdge);
    int  MachEdgeX (EDGE_POINT* Edge,EDGE_POINT* machedge,
         int minX,int maxX,
         int L);
    int  MachEdgeY (EDGE_POINT* Edge,EDGE_POINT* machedge,
         int minY,int maxY,
         int L);
    int  VerticalMatching(EDGE_POINT *StaticEdge,EDGE_POINT *MoveEdge,
         int StaticEdgeLen,int MoveEdgeLen,
         MatchProcessData *&AreaRate,
         int MoveLimitTop, int StaticLimitBottom,
         int leftmaxX1,int rightminX2);
    int LevelMatching(EDGE_POINT *StaticEdge,EDGE_POINT *MoveEdge,//图1下边,图2上边;
         int StaticEdgeLen,int MoveEdgeLen,
         MatchProcessData *&ProcessData,
         int MoveLimitTop,int StaticLimitBottom,
                 int StaticmaxX1,int MoveminX2);
    int MatchOnePairPicture(MatchProcessData *&AreaRate,EDGE_POINT*&pEdge1,EDGE_POINT*&pEdge2,
int iPtCount1,int iPtCount2);

public:
    void SortByMatchDegree(MatchProcessData*&A,int n);
    int  Match(MatchProcessData *&AreaRate);
    int  Match(MatchProcessData *&AreaRate,CString strMainImg,CString strCandImg);
    int  Match(MatchProcessData **&AreaRate,CString strMainImg,CString *strCandImgArr,int iCount);
};


#endif
// !defined(AFX_EDGEMATCHER_H__3AFBACC1_7559_4CFC_8399_4E97EFDA622C__INCLUDED_)


// EdgeMatcher.cpp: implementation of the CEdgeMatcher class.
//
//////////////////////////////////////////////////////////////////////

#include "stdafx.h"
#include "OraclePatchingSys.h"
#include "struct.h"

#ifdef _DEBUG
#undef THIS_FILE
```

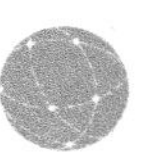

```
static char THIS_FILE[ ] = __FILE__;
#define new DEBUG_NEW
#endif
#define MOVE 5

#define MAX_DIST 1000//距离超过此值将忽略不计

#define POINT_MAX_NUM 20000
//////////////////////////////////////////////////////////////////////
// Construction/Destruction
//////////////////////////////////////////////////////////////////////

#include "Matcher.h"
#include <stdio.h>
#include "cv.h"
#include "highgui.h"
#include "stdlib.h"
#include <math.h>
#include "struct.h"

//////////////////////////////////////////////////////////////////////
// Construction/Destruction
//////////////////////////////////////////////////////////////////////

CMatcher::CMatcher()
{

}

CMatcher::CMatcher(CString strMainImg,CString strCandImg)
{
m_strMainImg = strMainImg;
m_strCandImg = strCandImg;
}

CMatcher::~CMatcher()
{

}

int CMatcher::GetAllPointEdge(CString   szFileName,EDGE_POINT * pEdge,int& iPtCount)//"long.bmp"
{
    //加载图像
    IplImage * src = NULL;
    src = cvLoadImage(szFileName);
    if (! src)
    {
        return -1;
    }

    //3 通道图像,显示彩色
    IplImage * img = cvCreateImage(cvGetSize(src),8,1);
```

```
IplImage * dst = cvCreateImage(cvGetSize(src),8,3);
//内存存储器是一个可用来存储诸如序列、轮廓、图形、子划分等动态增长数据结构的底层结构(类似栈)

CvMemStorage * storage = cvCreateMemStorage(0);
CvSeq * contour = 0;//可动态增长元素序列
cvCvtColor(src,img,CV_BGR2GRAY);
//对单通道进行阈值操作(从灰度图得到二值图像),阈值越大,黑白相对越分明

cvThreshold(img,img,150,255,CV_THRESH_BINARY);

int icontourCount = cvFindContours(img,//二值化图像
    storage,//轮廓存储容器
    &contour,//指向第一个轮廓输出的指针
    sizeof(CvContour),//序列头大小
    CV_RETR_LIST,//内外轮廓都检测;CV_RETR_EXTERNAL:只检索最外面的轮廓
    CV_CHAIN_APPROX_NONE
    //CV_CHAIN_APPROX_SIMPLE//CV_CHAIN_APPROX_SIMPLE 压缩水平垂直和对角分割,即函数只保
留末端的像素点

    //CV_CHAIN_CODE//CV_CHAIN_APPROX_NONE
    );//函数 cvFindContours 从二值图像中检索轮廓,并返回检测到的轮廓的个数
cvSetZero(dst);

int k = 0;
for (;contour! = 0;contour = contour - > h_next)
{
    if (k = = icontourCount - 2 )
    {
        CvScalar color = CV_RGB(rand()&255,rand()&255,rand()&255);
        cvDrawContours(dst,
            contour,//指向初始轮廓的指针
            color,//外层轮廓的颜色
            color,//内层轮廓的颜色
            -1,//绘制轮廓的最大等级(0:当前;1:相同级别下的轮廓;

            //2:绘制同级与下一级轮廓;负数:不会绘制当前轮廓之后的轮廓,

            //但会绘制子轮廓,到(abs(该参数) -1)为止)
            1,//轮廓线条粗细
            8//线条的类型
            );//在图像中绘制轮廓
        break;
    }
    k + +;
}


EDGE_POINT * ptEdge;

ptEdge = new EDGE_POINT[contour - > total];
for (int i =0;i < contour - > total;i + +)
{
```

```
        CvPoint  * p  =  CV_GET_SEQ_ELEM(CvPoint,contour,i);

        ptEdge[i].x  =  p->x;
        ptEdge[i].y  =  p->y;
        pEdge[i].x = ptEdge[i].x;
        pEdge[i].y = ptEdge[i].y;



    }
    iPtCount = contour->total;
    return 0;
}

/*
函数功能:取出四条边的起点与终点

C 系列参数对应的是四条边顺时针取点时对应的第一个点在整个数组里的下标
d 系列参数对应的是四条边顺时针取点时对应的最后一个点在整个数组里的下标,d 系列传的参数是 -1
pEdge:图像边界点所在的数组
iPtCount:对应数组的长度
maxX,maxY,minX, minY,对应图像四条边的最值

*/


int CMatcher::GetSpePoint(int &c1,int &c2,int &c3,int &c4,
                          int &d1,int &d2,int &d3,int &d4,
                          EDGE_POINT  * pEdge,
                          int maxX,int maxY,int minX,int minY,
                          int iPtCount)

{//定义结构体变量,用来存储当 X 最大最小时对应的 Y 特殊值的点
    EDGE_POINT LeftPointOne;
    EDGE_POINT LeftPointTwo;
    EDGE_POINT TopPointOne;
    EDGE_POINT TopPointTwo;
    EDGE_POINT RightPointOne;
    EDGE_POINT RightPointTwo;
    EDGE_POINT BottomPointOne;
    EDGE_POINT BottomPointTwo;

    //用来记录在当点的坐标其中一个成员是最值时对应有几个点
    int b1 =0;int b2 =0;int b3 =0;int b4 =0;


    for (int a1 =0;a1 <iPtCount;a1 ++)
    {
        if (minX == pEdge[a1].x)//当点的坐标成员 X 取最小时,对应的查找点
        {
            b1 ++;
```

```
            if (b1 = =1)//当发现第一个点的坐标 X 为最小值时的点
            {
                LeftPointOne. x = pEdge[ a1 ]. x;
                LeftPointOne. y = pEdge[ a1 ]. y;
                c1 = a1;
            }
            else//当 X 最小值对应多个点时
            {
                  //在对应的各点里取 Y 最小的
                if (LeftPointOne. y < pEdge[ a1 ]. y)
                {
                    LeftPointOne. x = pEdge[ a1 ]. x;
                    LeftPointOne. y = pEdge[ a1 ]. y;
                    c1 = a1;
                }
                else
                {//在对应的各点里取 Y 最大的
                    LeftPointTwo. x = pEdge[ a1 ]. x;
                    LeftPointTwo. y = pEdge[ a1 ]. y;
                    d1 = a1;
                }
            }
        }
    }
    for (int a2 =0;a2 < iPtCount;a2 + + )
    {
        if (maxX = = pEdge[ a2 ]. x)
        {
            b2 + +;
            if (b2 = =1)
            {

                RightPointOne. x = pEdge[ a2 ]. x;
                RightPointOne. y = pEdge[ a2 ]. y;
                c2 = a2;
            }
            else
            {
                if (RightPointOne. y > pEdge[ a2 ]. y)
                {
                    RightPointOne. x = pEdge[ a2 ]. x;
                    RightPointOne. y = pEdge[ a2 ]. y;
                    c2 = a2;
                }
                else
                {
                    RightPointTwo. x = pEdge[ a2 ]. x;
                    RightPointTwo. y = pEdge[ a2 ]. y;
                    d2 = a2;
                }
            }
        }
```

 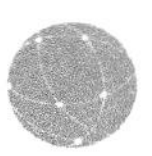

```
}

for (int a3 =0;a3 < iPtCount;a3 + + )
{
    if (maxY = = pEdge[a3].y)
    {
        b3 + + ;

        if (b3 = =1)
        {
            BottomPointOne.x = pEdge[a3].x;
            BottomPointOne.y = pEdge[a3].y;
            c3 = a3;
        }
        else
        {
            if (BottomPointOne.x < pEdge[a3].x)
            {
                BottomPointOne.x = pEdge[a3].x;
                BottomPointOne.y = pEdge[a3].y;
                c3 = a3;
            }
            else
            {
                BottomPointTwo.x = pEdge[a3].x;
                BottomPointTwo.y = pEdge[a3].y;
                d3 = a3;
            }
        }
    }

}

for (int a4 =0;a4 < iPtCount;a4 + + )
{
    if (minY = = pEdge[a4].y)
    {
        b4 + + ;

        if (b4 = =1)
        {
            TopPointOne.x = pEdge[a4].x;
            TopPointOne.y = pEdge[a4].y;
            c4 = a4;
        }
        else
        {
            if (TopPointOne.x > pEdge[a4].x)
            {
                TopPointOne.x = pEdge[a4].x;
                TopPointOne.y = pEdge[a4].y;
```

```
                        c4 = a4;
                    }
                    else
                    {
                        TopPointTwo. x = pEdge[ a4 ]. x;
                        TopPointTwo. y = pEdge[ a4 ]. y;
                        d4 = a4;
                    }
                }
            }

    }

    //d 系列给的初值是 -1,如果在 XY 取最值时对应的点只有一个,
    //那么此值没有被改变,则要改变 d 系列的值 y 与 c 系列的值相同
    //并且把 TopPointTwo,TopPointOne 赋为相同值
    if( d4  < 0)
    {
        d4 = c4;
        TopPointTwo. x = TopPointOne. x;
        TopPointTwo. y = TopPointOne. y;
    }

    if( d2  < 0)
    {
        d2 = c2;
        RightPointTwo. x = RightPointOne. x;
        RightPointTwo. y = RightPointOne. y;
    }
    if( d3 <0)
    {
        d3 = c3;
        BottomPointTwo. x = BottomPointOne. x;
        BottomPointTwo. y = BottomPointOne. y;
    }
    if( d1 <0)
    {
        d1 = c1;
        LeftPointTwo. x = LeftPointOne. x;
        LeftPointTwo. y = LeftPointOne. y;
    }

    return 0;
}
```

```
/ *
函数功能:在存储整个图像点的数组里提出相应的四条边

n1:边的起点在整个数组里的下标位置
```

 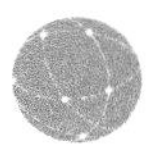

```
n2:边的终点在整个数组里的下标位置
n3:整个图像取点个数的总长度
OldEdge:图像所有点所在数组
NewEdge:取边所放入的数组
*/

int CMatcher::GetEdge(int n1,
                      int n2,//终点的下坐标
                      int n3,//图像取点个数的总长度

                      EDGE_POINT * OldEdge,//图像点所在数组
                      EDGE_POINT * NewEdge)//取边所放入的数组
{
    int L = ((n2 - n1) + n3)% n3;

    for( int s = 0;s < = L;s + + )
    {
        NewEdge[s].x = OldEdge[(s + n1)% n3].x;
        NewEdge[s].y = OldEdge[(s + n1)% n3].y;
    }
    return s;
}


int  CMatcher::Exchage (EDGE_POINT * edge,int n)//n 就是利用特殊点的坐标求出的原来点数组的长度
{
    EDGE_POINT  point;
    for(int i = 0;i < n/2;i + + )
    {
        point.x = edge[i].x;
        point.y = edge[i].y;

        edge[i].x = edge[n - 1 - i].x;
        edge[i].y = edge[n - 1 - i].y;
        edge[n - 1 - i].x = point.x;
        edge[n - 1 - i].y = point.y;
    }
    return 0;
}


/*
函数功能:提取匹配边
提取的是对应的上边和下边

Edge:给出边所在原来的数组
machedge:给出点将要放入的数组
minX:maxX 特定的关于 X 的最值,对应上边和下边在 X 取最值的范围内构成了上下边
L:边原有的长度
*/
int  CMatcher::MachEdgeX (EDGE_POINT * Edge,//给出边所在原来的数组
                          EDGE_POINT * machedge,//给出点将要放入的数组
```

```
                    int minX,//特定的关于 X 的最值
                    int maxX,
                    int L)//原始边结构体数组的长度
{

    int i1 =0;//控制将要放入数组的下标

    for(int m = minX,i =0;i < =L&&m < =maxX;i + + )//m 表示从最小 X 到最大 X 的控制变量
    {

        if(Edge[i]. x = =m)//当数组里的 Y 值与 n 的值相等,那么复制到匹配边数组里同时 n 加加,匹配边的
下标 i1 加加
        {
            machedge[i1]. x = Edge[i]. x;
            machedge[i1]. y = Edge[i]. y;
            m + + ;
            i1 + + ;
        }

    }
    return i1;

}
/ *
函数功能:提取匹配边
提取的是对应的左边和右边

Edge:给出边所在原来的数组
machedge:给出点将要放入的数组
minY:maxY 特定的关于 Y 的最值,对应左边和右边在 Y 取最值的范围内构成了左右边
L:边原有的长度
 */

int   CMatcher::MachEdgeY (EDGE_POINT * Edge,//给出边所在原来的数组
                    EDGE_POINT * machedge,//给出点将要放入的数组
                    int minY,//特定的关于 Y 的最值
                    int maxY,
                    int L)//原始边结构体数组的长度
{

    int i =0;//控制原来数组的下标
    int i1 =0;//控制将要放入数组的下标

    for(int n = minY;i < =L&&n < =maxY;i + + )//n 表示从最小 Y 到最大 Y 的控制变量
    {

        if(Edge[i]. y = =n)
        {//当数组里的 Y 值与 n 的值相等,那么复制到匹配边数组里同时 n 加加,匹配边的下标 i1 加加
            machedge[i1]. x = Edge[i]. x;
            machedge[i1]. y = Edge[i]. y;
            n + + ;
            i1 + + ;
```

```
        }
    }
    return i1;
}



//选择排序
void CMatcher::SortByMatchDegree(MatchProcessData * &A,int n)
{
    int b;//用来记录每一次选出来的最大值的下标
    float a;
    MatchProcessData H;
    for(int i=0;i<n-1;i++)
    {
        a=A[i].MatchRate;//当前要排的位置
        for(int k=i+1;k<n;k++) //与当前位置之后的所有元素相比较
            if(A[k].MatchRate>a)
            {
                b=k;
                a=A[k].MatchRate;
            }
            if(a!=A[i].MatchRate)//如果改变了,那么交换
            {
                H.x=A[i].x;
                H.y=A[i].y;
                H.iArea=A[i].iArea;
                H.iMatchLen=A[i].iMatchLen;
                H.MatchRate=A[i].MatchRate;

                A[i].x=A[b].x;
                A[i].y=A[b].y;
                A[i].iArea=A[b].iArea;
                A[i].iMatchLen=A[b].iMatchLen;
                A[i].MatchRate=A[b].MatchRate;

                A[b].x=H.x;
                A[b].y=H.y;
                A[b].iArea=H.iArea;
                A[b].iMatchLen=H.iMatchLen;
                A[b].MatchRate=H.MatchRate;
            }
    }
    printf("**********\n");
    return ;
}

/**************************************************************************/
/*
函数功能:垂直移动匹配
参数说明:StaticEdge-匹配时,静止的边
MoveEdge-匹配时,运动的边
```

```
StaticEdgeLen - 静止边长度
MoveEdgeLen - 运动边长度
ProcessData - 匹配时,每个位置产生的数据
MoveLimitTop - 运动边最高点
StaticLimitBottom - 静止边最低点
leftmaxX1 - 静止边最右边点
rightminX2 - 运动边最左边点
返回值:  匹配位置数
作者:李一;史素真
校正:张长青;李一;史素真
更新日期:2012 - 7 - 16                                                    */
/************************************************************************/
int CMatcher::VerticalMatching(EDGE_POINT *StaticEdge,EDGE_POINT *MoveEdge,
                               int StaticEdgeLen,int MoveEdgeLen,
                               MatchProcessData *&ProcessData,
                               int MoveY,int StaticY,
                               int StaticX,int MoveX)

{

    //1. 初始化信息
    //2. 获得两条边
    //3. 循环移动,计算中间匹配数据
    //4. 计算匹配度


    //计算整体信息
    int iTotalLen = StaticEdgeLen + MoveEdgeLen - 1;//总长度
    int XMOVE = StaticX - MoveX;//在没有任何移动时的动图片的初始化位移量
    int count = 0;


    //求解出两幅图片动静边的长度,较大长度 maxLenthEdge,较小长度 minLenthEdge;
    int maxLenthEdge = (MoveEdgeLen - 1) > (StaticEdgeLen - 1) ?
    (MoveEdgeLen - 1):(StaticEdgeLen - 1);
    int minLenthEdge = (MoveEdgeLen - 1) < (StaticEdgeLen - 1) ?
    (MoveEdgeLen - 1):(StaticEdgeLen - 1);

    //对参数变量分配空间
    ProcessData = new MatchProcessData[POINT_MAX_NUM];

    //对动图像的初始化移位
    for(int i = 0;i < MoveEdgeLen;i + +)
    {
        MoveEdge[i].x = MoveEdge[i].x + XMOVE;
        MoveEdge[i].y = MoveEdge[i].y + (StaticY - MoveY);
    }

    //对位移匹配率结构体的初始化,
    for (i = 0;i < iTotalLen;i + +)
    {
        ProcessData[i].x = XMOVE;
```

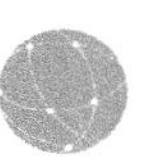

```
        ProcessData[i].y = (StaticY - MoveY);
        ProcessData[i].iArea=0.0;
        ProcessData[i].iMatchLen=0;
        ProcessData[i].MatchRate = 0.00;
    }


    //循环移动,计算中间匹配数据
    for(int s = SEC_LEN; s <iTotalLen; s = s + SEC_LEN)//s表示移动的距离 SEC_LEN是每次移动的距离
    {
        //定义记录在四种情况中面积记录的变量
        int A1 = 0;
        int A2=0;
        int A3=0;
        int A4=0;
        //定义记录在四种情况中匹配时的最值距离,由于不知道只是大于0还是小于0,
        //所以不可以给值,会在之后的过程中求距离时给出初值
        int SD1;
        int SD2;
        int SD3;
        int SD4;
        //定义记录在四种情况匹配时计算的距离变量
        int Dis1;
        int Dis3;
        int Dis2;
        int Dis4;

        //由于不清楚匹配边的长度问题,所以分三种情况讨论(但是在内部有一种情况又分成两种情况)
        if(s <= minLenthEdge)
        {
    SD1 = Dis1 = MoveEdge[0].x - StaticEdge[StaticEdgeLen - 1 - s + 0].x;//给出最值表示的第一个值
            A1 = abs(SD1);//把距离加进面积表示量

            for(int m = 1;m <=s; m++)
            {
                Dis1 = MoveEdge[m].x - StaticEdge[StaticEdgeLen - 1 - s + m].x;//求出在移动一定距离时,
图片匹配长度里对应的每个点间的距离
                if(Dis1 >0)//动图片的左边与静图片的右边匹配,
                {
                    if(SD1 > Dis1)
                        SD1 = Dis1;//求出在相减过程中距离的最小值

                    if(Dis1 < MAX_DIST)//太大的距离就忽略
                    A1 = A1 + Dis1;//在没有减去最小值时的面积
                }
                else//静图片的左边与动图片的右边匹配,
                {
                    if(SD1 < Dis1)
                        SD1 = Dis1;//求出在相减过程中距离的最小值

                    if(abs(Dis1) < MAX_DIST)//太大的距离就忽略
                        A1 = A1 + abs(Dis1);//在没有减去最小值时的面积
```

```
                }
            }

            A1 = A1 - s * abs(SD1);//得出减去之间最小距离的面积的实际面积

            //对最终数据的赋值
        if(SD1 <0)
                    ProcessData[count].x = ProcessData[count].x - (SD1 - MOVE);
                else
                  ProcessData[count].x = ProcessData[count].x - (SD1 + MOVE);//对位移匹配率结构体的赋值
            ProcessData[count].y = ProcessData[count].y - s;
            ProcessData[count].iMatchLen  =  s;
            ProcessData[count].iArea  =  A1;
            }

            else
            {
                if (minLenthEdge < s&&s < maxLenthEdge)//当移动的距离小于大边大于小边时
                {

                    if (maxLenthEdge = = (StaticEdgeLen - 1))//当较大边长是静图片的边长
                    {

SD3 = MoveEdge[0].x - StaticEdge[StaticEdgeLen - 1 - s +0].x;//给出最值表示的第一个值
                        A3 = abs(SD3);//把距离加进面积表示量

                        for (int i = 1;i < MoveEdgeLen;i + + )
                        {
        Dis3 = MoveEdge[i].x - StaticEdge[StaticEdgeLen - 1 - s + i].x;//求出在移动一定距离时,图片匹配长度里对应的每个点间的距离
                            if(Dis3 >0)//动图片的左边与静图片的右边匹配

                            {   if(SD3 > Dis3)
                                        SD3 = Dis3;
                                 if(Dis3 < MAX_DIST)//当距离太大时舍去
                                        A3 = A3 + Dis3;
                            }
                          else //静图片的左边与动图片的右边匹配
                            {
                                 if(SD3 < Dis3)
                                        SD3 = Dis3;
                                 if(abs(Dis3) < MAX_DIST)//当距离太大时舍去
                                        A3 = A3 + abs(Dis3);
                            }
                        }
                        A3 = A3 - MoveEdgeLen * abs(SD3);//得出减去之间最小距离的面积的实际面积


                    //对最终数据的赋值
                        if(SD3 <0)
ProcessData[count].x = ProcessData[count].x - (SD3 - MOVE);
                      else
```

 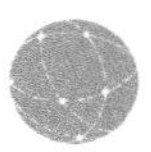

```
ProcessData[count].x = ProcessData[count].x - (SD3 + MOVE);
                ProcessData[count].y = ProcessData[count].y - s;
                ProcessData[count].iMatchLen  =  MoveEdgeLen;
                ProcessData[count].iArea  =  A3;
            }

            if (maxLenthEdge = = (MoveEdgeLen - 1))//当长边是动图片的边长时
            {
    SD4 = MoveEdge[s - StaticEdgeLen + 0].x - StaticEdge[0].x;//给出最值表示的第一个值
                A4 = abs(SD4);//把距离加进面积表示量

            for (int i = 1;i < StaticEdgeLen;i + +)
            {
    Dis4 = MoveEdge[s - StaticEdgeLen + i].x - StaticEdge[i].x;//求出在移动一定距离时,图片匹配长度里对应
的每个点间的距离

                if(Dis4 > 0)//动图片的左边与静图片的右边匹配
                {
                    if(SD4 > Dis4)
                        SD4 = Dis4;
                    if(Dis4 < MAX_DIST)//当距离太大时舍去
                        A4 = A4 + Dis4;
                }
                else//静图片的左边与动图片的右边匹配
                {
                    if(SD4 < Dis4)
                        SD4 = Dis4;
                    if(abs(Dis4) < MAX_DIST)//当距离太大时舍去
                        A4 = A4 + abs(Dis4);
                }

            }
            A4 = A4 - StaticEdgeLen * abs(SD4);//得出减去之间最小距离的面积的实际面积

            //对最终数据的赋值
            if(SD4 <0)
ProcessData[count].x = ProcessData[count].x - (SD4 - MOVE);
                else
ProcessData[count].x = ProcessData[count].x - (SD4 + MOVE);
                ProcessData[count].y = ProcessData[count].y - s;
                ProcessData[count].iMatchLen  =  StaticEdgeLen;
                ProcessData[count].iArea  =  A4;
            }
        }

        if(s > = maxLenthEdge)//当移动的路程大于大边的长度时
        {
            SD2 = MoveEdge[s - StaticEdgeLen + 0].x - StaticEdge[0].x;//给出最值表示的第一个值
            A2 = abs(SD2);//把距离加进面积表示量

            for(int n = 1;n < iTotalLen - s;n + +)
            {
```

```
Dis2 = MoveEdge[s - StaticEdgeLen + n].x - StaticEdge[n].x;//求出在移动一定距离时,图片匹配长度里对应的每个点间的距离
                    if(Dis2 >0)//动图片的左边与静图片的右边匹配
                    {
                        if(SD2 > Dis2)
                            SD2 = Dis2;
                        if(Dis2 < MAX_DIST)//当距离太大时舍去
                            A2 = A2 + Dis2;
                    }
                    else//静图片的左边与动图片的右边匹配
                    {
                        if(SD2 < Dis2)
                            SD2 = Dis2;
                        if(abs(Dis2) < MAX_DIST)//当距离太大时舍去
                            A2 = A2 + abs(Dis2);
                    }
                }

                A2 = A2 - (iTotalLen - s) * abs(SD2);//得出减去之间最小距离的面积的实际面积
              //对最终数据的赋值

                if(SD2 <0)
ProcessData[count].x = ProcessData[count].x - (SD2 - MOVE);
                  else
ProcessData[count].x = ProcessData[count].x - (SD2 + MOVE);
                ProcessData[count].y = ProcessData[count].y - s;
                ProcessData[count].iMatchLen = iTotalLen - s;
                ProcessData[count].iArea = A2;
            }
        }
        count++;
    }

    //计算匹配率
    for (int j = 0; j <= count; j++)
        ProcessData[j].MatchRate = (float)(ProcessData[j].iMatchLen - (minLenthEdge/3)) * (float)(ProcessData[j].iMatchLen)/(float)(ProcessData[j].iArea + 0.001);
//如果减得距离太短会出现高频率的高匹配率,太长起不到优化匹配的效果,计算公式有待优化


    return count;
}

/*
函数功能:进行 X 方向的匹配。
StaticEdge:静止边对应的数组参数
MoveEdge:移动边对应的数组参数
StaticEdgeLen:静止边对应的数组的长度
MoveEdgeLen:移动边对应的数组的长度
ProcessData:在移动过程中得出的匹配数据的结构体数组
MoveLimitTop:动边对应的图片的最小 Y
StaticLimitBottom:静图片对应的最大 Y
```

 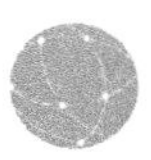

```
StaticmaxX1:静止边对应的最大 X
MoveminX2:一动边对应的最小 X
*/
int CMatcher::LevelMatching(EDGE_POINT * StaticEdge,EDGE_POINT * MoveEdge,//图 1 下边,图 2 上边;
                            int StaticEdgeLen,int MoveEdgeLen,
                            MatchProcessData * &ProcessData,
                            int MoveLimitTop,int StaticLimitBottom,
                            int StaticmaxX1,int MoveminX2)

{

    //1. 初始化信息
    //2. 获得两条边
    //3. 循环移动,计算中间匹配数据
    //4. 计算匹配度
    //计算整体信息
    int iTotalLen = StaticEdgeLen + MoveEdgeLen - 1;//总长度
    int YMOVE = StaticLimitBottom - MoveLimitTop;//把 Y 方向的值给定
    int count = 0;

    int maxLenthEdge = (MoveEdgeLen - 1) > (StaticEdgeLen - 1) ?
    (MoveEdgeLen - 1):(StaticEdgeLen - 1);
    int minLenthEdge = (MoveEdgeLen - 1) < (StaticEdgeLen - 1) ?
    (MoveEdgeLen - 1):(StaticEdgeLen - 1);
    ProcessData = new MatchProcessData[POINT_MAX_NUM];

    //对图像的移位
    for(int i =0;i < MoveEdgeLen;i + + )
    {
        MoveEdge[i].x = MoveEdge[i].x +(StaticmaxX1 - MoveminX2);
        MoveEdge[i].y = MoveEdge[i].y + YMOVE;
    }

    //对位移匹配率结构体的初始化,
    for (i =0;i < iTotalLen;i + + )
    {
        ProcessData[i].y = YMOVE;
        ProcessData[i].x = (StaticmaxX1 - MoveminX2);
        ProcessData[i].iArea =0.0;
        ProcessData[i].iMatchLen =0;
        ProcessData[i].MatchRate =0.00;

    }


    //循环移动,计算中间匹配数据
    for(int s = SEC_LEN; s < iTotalLen; s = s + SEC_LEN)//s 表示移动路程 SEC_LEN 是每次移动的距离
    {
        //此时是对 X 的方向的移动
        int A1 =0;
        int A2 =0;
        int A3 =0;
```

```
int A4 =0;
//定义记录在四种情况中匹配时的最值距离,由于不知道只是大于0 还是小于0,
//所以不可以给值,会在之后的过程中求距离时给出初值
int SD1;
int SD2;
int SD3;
int SD4;
//定义记录在四种情况匹配时计算的距离变量
int Dis1;
int Dis3;
int Dis2;
int Dis4;

//由于不清楚匹配边的长度问题,所以分三种情况讨论(但是在内部有一种情况又分成两种情况)
if(s <= minLenthEdge)
{
    SD1 = MoveEdge[0].y - StaticEdge[StaticEdgeLen - 1 - s +0].y;//给出表示距离最小值的变量初值
    A1 = abs(SD1);//把距离加进面积表示量

    for(int m = 1;m <=s; m++)
    {
        Dis1 = MoveEdge[m].y - StaticEdge[StaticEdgeLen - 1 - s + m].y;//求出在移动一定距离时,
图片匹配长度里对应的每个点间的距离

        if(Dis1 >0)//动图片的上边与静图片的下边
        {
            if(SD1 > Dis1)
                SD1 = Dis1;//求出在相减过程中距离的最小值
            if(Dis1 < MAX_DIST)//建议
                A1 = A1 + Dis1;//在没有减去最小值时的面积
        }
        else//静图片的上边与动图片的下边
        {
            if(SD1 < Dis1)
                SD1 = Dis1;//求出在相减过程中距离的最小值
            if(abs(Dis1) < MAX_DIST)//建议
                A1 = A1 + abs(Dis1);//
        }
    }

    A1 = A1 - s * abs(SD1);//得出减去之间最小距离的面积的实际面积

//对位移匹配率结构体的赋值
    ProcessData[count].x = ProcessData[count].x - s;
    if(SD1 <0)
        ProcessData[count].y = ProcessData[count].y - (SD1 - MOVE);
    else
        ProcessData[count].y = ProcessData[count].y - (SD1 + MOVE);
    ProcessData[count].iMatchLen = s;
    ProcessData[count].iArea = A1;
}
```

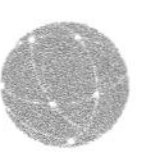

```
        else
        {
            if (minLenthEdge < s&&s < maxLenthEdge)//当移动的距离小于大边大于小边时
            {
                if (maxLenthEdge = = (StaticEdgeLen - 1))
                {
    SD3 = MoveEdge[0]. y - StaticEdge[StaticEdgeLen - 1 - s + 0]. y;//给出表示距离最小值的变量初值
                    A3 = abs(SD3);//把距离加进面积表示量

                    for (int i = 1;i < MoveEdgeLen;i + + )
                    {
    Dis3 = MoveEdge[i]. y - StaticEdge[StaticEdgeLen - 1 - s + i]. y;//求出在移动一定距离时,图片匹配长度里
对应的每个点间的距离
                        if(Dis3 > 0)//动图片的上边与静图片的下边
                        {
                            if(SD3 > Dis3)
                                SD3 = Dis3;
                            if(Dis3 < MAX_DIST)
                                A3 = A3 + Dis3;
                        }
                        else//静图片的上边与动图片的下边
                        {
                            if(SD3 < Dis3)
                                SD3 = Dis3;
                            if(abs(Dis3) < MAX_DIST)
                                A3 = A3 + abs(Dis3);
                        }
                    }
                    A3 = A3 - MoveEdgeLen * abs(SD3);//得出减去之间最小距离的面积的实际面积



                //对位移匹配率结构体的赋值
                    ProcessData[count]. x = ProcessData[count]. x - s;
                    if(SD3 < 0)
    ProcessData[count]. y = ProcessData[count]. y - (SD3 - MOVE);
                    else
ProcessData[count]. y = ProcessData[count]. y - (SD3 + MOVE);
                    ProcessData[count]. iMatchLen  =  MoveEdgeLen;
                    ProcessData[count]. iArea  =  A3;
                }

                if (maxLenthEdge = = (MoveEdgeLen - 1))
                {
    SD4 = MoveEdge[s - StaticEdgeLen + 0]. y - StaticEdge[0]. y;//给出表示距离最小值的变量初值
                    A4 = abs(SD4);//把距离加进面积表示量

                    for (int i = 1;i < StaticEdgeLen;i + + )
                    {
    Dis4 = MoveEdge[s - StaticEdgeLen + i]. y - StaticEdge[i]. y;//求出在移动一定距离时,图片匹配长度里对应
的每个点间的距离
                        if(Dis4 > 0)//动图片的上边与静图片的下边
```

```
                {
                    if(SD4 > Dis4)
                        SD4 = Dis4;
                    if(Dis4 < MAX_DIST)//当距离太大时舍去
                        A4 = A4 + Dis4;
                }
                else//静图片的上边与动图片的下边
                {
                    if(SD4 < Dis4)
                        SD4 = Dis4;
                    if(abs(Dis4) < MAX_DIST)//当距离太大时舍去
                        A4 = A4 + abs(Dis4);
                }
            }
            A4 = A4 - StaticEdgeLen * abs(SD4);//得出减去之间最小距离的面积的实际面积

            //对位移匹配率结构体的赋值
            ProcessData[count].x = ProcessData[count].x - s;
            if(SD4 <0)
ProcessData[count].y = ProcessData[count].y - (SD4 - MOVE);
            else
ProcessData[count].y = ProcessData[count].y - (SD4 + MOVE);
            ProcessData[count].iMatchLen = StaticEdgeLen;
            ProcessData[count].iArea = A4;
        }
    }

    else
    {
        SD2 = MoveEdge[s - StaticEdgeLen + 0].y - StaticEdge[0].y;//给出表示距离最小值的变量
初值
        A2 = abs(SD2);//把距离加进面积表示量

        for(int n =0;n < iTotalLen - s;n + +)
        {
    Dis2 = MoveEdge[s - StaticEdgeLen + n].y - StaticEdge[n].y;//求出在移动一定距离时,图片匹配长度里对
应的每个点间的距离
            if(Dis2 >0)//动图片的上边与静图片的下边
            {
                if(SD2 > Dis2)
                    SD2 = Dis2;
                if(Dis2 < MAX_DIST)//当距离太大时舍去
                    A2 = A2 + Dis2;
            }
            else //静图片的上边与动图片的下边
            {
                if(SD2 < Dis2)
                    SD2 = Dis2;
                if(abs(Dis2) < MAX_DIST)//当距离太大时舍去
                    A2 = A2 + abs(Dis2);
            }
        }
```

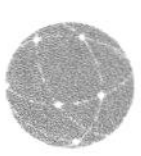

```
                A2 = A2 - (iTotalLen - s) * abs(SD2);//得出减去之间最小距离的面积的实际面积


            //对位移匹配率结构体的赋值
                ProcessData[count].x = ProcessData[count].x - s;
                if(SD2 <0)
                ProcessData[count].y = ProcessData[count].y - (SD2 - MOVE);
                else
                   ProcessData[count].y = ProcessData[count].y - (SD2 + MOVE);
                ProcessData[count].iMatchLen = StaticEdgeLen + MoveEdgeLen - s;
                ProcessData[count].iArea = A2;
            }
        }
        count++;
    }

    //计算匹配率并赋值给结构体数组里的成员
    for (int j = 0; j <= count; j++)
        ProcessData[j].MatchRate = ((float)(ProcessData[j].iMatchLen) - (minLenthEdge/3)) * (float)
(ProcessData[j].iMatchLen)/(float)(ProcessData[j].iArea +0.001);
//如果减的距离太短会出现高频率的高匹配率,太长起不到优化匹配的效果,计算公式有待优化

    return count;
}



/*
函数功能:进行一对图像各个边的匹配计算

AreaRate:对应一幅图片匹配要给出的最终匹配数据
pEdge1:相对静止的图片的所有点的结构体数组
pEdge2:相对移动的图片的所有点的结构体数组
iPtCount1:相对静止的结构体数组的长度
iPtCount2:相对移动的结构体数组的长度
*/
int CMatcher::MatchOnePairPicture(MatchProcessData *&AreaRate, EDGE_POINT *&pEdge1, EDGE_POINT *
&pEdge2,int iPtCount1,int iPtCount2)
{
    //对图像点的提取。
    AreaRate = new MatchProcessData[POINT_MAX_NUM];//对最终数据结构体分配空间

    //定义两幅图片对应 XY 的最值变量
    int maxX1 =0;
    int maxY1 =0;
    int minX1 =1024;
    int minY1 =1024;
    int maxX2 =0;
    int maxY2 =0;
    int minX2 =1024;
    int minY2 =1024;
```

```
//定义提取两幅图片原始八条边的结构体数组变量
int TopedgeLen1;
int BottomedgeLen1;
int LeftedgeLen1;
int RightedgeLen1;

int TopedgeLen2;
int BottomedgeLen2;
int LeftedgeLen2;
int RightedgeLen2;

//定义提取两幅图片匹配八条边的结构体数组变量
int TopMachedgeLen1;
int BottomMachedgeLen1;
int LeftMachedgeLen1;
int RightMachedgeLen1;

int TopMachedgeLen2;
int BottomMachedgeLen2;
int LeftMachedgeLen2;
int RightMachedgeLen2;


//定义按特殊点在整幅图片点的结构体数组里的下标变量
int iBottomOne1 =0;
int iTopOne1 =0;
int iLeftOne1 =0;
int iRightOne1 =0;
int iTopTwo1 = -1;
int iBottomTwo1 = -1;
int iLeftTwo1 = -1;
int iRightTwo1 = -1;

int iTopOne2 =0;
int iBottomOne2 =0;
int iLeftOne2 =0;
int iRightOne2 =0;
int iTopTwo2 = -1;
int iBottomTwo2 = -1;
int iLeftTwo2 = -1;
int iRightTwo2 = -1;


//对相应的变量结构体数组分配空间
EDGE_POINT *Topedge1 = new EDGE_POINT[POINT_MAX_NUM];
EDGE_POINT *Bottomedge1 = new EDGE_POINT[POINT_MAX_NUM];
EDGE_POINT *Leftedge1 = new EDGE_POINT[POINT_MAX_NUM];
EDGE_POINT *Rightedge1 = new EDGE_POINT[POINT_MAX_NUM];

EDGE_POINT *Topedge2 = new EDGE_POINT[POINT_MAX_NUM];
EDGE_POINT *Bottomedge2 = new EDGE_POINT[POINT_MAX_NUM];
```

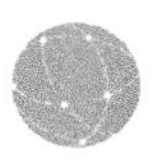

```
    EDGE_POINT  * Rightedge2 = new EDGE_POINT[ POINT_MAX_NUM ] ;
    EDGE_POINT  * Leftedge2 = new EDGE_POINT[ POINT_MAX_NUM ] ;


    EDGE_POINT  * TopMachedge1 = new EDGE_POINT[ POINT_MAX_NUM ] ;
    EDGE_POINT  * BottomMachedge1 = new EDGE_POINT[ POINT_MAX_NUM ] ;
    EDGE_POINT  * LeftMachedge1 = new EDGE_POINT[ POINT_MAX_NUM ] ;
    EDGE_POINT  * RightMachedge1 = new EDGE_POINT[ POINT_MAX_NUM ] ;

    EDGE_POINT  * TopMachedge2 = new EDGE_POINT[ POINT_MAX_NUM ] ;
    EDGE_POINT  * BottomMachedge2 = new EDGE_POINT[ POINT_MAX_NUM ] ;
    EDGE_POINT  * LeftMachedge2 = new EDGE_POINT[ POINT_MAX_NUM ] ;
    EDGE_POINT  * RightMachedge2 = new EDGE_POINT[ POINT_MAX_NUM ] ;


//四对匹配边得出的匹配率的结构体数组变量
    MatchProcessData  * AreaRate1 , * AreaRate2 , * AreaRate3 , * AreaRate4 ;
    AreaRate1 = new MatchProcessData[ POINT_MAX_NUM ] ;
    AreaRate2 = new MatchProcessData[ POINT_MAX_NUM ] ;
    AreaRate3 = new MatchProcessData[ POINT_MAX_NUM ] ;
    AreaRate4 = new MatchProcessData[ POINT_MAX_NUM ] ;

//四对匹配边得出的匹配率的结构体数组变量对应的长度
    int AreaRatelength1 = 0 ;
    int AreaRatelength2 = 0 ;
    int AreaRatelength3 = 0 ;
    int AreaRatelength4 = 0 ;



    //找出最值
    for (int i = 0;i < iPtCount1;i + + )
    {
        minX1 = ( (minX1 < pEdge1[ i ]. x) ? minX1 :pEdge1[ i ]. x) ;
        maxX1 = ( (maxX1 < pEdge1[ i ]. x) ? pEdge1[ i ]. x:maxX1) ;

        maxY1 = ( (maxY1 < pEdge1[ i ]. y) ? pEdge1[ i ]. y:maxY1) ;
        minY1 = ( (minY1 < pEdge1[ i ]. y) ? minY1 :pEdge1[ i ]. y) ;
    }

    for (int i2 = 0;i2 < iPtCount2;i2 + + )
    {
        minX2 = ( (minX2 < pEdge2[ i2 ]. x) ? minX2 :pEdge2[ i2 ]. x) ;
        maxX2 = ( (maxX2 < pEdge2[ i2 ]. x) ? pEdge2[ i2 ]. x:maxX2) ;

        maxY2 = ( (maxY2 < pEdge2[ i2 ]. y) ? pEdge2[ i2 ]. y:maxY2) ;
        minY2 = ( (minY2 < pEdge2[ i2 ]. y) ? minY2 :pEdge2[ i2 ]. y) ;

    }

    //提取特殊的点,以便于提取边
```

```
GetSpePoint(iLeftOne1,iRightOne1,iBottomOne1,iTopOne1,iLeftTwo1,iRightTwo1,iBottomTwo1,iTopTwo1,
    pEdge1,maxX1,maxY1,minX1,minY1,
    iPtCount1);
GetSpePoint(iLeftOne2,iRightOne2,iBottomOne2,iTopOne2,iLeftTwo2,iRightTwo2,iBottomTwo2,iTopTwo2,
    pEdge2,maxX2,maxY2,minX2,minY2,
    iPtCount2);

//提取原始边
TopedgeLen1 = GetEdge(iLeftTwo1,//起点的下坐标
    iRightOne1,//终点的下坐标
    iPtCount1,//图像取点个数的总长度
    pEdge1,
    Topedge1 // 图像点所在数组
    );//取边所放入的数组
BottomedgeLen1 = GetEdge(iRightTwo1,//起点的下坐标
    iLeftOne1,//终点的下坐标
    iPtCount1,//图像取点个数的总长度
    pEdge1,
    Bottomedge1 // 图像点所在数组
    );//取边所放入的数组
LeftedgeLen1 = GetEdge(iBottomTwo1,//起点的下坐标
    iTopOne1,//终点的下坐标
    iPtCount1,//图像取点个数的总长度
    pEdge1,
    Leftedge1//图像点所在数组
    );//取边所放入的数组
RightedgeLen1 = GetEdge(iTopTwo1,//起点的下坐标
    iBottomOne1,//终点的下坐标
    iPtCount1,//图像取点个数的总长度
    pEdge1,
    Rightedge1 // 图像点所在数组
    );//取边所放入的数组

TopedgeLen2 = GetEdge(iLeftTwo2,//起点的下坐标
    iRightOne2,//终点的下坐标
    iPtCount2,//图像取点个数的总长度
    pEdge2,
    Topedge2 // 图像点所在数组
    );//取边所放入的数组
BottomedgeLen2 = GetEdge(iRightTwo2,//起点的下坐标
    iLeftOne2,//终点的下坐标
    iPtCount2,//图像取点个数的总长度
    pEdge2,
    Bottomedge2 // 图像点所在数组
    );//取边所放入的数组
LeftedgeLen2 = GetEdge(iBottomTwo2,//起点的下坐标
    iTopOne2,//终点的下坐标
    iPtCount2,//图像取点个数的总长度
    pEdge2,
    Leftedge2//图像点所在数组
    );//取边所放入的数组
RightedgeLen2 = GetEdge(iTopTwo2,//起点的下坐标
```

 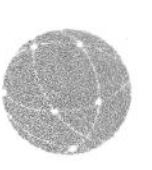

```
        iBottomOne2,//终点的下坐标
        iPtCount2,//图像取点个数的总长度
        pEdge2,
        Rightedge2 // 图像点所在数组
        );//取边所放入的数组

    Exchage(Leftedge1,LeftedgeLen1);
    Exchage(Bottomedge1,BottomedgeLen1);

    Exchage(Leftedge2,LeftedgeLen2);
    Exchage(Bottomedge2,BottomedgeLen2);




    //提取匹配边
    LeftMachedgeLen1 = MachEdgeY (Leftedge1,//给出边所在原来的数组
        LeftMachedge1,//给出点将要放入的数组
        minY1,//特定的关于 X 的最值
        maxY1,
        LeftedgeLen1);
    RightMachedgeLen1 = MachEdgeY (Rightedge1,//给出边所在原来的数组
        RightMachedge1,//给出点将要放入的数组
        minY1,//特定的关于 X 的最值
        maxY1,
        RightedgeLen1);
    TopMachedgeLen1 = MachEdgeX (Topedge1,//给出边所在原来的数组
        TopMachedge1,//给出点将要放入的数组
        minX1,//特定的关于 X 的最值
        maxX1,
        TopedgeLen1);
    BottomMachedgeLen1 = MachEdgeX(Bottomedge1,//给出边所在原来的数组
        BottomMachedge1,//给出点将要放入的数组
        minX1,//特定的关于 X 的最值
        maxX1,
        BottomedgeLen2);

    LeftMachedgeLen2 = MachEdgeY (Leftedge2,//给出边所在原来的数组
        LeftMachedge2,//给出点将要放入的数组
        minY2,//特定的关于 X 的最值
        maxY2,
        LeftedgeLen2);
    RightMachedgeLen2 = MachEdgeY (Rightedge2,//给出边所在原来的数组
        RightMachedge2,//给出点将要放入的数组
        minY2,//特定的关于 X 的最值
        maxY2,
        RightedgeLen2);
    TopMachedgeLen2 = MachEdgeX(Topedge2,//给出边所在原来的数组
        TopMachedge2,//给出点将要放入的数组
        minX2,//特定的关于 X 的最值
        maxX2,
        TopedgeLen2);
```

```
BottomMachedgeLen2 = MachEdgeX( Bottomedge2,//给出边所在原来的数组
     BottomMachedge2,//给出点将要放入的数组
     minX2,//特定的关于 X 的最值
     maxX2,
     BottomedgeLen2);

delete Topedge1;
delete Bottomedge1;
delete Leftedge1;
delete Rightedge1;

delete Topedge2;
delete Bottomedge2;
delete Rightedge2;
delete Leftedge2;


//调用匹配函数
AreaRatelength1 = VerticalMatching( LeftMachedge1,RightMachedge2,
     LeftMachedgeLen1,RightMachedgeLen2,
     AreaRate1,
     minY2,maxY1,
     minX1 -1,maxX2);

AreaRatelength2 = VerticalMatching( RightMachedge1,LeftMachedge2,
     RightMachedgeLen1,LeftMachedgeLen2,
     AreaRate2,
     minY2,maxY1,
     maxX1 -1,minX2);
AreaRatelength3  = LevelMatching( TopMachedge1,BottomMachedge2,
     TopMachedgeLen1,BottomMachedgeLen2,
     AreaRate3,
     maxY2,minY1 -1,
     maxX1,minX2);
AreaRatelength4  = LevelMatching( BottomMachedge1,TopMachedge2,
                                   BottomMachedgeLen1,TopMachedgeLen2,
                                   AreaRate4,
                                     minY2,maxY1 -1,
                                 maxX1,minX2);

//对空间的释放
    delete TopMachedge1;
    delete BottomMachedge1;
    delete LeftMachedge1;
    delete RightMachedge1;

    delete TopMachedge2;
    delete BottomMachedge2;
    delete RightMachedge2;
    delete LeftMachedge2;

  //有四个变量数组复制到相同类型的同一个结构体数组中
```

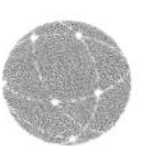

```
for(int q=0;q<(AreaRatelength1+AreaRatelength2+AreaRatelength3+AreaRatelength4);q++)
{

    if(q<AreaRatelength1)
    { AreaRate[q].iArea=AreaRate1[q].iArea;
    AreaRate[q].iMatchLen=AreaRate1[q].iMatchLen;
    AreaRate[q].MatchRate=AreaRate1[q].MatchRate;
    AreaRate[q].y=AreaRate1[q].y;
    AreaRate[q].x=AreaRate1[q].x;
    }
    else{
if(q>=AreaRatelength1&&q<(AreaRatelength1+AreaRatelength2))
        {
            AreaRate[q].iArea=AreaRate2[q-AreaRatelength1].iArea;
AreaRate[q].iMatchLen=AreaRate2[q-AreaRatelength1].iMatchLen;
AreaRate[q].MatchRate=AreaRate2[q-AreaRatelength1].MatchRate;
            AreaRate[q].y=AreaRate2[q-AreaRatelength1].y;
            AreaRate[q].x=AreaRate2[q-AreaRatelength1].x;
        }
        else{

if(q>=(AreaRatelength1+AreaRatelength2)&&q<(AreaRatelength1+AreaRatelength2+AreaRatelength3))
            {

AreaRate[q].iArea=AreaRate3[q-AreaRatelength1-AreaRatelength2].iArea;

AreaRate[q].iMatchLen=AreaRate3[q-AreaRatelength1-AreaRatelength2].iMatchLen;

AreaRate[q].MatchRate=AreaRate3[q-AreaRatelength1-AreaRatelength2].MatchRate;

AreaRate[q].y=AreaRate3[q-AreaRatelength1-AreaRatelength2].y;

AreaRate[q].x=AreaRate3[q-AreaRatelength1-AreaRatelength2].x;
            }

            else
            {
AreaRate[q].iArea=AreaRate4[q-(AreaRatelength1+AreaRatelength2+AreaRatelength3)].iArea;

AreaRate[q].iMatchLen=AreaRate4[q-(AreaRatelength1+AreaRatelength2+AreaRatelength3)].iMatchLen;

AreaRate[q].MatchRate=AreaRate4[q-(AreaRatelength1+AreaRatelength2+AreaRatelength3)].MatchRate;

AreaRate[q].y=AreaRate4[q-(AreaRatelength1+AreaRatelength2+AreaRatelength3)].y;

AreaRate[q].x=AreaRate4[q-(AreaRatelength1+AreaRatelength2+AreaRatelength3)].x;

            }
        }
    }

}
```

```
    return q;
}
int CMatcher::Match(MatchProcessData *&AreaRate)
{
    //建议:不必重复分配内存
    //AreaRate = new MatchProcessData[POINT_MAX_NUM];
    int AreaRatelength =0;
    EDGE_POINT *pEdge1;
    EDGE_POINT *pEdge2;
    pEdge1 = new EDGE_POINT[POINT_MAX_NUM];
    pEdge2 = new EDGE_POINT[POINT_MAX_NUM];

    int iPtCount1 =0;
    int iPtCount2 =0;

    GetAllPointEdge(m_strCandImg,pEdge2,iPtCount2);//"long.bmp"
    GetAllPointEdge(m_strMainImg,pEdge1,iPtCount1);//"long.bmp"

    AreaRatelength =MatchOnePairPicture(AreaRate,pEdge1,pEdge2,iPtCount1,iPtCount2);

    return AreaRatelength;
}

int CMatcher::Match(MatchProcessData *&AreaRate,CString strMainImg,CString strCandImg)
{
    int AreaRatelength =0;
    EDGE_POINT *pEdge1;
    EDGE_POINT *pEdge2;
    pEdge1 = new EDGE_POINT[POINT_MAX_NUM];
    pEdge2 = new EDGE_POINT[POINT_MAX_NUM];

    int iPtCount1 = 0;
    int iPtCount2 = 0;

    GetAllPointEdge(strCandImg,pEdge2,iPtCount2);//"long.bmp"
    GetAllPointEdge(strMainImg,pEdge1,iPtCount1);//"long.bmp"

    AreaRatelength = MatchOnePairPicture(AreaRate,pEdge1,pEdge2,iPtCount1,iPtCount2);

    int i;
    for (i =0;i < AreaRatelength;i++)
    {
        AreaRate[i].strMainImg = strMainImg;
        AreaRate[i].strCandImg = strCandImg;
    }

    return AreaRatelength;
}
//1-n 匹配
int CMatcher::Match(MatchProcessData **&AreaRate,CString strMainImg,CString *strCandImgArr,int iCount)
{
    //获得 n 幅待缀合图像匹配率
```

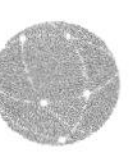

```
    int i = 0;
    AreaRate = new MatchProcessData * [iCount];
    for (;i < iCount;i++)
    {
        int n = Match(AreaRate[i],strMainImg,strCandImgArr[i]);
        SortByMatchDegree(AreaRate[i],n);
    }

    //
    return iCount;
}

#ifndef __STRUCT_H__
#define __STRUCT_H__
#define SEC_LEN 5 //移动步长
//#define MOVE 0
#include <afxdb.h>
struct EDGE_POINT
{
    int x;
    int y;
};

struct MatchProcessData
{
    //相对位置
    int x;
    int y;
    int iMatchLen;//匹配长度
    int iArea;      //缝隙面积
    float MatchRate;//匹配率:根据长度和面积计算

    CString strMainImg;//待缀合图像
    CString strCandImg;//候选图像
};

#endif
#if !defined(AFX_PATCHPARAMDLG_H__DC507DF4_6D7A_454B_8EBB_D48A9178DC6B__INCLUDED_)
#define
AFX_PATCHPARAMDLG_H__DC507DF4_6D7A_454B_8EBB_D48A9178DC6B__INCLUDED_

#if _MSC_VER > 1000
#pragma once
#endif // _MSC_VER > 1000
// PatchParamDlg.h : header file
//

/////////////////////////////////////////////////////////////////////////////
// PatchParamDlg dialog

class PatchParamDlg : public CDialog
{
```

```
// Construction
public:
    PatchParamDlg(CWnd * pParent = NULL);    // standard constructor

// Dialog Data
    //{{AFX_DATA(PatchParamDlg)
    enum { IDD = IDD_DIALOG_PATCH_PARAM };
        // NOTE: the ClassWizard will add data members here
    //}}AFX_DATA


// Overrides
    // ClassWizard generated virtual function overrides
    //{{AFX_VIRTUAL(PatchParamDlg)
    protected:
    virtual void DoDataExchange(CDataExchange * pDX);     // DDX/DDV support
    //}}AFX_VIRTUAL

// Implementation
protected:

    // Generated message map functions
    //{{AFX_MSG(PatchParamDlg)
        // NOTE: the ClassWizard will add member functions here
    //}}AFX_MSG
    DECLARE_MESSAGE_MAP()
};

//{{AFX_INSERT_LOCATION}}
// Microsoft Visual C++ will insert additional declarations immediately before the previous line.

#endif
// ! defined(AFX_PATCHPARAMDLG_H__DC507DF4_6D7A_454B_8EBB_D48A9178DC6B__INCLUDED_)

// PatchParamDlg.cpp : implementation file
//

#include "stdafx.h"
#include "OraclePatchingSys.h"
#include "PatchParamDlg.h"

#ifdef _DEBUG
#define new DEBUG_NEW
#undef THIS_FILE
static char THIS_FILE[] = __FILE__;
#endif

/////////////////////////////////////////////////////////////////////////////
// PatchParamDlg dialog


PatchParamDlg::PatchParamDlg(CWnd * pParent /* =NULL */)
```

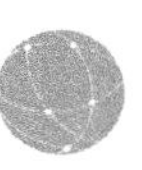

```
    : CDialog(PatchParamDlg::IDD, pParent)
{
    //{{AFX_DATA_INIT(PatchParamDlg)
        // NOTE: the ClassWizard will add member initialization here
    //}}AFX_DATA_INIT
}


void PatchParamDlg::DoDataExchange(CDataExchange * pDX)
{
    CDialog::DoDataExchange(pDX);
    //{{AFX_DATA_MAP(PatchParamDlg)
        // NOTE: the ClassWizard will add DDX and DDV calls here
    //}}AFX_DATA_MAP
}


BEGIN_MESSAGE_MAP(PatchParamDlg, CDialog)
    //{{AFX_MSG_MAP(PatchParamDlg)
        // NOTE: the ClassWizard will add message map macros here
    //}}AFX_MSG_MAP
END_MESSAGE_MAP()

/////////////////////////////////////////////////////////////////////////////
// PatchParamDlg message handlers
```

第5章 《周易》中象学、术学之演变与推理智能化支撑平台研究

几千年来，《周易》的研究蓬勃发展，但是其研究手段和工具很落后，汉代以来的易学研究，大都以传世文献为基础，很多问题都难以解决。自20世纪30年代洛阳东汉太学石经《周易》残石发现以来，特别是1972年马王堆帛书《周易》问世后，阜阳汉简《周易》、上海博物馆馆藏楚简《周易》、王家台秦简《归藏易》等相继出土。同时，商周益数易卦和与易学相关的历代文物也被大量发现。这不但为易学研究提供了许多可靠的新资料，而且也极大地丰富了易学研究的领域和内容。近年来，这些考古发现的新资料已引起学术界的高度重视，新的学术成果也相继涌现。因此，当前易学研究已经进入了以历史文献、考古发现和古文字资料相结合的新时代。

通过搭建《周易》中象学、术学之演变与推理的智能化支撑平台，建设《周易》研究大数据库，提供贴近现代学术的《周易》典籍资源，推进传统文化的现代化进程，为学术研究提供新的动力。将《周易》古籍原典、历朝历代整理成果数字化，形成一个庞大精深的立体知识体系，使数据库建设成为连续性的、开放式的，与文化传承和学术研究息息相关的一项工作，可以实现海量信息查询等古人难以实现的功能。

本《周易》中象学、术学之演变与推理的智能化支撑平台，主要提供易经信息的增删改查，易传信息的增删改查，另外还可以对周易相关的图片、文献、视频进行查看，还有与用户互动的部分，如预测、风水、起名、游戏等。《周易》中象学、术学之演变与推理的智能化支撑平台，包含六大功能模块：①易经查询模块；②易传查询模块；③周易文献查询模块；④周易视频资料模块；⑤周易图片资料模块；⑥周易占卜模块。由于平台相对庞大，资料繁多，为了便于对音频、视频、图书和图片的管理，每个功能模块都有相对独立的后台管理部分，便于每个资料模块的维护和更新。

5.1 平台简介

本平台包含如下几个文件：

为安装文件，DB文件夹中存放的是数据库文件，AdbeRdr940_zh_CN为PDF文档阅读器安装文件，如图5.1所示。

图5.1 平台文件

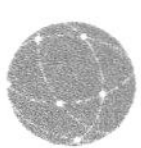

5.1.1　安装 PDF 文档阅读器

①双击 AdbeRdr940_zh_CN 文件。

②出现 PDF 阅读器安装界面，按照提示安装 PDF 阅读器，如图 5.2 所示。

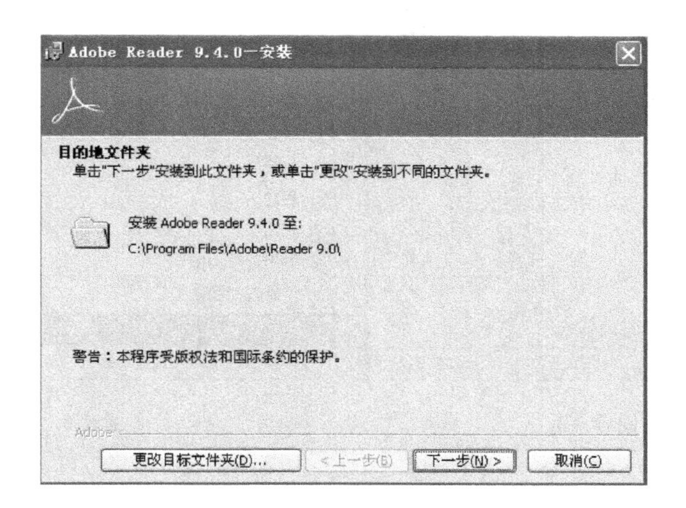

图 5.2　安装 PDF 文档阅读器

5.1.2　安装数字化周易智能化支撑研究平台

①双击 setup.exe Setup 图标开始安装，出现使用数字化周易安装向导界面，单击“下一步”继续安装，如图 5.3 所示。

②出现“选择安装文件夹”界面后，选择要安装的目录，单击“下一步”，如图 5.4 所示。

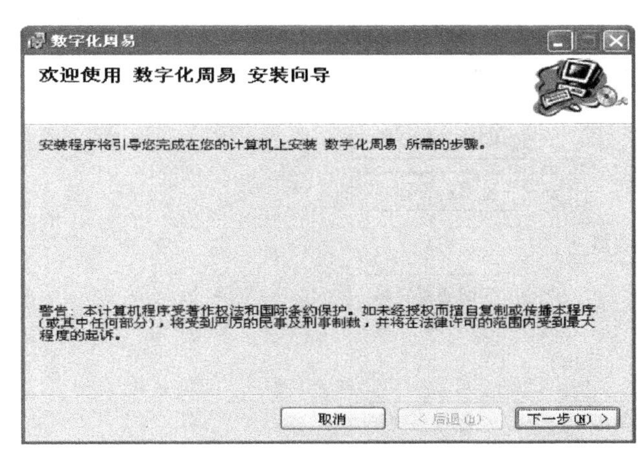

图 5.3　安装向导 -1

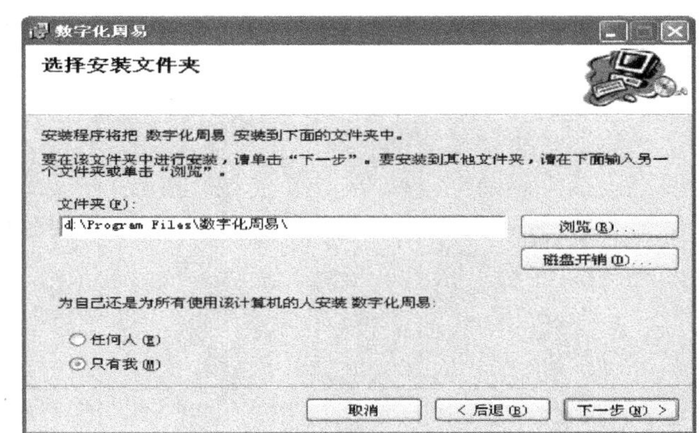

图 5.4　安装向导 -2

③出现“确认安装”界面后，再单击“下一步”，等待完成安装，如图 5.5 所示。

④安装完成后，双击电脑桌面上的图标，即可使用本软件。

5.1.3　卸载数字化周易智能化支撑研究平台

打开开始菜单后，选择“程序”，再选择“卸载数字化周易研究平台”，即可从电脑上卸载本软件，如图 5.6 所示。

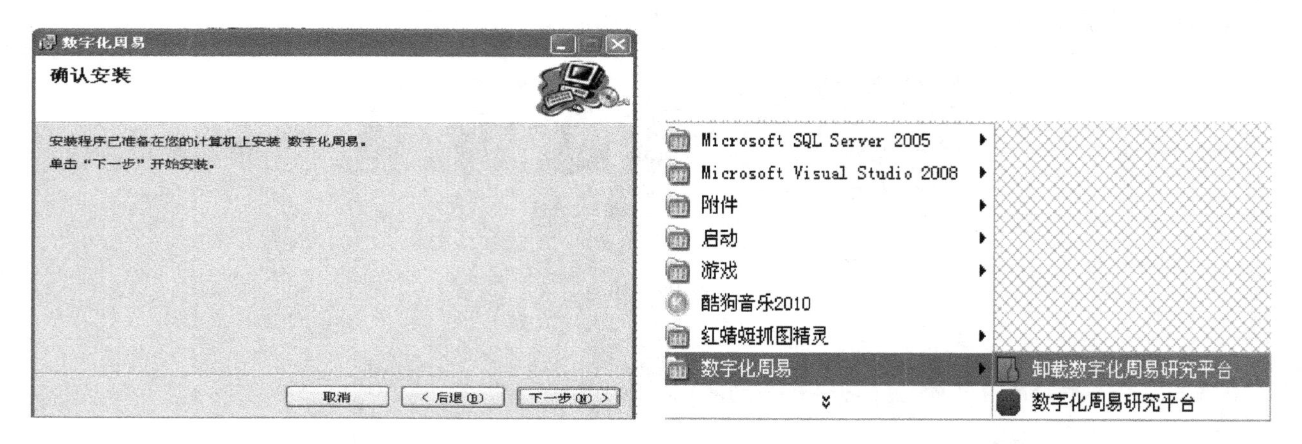

图 5.5　安装向导-3

图 5.6　卸载程序

5.2　平台功能

平台功能如图 5.7 所示。

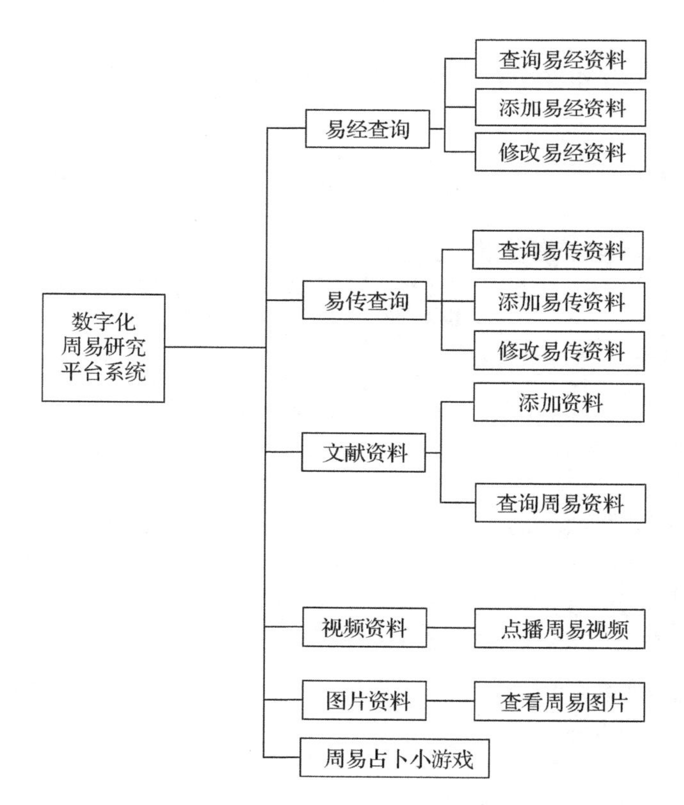

图 5.7　《周易》中象学、术学之演变与推理的智能化支撑平台功能

5.3 平台功能介绍

5.3.1 登录界面

登录界面如图 5.8 所示。

登录平台请确保电脑安装了 SQL SERVER 2005 数据库并打开链接，如第一次登录平台，需要附加数据库，请在 DB文件夹中查找 zy_info.mdf SQL Server Datab. 4,096 KB 所在位置，然后进行数据库的附加，如图 5.9 所示。

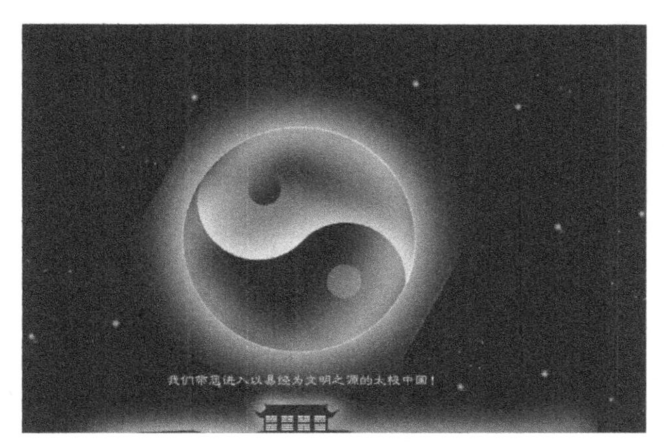

图 5.8 登录界面

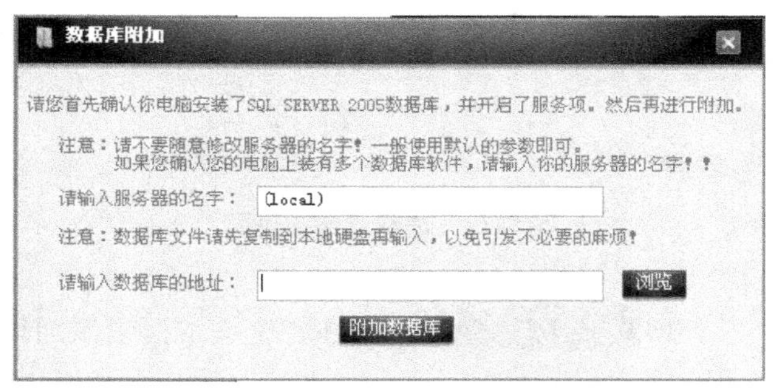

图 5.9 数据库附加页面

5.3.2 首页界面

平台首页界面如图 5.10 所示。

登录后的界面如图 5.11 所示，单击上方的 或 点击进入，都可以进入主菜单页面，如图 5.11 所示。

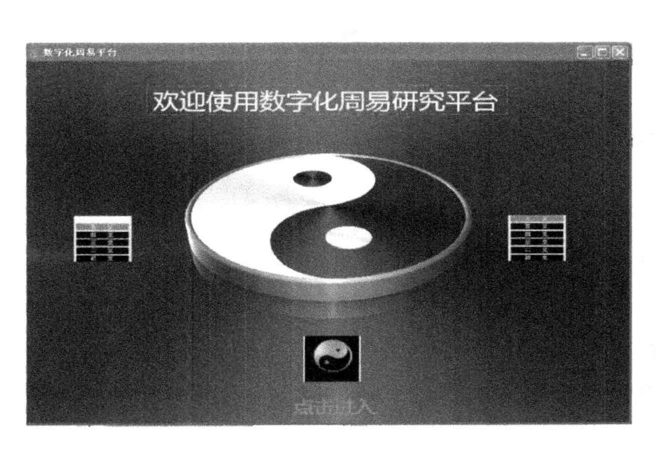

图 5.10 平台首页

图 5.11 平台主界面

5.3.3 易经查询模块

选择易经查询或易经查询后，可以进入易经查询模块，如图 5.12 所示。

在该模块中选择要查询的挂名后，单击查询，可以查看有关该卦名的易经资料，包括卦画、卦名、卦辞ǀ卦义、爻辞ǀ爻义、注释、白话等内容，如图 5.13 所示。

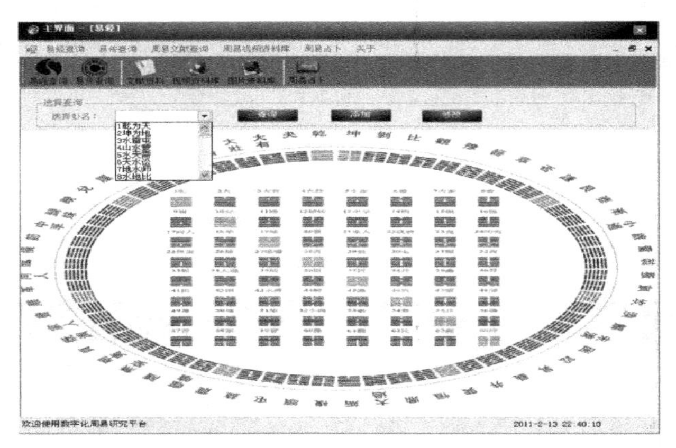

图 5.12 易经查询主页面

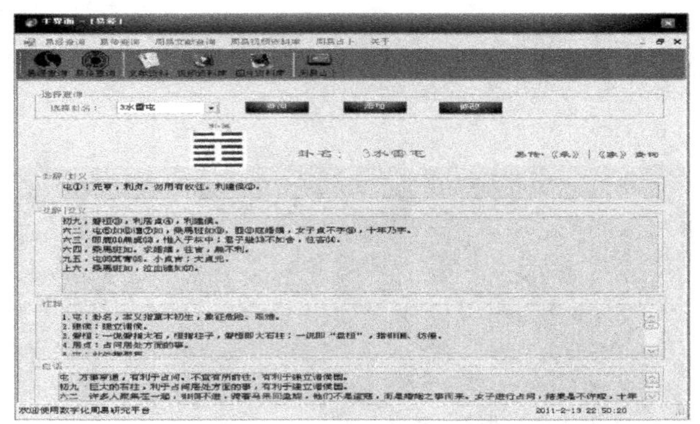

图 5.13 易经查询详细界面

单击添加后，可在各个文本框中添加该卦名下易经相关资料，添加成功后会显示“添加成功”提示信息，如图 5.14 所示。

单击修改后，可在各个文本框中修改该卦名下易经相关资料，修改成功后会显示“修改成功”提示信息，如图 5.15 所示。

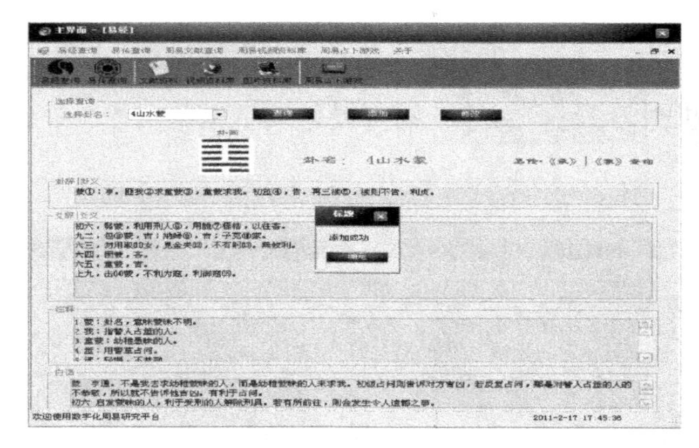

图 5.14 易经信息添加界面

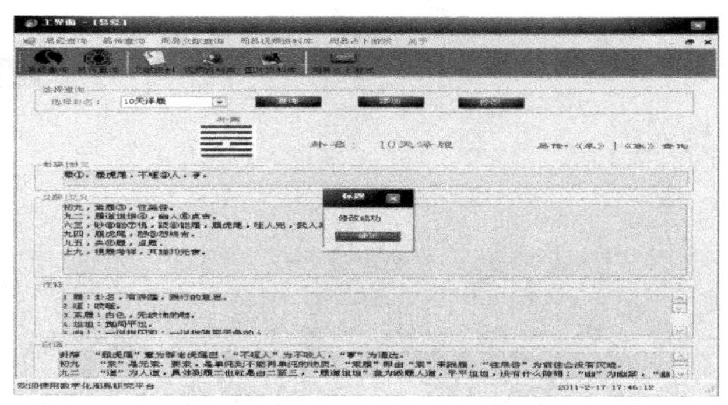

图 5.15 易经信息修改界面

5.3.4 易传查询模块

选择易传查询或易传查询，可进入易传查询模块，如图 5.16 所示。

该模块可以查看有关易传的资料，由于易传是对易经的进一步解释，因此包括彖、象、文言、系辞、说卦、序卦、杂卦等篇。选择不同的篇名后，单击查询，可以查看该项内容的详细内容，如图

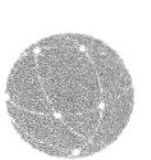

5.17 所示。

图 5.16　易传查询主页面

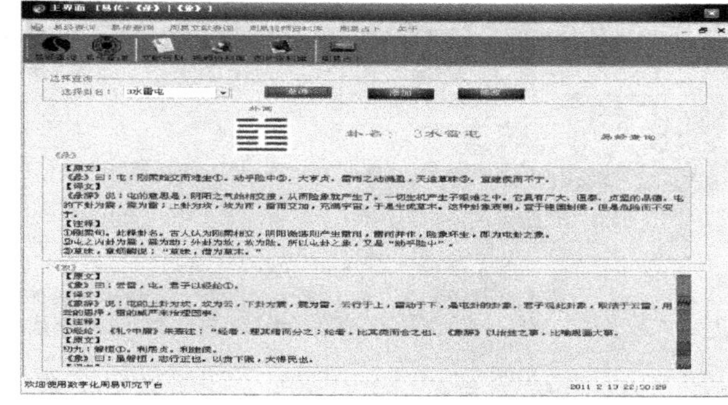

图 5.17　易传查询详细页面

单击 添加 ，可以在文本框中添加该篇名下的易传相关资料的情况，添加成功后会显示提示信息，如图 5.18 所示。

单击 修改 ，可以在文本框中修改该篇名下的易传相关资料的情况，修改成功后会显示提示信息，如图 5.19 所示。

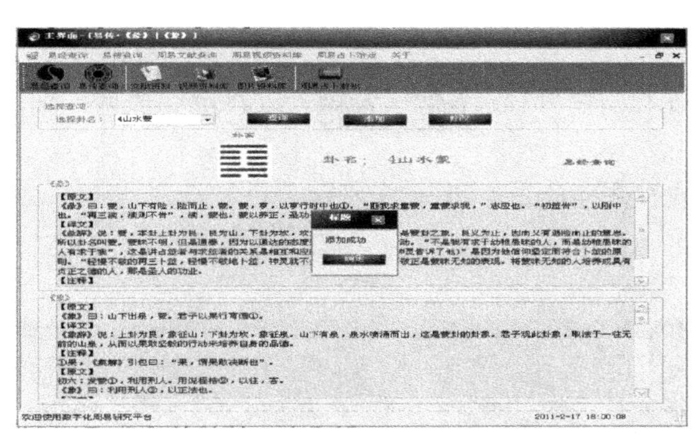

图 5.18　易传添加页面

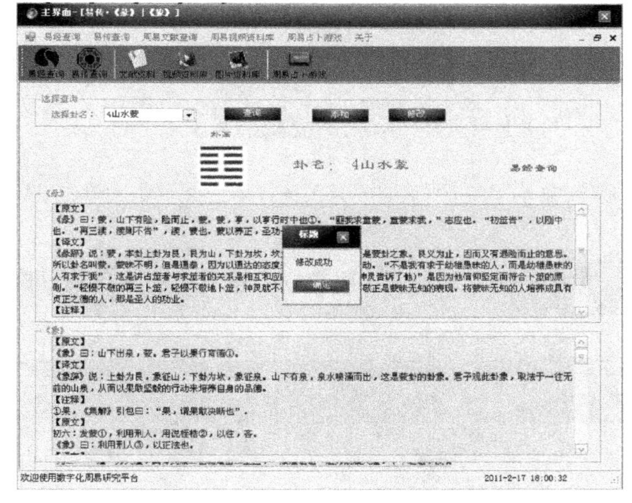

图 5.19　易传修改页面

5.3.5　周易文献资料模块

选择 周易文献查询 或 文献资料 ，可以进入周易文献资料模块，该模块下可以查看有关周易的相关资料。单击某个文献使之成为高亮，可以在软件界面的左侧显示该文献的概况，包括书名、作者、文献年代、页数、内容简介，如图 5.20 所示。

单击 查看详情 ，可以查看该文献的详细资料，如图 5.21 所示。

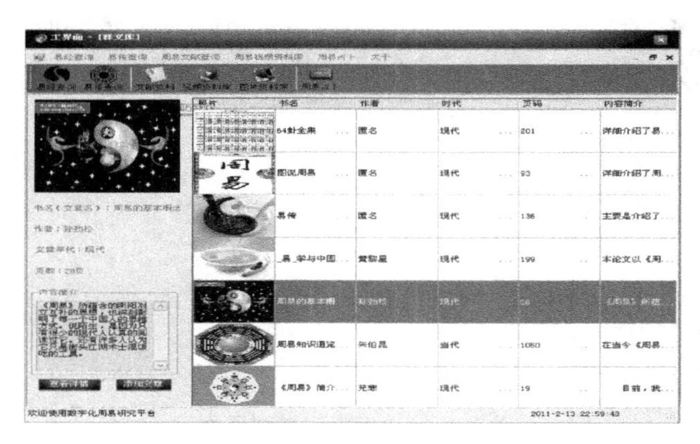

图 5.20　周易文献资料模块主界面

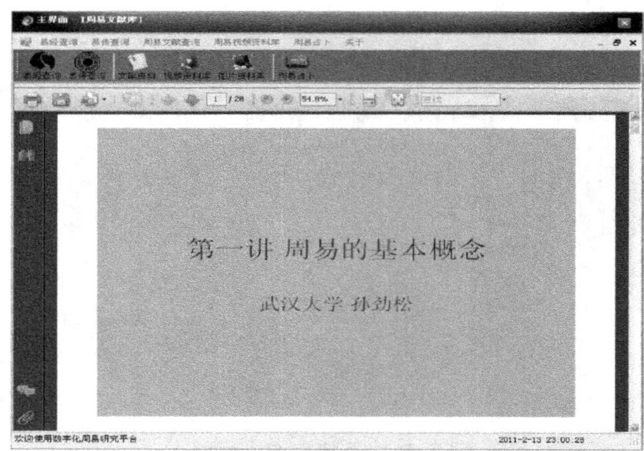

图 5.21　文献详情页面

单击 添加文章 ，可以添加周易文献。这里需要输入文章名、作者、作品年代、页数、内容简介和该文献地址名。单击打开图片可以为该文献添加缩略图。单击 更新 ，即可添加文献。单击 取消 ，可以取消添加，如图 5.22 所示。

5.3.6　周易视频资料模块

选择 周易视频资料库 或 视频资料库 ，可以进入周易视频资料模块，在该模块下查看周易相关视频资料，从播放器右边的列表中选择要查看的视频，单击即可查看。也可选择  ，进行全屏播放，选择 暂停 可以暂停视频播放，选择  可停止视频播放，如图 5.23 所示。

图 5.22　文献编辑页面

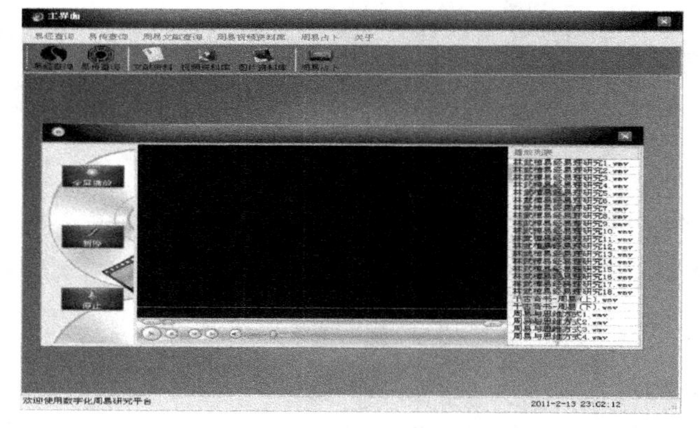

图 5.23　周易视频资料主页面

5.3.7　周易图片资料模块

选择 图片资料库 ，可以进入周易图片资料模块，如图 5.24 所示。

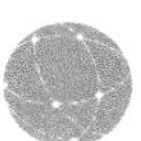

在该模块下可以查看周易相关图片资料，单击⊞ 周易图片资料库上的“+”号，可以列出所有图片资料的题目，单击某个题目会在右侧显示该题目下的图片详细列表，选择列表其中某一项，可以在界面右侧显示图片的缩略图，在图片上方显示关于该图片的详细信息，如图 5.25 所示。

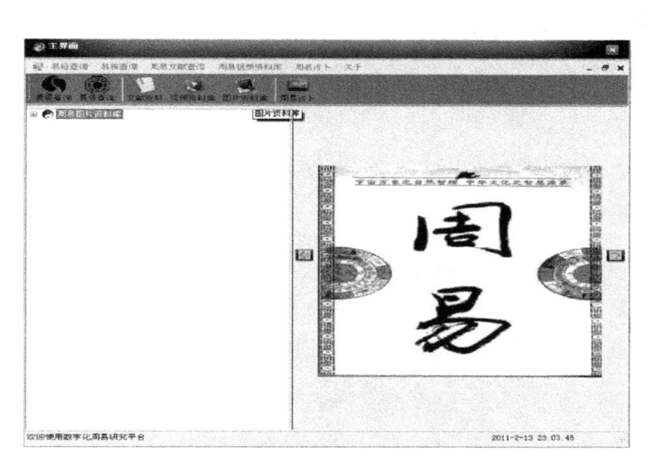

图 5.24 周易图片资料主页面

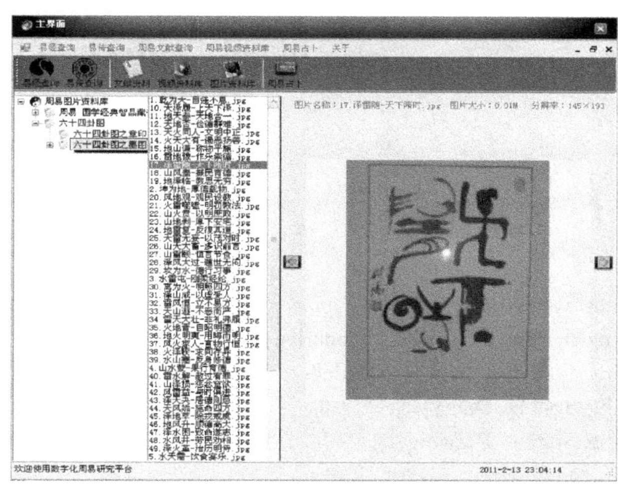

图 5.25 周易图片资料详情页面

5.3.8 周易占卜模块

选择 周易占卜游戏 或 周易占卜游戏，进入周易占卜游戏模块。该模块中收集了关于周易的一些小游戏，可以帮助学习者起到放松娱乐的作用。单击播放列表中的游戏题目，即可开始游戏，如图 5.26 所示。

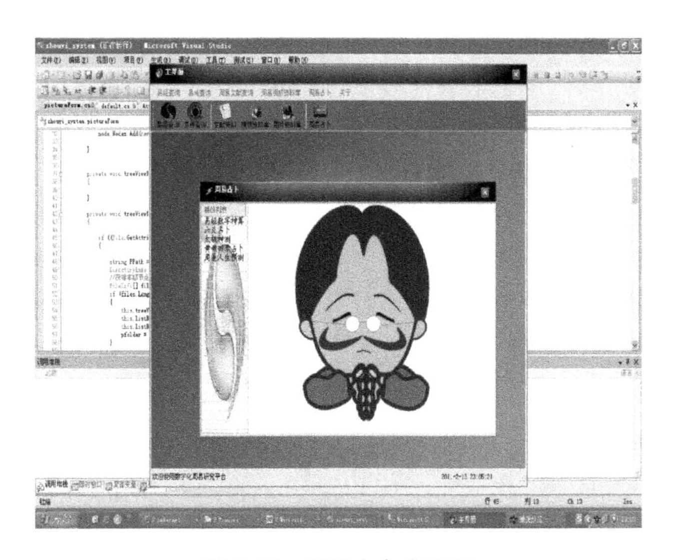

图 5.26 周易占卜主页面

第6章 《周易》中象学、术学之演变与推理智能化支撑平台关键代码

6.1 登录界面

```
using System;
using System.Collections.Generic;
using System.ComponentModel;
using System.Data;
using System.Drawing;
using System.Linq;
using System.Text;
using System.Windows.Forms;
using System.Data.SqlClient;

namespace zhouyi_system
{
    public partial class loginForm : Form
    {
        int count = 0;
        int count_lbl = -1;
        public loginForm()
        {
            InitializeComponent();
            FlashMain.LoadMovie(0,Application.StartupPath + @"\2.swf");
            this.skinEngine1.SkinFile = "Calmness.ssk";
            trm.Start();
        }

        private void trm_Tick(object sender, EventArgs e)
        {
            count_lbl++;
            switch (count_lbl)
            {
                case 0:
                    label1.Text ="启动中";
                    break;
                case 5:
                    label1.Text ="启动中.";
                    break;
                case 10:
                    label1.Text ="启动中..";
                    break;
                case 15:
```

```
                label1. Text  = "启动中 . . . ";
                break;
            case 20:
                label1. Text  = "启动中";
                count_lbl  = 0;
                break;
            default:
                break;
        }
        count  + =2;
        if (count  > = 130)
        {
            trm. Stop( );
            this. Hide( );
            int num  = 0;
            try
            {
                string sqlconn  = "server = (local);database = master;integrated security = true";
                SqlConnection conn  = new SqlConnection(sqlconn);
                string sql  = "select count( * ) from master. dbo. sysdatabases where name  = 'zy_info'";
                SqlCommand cmd  = new SqlCommand(@ sql, conn);
                conn. Open( );
                num  = Convert. ToInt32(cmd. ExecuteScalar( ));
                conn. Close( );

            }
            catch (Exception ex)
            {
            MessageBox. Show(ex. Message);
            }
            if (num  > 0)
            {

                defaultForm def  = new defaultForm( );
                def. Show( );
            }
            else
            {
                AttachSQL asql  = new AttachSQL( );
                asql. Show( );
            }

        }
        else
        {
            pgb_logo. Value  = count +2;
        }
    }

    private void label1_Click(object sender, EventArgs e)
    {
```

```
        }
    }
}
```

设计代码如下。

```
namespace zhouyi_system
{
    partial class loginForm
    {
        /// < summary >
        /// Required designer variable.
        /// < /summary >
        private System. ComponentModel. IContainer components = null;

        /// < summary >
        /// Clean up any resources being used.
        /// < /summary >
        /// < param name = " disposing" > true if managed resources should be disposed; otherwise, false. </
param >
        protected override void Dispose( bool disposing)
        {
            if ( disposing && ( components ! = null) )
            {
                components. Dispose( ) ;
            }
            base. Dispose( disposing) ;
        }

        #region Windows Form Designer generated code

        /// < summary >
        /// Required method for Designer support - do not modify
        /// the contents of this method with the code editor.
        /// < /summary >
        private void InitializeComponent( )
        {
            this. components = new System. ComponentModel. Container( ) ;
            System. ComponentModel. ComponentResourceManager resources = new System. ComponentModel. Compo-
nentResourceManager( typeof( loginForm) ) ;
            this. FlashMain = new AxShockwaveFlashObjects. AxShockwaveFlash( ) ;
            this. label1 = new System. Windows. Forms. Label( ) ;
            this. pgb_logo = new System. Windows. Forms. ProgressBar( ) ;
            this. trm = new System. Windows. Forms. Timer( this. components) ;
            this. skinEngine1 = new Sunisoft. IrisSkin. SkinEngine( ( ( System. ComponentModel. Component) ( this) ) ) ;
            ( ( System. ComponentModel. ISupportInitialize) ( this. FlashMain) ). BeginInit( ) ;
            this. SuspendLayout( ) ;
            //
            // FlashMain
            //
            this. FlashMain. Dock = System. Windows. Forms. DockStyle. Fill;
            this. FlashMain. Enabled = true;
            this. FlashMain. Location = new System. Drawing. Point(0, 0) ;
```

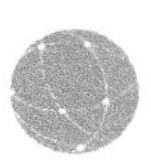

```
            this.FlashMain.Name = "FlashMain";
            this.FlashMain.OcxState = ((System.Windows.Forms.AxHost.State)(resources.GetObject("FlashMain.OcxState")));
            this.FlashMain.Size = new System.Drawing.Size(800, 600);
            this.FlashMain.TabIndex = 5;
            //
            // label1
            //
            this.label1.BackColor = System.Drawing.Color.Black;
            this.label1.Font = new System.Drawing.Font("隶书", 21.75F, System.Drawing.FontStyle.Regular, System.Drawing.GraphicsUnit.Point, ((byte)(134)));
            this.label1.ForeColor = System.Drawing.Color.White;
            this.label1.Location = new System.Drawing.Point(204, 554);
            this.label1.Name = "label1";
            this.label1.Size = new System.Drawing.Size(133, 37);
            this.label1.TabIndex = 7;
            this.label1.Tag = "9999";
            this.label1.Text = "启动中…";
            this.label1.Click += new System.EventHandler(this.label1_Click);
            //
            // pgb_logo
            //
            this.pgb_logo.BackColor = System.Drawing.Color.Black;
            this.pgb_logo.ForeColor = System.Drawing.Color.Red;
            this.pgb_logo.Location = new System.Drawing.Point(343, 565);
            this.pgb_logo.Maximum = 130;
            this.pgb_logo.Name = "pgb_logo";
            this.pgb_logo.Size = new System.Drawing.Size(425, 13);
            this.pgb_logo.TabIndex = 6;
            //
            // trm
            //
            this.trm.Tick += new System.EventHandler(this.trm_Tick);
            //
            // skinEngine1
            //
            this.skinEngine1.SerialNumber = "";
            this.skinEngine1.SkinFile = null;
            //
            // loginForm
            //
            this.AutoScaleDimensions = new System.Drawing.SizeF(6F, 12F);
            this.AutoScaleMode = System.Windows.Forms.AutoScaleMode.Font;
            this.ClientSize = new System.Drawing.Size(800, 600);
            this.Controls.Add(this.label1);
            this.Controls.Add(this.pgb_logo);
            this.Controls.Add(this.FlashMain);
            this.DoubleBuffered = true;
            this.FormBorderStyle = System.Windows.Forms.FormBorderStyle.None;
            this.Name = "loginForm";
            this.StartPosition = System.Windows.Forms.FormStartPosition.CenterScreen;
            this.Text = "loginForm";
```

```
            ((System.ComponentModel.ISupportInitialize)(this.FlashMain)).EndInit();
            this.ResumeLayout(false);

        }

        #endregion

        private AxShockwaveFlashObjects.AxShockwaveFlash FlashMain;
        private System.Windows.Forms.Label label1;
        private System.Windows.Forms.ProgressBar pgb_logo;
        private System.Windows.Forms.Timer trm;
        private Sunisoft.IrisSkin.SkinEngine skinEngine1;
    }
}
```

6.2 数据库附加模块

```
using System;
using System.Collections.Generic;
using System.ComponentModel;
using System.Data;
using System.Drawing;
using System.Linq;
using System.Text;
using System.Windows.Forms;
using System.Data.SqlClient;


namespace zhouyi_system
{
    public partial class AttachSQL : Form
    {
        string DatabaseName = "";
        string DatabaseLog = "";
        public AttachSQL()
        {
            InitializeComponent();
            this.skinEngine1.SkinFile = "Calmness.ssk";
        }

        private void button1_Click(object sender, EventArgs e)
        {
            openFileDialog1.Filter ="*.mdf|*.mdf";
            this.openFileDialog1.FileName = "";
            if (openFileDialog1.ShowDialog() == DialogResult.OK)
            {
                this.Databasetxt.Text = openFileDialog1.FileName.ToString();
                DatabaseName = openFileDialog1.FileName.ToString();
                DatabaseLog = DatabaseName.Replace("zy_info.mdf", "zy_info_log.ldf");
            }
        }
```

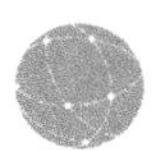

```
        private void button2_Click(object sender, EventArgs e)
        {
            if (Severtxt.Text == "" || this.Databasetxt.Text == "")
            {
              MessageBox.Show("请输入数据库的地址或服务器的名字!");
              return;
            }
            else
            {
                try
                {
                    string sqlconn = "server=" + this.Severtxt.Text.Trim() + ";database=master;integrated
security=true";
                    SqlConnection conn = new SqlConnection(sqlconn);
                    string sql = "sp_attach_db zy_info,'" + DatabaseName + "','" + DatabaseLog + "'";
                    SqlCommand cmd = new SqlCommand(@sql, conn);
                    conn.Open();
                    cmd.ExecuteNonQuery();
                    conn.Close();
                    MessageBox.Show("数据库附加成功!");
                    this.Hide();
                    defaultForm def = new defaultForm();
                    def.Show();
                }
                catch (Exception ex)
                {
                MessageBox.Show(ex.Message);
                }
            }
        }

        private void AttachSQL_FormClosing(object sender, FormClosingEventArgs e)
        {
                Application.Exit();
        }

            private void AttachSQL_Load(object sender, EventArgs e)
        {
        }
    }
}
```

设计代码如下。

```
namespace zhouyi_system
{
    partial class AttachSQL
    {
        /// <summary>
        /// Required designer variable.
        /// </summary>
        private System.ComponentModel.IContainer components = null;
```

```
/// <summary>
/// Clean up any resources being used.
/// </summary>
/// <param name="disposing">true if managed resources should be disposed; otherwise, false.</
param>
protected override void Dispose(bool disposing)
{
    if (disposing && (components != null))
    {
        components.Dispose();
    }
    base.Dispose(disposing);
}

#region Windows Form Designer generated code

/// <summary>
/// Required method for Designer support - do not modify
/// the contents of this method with the code editor.
/// </summary>
private void InitializeComponent()
{
    System.ComponentModel.ComponentResourceManager resources = new System.ComponentModel.Compo-
nentResourceManager(typeof(AttachSQL));
    this.openFileDialog1 = new System.Windows.Forms.OpenFileDialog();
    this.label2 = new System.Windows.Forms.Label();
    this.label3 = new System.Windows.Forms.Label();
    this.label1 = new System.Windows.Forms.Label();
    this.button2 = new System.Windows.Forms.Button();
    this.button1 = new System.Windows.Forms.Button();
    this.Databasetxt = new System.Windows.Forms.TextBox();
    this.Severtxt = new System.Windows.Forms.TextBox();
    this.Databaselbl = new System.Windows.Forms.Label();
    this.Severlbl = new System.Windows.Forms.Label();
    this.skinEngine1 = new Sunisoft.IrisSkin.SkinEngine(((System.ComponentModel.Component)(this)));
    this.SuspendLayout();
    //
    // openFileDialog1
    //
    this.openFileDialog1.FileName = "openFileDialog1";
    //
    // label2
    //
    this.label2.AutoSize = true;
    this.label2.ForeColor = System.Drawing.Color.Red;
    this.label2.Location = new System.Drawing.Point(23, 46);
    this.label2.Name = "label2";
    this.label2.Size = new System.Drawing.Size(437, 24);
    this.label2.TabIndex = 11;
    this.label2.Text = "注意:请不要随意修改服务器的名字! 一般使用默认的参数即可。\r\\n 如果
您确认您的电脑上装有多个数据库软件,请输入你的服务器的名字!! \r\\n";
```

 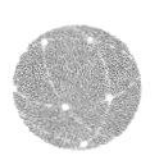

```
//
// label3
//
this.label3.AutoSize = true;
this.label3.ForeColor = System.Drawing.Color.Red;
this.label3.Location = new System.Drawing.Point(2, 18);
this.label3.Name = "label3";
this.label3.Size = new System.Drawing.Size(479, 12);
this.label3.TabIndex = 12;
this.label3.Text = "请您首先确认您的电脑安装了 SQL SERVER 2005 数据库,并开启了服务项。然后再进行附加。\r\n";
//
// label1
//
this.label1.AutoSize = true;
this.label1.ForeColor = System.Drawing.Color.Red;
this.label1.Location = new System.Drawing.Point(23, 108);
this.label1.Name = "label1";
this.label1.Size = new System.Drawing.Size(389, 12);
this.label1.TabIndex = 13;
this.label1.Text = "注意:数据库文件请先复制到本地硬盘再输入,以免引发不必要的麻烦! \r\n";
//
// button2
//
this.button2.Location = new System.Drawing.Point(208, 165);
this.button2.Name = "button2";
this.button2.Size = new System.Drawing.Size(75, 23);
this.button2.TabIndex = 10;
this.button2.Text = "附加数据库";
this.button2.UseVisualStyleBackColor = true;
this.button2.Click += new System.EventHandler(this.button2_Click);
//
// button1
//
this.button1.Location = new System.Drawing.Point(393, 134);
this.button1.Name = "button1";
this.button1.Size = new System.Drawing.Size(42, 23);
this.button1.TabIndex = 9;
this.button1.Text = "浏览";
this.button1.UseVisualStyleBackColor = true;
this.button1.Click += new System.EventHandler(this.button1_Click);
//
// Databasetxt
//
this.Databasetxt.Location = new System.Drawing.Point(154, 136);
this.Databasetxt.Name = "Databasetxt";
this.Databasetxt.Size = new System.Drawing.Size(227, 21);
this.Databasetxt.TabIndex = 7;
//
// Severtxt
//
this.Severtxt.Location = new System.Drawing.Point(154, 79);
```

```
this.Severtxt.Name = "Severtxt";
this.Severtxt.Size = new System.Drawing.Size(227, 21);
this.Severtxt.TabIndex = 8;
this.Severtxt.Text = "(local)";
//
// Databaselbl
//
this.Databaselbl.AutoSize = true;
this.Databaselbl.Location = new System.Drawing.Point(23, 139);
this.Databaselbl.Name = "Databaselbl";
this.Databaselbl.Size = new System.Drawing.Size(125, 12);
this.Databaselbl.TabIndex = 5;
this.Databaselbl.Text = "请输入数据库的地址:\r\n";
//
// Severlbl
//
this.Severlbl.AutoSize = true;
this.Severlbl.Location = new System.Drawing.Point(23, 82);
this.Severlbl.Name = "Severlbl";
this.Severlbl.Size = new System.Drawing.Size(125, 12);
this.Severlbl.TabIndex = 6;
this.Severlbl.Text = "请输入服务器的名字:\r\n";
//
// skinEngine1
//
this.skinEngine1.SerialNumber = "";
this.skinEngine1.SkinFile = null;
//
// AttachSQL
//
this.AutoScaleDimensions = new System.Drawing.SizeF(6F, 12F);
this.AutoScaleMode = System.Windows.Forms.AutoScaleMode.Font;
this.ClientSize = new System.Drawing.Size(482, 206);
this.Controls.Add(this.label2);
this.Controls.Add(this.label3);
this.Controls.Add(this.label1);
this.Controls.Add(this.button2);
this.Controls.Add(this.button1);
this.Controls.Add(this.Databasetxt);
this.Controls.Add(this.Severtxt);
this.Controls.Add(this.Databaselbl);
this.Controls.Add(this.Severlbl);
this.Icon = ((System.Drawing.Icon)(resources.GetObject("$this.Icon")));
this.MaximizeBox = false;
this.MinimizeBox = false;
this.Name = "AttachSQL";
this.StartPosition = System.Windows.Forms.FormStartPosition.CenterScreen;
this.Text = "数据库附加";
this.Load += new System.EventHandler(this.AttachSQL_Load);
this.FormClosing += new System.Windows.Forms.FormClosingEventHandler(this.AttachSQL_FormClosing);
this.ResumeLayout(false);
```

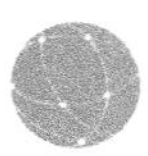

```
            this. PerformLayout( ) ;

        }

        #endregion

        private System. Windows. Forms. OpenFileDialog openFileDialog1 ;
        private System. Windows. Forms. Label label2 ;
        private System. Windows. Forms. Label label3 ;
        private System. Windows. Forms. Label label1 ;
        private System. Windows. Forms. Button button2 ;
        private System. Windows. Forms. Button button1 ;
        private System. Windows. Forms. TextBox Databasetxt;
        private System. Windows. Forms. TextBox Severtxt;
        private System. Windows. Forms. Label Databaselbl;
        private System. Windows. Forms. Label Severlbl;
        private Sunisoft. IrisSkin. SkinEngine skinEngine1 ;
    }
}
```

6.3 首页界面显示代码

```
using System;
using System. Collections. Generic;
using System. ComponentModel;
using System. Data;
using System. Drawing;
using System. Linq;
using System. Text;
using System. Windows. Forms;

namespace zhouyi_system
{
    public partial class defaultForm : Form
    {
        public defaultForm( )
        {
            InitializeComponent( ) ;
            this. skinEngine1. SkinFile = "Calmness. ssk" ;

        }


        private void loginlinkLabel_LinkClicked( object sender, LinkLabelLinkClickedEventArgs e)
        {
            Main maiform = new Main( ) ;
            maiform. Show( ) ;
            this. Visible = false;
        }
```

```
        private void defaultForm_FormClosing(object sender, FormClosingEventArgs e)
        {
            Application.Exit();
        }

        private void PICLogin_Click(object sender, EventArgs e)
        {
            Main maiform = new Main();
            maiform.Show();
            this.Visible = false;
        }

        private void loginlinkLabel_LinkClicked_1(object sender, LinkLabelLinkClickedEventArgs e)
        {
            Main maiform = new Main();
            maiform.Show();
            this.Visible = false;
        }

    }
}
```

设计代码如下。

```
namespace zhouyi_system
{
    partial class defaultForm
    {
        /// <summary>
        /// 必需的设计器变量。
        /// </summary>
        private System.ComponentModel.IContainer components = null;

        /// <summary>
        /// 清理所有正在使用的资源。
        /// </summary>
        /// <param name="disposing">如果应释放托管资源,为 true;否则为 false。</param>
        protected override void Dispose(bool disposing)
        {
            if (disposing && (components != null))
            {
                components.Dispose();
            }
            base.Dispose(disposing);
        }

        #region Windows 窗体设计器生成的代码

        /// <summary>
        /// 设计器支持所需的方法 - 不要
        /// 使用代码编辑器修改此方法的内容。
        /// </summary>
```

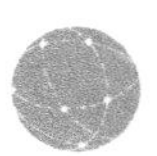

```
        private void InitializeComponent()
        {
            System.ComponentModel.ComponentResourceManager resources = new System.ComponentModel.ComponentResourceManager(typeof(defaultForm));
            this.pictureBox1 = new System.Windows.Forms.PictureBox();
            this.pictureBox2 = new System.Windows.Forms.PictureBox();
            this.skinEngine1 = new Sunisoft.IrisSkin.SkinEngine(((System.ComponentModel.Component)(this)));
            this.linkLabel1 = new System.Windows.Forms.LinkLabel();
            this.loginlinkLabel = new System.Windows.Forms.LinkLabel();
            this.PICLogin = new System.Windows.Forms.PictureBox();
            ((System.ComponentModel.ISupportInitialize)(this.pictureBox1)).BeginInit();
            ((System.ComponentModel.ISupportInitialize)(this.pictureBox2)).BeginInit();
            ((System.ComponentModel.ISupportInitialize)(this.PICLogin)).BeginInit();
            this.SuspendLayout();
            //
            // pictureBox1
            //
            this.pictureBox1.Image = ((System.Drawing.Image)(resources.GetObject("pictureBox1.Image")));
            this.pictureBox1.Location = new System.Drawing.Point(62, 243);
            this.pictureBox1.Name = "pictureBox1";
            this.pictureBox1.Size = new System.Drawing.Size(76, 72);
            this.pictureBox1.SizeMode = System.Windows.Forms.PictureBoxSizeMode.Zoom;
            this.pictureBox1.TabIndex = 5;
            this.pictureBox1.TabStop = false;
            //
            // pictureBox2
            //
            this.pictureBox2.Image = ((System.Drawing.Image)(resources.GetObject("pictureBox2.Image")));
            this.pictureBox2.Location = new System.Drawing.Point(634, 243);
            this.pictureBox2.Name = "pictureBox2";
            this.pictureBox2.Size = new System.Drawing.Size(76, 72);
            this.pictureBox2.SizeMode = System.Windows.Forms.PictureBoxSizeMode.Zoom;
            this.pictureBox2.TabIndex = 6;
            this.pictureBox2.TabStop = false;
            //
            // skinEngine1
            //
            this.skinEngine1.SerialNumber = "";
            this.skinEngine1.SkinFile = null;
            //
            // linkLabel1
            //
            this.linkLabel1.AutoSize = true;
            this.linkLabel1.BackColor = System.Drawing.Color.Transparent;
            this.linkLabel1.Font = new System.Drawing.Font("微软雅黑", 26.25F, System.Drawing.FontStyle.Regular, System.Drawing.GraphicsUnit.Point, ((byte)(134)));
            this.linkLabel1.ForeColor = System.Drawing.Color.Red;
            this.linkLabel1.LinkBehavior = System.Windows.Forms.LinkBehavior.NeverUnderline;
            this.linkLabel1.LinkColor = System.Drawing.Color.White;
            this.linkLabel1.Location = new System.Drawing.Point(158, 38);
```

```
this.linkLabel1.Name = "linkLabel1";
this.linkLabel1.Size = new System.Drawing.Size(475, 46);
this.linkLabel1.TabIndex = 7;
this.linkLabel1.TabStop = true;
this.linkLabel1.Text = "欢迎使用数字化周易研究平台";
//
// loginlinkLabel
//
this.loginlinkLabel.AutoSize = true;
this.loginlinkLabel.BackColor = System.Drawing.Color.Transparent;
this.loginlinkLabel.Font = new System.Drawing.Font("微软雅黑", 20.25F, System.Drawing.FontStyle.Regular, System.Drawing.GraphicsUnit.Point, ((byte)(134)));
this.loginlinkLabel.ForeColor = System.Drawing.Color.Red;
this.loginlinkLabel.LinkBehavior = System.Windows.Forms.LinkBehavior.HoverUnderline;
this.loginlinkLabel.LinkColor = System.Drawing.Color.Red;
this.loginlinkLabel.Location = new System.Drawing.Point(345, 524);
this.loginlinkLabel.Name = "loginlinkLabel";
this.loginlinkLabel.Size = new System.Drawing.Size(123, 35);
this.loginlinkLabel.TabIndex = 8;
this.loginlinkLabel.TabStop = true;
this.loginlinkLabel.Text = "点击进入";
this.loginlinkLabel.TextAlign = System.Drawing.ContentAlignment.BottomCenter;
this.loginlinkLabel.LinkClicked += new System.Windows.Forms.LinkLabelLinkClickedEventHandler(this.loginlinkLabel_LinkClicked_1);
//
// PICLogin
//
this.PICLogin.Image = global::zhouyi_system.Properties.Resources._2006915114918262;
this.PICLogin.Location = new System.Drawing.Point(364, 432);
this.PICLogin.Name = "PICLogin";
this.PICLogin.Size = new System.Drawing.Size(76, 72);
this.PICLogin.SizeMode = System.Windows.Forms.PictureBoxSizeMode.Zoom;
this.PICLogin.TabIndex = 9;
this.PICLogin.TabStop = false;
this.PICLogin.Click += new System.EventHandler(this.PICLogin_Click);
//
// defaultForm
//
this.AutoScaleDimensions = new System.Drawing.SizeF(6F, 12F);
this.AutoScaleMode = System.Windows.Forms.AutoScaleMode.Font;
this.BackgroundImage = ((System.Drawing.Image)(resources.GetObject("$this.BackgroundImage")));
this.BackgroundImageLayout = System.Windows.Forms.ImageLayout.Stretch;
this.ClientSize = new System.Drawing.Size(794, 568);
this.Controls.Add(this.PICLogin);
this.Controls.Add(this.loginlinkLabel);
this.Controls.Add(this.linkLabel1);
this.Controls.Add(this.pictureBox2);
this.Controls.Add(this.pictureBox1);
this.DoubleBuffered = true;
this.FormBorderStyle = System.Windows.Forms.FormBorderStyle.FixedSingle;
this.Icon = ((System.Drawing.Icon)(resources.GetObject("$this.Icon")));
this.Name = "defaultForm";
```

```
            this. StartPosition = System. Windows. Forms. FormStartPosition. CenterScreen;
            this. Text = "数字化周易平台";
            this. FormClosing += new System. Windows. Forms. FormClosingEventHandler(this. defaultForm_Form-
Closing);
            ((System. ComponentModel. ISupportInitialize)(this. pictureBox1)). EndInit();
            ((System. ComponentModel. ISupportInitialize)(this. pictureBox2)). EndInit();
            ((System. ComponentModel. ISupportInitialize)(this. PICLogin)). EndInit();
            this. ResumeLayout(false);
            this. PerformLayout();

        }

        #endregion

        private System. Windows. Forms. PictureBox pictureBox1;
        private System. Windows. Forms. PictureBox pictureBox2;
        private Sunisoft. IrisSkin. SkinEngine skinEngine1;
        private System. Windows. Forms. LinkLabel linkLabel1;
        private System. Windows. Forms. LinkLabel loginlinkLabel;
        private System. Windows. Forms. PictureBox PICLogin;
    }
}
```

6.3.1 主界面代码

```
using System;
using System. Collections. Generic;
using System. ComponentModel;
using System. Data;
using System. Drawing;
using System. Linq;
using System. Text;
using System. Windows. Forms;

namespace zhouyi_system
{
    public partial class Main : Form
    {
        public Main()
        {
            InitializeComponent();
            YiJingtoolStripStatusLabel. Text ="欢迎使用数字化周易研究平台";
            this. timer1. Enabled = true;
        }

        private void Main_FormClosing(object sender, FormClosingEventArgs e)
        {
            Application. Exit();
        }

        private void clearChildForm()
        {
```

```
    if (this.ActiveMdiChild != null)
        {
            this.ActiveMdiChild.Dispose();
            //this.ActiveMdiChild.Close();
        }
}

private void YJToolStripMenuItem_Click(object sender, EventArgs e)
{
    clearChildForm();
    yijinginfoForm yijing = new yijinginfoForm();
    yijing.MdiParent = this;
    yijing.Show();
}

private void YZToolStripMenuItem_Click(object sender, EventArgs e)
{
    clearChildForm();
    ALLyizhuanForm allyizhuan = new ALLyizhuanForm();
    allyizhuan.MdiParent = this;
    allyizhuan.Show();
}

private void Main_Load(object sender, EventArgs e)
{

}

private void PICToolStripMenuItem_Click(object sender, EventArgs e)
{
    clearChildForm();
    ZhouyiViedoForm zhouyiviedo = new ZhouyiViedoForm();
    zhouyiviedo.MdiParent = this;
    zhouyiviedo.Show();
}

private void tsbYiJing_Click(object sender, EventArgs e)
{
    clearChildForm();
    yijinginfoForm yijing = new yijinginfoForm();
    yijing.MdiParent = this;
    yijing.Show();
}

private void tsbYiZhuan_Click(object sender, EventArgs e)
{
    clearChildForm();
    ALLyizhuanForm allyizhuan = new ALLyizhuanForm();
    allyizhuan.MdiParent = this;
    allyizhuan.Show();
}
```

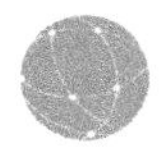

```
private void tsbinfo_Click(object sender, EventArgs e)
{
    clearChildForm();
    SWForm swform = new SWForm();
    swform.MdiParent = this;
    swform.Show();
}

private void tsbvedio_Click(object sender, EventArgs e)
{
    clearChildForm();
    ZhouyiViedoForm zhouyiviedo = new ZhouyiViedoForm();
    zhouyiviedo.MdiParent = this;
    zhouyiviedo.Show();
}

private void XSToolStripMenuItem_Click(object sender, EventArgs e)
{
    clearChildForm();
    YanbianForm ybform = new YanbianForm();
    ybform.MdiParent = this;
    ybform.Show();
}

private void tsbYanBian_Click(object sender, EventArgs e)
{
    clearChildForm();
    YanbianForm ybform = new YanbianForm();
    ybform.MdiParent = this;
    ybform.Show();
}

private void aboutToolStripMenuItem_Click(object sender, EventArgs e)
{
    clearChildForm();
    AbourtForm abform = new AbourtForm();
    abform.MdiParent = this;
    abform.Show();
}

private void SWToolStripMenuItem_Click(object sender, EventArgs e)
{
    clearChildForm();
    SWForm swform = new SWForm();
    swform.MdiParent = this;
    swform.Show();
}

private void timer1_Tick(object sender, EventArgs e)
{
    tssltime.Text = DateTime.Now.ToString();
}
```

```
            private void tsbPicture_Click(object sender, EventArgs e)
            {
                clearChildForm();
                pictureForm picform = new pictureForm();
                picform.MdiParent = this;
                picform.Show();
            }
        }
}
```

6.3.2 设计代码

```
namespace zhouyi_system
{
    partial class Main
    {
        /// <summary>
        /// Required designer variable.
        /// </summary>
        private System.ComponentModel.IContainer components = null;

        /// <summary>
        /// Clean up any resources being used.
        /// </summary>
        /// <param name="disposing">true if managed resources should be disposed; otherwise, false.</
param>
        protected override void Dispose(bool disposing)
        {
            if (disposing && (components != null))
            {
                components.Dispose();
            }
            base.Dispose(disposing);
        }

        #region Windows Form Designer generated code

        /// <summary>
        /// Required method for Designer support - do not modify
        /// the contents of this method with the code editor.
        /// </summary>
        private void InitializeComponent()
        {
            this.components = new System.ComponentModel.Container();
            System.ComponentModel.ComponentResourceManager resources = new System.ComponentModel.Com-
ponentResourceManager(typeof(Main));
            this.YJmenuStrip = new System.Windows.Forms.MenuStrip();
            this.YJToolStripMenuItem = new System.Windows.Forms.ToolStripMenuItem();
            this.YZToolStripMenuItem = new System.Windows.Forms.ToolStripMenuItem();
            this.SWToolStripMenuItem = new System.Windows.Forms.ToolStripMenuItem();
            this.PICToolStripMenuItem = new System.Windows.Forms.ToolStripMenuItem();
```

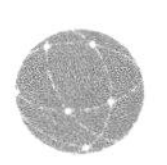

```
this. XSToolStripMenuItem = new System. Windows. Forms. ToolStripMenuItem( ) ;
this. aboutToolStripMenuItem = new System. Windows. Forms. ToolStripMenuItem( ) ;
this. YiJingtoolStrip = new System. Windows. Forms. ToolStrip( ) ;
this. tsbYiJing = new System. Windows. Forms. ToolStripButton( ) ;
this. tsbYiZhuan = new System. Windows. Forms. ToolStripButton( ) ;
this. toolStripSeparator1 = new System. Windows. Forms. ToolStripSeparator( ) ;
this. tsbinfo = new System. Windows. Forms. ToolStripButton( ) ;
this. tsbvedio = new System. Windows. Forms. ToolStripButton( ) ;
this. tsbPicture = new System. Windows. Forms. ToolStripButton( ) ;
this. toolStripSeparator2 = new System. Windows. Forms. ToolStripSeparator( ) ;
this. tsbYanBian = new System. Windows. Forms. ToolStripButton( ) ;
this. YiJingstatusStrip = new System. Windows. Forms. StatusStrip( ) ;
this. YiJingtoolStripStatusLabel = new System. Windows. Forms. ToolStripStatusLabel( ) ;
this. tssltime = new System. Windows. Forms. ToolStripStatusLabel( ) ;
this. timer1 = new System. Windows. Forms. Timer( this. components) ;
this. YJmenuStrip. SuspendLayout( ) ;
this. YiJingtoolStrip. SuspendLayout( ) ;
this. YiJingstatusStrip. SuspendLayout( ) ;
this. SuspendLayout( ) ;
//
// YJmenuStrip
//
this. YJmenuStrip. Items. AddRange( new System. Windows. Forms. ToolStripItem[ ] {
this. YJToolStripMenuItem,
this. YZToolStripMenuItem,
this. SWToolStripMenuItem,
this. PICToolStripMenuItem,
this. XSToolStripMenuItem,
this. aboutToolStripMenuItem} ) ;
this. YJmenuStrip. Location = new System. Drawing. Point(0, 0) ;
this. YJmenuStrip. Name = "YJmenuStrip" ;
this. YJmenuStrip. Size = new System. Drawing. Size(792, 24) ;
this. YJmenuStrip. TabIndex = 1;
this. YJmenuStrip. Text = "menuStrip1" ;
//
// YJToolStripMenuItem
//
this. YJToolStripMenuItem. Name = "YJToolStripMenuItem" ;
this. YJToolStripMenuItem. Size = new System. Drawing. Size(65, 20) ;
this. YJToolStripMenuItem. Text = "易经查询" ;
this. YJToolStripMenuItem. Click + = new System. EventHandler( this. YJToolStripMenuItem_Click) ;
//
// YZToolStripMenuItem
//
this. YZToolStripMenuItem. Name = "YZToolStripMenuItem" ;
this. YZToolStripMenuItem. Size = new System. Drawing. Size(65, 20) ;
this. YZToolStripMenuItem. Text = "易传查询" ;
this. YZToolStripMenuItem. Click + = new System. EventHandler( this. YZToolStripMenuItem_Click) ;
//
// SWToolStripMenuItem
//
this. SWToolStripMenuItem. Name = "SWToolStripMenuItem" ;
```

```
this. SWToolStripMenuItem. Size = new System. Drawing. Size(89, 20);
this. SWToolStripMenuItem. Text = "周易文献查询";
this. SWToolStripMenuItem. Click + = new System. EventHandler( this. SWToolStripMenuItem_Click);
//
// PICToolStripMenuItem
//
this. PICToolStripMenuItem. Name = "PICToolStripMenuItem";
this. PICToolStripMenuItem. Size = new System. Drawing. Size(101, 20);
this. PICToolStripMenuItem. Text = "周易视频资料库";
this. PICToolStripMenuItem. Click + = new System. EventHandler( this. PICToolStripMenuItem_Click);
//
// XSToolStripMenuItem
//
this. XSToolStripMenuItem. Name = "XSToolStripMenuItem";
this. XSToolStripMenuItem. Size = new System. Drawing. Size(65, 20);
this. XSToolStripMenuItem. Text = "周易占卜";
this. XSToolStripMenuItem. Click + = new System. EventHandler( this. XSToolStripMenuItem_Click);
//
// aboutToolStripMenuItem
//
this. aboutToolStripMenuItem. Name = "aboutToolStripMenuItem";
this. aboutToolStripMenuItem. Size = new System. Drawing. Size(41, 20);
this. aboutToolStripMenuItem. Text = "关于";
this. aboutToolStripMenuItem. Click + = new System. EventHandler( this. aboutToolStripMenuItem_Click);
//
// YiJingtoolStrip
//
this. YiJingtoolStrip. ImageScalingSize = new System. Drawing. Size(32, 32);
this. YiJingtoolStrip. Items. AddRange( new System. Windows. Forms. ToolStripItem[ ] {
this. tsbYiJing,
this. tsbYiZhuan,
this. toolStripSeparator1,
this. tsbinfo,
this. tsbvedio,
this. tsbPicture,
this. toolStripSeparator2,
this. tsbYanBian} );
this. YiJingtoolStrip. Location = new System. Drawing. Point(0, 24);
this. YiJingtoolStrip. Name = "YiJingtoolStrip";
this. YiJingtoolStrip. Size = new System. Drawing. Size(792, 51);
this. YiJingtoolStrip. TabIndex = 3;
this. YiJingtoolStrip. Text = "toolStrip1";
//
// tsbYiJing
//
this. tsbYiJing. Image = ((System. Drawing. Image)(resources. GetObject("tsbYiJing. Image")));
this. tsbYiJing. ImageAlign = System. Drawing. ContentAlignment. TopCenter;
this. tsbYiJing. ImageTransparentColor = System. Drawing. Color. Magenta;
this. tsbYiJing. Name = "tsbYiJing";
this. tsbYiJing. Size = new System. Drawing. Size(57, 48);
this. tsbYiJing. Text = "易经查询";
this. tsbYiJing. TextAlign = System. Drawing. ContentAlignment. BottomCenter;
```

```
this.tsbYiJing.TextImageRelation = System.Windows.Forms.TextImageRelation.ImageAboveText;
this.tsbYiJing.Click += new System.EventHandler(this.tsbYiJing_Click);
//
// tsbYiZhuan
//
this.tsbYiZhuan.Image = ((System.Drawing.Image)(resources.GetObject("tsbYiZhuan.Image")));
this.tsbYiZhuan.ImageAlign = System.Drawing.ContentAlignment.TopCenter;
this.tsbYiZhuan.ImageTransparentColor = System.Drawing.Color.Magenta;
this.tsbYiZhuan.Name = "tsbYiZhuan";
this.tsbYiZhuan.Size = new System.Drawing.Size(57, 48);
this.tsbYiZhuan.Text = "易传查询";
this.tsbYiZhuan.TextAlign = System.Drawing.ContentAlignment.BottomCenter;
this.tsbYiZhuan.TextImageRelation = System.Windows.Forms.TextImageRelation.ImageAboveText;
this.tsbYiZhuan.Click += new System.EventHandler(this.tsbYiZhuan_Click);
//
// toolStripSeparator1
//
this.toolStripSeparator1.Name = "toolStripSeparator1";
this.toolStripSeparator1.Size = new System.Drawing.Size(6, 51);
//
// tsbinfo
//
this.tsbinfo.Image = ((System.Drawing.Image)(resources.GetObject("tsbinfo.Image")));
this.tsbinfo.ImageAlign = System.Drawing.ContentAlignment.TopCenter;
this.tsbinfo.ImageTransparentColor = System.Drawing.Color.Magenta;
this.tsbinfo.Name = "tsbinfo";
this.tsbinfo.Size = new System.Drawing.Size(57, 48);
this.tsbinfo.Text = "文献资料";
this.tsbinfo.TextAlign = System.Drawing.ContentAlignment.BottomCenter;
this.tsbinfo.TextImageRelation = System.Windows.Forms.TextImageRelation.ImageAboveText;
this.tsbinfo.Click += new System.EventHandler(this.tsbinfo_Click);
//
// tsbvedio
//
this.tsbvedio.Image = ((System.Drawing.Image)(resources.GetObject("tsbvedio.Image")));
this.tsbvedio.ImageAlign = System.Drawing.ContentAlignment.TopCenter;
this.tsbvedio.ImageTransparentColor = System.Drawing.Color.Magenta;
this.tsbvedio.Name = "tsbvedio";
this.tsbvedio.Size = new System.Drawing.Size(69, 48);
this.tsbvedio.Text = "视频资料库";
this.tsbvedio.TextAlign = System.Drawing.ContentAlignment.BottomCenter;
this.tsbvedio.TextImageRelation = System.Windows.Forms.TextImageRelation.ImageAboveText;
this.tsbvedio.Click += new System.EventHandler(this.tsbvedio_Click);
//
// tsbPicture
//
this.tsbPicture.Image = ((System.Drawing.Image)(resources.GetObject("tsbPicture.Image")));
this.tsbPicture.ImageTransparentColor = System.Drawing.Color.Magenta;
this.tsbPicture.Name = "tsbPicture";
this.tsbPicture.Size = new System.Drawing.Size(69, 48);
this.tsbPicture.Text = "图片资料库";
this.tsbPicture.TextAlign = System.Drawing.ContentAlignment.BottomCenter;
```

```
this. tsbPicture. TextImageRelation = System. Windows. Forms. TextImageRelation. ImageAboveText;
this. tsbPicture. Click + = new System. EventHandler( this. tsbPicture_Click) ;
//
// toolStripSeparator2
//
this. toolStripSeparator2. Name = "toolStripSeparator2" ;
this. toolStripSeparator2. Size = new System. Drawing. Size(6, 51) ;
//
// tsbYanBian
//
this. tsbYanBian. Image = ((System. Drawing. Image)(resources. GetObject("tsbYanBian. Image"))) ;
this. tsbYanBian. ImageTransparentColor = System. Drawing. Color. Magenta;
this. tsbYanBian. Name = "tsbYanBian" ;
this. tsbYanBian. Size = new System. Drawing. Size(57, 48) ;
this. tsbYanBian. Text = "周易占卜" ;
this. tsbYanBian. TextAlign = System. Drawing. ContentAlignment. BottomCenter;
this. tsbYanBian. TextImageRelation = System. Windows. Forms. TextImageRelation. ImageAboveText;
this. tsbYanBian. Click + = new System. EventHandler( this. tsbYanBian_Click) ;
//
// YiJingstatusStrip
//
this. YiJingstatusStrip. Items. AddRange( new System. Windows. Forms. ToolStripItem[ ] {
this. YiJingtoolStripStatusLabel,
this. tssltime} ) ;
this. YiJingstatusStrip. Location = new System. Drawing. Point(0, 625) ;
this. YiJingstatusStrip. Name = "YiJingstatusStrip" ;
this. YiJingstatusStrip. Size = new System. Drawing. Size(792, 22) ;
this. YiJingstatusStrip. TabIndex = 4;
this. YiJingstatusStrip. Text = "statusStrip1" ;
//
// YiJingtoolStripStatusLabel
//
this. YiJingtoolStripStatusLabel. Margin = new System. Windows. Forms. Padding(0, 3, 450, 2) ;
this. YiJingtoolStripStatusLabel. Name = "YiJingtoolStripStatusLabel" ;
this. YiJingtoolStripStatusLabel. Size = new System. Drawing. Size(0, 17) ;
//
// tssltime
//
this. tssltime. Name = "tssltime" ;
this. tssltime. Size = new System. Drawing. Size(0, 17) ;
//
// timer1
//
this. timer1. Interval = 1000;
this. timer1. Tick + = new System. EventHandler( this. timer1_Tick) ;
//
// Main
//
this. AutoScaleDimensions = new System. Drawing. SizeF(6F, 12F) ;
this. AutoScaleMode = System. Windows. Forms. AutoScaleMode. Font;
this. BackgroundImage = ((System. Drawing. Image)(resources. GetObject(" $ this. BackgroundImage"))) ;
this. BackgroundImageLayout = System. Windows. Forms. ImageLayout. Stretch;
```

 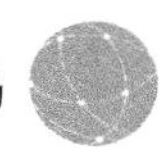

```
            this. ClientSize = new System. Drawing. Size(792, 647);
            this. Controls. Add(this. YiJingstatusStrip);
            this. Controls. Add(this. YiJingtoolStrip);
            this. Controls. Add(this. YJmenuStrip);
            this. DoubleBuffered = true;
            this. FormBorderStyle = System. Windows. Forms. FormBorderStyle. FixedDialog;
            this. Icon = ((System. Drawing. Icon)(resources. GetObject(" $ this. Icon")));
            this. IsMdiContainer = true;
            this. MainMenuStrip = this. YJmenuStrip;
            this. MaximizeBox = false;
            this. MinimizeBox = false;
            this. Name = "Main";
            this. StartPosition = System. Windows. Forms. FormStartPosition. CenterScreen;
            this. Text = "主界面";
            this. Load += new System. EventHandler(this. Main_Load);
            this. FormClosing += new System. Windows. Forms. FormClosingEventHandler(this. Main_FormClosing);
            this. YJmenuStrip. ResumeLayout(false);
            this. YJmenuStrip. PerformLayout();
            this. YiJingtoolStrip. ResumeLayout(false);
            this. YiJingtoolStrip. PerformLayout();
            this. YiJingstatusStrip. ResumeLayout(false);
            this. YiJingstatusStrip. PerformLayout();
            this. ResumeLayout(false);
            this. PerformLayout();

        }

        #endregion

        private System. Windows. Forms. MenuStrip YJmenuStrip;
        private System. Windows. Forms. ToolStripMenuItem YJToolStripMenuItem;
        private System. Windows. Forms. ToolStripMenuItem YZToolStripMenuItem;
        private System. Windows. Forms. ToolStripMenuItem SWToolStripMenuItem;
        private System. Windows. Forms. ToolStripMenuItem PICToolStripMenuItem;
        private System. Windows. Forms. ToolStripMenuItem XSToolStripMenuItem;
        private System. Windows. Forms. ToolStripMenuItem aboutToolStripMenuItem;
        private System. Windows. Forms. ToolStrip YiJingtoolStrip;
        private System. Windows. Forms. ToolStripButton tsbYiJing;
        private System. Windows. Forms. StatusStrip YiJingstatusStrip;
        private System. Windows. Forms. ToolStripButton tsbYiZhuan;
        private System. Windows. Forms. ToolStripSeparator toolStripSeparator1;
        private System. Windows. Forms. ToolStripButton tsbinfo;
        private System. Windows. Forms. ToolStripButton tsbvedio;
        private System. Windows. Forms. ToolStripButton tsbYanBian;
        private System. Windows. Forms. ToolStripSeparator toolStripSeparator2;
        private System. Windows. Forms. ToolStripStatusLabel YiJingtoolStripStatusLabel;
        private System. Windows. Forms. ToolStripStatusLabel tssltime;
        private System. Windows. Forms. Timer timer1;
        private System. Windows. Forms. ToolStripButton tsbPicture;
    }
}
```

6.4 易经查询代码

```
using System;
using System.Collections.Generic;
using System.ComponentModel;
using System.Data;
using System.Drawing;
using System.Linq;
using System.Text;
using System.Windows.Forms;
using System.Data.SqlClient;

namespace zhouyi_system
{
    public partial class yijinginfoForm : Form
    {
        public yijinginfoForm()
        {
            InitializeComponent();
        }
        public yijinginfoForm(string title)
        {
            yijingtitle = title;
            InitializeComponent();
            this.panelpic.Left = -800;
            this.panelpic.Visible = false;
        }
        string yijingtitle = "";
        DBmanager db = new DBmanager();
        private void yijinginfoForm_Load(object sender, EventArgs e)
        {
            try
            {
                string sql = "select title from yijing";
                SqlDataReader sdr = db.executeReader(sql);
                while (sdr.Read())
                {
                    searchcomboBox.Items.Add(sdr["title"]);
                }
                sdr.Close();
                db.checkClose();
                if (yijingtitle != "")
                {
                    for (int i = 0; i < searchcomboBox.Items.Count; i++)
                    {
                        if (searchcomboBox.Items[i].ToString() == yijingtitle)
                        {
                            searchcomboBox.SelectedIndex = i;
                            break;
                        }
```

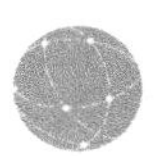

```
                }
                searchbutton_Click(sender, e);
            }

        }
        catch (Exception ex)
        {

          MessageBox.Show(ex.Message,"错误");
        }
    }

    private void searchbutton_Click(object sender, EventArgs e)
    {
        if (searchcomboBox.SelectedIndex != -1)
        {
            this.tmr.Enabled = true;
            string yctitle = searchcomboBox.Text;
            string sql = "select yaochi from yijing where title ='" + yctitle + "'";
            yaocirichTextBox.Text = db.executeScalar(sql);
            string picpath = Application.StartupPath + @"\\pic64\\" + db.executeScalar("select guahua from
yijing where title ='" + yctitle + "'");
            guahuapictureBox.LoadAsync(picpath);
            Titlelabel.Text ="卦名：" + yctitle;
            guacirichTextBox.Text = db.executeScalar("select guachi from yijing where title ='" + yctitle +
"'");
            zhushirichTextBox.Text = db.executeScalar("select zhushi from yijing where title ='" + yctitle +
"'");
            baihuarichTextBox.Text = db.executeScalar("select baihua from yijing where title ='" + yctitle +
"'");

        }
        else
        {
            // MessageBox.Show("请选择您要查询易经的标题!");
            MessageBox.Show("请选择您要查询易经的标题!", "错误");
        }
    }

    private void insertbutton_Click(object sender, EventArgs e)
    {
            if (searchcomboBox.SelectedIndex != -1 || yaocirichTextBox.Text != "" || zhushirichTextBox.
Text != "" || baihuarichTextBox.Text != "")
            {
            string yaocitext = yaocirichTextBox.Text;
            string yaocititle = searchcomboBox.Text;
            string zhushitext = zhushirichTextBox.Text;
            string baihuatext = baihuarichTextBox.Text;
            string sql = "update yijing set yaochi ='" + yaocitext + "', zhushi ='" + zhushitext + "', baihua
='" + baihuatext + "' where title ='" + yaocititle + "'";
            //"insert into yijing (yaochi) values('" + yaocitext + "')";
            db.executeNonQuery(sql);
```

```
                MessageBox. Show("添加成功","标题");
            }
            else
            {
                //MessageBox. Show("请选择您要添加的易经标题或填写完整!");
                MessageBox. Show("请选择您要添加的易经标题或填写完整!", "错误");
            }
        }

        private void yizhuanlinkLabel_LinkClicked(object sender, LinkLabelLinkClickedEventArgs e)
        {
            if (searchcomboBox. SelectedIndex ! = -1)
            {
                string title = searchcomboBox. Text;
                yizhuaninfoForm yizhuaninfo = new yizhuaninfoForm(title);
                yizhuaninfo. MdiParent = (Form)this. Parent. FindForm();
                yizhuaninfo. Show();
                this. Close();
            }
            else
            {
                MessageBox. Show("请选择您要查询易经的标题!", "错误");
            }


        }

        private void tmr_Tick(object sender, EventArgs e)
        {


            this. panelpic. Left -= 4;
            if (this. panelpic. Left <= -800)
              this. tmr. Enabled = false;
        }

        private void yijinginfoForm_FormClosing(object sender, FormClosingEventArgs e)
        {
            if (this. panelpic. BackgroundImage ! = null)
            this. panelpic. BackgroundImage. Dispose();
        }
    }
}
```

设计代码如下。

```
namespace zhouyi_system
{
    partial class yijinginfoForm
    {
        /// <summary>
        /// Required designer variable.
        /// </summary>
        private System. ComponentModel. IContainer components = null;
```

```
        /// <summary>
        /// Clean up any resources being used.
        /// </summary>
        /// <param name = " disposing" > true if managed resources should be disposed; otherwise, false. </
param>
        protected override void Dispose(bool disposing)
        {
            if (disposing && (components != null))
            {
                components.Dispose();
            }
            base.Dispose(disposing);
        }

        #region Windows Form Designer generated code

        /// <summary>
        /// Required method for Designer support - do not modify
        /// the contents of this method with the code editor.
        /// </summary>
        private void InitializeComponent()
        {
            this.components = new System.ComponentModel.Container();
            System.ComponentModel.ComponentResourceManager resources = new System.ComponentModel.Compon-
entResourceManager(typeof(yijinginfoForm));
            this.searchgroupBox = new System.Windows.Forms.GroupBox();
            this.fixbutton = new System.Windows.Forms.Button();
            this.insertbutton = new System.Windows.Forms.Button();
            this.searchlabel = new System.Windows.Forms.Label();
            this.searchcomboBox = new System.Windows.Forms.ComboBox();
            this.searchbutton = new System.Windows.Forms.Button();
            this.GHlabel = new System.Windows.Forms.Label();
            this.Titlelabel = new System.Windows.Forms.Label();
            this.guahuapictureBox = new System.Windows.Forms.PictureBox();
            this.yizhuanlinkLabel = new System.Windows.Forms.LinkLabel();
            this.guacigroupBox = new System.Windows.Forms.GroupBox();
            this.guacirichTextBox = new System.Windows.Forms.RichTextBox();
            this.yaocigroupBox = new System.Windows.Forms.GroupBox();
            this.yaocirichTextBox = new System.Windows.Forms.RichTextBox();
            this.zhushigroupBox = new System.Windows.Forms.GroupBox();
            this.zhushirichTextBox = new System.Windows.Forms.RichTextBox();
            this.baihuagroupBox = new System.Windows.Forms.GroupBox();
            this.baihuarichTextBox = new System.Windows.Forms.RichTextBox();
            this.panelpic = new System.Windows.Forms.Panel();
            this.tmr = new System.Windows.Forms.Timer(this.components);
            this.searchgroupBox.SuspendLayout();
            ((System.ComponentModel.ISupportInitialize)(this.guahuapictureBox)).BeginInit();
            this.guacigroupBox.SuspendLayout();
            this.yaocigroupBox.SuspendLayout();
            this.zhushigroupBox.SuspendLayout();
            this.baihuagroupBox.SuspendLayout();
            this.SuspendLayout();
```

```
//
// searchgroupBox
//
this. searchgroupBox. Controls. Add( this. fixbutton) ;
this. searchgroupBox. Controls. Add( this. insertbutton) ;
this. searchgroupBox. Controls. Add( this. searchlabel) ;
this. searchgroupBox. Controls. Add( this. searchcomboBox) ;
this. searchgroupBox. Controls. Add( this. searchbutton) ;
this. searchgroupBox. Location = new System. Drawing. Point(24, 12) ;
this. searchgroupBox. Name = "searchgroupBox" ;
this. searchgroupBox. Size = new System. Drawing. Size(744, 46) ;
this. searchgroupBox. TabIndex = 7;
this. searchgroupBox. TabStop = false;
this. searchgroupBox. Text = "选择查询" ;
//
// fixbutton
//
this. fixbutton. Location = new System. Drawing. Point(478, 17) ;
this. fixbutton. Name = "fixbutton" ;
this. fixbutton. Size = new System. Drawing. Size(75, 23) ;
this. fixbutton. TabIndex = 4;
this. fixbutton. Text = "修改" ;
this. fixbutton. UseVisualStyleBackColor = true;
//
// insertbutton
//
this. insertbutton. Location = new System. Drawing. Point(365, 16) ;
this. insertbutton. Name = "insertbutton" ;
this. insertbutton. Size = new System. Drawing. Size(75, 23) ;
this. insertbutton. TabIndex = 3;
this. insertbutton. Text = "添加" ;
this. insertbutton. UseVisualStyleBackColor = true;
this. insertbutton. Click += new System. EventHandler( this. insertbutton_Click) ;
//
// searchlabel
//
this. searchlabel. AutoSize = true;
this. searchlabel. Location = new System. Drawing. Point(17, 23) ;
this. searchlabel. Name = "searchlabel" ;
this. searchlabel. Size = new System. Drawing. Size(65, 12) ;
this. searchlabel. TabIndex = 2;
this. searchlabel. Text = "选择卦名:" ;
//
// searchcomboBox
//
this. searchcomboBox. DropDownStyle = System. Windows. Forms. ComboBoxStyle. DropDownList;
this. searchcomboBox. FormattingEnabled = true;
this. searchcomboBox. Location = new System. Drawing. Point(97, 18) ;
this. searchcomboBox. Name = "searchcomboBox" ;
this. searchcomboBox. Size = new System. Drawing. Size(121, 20) ;
this. searchcomboBox. TabIndex = 0;
//
```

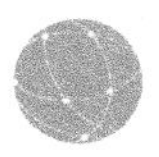

```
            // searchbutton
            //
            this.searchbutton.Location = new System.Drawing.Point(249, 16);
            this.searchbutton.Name = "searchbutton";
            this.searchbutton.Size = new System.Drawing.Size(75, 23);
            this.searchbutton.TabIndex = 1;
            this.searchbutton.Text = "查询";
            this.searchbutton.UseVisualStyleBackColor = true;
            this.searchbutton.Click += new System.EventHandler(this.searchbutton_Click);
            //
            // GHlabel
            //
            this.GHlabel.AutoSize = true;
            this.GHlabel.Font = new System.Drawing.Font("隶书", 10.5F, System.Drawing.FontStyle.Regular,
System.Drawing.GraphicsUnit.Point, ((byte)(134)));
            this.GHlabel.ForeColor = System.Drawing.Color.Blue;
            this.GHlabel.Location = new System.Drawing.Point(226, 64);
            this.GHlabel.Name = "GHlabel";
            this.GHlabel.Size = new System.Drawing.Size(35, 14);
            this.GHlabel.TabIndex = 10;
            this.GHlabel.Text = "卦画";
            //
            // Titlelabel
            //
            this.Titlelabel.AutoSize = true;
            this.Titlelabel.Font = new System.Drawing.Font("隶书", 15.75F, System.Drawing.FontStyle.Regu-
lar, System.Drawing.GraphicsUnit.Point, ((byte)(134)));
            this.Titlelabel.ForeColor = System.Drawing.Color.Blue;
            this.Titlelabel.Location = new System.Drawing.Point(330, 107);
            this.Titlelabel.Name = "Titlelabel";
            this.Titlelabel.Size = new System.Drawing.Size(76, 21);
            this.Titlelabel.TabIndex = 9;
            this.Titlelabel.Text = "卦名:";
            //
            // guahuapictureBox
            //
            this.guahuapictureBox.Image = ((System.Drawing.Image)(resources.GetObject("guahuapictureBox.
Image")));
            this.guahuapictureBox.Location = new System.Drawing.Point(208, 79);
            this.guahuapictureBox.Name = "guahuapictureBox";
            this.guahuapictureBox.Size = new System.Drawing.Size(67, 68);
            this.guahuapictureBox.SizeMode = System.Windows.Forms.PictureBoxSizeMode.Zoom;
            this.guahuapictureBox.TabIndex = 8;
            this.guahuapictureBox.TabStop = false;
            //
            // yizhuanlinkLabel
            //
            this.yizhuanlinkLabel.AutoSize = true;
            this.yizhuanlinkLabel.Font = new System.Drawing.Font("隶书", 12F, System.Drawing.FontStyle.Regu-
lar, System.Drawing.GraphicsUnit.Point, ((byte)(134)));
            this.yizhuanlinkLabel.Location = new System.Drawing.Point(587, 111);
            this.yizhuanlinkLabel.Name = "yizhuanlinkLabel";
```

```
this.yizhuanlinkLabel.Size = new System.Drawing.Size(181, 16);
this.yizhuanlinkLabel.TabIndex = 11;
this.yizhuanlinkLabel.TabStop = true;
this.yizhuanlinkLabel.Text = "易传·《彖》|《象》查询";
this.yizhuanlinkLabel.LinkClicked += new System.Windows.Forms.LinkLabelLinkClickedEventHandler
(this.yizhuanlinkLabel_LinkClicked);
//
// guacigroupBox
//
this.guacigroupBox.Controls.Add(this.guacirichTextBox);
this.guacigroupBox.Location = new System.Drawing.Point(24, 150);
this.guacigroupBox.Name = "guacigroupBox";
this.guacigroupBox.Size = new System.Drawing.Size(744, 52);
this.guacigroupBox.TabIndex = 12;
this.guacigroupBox.TabStop = false;
this.guacigroupBox.Text = "卦辞|卦义";
//
// guacirichTextBox
//
this.guacirichTextBox.BackColor = System.Drawing.SystemColors.MenuBar;
this.guacirichTextBox.BorderStyle = System.Windows.Forms.BorderStyle.None;
this.guacirichTextBox.Location = new System.Drawing.Point(32, 16);
this.guacirichTextBox.Name = "guacirichTextBox";
this.guacirichTextBox.Size = new System.Drawing.Size(706, 28);
this.guacirichTextBox.TabIndex = 1;
this.guacirichTextBox.Text = "";
//
// yaocigroupBox
//
this.yaocigroupBox.Controls.Add(this.yaocirichTextBox);
this.yaocigroupBox.Location = new System.Drawing.Point(23, 208);
this.yaocigroupBox.Name = "yaocigroupBox";
this.yaocigroupBox.Size = new System.Drawing.Size(744, 151);
this.yaocigroupBox.TabIndex = 13;
this.yaocigroupBox.TabStop = false;
this.yaocigroupBox.Text = "爻辞|爻义";
//
// yaocirichTextBox
//
this.yaocirichTextBox.BackColor = System.Drawing.SystemColors.MenuBar;
this.yaocirichTextBox.BorderStyle = System.Windows.Forms.BorderStyle.None;
this.yaocirichTextBox.Location = new System.Drawing.Point(32, 16);
this.yaocirichTextBox.Name = "yaocirichTextBox";
this.yaocirichTextBox.Size = new System.Drawing.Size(706, 129);
this.yaocirichTextBox.TabIndex = 1;
this.yaocirichTextBox.Text = "";
//
// zhushigroupBox
//
this.zhushigroupBox.Controls.Add(this.zhushirichTextBox);
this.zhushigroupBox.Location = new System.Drawing.Point(24, 366);
this.zhushigroupBox.Name = "zhushigroupBox";
```

 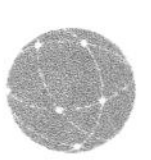

```
this.zhushigroupBox.Size = new System.Drawing.Size(744, 100);
this.zhushigroupBox.TabIndex = 14;
this.zhushigroupBox.TabStop = false;
this.zhushigroupBox.Text = "注释";
//
// zhushirichTextBox
//
this.zhushirichTextBox.BackColor = System.Drawing.SystemColors.MenuBar;
this.zhushirichTextBox.BorderStyle = System.Windows.Forms.BorderStyle.None;
this.zhushirichTextBox.Location = new System.Drawing.Point(31, 20);
this.zhushirichTextBox.Name = "zhushirichTextBox";
this.zhushirichTextBox.Size = new System.Drawing.Size(706, 74);
this.zhushirichTextBox.TabIndex = 2;
this.zhushirichTextBox.Text = "";
//
// baihuagroupBox
//
this.baihuagroupBox.Controls.Add(this.baihuarichTextBox);
this.baihuagroupBox.Location = new System.Drawing.Point(23, 472);
this.baihuagroupBox.Name = "baihuagroupBox";
this.baihuagroupBox.Size = new System.Drawing.Size(744, 71);
this.baihuagroupBox.TabIndex = 15;
this.baihuagroupBox.TabStop = false;
this.baihuagroupBox.Text = "白话";
//
// baihuarichTextBox
//
this.baihuarichTextBox.BackColor = System.Drawing.SystemColors.MenuBar;
this.baihuarichTextBox.BorderStyle = System.Windows.Forms.BorderStyle.None;
this.baihuarichTextBox.Location = new System.Drawing.Point(28, 17);
this.baihuarichTextBox.Name = "baihuarichTextBox";
this.baihuarichTextBox.Size = new System.Drawing.Size(711, 48);
this.baihuarichTextBox.TabIndex = 3;
this.baihuarichTextBox.Text = "";
//
// panelpic
//
this.panelpic.BackgroundImage = ((System.Drawing.Image)(resources.GetObject("panelpic.Back-
groundImage")));
this.panelpic.BackgroundImageLayout = System.Windows.Forms.ImageLayout.Stretch;
this.panelpic.Location = new System.Drawing.Point(0, 64);
this.panelpic.Name = "panelpic";
this.panelpic.Size = new System.Drawing.Size(792, 503);
this.panelpic.TabIndex = 16;
//
// tmr
//
this.tmr.Interval = 1;
this.tmr.Tick += new System.EventHandler(this.tmr_Tick);
//
// yijinginfoForm
//
```

```
            this. AutoScaleDimensions = new System. Drawing. SizeF(6F, 12F);
            this. AutoScaleMode = System. Windows. Forms. AutoScaleMode. Font;
            this. ClientSize = new System. Drawing. Size(792, 566);
            this. Controls. Add(this. panelpic);
            this. Controls. Add(this. baihuagroupBox);
            this. Controls. Add(this. zhushigroupBox);
            this. Controls. Add(this. yaocigroupBox);
            this. Controls. Add(this. guacigroupBox);
            this. Controls. Add(this. yizhuanlinkLabel);
            this. Controls. Add(this. GHlabel);
            this. Controls. Add(this. Titlelabel);
            this. Controls. Add(this. guahuapictureBox);
            this. Controls. Add(this. searchgroupBox);
            this. FormBorderStyle = System. Windows. Forms. FormBorderStyle. FixedDialog;
            this. Icon = ((System. Drawing. Icon)(resources. GetObject(" $ this. Icon")));
            this. MaximizeBox = false;
            this. MinimizeBox = false;
            this. Name = "yijinginfoForm";
            this. StartPosition = System. Windows. Forms. FormStartPosition. CenterParent;
            this. Text = "易经";
            this. WindowState = System. Windows. Forms. FormWindowState. Maximized;
            this. Load + = new System. EventHandler(this. yijinginfoForm_Load);
            this. FormClosing + = new System. Windows. Forms. FormClosingEventHandler ( this. yijinginfoForm _
FormClosing);
            this. searchgroupBox. ResumeLayout(false);
            this. searchgroupBox. PerformLayout();
            ((System. ComponentModel. ISupportInitialize)(this. guahuapictureBox)). EndInit();
            this. guacigroupBox. ResumeLayout(false);
            this. yaocigroupBox. ResumeLayout(false);
            this. zhushigroupBox. ResumeLayout(false);
            this. baihuagroupBox. ResumeLayout(false);
            this. ResumeLayout(false);
            this. PerformLayout();

        }

        #endregion

        private System. Windows. Forms. GroupBox searchgroupBox;
        private System. Windows. Forms. Button fixbutton;
        private System. Windows. Forms. Button insertbutton;
        private System. Windows. Forms. Label searchlabel;
        private System. Windows. Forms. ComboBox searchcomboBox;
        private System. Windows. Forms. Button searchbutton;
        private System. Windows. Forms. Label GHlabel;
        private System. Windows. Forms. Label Titlelabel;
        private System. Windows. Forms. PictureBox guahuapictureBox;
        private System. Windows. Forms. LinkLabel yizhuanlinkLabel;
        private System. Windows. Forms. GroupBox guacigroupBox;
        private System. Windows. Forms. RichTextBox guacirichTextBox;
        private System. Windows. Forms. GroupBox yaocigroupBox;
        private System. Windows. Forms. RichTextBox yaocirichTextBox;
```

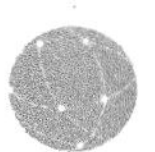

```
        private System.Windows.Forms.GroupBox zhushigroupBox;
        private System.Windows.Forms.GroupBox baihuagroupBox;
        private System.Windows.Forms.RichTextBox zhushirichTextBox;
        private System.Windows.Forms.RichTextBox baihuarichTextBox;
        private System.Windows.Forms.Panel panelpic;
        private System.Windows.Forms.Timer tmr;
    }
}
```

6.5 易传查询代码

```
using System;
using System.Collections.Generic;
using System.ComponentModel;
using System.Data;
using System.Drawing;
using System.Linq;
using System.Text;
using System.Windows.Forms;
using System.Data.SqlClient;

namespace zhouyi_system
{
    public partial class yizhuaninfoForm : Form
    {
        public yizhuaninfoForm()
        {
            InitializeComponent();
        }

        public yizhuaninfoForm(string title)
        {
            guatitle = title;
            InitializeComponent();
            this.panelpic.Left = 1600;
            this.panelpic.Visible = false;
        }
        string guatitle = "";
        DBmanager db = new DBmanager();
        private void yizhuaninfoForm_Load(object sender, EventArgs e)
        {
            try
            {
                string sql = "select title from yijing";
                SqlDataReader sdr = db.executeReader(sql);
                while (sdr.Read())
                {
                    searchcomboBox.Items.Add(sdr["title"]);
                }
                sdr.Close();
                db.checkClose();
```

```
                if (guatitle ! = "")
                {
                    for (int i = 0; i < searchcomboBox. Items. Count; i + +)
                    {
                        if (searchcomboBox. Items[i]. ToString(). Trim() = = guatitle. Trim())
                        {
                            searchcomboBox. SelectedIndex = i;
                            break;
                        }
                    }
                    searchbutton_Click(sender, e);
                }

            }
            catch (Exception ex)
            {

              //MessageBox. Show(ex. Message);
              MessageBox. Show(ex. Message, "错误");
            }
        }

        private void searchbutton_Click(object sender, EventArgs e)
        {
            if (searchcomboBox. SelectedIndex ! = -1)
            {
                this. tmr. Enabled = true;
                string yctitle = searchcomboBox. Text;
                string sql = "select tuan from yizhuan where title ='" + yctitle + "'";
                tuanrichTextBox. Text = db. executeScalar(sql);
                string picpath = Application. StartupPath + @ "\pic64\" + db. executeScalar ( "select guahua
from yijing where title ='" + yctitle + "'");
                guahuapictureBox. LoadAsync(picpath);
                Titlelabel. Text ="卦名：" + yctitle;
                xiangrichTextBox. Text = db. executeScalar("select xiang from yizhuan where title ='" + yctitle +
"'");
                //wenyanrichTextBox. Text = db. executeScalar("select wenyan from yizhuan where title ='" + yc-
title + "'");


            }
            else
            {
                //MessageBox. Show("请选择您要查询易经的标题!");
                MessageBox. Show("请选择您要查询易传的标题!", "错误");
            }
        }

        private void insertbutton_Click(object sender, EventArgs e)
        {
            if (searchcomboBox. SelectedIndex ! = -1 || tuanrichTextBox. Text ! = "" || xiangrichTextBox. Text
! = "")
```

 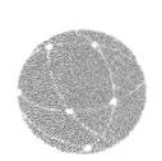

```
            {
                // string wenyantext = wenyanrichTextBox.Text;
                string yaocititle = searchcomboBox.Text;
                string tuantext = tuanrichTextBox.Text;
                string xiangtext = xiangrichTextBox.Text;
                string sql = "update yizhuan set tuan ='" + tuantext + "', xiang ='" + xiangtext + "' where title ='" + yaocititle + "'";
                //"insert into yijing (yaochi) values('" + yaocitext + "')";
                db.executeNonQuery(sql);
                MessageBox.Show("添加成功", "标题");
            }
            else
            {
                // MessageBox.Show("请选择您要添加的易经标题或填写完整!");
                MessageBox.Show("请选择您要添加的易经标题或填写完整!", "错误");
            }
        }

        private void yijinglinkLabel_LinkClicked(object sender, LinkLabelLinkClickedEventArgs e)
        {
            if (searchcomboBox.SelectedIndex != -1)
            {
                string yijing = searchcomboBox.Text;
                yijinginfoForm YJform = new yijinginfoForm(yijing);
                YJform.MdiParent = (Form)this.Parent.FindForm();
                YJform.Show();
                this.Close();
            }
            else
            {
                // MessageBox.Show("请选择您要查询易经的标题!");
                MessageBox.Show("请选择您要查询易经的标题!", "错误");
            }
        }

        private void tuanrichTextBox_TextChanged(object sender, EventArgs e)
        {


        }

        private void tmr_Tick(object sender, EventArgs e)
        {
            this.panelpic.Left += 4;
            if (this.panelpic.Left >= 1600)
            this.tmr.Enabled = false;
        }

        private void yizhuaninfoForm_FormClosing(object sender, FormClosingEventArgs e)
        {
            if (this.panelpic.BackgroundImage != null)
          this.panelpic.BackgroundImage.Dispose();
        }
```

```
    }
}
```

设计代码如下。

```
namespace zhouyi_system
{
    partial class yizhuaninfoForm
    {
        /// <summary>
        /// Required designer variable.
        /// </summary>
        private System. ComponentModel. IContainer components = null;

        /// <summary>
        /// Clean up any resources being used.
        /// </summary>
        /// <param name = " disposing" > true if managed resources should be disposed; otherwise, false. </
param >
        protected override void Dispose( bool disposing)
        {
            if (disposing && (components ! = null))
            {
                components. Dispose( );
            }
            base. Dispose( disposing);
        }

        #region Windows Form Designer generated code

        /// <summary>
        /// Required method for Designer support - do not modify
        /// the contents of this method with the code editor.
        /// </summary>
        private void InitializeComponent( )
        {
            this. components = new System. ComponentModel. Container( );
            System. ComponentModel. ComponentResourceManager resources = new System. ComponentModel. Compo-
nentResourceManager( typeof( yizhuaninfoForm) );
            this. xianggroupBox = new System. Windows. Forms. GroupBox( );
            this. xiangrichTextBox = new System. Windows. Forms. RichTextBox( );
            this. tuangroupBox = new System. Windows. Forms. GroupBox( );
            this. tuanrichTextBox = new System. Windows. Forms. RichTextBox( );
            this. fixbutton = new System. Windows. Forms. Button( );
            this. yijinglinkLabel = new System. Windows. Forms. LinkLabel( );
            this. GHlabel = new System. Windows. Forms. Label( );
            this. searchgroupBox = new System. Windows. Forms. GroupBox( );
            this. insertbutton = new System. Windows. Forms. Button( );
            this. searchlabel = new System. Windows. Forms. Label( );
            this. searchcomboBox = new System. Windows. Forms. ComboBox( );
            this. searchbutton = new System. Windows. Forms. Button( );
            this. Titlelabel = new System. Windows. Forms. Label( );
```

```
this.guahuapictureBox = new System.Windows.Forms.PictureBox();
this.panelpic = new System.Windows.Forms.Panel();
this.tmr = new System.Windows.Forms.Timer(this.components);
this.xianggroupBox.SuspendLayout();
this.tuangroupBox.SuspendLayout();
this.searchgroupBox.SuspendLayout();
((System.ComponentModel.ISupportInitialize)(this.guahuapictureBox)).BeginInit();
this.SuspendLayout();
//
// xianggroupBox
//
this.xianggroupBox.Controls.Add(this.xiangrichTextBox);
this.xianggroupBox.Location = new System.Drawing.Point(24, 342);
this.xianggroupBox.Name = "xianggroupBox";
this.xianggroupBox.Size = new System.Drawing.Size(744, 189);
this.xianggroupBox.TabIndex = 17;
this.xianggroupBox.TabStop = false;
this.xianggroupBox.Text = "《象》";
//
// xiangrichTextBox
//
this.xiangrichTextBox.BackColor = System.Drawing.SystemColors.MenuBar;
this.xiangrichTextBox.BorderStyle = System.Windows.Forms.BorderStyle.None;
this.xiangrichTextBox.Location = new System.Drawing.Point(22, 13);
this.xiangrichTextBox.Name = "xiangrichTextBox";
this.xiangrichTextBox.Size = new System.Drawing.Size(705, 166);
this.xiangrichTextBox.TabIndex = 1;
this.xiangrichTextBox.Text = "";
//
// tuangroupBox
//
this.tuangroupBox.Controls.Add(this.tuanrichTextBox);
this.tuangroupBox.Location = new System.Drawing.Point(24, 147);
this.tuangroupBox.Name = "tuangroupBox";
this.tuangroupBox.Size = new System.Drawing.Size(744, 189);
this.tuangroupBox.TabIndex = 16;
this.tuangroupBox.TabStop = false;
this.tuangroupBox.Text = "《彖》";
//
// tuanrichTextBox
//
this.tuanrichTextBox.BackColor = System.Drawing.SystemColors.MenuBar;
this.tuanrichTextBox.BorderStyle = System.Windows.Forms.BorderStyle.None;
this.tuanrichTextBox.Location = new System.Drawing.Point(22, 20);
this.tuanrichTextBox.Name = "tuanrichTextBox";
this.tuanrichTextBox.Size = new System.Drawing.Size(705, 162);
this.tuanrichTextBox.TabIndex = 2;
this.tuanrichTextBox.Text = "";
this.tuanrichTextBox.TextChanged += new System.EventHandler(this.tuanrichTextBox_TextChanged);
//
// fixbutton
//
```

```
this. fixbutton. Location = new System. Drawing. Point(465, 17);
this. fixbutton. Name = "fixbutton";
this. fixbutton. Size = new System. Drawing. Size(75, 23);
this. fixbutton. TabIndex = 4;
this. fixbutton. Text = "修改";
this. fixbutton. UseVisualStyleBackColor = true;
//
// yijinglinkLabel
//
this. yijinglinkLabel. AutoSize = true;
this. yijinglinkLabel. Font = new System. Drawing. Font("隶书", 12F, System. Drawing. FontStyle. Reg-
ular, System. Drawing. GraphicsUnit. Point, ((byte)(134)));
this. yijinglinkLabel. Location = new System. Drawing. Point(645, 107);
this. yijinglinkLabel. Name = "yijinglinkLabel";
this. yijinglinkLabel. Size = new System. Drawing. Size(72, 16);
this. yijinglinkLabel. TabIndex = 18;
this. yijinglinkLabel. TabStop = true;
this. yijinglinkLabel. Text = "易经查询";
this. yijinglinkLabel. LinkClicked += new System. Windows. Forms. LinkLabelLinkClickedEventHandler
(this. yijinglinkLabel_LinkClicked);
//
// GHlabel
//
this. GHlabel. AutoSize = true;
this. GHlabel. Font = new System. Drawing. Font("隶书", 10. 5F, System. Drawing. FontStyle. Regular,
System. Drawing. GraphicsUnit. Point, ((byte)(134)));
this. GHlabel. ForeColor = System. Drawing. Color. Blue;
this. GHlabel. Location = new System. Drawing. Point(252, 61);
this. GHlabel. Name = "GHlabel";
this. GHlabel. Size = new System. Drawing. Size(35, 14);
this. GHlabel. TabIndex = 15;
this. GHlabel. Text = "卦画";
//
// searchgroupBox
//
this. searchgroupBox. Controls. Add(this. fixbutton);
this. searchgroupBox. Controls. Add(this. insertbutton);
this. searchgroupBox. Controls. Add(this. searchlabel);
this. searchgroupBox. Controls. Add(this. searchcomboBox);
this. searchgroupBox. Controls. Add(this. searchbutton);
this. searchgroupBox. Location = new System. Drawing. Point(24, 12);
this. searchgroupBox. Name = "searchgroupBox";
this. searchgroupBox. Size = new System. Drawing. Size(744, 46);
this. searchgroupBox. TabIndex = 14;
this. searchgroupBox. TabStop = false;
this. searchgroupBox. Text = "选择查询";
//
// insertbutton
//
this. insertbutton. Location = new System. Drawing. Point(364, 18);
this. insertbutton. Name = "insertbutton";
this. insertbutton. Size = new System. Drawing. Size(75, 23);
```

```
this. insertbutton. TabIndex = 3;
this. insertbutton. Text = "添加";
this. insertbutton. UseVisualStyleBackColor = true;
this. insertbutton. Click + = new System. EventHandler( this. insertbutton_Click);
//
// searchlabel
//
this. searchlabel. AutoSize = true;
this. searchlabel. Location = new System. Drawing. Point(20, 23);
this. searchlabel. Name = "searchlabel";
this. searchlabel. Size = new System. Drawing. Size(65, 12);
this. searchlabel. TabIndex = 2;
this. searchlabel. Text = "选择卦名:";
//
// searchcomboBox
//
this. searchcomboBox. DropDownStyle = System. Windows. Forms. ComboBoxStyle. DropDownList;
this. searchcomboBox. FormattingEnabled = true;
this. searchcomboBox. Location = new System. Drawing. Point(91, 19);
this. searchcomboBox. Name = "searchcomboBox";
this. searchcomboBox. Size = new System. Drawing. Size(121, 20);
this. searchcomboBox. TabIndex = 0;
//
// searchbutton
//
this. searchbutton. Location = new System. Drawing. Point(249, 16);
this. searchbutton. Name = "searchbutton";
this. searchbutton. Size = new System. Drawing. Size(75, 23);
this. searchbutton. TabIndex = 1;
this. searchbutton. Text = "查询";
this. searchbutton. UseVisualStyleBackColor = true;
this. searchbutton. Click + = new System. EventHandler( this. searchbutton_Click);
//
// Titlelabel
//
this. Titlelabel. AutoSize = true;
this. Titlelabel. Font = new System. Drawing. Font( "隶书", 15. 75F, System. Drawing. FontStyle. Regu-
lar, System. Drawing. GraphicsUnit. Point, ((byte)(134)));
this. Titlelabel. ForeColor = System. Drawing. Color. Blue;
this. Titlelabel. Location = new System. Drawing. Point(359, 100);
this. Titlelabel. Name = "Titlelabel";
this. Titlelabel. Size = new System. Drawing. Size(76, 21);
this. Titlelabel. TabIndex = 13;
this. Titlelabel. Text = "卦名:";
//
// guahuapictureBox
//
this. guahuapictureBox. Image = ((System. Drawing. Image)( resources. GetObject( "guahuapictureBox.
Image")));
this. guahuapictureBox. Location = new System. Drawing. Point(238, 81);
this. guahuapictureBox. Name = "guahuapictureBox";
this. guahuapictureBox. Size = new System. Drawing. Size(65, 68);
```

```
            this.guahuapictureBox.SizeMode = System.Windows.Forms.PictureBoxSizeMode.Zoom;
            this.guahuapictureBox.TabIndex = 12;
            this.guahuapictureBox.TabStop = false;
            //
            // panelpic
            //
            this.panelpic.BackgroundImage = ((System.Drawing.Image)(resources.GetObject("panelpic.Back-
groundImage")));
            this.panelpic.BackgroundImageLayout = System.Windows.Forms.ImageLayout.Stretch;
            this.panelpic.Location = new System.Drawing.Point(-1, 61);
            this.panelpic.Name = "panelpic";
            this.panelpic.Size = new System.Drawing.Size(793, 507);
            this.panelpic.TabIndex = 19;
            //
            // tmr
            //
            this.tmr.Interval = 1;
            this.tmr.Tick += new System.EventHandler(this.tmr_Tick);
            //
            // yizhuaninfoForm
            //
            this.AutoScaleDimensions = new System.Drawing.SizeF(6F, 12F);
            this.AutoScaleMode = System.Windows.Forms.AutoScaleMode.Font;
            this.ClientSize = new System.Drawing.Size(792, 568);
            this.Controls.Add(this.panelpic);
            this.Controls.Add(this.xianggroupBox);
            this.Controls.Add(this.tuangroupBox);
            this.Controls.Add(this.yijinglinkLabel);
            this.Controls.Add(this.GHlabel);
            this.Controls.Add(this.searchgroupBox);
            this.Controls.Add(this.Titlelabel);
            this.Controls.Add(this.guahuapictureBox);
            this.FormBorderStyle = System.Windows.Forms.FormBorderStyle.FixedDialog;
            this.Icon = ((System.Drawing.Icon)(resources.GetObject("$this.Icon")));
            this.MaximizeBox = false;
            this.MinimizeBox = false;
            this.Name = "yizhuaninfoForm";
            this.Text = "易传·《象》|《象》";
            this.WindowState = System.Windows.Forms.FormWindowState.Maximized;
            this.Load += new System.EventHandler(this.yizhuaninfoForm_Load);
            this.FormClosing += new System.Windows.Forms.FormClosingEventHandler(this.yizhuaninfoForm_
FormClosing);
            this.xianggroupBox.ResumeLayout(false);
            this.tuangroupBox.ResumeLayout(false);
            this.searchgroupBox.ResumeLayout(false);
            this.searchgroupBox.PerformLayout();
            ((System.ComponentModel.ISupportInitialize)(this.guahuapictureBox)).EndInit();
            this.ResumeLayout(false);
            this.PerformLayout();

        }
```

```
        #endregion

        private System.Windows.Forms.GroupBox xianggroupBox;
        private System.Windows.Forms.RichTextBox xiangrichTextBox;
        private System.Windows.Forms.GroupBox tuangroupBox;
        private System.Windows.Forms.RichTextBox tuanrichTextBox;
        private System.Windows.Forms.Button fixbutton;
        private System.Windows.Forms.LinkLabel yijinglinkLabel;
        private System.Windows.Forms.Label GHlabel;
        private System.Windows.Forms.GroupBox searchgroupBox;
        private System.Windows.Forms.Button insertbutton;
        private System.Windows.Forms.Label searchlabel;
        private System.Windows.Forms.ComboBox searchcomboBox;
        private System.Windows.Forms.Button searchbutton;
        private System.Windows.Forms.Label Titlelabel;
        private System.Windows.Forms.PictureBox guahuapictureBox;
        private System.Windows.Forms.Panel panelpic;
        private System.Windows.Forms.Timer tmr;
    }
}
```

6.6 周易文献资料查询模块代码

```
using System;
using System.Collections.Generic;
using System.ComponentModel;
using System.Data;
using System.Drawing;
using System.Linq;
using System.Text;
using System.Windows.Forms;
using System.IO;
using System.Data.SqlClient;
using System.Diagnostics;

namespace zhouyi_system
{

    public partial class SWForm : Form
    {
        DBmanager db = new DBmanager();
        string filepath ;
        byte[] bt;
        MemoryStream mystream;

        public SWForm()
        {
            InitializeComponent();
            this.paneledit.Visible = false;
            search("all");
            this.pbxnormal.LoadAsync(Application.StartupPath + @"/images/3.jpg");
```

```
        }

        private void btnupdate_Click(object sender, EventArgs e)
        {
            if (! yanzheng())
            {
                MessageBox.Show("请填写完整!","错误");
                return;
            }
            else
            {


                try
                {
                    string sql = "insert into shiwen (name,author,Times,page,introduct,address) values ('" + txbname.Text + "','" + txbauthor.Text + "','" + txbtimes.Text + "','" + txbpage.Text + "','" + txbintroduct.Text + "','" + txbaddress.Text + "')";
                    db.executeNonQuery(sql);

                    int num = db.InsertImageToDB("update shiwen set image = @image where name ='" + txbname.Text.Trim() + "'", "@image", bt);
                    if (num == -1)
                    {
                        MessageBox.Show("插入数据失败!","错误");

                    }
                    else
                    {
                        MessageBox.Show("插入数据成功!","消息");
                        txbname.Text = "";
                        txbauthor.Text = "";
                        txbtimes.Text = "";
                        txbaddress.Text = "";
                        txbintroduct.Clear();
                        txbpage.Clear();
                        mystream.Dispose();
                        search("all");
                        this.paneledit.Visible = false;
                    }
                }
                catch (Exception ex)
                {

                    MessageBox.Show(ex.Message, "错误");
                }


            }
        }
        private bool yanzheng()
        {
```

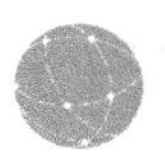

```
            if (txbname. Text. Trim() ! = "" && txbauthor. Text. Trim() ! = "" && txbtimes. Text. Trim() !
= "" && txbpage. Text. Trim() ! = "" && txbintroduct. Text. Trim() ! = ""&& pbxinfo. Image! =null)
            {
                return true;
            }
            else
            {
                return false;
            }

        }
        private void search(string condition)
        {
            try
            {
                string sql = "";
                if (condition = = "all")
                {
                    sql ="select * from shiwen";
                }
                else {
                    sql ="select * from shiwen" + " " + condition;
                }
                this. dataGridView1. DataSource = db. getDataSet(sql). Tables[0];
                this. dataGridView1. Columns[0]. Visible = false;
            }
            catch (Exception ex)
            {

                MessageBox. Show(ex. Message, "错误");
            }

        }

        private void btnopenpic_Click(object sender, EventArgs e)
        {
            ofdpic. Filter ="所有文件(*. *)|*. *";
            if (ofdpic. ShowDialog() = = DialogResult. OK)
            {

                string picpath = ofdpic. FileName;
                this. pbxinfo. LoadAsync(picpath);
                mystream =new MemoryStream();
                Image. FromFile(picpath). Save(mystream, System. Drawing. Imaging. ImageFormat. Jpeg);
                bt = mystream. ToArray();
                //把这个 bt 赋值给 DataGridView 的 DataSource 里面那一列或者 List 集合里面

            }
        }

        private void dataGridView1_CellContentClick(object sender, DataGridViewCellEventArgs e)
        {
```

```
        try
        {
            string name = dataGridView1. Rows[ e. RowIndex]. Cells[2]. Value. ToString( );
            this. labelname. Text = "书名(文章名):" + name;
            this. labelauthor. Text = "作者:" + dataGridView1. Rows[ e. RowIndex]. Cells[3]. Value. ToS-
tring( );
            this. labelTimes. Text = "文章年代:" + dataGridView1. Rows[ e. RowIndex]. Cells[4]. Value.
ToString( );
            this. labelpage. Text = "页数:" + dataGridView1. Rows[ e. RowIndex]. Cells[7]. Value. ToString
( ). Trim( ) + "页";
            this. txtnormal. Text = dataGridView1. Rows[ e. RowIndex]. Cells[8]. Value. ToString( );
            this. txbaddress. Text = dataGridView1. Rows[ e. RowIndex]. Cells[10]. Value. ToString( );
            filepath = Application. StartupPath + @"/files/" + this. txbaddress. Text. Trim( );
            string sql = string. Format("select image from shiwen where name = '{0}'", name);

            DataTable dt = db. GetDataTable(sql);
            byte[ ] image = (byte[ ])(dt. Rows[0]["image"]);
            MemoryStream ms = new MemoryStream(image);
            this. pbxnormal. Image = (Bitmap)Image. FromStream(ms);
            this. pbxnormal. Width = 1;
            this. tmrpic. Enabled = true;
            ms. Dispose( );
        }
        catch (Exception ex)
        {

            MessageBox. Show(ex. Message,"错误");
        }

    }

    private void btndetail_Click(object sender, EventArgs e)
    {
        try
        {

            PDFForm pdf = new PDFForm(filepath);
            pdf. MdiParent = (Form)this. Parent. FindForm( );
            pdf. Show( );
            this. Close( );

        }
        catch (Exception ex)
        {

            MessageBox. Show("请安装或下载 Adobe Reader 阅读器", "错误");
        }

    }

    private void button1_Click(object sender, EventArgs e)
    {
```

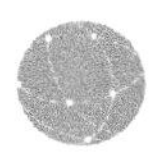

```
            this. paneledit. Left = -200;
            this. paneledit. Visible = true;
            this. timer1. Enabled = true;
            //this. paneledit. Visible = true;
        }

        private void btncancle_Click( object sender, EventArgs e)
        {
            //this. paneledit. Left = -120;
            //this. paneledit. Visible = false;
            this. timer2. Enabled = true;
        }

        private void timer1_Tick( object sender, EventArgs e)
        {

            this. paneledit. Left + = 4;
            //a = a + 4;
            if (this. paneledit. Left > = 0)
            this. timer1. Enabled = false;
        }

        private void timer2_Tick( object sender, EventArgs e)
        {
            this. paneledit. Left - = 4;
            //a = a + 4;
            if (this. paneledit. Left < = -200)
            this. timer2. Enabled = false;
        }

        private void tmrpic_Tick( object sender, EventArgs e)
        {
            this. pbxnormal. Width + = 4;
            if (this. pbxnormal. Width > = 175)
            tmrpic. Enabled =false;
        }

        private void SWForm_FormClosing( object sender, FormClosingEventArgs e)
        {

        }
    }
}
```

设计代码如下。

```
namespace zhouyi_system
{
    partial class SWForm
    {
        /// <summary>
        /// Required designer variable.
```

```
        /// </summary>
        private System. ComponentModel. IContainer components = null;

        /// <summary>
        /// Clean up any resources being used.
        /// </summary>
        /// <param name = " disposing" > true if managed resources should be disposed; otherwise, false. </
param>
        protected override void Dispose(bool disposing)
        {
            if (disposing && (components ! = null))
            {
                components. Dispose();
            }
            base. Dispose(disposing);
        }

        #region Windows Form Designer generated code

        /// <summary>
        /// Required method for Designer support - do not modify
        /// the contents of this method with the code editor.
        /// </summary>
        private void InitializeComponent()
        {
            this. components = new System. ComponentModel. Container();
            System. Windows. Forms. DataGridViewCellStyle dataGridViewCellStyle1 = new System. Windows. Forms.
DataGridViewCellStyle();
            System. ComponentModel. ComponentResourceManager resources = new System. ComponentModel. Com-
ponentResourceManager(typeof(SWForm));
            this. panelDetail = new System. Windows. Forms. Panel();
            this. paneledit = new System. Windows. Forms. Panel();
            this. btncancle = new System. Windows. Forms. Button();
            this. btnupdate = new System. Windows. Forms. Button();
            this. label5 = new System. Windows. Forms. Label();
            this. groupBoxintroduct = new System. Windows. Forms. GroupBox();
            this. txbintroduct = new System. Windows. Forms. TextBox();
            this. txbaddress = new System. Windows. Forms. TextBox();
            this. txbpage = new System. Windows. Forms. TextBox();
            this. label4 = new System. Windows. Forms. Label();
            this. txbtimes = new System. Windows. Forms. TextBox();
            this. pbxinfo = new System. Windows. Forms. PictureBox();
            this. label3 = new System. Windows. Forms. Label();
            this. txbauthor = new System. Windows. Forms. TextBox();
            this. label2 = new System. Windows. Forms. Label();
            this. txbname = new System. Windows. Forms. TextBox();
            this. label1 = new System. Windows. Forms. Label();
            this. btnopenpic = new System. Windows. Forms. Button();
            this. button1 = new System. Windows. Forms. Button();
            this. btndetail = new System. Windows. Forms. Button();
            this. groupBoxnormal = new System. Windows. Forms. GroupBox();
            this. txtnormal = new System. Windows. Forms. TextBox();
```

 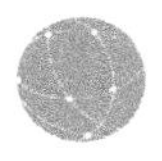

```
this.labelpage = new System.Windows.Forms.Label();
this.labelTimes = new System.Windows.Forms.Label();
this.labelauthor = new System.Windows.Forms.Label();
this.labelname = new System.Windows.Forms.Label();
this.pbxnormal = new System.Windows.Forms.PictureBox();
this.panelIntroduct = new System.Windows.Forms.Panel();
this.dataGridView1 = new System.Windows.Forms.DataGridView();
this.Column1 = new System.Windows.Forms.DataGridViewImageColumn();
this.Column2 = new System.Windows.Forms.DataGridViewTextBoxColumn();
this.Column3 = new System.Windows.Forms.DataGridViewTextBoxColumn();
this.Column9 = new System.Windows.Forms.DataGridViewTextBoxColumn();
this.Column4 = new System.Windows.Forms.DataGridViewTextBoxColumn();
this.Column10 = new System.Windows.Forms.DataGridViewTextBoxColumn();
this.Column5 = new System.Windows.Forms.DataGridViewTextBoxColumn();
this.Column6 = new System.Windows.Forms.DataGridViewTextBoxColumn();
this.Column7 = new System.Windows.Forms.DataGridViewTextBoxColumn();
this.Column8 = new System.Windows.Forms.DataGridViewTextBoxColumn();
this.ofdpic = new System.Windows.Forms.OpenFileDialog();
this.timer1 = new System.Windows.Forms.Timer(this.components);
this.timer2 = new System.Windows.Forms.Timer(this.components);
this.tmrpic = new System.Windows.Forms.Timer(this.components);
this.panelDetail.SuspendLayout();
this.paneledit.SuspendLayout();
this.groupBoxintroduct.SuspendLayout();
((System.ComponentModel.ISupportInitialize)(this.pbxinfo)).BeginInit();
this.groupBoxnormal.SuspendLayout();
((System.ComponentModel.ISupportInitialize)(this.pbxnormal)).BeginInit();
this.panelIntroduct.SuspendLayout();
((System.ComponentModel.ISupportInitialize)(this.dataGridView1)).BeginInit();
this.SuspendLayout();
//
// panelDetail
//
this.panelDetail.Controls.Add(this.paneledit);
this.panelDetail.Controls.Add(this.button1);
this.panelDetail.Controls.Add(this.btndetail);
this.panelDetail.Controls.Add(this.groupBoxnormal);
this.panelDetail.Controls.Add(this.labelpage);
this.panelDetail.Controls.Add(this.labelTimes);
this.panelDetail.Controls.Add(this.labelauthor);
this.panelDetail.Controls.Add(this.labelname);
this.panelDetail.Controls.Add(this.pbxnormal);
this.panelDetail.Dock = System.Windows.Forms.DockStyle.Left;
this.panelDetail.Location = new System.Drawing.Point(0, 0);
this.panelDetail.Name = "panelDetail";
this.panelDetail.Size = new System.Drawing.Size(190, 566);
this.panelDetail.TabIndex = 1;
//
// paneledit
//
this.paneledit.Controls.Add(this.btncancle);
this.paneledit.Controls.Add(this.btnupdate);
```

```
this. paneledit. Controls. Add( this. label5) ;
this. paneledit. Controls. Add( this. groupBoxintroduct) ;
this. paneledit. Controls. Add( this. txbaddress) ;
this. paneledit. Controls. Add( this. txbpage) ;
this. paneledit. Controls. Add( this. label4) ;
this. paneledit. Controls. Add( this. txbtimes) ;
this. paneledit. Controls. Add( this. pbxinfo) ;
this. paneledit. Controls. Add( this. label3) ;
this. paneledit. Controls. Add( this. txbauthor) ;
this. paneledit. Controls. Add( this. label2) ;
this. paneledit. Controls. Add( this. txbname) ;
this. paneledit. Controls. Add( this. label1) ;
this. paneledit. Controls. Add( this. btnopenpic) ;
this. paneledit. Location = new System. Drawing. Point(3, 3) ;
this. paneledit. Name = "paneledit" ;
this. paneledit. Size = new System. Drawing. Size(200, 560) ;
this. paneledit. TabIndex = 1;
//
// btncancle
//
this. btncancle. Location = new System. Drawing. Point(100, 504) ;
this. btncancle. Name = "btncancle" ;
this. btncancle. Size = new System. Drawing. Size(75, 23) ;
this. btncancle. TabIndex = 25;
this. btncancle. Text = "取消" ;
this. btncancle. UseVisualStyleBackColor = true;
this. btncancle. Click + = new System. EventHandler( this. btncancle_Click) ;
//
// btnupdate
//
this. btnupdate. Location = new System. Drawing. Point(18, 504) ;
this. btnupdate. Name = "btnupdate" ;
this. btnupdate. Size = new System. Drawing. Size(75, 23) ;
this. btnupdate. TabIndex = 7;
this. btnupdate. Text = "更新" ;
this. btnupdate. UseVisualStyleBackColor = true;
this. btnupdate. Click + = new System. EventHandler( this. btnupdate_Click) ;
//
// label5
//
this. label5. AutoSize = true;
this. label5. Location = new System. Drawing. Point(15, 324) ;
this. label5. Name = "label5" ;
this. label5. Size = new System. Drawing. Size(53, 12) ;
this. label5. TabIndex = 24;
this. label5. Text = "文件名:" ;
//
// groupBoxintroduct
//
this. groupBoxintroduct. Controls. Add( this. txbintroduct) ;
this. groupBoxintroduct. Location = new System. Drawing. Point(7, 349) ;
this. groupBoxintroduct. Name = "groupBoxintroduct" ;
```

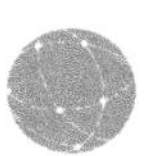

```
this. groupBoxintroduct. Size = new System. Drawing. Size(178, 149);
this. groupBoxintroduct. TabIndex = 5;
this. groupBoxintroduct. TabStop = false;
this. groupBoxintroduct. Text = "内容简介";
//
// txbintroduct
//
this. txbintroduct. Location = new System. Drawing. Point(6, 20);
this. txbintroduct. Multiline = true;
this. txbintroduct. Name = "txbintroduct";
this. txbintroduct. ScrollBars = System. Windows. Forms. ScrollBars. Vertical;
this. txbintroduct. Size = new System. Drawing. Size(161, 123);
this. txbintroduct. TabIndex = 6;
//
// txbaddress
//
this. txbaddress. Location = new System. Drawing. Point(74, 322);
this. txbaddress. Name = "txbaddress";
this. txbaddress. Size = new System. Drawing. Size(111, 21);
this. txbaddress. TabIndex = 13;
//
// txbpage
//
this. txbpage. Location = new System. Drawing. Point(74, 295);
this. txbpage. Name = "txbpage";
this. txbpage. Size = new System. Drawing. Size(111, 21);
this. txbpage. TabIndex = 22;
//
// label4
//
this. label4. AutoSize = true;
this. label4. Location = new System. Drawing. Point(27, 295);
this. label4. Name = "label4";
this. label4. Size = new System. Drawing. Size(41, 12);
this. label4. TabIndex = 21;
this. label4. Text = "页码:";
//
// txbtimes
//
this. txbtimes. Location = new System. Drawing. Point(74, 264);
this. txbtimes. Name = "txbtimes";
this. txbtimes. Size = new System. Drawing. Size(111, 21);
this. txbtimes. TabIndex = 20;
//
// pbxinfo
//
this. pbxinfo. Location = new System. Drawing. Point(3, 3);
this. pbxinfo. Name = "pbxinfo";
this. pbxinfo. Size = new System. Drawing. Size(184, 154);
this. pbxinfo. SizeMode = System. Windows. Forms. PictureBoxSizeMode. StretchImage;
this. pbxinfo. TabIndex = 0;
this. pbxinfo. TabStop = false;
```

```
//
// label3
//
this. label3. AutoSize  =  true;
this. label3. Location  =  new System. Drawing. Point(5, 267);
this. label3. Name  =  "label3";
this. label3. Size  =  new System. Drawing. Size(65, 12);
this. label3. TabIndex  =  19;
this. label3. Text  =  "作品年代:";
//
// txbauthor
//
this. txbauthor. Location  =  new System. Drawing. Point(74, 230);
this. txbauthor. Name  =  "txbauthor";
this. txbauthor. Size  =  new System. Drawing. Size(110, 21);
this. txbauthor. TabIndex  =  18;
//
// label2
//
this. label2. AutoSize  =  true;
this. label2. Location  =  new System. Drawing. Point(27, 233);
this. label2. Name  =  "label2";
this. label2. Size  =  new System. Drawing. Size(41, 12);
this. label2. TabIndex  =  17;
this. label2. Text  =  "作者:";
//
// txbname
//
this. txbname. Location  =  new System. Drawing. Point(74, 199);
this. txbname. Name  =  "txbname";
this. txbname. Size  =  new System. Drawing. Size(110, 21);
this. txbname. TabIndex  =  16;
//
// label1
//
this. label1. AutoSize  =  true;
this. label1. Location  =  new System. Drawing. Point(15, 202);
this. label1. Name  =  "label1";
this. label1. Size  =  new System. Drawing. Size(53, 12);
this. label1. TabIndex  =  15;
this. label1. Text  =  "文章名:";
//
// btnopenpic
//
this. btnopenpic. Location  =  new System. Drawing. Point(63, 163);
this. btnopenpic. Name  =  "btnopenpic";
this. btnopenpic. Size  =  new System. Drawing. Size(75, 23);
this. btnopenpic. TabIndex  =  13;
this. btnopenpic. Text  =  "打开图片";
this. btnopenpic. UseVisualStyleBackColor  =  true;
this. btnopenpic. Click  + =  new System. EventHandler(this. btnopenpic_Click);
//
```

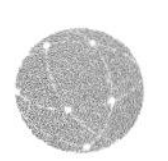

```
// button1
//
this. button1. Location = new System. Drawing. Point(112, 491);
this. button1. Name = "button1";
this. button1. Size = new System. Drawing. Size(67, 23);
this. button1. TabIndex = 7;
this. button1. Text = "添加文章";
this. button1. UseVisualStyleBackColor = true;
this. button1. Click + = new System. EventHandler(this. button1_Click);
//
// btndetail
//
this. btndetail. Location = new System. Drawing. Point(18, 491);
this. btndetail. Name = "btndetail";
this. btndetail. Size = new System. Drawing. Size(75, 23);
this. btndetail. TabIndex = 6;
this. btndetail. Text = "查看详情";
this. btndetail. UseVisualStyleBackColor = true;
this. btndetail. Click + = new System. EventHandler(this. btndetail_Click);
//
// groupBoxnormal
//
this. groupBoxnormal. Controls. Add(this. txtnormal);
this. groupBoxnormal. Location = new System. Drawing. Point(9, 336);
this. groupBoxnormal. Name = "groupBoxnormal";
this. groupBoxnormal. Size = new System. Drawing. Size(178, 149);
this. groupBoxnormal. TabIndex = 23;
this. groupBoxnormal. TabStop = false;
this. groupBoxnormal. Text = "内容简介";
//
// txtnormal
//
this. txtnormal. Location = new System. Drawing. Point(6, 20);
this. txtnormal. Multiline = true;
this. txtnormal. Name = "txtnormal";
this. txtnormal. ReadOnly = true;
this. txtnormal. ScrollBars = System. Windows. Forms. ScrollBars. Vertical;
this. txtnormal. Size = new System. Drawing. Size(161, 123);
this. txtnormal. TabIndex = 6;
//
// labelpage
//
this. labelpage. AutoSize = true;
this. labelpage. Location = new System. Drawing. Point(12, 298);
this. labelpage. Name = "labelpage";
this. labelpage. Size = new System. Drawing. Size(41, 12);
this. labelpage. TabIndex = 4;
this. labelpage. Text = "页码:";
//
// labelTimes
//
this. labelTimes. AutoSize = true;
```

```
this. labelTimes. Location = new System. Drawing. Point(12, 261);
this. labelTimes. Name = "labelTimes";
this. labelTimes. Size = new System. Drawing. Size(65, 12);
this. labelTimes. TabIndex = 3;
this. labelTimes. Text = "作品时代:";
//
// labelauthor
//
this. labelauthor. AutoSize = true;
this. labelauthor. Location = new System. Drawing. Point(10, 225);
this. labelauthor. Name = "labelauthor";
this. labelauthor. Size = new System. Drawing. Size(41, 12);
this. labelauthor. TabIndex = 2;
this. labelauthor. Text = "作者:";
//
// labelname
//
this. labelname. AutoSize = true;
this. labelname. Location = new System. Drawing. Point(10, 189);
this. labelname. Name = "labelname";
this. labelname. Size = new System. Drawing. Size(53, 12);
this. labelname. TabIndex = 1;
this. labelname. Text = "文章名:";
//
// pbxnormal
//
this. pbxnormal. Location = new System. Drawing. Point(12, 3);
this. pbxnormal. Name = "pbxnormal";
this. pbxnormal. Size = new System. Drawing. Size(175, 164);
this. pbxnormal. SizeMode = System. Windows. Forms. PictureBoxSizeMode. StretchImage;
this. pbxnormal. TabIndex = 14;
this. pbxnormal. TabStop = false;
//
// panelIntroduct
//
this. panelIntroduct. Controls. Add(this. dataGridView1);
this. panelIntroduct. Dock = System. Windows. Forms. DockStyle. Right;
this. panelIntroduct. Location = new System. Drawing. Point(196, 0);
this. panelIntroduct. Name = "panelIntroduct";
this. panelIntroduct. Size = new System. Drawing. Size(596, 566);
this. panelIntroduct. TabIndex = 2;
//
// dataGridView1
//
this. dataGridView1. AllowUserToAddRows = false;
this. dataGridView1. AllowUserToDeleteRows = false;
this. dataGridView1. AllowUserToResizeColumns = false;
this. dataGridView1. AllowUserToResizeRows = false;
this. dataGridView1. ColumnHeadersHeightSizeMode = System. Windows. Forms. DataGridViewColumnHeaders-
HeightSizeMode. AutoSize;
this. dataGridView1. Columns. AddRange( new System. Windows. Forms. DataGridViewColumn[ ] {
this. Column1,
```

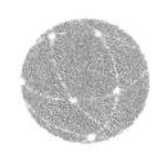

```
            this.Column2,
            this.Column3,
            this.Column9,
            this.Column4,
            this.Column10,
            this.Column5,
            this.Column6,
            this.Column7,
            this.Column8});
            this.dataGridView1.Dock = System.Windows.Forms.DockStyle.Fill;
            this.dataGridView1.Location = new System.Drawing.Point(0, 0);
            this.dataGridView1.Name = "dataGridView1";
            this.dataGridView1.ReadOnly = true;
            this.dataGridView1.RowHeadersVisible = false;
            this.dataGridView1.RowTemplate.Height = 75;
            this.dataGridView1.ScrollBars = System.Windows.Forms.ScrollBars.Vertical;
            this.dataGridView1.SelectionMode = System.Windows.Forms.DataGridViewSelectionMode.FullRowSelect;
            this.dataGridView1.Size = new System.Drawing.Size(596, 566);
            this.dataGridView1.TabIndex = 0;
            this.dataGridView1.CellContentClick += new System.Windows.Forms.DataGridViewCellEventHandler
(this.dataGridView1_CellContentClick);
            //
            // Column1
            //
            this.Column1.DataPropertyName = "image";
            dataGridViewCellStyle1.Alignment = System.Windows.Forms.DataGridViewContentAlignment.MiddleCenter;
            dataGridViewCellStyle1.BackColor = System.Drawing.Color.Aqua;
            dataGridViewCellStyle1.ForeColor = System.Drawing.Color.Black;
            dataGridViewCellStyle1.NullValue = ((object)(resources.GetObject("dataGridViewCellStyle1.
NullValue")));
            dataGridViewCellStyle1.SelectionBackColor = System.Drawing.Color.Aqua;
            dataGridViewCellStyle1.SelectionForeColor = System.Drawing.Color.White;
            this.Column1.DefaultCellStyle = dataGridViewCellStyle1;
            this.Column1.HeaderText = "照片";
            this.Column1.ImageLayout = System.Windows.Forms.DataGridViewImageCellLayout.Stretch;
            this.Column1.Name = "Column1";
            this.Column1.ReadOnly = true;
            this.Column1.Width = 99;
            //
            // Column2
            //
            this.Column2.DataPropertyName = "name";
            this.Column2.HeaderText = "书名";
            this.Column2.Name = "Column2";
            this.Column2.ReadOnly = true;
            this.Column2.Width = 99;
            //
            // Column3
            //
            this.Column3.DataPropertyName = "author";
            this.Column3.HeaderText = "作者";
            this.Column3.Name = "Column3";
```

```
this. Column3. ReadOnly = true;
this. Column3. Width = 99;
//
// Column9
//
this. Column9. DataPropertyName = "Explanation";
this. Column9. HeaderText = "释文";
this. Column9. Name = "Column9";
this. Column9. ReadOnly = true;
this. Column9. Visible = false;
//
// Column4
//
this. Column4. DataPropertyName = "Times";
this. Column4. HeaderText = "时代";
this. Column4. Name = "Column4";
this. Column4. ReadOnly = true;
this. Column4. Width = 98;
//
// Column10
//
this. Column10. DataPropertyName = "address";
this. Column10. HeaderText = "文件地址";
this. Column10. Name = "Column10";
this. Column10. ReadOnly = true;
this. Column10. Visible = false;
//
// Column5
//
this. Column5. DataPropertyName = "page";
this. Column5. HeaderText = "页码";
this. Column5. Name = "Column5";
this. Column5. ReadOnly = true;
this. Column5. Width = 99;
//
// Column6
//
this. Column6. DataPropertyName = "title";
this. Column6. HeaderText = "标题";
this. Column6. Name = "Column6";
this. Column6. ReadOnly = true;
this. Column6. Visible = false;
//
// Column7
//
this. Column7. DataPropertyName = "introduct";
this. Column7. HeaderText = "内容简介";
this. Column7. Name = "Column7";
this. Column7. ReadOnly = true;
this. Column7. Width = 99;
//
// Column8
```

 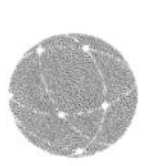

```
//
this. Column8. DataPropertyName = "publisher";
this. Column8. HeaderText = "出版社";
this. Column8. Name = "Column8";
this. Column8. ReadOnly = true;
this. Column8. Visible = false;
//
// ofdpic
//
this. ofdpic. FileName = "openFileDialog1";
//
// timer1
//
this. timer1. Interval = 1;
this. timer1. Tick += new System. EventHandler(this. timer1_Tick);
//
// timer2
//
this. timer2. Interval = 1;
this. timer2. Tick += new System. EventHandler(this. timer2_Tick);
//
// tmrpic
//
this. tmrpic. Interval = 1;
this. tmrpic. Tick += new System. EventHandler(this. tmrpic_Tick);
//
// SWForm
//
this. AutoScaleDimensions = new System. Drawing. SizeF(6F, 12F);
this. AutoScaleMode = System. Windows. Forms. AutoScaleMode. Font;
this. ClientSize = new System. Drawing. Size(792, 566);
this. Controls. Add(this. panelIntroduct);
this. Controls. Add(this. panelDetail);
this. Icon = ((System. Drawing. Icon)(resources. GetObject("$this. Icon")));
this. MaximizeBox = false;
this. MinimizeBox = false;
this. Name = "SWForm";
this. Text = "释文库";
this. WindowState = System. Windows. Forms. FormWindowState. Maximized;
this. FormClosing += new System. Windows. Forms. FormClosingEventHandler(this. SWForm_FormClos-
ing);
this. panelDetail. ResumeLayout(false);
this. panelDetail. PerformLayout();
this. paneledit. ResumeLayout(false);
this. paneledit. PerformLayout();
this. groupBoxintroduct. ResumeLayout(false);
this. groupBoxintroduct. PerformLayout();
((System. ComponentModel. ISupportInitialize)(this. pbxinfo)). EndInit();
this. groupBoxnormal. ResumeLayout(false);
this. groupBoxnormal. PerformLayout();
((System. ComponentModel. ISupportInitialize)(this. pbxnormal)). EndInit();
this. panelIntroduct. ResumeLayout(false);
```

```
            ((System.ComponentModel.ISupportInitialize)(this.dataGridView1)).EndInit();
            this.ResumeLayout(false);

        }

        #endregion

        private System.Windows.Forms.Panel panelDetail;
        private System.Windows.Forms.Label labelpage;
        private System.Windows.Forms.Label labelTimes;
        private System.Windows.Forms.Label labelauthor;
        private System.Windows.Forms.Label labelname;
        private System.Windows.Forms.PictureBox pbxinfo;
        private System.Windows.Forms.Panel panelIntroduct;
        private System.Windows.Forms.GroupBox groupBoxintroduct;
        private System.Windows.Forms.TextBox txbintroduct;
        private System.Windows.Forms.Button btndetail;
        private System.Windows.Forms.DataGridView dataGridView1;
        private System.Windows.Forms.Button btnupdate;
        private System.Windows.Forms.OpenFileDialog ofdpic;
        private System.Windows.Forms.TextBox txbaddress;
        private System.Windows.Forms.DataGridViewImageColumn Column1;
        private System.Windows.Forms.DataGridViewTextBoxColumn Column2;
        private System.Windows.Forms.DataGridViewTextBoxColumn Column3;
        private System.Windows.Forms.DataGridViewTextBoxColumn Column9;
        private System.Windows.Forms.DataGridViewTextBoxColumn Column4;
        private System.Windows.Forms.DataGridViewTextBoxColumn Column10;
        private System.Windows.Forms.DataGridViewTextBoxColumn Column5;
        private System.Windows.Forms.DataGridViewTextBoxColumn Column6;
        private System.Windows.Forms.DataGridViewTextBoxColumn Column7;
        private System.Windows.Forms.DataGridViewTextBoxColumn Column8;
        private System.Windows.Forms.Panel paneledit;
        private System.Windows.Forms.TextBox txbpage;
        private System.Windows.Forms.Label label4;
        private System.Windows.Forms.TextBox txbtimes;
        private System.Windows.Forms.Label label3;
        private System.Windows.Forms.TextBox txbauthor;
        private System.Windows.Forms.Label label2;
        private System.Windows.Forms.TextBox txbname;
        private System.Windows.Forms.Label label1;
        private System.Windows.Forms.PictureBox pbxnormal;
        private System.Windows.Forms.Button btnopenpic;
        private System.Windows.Forms.Button button1;
        private System.Windows.Forms.Label label5;
        private System.Windows.Forms.GroupBox groupBoxnormal;
        private System.Windows.Forms.TextBox txtnormal;
        private System.Windows.Forms.Button btncancle;
        private System.Windows.Forms.Timer timer1;
        private System.Windows.Forms.Timer timer2;
        private System.Windows.Forms.Timer tmrpic;
    }
}
```

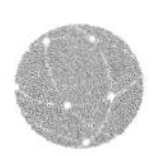

6.7　视频资料库代码

```
using System;
using System.Collections.Generic;
using System.ComponentModel;
using System.Data;
using System.Drawing;
using System.Linq;
using System.Text;
using System.Windows.Forms;
using System.Diagnostics;

namespace zhouyi_system
{
    public partial class ZhouyiViedoForm : Form
    {

        public ZhouyiViedoForm()
        {
            InitializeComponent();
            this.opfile.Filter = "所有文件(*.*)|*.*";
            this.opfile.FileName = "";
            this.opfile.InitialDirectory = Application.StartupPath + @"\Viedos\";
            this.Top = -370;
            this.tmrvideo.Enabled = true;

        }

        private void btnstop_Click(object sender, EventArgs e)
        {
            this.axWindowsMediaPlayer1.Ctlcontrols.stop();
        }

        private void btnpause_Click(object sender, EventArgs e)
        {
            if (this.btnpause.Text == "暂停")
            {
                this.axWindowsMediaPlayer1.Ctlcontrols.pause();
                this.btnpause.Text = "继续";
            }
            else
            {
                this.axWindowsMediaPlayer1.Ctlcontrols.play();
                this.btnpause.Text = "暂停";
            }
        }

        private void btnplay_Click(object sender, EventArgs e)
        {
          //this.opfile.ShowDialog();
```

```
        //this. axWindowsMediaPlayer1. URL  =  this. opfile. FileName;
        //this. axWindowsMediaPlayer1. Ctlcontrols. play( ) ;
          if ( this. axWindowsMediaPlayer1. playState  = =  WMPLib. WMPPlayState. wmppsPlaying)
            this. axWindowsMediaPlayer1. fullScreen  =  true;
          else
          {
            MessageBox. Show( "请在右边列表中选择您要播放的文件!", "提示") ;
            this. axWindowsMediaPlayer1. fullScreen  =  false;

          }

      }

      private void listView1_Click( object sender, EventArgs e)
      {
          this. axWindowsMediaPlayer1. Ctlcontrols. stop( ) ;
          this. axWindowsMediaPlayer1. URL  =  @ "Viedos\\"  +  listView1. SelectedItems[0]. SubItems[0]. Text;
          this. axWindowsMediaPlayer1. Ctlcontrols. play( ) ;
          this. Text  =  listView1. SelectedItems[0]. SubItems[0]. Text;
      }

      private void tmrvideo_Tick( object sender, EventArgs e)
      {
          this. Top  + =  4;
          if ( this. Top > =  80)
            this. tmrvideo. Enabled  =  false;
      }

      private void ZhouyiViedoForm_FormClosing( object sender, FormClosingEventArgs e)
      {
          if ( this. axWindowsMediaPlayer1  !  =  null)
          {
            this. axWindowsMediaPlayer1. Dispose( ) ;
          }
      }
    }
}
```

设计代码如下。

```
namespace zhouyi_system
{
    partial class ZhouyiViedoForm
    {
        ///  < summary >
        /// Required designer variable.
        ///  < /summary >
        private System. ComponentModel. IContainer components  =  null;

        ///  < summary >
        /// Clean up any resources being used.
        ///  < /summary >
        ///  < param name = " disposing" > true if managed resources should be disposed; otherwise, false. < /
```

 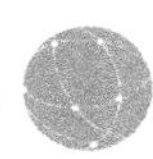

```
param >
        protected override void Dispose(bool disposing)
        {
            if (disposing && (components != null))
            {
                components. Dispose();
            }
            base. Dispose(disposing);
        }

        #region Windows Form Designer generated code

        /// < summary >
        /// Required method for Designer support - do not modify
        /// the contents of this method with the code editor.
        /// < /summary >
        private void InitializeComponent()
        {
            this. components = new System. ComponentModel. Container();
            System. ComponentModel. ComponentResourceManager resources = new System. ComponentModel. Com-
ponentResourceManager(typeof(ZhouyiViedoForm));
            System. Windows. Forms. ListViewItem listViewItem1 = new System. Windows. Forms. ListViewItem("林
武樟易经易理研究 1. wmv");
            System. Windows. Forms. ListViewItem listViewItem2 = new System. Windows. Forms. ListViewItem("林
武樟易经易理研究 2. wmv");
            System. Windows. Forms. ListViewItem listViewItem3 = new System. Windows. Forms. ListViewItem("林
武樟易经易理研究 3. wmv");
            System. Windows. Forms. ListViewItem listViewItem4 = new System. Windows. Forms. ListViewItem("林
武樟易经易理研究 4. wmv");
            System. Windows. Forms. ListViewItem listViewItem5 = new System. Windows. Forms. ListViewItem("林
武樟易经易理研究 5. wmv");
            System. Windows. Forms. ListViewItem listViewItem6 = new System. Windows. Forms. ListViewItem("林
武樟易经易理研究 6. wmv");
            System. Windows. Forms. ListViewItem listViewItem7 = new System. Windows. Forms. ListViewItem("林
武樟易经易理研究 7. wmv");
            System. Windows. Forms. ListViewItem listViewItem8 = new System. Windows. Forms. ListViewItem("林
武樟易经易理研究 8. wmv");
            System. Windows. Forms. ListViewItem listViewItem9 = new System. Windows. Forms. ListViewItem("林
武樟易经易理研究 9. wmv");
            System. Windows. Forms. ListViewItem listViewItem10 = new System. Windows. Forms. ListViewItem("
林武樟易经易理研究 10. wmv");
            System. Windows. Forms. ListViewItem listViewItem11 = new System. Windows. Forms. ListViewItem("
林武樟易经易理研究 11. wmv");
            System. Windows. Forms. ListViewItem listViewItem12 = new System. Windows. Forms. ListViewItem("
林武樟易经易理研究 12. wmv");
            System. Windows. Forms. ListViewItem listViewItem13 = new System. Windows. Forms. ListViewItem("
林武樟易经易理研究 13. wmv");
            System. Windows. Forms. ListViewItem listViewItem14 = new System. Windows. Forms. ListViewItem("
林武樟易经易理研究 14. wmv");
            System. Windows. Forms. ListViewItem listViewItem15 = new System. Windows. Forms. ListViewItem("
林武樟易经易理研究 15. wmv");
            System. Windows. Forms. ListViewItem listViewItem16 = new System. Windows. Forms. ListViewItem("
```

```
林武樟易经易理研究 16. wmv");
            System.Windows.Forms.ListViewItem listViewItem17 = new System.Windows.Forms.ListViewItem("
林武樟易经易理研究 17. wmv");
            System.Windows.Forms.ListViewItem listViewItem18 = new System.Windows.Forms.ListViewItem("
林武樟易经易理研究 18. wmv");
            System.Windows.Forms.ListViewItem listViewItem19 = new System.Windows.Forms.ListViewItem("
千古奇书-周易(上).wmv");
            System.Windows.Forms.ListViewItem listViewItem20 = new System.Windows.Forms.ListViewItem("
千古奇书-周易(下).wmv");
            System.Windows.Forms.ListViewItem listViewItem21 = new System.Windows.Forms.ListViewItem("
周易与思维方式 1. wmv");
            System.Windows.Forms.ListViewItem listViewItem22 = new System.Windows.Forms.ListViewItem("
周易与思维方式 2. wmv");
            System.Windows.Forms.ListViewItem listViewItem23 = new System.Windows.Forms.ListViewItem("
周易与思维方式 3. wmv");
            System.Windows.Forms.ListViewItem listViewItem24 = new System.Windows.Forms.ListViewItem("
周易与思维方式 4. wmv");
            this.splitContainer1 = new System.Windows.Forms.SplitContainer();
            this.btnstop = new System.Windows.Forms.Button();
            this.btnpause = new System.Windows.Forms.Button();
            this.btnplay = new System.Windows.Forms.Button();
            this.listView1 = new System.Windows.Forms.ListView();
            this.columnHeader1 = new System.Windows.Forms.ColumnHeader();
            this.axWindowsMediaPlayer1 = new AxWMPLib.AxWindowsMediaPlayer();
            this.opfile = new System.Windows.Forms.OpenFileDialog();
            this.tmrvideo = new System.Windows.Forms.Timer(this.components);
            this.splitContainer1.Panel1.SuspendLayout();
            this.splitContainer1.Panel2.SuspendLayout();
            this.splitContainer1.SuspendLayout();

            ((System.ComponentModel.ISupportInitialize)(this.axWindowsMediaPlayer1)).BeginInit();
            this.SuspendLayout();
            //
            // splitContainer1
            //
            this.splitContainer1.Dock = System.Windows.Forms.DockStyle.Fill;
            this.splitContainer1.Location = new System.Drawing.Point(0, 0);
            this.splitContainer1.Name = "splitContainer1";
            //
            // splitContainer1.Panel1
            //
            this.splitContainer1.Panel1.BackgroundImage = ((System.Drawing.Image)(resources.GetObject("
splitContainer1.Panel1.BackgroundImage")));
            this.splitContainer1.Panel1.Controls.Add(this.btnstop);
            this.splitContainer1.Panel1.Controls.Add(this.btnpause);
            this.splitContainer1.Panel1.Controls.Add(this.btnplay);
            //
            // splitContainer1.Panel2
            //
            this.splitContainer1.Panel2.Controls.Add(this.listView1);
            this.splitContainer1.Panel2.Controls.Add(this.axWindowsMediaPlayer1);
            this.splitContainer1.Size = new System.Drawing.Size(719, 342);
```

```
this.splitContainer1.SplitterDistance = 109;
this.splitContainer1.TabIndex = 0;
//
// btnstop
//
this.btnstop.Image = ((System.Drawing.Image)(resources.GetObject("btnstop.Image")));
this.btnstop.ImageAlign = System.Drawing.ContentAlignment.TopCenter;
this.btnstop.Location = new System.Drawing.Point(22, 244);
this.btnstop.Name = "btnstop";
this.btnstop.Size = new System.Drawing.Size(75, 42);
this.btnstop.TabIndex = 2;
this.btnstop.Text = "停止";
this.btnstop.TextAlign = System.Drawing.ContentAlignment.BottomCenter;
this.btnstop.UseVisualStyleBackColor = true;
this.btnstop.Click += new System.EventHandler(this.btnstop_Click);
//
// btnpause
//
this.btnpause.Image = ((System.Drawing.Image)(resources.GetObject("btnpause.Image")));
this.btnpause.ImageAlign = System.Drawing.ContentAlignment.TopCenter;
this.btnpause.Location = new System.Drawing.Point(22, 137);
this.btnpause.Name = "btnpause";
this.btnpause.Size = new System.Drawing.Size(75, 42);
this.btnpause.TabIndex = 1;
this.btnpause.Text = "暂停";
this.btnpause.TextAlign = System.Drawing.ContentAlignment.BottomCenter;
this.btnpause.UseVisualStyleBackColor = true;
this.btnpause.Click += new System.EventHandler(this.btnpause_Click);
//
// btnplay
//
this.btnplay.Image = ((System.Drawing.Image)(resources.GetObject("btnplay.Image")));
this.btnplay.ImageAlign = System.Drawing.ContentAlignment.TopCenter;
this.btnplay.Location = new System.Drawing.Point(22, 34);
this.btnplay.Name = "btnplay";
this.btnplay.Size = new System.Drawing.Size(75, 42);
this.btnplay.TabIndex = 0;
this.btnplay.Text = "全屏播放";
this.btnplay.TextAlign = System.Drawing.ContentAlignment.BottomCenter;
this.btnplay.UseVisualStyleBackColor = true;
this.btnplay.Click += new System.EventHandler(this.btnplay_Click);
//
// listView1
//
this.listView1.Activation = System.Windows.Forms.ItemActivation.OneClick;
this.listView1.BackgroundImage = ((System.Drawing.Image)(resources.GetObject("listView1.Back-
groundImage")));
this.listView1.Columns.AddRange(new System.Windows.Forms.ColumnHeader[] {
this.columnHeader1});
this.listView1.Cursor = System.Windows.Forms.Cursors.Hand;
this.listView1.Dock = System.Windows.Forms.DockStyle.Right;
this.listView1.FullRowSelect = true;
```

```
this. listView1. GridLines = true;
this. listView1. HotTracking = true;
this. listView1. HoverSelection = true;
this. listView1. Items. AddRange( new System. Windows. Forms. ListViewItem[ ] {
listViewItem1,
listViewItem2,
listViewItem3,
listViewItem4,
listViewItem5,
listViewItem6,
listViewItem7,
listViewItem8,
listViewItem9,
listViewItem10,
listViewItem11,
listViewItem12,
listViewItem13,
listViewItem14,
listViewItem15,
listViewItem16,
listViewItem17,
listViewItem18,
listViewItem19,
listViewItem20,
listViewItem21,
listViewItem22,
listViewItem23,
listViewItem24} );
this. listView1. Location = new System. Drawing. Point(445, 0);
this. listView1. Name = "listView1";
this. listView1. ShowItemToolTips = true;
this. listView1. Size = new System. Drawing. Size(161, 342);
this. listView1. TabIndex = 1;
this. listView1. UseCompatibleStateImageBehavior = false;
this. listView1. View = System. Windows. Forms. View. Details;
this. listView1. Click + = new System. EventHandler( this. listView1_Click);
//
// columnHeader1
//
this. columnHeader1. Text = "播放列表";
this. columnHeader1. Width = 157;
//
// axWindowsMediaPlayer1
//
this. axWindowsMediaPlayer1. Enabled = true;
this. axWindowsMediaPlayer1. Location = new System. Drawing. Point(0, 0);
this. axWindowsMediaPlayer1. Name = "axWindowsMediaPlayer1";
this. axWindowsMediaPlayer1. OcxState = ((System. Windows. Forms. AxHost. State) ( resources. GetOb-
ject("axWindowsMediaPlayer1. OcxState")));
this. axWindowsMediaPlayer1. Size = new System. Drawing. Size(445, 342);
this. axWindowsMediaPlayer1. TabIndex = 0;
//
```

 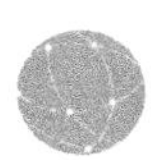

```
            // opfile
            //
            this.opfile.FileName = "opfile";
            //
            // tmrvideo
            //
            this.tmrvideo.Interval = 1;
            this.tmrvideo.Tick += new System.EventHandler(this.tmrvideo_Tick);
            //
            // ZhouyiViedoForm
            //
            this.AutoScaleDimensions = new System.Drawing.SizeF(6F, 12F);
            this.AutoScaleMode = System.Windows.Forms.AutoScaleMode.Font;
            this.ClientSize = new System.Drawing.Size(719, 342);
            this.Controls.Add(this.splitContainer1);
            this.Icon = ((System.Drawing.Icon)(resources.GetObject("$this.Icon")));
            this.Location = new System.Drawing.Point(20, 0);
            this.MaximizeBox = false;
            this.MinimizeBox = false;
            this.Name = "ZhouyiViedoForm";
            this.StartPosition = System.Windows.Forms.FormStartPosition.Manual;
            this.FormClosing += new System.Windows.Forms.FormClosingEventHandler(this.ZhouyiViedoForm_
FormClosing);
            this.splitContainer1.Panel1.ResumeLayout(false);
            this.splitContainer1.Panel2.ResumeLayout(false);
            this.splitContainer1.ResumeLayout(false);
            ((System.ComponentModel.ISupportInitialize)(this.axWindowsMediaPlayer1)).EndInit();
            this.ResumeLayout(false);

        }

        #endregion

        private System.Windows.Forms.SplitContainer splitContainer1;
        private System.Windows.Forms.Button btnplay;
        private AxWMPLib.AxWindowsMediaPlayer axWindowsMediaPlayer1;
        private System.Windows.Forms.Button btnstop;
        private System.Windows.Forms.Button btnpause;
        private System.Windows.Forms.OpenFileDialog opfile;
        private System.Windows.Forms.ListView listView1;
        private System.Windows.Forms.ColumnHeader columnHeader1;
        private System.Windows.Forms.Timer tmrvideo;
    }
}
```

6.8 图片资料库代码

```
using System;
using System.Collections.Generic;
using System.ComponentModel;
using System.Data;
```

```
using System. Drawing;
using System. Linq;
using System. Text;
using System. Windows. Forms;
using System. IO;

namespace zhouyi_system
{
    public partial class pictureForm : Form
    {
        public pictureForm()
        {
            InitializeComponent();
        }

        string pfolder;
        private void pictureForm_Load(object sender, EventArgs e)
        {
            string root = Application. StartupPath + @"\周易图片资料库";
            this. listBox1. Items. Clear();
            DirectoryInfo rootdir = new DirectoryInfo(root);
            TreeNode node = new TreeNode();
            node. Text = rootdir. Name;
            node. Tag = rootdir;
            node. ImageIndex = 1;
            node. SelectedImageIndex = 1;
            this. treeView1. Nodes. Add(node);
            node. Nodes. Add(new TreeNode());

        }


        private void treeView1_BeforeExpand(object sender, TreeViewCancelEventArgs e)
        {

        }

        private void treeView1_AfterSelect(object sender, TreeViewEventArgs e)
        {

            if ((File. GetAttributes(this. treeView1. SelectedNode. FullPath) & FileAttributes. Directory) = = FileAt-
tributes. Directory)
            {

                string PPath = this. treeView1. SelectedNode. FullPath;
                DirectoryInfo parentfold = (DirectoryInfo)e. Node. Tag;
                //获得本级节点所有的文件信息
                FileInfo[] files = parentfold. GetFiles();
                if (files. Length > 0)
                {
                    this. treeView1. Width = 180;
                    this. listBox1. Items. Clear();
```

 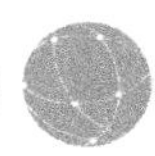

```
                this.listBox1.Items.AddRange(files);
                pfolder = Application.StartupPath + @"\" + PPath;
            }

        }
    }

    private void treeView1_AfterExpand(object sender, TreeViewEventArgs e)
    {
        if (e.Action == TreeViewAction.Expand)
        {
            //获得当前节点的上一级目录
            DirectoryInfo parentfold = (DirectoryInfo)e.Node.Tag;
            //获得本级节点所有的文件夹信息
            DirectoryInfo[] folds = parentfold.GetDirectories();
            //获得本级节点所有的文件信息
            FileInfo[] files = parentfold.GetFiles();

            e.Node.Nodes.Clear();
            //遍历放置所文件夹信息的 folds 数组
            foreach (DirectoryInfo fold in folds)
            {
                //创建一个 TreeNode 节点
                TreeNode node = new TreeNode();
                //把文件夹的名字赋予 node 节点
                node.Text = fold.Name;
                //把文件夹信息放到 node 的 tag 标记中
                node.Tag = fold;
                //把节点添加到当前节点的下面
                e.Node.Nodes.Add(node);
                //添加一个加号
                node.Nodes.Add(new TreeNode());
            }

        }
    }

    private void btnbackup_Click(object sender, EventArgs e)
    {
        try
        {
            if (listBox1.SelectedIndex != 0)
            {
                listBox1.SetSelected(listBox1.SelectedIndex - 1,true);
            }
        }
        catch
        { }
    }

    private void btnforward_Click(object sender, EventArgs e)
    {
```

```
        try
        {
            if (listBox1. SelectedIndex < listBox1. Items. Count - 1)
            {
                listBox1. SetSelected(listBox1. SelectedIndex + 1,true);
            }
        }
        catch
        { }
    }

    public Bitmap image1;
    public string Picname;
    public string FPath;//当前的图片路径
    public string PictureWidth;//图片宽度
    public string Pictureheight;//图片长度
    public double SelectFileSize;//图片大小
    private void listBox1_SelectedIndexChanged(object sender, EventArgs e)
    {

        this. pictureBox1. BackgroundImage = null;
        if (pictureBox1. Image ! = null)
            pictureBox1. Image. Dispose();
        Picname = this. listBox1. SelectedItem. ToString();
        FPath = pfolder +@"\" + Picname;
        Bitmap srcbmp = new Bitmap(FPath);
        image1 =new Bitmap(srcbmp);
        this. pictureBox1. Image = image1;
        PictureWidth = image1. Width. ToString();
        Pictureheight = image1. Height. ToString();
        FileInfo finfo = new FileInfo(FPath);
        string FileSize = finfo. Length. ToString();
        SelectFileSize =Convert. ToDouble(FileSize) / 1024 / 1024;
        this. label1. Text = "图片名称:" + Picname + "图片大小:" + SelectFileSize. ToString("F") + "
M" + "分辨率:" + PictureWidth + " × " + Pictureheight;


    }

    private void pictureBox1_Click(object sender, EventArgs e)
    {
        if (pictureBox1. Image ! = null)
        {
            frmPictureMax pictureMax = new frmPictureMax();
            pictureMax. FPath = FPath;
            pictureMax. PictureWidth = PictureWidth;
            pictureMax. Pictureheight = Pictureheight;
            pictureMax. SelectFileSize = SelectFileSize;
            pictureMax. Picname = Picname;
            pictureMax. ShowDialog();
        }
    }
```

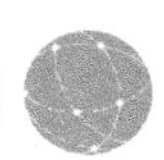

```
    }
}
```

设计代码如下。

```
namespace zhouyi_system
{
    partial class pictureForm
    {
        /// <summary>
        /// Required designer variable.
        /// </summary>
        private System.ComponentModel.IContainer components = null;

        /// <summary>
        /// Clean up any resources being used.
        /// </summary>
        /// <param name="disposing">true if managed resources should be disposed; otherwise, false.</param>
        protected override void Dispose(bool disposing)
        {
            if (disposing && (components != null))
            {
                components.Dispose();
            }
            base.Dispose(disposing);
        }

        #region Windows Form Designer generated code

        /// <summary>
        /// Required method for Designer support - do not modify
        /// the contents of this method with the code editor.
        /// </summary>
        private void InitializeComponent()
        {
            this.components = new System.ComponentModel.Container();
            System.ComponentModel.ComponentResourceManager resources = new System.ComponentModel.ComponentResourceManager(typeof(pictureForm));
            this.splitContainer1 = new System.Windows.Forms.SplitContainer();
            this.listBox1 = new System.Windows.Forms.ListBox();
            this.treeView1 = new System.Windows.Forms.TreeView();
            this.imageList1 = new System.Windows.Forms.ImageList(this.components);
            this.label1 = new System.Windows.Forms.Label();
            this.btnforward = new System.Windows.Forms.Button();
            this.imageList2 = new System.Windows.Forms.ImageList(this.components);
            this.btnbackup = new System.Windows.Forms.Button();
            this.pictureBox1 = new System.Windows.Forms.PictureBox();
            this.splitContainer1.Panel1.SuspendLayout();
            this.splitContainer1.Panel2.SuspendLayout();
            this.splitContainer1.SuspendLayout();
            ((System.ComponentModel.ISupportInitialize)(this.pictureBox1)).BeginInit();
```

```
this. SuspendLayout( ) ;
//
// splitContainer1
//
this. splitContainer1. BackColor = System. Drawing. Color. Black;
this. splitContainer1. Dock = System. Windows. Forms. DockStyle. Fill;
this. splitContainer1. Location = new System. Drawing. Point(0, 0) ;
this. splitContainer1. Name = "splitContainer1" ;
//
// splitContainer1. Panel1
//
this. splitContainer1. Panel1. Controls. Add( this. treeView1 ) ;
this. splitContainer1. Panel1. Controls. Add( this. listBox1 ) ;
//
// splitContainer1. Panel2
//
this. splitContainer1. Panel2. BackColor = System. Drawing. Color. Black;
this. splitContainer1. Panel2. Controls. Add( this. label1 ) ;
this. splitContainer1. Panel2. Controls. Add( this. btnforward) ;
this. splitContainer1. Panel2. Controls. Add( this. btnbackup) ;
this. splitContainer1. Panel2. Controls. Add( this. pictureBox1 ) ;
this. splitContainer1. Size = new System. Drawing. Size( 790, 564) ;
this. splitContainer1. SplitterDistance = 350;
this. splitContainer1. SplitterWidth = 1;
this. splitContainer1. TabIndex = 0;
//
// listBox1
//
this. listBox1. BorderStyle = System. Windows. Forms. BorderStyle. None;
this. listBox1. Dock = System. Windows. Forms. DockStyle. Right;
this. listBox1. FormattingEnabled = true;
this. listBox1. ItemHeight = 12;
this. listBox1. Items. AddRange( new object[ ] {
"图片名"} ) ;
this. listBox1. Location = new System. Drawing. Point( 177, 0) ;
this. listBox1. Name = "listBox1" ;
this. listBox1. Size = new System. Drawing. Size( 173, 564) ;
this. listBox1. TabIndex = 1;
this. listBox1. SelectedIndexChanged + = new System. EventHandler( this. listBox1_SelectedIndexChanged) ;
//
// treeView1
//
this. treeView1. Dock = System. Windows. Forms. DockStyle. Left;
this. treeView1. FullRowSelect = true;
this. treeView1. HideSelection = false;
this. treeView1. ImageIndex = 0;
this. treeView1. ImageList = this. imageList1;
this. treeView1. Location = new System. Drawing. Point(0, 0) ;
this. treeView1. Name = "treeView1" ;
this. treeView1. SelectedImageIndex = 0;
this. treeView1. Size = new System. Drawing. Size(350, 564) ;
this. treeView1. TabIndex = 0;
```

```
        this.treeView1.BeforeExpand += new System.Windows.Forms.TreeViewCancelEventHandler(this.treeView1_BeforeExpand);
        this.treeView1.AfterSelect += new System.Windows.Forms.TreeViewEventHandler(this.treeView1_AfterSelect);
        this.treeView1.AfterExpand += new System.Windows.Forms.TreeViewEventHandler(this.treeView1_AfterExpand);
        //
        // imageList1
        //
        this.imageList1.ImageStream = ((System.Windows.Forms.ImageListStreamer)(resources.GetObject("imageList1.ImageStream")));
        this.imageList1.TransparentColor = System.Drawing.Color.Transparent;
        this.imageList1.Images.SetKeyName(0, "清新系统桌面图标下载3.png");
        this.imageList1.Images.SetKeyName(1, "yin-yang_color3.jpg");
        //
        // label1
        //
        this.label1.Dock = System.Windows.Forms.DockStyle.Top;
        this.label1.ForeColor = System.Drawing.Color.White;
        this.label1.Location = new System.Drawing.Point(0, 0);
        this.label1.Name = "label1";
        this.label1.Size = new System.Drawing.Size(439, 27);
        this.label1.TabIndex = 5;
        this.label1.TextAlign = System.Drawing.ContentAlignment.MiddleCenter;
        //
        // btnforward
        //
        this.btnforward.ImageIndex = 1;
        this.btnforward.ImageList = this.imageList2;
        this.btnforward.Location = new System.Drawing.Point(412, 233);
        this.btnforward.Name = "btnforward";
        this.btnforward.Size = new System.Drawing.Size(24, 23);
        this.btnforward.TabIndex = 4;
        this.btnforward.UseVisualStyleBackColor = true;
        this.btnforward.Click += new System.EventHandler(this.btnforward_Click);
        //
        // imageList2
        //
        this.imageList2.ImageStream = ((System.Windows.Forms.ImageListStreamer)(resources.GetObject("imageList2.ImageStream")));
        this.imageList2.TransparentColor = System.Drawing.Color.Transparent;
        this.imageList2.Images.SetKeyName(0, "backup_p1.JPG");
        this.imageList2.Images.SetKeyName(1, "forword_p1.JPG");
        //
        // btnbackup
        //
        this.btnbackup.ImageIndex = 0;
        this.btnbackup.ImageList = this.imageList2;
        this.btnbackup.Location = new System.Drawing.Point(3, 233);
        this.btnbackup.Name = "btnbackup";
        this.btnbackup.Size = new System.Drawing.Size(24, 23);
        this.btnbackup.TabIndex = 3;
```

```
            this.btnbackup.UseVisualStyleBackColor = true;
            this.btnbackup.Click += new System.EventHandler(this.btnbackup_Click);
            //
            // pictureBox1
            //
            this.pictureBox1.BackColor = System.Drawing.Color.WhiteSmoke;
            this.pictureBox1.BackgroundImage = ((System.Drawing.Image)(resources.GetObject("pictureBox1.BackgroundImage")));
            this.pictureBox1.BackgroundImageLayout = System.Windows.Forms.ImageLayout.Stretch;
            this.pictureBox1.Location = new System.Drawing.Point(33, 94);
            this.pictureBox1.Name = "pictureBox1";
            this.pictureBox1.Size = new System.Drawing.Size(373, 356);
            this.pictureBox1.SizeMode = System.Windows.Forms.PictureBoxSizeMode.Zoom;
            this.pictureBox1.TabIndex = 2;
            this.pictureBox1.TabStop = false;
            this.pictureBox1.Click += new System.EventHandler(this.pictureBox1_Click);
            //
            // pictureForm
            //
            this.AutoScaleDimensions = new System.Drawing.SizeF(6F, 12F);
            this.AutoScaleMode = System.Windows.Forms.AutoScaleMode.Font;
            this.ClientSize = new System.Drawing.Size(790, 564);
            this.Controls.Add(this.splitContainer1);
            this.Icon = ((System.Drawing.Icon)(resources.GetObject("$this.Icon")));
            this.Name = "pictureForm";
            this.StartPosition = System.Windows.Forms.FormStartPosition.CenterParent;
            this.WindowState = System.Windows.Forms.FormWindowState.Maximized;
            this.Load += new System.EventHandler(this.pictureForm_Load);
            this.splitContainer1.Panel1.ResumeLayout(false);
            this.splitContainer1.Panel2.ResumeLayout(false);
            this.splitContainer1.ResumeLayout(false);
            ((System.ComponentModel.ISupportInitialize)(this.pictureBox1)).EndInit();
            this.ResumeLayout(false);

        }

        #endregion

        private System.Windows.Forms.SplitContainer splitContainer1;
        private System.Windows.Forms.ListBox listBox1;
        private System.Windows.Forms.TreeView treeView1;
        private System.Windows.Forms.ImageList imageList1;
        private System.Windows.Forms.PictureBox pictureBox1;
        private System.Windows.Forms.Button btnforward;
        private System.Windows.Forms.Button btnbackup;
        private System.Windows.Forms.ImageList imageList2;
        private System.Windows.Forms.Label label1;
    }
}
```

6.9 周易占卜代码

```
using System;
using System. Collections. Generic;
using System. ComponentModel;
using System. Data;
using System. Drawing;
using System. Linq;
using System. Text;
using System. Windows. Forms;


namespace zhouyi_system
{
    public partial class YanbianForm : Form
    {
        public YanbianForm( )
        {
            InitializeComponent( );
            this. tmrYB. Enabled = true;
            this. Left = -580;
        }

        private void YanbianForm_Load( object sender, EventArgs e)
        {
          FlashMain. LoadMovie(0,Application. StartupPath + @"\易经数字神算 . swf");
        }

        private void tmrYB_Tick( object sender, EventArgs e)
        {
          this. Left + = 4;
          if (this. Left > = 100)
              this. tmrYB. Enabled = false;
        }

        private void listView2_Click( object sender, EventArgs e)
        {
            FlashMain. Stop( );
            FlashMain. Movie = Application. StartupPath + @" \swf\" + listView2. SelectedItems[0]. SubItems
[0]. Text + ". swf";
            FlashMain. Play( );
        }

        private void YanbianForm_FormClosing( object sender, FormClosingEventArgs e)
        {
            if (this. FlashMain ! = null)
                this. FlashMain. Dispose( );
        }
    }
}
```

设计代码如下。

```
namespace zhouyi_system
{
    partial class YanbianForm
    {
        /// <summary>
        /// Required designer variable.
        /// </summary>
        private System.ComponentModel.IContainer components = null;

        /// <summary>
        /// Clean up any resources being used.
        /// </summary>
        /// <param name = "disposing" > true if managed resources should be disposed; otherwise, false. </
param>
        protected override void Dispose(bool disposing)
        {
            if (disposing && (components != null))
            {
                components.Dispose();
            }
            base.Dispose(disposing);
        }

        #region Windows Form Designer generated code

        /// <summary>
        /// Required method for Designer support - do not modify
        /// the contents of this method with the code editor.
        /// </summary>
        private void InitializeComponent()
        {
            this.components = new System.ComponentModel.Container();
            System.ComponentModel.ComponentResourceManager resources = new System.ComponentModel.Com-
ponentResourceManager(typeof(YanbianForm));
            System.Windows.Forms.ListViewItem listViewItem1 = new System.Windows.Forms.ListViewItem("易
经数字神算");
            System.Windows.Forms.ListViewItem listViewItem2 = new System.Windows.Forms.ListViewItem("六
爻占卜");
            System.Windows.Forms.ListViewItem listViewItem3 = new System.Windows.Forms.ListViewItem("太
极神测");
            System.Windows.Forms.ListViewItem listViewItem4 = new System.Windows.Forms.ListViewItem("黄
帝四季占卜");
            System.Windows.Forms.ListViewItem listViewItem5 = new System.Windows.Forms.ListViewItem("周
易人生预测");
            this.openFileDialog1 = new System.Windows.Forms.OpenFileDialog();
            this.tmrYB = new System.Windows.Forms.Timer(this.components);
            this.listView1 = new System.Windows.Forms.ListView();
            this.columnHeader1 = new System.Windows.Forms.ColumnHeader();
            this.listView2 = new System.Windows.Forms.ListView();
            this.columnHeader2 = new System.Windows.Forms.ColumnHeader();
```

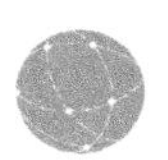

```
this.panel1 = new System.Windows.Forms.Panel();
this.FlashMain = new AxShockwaveFlashObjects.AxShockwaveFlash();
this.panel1.SuspendLayout();
((System.ComponentModel.ISupportInitialize)(this.FlashMain)).BeginInit();
this.SuspendLayout();
//
// openFileDialog1
//
this.openFileDialog1.FileName = "openFileDialog1";
//
// tmrYB
//
this.tmrYB.Interval = 1;
this.tmrYB.Tick += new System.EventHandler(this.tmrYB_Tick);
//
// listView1
//
this.listView1.Activation = System.Windows.Forms.ItemActivation.OneClick;
this.listView1.BackgroundImage = ((System.Drawing.Image)(resources.GetObject("listView1.Back-
groundImage")));
this.listView1.BackgroundImageTiled = true;
this.listView1.GridLines = true;
this.listView1.HotTracking = true;
this.listView1.HoverSelection = true;
this.listView1.Location = new System.Drawing.Point(0, 0);
this.listView1.Name = "listView1";
this.listView1.Size = new System.Drawing.Size(121, 97);
this.listView1.TabIndex = 0;
this.listView1.UseCompatibleStateImageBehavior = false;
//
// columnHeader1
//
this.columnHeader1.DisplayIndex = 0;
this.columnHeader1.Text = "播放列表";
this.columnHeader1.Width = 93;
//
// listView2
//
this.listView2.Activation = System.Windows.Forms.ItemActivation.OneClick;
this.listView2.BackgroundImage = ((System.Drawing.Image)(resources.GetObject("listView2.Back-
groundImage")));
this.listView2.BackgroundImageTiled = true;
this.listView2.Columns.AddRange(new System.Windows.Forms.ColumnHeader[] {
this.columnHeader2});
this.listView2.Cursor = System.Windows.Forms.Cursors.Hand;
this.listView2.Dock = System.Windows.Forms.DockStyle.Left;
this.listView2.Font = new System.Drawing.Font("楷体_GB2312", 10.5F, System.Drawing.FontStyle.
Regular, System.Drawing.GraphicsUnit.Point, ((byte)(134)));
this.listView2.FullRowSelect = true;
this.listView2.GridLines = true;
this.listView2.HotTracking = true;
this.listView2.HoverSelection = true;
```

```
this. listView2. Items. AddRange( new System. Windows. Forms. ListViewItem[ ] {
listViewItem1,
listViewItem2,
listViewItem3,
listViewItem4,
listViewItem5} ) ;
this. listView2. Location = new System. Drawing. Point(0, 0) ;
this. listView2. Name = "listView2" ;
this. listView2. ShowItemToolTips = true;
this. listView2. Size = new System. Drawing. Size(99, 372) ;
this. listView2. TabIndex = 5;
this. listView2. UseCompatibleStateImageBehavior = false;
this. listView2. View = System. Windows. Forms. View. Details;
this. listView2. Click + = new System. EventHandler( this. listView2_Click) ;
//
// columnHeader2
//
this. columnHeader2. Text = "播放列表" ;
this. columnHeader2. Width = 93;
//
// panel1
//
this. panel1. Controls. Add( this. FlashMain) ;
this. panel1. Dock = System. Windows. Forms. DockStyle. Fill;
this. panel1. Location = new System. Drawing. Point(99, 0) ;
this. panel1. Name = "panel1" ;
this. panel1. Size = new System. Drawing. Size(521, 372) ;
this. panel1. TabIndex = 6;
//
// FlashMain
//
this. FlashMain. Dock = System. Windows. Forms. DockStyle. Fill;
this. FlashMain. Enabled = true;
this. FlashMain. Location = new System. Drawing. Point(0, 0) ;
this. FlashMain. Name = "FlashMain" ;
this. FlashMain. OcxState = ( ( System. Windows. Forms. AxHost. State) ( resources. GetObject( "FlashMa-
in. OcxState" ) ) ) ;
this. FlashMain. Size = new System. Drawing. Size(521, 372) ;
this. FlashMain. TabIndex = 5;
//
// YanbianForm
//
this. AutoScaleDimensions = new System. Drawing. SizeF(6F, 12F) ;
this. AutoScaleMode = System. Windows. Forms. AutoScaleMode. Font;
this. ClientSize = new System. Drawing. Size(620, 372) ;
this. Controls. Add( this. panel1) ;
this. Controls. Add( this. listView2) ;
this. Icon = ( ( System. Drawing. Icon) ( resources. GetObject( " $ this. Icon" ) ) ) ;
this. Location = new System. Drawing. Point(0, 80) ;
this. MaximizeBox = false;
this. MinimizeBox = false;
this. Name = "YanbianForm" ;
```

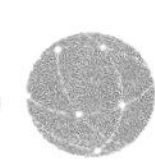

```
            this. StartPosition  =  System. Windows. Forms. FormStartPosition. Manual;
            this. Text  =  "周易占卜";
            this. Load  + =  new System. EventHandler( this. YanbianForm_Load) ;
            this. FormClosing  + =  new System. Windows. Forms. FormClosingEventHandler( this. YanbianForm_Form-
Closing) ;
            this. panel1. ResumeLayout( false) ;
            ( ( System. ComponentModel. ISupportInitialize) ( this. FlashMain) ). EndInit( ) ;
            this. ResumeLayout( false) ;

        }

        #endregion

        private System. Windows. Forms. OpenFileDialog openFileDialog1;
        private System. Windows. Forms. Timer tmrYB;
        private System. Windows. Forms. ListView listView1;
        private System. Windows. Forms. ColumnHeader columnHeader1;
        private System. Windows. Forms. ListView listView2;
        private System. Windows. Forms. ColumnHeader columnHeader2;
        private System. Windows. Forms. Panel panel1;
        private AxShockwaveFlashObjects. AxShockwaveFlash FlashMain;

    }
}
```

6.10 数据库操作模块

```
using System;
using System. Collections. Generic;
using System. Linq;
using System. Text;
using System. Data;
using System. Data. SqlClient;

namespace zhouyi_ system
{
    class DBmanager
     {
        string sqlconn  =  "  server =  (local);  database = zy_ info;  integrated security = true" ;

        SqlConnection conn  =  null;
        public DBmanager  ( )
        {
            conn  = new SqlConnection  ( sqlconn) ;
        }
```

```
public DBmanager (string db)
{
    conn  =new SqlConnection (db);
}
public void checkOpen ()
{
    if (conn.State != ConnectionState.Open)
        conn.Open ();
}
public void checkClose ()
{
    if (conn.State != ConnectionState.Closed)
        conn.Close ();
}
//数据库的插入、修改、删除方法
public bool executeNonQuery (string sql)
{
    try
    {
        checkOpen ();
        SqlCommand cmd = new SqlCommand (sql, conn);
        cmd.ExecuteNonQuery ();
        return true;

    }
    catch (Exception)
    {

        return false;
    }
    finally
    {
        checkClose ();
    }
}
//数据库的查询方法 1 (断线方式)
public DataSet getDataSet (string sql)
{
    SqlDataAdapter sda = new SqlDataAdapter (sql, conn);
    DataSet ds = new DataSet ();
    sda.Fill (ds);
```

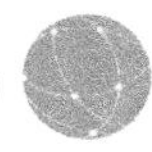

```
    return ds;
}

//数据库的查询方法 2
public string executeScalar (string sql)
{
    try
    {
        checkOpen ();
        SqlCommand cmd = new SqlCommand (sql, conn);
        //返回结果集的第一行第一列，一般用于登录查询
        string s = cmd. ExecuteScalar () . ToString ();
        return s;
    }
    finally
    {
        checkClose ();
    }

}
//操作数据流的方法
public SqlDataReader executeReader (string sql)
{
    try
    {
        checkOpen ();
            SqlCommand cmd = new SqlCommand (sql, conn);
        SqlDataReader sdr = cmd. ExecuteReader ();
        return sdr;
    }
    catch (Exception)
    {

      return null;
    }

}
public   int InsertImageToDB (string sql, string Parameter, byte [ ] Photo)
{
    int num = -1;
    try
```

```
            {
                checkOpen ();
                SqlCommand com_ Photo = new SqlCommand (sql, conn);
                SqlParameter commandParameters = new SqlParameter (Parameter, SqlDbType. Image, Pho-
to. Length);
                commandParameters. Value = Photo;
                com_ Photo. Parameters. Add (commandParameters);
                num = com_ Photo. ExecuteNonQuery ();
                if (com_ Photo ! = null)
                    com_ Photo. Dispose ();
            }
            catch (Exception)
            {
                Console. WriteLine (" 报错");
            }
            finally
            {
                checkClose ();
            }
            return num;
        }
        public DataTable GetDataTable (string sql)
        {
        return this. getDataSet (sql) . Tables [0];
        }
    }

}
```

第7章 烧结矿化学成分大数据计算平台研究

钢铁企业生产过程中的烧结过程就是在粉末状铁物料（矿粉）中配入适当数量的熔剂和燃料，在结烧机上点火燃烧，借助燃料燃烧的高温作用产生一定数量的液相，把其他未熔化的颗粒黏接起来，冷却后成为具有一定强度的多孔块状矿石，作为高炉冶炼的原料。烧结矿一直是国内外高炉的主要原料，尤其在我国，烧结矿已占高炉炉料的90%以上，烧结矿的质量和产量直接影响到炼铁及炼钢的产量和质量指标。因此，烧结生产在我国钢铁企业中占据着重要地位。同时，随着中国加入WTO，我国钢铁工业已经加入了国际竞争的行列，这就要求钢铁工业必须进行结构调节和技术改造，借鉴国外的先进经验，烧结、炼铁等原料工业加快向大型化、集约化发展已经成为不可逆转的趋势，而这就迫切要求国内钢铁企业进一步向国际先进钢铁企业看齐，尽快把现有烧结过程的控制水平提高到国际先进水平。从控制角度来讲，烧结过程是典型的具有多变量、非线性、大时滞、强耦合特征的复杂被控对象，它涉及温度、压力、速度、流量等大量物理参数，又包括物理变化、化学变化等复杂过程，以及气体在固体料层中的分布、温度场分布等多方面的问题。传统的人工控制手段已经无法满足大型烧结机的控制要求，迫切需要寻求更加精确、稳定的控制方法来保证烧结生产的正常运行。烧结过程是一个复杂的物理、化学过程，该过程具有机理复杂、高度非线性、强耦合、纯滞后大和难以建立数学模型等特性。但是，配矿过程的决策依据是烧结矿的各种性能指标，而且由于检测手段的限制，化验烧结矿碱度一般需要40分钟，该过程和烧结过程的时间相加超过1小时，这种大滞后的状况满足不了实际生产的需要，因此必须对烧结矿碱度检测建立预测模型。

烧结矿质量的稳定性已越来越成为整个铁前系统能否保持良好运行的关键。有些对烧结矿的检验以现有的检验方式和装备已无法满足生产工艺的需要，造成检验周期长、检验结果严重滞后。尤其是产品质量异常时，既不能及时调整烧结生产，又无法及时指导高炉生产，而且经调研发现，国内多数企业均存在类似问题。这种状况已经严重干扰了烧结生产，对炼铁生产也造成了不可小视的损失，在烧结厂，开发出烧结矿化学成分的预测模型和预测系统已是当务之急。因此，迫切需要开发功能优良的烧结过程烧结矿化学成分预测系统，使烧结过程控制水平进入一个新的阶段。尽快接近或达到同行业国际先进水平，这样才能带来巨大的经济效益。

本平台充分利用多种智能预测技术，如灰关联熵技术、最小二乘支持向量机技术和粗糙集属性约简等理论来对烧结矿化学成分进行预测和数学模型的深入研究，确定烧结矿各化学成分的数学模型后应用到烧结矿化学成分的实时控制中，Matlab仿真试验结果表明，应用多种智能预测算法对烧结矿的化学成分进行预测，可以大大提高预测精度，而且模型具有较好的鲁棒性和泛化能力。实验证明，应用该技术提前预报烧结矿的化学成分，从而对配料做出及时调整，是实现烧结矿化学成分稳定的有效措施。

本平台应用灰关联熵技术对烧结矿各化学成分TFe、R、FeO、CaO、MgO、SiO_2等进行了多输入多输出变量综合分析和综合评判，分析归纳出各影响因素与各目标变量间的相互关系，为不同时期烧结矿生产提供操作指导和决策依据，为非线性系统建立多目标模型探索出了一条新途径，而且可以确定影响因素的重要程度和影响权值，这样可以简化预测网络，大大提高网络的收敛速度。

本平台运用当今的研究热点支持向量机技术对烧结矿化学成分预测进行深入研究，支持向量机是Vapnik根据统计学习理论提出的一种针对小样本情况下机器学习规律的理论。该理论针对小样本统计问题建立了一套新的理论体系——支持向量机（Support Vector Machine，SVM）。SVM根据有限的样本信息在模型的复杂性和学习能力之间寻求最佳折中，以获得最好的泛化能力。与传统的神经网络相比，SVM算法最终将转化成为一个二次型寻优问题。从理论上说，得到的是全局最优点，解决了在神经网络中无法避免的局部最小值问题。SVM的拓扑结构由支持向量决定，避免了传统神经网络结构需要经验试凑。LS－SVM算法是SVM算法的一种扩展，其采用最小二乘线性系统作为损失函数，将SVM算法中的不等式约束转化为了等式约束，使求解过程变成了解一组等式方程，求解速度相对加快，并应用到模式识别和非线性函数估计中，取得了较好的预测效果。

本平台运用粗糙集理论进行智能决策和指导。粗糙集理论是一种新的处理模糊和不确定性知识的数学工具。主要思想是在保持分类能力不变的前提下，通过知识约简，导出问题的决策或分类规则。目前，粗糙集理论已经成功地应用于机器学习、决策分析、过程控制、模式识别与数据挖掘等领域。

粗糙集理论作为从智能数学中挖掘知识的一种有力工具，在许多研究领域中得到了发展和应用。在处理不完整数据和不确定问题方面开始崭露头角，一些典型的应用有工业控制、经济预测、医疗数据分析、技能评定、开关电路综合、语音识别、近似分类等，都取得了丰硕的成果。

控制烧结矿化学成分，主要是控制其稳定性，因此合适地控制烧结矿的化学成分是十分必要的。目前，烧结厂还不能适时地对成品烧结矿的质量性能和化学成分做出及时可靠的检验，一般烧结矿的质量指标在2～12小时才能得到，这么长的时间里烧结厂主控室只能按照上次的质量指标来安排烧结生产，这样生产出的烧结矿就很难满足炼铁的生产要求。既然已经对烧结矿化学成分在一定的时间段里做出了十分可靠、准确的预测，只要工艺的要求不是频繁变化的，可以将现场获取的相关瞬时流量值代入预测模型中，由此得到的预测值来指导烧结生产和智能决策，因此，提出了利用多种智能预测技术和控制论思想确定的预测模型参与控制烧结矿的化学成分预测，以支持向量回归算法、灰关联熵、粗糙集理论等为关键技术，设计了智能技术应用于烧结矿化学成分预测的辅助系统，取得了理想的预测效果。

7.1 基于LS－SVM的烧结化学成分智能预测技术

7.1.1 支持向量机的回归和多类分类

支持向量机的基本理论是从二类分类问题提出的。二类分类的基本原理固然重要，这里不再赘述，很多文章和书籍都有提及。对于工具箱的使用而言，理解如何实现从二类分类到多类分类的过渡才是最核心的内容。下面仅以1－a－r算法为例，解释如何由二类分类器构造多类分类器。

二类支持向量机分类器的输出为［1，－1］，当面对多类情况时，就需要把多类分类器分解成多个二类分类器。在第一种工具箱LS_ SVMlab中，文件Classification_ LS_ SVMlab. m中实现了三类分类。训练与测试样本分别为n_1、n_2，它们是3 ×15的矩阵，即特征矢量是三维，训练与测试样本数目均是15；由于是三类分类，所以训练与测试目标x_1、x_2的每一分量可以是1、2或3，分别对应以下3类。

n_1 = [rand(3,5),rand(3,5) +1,rand(3,5) +2]；

x_1 = [1 * ones(1,5),2 * ones(1,5),3 * ones(1,5)]；

n_2 = [rand(3,5),rand(3,5) +1,rand(3,5) +2]；

x_2 = [1 * ones(1,5),2 * ones(1,5),3 * ones(1,5)]。

1－a－r算法定义：对于N类问题，构造N个二类分类器，第i个分类器用第i类训练样本作为正的训练样本，将其他类的训练样本作为负的训练样本，此时分类器的判决函数不取符号函数sign，最后的输出是N个二类分类器输出中最大的那一类。

在文件Classification_LS_SVMlab. m的第42行：codefct = 'code_MOC'，设置由二类到多类编码参数。当第42行改写成codefct ='code_OneVsAll'，再去掉第53行最后的引号，按F5运行该文件，命令窗口输

出有：

```
codebook =
1 -1 -1
-1 1 -1
-1 -1 1
old_codebook =
1 2 3
```

比较上面的 old_codebook 与 codebook 输出，注意到对于第 i 类，将每 i 类训练样本作为正的训练样本，其他的训练样本作为负的训练样本，这就是 1 - a - r 算法定义。这样通过设置 codefct ='code_OneVsAll'就实现了支持向量机的 1 - a - r 多类算法。其他多类算法也与之雷同，这里不再赘述。值得注意的是，对于同一组样本，不同的编码方案得到的训练效果不尽相同，应结合实际数据，选择训练效果最好的编码方案。

7.1.2 核函数及参数选择

常用的核函数有：多项式、径向基、Sigmoid 型。对于同一组数据选择不同的核函数，基本上都可以得到相近的训练效果，所以核函数的选择应该具有任意性。对训练效果影响最大的是相关参数的选择，如控制对错分样本惩罚程度的可调参数，以及核函数中的待定参数，这些参数在不同工具箱中的变量名称是不一样的。这里仍以 Classification_LS_SVMlab. m 为例，在第 38 行、第 39 行分别设定了 gam、sig2 的值，这两个参数是第 63 行 trainlssvm 函数的输入参数。在工具箱文件夹的 trainlssvm. m 文件的第 96 行、第 97 行有这两个参数的定义：

```
% gam:Regularization parameter;
% sig2:Kernel parameter (bandwidth in the case of the 'RBF_kernel')。
```

这里 gam 是控制对错分样本惩罚程度的可调参数，sig2 是径向基核函数的参数。所以在充分理解基本概念的基础上，将这些概念与工具箱中的函数说明相结合，就可以自如地运用这个工具箱了。

最佳参数选择目前没有十分好的方法，在 Regression_LS_SVMlab. m 中的第 46 行至第 49 行的代码演示了交叉验证优化参数的方法，可这种方法相当费时。实践中可以采用网格搜索的方法，如 gam =0：0.2：1，sig2 =0：0.2：1，那么 gam 与 sig2 的组合就有 6 ×6 =36 种，对这 36 种组合训练支持向量机，然后选择正确识别率最大的一组参数作为最优的 gam 与 sig2，如果结果均不理想，就需要重新考虑 gam 与 sig2 的范围与采样间隔。

7.1.3 由分类向回归的过渡

LS_SVMlab、SVM_SteveGunn 这两个工具箱实现了支持向量机的函数拟合功能。从工具箱的使用角度来看，分类与回归最大的区别是训练目标不同。回归的训练目标是实际需要拟合的函数值；而分类的训练目标是 1，2，…，N（分成 N 类），再通过适当的编码方案将 N 类分类转换成多个二类分类。比较文件 Regression_LS_SVMlab. m 与 Classification_LS_SVMlab. m 的前几行就可以注意到这一点。另外，分类算法以正确分类率来作为性能指标，在回归算法中通常采用拟合的均方误差（Mean Square Error，MSE）来作为性能指标。

选用 SVM 工具箱：LS - SVMlab1. 5 用 SVM 做预测的使用方法如下。

①在 matlab 中输入必要的参数：X，Y，ker，C，p1，p2。测试中取的数据为：

```
N = 50;n =2 * N;
randn('state',6);
```

```
x1 = randn(2,N)
y1 = ones(1,N);
x2 = 5 + randn(2,N);
y2 = -ones(1,N);
figure;
plot(x1(1,:),x1(2,:),'bx',x2(1,:),x2(2,:),'k.');
axis([-3 8 -3 8]);
title('C-SVC')
hold on;
X1 = [x1,x2];
Y1 = [y1,y2];
X = X1';
Y = Y1';
```

其中，X 是 100 * 2 的矩阵，Y 是 100 * 1 的矩阵

```
C = Inf;
ker = 'linear';
global p1 p2
p1 = 3;
p2 = 1;
```

然后，在 matlab 中输入：[nsv alpha bias] = svc(X,Y,ker,C)，回车之后，会显示：

```
Support Vector Classification

Constructing...
Optimising...
Execution time:1.9 seconds
Status : OPTIMAL_SOLUTION
|w0|^2 : 0.418414
Margin : 3.091912
Sum alpha : 0.418414
Support Vectors : 3 (3.0%)
nsv =
    3
alpha =
    0.0000
    0.0000
    0.0000
    0.0000
    0.0000
```

②输入预测函数，可以与预想的分类结果进行比较。

输入：predictedY = svcoutput(X, Y, X, ker, alpha, bias)，回车后得到：

```
predictedY =
```

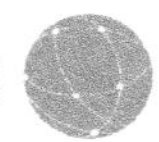

1
1
1
1
1
1
1
1
1

③画图,输入:svcplot(X,Y,ker,alpha,bias),回车。

7.2　网络输入层输入变量的确定

将烧结过程看作是一个复杂的系统。一定的原料参数、操作参数作用于设备参数（统称工艺参数）则有一定的状态参数和指标参数与之对应。其中，原料参数包括混匀矿配比、石灰石配比、焦粉配比、生石灰配比等；设备参数包括风机能力、漏风率、混合制粒能力等；操作参数包括一二次混合加水量、料层厚度、台车速度等；状态参数包括烟道负压、废气温度、返矿率等；指标参数包括碱度、全铁含量、SiO_2 含量、转鼓指数、利用系数等。

表 7.1　烧结矿中各化学成分预报的输入参数（对化学成分指标影响较大的参数和因素）

项目	与此相关的输入变量
碱度	①料层厚度；②台车速度；③一混加水率；④混合料温度；⑤混均矿中的 SiO_2 含量；⑥混均矿中的 CaO 含量；⑦二混加水率；⑧混均矿中的 FeO 含量；⑨CaO 配比；⑩煤粉配比
转鼓强度	①点火温度；②废气温度；③混合料温度；④台车速度；⑤二混加水率；⑥混合料粒度；⑦煤气流量；⑧烧结矿中的 MgO 含量
全铁	①混均矿中的 FeO 含量；②混合料温度；③混合料水分；④二混加水率；⑤料层厚度；⑥台车速度；⑦点火温度；⑧烧结负压
CaO	①混均矿中的 MgO 含量；②混均矿中的 CaO 含量；③CaO 配比
MgO	①混均矿中的 MgO 含量；②混均矿中的 CaO 含量；③CaO 配比；④MgO 配比
SiO_2	①混均矿中的 SiO_2 配比；②混均矿中的 CaO 含量；③CaO 配比；④煤粉配；⑤一混加水率；⑥二混加水率；⑦料层厚度；⑧台车速度

工艺参数有很多个，但是每一个工艺参数对指标参数的影响是不一样的，需要找出的是那些对指标参数有显著影响且独立变化、易于控制的关键参数。

7.3　样本数据的处理

因为所有收集的样本数据往往不是在同一个数量级，我们将所收集的数据映射到［0，1］之间进行归一化处理，这样有利于提高支持向量机的训练速度。这种标准化后的数据范围从 0 到 1，有时为了允许预报值在一定范围内超界，训练样本集目标的范围标度转化为 0.1～0.9，归一化公式如下：

$$x_{ij}^{'} = \frac{x_{ij} - x_{j\min}}{x_{j\mathrm{man}} - x_{j\min}} \times 0.8 + 0.1, \tag{7.1}$$

归一化计算结束后，再做反归一化处理，便得到实际的输出值即预报值。反归一化公式如下：

$$x_{ij}=1.25(x_{jman}-x_{jmin})\times(x_{ij}^{'}-0.1)+x_{jmin},\tag{7.2}$$

式中，$x_{ij}^{'}$表示经标准化后的第 i 样本第 j 变量的数据；x_{ij}表示原始空间量；x_{jmax}和 x_{jmin}分别表示样本集中变量 j 的最大和最小数据。

样本数据中不可避免地存在着部分异常数据，这部分数据将给模型带来一定的影响，有可能还起到误导作用。因此，本模型所用的训练样本和测试样本都是经过仔细筛选而形成的。

我们选取了某钢铁公司烧结厂 2008—2009 年 56 组数据，其中 48 组数据用于训练网络；8 组数据用于测试网络。分别采用 BP 神经网络模型、RBF 神经网络和最小二乘支持向量机算法对烧结矿碱度进行了预测。

7.4 软测量模型仿真结果与分析

选取的 200 组训练样本经过多次的训练和学习，分别选择不同的样本数据，得到相应的预测模型。由于训练过的网络已经“模拟”和“记忆”了输入与输出之间的函数关系，因此可以用它来进行烧结矿各化学成分的预测，我们从某钢铁公司烧结厂选取 2008—2009 年的 56 组数据作为预测因子即输入变量，采用逐次加入新的信号重新训练和学习，向后逐步预测。为衡量预测结果，采用两个统计学指标：均方根误差 σ_{MSE}和 δ_{MAPE}平方相对误差：

$$\sigma_{MSE}=\sqrt{\frac{1}{n}\sum_{i=1}^{n}(x_t-\hat{x}_t)^2},\delta_{MAPE}=\frac{1}{n}\sum_{i=1}^{n}\frac{|x_t-\hat{x}_t|}{|x_t-x_t|};$$

式中，x_t 和 $\hat{x}_t$ 分别为烧结矿各化学成分的实际值和预测值。

从这两项指标上看，我们建立的预测模型有很好的预测效果，使用支持向量机算法对烧结矿化学成分进行预测有很好的发展前景。仿真曲线如图 7.1 至图 7.5 所示。

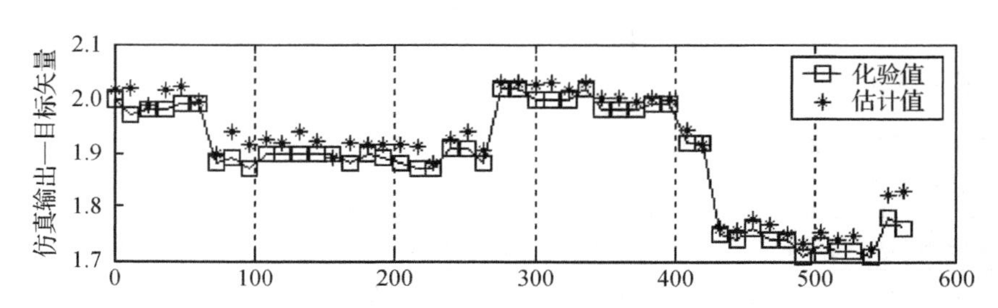

图 7.1　烧结矿碱度的支持向量机仿真曲线

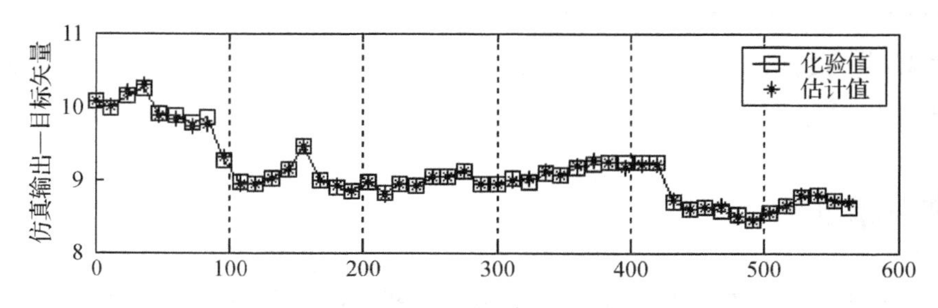

图 7.2　烧结矿转鼓强度的支持向量机仿真曲线

在基于支持向量机的烧结矿质量预测模型完成之后，为了验证其预测模型的预测效果，我们从某烧结厂选取了 2008 年 12 月 7 日 8：00—18：00 的一批生产数据共 56 组（每 12 分钟获取一批），按照前面

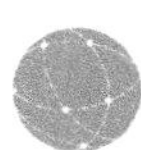

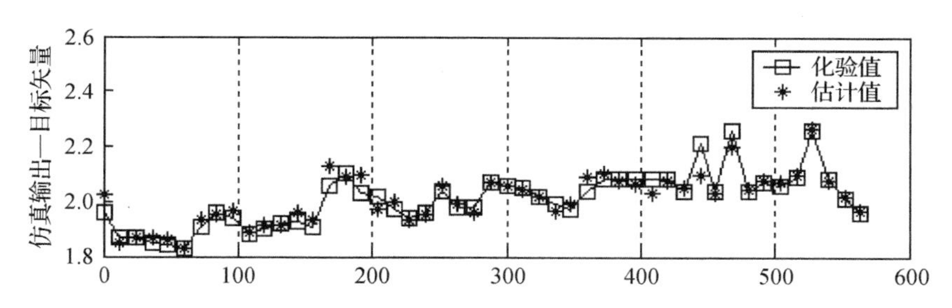

图 7.3　烧结矿化学成分 MgO 的支持向量机预测仿真

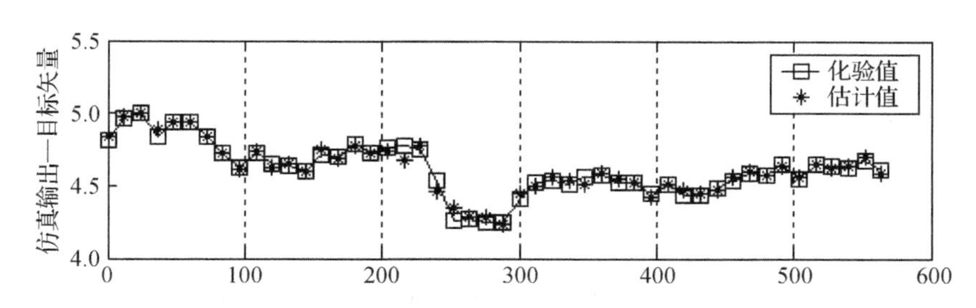

图 7.4　烧结矿化学成分 SiO_2 的支持向量机预测仿真

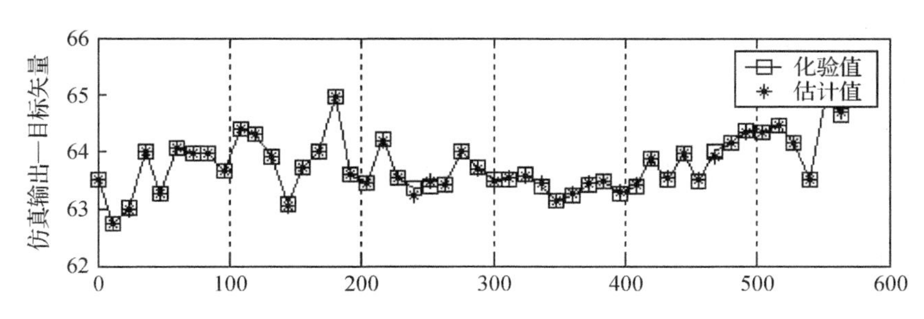

图 7.5　烧结矿化学成分 TFe 的支持向量机预测仿真

确定的预测模型进行学习和预测，后来按照检验天数进行了分类见表 7.2。检验结果表明：烧结矿化学成分 MgO、FeO、CaO、SiO_2、TFe、R 和转鼓强度的预测命中率均达到了 90% 以上，见表 7.3。

表 7.2　预测误差随预测天数的变化情况

预测天数/d	MAPE/%	MSE/%
3	0.817	0.577
8	0.689	0.600
10	0.368	0.489
17	0.377	0.443

表 7.3　烧结矿质量的灰色神经网络预测命中率

成分分类	TFe	MgO	CaO	SiO_2	FeO	R	转鼓强度
预测命中率/%	95	96.4	96	96.4	90.5	95	97.6

在实验中，分别采用 LS－SVM、BP 神经网络和 RBF 神经网络 3 种算法对烧结矿化学成分进行了预测研究。从表 7.4 可以看出，基于 LS－SVM 的时间序列预测算法比 BP 神经网络和 RBF 神经网络的预测

方法具有更高的预测精度，而且训练时间也大大加快。

表 7.4 基于 LS－SVM 与其他算法的预测比较

算法	平均训练时间/s	平均训练次数/次	平均训练误差/%	平均预测误差/%
BP 神经网络	211.4	14	0.847	0.63
RBF 神经网络	178	11	0.769	0.529
LS－SVM	144	7	0.531	0.398

7.5 基于灰关联熵的烧结矿化学成分智能预测技术

烧结矿化学成分的影响因素比较多，以 FeO 为例，一起来探索 FeO 的影响因素的重要程度。FeO 的影响因素主要有料层厚度、燃料配比、一混和二混混合料水分、焦粒粒度等。我们从某烧结厂获取 2007—2008 年的实际生产数据，将烧结矿 FeO 的 5 个影响因素的 120 组样本数据作为灰关联熵的参考序列矩阵，将与此相对应的烧结终点数据作为灰关联熵的比较序列矩阵，进行烧结矿 FeO 的灰关联熵分析，得到影响烧结矿 FeO 因素的排序。燃料配比是最优因素，也就是说燃料配比这个因素对烧结矿 FeO 含量的影响是最大的；料层厚度次之，混合料水分也是一个最重要的参数；焦粒粒度的灰关联熵最小，说明它对烧结矿 FeO 的影响微乎其微。对影响因素的灰色关联熵分析最终的排名顺序和实际理论分析完全相符。在以后的支持向量机预测中，完全可以按照这些影响因素的灰关联熵率来研究，这样不仅可以大大节省网络结构，提高网络收敛速度，而且可以明显改善网络的动态调节特性。

灰关联熵法的 Matlab 实现：Matlab 语言是当今国际上科学界（尤其是自动控制领域）最具影响力，也是最有活力的软件之一。它起源于矩阵运算，并已经发展成一种高度集成的计算机语言。它提供了强大的科学运算、灵活的程序设计流程、高质量的图形可视化与界面设计、与其他程序和语言的便捷接口等功能。基于灰关联熵法的烧结矿化学成分碱度的影响因素分析和排序的部分 Matlab 代码如下：

```
    clear;
clc;
x=[2.92   3.03   6.44   6.61   11.98   581.4   1.07   7.02   5.32
3.27   3.38   6.44   6.61   11.43   581.4   1.07   6.98   5.21
2.98   3.21   6.38   6.62   11.76   582   1.08   6.56   5.45
3.02   3.22   6.4   6.62   11.23   581.6   1.08   6.77   4.98
3.01   3.32   6.47   6.63   11.76   581.3   1.08   6.84   5.11
3.01   3.11   6.49   6.65   11.56   583   1.09   7.11   5.02
3.11   3.12   6.5   6.67   11.71   582.3   1.08   6.54   4.97
3.01   3.11   6.45   6.7   12   578   1.08   6.75   5.54
3.02   2.78   6.42   6.56   11.78   576.7   1.09   6.66   5.43
2.97   1.79   6.54   6.6   12.32   583   1.09   6.53   5.32
3.01   1.55   6.44   6.67   13.43   581   1.09   6.77   5.11
2.91   2.3   6.45   6.65   12.43   580.6   1.09   6.45   5.01
2.88   2.53   6.4   6.61   11.98   578.1   1.11   6.33   5.32
2.84   2.52   6.34   6.65   12.02   581   1.09   6.34   5.11
2.96   2.55   6.45   6.56   11.98   576   1.09   6.55   5.01
2.87   2.48   6.56   6.76   12.01   578   1.1   6.45   5.09
```

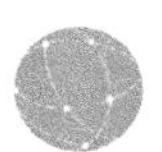

```
3.01  2.42  6.44  6.99  13  587  1.12  6.55  5.1
2.97  2.67  6.45  6.89  12.98  582  1.11  6.34  5.11
3  2.65  6.45  6.66  12  582  1.09  6.34  5.2
2.94  2.55  6.43  6.67  11.65  581  1.09  6.45  5.32
2.93  2.74  6.42  6.64  11.54  580.9  1.11  6.45  5.11
2.92  2.7  6.55  6.67  11.43  582  1.09  6.45  5.09
3.01  2.42  4.48  6.7  12  583  1.08  6.61  5.08
3.02  2.45  6.45  6.67  11.87  580  1.1  6.64  5.12
2.98  1.37  6.44  6.66  12  580.1  1.12  6.32  5.11
2.91  2.48  6.5  6.67  11.23  581  1.11  6.43  4.98
2.63  2.48  6.45  6.66  12  583  1.09  6.45  4.88
2.45  2.5  6.45  6.68  12  581  1.08  6.45  4.98
2.35  2.64  6.36  6.65  11.87  580.7  1.12  6.3  5
2.39  2.7  6.45  6.56  11.98  582  1.1  6.76  5
2.34  2.56  6.43  6.67  12  581  1.11  7.23  5.3
2.4  2.4  6.4  6.67  11.67  581  1.09  7.1  5.43
2.34  2.31  6.55  6.63  12  580.8  1.13  7.34  5.11
2.2  2.51  6.44  6.65  11.43  582  1.1  7.11  5.34
2.55  2.54  6.4  6.66  12  581  1.09  7.23  5.32
2.45  2.55  6.34  6.65  11.56  581  1.1  6.98  5.43
2.45  3.23  6.45  6.59  11.31  580.5  1.13  6.56  5.32
2.71  2.49  6.45  6.6  11.65  583  1.09  6.78  5.55
2.61  3.11  6.45  6.7  11.76  583  1.09  6.98  5.65
2.8  3.01  6.46  6.67  11.98  582  1.08  6.56  5.23
2.78  2.33  6.4  6.61  12  582.3  1.1  6.78  5.65
2.81  1.72  6.34  6.66  11.65  582  1.11  7.03  5.54
2.76  1.87  6.45  6.63  12  583  1.1  7.12  5.34
2.76  1.76  6.45  6.65  11.87  581  1.08  7.11  5.23
2.73  2.02  6.28  6.55  11.5  582.1  1.09  6.67  5.32
2.73  2.83  6.3  6.65  11.34  581.8  1.1  7  5.44
2.84  2.83  6.34  6.65  11.87  582  1.09  6.98  5.14
2.86  2.87  6.45  6.66  12  581.5  1.08  6.77  5.11];
    y = [2
    1.97
    1.98
    1.98
    1.99
    1.99
    1.88
    1.89
    1.87
```

```
    1.9
    1.9
    1.9
    1.9
    1.9
    1.88
    1.9
    1.89
    1.88
    1.87
    1.87
    1.91
    1.91
    1.88
    2.02
    2.02
    2
    2
    2
    2.02
    1.98
    1.98
    1.98
    1.99
    1.99
    1.92
    1.92
    1.75
    1.74
    1.76
    1.74
    1.74
    1.71
    1.73
    1.72
    1.72
    1.71
    1.78
    1.76];
    x = x;
y = y;
```

 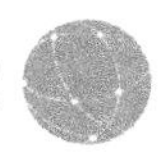

```
xsize = size(x);
ysize = size(y);
rou =0.5;
for i =1 : 1:xsize(1)
    for j =1 : 1:xsize(2)
        x1(i,j) =x(i,j)/(sum(x(i, : )/xsize(2)));
    end
end
for i =1 : 1:ysize(1)
    for j =1 : 1:ysize(2)
        y1(i,j) =y(i,j)/(sum(y(i, : )/ysize(2)));
    end
end
for i =1 : 1:xsize(1)
        delta(i, : ) =abs(y1(1, : ) -x1(i, : ));
end

for i =2 : 1:ysize(1)
    deltasize = size(delta);
    for j =1 : 1:xsize(1)
        delta(deltasize(1) +j, : ) =abs(y1(i, : ) -x1(j, : ));
    end
end
deltasize = size(delta);
for i =1 : 1:deltasize(1)/xsize(1)
    temp =delta(1 +xsize(1) * (i -1) :1 : xsize(1) * i, : );
    kesi =abs((min(min(temp)) +rou * max(max(temp))). /(temp +rou * max(max(temp))));
    kesisize = size(kesi);
    for k =1 : 1:kesisize(1)
        for l =1 : 1:kesisize(2)
            P(k,l) =kesi(k,l)/sum(kesi(k, : ));
        end
    end
        PP = -P. * log(P);
            Hmax =log(kesisize(1));
                H(i, : ) =sum(PP')/Hmax
    end
```

烧结矿化学成分如碱度、全铁、CaO 等成分可以应用灰关联熵技术进行分析，这样可以确定影响因素的重要程度，不仅可以大大节省网络结构，提高网络收敛速度，而且可以明显改善网络的动态调节特性。

7.6 基于粗糙集数据挖掘在烧结矿化学成分智能预测中的应用

粗糙集理论是一种新的处理模糊和不确定性知识的数学工具。主要思想是在保持分类能力不变的前提下，通过知识约简，导出问题的决策或分类规则。目前，粗糙集理论已经成功地应用于机器学习、决策分析、过程控制、模式识别、与数据挖掘等领域。

利用粗糙集理论方法进行知识系统的简化，是粗糙集理论方法智能计算的一大特点和优势。知识简化、知识的相对简化、范畴的简化、范畴的相对简化方法都可以应用到各种系统的简化表达、系统分析、系统建模等方面中。

从数据中挖掘决策规则如下。

在智能信息处理中，粗集理论方法可以从数据中挖掘知识，得到系统的决策规则。已在工业商贸等应用领域发挥了重要的作用。

从数据中挖掘决策规则是根据所获得的信息，在系统规划过程控制中通过数据分析从而产生合理的决策方案。

根据粗糙集理论的方法从数据中挖掘决策规则，就是根据观察和测量得到的数据，或者领域专家给出的数据，或者由某种系统模型产生的数据构成决策表，利用给定知识表达系统的条件属性和决策属性得到最小的决策算法。

利用粗集理论方法从数据中挖掘知识，不管是系统建模还是推理决策规则，均可以按下述过程进行。

①整理观测记录的数据。用于推理决策规则的数据应当是遍历的，属性集应当能表征系统的全部属性。

②数据变换处理。通常需要将属性集的数据进行变换处理，变换后的属性更能体现系统的全部特征，而且可以降低输入信息的维数。

③组织决策表。把挑选出来的条件特征作为决策表的条件属性，把结果数据的特征作为决策属性，因为原始信息有的可能是定性描述的，有的可能是不完整数据，有的可能是连续函数值，因此要进行数据预处理，属性值要全部离散归一化处理，以便决策表的表达和简化。

④决策表简化。先简化条件属性，即在保持决策表协调的情况下消去某些条件属性；再简化决策规则，即对每一决策规则在保持决策表协调的情况下，计算其范畴的相对简化。

⑤决策算法最小化。属性值的简化：根据条件属性核值表，首先考虑哪些决策规则是直接可以从核值表的表达形式中得到的最小算法，哪些表达形式需要补充原来决策表中的属性值才能使决策规则相容，得出所有的最简决策规则，从最简决策规则中选取一个符合要求的最小决策。

⑥根据得到的决策规则进行系统分析和决策控制。如图 7.6 所示。

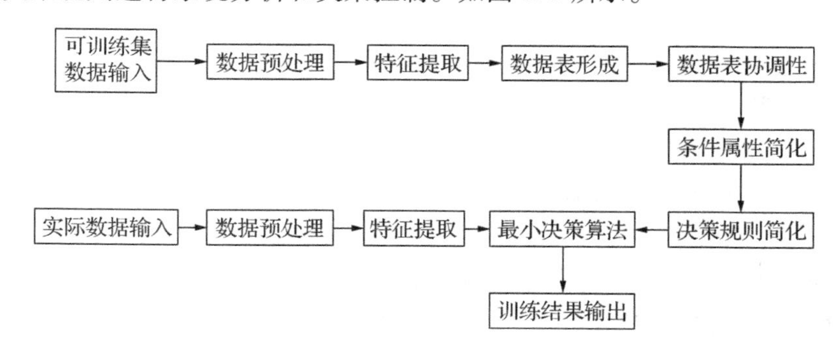

图 7.6　基于粗糙集的数据挖掘

7.7　烧结矿化学成分大数据计算平台用法说明

运行在 Windows XP 平台下，安装有 Microsoft SQL Server 数据库软件和 Microsoft Office 2000 或以上版本，CPU 1.60GHz 或更快，512MB 内存或更大，100MB 磁盘空间。

本程序是 BP 算法的演示程序，其中的 Levenberg – Marquardt 算法具有实用价值。程序主界面如图 7.7 所示。

7.7.1　网络训练

程序默认状态是样本训练状态，现将样本训练状态下如何训练网络进行说明。

（1）系统精度

定义系统目标精度，根据需要定义网络训练误差精度，误差公式是对训练出网络的输出层节点和实际的网络输出结果求平方差的和。

（2）最大训练次数

默认为 10 000 次，根据需要调整，如果到达最大训练次数网络还未能达到目标精度，程序退出。

（3）步长

默认为 0.01，由于采用变步长算法，一般不需人工设置。

图 7.7　烧结矿化学成分智能预测系统主界面

（4）输入层数目

人工神经网络的输入层神经元的节点数目。

（5）隐含层数目

人工神经网络的隐含层神经元的节点数目。

（6）输出层数目

人工神经网络的输出层神经元的节点数目。

（7）训练算法

强烈建议选取 Levenberg – Marquardt 算法，该算法经过测试比较稳定（图 7.8）。

（8）激活函数

不同的网络激活函数表现的性能不同，可根据实际情况选择（图 7.9）。

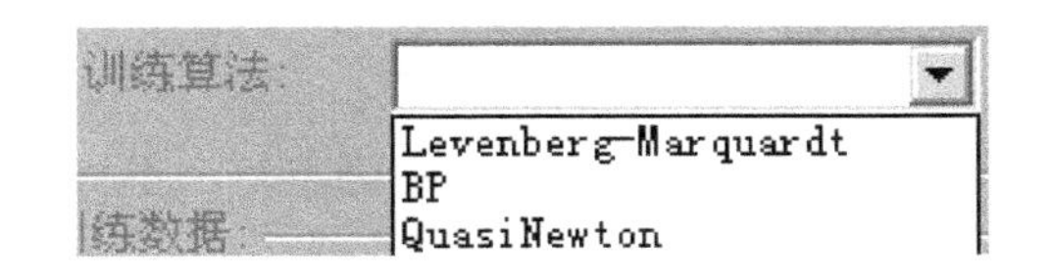

图 7.8　训练算法

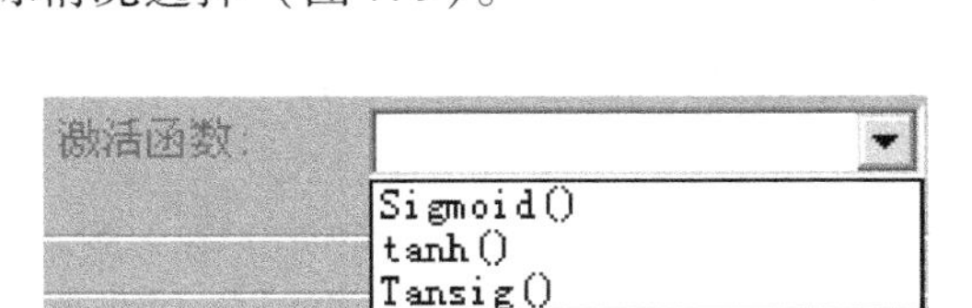

图 7.9　激活函数

（9）样本数据的处理

由于程序没有实现归一化功能，因此用来训练的样本数据首先要归一化后才能进行训练（图 7.10）。

其中，数据输入即选择用来训练的样本文件，文件格式为每个参与训练网络的样本数据（包括输入和输出）占用一行，数据之间用空格隔开；存储网络即用来存放最终训练成功的网络权值等信息的文件，在仿真时调用；保存结果即网络训练的最终结果，副产品可丢弃，用来查看网络训练的精度。

（10）训练

单击该按钮用来训练网络（图7.11）。

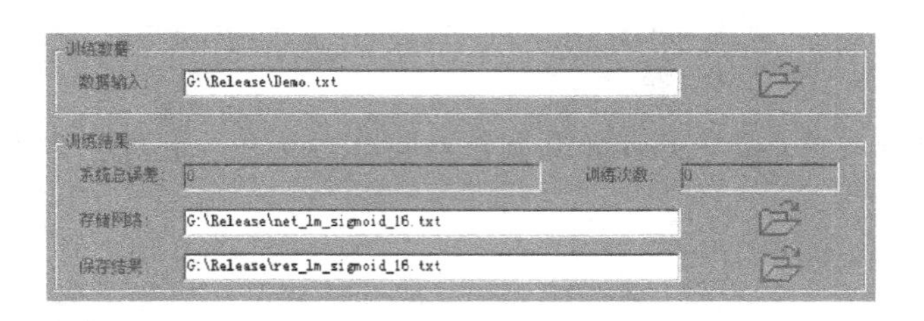

图7.10　样本数据处理

图7.11　样本数据训练

7.7.2　网络仿真

首先单击按钮，切换到数据仿真状态，界面如图7.12所示。

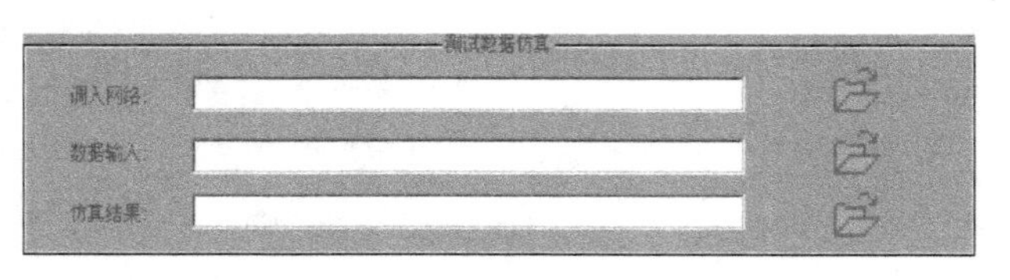

图7.12　数据仿真状态

调入训练好的网络，然后选择用来仿真的数据（只包含输入层神经元的节点数目），单击仿真按钮即可。

调入网络：选择已经训练好的网络文件，假设net_ lm_ sigmoid_ 16. txt文件是已经满足精度和泛化能力较好的网络文件，就调入该文件。

数据输入：选择用来仿真的数据文件，该文件格式同前面介绍的用来训练网络的文件格式，但需要去掉用网络来模拟的参数，只提供用来测试的网络输入层数据。

仿真结果：用来保存对测试数据仿真后得到的结果文件，即为想要的数据。

7.7.3　Matlab调用modelsim仿真步骤

①创建项目工程。

②Matlab调用modelsim

首先，在Matlab中建立与modelsim的连接，输入：setupmodelsim；该命令将两个仿真软件联系起来。

然后，调用simulink，搭建仿真平台，这里介绍一下搭建vhdl平台：

在simulink中搜索vhdl cosimulation，新建mdl文件，将搜到的vhdl cosimulation放置到新建文件中，然后定义端口，在port设置输入输出（要将相对路径写出来，如/inveter/rst），然后在comm中设置去掉share momery（我们用tcp/ip），填写端口号4442（可变，查资料待定），在clock中设置输入时钟（与port相似）。

在simlulink工具箱里找到合适的信号源（如sine wave）和示波器（scope，如果需要多个输入，可以右键打开block设置parameter）等仿真设备，以及数据类型转换工具（convert），与刚建立的Vhdl模型建立连接。

在matlab里面，用这样一个命令：vsim（'socketsimulink'，4442）调用modelsim。

注：socketsimuling大概意思就是使用tcp/ip建立连接（还可以有另外一种shared memory连接方式，在此就不介绍了），4442是端口号。

此时，系统会启动modelsim。

③在modelsim中，先改变路径（用cd命令，如cd D：/matlab_ modelsim/inveter）然后建立work：

vlib work；映射：vmap work work；编译：vmap 源文件（*.vhd）；最后，输入：vsimulink 源文件 -t 1ns。

④回到 matlab，单击 star simulation 就可以开始仿真了，然后打开示波器（scope）即可看到仿真结果。

7.7.4　Matlab 与 COM 组件的相互调用

Matlab Builder for COM 是 MATLAB Compiler 的扩展，提供了一个简单易用的图形化用户界面，帮助用户将用 M 语言开发的算法自动、快速地转变为独立的 COM 组件对象。生成的 COM 组件对象可以在任何支持 COM 对象的应用中使用，如 Visual C++6.0、Microsoft Excel、C/C++语言等。通过 COM 组件，可以同其他的用户共享已经开发的算法，并且可以免费随同 COM 应用程序发布 Matlab 算法。

Matlab Builder for COM 特点：

①将 Matlab 的基本算法函数——M 语言函数文件转变为独立的 COM 组件对象，简单易用的用户图形界面帮助用户完成 COM 组件对象的生成。

②生成的 COM 组件支持各种 COM 应用。

③能够转化用户开发自己的算法，并且隐藏算法细节。

④用户图形界面。COM Builder 的图形用户界面方便易用，帮助用户生成独立的 COM 组件对象。图形用户界面包含了详尽的帮助信息、工程项目的管理，可以利用 Visual C 调试算法，还能够提供生成组件的详细过程。

⑤使用方便。通过 COM Builder 创建的对象可以使用在各种支持 COM 的环境中，创建的 COM 对象能够节约大量的开发时间。

⑥免费发布。使用 COM Builder 转化 Matlab 算法得到的 COM 对象可以免费发布（具体信息请参阅用户软件许可声明）。

⑦需要的产品。使用 Matlab COM Builder 需要 Matlab 6.5、Matlab Compiler 和 Microsoft Visual C++6.0。

设置过程如下。

①首先，设置合适的编译器。在 Matlab 命令窗口里输入：mbuild - setup 和 mex - setup，完成编译器的设置。

• Please choose your compiler for building standalone MATLAB applications：

Would you like mbuild to locate installed compilers [y]/n? y

• Select a compiler：

[1] Lcc C version 2.4 in C:\MATLAB7\sys\lcc

[2] Microsoft Visual C/C++ version 6.0 in C:\Program Files\Microsoft Visual Studio

[0] None

Compiler：2

• Please verify your choices：

Compiler：Microsoft Visual C/C++ 6.0

Location：C:\Program Files\Microsoft Visual Studio

Are these correct?([y]/n)：y

• Try to update options file：C:\Documents and Settings\Administrator\Application Data\MathWorks\MATLAB\R14\compopts.bat

From template：C:\MATLAB7\BIN\WIN32\mbuildopts\msvc60compp.bat

Done . . .

--> "C:\MATLAB7\bin\win32\mwregsvr C:\MATLAB7\bin\win32\mwcomutil.dll"

DllRegisterServer in C:\MATLAB7\bin\win32\mwcomutil. dll succeeded

--> "C\MATLAB7\bin\win32\mwregsvr C:\MATLAB7\bin\win32\mwcommgr. dll"

DllRegisterServer in C:\MATLAB7\bin\win32\mwcommgr. dll succeeded

• Please choose your compiler for building external interface (MEX) files:

Would you like mex to locate installed compilers [y]/n? y

• Select a compiler:

[1] Digital Visual Fortran version 6.0 in C:\Program Files\Microsoft Visual Studio

[2] Lcc C version 2.4 in C:\MATLAB7\sys\lcc

[3] Microsoft Visual C/C++ version 6.0 in C:\Program Files\Microsoft Visual Studio

[0] None

Compiler: 3

• Please verify your choices:

Compiler: Microsoft Visual C/C++ 6.0

Location: C:\Program Files\Microsoft Visual Studio

Are these correct?([y]/n): y

Try to update options file: C:\Documents and Settings\Administrator\Application Data\MathWorks\MATLAB\R14\mexopts. bat

From template: C:\MATLAB7\BIN\WIN32\mexopts\msvc60opts. bat

Done...

②设置系统路径：我的电脑->属性->高级->环境变量->系统变量->Path 选项，增加以下路径。

头文件：

C:\MATLAB7\extern\include;

库：

C:\MATLAB7\extern\lib\win32\microsoft\msvc60;

DLL：

C:\MATLAB7\bin\win32。

③做一个简单的 M 函数（只能是函数不能是文件），文件名和函数名一致。运行并测试此文件的正确性。

function test

plot(rand(10)); % 画图

④在命令窗口输入 comtool，出现 com 组件 builder。选择 FILE 选项->New Project 选项。

Component name 选项：设置 com 组件的名称，可设作 comtest，注意不要和上面添加的 m 文件重名。

Class name 选项：设置类名称。一般将鼠标单击空白位置，系统会自动生成类名，在这里设作 sgltest。

Project version 选项：版本号。系统默认为 1.0，将来要修改或添加其他函数时，可以修改此选项为 2.0、3.0 等。

Project directory 选项：工程所在目录。

Complier options 选项：编译器配置选项，全部选中。

最后单击“OK”。系统会出现对话框，询问是否创立工程目录，选择“YES”。

⑤单击 Project Files->plotclass->M-files，然后选中 comtool 菜单 Project->Add File 选项，添加

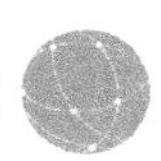

上面写好的 plot_test M 函数，也可以添加更多的 M 或 MEX 函数。

⑥单击 Build 按钮，选中 Com Object 选项，这时 com - builder 会自动编译连接该组件，生成所需要的头文件、源文件、接口描述文件、动态连接库文件等。在右侧 Build Status 显示框里给出了编译的过程和信息。在菜单 Component - > Component Info 里有关于接口、类、库的信息。在 C:\MATLAB6. 5\work\comtest 文件夹里出现了两个子文件夹，distrib 和 src，这是 VC 中需要用到的文件、库、资源、接口等。在 src - > plot_idl_i. c 中，有关于 com 类和 com 接口的 GUID。其中，CLSID 类的 GUID 在 VC 编程中需要用到。

⑦注册表注册。将生成的 comtest_1_0. dll（即做好的 com 组件）进行注册，Build 的 Matlab 已经自动将此 dll 在注册表里注册，为了其他的编译器也能调用，还要做一些准备工作。打开 Dos 窗口，进入 Matlab 的安装根目录 c：\ matlab6p5p1 \ bin \ win32 > regsvr32 mwcomutil. dll，对 mwcomutil. dll 进行注册，这样任何的编译器都可以使用了。

⑧打开 VC + + 编译器，选择文件 - > 新建 - > 工程 - > MFC(exe) - > 命名(test) - > 基于对话框 - > 完成。

⑨单击 Tools，通过 OLE \ COM ObjectViewer，在 Ole viewer 工具里，在右边选择 Type libraries 将它展开，找到 comtest 1. 0 Type Libraries，选中它，单击鼠标右键，选 viewer，便又弹出另一个窗口，单击工具栏里的 save 按钮，将其保存为 comtest_1_0. Idl 接口文件，就可以通过这个文件实现对 comtest_1_0. dll 的调用。

⑩编译器设置。Project - > settings - > C \ C + + - > Precompiled headers，选 Automatic use of Precompiled headers，写上 stdafx. h，将 comtest_1_0. Id 加入工程，此时可以通过 classView 看到多出了 IID、IMWUtil，Isgltest 等，Isgltest 就是在 Matlab 下建起来的 sgltest 类。

⑪ 打开 classwizard，点右边的 addclass - from a type library class，直接选择用 Matlab 的 cmbuilder 生成的 comtest_1_0. dll，后面将出现一些对话框，按提示操作即可，这样就生成了 comtest_1_0. h 和 comtest_1_0. cpp，多了一个 Isgltest 类。

⑫在头文件里增加代码如下。

```
JHJimport "mwcomutil. dll"
JHJinclude "comtest_1_0. h"
Isgltest st;
AfxOleInit( );
If( st. CreateDispatch( _T( "comtest. sgltest" ) ) )
{
st. test( );
AfxMessageBox( "Haha,Succeeded" );
St. ReleaseDispatch( );
}
else
AfxMessageBox( "UnSucceeded" )
```

⑬打包。再次打开原来的工程文件 *. cbl，注意在前面过程中一定要保存（Matlab 会有提示）。然后选择 Component - > Package Component，系统会自动打包。选中 Include MCR，单击 Create 选项。打包完毕后，在 C:\MATLAB7\work\plot\distrib 文件夹下出现 comtest. exe 文件，即打包后的解压程序。复制 C:\MATLAB7\work\plot 文件夹下所有文件在另外一台机器上，双击 comtest 可执行程序，注册 com 组件，就完成了最后的工作，程序就可以在其他机器上执行了。

7.8 基于多种智能预测技术的烧结矿化学成分大数据计算平台

7.8.1 运行环境

（1）硬件环境

CPU：Intel core duo T2250 1.73GHz；

内存：1024MB 以上内存；

硬盘：120GB 以上；

其他：鼠标、键盘。

（2）软件环境

操作系统：Windows2000、WindowsXP；

运行环境：MatlabR2009a 以上开发和运行环境。

7.8.2 系统的配置结构

系统配置结构如图 7.13 所示。

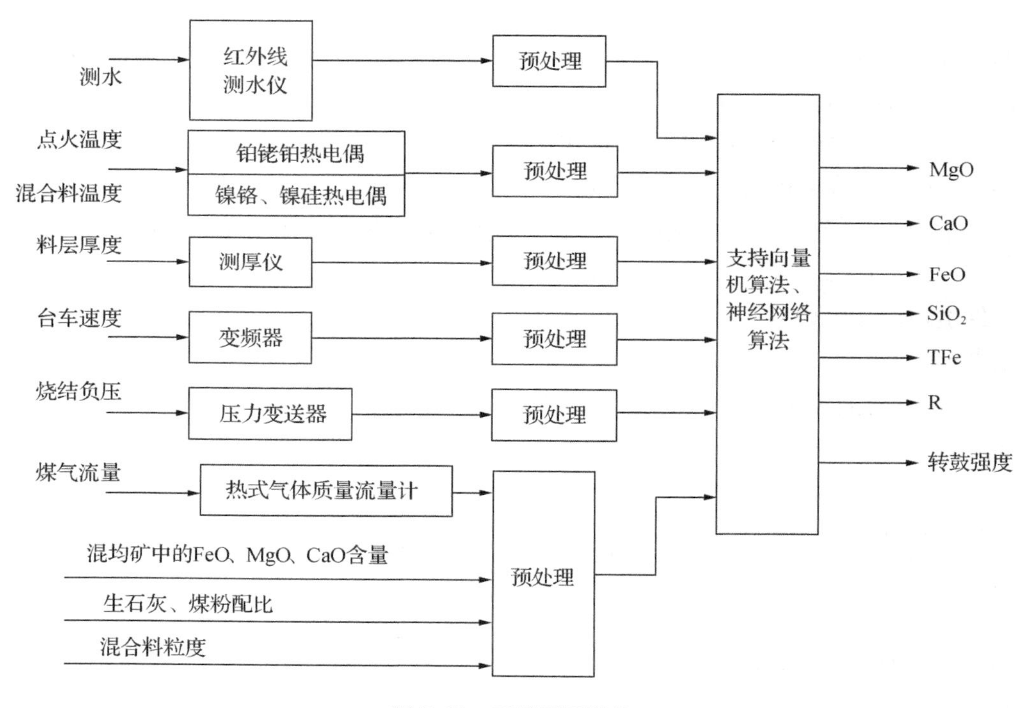

图 7.13 系统配置结构

7.8.3 成品检验值数据的预处理

由于在进行化学成分预测时，要利用预测值和实际成品化验值的偏差来补偿以后的化学成分预测值。因此，烧结成品的化验值对预测的精度也有很大的影响，而化验值由于人为因素或仪器的精度等因素，有时候也会产生一定的误差，因此，对这类成品的化验值也要进行处理。在本系统中，利用全量分析法来判断成品化验值的合理性，也就是将各化学成分化验值代入到式 $Sum = 1.43TFe - 0.11FeO + CaO + SiO_2 + MgO$ 中。

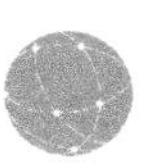

如果 Sum 在 98.5% ±0.5% 范围内，说明成分化验结果基本准确；如果 Sum 超出 98.5% ±0.5% 范围内，说明化验结果是有问题的，此时，标识该化验值不参与下一步的预测。

7.9 烧结矿化学成分控制策略

能够较精确地预测成品化学成分并不是最终目的，只有做到能够根据预测结果，结合专家知识和经验指导实际生产，参与控制，专家系统才有现实意义。对烧结生产进行操作指导，就是要根据预测结果，按照某种既定的规则分析，给出专家意见，建议操作人员采取某种措施，控制成品化学成分的稳定性，使其波动范围越小越好。当然，如果能实现烧结矿各种化学成分的同步优化是最理想的。但是，由于各成分之间存在很大的相关性，而且各种成分的变化也是随机的，因此，各成分“同步优化”的指导策略几乎不可能实现。所以，在进行烧结矿化学成分操作指导时，必须做到有所侧重，突出重点。

7.9.1 烧结矿化学成分的控制

烧结矿化学成分主要包括 TFe、SiO_2、CaO、MgO、FeO 和碱度等。烧结矿碱度（R）的指标由公司根据高炉生产情况决定，其他成分的指标则由烧结厂根据实际的生产要求决定。国内外生产实践表明，烧结矿化学成分的波动对高炉的影响很大。例如，烧结矿 TFe 含量波动值由 1.0% 降至 0.5% 时，高炉一般增产 1% ~3%；碱度波动值由 0.1 降至 0.075 时，高炉增产 1.5%，焦比降低 0.8%。控制烧结矿化学成分，主要是控制其稳定性，因此合适地控制烧结矿的化学成分是十分必要的。但是，某烧结厂面临着一个尴尬的局面，现在还不能适时地对成品烧结矿的质量性能和化学成分做出及时可靠的检验，一般烧结矿的质量指标大约在 2 ~12 小时才能得到，这么长的时间里烧结厂主控室只能按照上次的质量指标来安排烧结生产，因此这样生产出的烧结矿就很难满足炼铁的生产要求。既然已经对烧结矿化学成分在一定的时间段里做出了十分可靠、准确的预测，只要工艺的要求不是频繁变化，可以将现场获取的相关瞬时流量值代入预测模型中，由此得到的预测值来指导烧结生产和智能决策，因此提出了利用神经网络的预测模型来控制烧结矿的化学成分这个设想。

7.9.2 区间优化控制策略

（1）区间优化控制策略的提出

烧结过程控制的目的是优化过程参数，通常的点优化是以最优点为优化目标的控制策略，但是烧结过程控制的特点决定了点优化是难以实现的。

①烧结过程控制的基础是大量的实时生产数据。由于噪声和不可测干扰等因素的影响，使数据的测量值与实际值之间存在着误差，使得点优化的控制策略难以实现。

②点优化将导致过程的频繁调整。由于数据测量的误差及生产过程的大滞后性，频繁地调整会造成生产上大的波动，其结果是不仅不能实现烧结生产的优化控制，而且还可能破坏烧结过程的正常进行。而区间优化是相对点优化而言的，特指以围绕最优点的最优区间为优化目标的控制策略。烧结过程控制采用区间优化的策略是适宜的：区间优化的控制目标是最优区间，可以减小因数据的测量误差引起的控制不准确性；同时也可避免过程控制的频繁调整，实现生产过程的稳定进行。生产参数的预报结果与实测值之间存在一定的误差（在允许范围内），区间优化可以减小因这种误差而引起的误操作。所以，一般采用区间优化的控制策略。

（2）区间划分及状态描述

烧结过程的优化以烧结生产的正常进行为基础，以生产参数的实测数据或预测值作为判断依据。因此，可将生产参数相应地划分为优化区间（计为0），可行区间（优化区间上限与可行区间的上限之间的区间计为+1，优化区间下限与可行区间的下限之间的区间计为-1）及异常区间（超过可行区间上限的区间计为+2，超过可行区间下限的区间计为-2），区间优化的目标就是由可行区间获得优化区间。

①最优点的确定。最优点就是烧结过程的控制对象符合过程优化要求的参数值，对于烧结矿化学成分，最优点就是各成分的规格（中心值）。对于烧结过程状态参数，最优点要根据具体工艺条件及生产情况而定。

②区间边界的确定。区间边界就是划分各个区间的临界点。烧结矿化学成分的区间边界根据一级品、合格品和出格品的指标标准而定，烧结过程状态参数的区间边界则根据烧结生产经验来确定，并随着生产的具体情况而变化。

③参数状态的描述。参数在可行区间时，+1和-1区间代表2种不同的生产状况，同样，在异常区间处于+2和-2区间也代表2种不同的生产状况。为了能通过生产参数的实时数据准确地判断生产状况，实现区间的优化控制，将各生产参数分别划分为5个状态，以TFe为例，其状态描述如表7.5所示。

表7.5　烧结矿化学成分TFe状态描述

区间代号	+2	+1	0	-1	-2
状态描述	太高	较高	适宜	较低	太低
区间范围	>+0.75	-0.75～+0.5	+0.5～-0.5	-0.5～-0.75	<-0.75
区间划分	异常	优化区间	最优区间	优化区间	异常

实现区间优化控制策略，就是要通过对生产过程的控制，将控制变量控制在优化区间内，以求实现烧结过程的优质、高产和低耗。

7.9.3　碱度中心控制策略

（1）碱度中心控制策略的提出

烧结矿化学成分主要包括R、TFe、SiO_2、CaO、MgO和FeO，能实现各种成分的同步优化是很理想的，但是，由于各成分之间存在很大的相关性，而且各种成分的变化也是随机的。因此，各成分“同步优化”的控制策略几乎不可能实现。例如，当R为一级品时，TFe可能为合格品或出格品。暂时不考虑其他成分的控制，仅从控制这2种成分的角度来决定控制方案都是很困难的。当波动原因是由含铁原料引起时，为了保证TFe为一级品，就必须对含铁原料的配比进行调整，这必然会引起SiO_2含量的波动，从而引起R的波动，这时可能会出现TFe调至一级品时，R却变为合格品，甚至变为出格品。所以，在进行烧结矿化学成分控制时，必须有所侧重，突出重点。

烧结矿化学成分的控制主要是控制各成分的稳定性，波动范围越小越好。烧结矿碱度的波动，势必影响高炉生产的技术经济指标及高炉的正常生产；同时，要满足高炉炉渣碱度的要求，烧结矿的碱度变化必然引起球团率的波动，进而影响球团的生产。相对而言，高炉对炉料TFe含量的波动要求不高，而且它的波动可以通过焦炭负荷进行调整。因此，从高炉稳定生产的角度，提出以碱度为中心的烧结矿化学成分控制策略是必要的。

R中心控制策略，就是指烧结矿化学成分控制以R为主，优先满足对R的指标要求。R满足生产要求，其他成分未满足生产要求，可不进行调整；R不满足生产要求，即使其他成分满足生产要求，也要进行调整。

烧结矿R的波动，有两方面的原因。

①SiO_2含量波动引起的R波动。对于一次配料的系统，主要由于精矿和富矿的流量波动所引起；对于两次配料的系统，一种情况是由于一次配料的抓料、配料不准及中和效果差等原因所引起的；另一种情况是由二次配料的中和料下料量波动所引起的，无论哪种情况的波动都会引起TFe含量的波动。

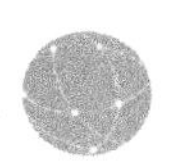

②CaO 含量的波动引起的 R 波动。无论一次配料系统还是两次配料系统，CaO 含量的波动是由熔剂下料量波动引起的。同时，精矿和富矿流量的波动及中和料流量的波动都会引起 FeO 和 MgO 含量的波动，而 FeO 含量又受燃料量的影响，MgO 含量受菱镁石流量的影响。烧结矿化学成分的影响因素及相互关系如图 7.14 所示。

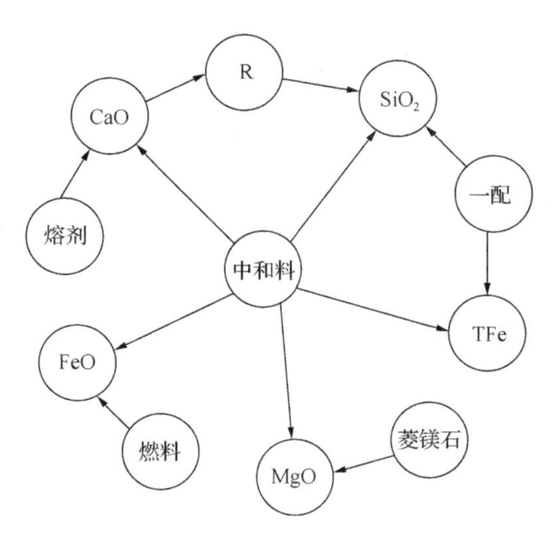

图 7.14　烧结矿化学成分的影响因素及相互关系

（2）控制原则及方法

控制原则是与配料系统相适应的。对于一次配料系统，采用“对症下药”的原则，由什么原因引起的，就采取相应的措施。对于两次配料的系统，分 2 种情况：有中和料仓时，因为中和料仓的混匀作用减小了 TFe 和 SiO_2 含量的波动，R 的波动主要在于二次配料，所以主要在于分析二次配料的情况并采用相应的措施。另一种情况是没有中和料仓时，分析原因要从一次、二次配料同时着手；当 R 波动由一次配料引起时，因为其长时间滞后性，采用“将错就错”的原则，也就是说，此时不去调整一次配料，而是通过调整二次配料来稳定 R；当 R 波动由二次配料引起时，就采用“对症下药”的方法，由什么原因引起的，就去做相应的调整。为了实现以 R 为中心的控制策略，同时为了避免生产出现大的波动，也为了减小预报误差的影响，提出以 R 的状态及其变化趋势（由过去值、现在值和将来值决定）为调整依据，以“保证合格品，力争一级品”为调整原则的控制方法。

①预报 R 是一级品时，不做任何调整。

②预报 R 是出格品时，无论变化趋势是否一致，必须进行调整。调整的幅度根据 R 的过去值、现在值和将来值所表现的变化趋势来决定。这样，既实现了 R 中心的控制策略，又实现了 R 区间优化的控制策略。

③预报 R 是合格品时，根据 R 的过去值、现在值和将来值的变化趋势，决定调整与否。

④当 R 太高（或太低），TFe 太高或太低时，无论其他化学成分状态如何，R 和 TFe 都要进行调整。

⑤当 R 太高（或太低），TFe 较高（或较低）时，重点考虑调整 R，TFe 根据变化趋势决定调整与否。当 TFe 预报值、现在值、过去值变化趋势一致时，调整 TFe，当变化趋势不一致时，暂不做调整。

⑥当 R 太高（或太低），TFe 适宜时，重点考虑 R 的调整。

⑦当 R 太高（或太低），TFe 太高或太低时，重点考虑调整 TFe，而 R 根据变化趋势决定调整与否。

⑧当 R 太高（或太低），TFe 较高（或较低时），分别根据 R 和 TFe 的变化趋势决定它们是否调整。

⑨当 R 较高（或较低时），TFe 适宜，根据 R 的变化趋势决定它是否调整。

⑩当 R 适宜，TFe 太高或太低时，重点考虑调整 TFe。

⑪当 R 适宜，TFe 较高或较低时，根据 TFe 的变化趋势决定它们是否调整。

⑫当 R 适宜，TFe 适宜，无论其他成分状态如何，都不做任何调整。

（3）系统应用效果

烧结矿化学成分的控制策略已于 2008 年 10 月在某烧结厂二烧车间正式投入运行，从一个月使用的效果来看，10 月的烧结矿一级品率达到了 71.3%，合格率达到了 82.4%，较 2008 年 9 月的 69.7%、79.9% 均提高了近 2 个百分点；而设备作业率则由原来的不足 90% 提高到 94%。因此，此操作指导对烧结生产起到了明显的指导作用，带来了可观的经济效益。

7.10 MB + 网络中各站的软件配置

一般情况下，安装在计算机上的硬件均需安装相应的驱动程序，SA85 卡同样如此。在计算机上安装 SA85 卡后，还须在该卡上为其分配内存基地址，其设定是在监控机上定义一个 2KB 大小的区域，作为该卡和 FIX 组态软件间交换信息的缓冲区。然后安装基于 Windows NT 操作系统的 SA85 卡驱动程序 SW - LNET - INT，如果没有 PLC 编程器，需在上位机上通过 MB + 网络对 PLC 进行编程，则在上位机上另须安装驱动软件 SW - WVDD - INT。驱动软件安装正常后，即可按照软件说明进行进一步的参数配置。注意在定义设备的 Memory Adress 时，必须与 SA85 卡上的硬件设定一致。

Modicon Quantum PLC 支持 Modsoft、Concept、Modicon 状态语言等编程软件。在本设计中采用 Concept 编程软件，该软件装于上位机中。PLC 与变频器、上位机间数据交换的方式和数据交换量的设定是由 Concept 软件的 PLC Configuration 菜单下的 Peer Cop 功能菜单完成的。在此菜单下，首先设置接入 MB + 网络的模块，然后再选定数据传送的方式和在此方式下数据传送的数量。数据传送的方式有两种：指定地址传送（Specific Input 与 Specific Output）和全局传送（Global Input 与 Global Output）。

变频器 ATV58 在 MB + 网络中传送与接收数据的设定是在其通信菜单中完成的，在本设计中具体如下：上位机的主要功能是对生产过程进行监控、数据管理及打印。因 Modbus plus 总线的 Peer cop 数据传送方式允许在局域网上节点之间进行寄存器数据传送，所以全局信息或直接信息可以通过设置传输数据的源地址和目标地址来进行接收和发送。借助于 Modbus plus 总线网络，上位机利用 Specific Output 设置将各物料的配比及给定量等数据送入 PLC，利用 Specific Input 接收 PLC 收集的各物料的实际给定量，同时利用 Global Input 接收各变频器的实际输出频率、电机转速值、电机电流、进线电压、电机热保护状态、变频器热保护状态、最近的故障、变频器状态寄存器、变频器内部状态寄存器等状态数据，并可在线显示。而且，上位机还可以通过 Modbus plus 对 PLC 进行编程。

PLC 是整个配料车间电气控制系统的核心，主要完成物料给定闭环 PID 运算、变频器运行控制、振动器工作控制及故障检测处理等功能。它是通过 CPU 模块上的 Modbus plus 总线接口与 Modbus plus 总线网络相连的。在应用中，PLC 通过 Specific Output 将控制字 CMD、频率给定 LFR、内部控制寄存器 CMI 送入各变频器；同时利用 Global Input 接收各变频器的实际输出频率、电机电流、进线电压、变频器热保护状态、变频器状态寄存器等状态数据，以便进行故障处理及运行连锁等工作。而变频器主要通过 Modbus plus 总线网络接收 PLC 送来的数据，同时利用 Global Output 发出上位机和 PLC 需要的数据。

主、从站之间，主站之间长距离进行数据互相访问：由于本系统点多（约 3000 点）、面广、数据通信距离长（最远距离 1200 米左右），如何实现安全、高效的通信尤为重要。经过论证，本系统通信控制方式分为 3 层：现场控制级、环网传输级、管理级。

7.10.1 现场控制级

由施耐德电气公司的施耐德 QUANTUM 系列和 Premium 系列产品组成。根据 PLC 站点与对应的电气设备就近配置的原则，系统共设 7 个 PLC 站点：配料站（配料电气室），烧结站（主电气楼），包括（电控站和仪控站）、成品站（成品电气室）、配料称重站、烧结称重站。各主站与对应分站的连接采用 RIO（远程 I/O）、DIO（分布 I/O）技术。变频器通过 DIO（Modbus Plus 通信协议）应用单缆双绞线实现网上控制，RIO 用于系统的扩展，物理上应用 RG - 6 同轴电缆实现双缆冗余连接，形成 RIO 网络结构。系统各站点间的连接应用工业以态网 TCP/IP 通信协议，在物理上采用双缆冗余光缆结构，保证数据传输的可靠性。网络速度为 1.544MBPS。在每个主站上配置了以太网接口，作为连接现场级设备和管理设备的桥梁，起到了承上启下的作用。一方面，它将现场各种设备的汇总信号上传到管理网络，作为自动化的

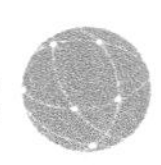

元素；另一方面，它将管理级向下发送的各种命令及时准确地传送到相应的工作岗位。

7.10.2　环网传输级

采用双环网技术，光纤从第1台交换机出发，最后返回第1台交换机，在网络路径上形成闭合，并保证网络传输速度为100MBPS。正常的时候，网络数据逆时针旋转，当网络由于某种原因发生故障时，环网自动断裂，形成线性网络，它依然能够保证网络的所有特性，不影响任何工作，直到网络修复。当网络修复后，它还支持热愈合，可无级恢复故障。就好像没有故障发生一样。本次方案选择了10个网络交换机，组成双环网，使系统更加稳定、可靠。从整个烧结厂的地理地域上看，布局合理，网络布线分明，配置合理。此交换机可以直接与管理级网络相连。人机接口与PLC之间及PLC之间联成光纤（多模）双环网，通过光纤环网把烧结系统的工艺参数设定值和对电气设备的操作从人机接口传送到各PLC，把各设备的状态和工艺、电气参数及故障由PLC收集送到人机接口的CRT显示。配置如图7.15所示。

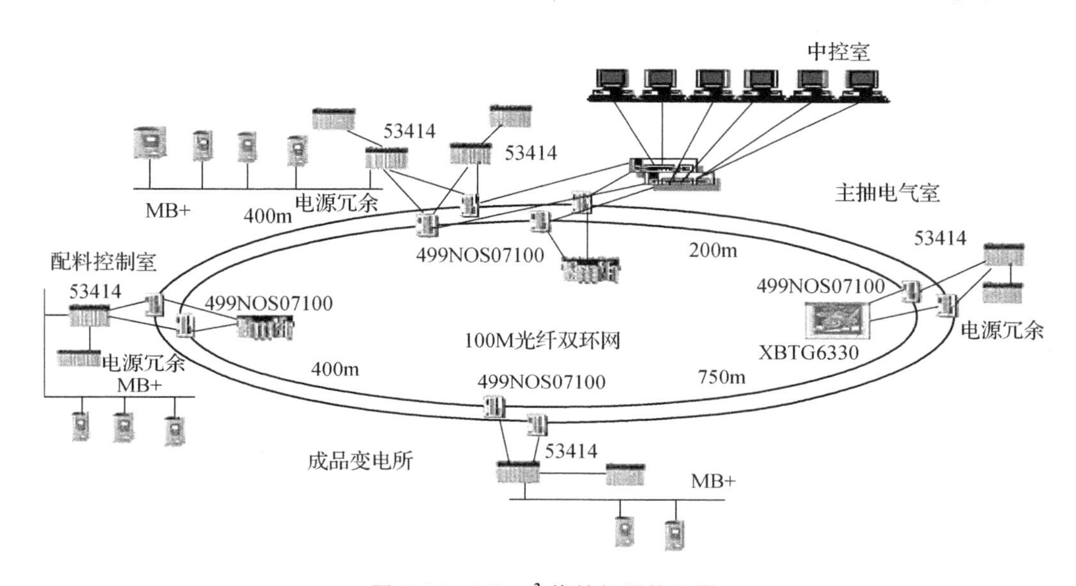

图7.15　360 m^2 烧结机网络配置

光纤通信网络建设投资成本中等，不怕雷击，抗电磁干扰，抗腐蚀，保密性好，运行维护成本低。因此，光纤网络通信在长途大容量系统中已经显示出了明显的优势。

7.10.3　管理级

监控系统（操作站和工程师站）集中设置在电气楼中央控制室。上位机通过上位监视画面（HMI）实现对全厂生产的实现，网络内部系统设备的点对点通信，上位机之间互相冗余。一幅生产画面由标题区、设备区和控制区三大部分组成；标题区指示画面所停留的系统；设备区反映本系统设备的状态；控制区则对本系统设备进行流程选择及操作。在显示画面方面做成易懂、易操作和易解释的画面，并设有专门显示画面，使看不见的料层烧结过程成为可视化，为操作员有效操作烧结过程创造有利条件。工程师站配备两台上位机，可对全厂画面管理和修改，也可对下位程序编辑、改动，还可对下位程序上传和下载。

第 8 章　烧结矿化学成分大数据计算平台关键代码

8.1　支持向量机的回归和多类分类实现代码

```
using System;
using System.Collections.Generic;
using System.Text;

namespace MC.VO
{
    public class ProductImgInfo
    {
        private int id;
        private int productid;
        private string name;
        private string describe;
        private int showtype;
        private DateTime adddate;
        private string url;

        public int ID
        {
            get{ return this.id; }
            set { this.id = value; }
        }
        public int ProducId
        {
            get{ return this.productid; }
            set{ this.productid = value; }
        }
        public string Name
        {
            get{ return this.name; }
            set{ this.name = value; }
        }
        public string Describe
        {
            get{ return this.describe; }
            set{ this.describe = value; }
        }
        public DateTime AddDate
        {
            get{ return this.adddate; }
            set{ this.adddate = value; }
```

 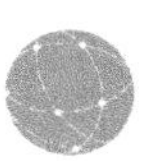

```
        }
        public string URL
        {
            get{ return this.url; }
            set{ this.url = value; }
        }
        public int ShowType
        {
            get{ return this.showtype; }
            set{ this.showtype = value; }
        }
        public ProductImgInfo( )
        { }
        public ProductImgInfo( int id, int productid, string name, string describe, DateTime adddate,string url,int
showtype)
        {
            this.ID = id;
            this.ProducId = productid;
            this.Name = name;
            this.Describe = describe;
            this.AddDate = adddate;
            this.URL = url;
            this.ShowType = showtype;
        }

    }
}using System;
using System.Collections.Generic;
using System.Text;

namespace MC.VO
{
    public class ProductInfo
    {
        private int id;
        private int typeid;
        private string name;
        private string summary;
        private string intro;
        private string remark;
        private DateTime adddate;
        private int index;

        public int ID
        {
            get{ return this.id; }
            set{ this.id = value; }
        }
        public int TypeId
        {
            get{ return this.typeid; }
            set{ this.typeid = value; }
```

```
        }
        public string Name
        {
            get{ return this. name; }
            set{ this. name = value; }
        }
        public string Summary
        {
            get{ return this. summary; }
            set{ this. summary = value; }
            }
        public string Intro
          {
            get{ return this. intro; }
            set{ this. intro = value; }
          }
          public string Remark
        {
            get{ return this. remark; }
            set{ this. remark = value; }
          }
          public DateTime AddDate
          {
            get{ return this. adddate; }
            set{ this. adddate = value; }
          }

          public int Index
          {
            get{ return this. index; }
            set{ this. index = value; }

          }

          public ProductInfo( )
          { }
          public ProductInfo(int id, int typeid, string name, string summary, string intro, string remark, DateTime ad-
ddate,int index)
          {
            this. ID = id;
            this. Name = name;
            this. Summary = summary;
            this. Intro = intro;
            this. Remark = remark;
            this. AddDate = adddate;
            this. Index = index;
          }
      }
}

using System;
using System. Collections. Generic;
```

```
using System.Text;

namespace MC.VO
{
    public class ProductTypeInfo
    {
        private int id;
        private string name;
        private int parentid;
        private string remark;
        private DateTime adddate;

        public int ID
        {
            get{ return this.id; }
            set{ this.id = value; }
        }
        public string Name
        {
            get{ return this.name; }
            set{ this.name = value; }
            }
        public int ParentId
        {
            get{ return this.parentid; }
            set{ this.parentid = value; }
        }
        public string Remark
        {
            get{ return this.remark; }
            set{ this.remark = value; }
        }
        public DateTime AddDate
        {
            get{ return this.adddate; }
            set{ this.adddate = value; }
        }
        public ProductTypeInfo()
        { }
        public ProductTypeInfo(int id, int parentid, string name, string remark,DateTime adddate)
        {
            this.ID = id;
            this.ParentId = parentid;
            this.Name = name;
            this.Remark = remark;
            this.AddDate = adddate;
        }
    }
}

using System;
using System.Collections.Generic;
```

```
using System. Text;

namespace MC. VO
{
    public class RoleInfo
    {
        private int id;
        private string name;
        private string remark;
        private DateTime adddate;

        public int ID
        {
            get{ return this. id; }
            set{ this. id = value; }
        }
        public string Name
        {
            get{ return this. name; }
            set{ this. name = value; }
        }
        public string Remark
        {
            get{ return this. remark; }
            set{ this. remark = value; }
        }
        public DateTime AddDate
        {
            get{ return this. adddate; }
            set{ this. adddate = value; }
        }

        public RoleInfo( )
        { }
        public RoleInfo( int id, string name, string remark, DateTime adddate)
        {
            this. ID = id;
            this. Name = name;
            this. Remark = remark;
            this. AddDate = adddate;
        }
    }
}

using System;
using System. Collections. Generic;
using System. Text;

namespace MC. VO
{
    public class RoleModuleInfo
    {
```

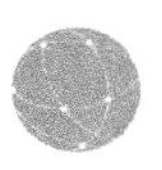

```
        private int roleid;
        private int moduleid;

        public int RoleId
        {
            get{ return roleid; }
            set{ this. roleid = value; }
        }
        public int ModuleId
        {
            get{ return moduleid; }
            set{ this. moduleid = value; }
        }

        public RoleModuleInfo( )
        { }
        public RoleModuleInfo( int roleid, int moduleid)
        {
            this. roleid = roleid;
            this. moduleid = moduleid;
        }
    }
}

using System;
using System. Collections. Generic;
using System. Text;
using System. Data;
using MC. VO;

namespace MC. IDAO
{
    public interface IAdmin
    {
        void Insert( AdminInfo info) ;
        void Delete( int id) ;
        void Update( AdminInfo info) ;
        DataTable GetAdminAll( ) ;
        AdminInfo GetAdminInfo( int id) ;
        bool Login( string name, string pwd) ;
        bool HasPermission( ) ;
        void ChangPassword( string username, string oldpwd, string newpwd) ;
        bool IsExist( string username) ;
    }
}

using System;
using System. Collections. Generic;
using System. Text;
using System. Data;
using MC. VO;
```

```
namespace MC. IDAO
{
    public interface IArticle
    {
        void Insert( ArticleInfo info) ;
        void Update( ArticleInfo info) ;
        void Delete( int id) ;
        DataTable GetArticleAll( ) ;
        ArticleInfo GetArticleInfo( int id) ;
        DataTable GetArticleAllPaged( int page, int psize) ;
    }
}

using System;
using System. Collections. Generic;
using System. Text;
using System. Data;
using MC. VO;
namespace MC. IDAO
{
    public interface IChannel
    {
        void Insert( ChannelInfo info) ;
        void Update( ChannelInfo info) ;
        void Delete( int id) ;
        DataTable GetChannelAll( ) ;
        DataTable GetChannelAll(  bool isEnable) ;
        ChannelInfo GetChannelInfo( int id) ;
    }
}

using System;
using System. Collections. Generic;
using System. Text;
using MC. VO;

namespace MC. IDAO
{
    public interface IConfigSet
    {
        void SetConfig( ConfigSetInfo info) ;
        ConfigSetInfo GetConfig( ) ;
    }
}

using System;
using System. Collections. Generic;
using System. Text;
using System. Data;
using MC. VO;

namespace MC. IDAO
```

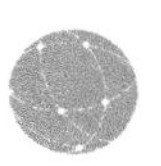

```
{
    public interface IFeedBack
    {
        void Insert(FeedBackInfo info);
        void Update(FeedBackInfo info);
        void Delete(int id);
        FeedBackInfo GetInfo(int id);
        DataTable GetQestion();
        DataTable GetAnswer(int id);
    }
}

using System;
using System.Collections.Generic;
using System.Text;
using System.Data;
using MC.VO;

namespace MC.IDAO
{
    public interface ILinks
    {
        void Insert(LinksInfo info);
        void Update(LinksInfo info);
        void Delete(int id);
        DataTable GetAll();
        DataTable GetTop(int num);
        LinksInfo GetLinksInfo(int id);
    }
}

using System;
using System.Collections.Generic;
using System.Text;
using System.Data;
using MC.VO;

namespace MC.IDAO
{
    public interface IModule
    {
        void Insert(ModuleInfo info);
        void Delete(int id);
        void Update(ModuleInfo info);
        ModuleInfo GetModuleInfo(int id);
        DataTable GetModuleAll();
        DataTable GetModuleByRoleId(int roleid);
        DataTable GetChildLevelModule(int parentId);
        DataTable GetTopLevelModule();
    }
}
```

```
using System;
using System.Collections.Generic;
using System.Text;
using System.Data;
using MC.VO;

namespace MC.IDAO
{
  public interface INews
    {
        void Insert(NewsInfo info);
        void Update(NewsInfo info);
        void Delete(int id);
        NewsInfo GetNewsInfo(int id);
        DataTable GetNewsAll();
        DataTable GetNewsByType(int typeid);
        DataTable GetNewsAllPaged(int page, int pagesize);
        DataTable GetNewsByTypePaged(int typeid, int page, int pagesize);
    }
}

using System;
using System.Collections.Generic;
using System.Text;
using System.Data;
using MC.VO;

namespace MC.IDAO
{
    public interface INewsType
    {
        void Insert(NewsTypeInfo info);
        void Update(NewsTypeInfo info);
        void Delete(int id);
        NewsTypeInfo GetNewsTypeInfo(int id);
        DataTable GetNewsTypeAll();
        DataTable GetNewsTypeTopLevel();
        DataTable GetNewsTypeChildLevel(int parentid);
    }
}

using System;
using System.Collections.Generic;
using System.Text;
using System.Data;
using MC.VO;

namespace MC.IDAO
{
    public interface IPicture
    {
        void Insert(PictureInfo info);
```

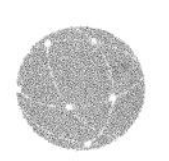

```
        void Update(PictureInfo info);
        void Delete(int id);
        PictureInfo GetInfo(int id);
        DataTable GetAll();
        DataTable GetByType(int type);
    }
}

using System;
using System.Collections.Generic;
using System.Text;
using System.Data;
using MC.VO;
namespace MC.IDAO
{
    public interface IProduct
    {
        void Insert(ProductInfo info);
        void Delete(int id);
        void Update(ProductInfo info);
        ProductInfo GetProductInfo(int id);
        DataTable GetProductAll();
        DataTable GetProductAllPaged(int page, int pagesize);
        DataTable GetProductByType(int typeid);
        DataTable GetProductByTypePaged(int typeid, int page, int pagesize);
    }
}

using System;
using System.Collections.Generic;
using System.Text;
using System.Data;
using MC.VO;

namespace MC.IDAO
{
    public interface IProductImg
    {
        void Insert(ProductImgInfo info);
        void Update(ProductImgInfo info);
        void Delete(int id);
        ProductImgInfo GetImgInfo(int id);
        DataTable GetImgAll();
        DataTable GetImgByProductId(int productid);
        DataTable GetImgByShowType(int showtype);
        DataTable GetImgAllPaged(int page, int psize);
    }
}

using System;
using System.Collections.Generic;
using System.Text;
```

```
using System.Data;
using MC.VO;

namespace MC.IDAO
{
    public interface IProductType
    {
        void Insert(ProductTypeInfo info);
        void Update(ProductTypeInfo info);
        void Delete(int id);
        ProductTypeInfo GetProductTypeInfo(int id);
        DataTable GetProductTypeAll();
        DataTable GetProductTypeTopLevel();
        DataTable GetProductTypeChildLevel(int parentid);
    }
}

using System;
using System.Collections.Generic;
using System.Text;
using System.Data;
using MC.VO;

namespace MC.IDAO
{
    public interface IRole
    {
        void Insert(RoleInfo info);
        void Delete(int id);
        void Update(RoleInfo info);
        DataTable GetRolesAll();
        RoleInfo GetRoleInfo(int id);
    }
}

using System;
using System.Collections.Generic;
using System.Text;
using MC.VO;
using System.Data;

namespace MC.IDAO
{
    public interface IRoleModule
    {
        void Insert(RoleModuleInfo info);
        void Delete(RoleModuleInfo info);
        bool IsExist(RoleModuleInfo info);
        DataTable GetRoleModuleByRoleId(int roleId);
        DataTable GetRoleModuleByModuleId(int moduleId);
    }
}
```

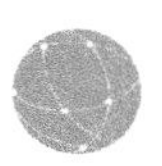

```
using System;
using System.Collections.Generic;
using System.Text;
using System.Data.Common;
using System.Data.OleDb;
using System.Data.SqlClient;

namespace MC.Database
{
    public class DbHelper
    {
        private static object lockhelper = new object();
        private static DbHelper instance;
        private DbHelper()
        { }

        public static DbHelper getInstance()
        {
            lock (lockhelper)
            {
                if (instance == null)
                    instance = new DbHelper();
            }
            return new DbHelper();
        }
        //private string accessurl = "Provider = Microsoft.Jet.OLEDB.4.0 ; Data Source = SimpleCRM.mdb";
        //private string sqlurl = "server = LQ - MGJHY2Z3ZOHC\SQL2005; database = SimpleCRM; uid = sa; pwd
= ";


        static string dbstr = System.Configuration.ConfigurationSettings.AppSettings["Database"].ToString().
ToLower();
        static string urlSQL = System.Configuration.ConfigurationSettings.AppSettings["SQLServer"].ToString().
ToLower();
        static string urlOledb = System.Configuration.ConfigurationSettings.AppSettings["OLEDB"].ToString().
ToLower();

        private DbConnection conn;
        private DbCommand cmd;
        private DbDataAdapter adapter;

        public string getConnectionString()
        {
            if (dbstr == "sqlserver")
                return urlSQL;
            else
                return urlOledb.Replace("{$app}", AppDomain.CurrentDomain.BaseDirectory.ToString());
        }
        public DbConnection getConnection()
        {
```

```
            if (dbstr == "sqlserver")
                conn = new SqlConnection(getConnectionString());
            else
                conn = new OleDbConnection(getConnectionString());

            try
            {
                conn.Open();
            }
            catch (Exception ex)
            {
                throw ex;
            }

            return conn;
        }
        public DbCommand getCommand()
        {
            if (dbstr == "sqlserver")
                cmd = new SqlCommand();
            else
                cmd = new OleDbCommand();
            return cmd;
        }
        public DbDataAdapter getDataAdapter(string sql,DbConnection con)
        {
            if (dbstr == "sqlserver")
                adapter = new SqlDataAdapter(sql,(SqlConnection)con);
            else
                adapter = new OleDbDataAdapter(sql,(OleDbConnection)con);
            return adapter;

        }
    }
}

using System;
using System.Collections.Generic;
using System.Text;
using MC.IDAO;
using MC.VO ;
using MC.DAO ;


namespace MC.DAOFactory
{
    public class DaoFactory
    {
        public static IAdmin CreateAdmin()
        {
            return new Admin();
        }
```

 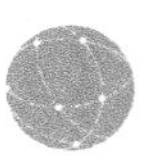

```
public static IArticle CreateArticle( )
{
    return new Article( ) ;
}
public static IChannel CreateChannel( )
{
    return new Channel( ) ;
}
public static IModule CreateModule( )
{
    return new Module( ) ;
}
public static INews CreateNews( )
{
    return new News( ) ;
}
public static INewsType CreateNewsType( )
{
    return new NewsType( ) ;
}
public static IProduct CreateProduct( )
{
    return new Product( ) ;
}
public static IProductType CreateProductType( )
{
    return new ProductType( ) ;
}
public static IProductImg CreateProductImg( )
{
    return new ProductImg( ) ;
}
public static IRole CreateRole( )
{
    return new Role( ) ;
}
public static IRoleModule CreateRoleModule( )
{
    return new RoleModule( ) ;
}

public static IConfigSet CreateConfigSet( )
{
    return new ConfigSet( ) ;
}
public static ILinks CreateLinks( )
{
    return new Links( ) ;
}
public static IPicture CreatePicture( )
{
    return new Picture( ) ;
```

```
        }
        public static IFeedBack CreateFeedBack( )
        {
            return new FeedBack( ) ;
        }

    }
}

using System;
using System. Collections. Generic;
using System. Text;
using System. Data;
using System. Data. Common;
using MC. VO;
using MC. Database;
using MC. IDAO;

namespace MC. DAO
{
    public class Admin:IAdmin
    {
        public void Insert( AdminInfo info)
        {
            string sql = "insert into admin (username,userpwd,remark,roleid,adddate) values('{0}','{1}','{2}',
{3},'{4}')";
            sql = string. Format( sql, info. UserName, info. UserPwd, info. Remark, info. RoleId, info. AddDate) ;

            using (DbConnection con = DbHelper. getInstance( ). getConnection( ) )
            {
                DbCommand cmd = DbHelper. getInstance( ). getCommand( ) ;
                cmd. CommandText = sql;
                cmd. Connection = con;

                cmd. ExecuteNonQuery( ) ;
            }
        }
        public void Delete( int id)
        {
            string sql = "delete from admin where id = {0} " ;
            sql = string. Format( sql, id) ;

            using (DbConnection con = DbHelper. getInstance( ). getConnection( ) )
            {
                DbCommand cmd = DbHelper. getInstance( ). getCommand( ) ;
                cmd. CommandText = sql;
                cmd. Connection = con;

                cmd. ExecuteNonQuery( ) ;
            }
        }
        public void Update( AdminInfo info)
```

```
        {
            string sql = "update admin set username ='{0}' ,userpwd ='{1}',remark ='{2}',roleid ={3} ,adddate ='{4}' where id ={5}";
            sql = string.Format(sql, info.UserName, info.UserPwd, info.Remark, info.RoleId, info.AddDate, info.ID);
            using (DbConnection con = DbHelper.getInstance().getConnection())
            {
                DbCommand cmd = DbHelper.getInstance().getCommand();
                cmd.CommandText = sql;
                cmd.Connection = con;

                cmd.ExecuteNonQuery();
            }
        }
        public DataTable  GetAdminAll()
        {
            string sql = "select * from admin";

            DataTable dt = new DataTable();
            using (DbConnection con = DbHelper.getInstance().getConnection())
            {
                DbDataAdapter da = DbHelper.getInstance().getDataAdapter(sql, con);
                DataSet ds = new DataSet();
                da.Fill(ds);
                dt = ds.Tables[0];
            }
            return dt;
        }
        public AdminInfo GetAdminInfo(int id)
        {
            string sql = "select * from admin where id ={0}";
            sql = string.Format(sql, id);
            AdminInfo info =new AdminInfo();
            using (DbConnection con = DbHelper.getInstance().getConnection())
            {
                DbCommand cmd = DbHelper.getInstance().getCommand();
                cmd.CommandText = sql;
                cmd.Connection = con;

                DbDataReader reader = cmd.ExecuteReader();
                if (reader.Read())
                {
                    info.ID = reader["id"] == DBNull.Value ? -1 : Convert.ToInt32(reader["id"]);
                    info.UserName = reader["username"].ToString();
                    info.UserPwd = reader["userpwd"].ToString();
                    info.AddDate = reader["adddate"] == DBNull.Value ? DateTime.Now : Convert.ToDateTime(reader["adddate"]);
                    info.Remark = reader["remark"].ToString();
                    info.RoleId = reader["roleid"] == DBNull.Value ? -1 : Convert.ToInt32(reader["roleid"]);
                }
            }
```

```
        return info;
    }
    public bool Login(string name, string pwd)
    {
        string sql = "select count(id) from admin where username='{0}' and userpwd='{1}'";
        sql = string.Format(sql, name, pwd);

        bool isLogin = false;
        using (DbConnection con = DbHelper.getInstance().getConnection())
        {
            DbCommand cmd = DbHelper.getInstance().getCommand();
            cmd.CommandText = sql;
            cmd.Connection = con;

            isLogin = Convert.ToInt32(cmd.ExecuteScalar()) > 0;
        }
        return isLogin;
    }
    public bool IsExist(string username)
    {
        string sql = "select count(*) from admin where username='{0}'";
        sql = string.Format(sql, username);

        bool isExist = false;
        using (DbConnection con = DbHelper.getInstance().getConnection())
        {
            DbCommand cmd = DbHelper.getInstance().getCommand();
            cmd.CommandText = sql;
            cmd.Connection = con;

            isExist = Convert.ToInt32(cmd.ExecuteScalar()) > 0;
        }
        return isExist;
    }
    public void ChangPassword(string username, string oldpwd, string newpwd)
    {
        if (Login(username, oldpwd))
        {
            string sql = "update admin set userpwd='{0}' where username='{1}'";
            sql = string.Format(sql, newpwd, username);

            using (DbConnection con = DbHelper.getInstance().getConnection())
            {
                DbCommand cmd = DbHelper.getInstance().getCommand();
                cmd.CommandText = sql;
                cmd.Connection = con;

                cmd.ExecuteNonQuery();
            }
        }
    }
    public bool HasPermission()
```

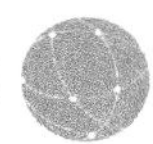

```
            {
                return true;
            }
        }
}

using System;
using System.Collections.Generic;
using System.Text;
using System.Data;
using System.Data.Common;
using MC.VO;
using MC.Database;
using MC.IDAO;

namespace MC.DAO
{
    public class Article:IArticle
    {
        public void Insert(ArticleInfo info)
        {
            string sql = "insert into article (title,subtitle,content,adddate) values('{0}','{1}','{2}','{3}')";
            sql = string.Format(sql, info.Title, info.Subtitle, info.Content, info.AddDate);

            using (DbConnection con = DbHelper.getInstance().getConnection())
            {
                DbCommand cmd = DbHelper.getInstance().getCommand();
                cmd.CommandText = sql;
                cmd.Connection = con;

                cmd.ExecuteNonQuery();
            }
        }
        public void Update(ArticleInfo info)
        {
            string sql = "update article set title='{0}',subtitle='{1}',content='{2}',adddate='{3}' where id
={4}";
            sql = string.Format(sql, info.Title, info.Subtitle, info.Content, info.AddDate, info.ID);

            using (DbConnection con = DbHelper.getInstance().getConnection())
            {
                DbCommand cmd = DbHelper.getInstance().getCommand();
                cmd.CommandText = sql;
                cmd.Connection = con;

                cmd.ExecuteNonQuery();
            }

        }
        public void Delete(int id)
        {
            string sql = "delete from article where id={0}";
```

```
        sql = string. Format(sql, id);

        using (DbConnection con = DbHelper. getInstance(). getConnection())
        {
            DbCommand cmd = DbHelper. getInstance(). getCommand();
            cmd. CommandText = sql;
            cmd. Connection = con;

            cmd. ExecuteNonQuery();
        }
    }
    public DataTable GetArticleAll()
    {
        string sql = "select * from article ";
        DataTable dt = new DataTable();
        using (DbConnection con = DbHelper. getInstance(). getConnection())
        {
            DbDataAdapter da = DbHelper. getInstance(). getDataAdapter(sql, con);
            DataSet ds = new DataSet();
            da. Fill(ds);
            dt = ds. Tables[0];
        }
        return dt;
    }
    public ArticleInfo GetArticleInfo(int id)
    {
        string sql = "select * from article where id = {0}";
        sql = string. Format(sql, id);
        ArticleInfo info = new ArticleInfo();
        using (DbConnection con = DbHelper. getInstance(). getConnection())
        {
            DbCommand cmd = DbHelper. getInstance(). getCommand();
            cmd. CommandText = sql;
            cmd. Connection = con;

            DbDataReader reader = cmd. ExecuteReader();
            if (reader. Read())
            {
                info. ID = reader["id"] = = DBNull. Value ? -1 : Convert. ToInt32(reader["id"]);
                info. Title = reader["title"]. ToString();
                info. Subtitle = reader["subtitle"]. ToString();
                info. AddDate = reader["adddate"] = = DBNull. Value ? DateTime. Now : Convert. ToDate-
Time(reader["adddate"]);
                info. Content = reader["content"]. ToString();
            }
        }
        return info;
    }
    public DataTable GetArticleAllPaged(int page, int psize)
    {
        string sql = "";
        if (page < = 1)
```

 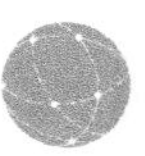

```
            {
                sql = "select top{0} * from article";
                sql = string.Format(sql, psize);
            }
            else
            {
                int startIndex = (page - 1) * psize;
                sql = "select top{0} * from article where id not in (select top {1} id from articles)";
                sql = string.Format(sql, psize, startIndex);
            }
            DataTable dt = new DataTable();
            using (DbConnection con = DbHelper.getInstance().getConnection())
            {
                DbDataAdapter da = DbHelper.getInstance().getDataAdapter(sql, con);
            DataSet ds = new DataSet();
                da.Fill(ds);
                dt = ds.Tables[0];
            }
            return dt;
        }

    }
}

using System;
using System.Collections.Generic;
using System.Text;
using System.Data;
using System.Data.Common;
using MC.VO;
using MC.Database;
using MC.IDAO;
namespace MC.DAO
{
    public class Channel:IChannel
    {
        public void Insert(ChannelInfo info)
        {
            string sql = "insert into channels ([name],[key],url,isenable,remark,[index],adddate) values
('{0}','{1}','{2}',{3},'{4}',{5},'{6}')";
            sql = string.Format(sql, info.Name, info.Key, info.Url, info.IsEnable, info.Remark, info.Index, in-
fo.AddDate);

            using (DbConnection con = DbHelper.getInstance().getConnection())
            {
                DbCommand cmd = DbHelper.getInstance().getCommand();
                cmd.CommandText = sql;
                cmd.Connection = con;

                cmd.ExecuteNonQuery();
            }
```

```
        }
        public void Update(ChannelInfo info)
        {
            string sql = "update channels set [name] = '{0}',[key] = '{1}',url = '{2}',isenable = {3},remark = '{4}',[index] = {5},adddate = '{6}' where id = {7}";
            sql = string.Format(sql, info.Name, info.Key, info.Url, info.IsEnable, info.Remark, info.Index, info.AddDate, info.ID);

            using (DbConnection con = DbHelper.getInstance().getConnection())
            {
                DbCommand cmd = DbHelper.getInstance().getCommand();
                cmd.CommandText = sql;
                cmd.Connection = con;

                cmd.ExecuteNonQuery();
            }

        }
        public void Delete(int id)
        {
            string sql = "delete from channels where id = {0}";
            sql = string.Format(sql, id);

            using (DbConnection con = DbHelper.getInstance().getConnection())
            {
                DbCommand cmd = DbHelper.getInstance().getCommand();
                cmd.CommandText = sql;
                cmd.Connection = con;

                cmd.ExecuteNonQuery();
            }

        }
        public DataTable  GetChannelAll()
        {
            string sql = "select * from channels  order by [index] desc";

            DataTable dt = new DataTable();
            using (DbConnection con = DbHelper.getInstance().getConnection())
            {
                DbDataAdapter da = DbHelper.getInstance().getDataAdapter(sql, con);
                DataSet ds = new DataSet();
                da.Fill(ds);
                dt = ds.Tables[0];
            }
            return dt;

        }
        public DataTable GetChannelAll(bool isEnable)
        {
            string sql;
```

 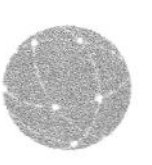

```
            if (isEnable)
                sql = "select * from channels where isenable <=0 order by [index] desc";
            else
                sql = "select * from channels where isenable >0 order by [index] desc";

            DataTable dt = new DataTable();
            using (DbConnection con = DbHelper.getInstance().getConnection())
            {
                DbDataAdapter da = DbHelper.getInstance().getDataAdapter(sql, con);
                DataSet ds = new DataSet();
                da.Fill(ds);
                dt = ds.Tables[0];
            }
            return dt;

        }
        public ChannelInfo GetChannelInfo(int id)
        {
            string sql = "select * from channels where id={0}";

            sql = string.Format(sql, id);
            ChannelInfo info = new ChannelInfo();

            using (DbConnection con = DbHelper.getInstance().getConnection())
            {
                DbCommand cmd = DbHelper.getInstance().getCommand();
                cmd.CommandText = sql;
                cmd.Connection = con;

                DbDataReader reader = cmd.ExecuteReader();
                if (reader.Read())
                {
                    info.ID = reader["id"] == DBNull.Value ? -1 : Convert.ToInt32(reader["id"]);
                    info.Name = reader["name"].ToString();
                    info.Key = reader["key"].ToString();
                    info.Url = reader["url"].ToString();
                    info.IsEnable = reader["isenable"] == DBNull.Value ? false : Convert.ToBoolean(reader
["isenable"]);
                    info.Remark = reader["remark"].ToString();
                    info.Index = reader["index"] == DBNull.Value ? 0 : Convert.ToInt32(reader["index"]);
                    info.AddDate = reader["adddate"] == DBNull.Value ? DateTime.Now : Convert.ToDate-
Time(reader["adddate"]);
                }
            }
            return info;
        }
    }
}

using System;
using System.Collections.Generic;
using System.Text;
```

```
using System. Data. Common;
using MC. Database;
using MC. VO;
using MC. IDAO;

namespace MC. DAO
{
    public class ConfigSet : IConfigSet
    {
        public void SetConfig( ConfigSetInfo info)
        {
            string sql  =  "update configset set webname = '{0}',webauthor = '{1}',webcopyright = '{2}'";
            sql  =  string. Format( sql, info. WebName, info. WebAuthor, info. WebCopyright) ;

            using (DbConnection con  =  DbHelper. getInstance( ). getConnection( ) )
            {
                DbCommand cmd  =  DbHelper. getInstance( ). getCommand( ) ;
                cmd. CommandText  =  sql;
                cmd. Connection  =  con;

                cmd. ExecuteNonQuery( ) ;
            }
        }
        public ConfigSetInfo GetConfig( )
        {
            string sql  =  "select  *  from   configset" ;
            ConfigSetInfo info  =  new ConfigSetInfo( ) ;
            using (DbConnection con  =  DbHelper. getInstance( ). getConnection( ) )
            {
                DbCommand cmd  =  DbHelper. getInstance( ). getCommand( ) ;
                cmd. CommandText  =  sql;
                cmd. Connection  =  con;

                DbDataReader reader  =  cmd. ExecuteReader( ) ;

                if (reader. Read( ) )
                {
                    info. WebName  =  reader[ "webname" ]. ToString( ) ;
                    info. WebCopyright  =  reader[ "webcopyright" ]. ToString( ) ;
                    info. WebAuthor  =  reader[ "webauthor" ]. ToString( ) ;
                }
            }
            return info;
        }
    }
}

using System;
using System. Collections. Generic;
using System. Text;
using System. Data;
using System. Data. Common;
```

 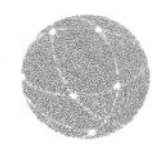

```
using MC.VO;
using MC.Database;
using MC.IDAO;

namespace MC.DAO
{
    public class FeedBack:MC.IDAO.IFeedBack
    {
        public void Insert(FeedBackInfo info)
        {
            string sql = "insert into feedback (parentId,author,title,content,adddate) values({0},'{1}','{2}','{3}','{4}')";
            sql = string.Format(sql, info.ParentId, info.Author, info.Title, info.Content, info.AddDate);
            using (DbConnection con = DbHelper.getInstance().getConnection())
            {
                DbCommand cmd = DbHelper.getInstance().getCommand();
                cmd.CommandText = sql;
                cmd.Connection = con;

                cmd.ExecuteNonQuery();
            }
        }
        public void Update(FeedBackInfo info)
        {
            string sql = "update feedback set parentid = {0},author = '{1}',title = '{2}',content = '{3}',adddate = '{4}' where id = {5}";
            sql = string.Format(sql, info.ParentId, info.Author, info.Title, info.Content,info.AddDate, info.ID);
            using (DbConnection con = DbHelper.getInstance().getConnection())
            {
                DbCommand cmd = DbHelper.getInstance().getCommand();
                cmd.CommandText = sql;
                cmd.Connection = con;

                cmd.ExecuteNonQuery();
            }
        }
        public void Delete(int id)
        {
            string sql = "delete from feedback where id = {0}";
            sql = string.Format(sql, id);

            using (DbConnection con = DbHelper.getInstance().getConnection())
            {
                DbCommand cmd = DbHelper.getInstance().getCommand();
                cmd.CommandText = sql;
                cmd.Connection = con;

                cmd.ExecuteNonQuery();
            }
        }
        public FeedBackInfo GetInfo(int id)
        {
```

```
            string sql = "select * from feedback where id = {0}";
            sql = string.Format(sql, id);

            FeedBackInfo info = new FeedBackInfo();
            using (DbConnection con = DbHelper.getInstance().getConnection())
            {
                DbCommand cmd = DbHelper.getInstance().getCommand();
                cmd.CommandText = sql;
                cmd.Connection = con;

                DbDataReader reader = cmd.ExecuteReader();
                if (reader.Read())
                {
                    info.ID = reader["id"] == DBNull.Value ? -1 : Convert.ToInt32(reader["id"]);
                    info.ParentId = reader["ParentId"] == DBNull.Value ? -1 : Convert.ToInt32(reader["
ParentId"]);
                    info.Title = reader["Title"].ToString();
                    info.Content = reader["Content"].ToString();
                    info.Author = reader["Author"].ToString();
                    info.AddDate = reader["adddate"] == DBNull.Value ? DateTime.Now : Convert.ToDate-
Time(reader["adddate"]);

                }
            }
            return info;
        }
        public DataTable GetQestion()
        {
            string sql = "select * from feedback where parentid =0";
            DataTable dt = new DataTable();
            using (DbConnection con = DbHelper.getInstance().getConnection())
            {
                DbDataAdapter da = DbHelper.getInstance().getDataAdapter(sql, con);
                DataSet ds = new DataSet();
                da.Fill(ds);
                dt = ds.Tables[0];
            }
            return dt;
        }
        public DataTable GetAnswer(int id)
        {
            string sql = "select * from feedback where parentid = {0}";
            sql = string.Format(sql, id);
            DataTable dt = new DataTable();
            using (DbConnection con = DbHelper.getInstance().getConnection())
            {
                DbDataAdapter da = DbHelper.getInstance().getDataAdapter(sql, con);
                DataSet ds = new DataSet();
                da.Fill(ds);
                dt = ds.Tables[0];
            }
            return dt;
```

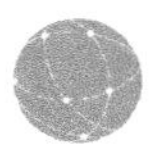

```
        }

    }
}

using System;
using System.Collections.Generic;
using System.Text;
using System.Data;
using System.Data.Common;
using MC.VO;
using MC.Database;
using MC.IDAO;

namespace MC.DAO
{
    public class Links:ILinks
    {
        public void Insert(LinksInfo info)
        {
            string sql = "insert into links (title,href,[desc],adddate) values('{0}','{1}','{2}','{3}')";
            sql = string.Format(sql, info.Title, info.Href, info.Desc, info.AddDate);

            using (DbConnection con = DbHelper.getInstance().getConnection())
            {
                DbCommand cmd = DbHelper.getInstance().getCommand();
                cmd.CommandText = sql;
                cmd.Connection = con;

                cmd.ExecuteNonQuery();
            }
        }
        public void Update(LinksInfo info)
        {
            string sql = "update links set title='{0}', href='{1}', [desc]='{2}', adddate='{3}' where id={4}";

            sql = string.Format(sql, info.Title, info.Href, info.Desc, info.AddDate,info.ID);

            using (DbConnection con = DbHelper.getInstance().getConnection())
            {
                DbCommand cmd = DbHelper.getInstance().getCommand();
                cmd.CommandText = sql;
                cmd.Connection = con;

                cmd.ExecuteNonQuery();
            }

        }
        public void Delete(int id)
        {
            string sql = "delete from links where id={0}";
            sql = string.Format(sql, id);
```

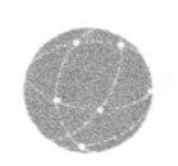


```
        using (DbConnection con = DbHelper.getInstance().getConnection())
        {
            DbCommand cmd = DbHelper.getInstance().getCommand();
            cmd.CommandText = sql;
            cmd.Connection = con;

            cmd.ExecuteNonQuery();
        }
    }
    public DataTable GetAll()
    {
        string sql = "select * from links";

        DataTable dt = new DataTable();
        using (DbConnection con = DbHelper.getInstance().getConnection())
        {
            DbDataAdapter da = DbHelper.getInstance().getDataAdapter(sql, con);
            DataSet ds = new DataSet();
            da.Fill(ds);
            dt = ds.Tables[0];
        }
        return dt;
    }
    public DataTable GetTop(int num)
    {
        string sql = "select top{0} * from links order by adddate desc";
        sql = string.Format(sql, num);

        DataTable dt = new DataTable();
        using (DbConnection con = DbHelper.getInstance().getConnection())
        {
            DbDataAdapter da = DbHelper.getInstance().getDataAdapter(sql, con);
            DataSet ds = new DataSet();
            da.Fill(ds);
            dt = ds.Tables[0];
        }
        return dt;
    }
    public LinksInfo GetLinksInfo(int id)
    {
        string sql = "select * from links where id = {0}";
        sql = string.Format(sql,id);

        LinksInfo info = new LinksInfo();

        using (DbConnection con = DbHelper.getInstance().getConnection())
        {
            DbCommand cmd = DbHelper.getInstance().getCommand();
            cmd.CommandText = sql;
            cmd.Connection = con;
```

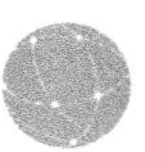

```
                DbDataReader reader = cmd.ExecuteReader();
                if (reader.Read())
                {
                    info.ID = reader["id"] == DBNull.Value ? -1 : Convert.ToInt32(reader["id"]);
                    info.Title = reader["title"].ToString();
                    info.Desc = reader["desc"].ToString();
                    info.Href = reader["href"].ToString();
                    info.AddDate = reader["adddate"] == DBNull.Value ? DateTime.Now : Convert.ToDate-
Time(reader["adddate"]);
                }
            }
            return info;
        }
    }
}

using System;
using System.Collections.Generic;
using System.Text;
using System.Data;
using System.Data.Common;
using MC.VO;
using MC.Database;
using MC.IDAO;

namespace MC.DAO
{
    public class Module:IModule
    {
        public void Insert(ModuleInfo info)
        {
            string sql = "insert into modules (name,url,remark,adddate,parentid,moduleicon) values('{0}','
{1}','{2}','{3}',{4},'{5}')";
            sql = string.Format(sql, info.Name, info.Url, info.Remark, info.AddDate,info.ParentId,info.modu-
leIcon);

            using (DbConnection con = DbHelper.getInstance().getConnection())
            {
                DbCommand cmd = DbHelper.getInstance().getCommand();
                cmd.CommandText = sql;
                cmd.Connection = con;

                cmd.ExecuteNonQuery();
            }
        }
        public void Delete(int id)
        {
            string sql = "delete from modules where id={0}";
            sql = string.Format(sql, id);

            using (DbConnection con = DbHelper.getInstance().getConnection())
            {
```

```
                DbCommand cmd = DbHelper.getInstance().getCommand();
                cmd.CommandText = sql;
                cmd.Connection = con;

                cmd.ExecuteNonQuery();
            }
        }

        public void Update(ModuleInfo info)
        {
            string sql = "update modules set name ='{0}',url ='{1}',remark ='{2}',adddate ='{3}',parentid =
{4},moduleicon ='{5}' where id ={6}";
            sql = string.Format(sql, info.Name, info.Url, info.Remark, info.AddDate,info.ParentId,info.modu-
leIcon, info.ID);

            using (DbConnection con = DbHelper.getInstance().getConnection())
            {
                DbCommand cmd = DbHelper.getInstance().getCommand();
                cmd.CommandText = sql;
                cmd.Connection = con;

                cmd.ExecuteNonQuery();
            }
        }

        public ModuleInfo GetModuleInfo(int id)
        {
            string sql = "select * from modules where id ={0}";
            sql = string.Format(sql, id);

            ModuleInfo info = new ModuleInfo();
            using (DbConnection con = DbHelper.getInstance().getConnection())
            {
                DbCommand cmd = DbHelper.getInstance().getCommand();
                cmd.CommandText = sql;
                cmd.Connection = con;

                DbDataReader reader = cmd.ExecuteReader();
                if (reader.Read())
                {
                    info.ID = reader["id"] == DBNull.Value ? -1 : Convert.ToInt32(reader["id"]);
                    info.Name = reader["name"].ToString();
                    info.Url = reader["url"].ToString();
                    info.Remark = reader["remark"].ToString();
                    info.AddDate = reader["adddate"] == DBNull.Value ? DateTime.Now : Convert.ToDate-
Time(reader["adddate"]);
                    info.ParentId = reader["parentid"] == DBNull.Value ?0 : Convert.ToInt32(reader["pa-
rentid"]);
                    info.moduleIcon = reader["moduleicon"].ToString();
                }
            }
            return info;
```

 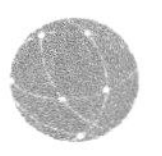

```
}
public DataTable GetTopLevelModule( )
{
    string sql = "select * from modules where parentid =0";
    DataTable dt = new DataTable( );
    using (DbConnection con = DbHelper. getInstance( ). getConnection( ))
    {
        DbDataAdapter da = DbHelper. getInstance( ). getDataAdapter(sql, con);
        DataSet ds = new DataSet( );
        da. Fill(ds);
        dt = ds. Tables[0];
    }
    return dt;
}
public DataTable GetChildLevelModule(int parentId)
{
    string sql = "select * from modules where parentid = {0} ";
    sql = string. Format(sql, parentId);

    DataTable dt = new DataTable( );
    using (DbConnection con = DbHelper. getInstance( ). getConnection( ))
    {
        DbDataAdapter da = DbHelper. getInstance( ). getDataAdapter(sql, con);
        DataSet ds = new DataSet( );
        da. Fill(ds);
        dt = ds. Tables[0];
    }
    return dt;
}
public DataTable GetModuleAll( )
{
    string sql = "select * from modules";

    DataTable dt = new DataTable( );
    using (DbConnection con = DbHelper. getInstance( ). getConnection( ))
    {
        DbDataAdapter da = DbHelper. getInstance( ). getDataAdapter(sql, con);
        DataSet ds = new DataSet( );
        da. Fill(ds);
        dt = ds. Tables[0];
    }
    return dt;
}

public DataTable GetModuleByRoleId(int roleid)
{
    string sql = "select * from modules where roleid = {0} ";
    sql = string. Format(sql, roleid);

    DataTable dt = new DataTable( );
    using (DbConnection con = DbHelper. getInstance( ). getConnection( ))
    {
```

```
                DbDataAdapter da = DbHelper.getInstance().getDataAdapter(sql, con);
                DataSet ds = new DataSet();
                da.Fill(ds);
                dt = ds.Tables[0];
            }
            return dt;
        }
    }
}

using System;
using System.Collections.Generic;
using System.Text;
using System.Data;
using System.Data.Common;
using MC.VO;
using MC.Database;
using MC.IDAO;

namespace MC.DAO
{
    public class News : INews
    {
        public void Insert(NewsInfo info)
        {
            string sql = "insert into news (typeid,title,subtitle,author,content,source,adddate,summary) values
({0},'{1}','{2}','{3}','{4}','{5}','{6}','{7}')";
             sql = string.Format(sql, info.TypeId, info.Title, info.Subtitle, info.Author, info.Content,
info.Source, info.AddDate,info.Summary);

            using (DbConnection con = DbHelper.getInstance().getConnection())
            {
                DbCommand cmd = DbHelper.getInstance().getCommand();
                cmd.CommandText = sql;
                cmd.Connection = con;

                cmd.ExecuteNonQuery();
            }
        }
        public void Update(NewsInfo info)
        {
            string sql = "update news set typeid = {0},title = '{1}',subtitle = '{2}',author = '{3}',content =
'{4}',source = '{5}',adddate = '{6}',summary = '{7}' where id = {8}";
             sql = string.Format(sql, info.TypeId, info.Title, info.Subtitle, info.Author, info.Content,
info.Source, info.AddDate,info.Summary ,info.ID);

            using (DbConnection con = DbHelper.getInstance().getConnection())
            {
                DbCommand cmd = DbHelper.getInstance().getCommand();
                cmd.CommandText = sql;
                cmd.Connection = con;
```

 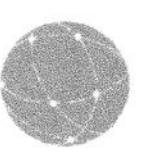

```
                cmd.ExecuteNonQuery();
            }
        }
        public void Delete(int id)
        {
            string sql = "delete from news where id = {0}";
            sql = string.Format(sql, id);

            using (DbConnection con = DbHelper.getInstance().getConnection())
            {
                DbCommand cmd = DbHelper.getInstance().getCommand();
                cmd.CommandText = sql;
                cmd.Connection = con;

                cmd.ExecuteNonQuery();
            }
        }

        public NewsInfo GetNewsInfo(int id)
        {
            string sql = "select * from news where id = {0}";
            sql = string.Format(sql, id);

            NewsInfo info = new NewsInfo();
            using (DbConnection con = DbHelper.getInstance().getConnection())
            {
                DbCommand cmd = DbHelper.getInstance().getCommand();
                cmd.CommandText = sql;
                cmd.Connection = con;

                DbDataReader reader = cmd.ExecuteReader();
                if (reader.Read())
                {
                    info.ID = reader["id"] == DBNull.Value ? -1 : Convert.ToInt32(reader["id"]);
                    info.Title = reader["title"].ToString();
                    info.Subtitle = reader["subtitle"].ToString();
                    info.Author = reader["author"].ToString();
                    info.Source = reader["source"].ToString();
                    info.Content = reader["content"].ToString();
                    info.Summary = reader["summary"].ToString();
                    info.TypeId = reader["typeid"] == DBNull.Value ?0 : Convert.ToInt32(reader["ty-
peid"]);
                    info.AddDate = reader["adddate"] == DBNull.Value ? DateTime.Now :Convert.ToDate-
Time(reader["adddate"]);
                }
            }
            return info;
        }
        public DataTable GetNewsAll()
        {
            string sql = "select * from news order by id desc";
```

```
            DataTable dt = new DataTable();
            using (DbConnection con = DbHelper.getInstance().getConnection())
            {
                DbDataAdapter da = DbHelper.getInstance().getDataAdapter(sql, con);
                DataSet ds = new DataSet();
                da.Fill(ds);
                dt = ds.Tables[0];
            }
            return dt;
        }
        public DataTable GetNewsByType(int typeid)
        {
            string sql = "select * from news where typeid = {0} order by id desc";
            sql = string.Format(sql, typeid);

            DataTable dt = new DataTable();
            using (DbConnection con = DbHelper.getInstance().getConnection())
            {
                DbDataAdapter da = DbHelper.getInstance().getDataAdapter(sql, con);
                DataSet ds = new DataSet();
                da.Fill(ds);
                dt = ds.Tables[0];
            }
            return dt;

        }
        public DataTable GetNewsAllPaged(int page, int pagesize)
        {
            int startIndex = (page - 1) * pagesize;

            string sql = "select * from news ";
            if (startIndex <= 0)
            {
                sql = "select top{0} * from news order by id desc ";
                sql = string.Format(sql, pagesize);
            }
            else
            {
                sql = "select top{0} * from news where id not in(select top {1} id from news order by id desc)
order by id desc";
                sql = string.Format(sql, pagesize, startIndex);
            }

            DataTable dt = new DataTable();
            using (DbConnection con = DbHelper.getInstance().getConnection())
            {
                DbDataAdapter da = DbHelper.getInstance().getDataAdapter(sql, con);
                DataSet ds = new DataSet();
                da.Fill(ds);
                dt = ds.Tables[0];
            }
            return dt;
```

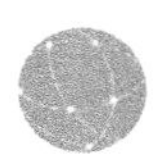

```
        }
        public DataTable GetNewsByTypePaged(int typeid, int page, int pagesize)
        {
            int startIndex = (page - 1) * pagesize;
            string sql = "select * from news where typeid = " + typeid.ToString();
            if (startIndex <= 0)
            {
                sql = "select top{0} * from news where typeid = {1} order by id desc";
                sql = string.Format(sql, pagesize, typeid);
            }
            else
            {
                sql = "select top{0} * from news where typeid = {2} and  id not in(select top {1} id from news
where typeid = {2} order by id desc) order by id desc";
                sql = string.Format(sql, pagesize, startIndex, typeid);
            }

            DataTable dt = new DataTable();
            using (DbConnection con = DbHelper.getInstance().getConnection())
            {
                DbDataAdapter da = DbHelper.getInstance().getDataAdapter(sql, con);
                DataSet ds = new DataSet();
                da.Fill(ds);
                dt = ds.Tables[0];
            }
            return dt;
        }
    }
}
```

8.2　核函数及参数选择源代码

```
<%
if session("username") = "" then
response.redirect "accessdeny.htm"
end if
%>
<!--#include file = "conn.asp" -->
<% response.buffer = ture% >

<%

        Set Upload = Server.CreateObject("Persits.Upload")

        ' we use memory uploads, so we must limit file size
        Upload.SetMaxSize 200000000, True

        ' Save to memory. Path parameter is omitted
        Upload.Save
```

```
    Dim ranNum
    andomize
    ranNum = int(999 * rnd)
CreateName = year(now)&month(now)&day(now)&hour(now)&minute(now)&second(now)&"_"&ranNum
    NewName  =  CreateName

    ' Access subdirectory specified by user
    '多项式
    title = trim(Upload.Form("title"))
    content = trim(Upload.Form("content"))

    '输入合法性判断
    if title = "" or content = "" then
        response.write"<script language=javascript>alert('带*的必须填写!');history.back(-1)</script>"
    end if

    'save to DB --------------------------------------------------------
    set rs = server.createobject("adodb.recordset")
    sql = "select * from ishow"
    rs.open sql,db,1,3
    rs.addnew
    rs("itype")  =  "径向基"
    rs("title") = title
    rs("content") = content
    rs("adder")  =  session("username")

    ' Build path string
    Path  =  Server.MapPath("upload/ishow")

    ' Create path, ignore "already exists" error
    Upload.CreateDirectory Path, True

    ' Save files to it. Our form has only one file item
    ' but this code is generic.
    i = 1
    dim arr(3)
    dim fullFname
    For Each File in Upload.Files
        Fname = NewName & "_" & "径向基" &  "_" & "参数"&i& File.ext
        fullFname = Path & "\" & Fname
        File.SaveAs fullFname
        arr(i-1) = Fname
        i = i + 1
    NEXT

        'Application.Lock
        'Application("TotalFileSize")  =  Application("TotalFileSize")  +  fsize(i-1)
        'Application.Unlock
    rs("image1") = arr(0)
    rs("image2") = arr(1)
    rs("image3") = arr(2)
```

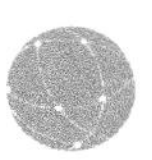

```
        rs. update
        rs. close
        set rs = nothing
        db. close
        set db = nothing
        response. write " < script > alert('核函数选择!');location. href('ishow. asp') </script > "
% >
```

8.3 径向基类计算源代码

```
<!--#include file = "conn. asp" -->
<!--#include file  =  "formate. asp" -->
<! DOCTYPE HTML PUBLIC " -//W3C//DTD HTML 4.01 Transitional//EN"
"http://www. w3. org/TR/html4/loose. dtd" >
<html >
<head >
<meta http - equiv = "Content - Type"  content = "text/html; charset = gb2312" >
<title >参数选择 </title >
<style type = "text/css" >
<!--
body,td,th {
    font - family: Times New Roman, Times, serif;
    font - size:10pt;
}
body {
    margin - top: 0px;
    margin - bottom: 0px;
}
-->
</style >
<link href = "style/style. css"  rel = "stylesheet"  type = "text/css" >
</head >

<body >
<table width = "778"  border = "0"  align = "center"  cellpadding = "0"  cellspacing = "0" >
  <tr >
    <td > <img src = "image/banner3. jpg"  width = "778"  height = "143"  border = "0"  usemap = "#Map" >
        <map name = "Map" >
            <area shape = "rect"  coords = "33,113,84,136"  href = "index. asp" >
            <area shape = "rect"  coords = "102,113,177,134"  href = "glory. asp" >
            <area shape = "rect"  coords = "197,114,269,136"  href = "appreciate. asp" >
            <area shape = "rect"  coords = "288,114,361,135"  href = "innovation. asp" >
            <area shape = "rect"  coords = "385,115,456,136"  href = "share. asp" >
            <area shape = "rect"  coords = "470,115,569,135"  href = "harvest. asp" >
            <area shape = "rect"  coords = "590,117,732,134"  href = "ishow. asp" >
          </map > </td >
  </tr >
</table >
<table width = "778"  border = "0"  align = "center"  cellpadding = "0"  cellspacing = "0" >
  <tr >
    <td height = "180" > <table width = "778"  height = "346"  border = "0"  cellpadding = "0"  cellspacing = "0" >
```

```
<tr>
    <td height="346" valign="top"><table width="100%" border="0" cellspacing="0" cellpadding="0">
        <tr>
            <td width="15%" height="19"><img src="image/nologo.gif" width="88" height="31"></td>
            <td width="85%" class="content"><a href="ishow.asp">径向基 show</a> <img src="image/arrow11.gif" width="9" height="7"> <a href="ishow_newcomer_list.asp">径向基</a> <img src="image/arrow11.gif" width="9" height="7"> 参数</td>
          </tr>
          <tr>
            <td colspan="2"><table width="100%" height="84" border="0" cellpadding="0" cellspacing="0">
                <tr>
                  <td width="2%" height="69"><div align="center"></div></td>
                  <td width="98%" valign="top">
                    <%
                    id=request.querystring("id")
                    set rs = server.CreateObject("adodb.recordset")
                    sql = "select * from ishow where id="&id
                    s.open sql,db,1,3
                    rs("viewcount") = rs("viewcount")+1
                    rs.update

                    if request.form("active")="" then
elseif session("username")="" then
response.redirect "accessdeny.htm"
else
                    content=trim(request.form("content"))
                    if content="" then
                        response.write"<script language=javascript>alert('输入数据!');history.back(-1)</script>"
                    else
                    set rscomment = server.CreateObject("adodb.recordset")
                    sqlcomment = "select * from comment"
                    rscomment.open sqlcomment,db,1,3
                    rscomment.addnew
                    rscomment("ctype")="径向基"
                    rscomment("adder")=session("username")
                    rscomment("content")=content
                    rscomment("objid")=id
                    rscomment.update
                    rscomment.close
                    set rscomment=nothing
                    'response.redirect "news.asp"
                    response.write "<script>alert('计算成功!');location.href('ishow_newcomer_detail.asp?id='&id&")</script>"
                    end if
                    end if
                    %>
                    <table width="100%" border="0">
                        <tr>
```

 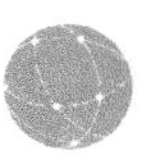

```
                        < td > < div align = " center" > < /div >
                          < div align = " center"  class = " newstitle" > < %  = rs( " title" )%  >      < /div > < /td >
                          < td width = "1% "  rowspan = "6"  class = " content" > < div align = " left" >
< /div >
                            < div align = " left" > < /div > < /td >
                      < /tr >
                      < tr >
                        < td > < div align = " center" > < span class = " content" > 添加：< %  = rs( " adder" )%  >    提交时间：< /span > < %  = rs( " addtime" )%  >  < span class = " content" >    数据保存：< %  = rs( " viewcount" )%  > < /span > < /div > < /td >
                      < /tr >
                      < tr >
                        < td height = " 1"  background = " image/dot. jpg" > < /td >
                      < /tr >
                        < % if rs( " image1" ) < > " "  then%  >
                      < tr >
                        < td  >  < div  align  = "  center"  >  <  a  href  = "  upload/ishow/ < %  = rs( " image1" )%  > " > < img src = " upload/ishow/ < %  = rs( " image1" )%  > "  border = " 0"  width = " 400"  > < /a > < /div > < /td >
                      < /tr >
                        < % end if%  >
                        < % if rs( " image2" ) < > " "  then%  >
                        < tr >
                          < td  >  < div  align  = "  center"  >  <  a  href  = "  upload/ishow/ < %  = rs( " image2" )%  > " > < img src = " upload/ishow/ < %  = rs( " image2" )%  > "  border = " 0"  width = " 400"  > < /a > < /div > < /td >
                      < /tr >
                        < % end if%  >
                        < % if rs( " image3" ) < > " "  then%  >
                        < tr >
                          < td  >  < div  align  = "  center"  >  <  a  href  = "  upload/ishow/ < %  = rs( " image3" )%  > " > < img src = " upload/ishow/ < %  = rs( " image3" )%  > "  border = " 0"  width = " 400"  > < /a > < /div > < /td >
                      < /tr >
                        < % end if%  >
                      < tr >
                        < td > < div align = " left"  > < span class = " content"  >     < %  = formate( rs( " content" ) )%  > < /span > < /div > < /td >
                      < /tr >
                      < tr >
                        < td >   < /td >
                      < /tr >
                      < tr >
                        < td height = " 1"  colspan = " 2"  background = " image/dot. jpg"  > < /td >
                      < /tr >
                    < /table >
                    < /td >
                < /tr >
            < /table > < /td >
        < /tr >
    < /table > < /td >
```

```
        <td width = "152"  valign = "bottom"  background = "image/rightbg. jpg"  > <img src = "image/qqq3. jpg"
width = "152"  height = "346"  > </td >
      </tr >
    </table > </td >
</tr >
<tr >
    <td > <table width = "100% "  height = "443"   border = "0"  cellpadding = "0"  cellspacing = "0" >
        <tr >
            <td height = "6"  valign = "top"  > <div align = "left"  >
                <table width = "100% "   border = "0"  cellpadding = "0"  cellspacing = "1"  bgcolor = "#F3F3F3" >
                    <tr >
                        <td height = "20"  valign = "bottom"  class = "titleb"  > <img src = "image/4. gif"  width
= "16"  height = "14" >知识判断 </td >
                    </tr >
                </table >
            </div > </td >
        </tr >
        <tr >
            <td height = "3"  valign = "top"  class = "content"  > <div align = "center" >计算结果 </div > </
td >
        </tr >
        <tr >
            <td height = "41"  valign = "middle" >
            <%
                set rs1  =  server. CreateObject( "adodb. recordset" )
                sql1  =  "select  *  from comment where ctype = '径向基'  and objid = " &id
                sql1  =  sql1  +  " order by time desc"
                rs1. open sql1,db,1,3
                if rs1. eof then
                response. Write( "没有数据!" )
                end if

                dim pagenum
                dim ipage,i
                ipage = 1

                rs1. pagesize = 10
                pagecount1 = rs1. pagecount
                if request. QueryString( "pagenum" ) =0 or request. QueryString( "pagenum" ) = ""  then
                    pagenum = 1
                else
                    pagenum = request. QueryString( "pagenum" )
                    rs1. absolutepage = trim( request. QueryString( "pagenum" ) )
                end if
                % >
                <% do while not rs1. eof and i <10% >
                <table width = "95% "   border = "0"  align = "center"  cellpadding = "0"  cellspacing = "1"  bgcol-
or = "#ABCDB1"  >
              <tr >
                    <td height = "25"  bgcolor = "#DFDFDF"  > <table width = "100% "   border = "0"  cellspac-
ing = "0"  cellpadding = "0"  >
                      <tr >
```

 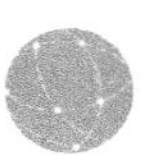

```
                    <td width="10%" class="content"><img src="image/bt_right_arow.gif" width="
11" height="11">操作员:</td>
                    <td width="74%"><%=rs1("adder")%></td>
                    <td width="16%" class="content"><%=rs1("time")%> </td>
                  </tr>
              </table></td>
          </tr>
          <tr>
              <td height="48" bgcolor="#FFFFFF"><%=rs1("content")%></td>
          </tr>
      </table>
      <br>
      <%
      i=i+1
      rs1.movenext
      loop
      %></td>
  </tr>
    <tr>
      <td height="20" valign="middle"><div align="center"><span class="content">第(<span class
="txt"><%=pagenum%></span>/<span class="txt"><%=pagecount1%></span>)页  <span class
="txt">
      <% do while ipage<pagecount1+1%>
      <a href=ishow_newcomer_detail.asp?pagenum=<%=ipage%>&id=<%=rs("id")%>><%=
ipage%> </a>
      <%
          ipage=ipage+1
          loop
          %>
      </span></span></div></td>
  </tr>
  <tr>
        <td height="22" valign="bottom" bgcolor="#F3F3F3"><img src="image/213.gif" width="16"
height="14"> <span class="titleb">提交计算</span></td>
  </tr>
  <tr>
        <td height="248" valign="middle"><form name="form1" method="post" action="">
              <table width="60%"  border="0" align="center" cellpadding="0" cellspacing="0">
                  <tr>
                    <td width="10%"> </td>
                    <td width="90%"><div align="center">
                        <textarea name="content" cols="50" rows="10" id="content"></textarea>
                    </div></td>
                  </tr>
                  <tr>
                    <td> </td>
                    <td><div align="center"> <br>
                        <input type="submit" name="Submit" value="提  交  ">
                        <input name="active" type="hidden" id="active" value="yes">
                    </div></td>
                  </tr>
              </table>
```

```
            </form> </td>
        </tr>
</table> </td>
</tr>
</table>
</body>
</html>
<%
rs.close
set rs = nothing
rs1.close
set rs1 = nothing
db.close
set db = nothing
%>
```

8.4 由分类向回归的过渡源代码

```
<!--#include file = "conn.asp" -->
<! DOCTYPE HTML PUBLIC " -//W3C//DTD HTML 4.01 Transitional//EN"
"http://www.w3.org/TR/html4/loose.dtd" >
<html>
<head>
<meta http-equiv = "Content-Type" content = "text/html; charset = gb2312" >
<title>回归的过渡</title>
<style type = "text/css" >
<!--
body,td,th {
    font-family: Times New Roman, Times, serif;
    font-size:10pt;
}
body {
    margin-top: 0px;
    margin-bottom: 0px;
}
-->
</style>
<link href = "style/style.css" rel = "stylesheet" type = "text/css" >
</head>

<body>
<table width = "778" border = "0" align = "center" cellpadding = "0" cellspacing = "0" >
  <tr>
    <td> <img src = "image/banner3.jpg" width = "778" height = "143" border = "0" usemap = "#Map" >
      <map name = "Map" >
        <area shape = "rect" coords = "33,113,84,136" href = "index.asp" >
        <area shape = "rect" coords = "102,113,177,134" href = "glory.asp" >
        <area shape = "rect" coords = "197,114,269,136" href = "appreciate.asp" >
        <area shape = "rect" coords = "288,114,361,135" href = "innovation.asp" >
        <area shape = "rect" coords = "385,115,456,136" href = "share.asp" >
        <area shape = "rect" coords = "470,115,569,135" href = "harvest.asp" >
```

```
        <area shape="rect" coords="590,117,732,134" href="ishow.asp">
      </map></td>
    </tr>
  </table>
  <table width="778" border="0" align="center" cellpadding="0" cellspacing="0">
    <tr>
      <td height="180"><table width="778" height="346" border="0" cellpadding="0" cellspacing="0">
        <tr>
          <td height="346" valign="top"><table width="100%" border="0" cellspacing="0" cellpadding
="0">
            <tr>
              <td width="15%" height="19"><img src="image/nologo.gif" width="88" height="31"></
td>
              <td width="85%" class="content"><a href="ishow.asp">分类 show</a> <img src="im-
age/arrow11.gif" width="9" height="7"> <a href="ishow_newcomer_list.asp">函数拟合</a> </td>
            </tr>
            <tr>
              <td colspan="2"><table width="100%" height="138"  border="0" cellpadding="0" cell-
spacing="0">
                  <tr>
                    <td width="2%" height="69" rowspan="2"><div align="center"></div></td>
                    <td width="98%" valign="top"> </td>
                  </tr>
                  <tr>
                    <td valign="top"><%
          set rs1 = server.CreateObject("adodb.recordset")
          sql1 = "select * from ishow where itype='函数拟合' order by addtime desc"
          rs1.open sql1,db,1,3
          %>
                      <% do while not rs1.eof%>
                      <table width="100%"  border="0">
                        <tr>
                          <td width="3%"><div align="center"><img src="image/an3.gif" width=
"17" height="18"></div></td>
                          <td width="96%" class="content"><a href=ishow_newcomer_detail.asp?id=
<%=rs1("id")%>><%=rs1("title")%> </a><%=rs1("addtime")%></td>
                          <td width="1%" class="content"><div align="left"></div>
                              <div align="left"></div></td>
                        </tr>
                        <tr>
                          <td height="1" colspan="3" background="image/dot.jpg"></td>
                        </tr>
                      </table>
                      <%
                rs1.movenext
                loop
                %></td>
                  </tr>
              </table></td>
            </tr>
          </table></td>
          <td width="152" background="image/rightbg.jpg"><img src="image/qqq3.jpg" width="152"
```

```
height = "346" > </td>
            </tr>
        </table> </td>
    </tr>
    <tr>
        <td> </td>
    </tr>
</table>
</body>
</html>
<%
rs1.close
set rs1 = nothing
db.close
set db  =  nothing
%>
```

8.5 样本数据的处理源代码

```
<%
if session("username") = "" then
response.redirect "accessdeny.htm"
end if
%>
<! DOCTYPE HTML PUBLIC " -//W3C//DTD HTML 4.01 Transitional//EN"
"http://www.w3.org/TR/html4/loose.dtd">
<html>
<head>
<meta http-equiv = "Content-Type" content = "text/html; charset = gb2312">
<title>个人作品上传</title>
<style type = "text/css">
<!--
body {
    margin-left: 0px;
    margin-top: 0px;
    margin-bottom: 0px;
}
-->
</style>
<link href = "style/style.css" rel = "stylesheet" type = "text/css">
<style type = "text/css">
<!--
a:link {
    text-decoration: none;
}
a:visited {
    text-decoration: none;
}
a:hover {
    text-decoration: none;
}
```

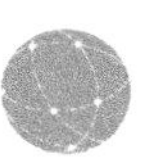

```
a:active {
    text-decoration: none;
}
-->
</style>
<link href="style/style1.css" rel="stylesheet" type="text/css">
<style type="text/css">
<!--
.style3 {color: #FF0000}
-->
</style>
</head>

<body>
<table width="778" border="0" align="center">
    <tr>
        <td> </td>
    </tr>
    <tr>
        <td height="326"><table width="100%"  border="0">
            <tr>
                <td> </td>
            </tr>
            <tr>
                <td height="1" background="image/dot.jpg"></td>
            </tr>
            <tr>
                <td width="82%"><table width="100%" height="170" border="0" cellspacing="1" bg-
color="#CCCCCC">
                    <tr>
                        <th height="30" background="image/web_Menu_bgImage.gif" bgcolor="#FFFFFF"
class="titleb" scope="col">数据上传</th>
                    </tr>
                    <tr>
                        <th height="56" bgcolor="#FFFFFF" scope="col"><table width="100%"
height="135" border="0" cellspacing="1" bgcolor="#CCCCCC">
                            <tr>
                                <th height="133" bgcolor="#FFFFFF" scope="col"><form action="
ishow_works_save.asp" method="post" enctype="multipart/form-data" name="form1">
                                    <table width="100%"  border="0">
                                        <tr>
                                            <td width="11%" class="content"><span class="
style3">*</span>类别:</td>

                                            <td><div align="left">
                                              <input name="title" type="text" id="title" size="60">
                                              <span class="content">矢量数据</span></div></td>
                                        </tr>
                                        <tr>
                                          <td width="11%" class="content"><span class="style3"
>*</span>函数类型</td>

                                          <td><div align="left">
                                            <select name="workstype" id="workstype">
```

```
                <option selected> --- 请选择数据类型 ---</option>
                <option value="flash">flash</option>
                <option value="矢量">矢量</option>
                <option value="函数">函数</option>
                <option value="分析">分析</option>
                <option value="网页">网页</option>
                <option value="样本集">样本集</option>
              </select>
</div></td>
            </tr>
            <tr>
              <td width="11%" class="content"><span class="style3">*</span>样本集名称</td>
              <td><div align="left">
                <input name="worksname" type="text" id="worksname" size="25">
              </div></td>
            </tr>
            <tr>
              <td width="11%" class="content">计算结果上传</td>
              <td><div align="left">
                <input name="worksaddr" type="file" id="worksaddr" size="25">
              </div></td>
            </tr>
            <tr>
              <td valign="top" class="content"><span class="style3">*</span>知识分析:</td>
              <td><div align="left">
                <textarea name="content" cols="94" rows="30" id="content"></textarea>
              </div></td>
            </tr>
            <tr>
              <td> </td>
              <td><input type="submit" name="Submit" value="结果">
                <input type="reset" name="Submit" value="重新计算">
</td>
            </tr>
            <tr>
              <td> </td>
              <td> </td>
            </tr>
          </table>
        </form></th>
      </tr>
    </table></th>
  </tr>
</table></td>
</tr>
<tr>
  <td> </td>
```

 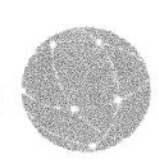

```
            </tr>
        </table> </td>
    </tr>
    <tr>
        <td bgcolor="#DAF3EF" > <div align="center" class="content" > </div> </td>
    </tr>
</table>
</body>
</html>
```

8.6 软测量仿真源代码

```
<%
if session("username") ="" then
response.redirect "accessdeny.htm"
end if
%>
<!--#include file="conn.asp" -->
<% response.buffer=ture%>

<%

        Set Upload = Server.CreateObject("Persits.Upload")

        ' we use memory uploads, so we must limit file size
        Upload.SetMaxSize 200000000, True

        ' Save to memory. Path parameter is omitted
        Upload.Save

        Dim ranNum
        randomize
        ranNum=int(999 * rnd)
    CreateName=year(now)&month(now)&day(now)&hour(now)&minute(now)&second(now)&"_"&ranNum
        NewName = CreateName

        ' Access subdirectory specified by user
        '仿真
        title=trim(Upload.Form("title"))
        content=trim(Upload.Form("content"))
        workstype=trim(Upload.Form("workstype"))
        worksname=trim(Upload.Form("worksname"))

        '输入合法性判断
        if title="" or content="" then
            response.write"<script language=javascript>alert('带*的必须填写!');history.back(-1)</script>"
        end if

        'save to DB ---------------------------------------------------
        set rs=server.createobject("adodb.recordset")
        sql="select * from ishow"
```

```
        rs.open sql,db,1,3
        rs.addnew
        rs("itype") = "训练"

        rs("title") = title
        rs("content") = content
        rs("workstype") = workstype
        rs("worksname") = worksname
        rs("adder") = session("username")

        ' Build path string
        Path = Server.MapPath("upload/ishow")

        ' Create path, ignore "already exists" error
        Upload.CreateDirectory Path, True

        ' Save files to it. Our form has only one file item
        ' but this code is generic.
        dim fullFname
        For Each File in Upload.Files
            Fname = NewName & "_" & "训练" & "_" & rs("adder") & File.ext
            fullFname = Path & "\" & Fname
            File.SaveAs fullFname
        NEXT

            'Application.Lock
            'Application("TotalFileSize") = Application("TotalFileSize") + fsize(i-1)
            'Application.Unlock
        rs("worksaddr") = Fname

        rs.update
        rs.close
        set rs = nothing
        db.close
        set db = nothing
        response.write "<script>alert('进入帮助系统!');location.href('ishow.asp')</script>"
%>
```

8.7 基于灰关联熵的智能预测源代码

```
<!--#include file="conn.asp"-->
<!--#include file = "formate.asp"-->
<!DOCTYPE HTML PUBLIC "-//W3C//DTD HTML 4.01 Transitional//EN"
"http://www.w3.org/TR/html4/loose.dtd">
<html>
<head>
<meta http-equiv="Content-Type" content="text/html; charset=gb2312">
<title>灰关联熵</title>
<style type="text/css">
<!--
body,td,th {
```

```
    font - family: Times New Roman, Times, serif;
    font - size:10pt;
}
body {
    margin - top: 0px;
    margin - bottom: 0px;
}
-->
</style>
<link href = "style/style. css" rel = "stylesheet" type = "text/css" >
</head>

<body>
<table width = "778" border = "0" align = "center" cellpadding = "0" cellspacing = "0" >
  <tr>
    <td> <img src = "image/banner3. jpg" width = "778" height = "143" border = "0" usemap = "#Map" >
      <map name = "Map" >
        <area shape = "rect" coords = "33,113,84,136" href = "index. asp" >
        <area shape = "rect" coords = "102,113,177,134" href = "glory. asp" >
        <area shape = "rect" coords = "197,114,269,136" href = "appreciate. asp" >
        <area shape = "rect" coords = "288,114,361,135" href = "innovation. asp" >
        <area shape = "rect" coords = "385,115,456,136" href = "share. asp" >
        <area shape = "rect" coords = "470,115,569,135" href = "harvest. asp" >
        <area shape = "rect" coords = "590,117,732,134" href = "ishow. asp" >
      </map> </td>
  </tr>
</table>
<table width = "778" border = "0" align = "center" cellpadding = "0" cellspacing = "0" >
  <tr>
    <td height = "180" > <table width = "778" height = "346" border = "0" cellpadding = "0" cellspacing = "0" >
      <tr>
        <td height = "346" valign = "top" > <table width = "100% " border = "0" cellspacing = "0" cellpadding
= "0" >
            <tr>
              <td width = "15% " height = "19" > <img src = "image/nologo. gif" width = "88" height = "31" > </
td>
              <td width = "85% " class = "content" > <a href = "ishow. asp" >灰关联熵 show </a> <img src = "
image/arrow11. gif" width = "9" height = "7" > <a href = "ishow_works_list. asp" >数据 </a> <img src = "image/
arrow11. gif" width = "9" height = "7" > 数据 </td>
            </tr>
            <tr>
              <td colspan = "2" > <table width = "100% " height = "84"  border = "0" cellpadding = "0" cellspac-
ing = "0" >
                  <tr>
                    <td width = "2% " height = "69" > <div align = "center" > </div> </td>
                    <td width = "98% " valign = "top" >
                        <%
                      id = request. querystring( "id" )
                      set rs = server. CreateObject( "adodb. recordset" )
                      sql = "select * from ishow where id = "&id
                      rs. open sql,db,1,3
                      rs( "viewcount" ) = rs( "viewcount" ) +1
```

```
                        rs. update

                        if request. form( "active" ) = "" then
elseif session( "username" ) = "" then
response. redirect "accessdeny. htm"
else
                        content = trim( request. form( "content" ) )
                        if content = "" then
                            response. write" < script language = javascript > alert('输入数据!'); history. back( -
1) </script > "
                        else
                        set rscomment = server. CreateObject( "adodb. recordset" )
                        sqlcomment = "select * from comment"
                        rscomment. open sqlcomment, db, 1, 3
                        rscomment. addnew
                        rscomment( "ctype" ) = "灰关联熵"
                        rscomment( "adder" ) = session( "username" )
                        rscomment( "content" ) = content
                        rscomment( "objid" ) = id
                        rscomment. update
                        rscomment. close
                        set rscomment = nothing
                        'response. redirect "news. asp"
                         response. write " < script > alert('预测结果满意!'); location. href('ishow_works_de-
tail. asp? id = '&id&"') </script > "
                        end if
                        end if
                        % >
                          < table width = "100% "   border = "0" >
                            < tr >
                              < td > < div align = "center" > </div >
                                < div align = "center" class = "newstitle" > < % = rs( "title" )% > </div > </
td >
                                < td width = "1% " rowspan = "6" class = "content" > < div align = "left" > </
div >
                                  < div align = "left" > </div > </td >
                              </tr >
                              < tr >
                                < td > < div align = "center" > < span class = "content" > 上传: < % = rs( "ad-
der" )% >   计算时间: </span > < % = rs( "addtime" )% >  < span class = "content" >     数据评定: < % = rs
( "viewcount" )% > </span > </div > </td >
                              </tr >
                              < tr >
                                < td height = "1" background = "image/dot. jpg" > </td >
                              </tr >
                                < % if rs( "workstype" ) = "flash" then% >
                              < tr >
                                < td > < div align = "center" > < div align = "center" > < object classid = "
clsid: D27CDB6E - AE6D - 11cf - 96B8 - 444553540000" codebase = "http://download. macromedia. com/pub/shock-
wave/cabs/flash/swflash. cab#version = 6,0,29,0" width = "400" height = "400" >
                                  < param name = "movie" value = "upload/ishow/ < % = rs( "worksaddr" )%
>" >
```

```
                                <param name = "quality" value = "high" > <param name = "BGCOLOR" val-
ue = "#FFFFFF" >
                                <embed src = "upload/ishow/ <% = rs( "worksaddr" )% >" width = "400"
height = "400" quality = "high" pluginspage = "http://www.macromedia.com/go/getflashplayer" type = "application/x
- shockwave - flash" bgcolor = "#FFFFFF" > </embed >
                              </object > </div > </td >
                            </tr >
                              <% elseif rs( "workstype" ) = "图型描述" then% >
                              <tr >
                                <td > <div align = "center" > <div align = "center" > <a href = "upload/
ishow/ <% = rs( "worksaddr" )% >" > <img src = "upload/ishow/ <% = rs( "worksaddr" )% >" width = "500"
border = "0" > </a > </div > </td >
                            </tr >
                              <% elseif rs( "workstype" ) = "DV" then% >
                              <tr >
                             td > <div align = "center" > <div align = "center" >
                                <OBJECT id = MediaPlayer1

      codeBase = http://activex.microsoft.com/activex/controls/mplayer/en/nsmp2inf.cab # Version = 5, 1, 52,
701standby =

                               Loading
                               type = application/x - oleobject height = 300 width = 320
                               classid = CLSID:6BF52A52 - 394A - 11d3 - B153 - 00C04F79FAA6 VIE-
WASTEXT >
                                <PARAM NAME = "URL" VALUE = "upload/ishow/ <% = rs( "worksad-
dr" )% >" >

                                <param name = "AudioStream" value = " - 1" >
                                <param name = "AutoSize" value = "0" >
                                <param name = "AutoStart" value = " - 1" >
                                <param name = "AnimationAtStart" value = "0" >
                                <param name = "AllowScan" value = " - 1" >
                                <param name = "AllowChangeDisplaySize" value = " - 1" >
                                <param name = "AutoRewind" value = "0" >
                                <param name = "Balance" value = "0" >
                                <param name = "BaseURL" value >
                                <param name = "BufferingTime" value = "5" >
                                <param name = "CaptioningID" value >
                                <param name = "ClickToPlay" value = " - 1" >
                                <param name = "CursorType" value = "0" >
                                <param name = "CurrentPosition" value = " - 1" >
                                <param name = "CurrentMarker" value = "0" >
                                <param name = "DefaultFrame" value >
                                <param name = "DisplayBackColor" value = "0" >
                                <param name = "DisplayForeColor" value = "16777215" >
                                <param name = "DisplayMode" value = "0" >
                                <param name = "DisplaySize" value = "4" >
                                <param name = "Enabled" value = " - 1" >
                                <param name = "EnableContextMenu" value = " - 1" >
                                <param name = "EnablePositionControls" value = "0" >
                                <param name = "EnableFullScreenControls" value = "0" >
```

```
<param name="EnableTracker" value="-1">
<param name="InvokeURLs" value="-1">
<param name="Language" value="-1">
<param name="Mute" value="0">
<param name="PlayCount" value="1">
<param name="PreviewMode" value="0">
<param name="Rate" value="1">
<param name="SAMILang" value>
<param name="SAMIStyle" value>
<param name="SAMIFileName" value>
<param name="SelectionStart" value="-1">
<param name="SelectionEnd" value="-1">
<param name="SendOpenStateChangeEvents" value="-1">
<param name="SendWarningEvents" value="-1">
<param name="SendErrorEvents" value="-1">
<param name="SendKeyboardEvents" value="0">
<param name="SendMouseClickEvents" value="0">
<param name="SendMouseMoveEvents" value="0">
<param name="SendPlayStateChangeEvents" value="-1">
<param name="ShowCaptioning" value="0">
<param name="ShowControls" value="-1">
<param name="ShowAudioControls" value="-1">
<param name="ShowDisplay" value="0">
<param name="ShowGotoBar" value="0">
<param name="ShowPositionControls" value="-1">
<param name="ShowStatusBar" value="-1">
<param name="ShowTracker" value="-1">
<param name="TransparentAtStart" value="-1">
<param name="VideoBorderWidth" value="0">
<param name="VideoBorderColor" value="0">
<param name="VideoBorder3D" value="0">
<param name="Volume" value="70">
<param name="WindowlessVideo" value="0">
</OBJECT>
    </div></td>
</tr>
  <% elseif rs("workstype")="灰关联熵" then%>
  <tr>
    <td><div align="center"><% =rs("worksaddr")%></div></td>
</tr>
  <% elseif rs("workstype")="矢量" then%>
  <tr>
    <td><div align="center">
        <br>
        <object id=video1 classid=" clasid:CFCDAA03-8BE4-11CF-B84B-
0020AFBBCCFA"
        width=320 height=50 align="middle">
        <param name="controls" value="inagewindow">
        <param name="console" value="chicp1">
        <param name="autostar" value="true">
        <param name="src" value="upload/ishow/<% =rs("worksaddr")%>">
        <embed
```

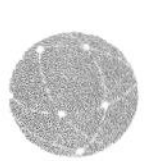

```
                                        src = "upload/ishow/ <% =rs("worksaddr")% >"
                                        type = "audio/x - pn - realaudio - plugin" console = "chip1"
                                        controls = "imagewindow" width =400 height =45 autostart = true align = "mid-
dle" >
                                        </embed >
                                        </object >

                                    </div > </td >
                              </tr >
                                <% end if% >
                                <tr >
                                   <td > </td >
                              </tr >
                                <tr >
                                    <td > <div align = "center" class = "content" > <a href = "upload/ishow/ <% =rs
("worksaddr")% >" >右键下载 </a > </div > </td >
                              </tr >
                              <tr >
                                    <td > <div align = "center" > <spanclass = "content" >     数据分析: <% =for-
mate(rs("content"))% > </span > </div > </td >
                              </tr >
                              <tr >
                                    <td >  </td >
                              </tr >
                              <tr >
                                    <td height = "1" colspan = "2" background = "image/dot. jpg" > </td >
                              </tr >
                            </table >
                            </td >
                        </tr >
                    </table > </td >
                  </tr >
              </table > </td >
              <td width = "152" valign = "bottom" background = "image/rightbg. jpg" > <img src = "image/qqq4. jpg"
width = "152" height = "346" > </td >
          </tr >
        </table > </td >
 </tr >
 <tr >
        <td > <table width = "100% " height = "443"  border = "0" cellpadding = "0" cellspacing = "0" >
          <tr >
              <td height = "6" valign = "top" > <div align = "left" >
                  <table width = "100% "  border = "0" cellpadding = "0" cellspacing = "1" bgcolor = "#F3F3F3" >
                    <tr >
                      <td height = "20" valign = "bottom" class = "titleb" > <img src = "image/4. gif" width = "16"
height = "14" >灰关联熵 </td >
                    </tr >
                  </table >
              </div > </td >
          </tr >
          <tr >
              <td height = "3" valign = "top" class = "content" > <div align = "center" >灰关联熵分析 </div > </
```

```
td >
        </tr >
        < tr >
          < td height = "41"  valign = "middle" >
          < %
                set rs1  =  server. CreateObject( "adodb. recordset" )
                sql1  =  "select  *  from comment where ctype = '计算结果' and objid = " &id
                sql1  =  sql1  +  "  order by time desc"
                rs1. open sql1 ,db ,1 ,3
                if rs1. eof then
                response. Write( "运行中!" )
                end if

                dim pagenum
                dim ipage ,i
                ipage = 1

                rs1. pagesize = 10
                pagecount1 = rs1. pagecount
                if request. QueryString( "pagenum" ) = 0 or request. QueryString( "pagenum" ) = "" then
                     pagenum = 1
                else
                     pagenum = request. QueryString( "pagenum" )
                     rs1. absolutepage = trim( request. QueryString( "pagenum" ) )
                end if
                % >
              < % do while not rs1. eof and i < 10% >
              < table width = "95% "   border = "0"  align = "center"  cellpadding = "0"  cellspacing = "1"  bgcolor = "
#ABCDB1" >
                < tr >
                  < td height = "25"  bgcolor = "#DFDFDF" > < table width = "100% "   border = "0"  cellspacing
= "0"  cellpadding = "0" >
                       < tr >
                         < td width = "10% "  class = "content" > < img src = "image/bt_right_arow. gif"  width = "
11"  height = "11" >操作员: </td >
                         < td width = "74% " > < %  = rs1( "adder" )%  > </td >
                         < td width = "16% "  class = "content" > < %  = rs1( "time" )%  >  </td >
                       </tr >
                  </table > </td >
                </tr >
                < tr >
                  < td height = "48"  bgcolor = "#FFFFFF" >    < %  = rs1( "content" )%  > </td >
                </tr >
              </table >
              < br >
              < %
                i = i + 1
                rs1. movenext
                loop
                % > </td >
        </tr >
        < tr >
```

```
        <td height = "20"  valign = "middle" > <div align = "center" > <span class = "content" >第( <span class
= "txt" > <% = pagenum% > </span >/ <span class = "txt" > <% = pagecount1% > </span > )页    <span
class = "txt" >
        <% do while ipage < pagecount1 + 1% >
        <a href = ishow_works_detail. asp? pagenum = <% = ipage% > &id = <% = rs( "id")% > > <% =
ipage% > </a >
            <%
            ipage = ipage + 1
            loop
            % >
        </span > </span > </div > </td >
      </tr >
      <tr >
        <td height = "22"  valign = "bottom"  bgcolor = "#F3F3F3" > <img src = "image/213. gif"  width = "16"
height = "14" >  <span class = "titleb" >灰关联熵分析 </span > </td >
      </tr >
      <tr >
        <td height = "248"  valign = "middle" > <form name = "form1"  method = "post"  action = "" >
            <table width = "60% "   border = "0"  align = "center"  cellpadding = "0"  cellspacing = "0" >
              <tr >
                <td width = "10% " >   </td >
                <td width = "90% " > <div align = "center" >
                    <textarea name = "content"  cols = "50"  rows = "10"  id = "content" > </textarea >
                </div > </td >
              </tr >
              <tr >
                <td >   </td >
                <td > <div align = "center" >  <br >
                        <input type = "submit"  name = "Submit"  value = "结果上传 " >
                        <input name = "active"  type = "hidden"  id = "active"  value = "yes" >
                </div > </td >
              </tr >
            </table >
        </form > </td >
      </tr >
    </table > </td >
  </tr >
</table >
</body >
</html >
<%
rs. close
set rs = nothing
rs1. close
set rs1 = nothing
db. close
set db  =  nothing
% >
```

8.8 智能预测源代码

```
<!--#include file="conn.asp"-->
<! DOCTYPE HTML PUBLIC "-//W3C//DTD HTML 4.01 Transitional//EN"
"http://www.w3.org/TR/html4/loose.dtd">
<html>
<head>
<meta http-equiv="Content-Type" content="text/html; charset=gb2312">
<title>焦粒粒度等</title>
<style type="text/css">
<!--
body,td,th {
    font-family: Times New Roman, Times, serif;
    font-size:10pt;
}
body {
    margin-top: 0px;
    margin-bottom: 0px;
}
-->
</style>
<link href="style/style.css" rel="stylesheet" type="text/css">
</head>

<body>
<table width="778" border="0" align="center" cellpadding="0" cellspacing="0">
  <tr>
    <td><img src="image/banner3.jpg" width="778" height="143" border="0" usemap="#Map">
      <map name="Map">
        <area shape="rect" coords="33,113,84,136" href="index.asp">
        <area shape="rect" coords="102,113,177,134" href="glory.asp">
        <area shape="rect" coords="197,114,269,136" href="appreciate.asp">
        <area shape="rect" coords="288,114,361,135" href="innovation.asp">
        <area shape="rect" coords="385,115,456,136" href="share.asp">
        <area shape="rect" coords="470,115,569,135" href="harvest.asp">
        <area shape="rect" coords="590,117,732,134" href="ishow.asp">
      </map></td>
    </tr>
</table>
<table width="778" border="0" align="center" cellpadding="0" cellspacing="0">
  <tr>
    <td height="180"><table width="778" height="346" border="0" cellpadding="0" cellspacing="0">
      <tr>
        <td height="346" valign="top"><table width="100%" border="0" cellspacing="0" cellpadding
="0">
          <tr>
            <td width="15%" height="19"><img src="image/nologo.gif" width="88" height="31"></td>
            <td width="85%" class="content"><a href="ishow.asp">样本数据 show</a> <img src=
"image/arrow11.gif" width="9" height="7"> <a href="ishow_works_list.asp">个人作品</a> </td>
          </tr>
```

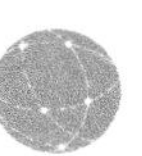

```
        <tr>
          <td colspan="2"><table width="100%" height="138" border="0" cellpadding="0" cell-
spacing="0">
              <tr>
                <td width="2%" height="69" rowspan="2"><div align="center"></div></td>
                <td width="98%" valign="top"> </td>
              </tr>
              <tr>
                <td valign="top"><%
            set rs1 = server.CreateObject("adodb.recordset")
            sql1 = "select * from ishow where itype='样本数据' order by addtime desc"
            rs1.open sql1,db,1,3
            %>
                  <% do while not rs1.eof%>
                  <table width="100%" border="0">
                    <tr>
                      <td width="3%"><div align="center"><img src="image/an3.gif" width="
17" height="18"></div></td>
                      <td width="96%" class="content"><a href=ishow_works_detail.asp?id=<%=
rs1("id")%>><%=rs1("title")%></a><%=rs1("addtime")%></td>
                      <td width="1%" class="content"><div align="left"></div>
                          <div align="left"></div></td>
                    </tr>
                    <tr>
                      <td height="1" colspan="3" background="image/dot.jpg"></td>
                    </tr>
                  </table>
                  <%
                rs1.movenext
                loop
                %></td>
              </tr>
          </table></td>
        </tr>
      </table></td>
    <td width="152" background="image/rightbg.jpg"><img src="image/qqq4.jpg" width="152" height
="346"></td>
      </tr>
    </table></td>
  </tr>
  <tr>
    <td> </td>
  </tr>
</table>
</body>
</html>
<%
rs1.close
set rs1 = nothing
db.close
set db = nothing
%>
```

8.9 灰关联熵法源代码

```
<%
if session("username") = "" then
response.redirect "accessdeny.htm"
end if
%>
<! DOCTYPE HTML PUBLIC " -//W3C//DTD HTML 4.01 Transitional//EN"
"http://www.w3.org/TR/html4/loose.dtd">
<html>
<head>
<meta http-equiv = "Content-Type" content = "text/html; charset = gb2312">
<title>灰关联熵法</title>
<style type = "text/css">
<!--
body {
      margin-left: 0px;
      margin-top: 0px;
      margin-bottom: 0px;
}
-->
</style>
<link href = "style/style.css" rel = "stylesheet" type = "text/css">
<style type = "text/css">
<!--
a:link {
      text-decoration: none;
}
a:visited {
      text-decoration: none;
}
a:hover {
      text-decoration: none;
}
a:active {
      text-decoration: none;
}
-->
</style>
<link href = "style/style1.css" rel = "stylesheet" type = "text/css">
<style type = "text/css">
<!--
.style3 {color: #FF0000}
-->
</style>
</head>

<body>
<table width = "778" border = "0" align = "center">
  <tr>
```

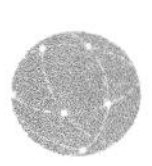

```
    <td> </td>
  </tr>
  <tr>
    <td height="326"><table width="100%"  border="0">
      <tr>
        <td> </td>
      </tr>
      <tr>
        <td height="1" background="image/dot.jpg"></td>
      </tr>
      <tr>
        <td width="82%"><table width="100%" height="170" border="0" cellspacing="1" bgcolor="#
CCCCCC">
          <tr>
            <th height="30" background="image/web_Menu_bgImage.gif" bgcolor="#FFFFFF" class="ti-
tleb" scope="col">化学成分碱度</th>
          </tr>
          <tr>
            <th height="56" bgcolor="#FFFFFF" scope="col"><table width="100%" height="135" bor-
der="0" cellspacing="1" bgcolor="#CCCCCC">
                <tr>
                  <th height="133" bgcolor="#FFFFFF" scope="col"><form action="ishow_lifesentiment
_save.asp" method="post" enctype="multipart/form-data" name="form1">
                    <table width="100%"  border="0">
                      <tr>
                        <td width="11%" class="content"><span class="style3">*</span>便捷
接口:</td>
                        <td><div align="left">
                          <input name="title" type="text" id="title" size="60">
                            </div></td>
                      </tr>
                      <tr>
                        <td width="11%" class="content">烧结矿化学成分1:</td>
                        <td><div align="left">
                          <input name="file1" type="file" id="file1">
                            </div></td>
                      </tr>
                      <tr>
                        <td width="11%" class="content">烧结矿化学成分2:</td>
                         <td><div align="left">
                          <input name="file2" type="file" id="file2">
                      </div></td>
                      </tr>
                      <tr>
                        <td width="11%" class="content">烧结矿化学成分3:</td>
                        <td><div align="left">
                          <input name="file3" type="file" id="file3">
                        </div></td>
                      </tr>
                      <tr>
                        <td valign="top" class="content"><span class="style3">*</span>烧结矿
化学成分:</td>
```

```
                                <td> <div align="left">
                                    <textarea name="content" cols="94" rows="30" id="content"> </
textarea>
                                </div> </td>
                            </tr>
                            <tr>
                                <td>  </td>
                                <td> <input type="submit" name="Submit" value="碱度、全铁      ">
                                    <input type="reset" name="Submit" value="重新输入        "> </td>
                            </tr>
                            <tr>
                                <td>  </td>
                                <td>  </td>
                            </tr>
                        </table>
                    </form> </th>
                </tr>
            </table> </th>
        </tr>
      </table> </td>
    </tr>
    <tr>
      <td>  </td>
    </tr>
  </table> </td>
 </tr>
 <tr>
   <td bgcolor="#DAF3EF"> <div align="center" class="content"> </div> </td>
 </tr>
</table>
</body>
</html>
```

8.10 粗糙集算法源代码

```
<%
if session("username") ="" then
response. redirect "accessdeny. htm"
end if
% >
<!--#include file="conn. asp" -->
<% response. buffer=ture% >

<%

        Set Upload  = Server. CreateObject("Persits. Upload")

        ' we use memory uploads, so we must limit file size
        Upload. SetMaxSize 200000000, True

        ' Save to memory. Path parameter is omitted
```

 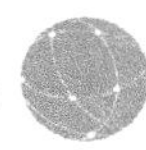

```
    Upload. Save

    Dim ranNum
    randomize
    ranNum = int(999 * rnd)

CreateName = year(now)&month(now)&day(now)&hour(now)&minute(now)&second(now)&"_"&ranNum
    NewName = CreateName

    ' Access subdirectory specified by user
    '数据输入
    title = trim(Upload. Form("title"))
    content = trim(Upload. Form("content"))

    '输入合法性判断
    if title = "" or content = "" then
        response. write"<script language =javascript>alert('带*的必须填写!');history. back(-1)</script>"
    end if

    'save to DB -----------------------------------------------------
    set rs = server. createobject("adodb. recordset")
    sql = "select * from ishow"
    rs. open sql,db,1,3
    rs. addnew
    rs("itype") = "粗糙集算法"
    rs("title") = title
    rs("content") = content
    rs("adder") = session("username")

    ' Build path string
    Path = Server. MapPath("upload/ishow")

    ' Create path, ignore "already exists" error
    Upload. CreateDirectory Path, True

    ' Save files to it. Our form has only one file item
    ' but this code is generic.
    i = 1
    dim arr(3)
    dim fullFname
    For Each File in Upload. Files
        Fname = NewName & "_" & "数据信息" & "_"& "数据曲线"&i& File. ext
        fullFname = Path & "\" & Fname
        File. SaveAs fullFname
        arr(i - 1) = Fname
        i = i + 1
    NEXT

        'Application. Lock
        'Application("TotalFileSize") = Application("TotalFileSize") + fsize(i - 1)
        'Application. Unlock
        rs("image1") = arr(0)
```

```
        rs("image2") = arr(1)
        rs("image3") = arr(2)

        rs.update
        rs.close
        set rs = nothing
        db.close
        set db = nothing
        response.write "<script>alert('结果正确!');location.href('ishow.asp')</script>"
%>
```

8.11 网络训练源代码

```
<!--#include file="conn.asp"-->
<!--#include file = "formate.asp"-->
<!DOCTYPE HTML PUBLIC "-//W3C//DTD HTML 4.01 Transitional//EN"
"http://www.w3.org/TR/html4/loose.dtd">
<html>
<head>
<meta http-equiv="Content-Type" content="text/html; charset=gb2312">
<title>技术支持</title>
<style type="text/css">
<!--
body,td,th {
    font-family: Times New Roman, Times, serif;
    font-size:10pt;
}
body {
    margin-top: 0px;
    margin-bottom: 0px;
}
-->
</style>
<link href="style/style.css" rel="stylesheet" type="text/css">
</head>

<body>
<table width="778" border="0" align="center" cellpadding="0" cellspacing="0">
  <tr>
    <td><img src="image/banner3.jpg" width="778" height="143" border="0" usemap="#Map">
      <map name="Map">
        <area shape="rect" coords="33,113,84,136" href="index.asp">
        <area shape="rect" coords="102,113,177,134" href="glory.asp">
        <area shape="rect" coords="197,114,269,136" href="appreciate.asp">
        <area shape="rect" coords="288,114,361,135" href="innovation.asp">
        <area shape="rect" coords="385,115,456,136" href="share.asp">
        <area shape="rect" coords="470,115,569,135" href="harvest.asp">
        <area shape="rect" coords="590,117,732,134" href="ishow.asp">
      </map></td>
    </tr>
</table>
```

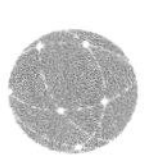

```
<table width="778" border="0" align="center" cellpadding="0" cellspacing="0">
  <tr>
    <td height="180"><table width="778" height="346" border="0" cellpadding="0" cellspacing="0">
      <tr>
        <td height="346" valign="top"><table width="100%" border="0" cellspacing="0" cellpadding
="0">
          <tr>
            <td width="15%" height="19"><img src="image/nologo.gif" width="88" height="31"></td>
            <td width="85%" class="content"><a href="ishow.asp">化学成分 show</a> <img src="
image/arrow11.gif" width="9" height="7"> <a href="ishow_lifesentiment_list.asp">网络训练</a> <img
src="image/arrow11.gif" width="9" height="7"> 样本数据</td>
          </tr>
          <tr>
            <td colspan="2"><table width="100%" height="84"  border="0" cellpadding="0" cellspac-
ing="0">
                <tr>
                  <td width="2%" height="69"><div align="center"></div></td>
                  <td width="98%" valign="top">
                    <%
                    id=request.querystring("id")
                    set rs = server.CreateObject("adodb.recordset")
                    sql = "select * from ishow where id="&id
                    rs.open sql,db,1,3
                    rs("viewcount") = rs("viewcount")+1
                    rs.update

                    if request.form("active")="" then
elseif session("username")="" then
response.redirect "accessdeny.htm"
else
                    content=trim(request.form("content"))
                    if content="" then
                        response.write"<script language=javascript>alert('请输入详细数据!');histo-
ry.back(-1)</script>"
                    else
                    set rscomment = server.CreateObject("adodb.recordset")
                    sqlcomment = "select * from comment"
                    rscomment.open sqlcomment,db,1,3
                    rscomment.addnew
                    rscomment("ctype")="样本数据"
                    rscomment("adder")=session("username")
                    rscomment("content")=content
                    rscomment("objid")=id
                    rscomment.update
                    rscomment.close
                    set rscomment=nothing
                    'response.redirect "news.asp"
                    response.write "<script>alert('训练成功!');location.href('ishow_lifesentiment_de-
tail.asp?id='&id&"')</script>"
                    end if
                    end if
                    %>
```

```
<table width="100%"  border="0">
  <tr>
    <td><div align="center"></div>
      <div align="center" class="newstitle"><% =rs("title")%></div></td>
    <td width="1%" rowspan="6" class="content"><div align="left"></div>
        <div align="left"></div></td>
  </tr>
  <tr>
  <td><div align="center"><span class="content">添加:<% =rs("adder")%
>新样本数据:</span><% =rs("addtime")%> <span class="content">样本数据上传:<% =rs("view-
count")%></span></div></td>
  </tr>
  <tr>
      <td height="1" background="image/dot.jpg"></td>
  </tr>
    <% if rs("image1")<>"" then%>
  <tr>
    <td><div align="center"><a href="upload/ishow/<% =rs("image1")%>"
><img src="upload/ishow/<% =rs("image1")%>" border="0" width="400"></a></div></td>
  </tr>
    <% end if%>
    <% if rs("image2")<>"" then%>
    <tr>
      <td><div align="center"><a href="upload/ishow/<% =rs("image2")%
>"><img src="upload/ishow/<% =rs("image2")%>" border="0" width="400"></a></div></td>
  </tr>
      <% end if%>
      <% if rs("image3")<>"" then%>
      <tr>
      <td><div align="center"><a href="upload/ishow/<% =rs("image3")%
>"><img src="upload/ishow/<% =rs("image3")%>" border="0" width="400"></a></div></td>
  </tr>
    <% end if%>
  <tr>
    <td><div align="left"><span class="content">  样本数据:<br>
      <% =formate(rs("content"))%></span></div></td>
  </tr>
  <tr>
    <td> </td>
  </tr>
  <tr>
    <td height="1" colspan="2" background="image/dot.jpg"></td>
  </tr>
</table>
</td>
        </tr>
      </table></td>
    </tr>
  </table></td>
  <td width="152" valign="bottom" background="image/rightbg.jpg"><img src="image/qqq5.jpg"
width="152" height="346"></td>
</tr>
```

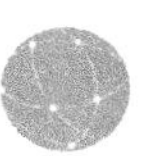

```
    </table> </td>
  </tr>
  <tr>
    <td> <table width = "100% " height = "443" border = "0" cellpadding = "0" cellspacing = "0" >
      <tr>
        <td height = "6" valign = "top" > <div align = "left" >
            <table width = "100% " border = "0" cellpadding = "0" cellspacing = "1" bgcolor = "#F3F3F3" >
              <tr>
                <td height = "20" valign = "bottom" class = "titleb" > <img src = " image/4. gif" width = "16"
height = "14" > 知识判断 </td>
              </tr>
            </table>
        </div> </td>
      </tr>
      <tr>
        <td height = "3" valign = "top" class = "content" > <div align = "center" >样本数据 </div> </td>
      </tr>
      <tr>
        <td height = "41" valign = "middle" >
        <%
                set rs1 = server. CreateObject( "adodb. recordset" )
            sql1 = "select * from comment where ctype = '信息上传' and objid = " &id
            sql1 = sql1 + " order by time desc"
            rs1. open sql1 ,db ,1 ,3
            if rs1. eof then
            response. Write( "没有样本数据!" )
            end if

            dim pagenum
            dim ipage ,i
            ipage = 1

            rs1. pagesize = 10
            pagecount1 = rs1. pagecount
            if request. QueryString( "pagenum" ) =0 or request. QueryString( "pagenum" ) = "" then
                pagenum = 1
            else
                pagenum = request. QueryString( "pagenum" )
                rs1. absolutepage = trim( request. QueryString( "pagenum" ) )
            end if
            % >
            <% do while not rs1. eof and i < 10% >
            <table width = "95% "   border = "0" align = "center" cellpadding = "0" cellspacing = "1" bgcolor = "
#ABCDB1" >
                <tr>
                  <td height = "25" bgcolor = "#DFDFDF" > <table width = "100% " border = "0" cellspacing = "
0" cellpadding = "0" >
                      <tr>
                        <td width = "10% " class = "content" > <img src = " image/bt_right_arow. gif" width = "
11" height = "11" >操作员: </td>
                        <td width = "74% " > <% =rs1( "adder" )% > </td>
                        <td width = "16% " class = "content" > <% =rs1( "time" )% >  </td>
```

```
                    </tr>
                </table></td>
              </tr>
              <tr>
                <td height="48" bgcolor="#FFFFFF"><%=rs1("content")%></td>
              </tr>
            </table>
            <br>
            <%
             i=i+1
             rs1.movenext
             loop
             %></td>
      </tr>
      <tr>
        <td height="20" valign="middle"><div align="center"><span class="content">第(<span class
="txt"><%=pagenum%></span>/<span class="txt"><%=pagecount1%></span>)个      <span
class="txt">
        <% do while ipage<pagecount1+1%>
        <a href=ishow_lifesentiment_detail.asp?pagenum=<%=ipage%>&id=<%=rs("id")%>><%=
ipage%></a>
            <%
            ipage=ipage+1
            loop
            %>
        </span></span></div></td>
      </tr>
      <tr>
        <td height="22" valign="bottom" bgcolor="#F3F3F3"><img src="image/213.gif" width="16"
height="14"> <span class="titleb">样本数据</span></td>
      </tr>
      <tr>
        <td height="248" valign="middle"><form name="form1" method="post" action="">
            <table width="60%" border="0" align="center" cellpadding="0" cellspacing="0">
              <tr>
                <td width="10%"> </td>
                <td width="90%"><div align="center">
                    <textarea name="content" cols="50" rows="10" id="content"></textarea>
                </div></td>
              </tr>
              <tr>
                <td> </td>
                <td><div align="center"> <br>
                        <input type="submit" name="Submit" value="上传">
                        <input name="active" type="hidden" id="active" value="yes">
                    </div></td>
              </tr>
            </table>
        </form></td>
      </tr>
    </table></td>
  </tr>
```

```
</table>
</body>
</html>
<%
rs. close
set rs = nothing
rs1. close
set rs1 = nothing
db. close
set db  =  nothing
% >
```

8.12　成品检验值数据的预处理源代码

```
<!--#include file = "conn. asp" -->
<! DOCTYPE HTML PUBLIC " -//W3C//DTD HTML 4. 01 Transitional//EN"
"http://www. w3. org/TR/html4/loose. dtd" >
<html>
<head>
<meta http - equiv = "Content - Type"  content = "text/html; charset = gb2312" >
<title>技术支持处</title>
<style type = "text/css" >
<!--
body,td,th {
     font - family: Times New Roman, Times, serif;
     font - size:10pt;
}
body {
     margin - top: 0px;
     margin - bottom: 0px;
}
-->
</style>
<link href = "style/style. css"  rel = "stylesheet"  type = "text/css" >
</head>

<body>
<table width = "778"  border = "0"  align = "center"  cellpadding = "0"  cellspacing = "0" >
  <tr>
    <td> <img src = "image/banner3. jpg"  width = "778"  height = "143"  border = "0"  usemap = "#Map" >
      <map name = "Map" >
        <area shape = "rect"  coords = "33,113,84,136"  href = "index. asp" >
        <area shape = "rect"  coords = "102,113,177,134"  href = "glory. asp" >
        <area shape = "rect"  coords = "197,114,269,136"  href = "appreciate. asp" >
        <area shape = "rect"  coords = "288,114,361,135"  href = "innovation. asp" >
        <area shape = "rect"  coords = "385,115,456,136"  href = "share. asp" >
        <area shape = "rect"  coords = "470,115,569,135"  href = "harvest. asp" >
        <area shape = "rect"  coords = "590,117,732,134"  href = "ishow. asp" >
      </map> </td>
  </tr>
</table>
```

```
<table width="778" border="0" align="center" cellpadding="0" cellspacing="0">
  <tr>
    <td height="180"><table width="778" height="346" border="0" cellpadding="0" cellspacing="0">
      <tr>
        <td height="346" valign="top"><table width="100%" border="0" cellspacing="0" cellpadding
="0">
          <tr>
            <td width="15%" height="19"><img src="image/nologo.gif" width="88"height="31"></td>
            <td width="85%" class="content"><a href="ishow.asp">成品检验值 show</a> <img src
="image/arrow11.gif" width="9" height="7"> <a href="ishow_lifesentiment_list.asp">数据预处理</a>
</td>
          </tr>
          <tr>
            <td colspan="2"><table width="100%" height="138"border="0" cellpadding="0" cellspac-
ing="0">
              <tr>
                <td width="2%" height="69" rowspan="2"><div align="center"></div></td>
                <td width="98%" valign="top"> </td>
              </tr>
              <tr>
                <td valign="top"><%
          set rs1 = server.CreateObject("adodb.recordset")
          sql1 = "select * from ishow where itype='烧结矿碱度' order by addtime desc"
          rs1.open sql1,db,1,3
          %>
                  <% do while not rs1.eof%>
                  <table width="100%"border="0">
                    <tr>
                      <td width="3%"><div align="center"><img src="image/an3.gif" width="
17" height="18"></div></td>
                      <td width="96%" class="content"><a href=ishow_lifesentiment_detail.asp?id=
<%=rs1("id")%>><%=rs1("title")%></a><%=rs1("addtime")%></td>
                      <td width="1%" class="content"><div align="left"></div>
                          <div align="left"></div></td>
                    </tr>
                    <tr>
                      <td height="1" colspan="3" background="image/dot.jpg"></td>
                    </tr>
                  </table>
                  <%
              rs1.movenext
              loop
              %></td>
              </tr>
            </table></td>
          </tr>
        </table></td>
        <td width="152" background="image/rightbg.jpg"><img src="image/qqq5.jpg" width="152"
height="346"></td>
      </tr>
    </table></td>
  </tr>
```

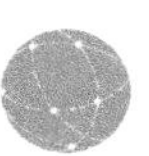

```
    <tr>
      <td> </td>
    </tr>
 </table>
 </body>
 </html>
 <%
rs1.close
set rs1 = nothing
db.close
set db = nothing
%>
```

8.13　区间优化控制源代码

```
 <%
if session("username") = "" then
response.redirect "accessdeny.htm"
end if
%>
 <!DOCTYPE HTML PUBLIC "-//W3C//DTD HTML 4.01 Transitional//EN"
"http://www.w3.org/TR/html4/loose.dtd">
 <html>
 <head>
 <meta http-equiv="Content-Type" content="text/html; charset=gb2312">
 <title>数据测量的误差</title>
 <style type="text/css">
 <!--
body {
      margin-left: 0px;
      margin-top: 0px;
      margin-bottom: 0px;
}
 -->
 </style>
 <link href="style/style.css" rel="stylesheet" type="text/css">
 <style type="text/css">
 <!--
a:link {
      text-decoration: none;
}
a:visited {
      text-decoration: none;
}
a:hover {
      text-decoration: none;
}
a:active {
      text-decoration: none;
}
 -->
```

```
</style>
<link href="style/style1.css" rel="stylesheet" type="text/css">
<style type="text/css">
<!--
.style3 {color: #FF0000}
-->
</style>
</head>

<body>
<table width="778" border="0" align="center">
  <tr>
    <td> </td>
  </tr>
  <tr>
    <td height="326"><table width="100%" border="0">
      <tr>
        <td> </td>
      </tr>
      <tr>
        <td height="1" background="image/dot.jpg"></td>
      </tr>
      <tr>
        <td width="82%"><table width="100%" height="170" border="0" cellspacing="1" bgcolor="#
CCCCCC">
          <tr>
            <th height="30" background="image/web_Menu_bgImage.gif" bgcolor="#FFFFFF" class="ti-
tleb" scope="col">生产参数</th>
          </tr>
          <tr>
            <th height="56" bgcolor="#FFFFFF" scope="col"><table width="100%" height="135" bor-
der="0" cellspacing="1" bgcolor="#CCCCCC">
              <tr>
                <th height="133" bgcolor="#FFFFFF" scope="col"><form action="ishow_teamwork_
save.asp" method="post" enctype="multipart/form-data" name="form1">
                  <table width="100%" border="0">
                    <tr>
                      <td width="11%" class="content"><span class="style3">*</span>区间
优化:</td>

                      <td><div align="left">
                        <input name="title" type="text" id="title" size="60">
                        </div></td>
                    </tr>
                    <tr>
                      <td width="11%" class="content">数据1:</td>
                      <td><div align="left">
                        <input name="file1" type="file" id="file1">
                          </div></td>
                    </tr>
                    <tr>
                      <td width="11%" class="content">数据2:</td>
                      <td><div align="left">
```

```
                                        <input name="file2" type="file" id="file2">
                                    </div></td>
                                </tr>
                                <tr>
                                    <td width="11%" class="content">数据3:</td>
                                    <td><div align="left">
                                        <input name="file3" type="file" id="file3">
                                    </div></td>
                                </tr>
                                <tr>
                                    <td valign="top" class="content"><span class="style3">*</span>区间:
</td>
                                    <td><div align="left">
                                        <textarea name="content" cols="94" rows="30" id="content"></
textarea>
                                    </div></td>
                                </tr>
                                <tr>
                                    <td> </td>
                                    <td><input type="submit" name="Submit" value="生产参数的实测数据">
                                        <input type="reset" name="Submit" value="重新输入数据"></td>
                                </tr>
                                <tr>
                                    <td> </td>
                                    <td> </td>
                                </tr>
                            </table>
                        </form></th>
                    </tr>
                </table></th>
            </tr>
        </table></td>
    </tr>
    <tr>
        <td> </td>
    </tr>
    </table></td>
  </tr>
  <tr>
    <td bgcolor="#DAF3EF"><div align="center" class="content"></div></td>
  </tr>
</table>
</body>
</html>
```

第9章　中医方剂信息挖掘平台研究

“未病先防，已病防变”乃行医之旨。《伤寒论》是从事中医必读之书，读懂《伤寒论》，就读懂了疾病发生、发展、传变和向愈的基本规律。诊病辨病位，别病性，见微知著；疗疾顾胃气，护津液，和合阴阳；升降出入，纵横不悖，必别死辨生，活人有术。

然中医诊疗，因症状繁细，症候繁多，方剂繁博，难免于临床辨证选方失之精当。本系统以经方为源，以时方为流，从源溯流将中医方剂症状汇融于计算机程序之中，并列出“症状鉴别要点”，以便于医者临证精当选方，精确用药，力求疗疾立竿见影，祛病桴鼓相应。

中医药学源远流长，几千年来为中华民族的繁衍生息做出了卓著的贡献，中医药学结合计算机学，融合古今，弘扬科学，传承国术，发展中医，为人类健康做出卓越的服务。

中医方剂知识发现与症状鉴别智能诊断系统能够给医生提供诊断上的资料，使诊断更准确，用药更精良，工作更轻松。

自从中医方剂知识发现与症状鉴别智能诊断系统推出之后，因其设计优秀、体贴用户、使用方便、提供全面而易用的功能、具有很好的用户界面等特点，赢得了很多用户的青睐。

中医方剂知识发现与症状鉴别智能诊断系统适合于运行在WindowsXP平台下，安装有Microsoft SQL Server数据库软件和Microsoft Office 2000或以上版本，CPU 1.60GHz或更快，512MB内存或更大，100MB磁盘空间。

9.1　平台的安装与卸载

9.1.1　安装

中医方剂知识发现与症状鉴别智能诊断系统提供了“安装版”，安装版提供了标准的Windows应用程序安装向导。

提示：安装或者升级之前，请先关闭运行中的中医方剂知识发现与症状鉴别智能诊断系统。

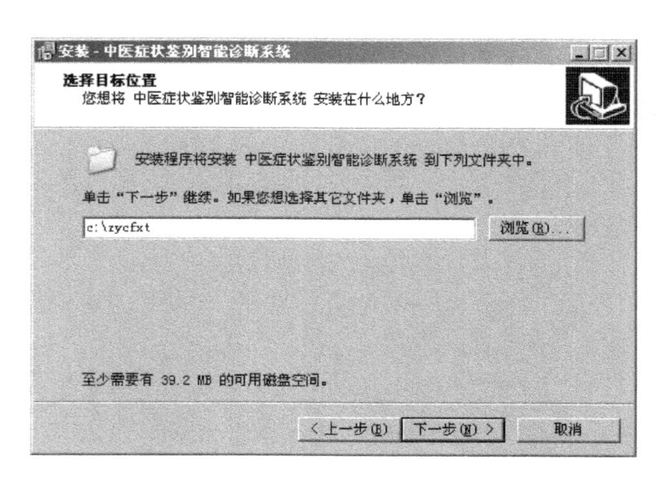

图9.1　选择安装路径

双击setup.exe，出现界面如图9.1所示，安装时可以选择任意盘符和路径（也可新建文件夹），但尽量避免使用带空格的路径。

安装过程中，选择创建桌面快捷方式（将来用它启动系统），如图9.2所示。

单击“下一步”，再单击“安装”，如图9.3所示。

安装中医方剂知识发现与症状鉴别智能诊断系统后，即可从桌面快捷方式启动该系统。

9.1.2　卸载

在开始菜单的相应菜单中，找到“中医方剂

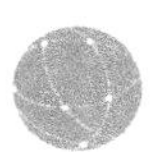

知识发现与症状鉴别智能诊断系统”的卸载快捷方式，单击即可卸载（图9.4）；也可在控制面板中卸载程序，将自动删除中医方剂知识发现与症状鉴别智能诊断系统。

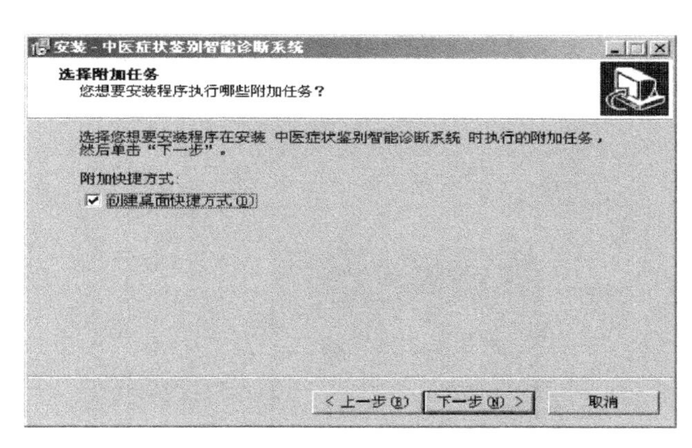

图9.2　创建桌面快捷方式

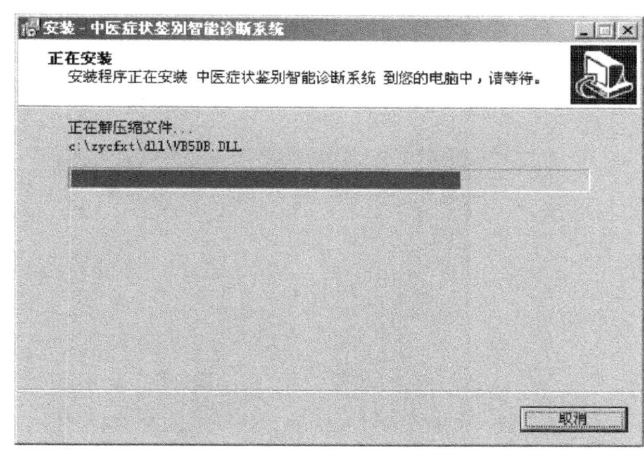

图9.3　安装进度提示

选择卸载，如图9.5所示。

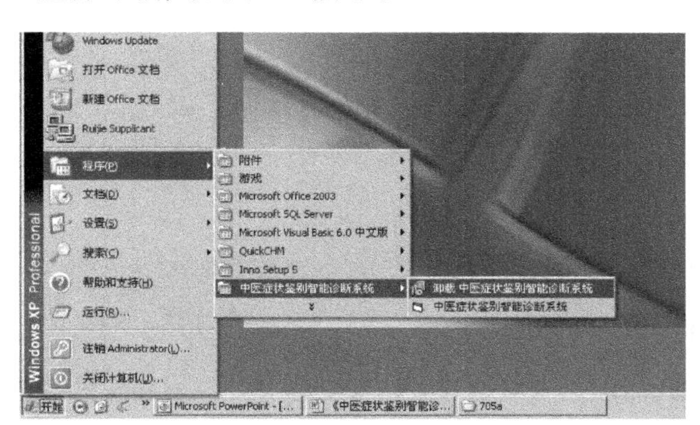

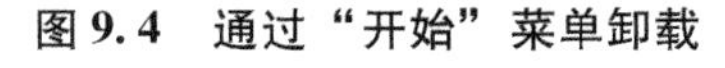
图9.4　通过“开始”菜单卸载

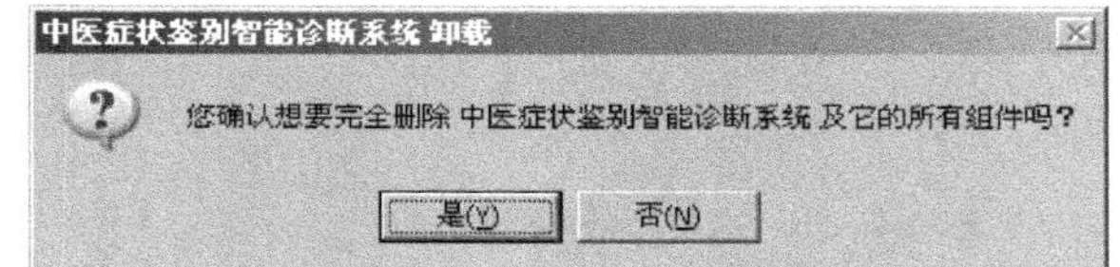

图9.5　卸载确认

选择“是”，即会卸载中医方剂知识发现与症状鉴别智能诊断系统。

注意：该卸载系统不会自动将SQL Server 2000中的数据库映射删除，在下一次安装系统运行时会有错误提示，所以需要手动删除SQL Server 2000中的learn数据库映射，如图9.6所示。

选择企业管理器后，在企业管理器中删除learn数据库即可，如图9.7所示。

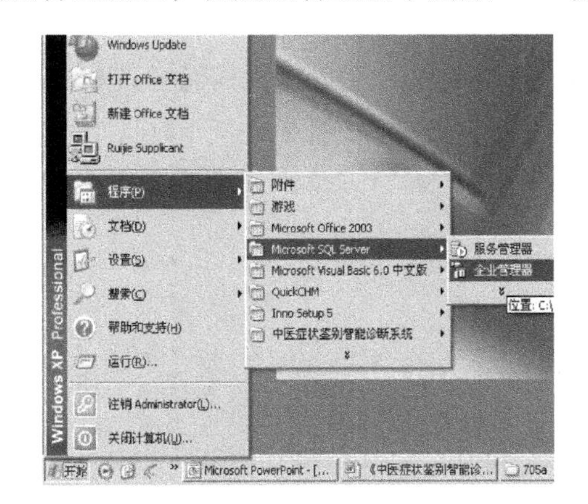

图9.6　删除“learn”数据库 -1

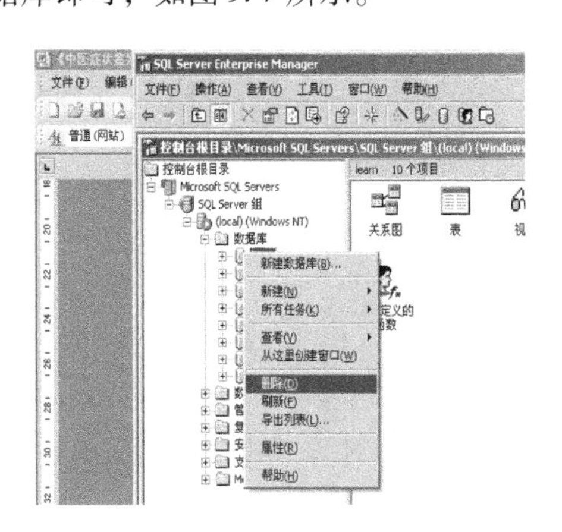

图9.7　删除“learn”数据库 -2

9.2 加载数据库

运行安装后的系统，如果是第1次运行，会出现图9.8所示界面。

输入已经安装的SQL数据库的正确用户名和密码，将自动加载数据库，如图9.8和图9.9所示。

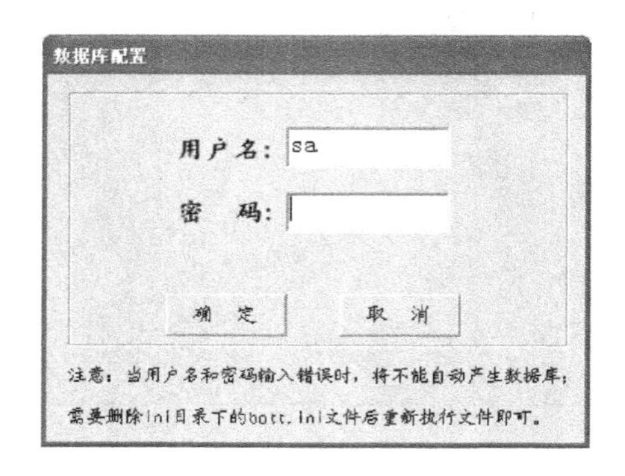

图9.8　数据库配置

图9.9　数据库加载成功

单击“确定”，进入用户登录界面，如图9.10所示。

初始医生编号“001”，姓名“admin”，密码“123456”，请初次进入后修改密码。

注意：如果是第1次运行，当数据库的用户名和密码输入错误时，将不能自动产生数据库；需要删除该系统ini目录下的bott.ini文件后重新运行系统即可，如图9.11所示。

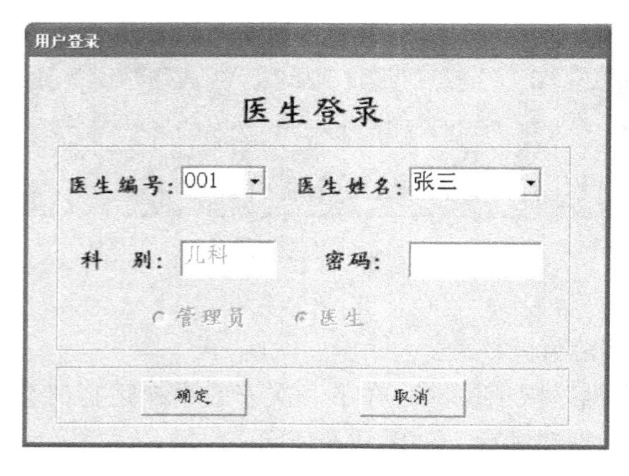

图9.10　用户登录

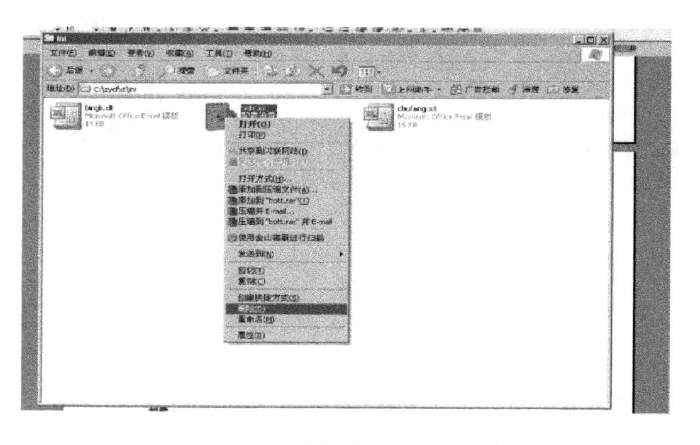

图9.11　删除boot.ini文件

以后运行该系统时，会直接出现图9.10所示界面。选择或输入医生姓名或编号及相应的密码即可进入系统。

另外，如果系统在第1次启动加载数据库时，出现如图9.12所示错误，则说明没有启动SQL Server 2000服务器。

解决方法如下。

第一步：启动SQL Server 2000服务器，如图9.13所示。

第二步：删除本系统安装ini目录下的bott.ini文件，如图9.11所示。

第三步：利用桌面快捷方式即可启动本系统，出现加载数据库界面。

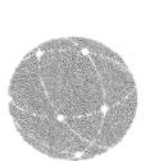

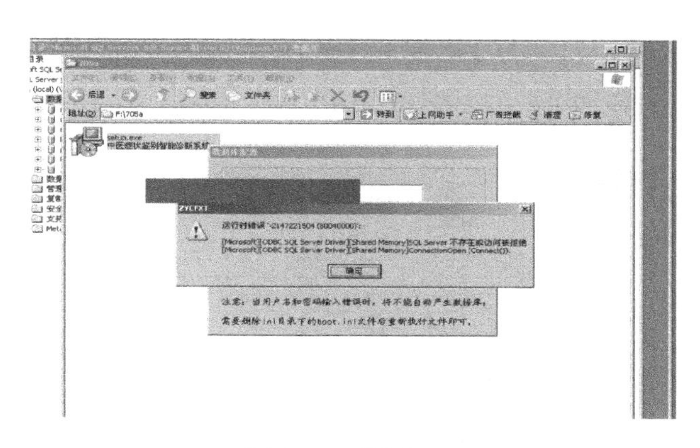

图 9.12　错误显示

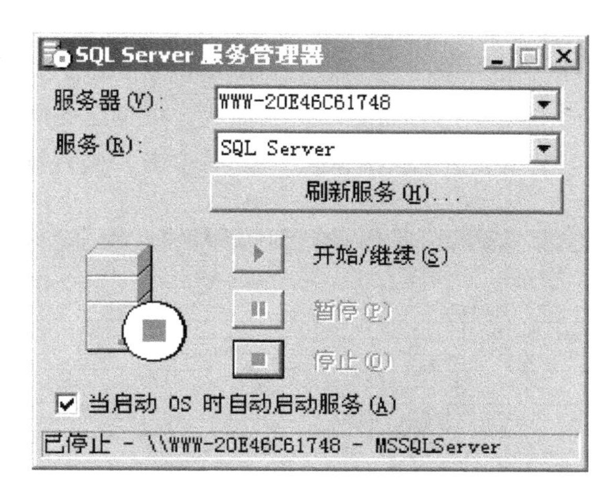

图 9.13　启动 SQL Server 2000 服务器

9.3　系统平台功能

该系统分为七大功能模块，分别是症状维护模块、药品维护模块、处方管理模块、病历管理模块、智能辨证模块、系统维护模块、帮助模块。

9.3.1　主症维护

（1）主症分类维护

操作步骤如下。

①进入“基础数据维护”界面，如图 9.14 所示。

②从菜单选择“症状维护”→“主症维护”→“主症分类维护”，进入“主症分类数据维护”界面，如图 9.15 所示。

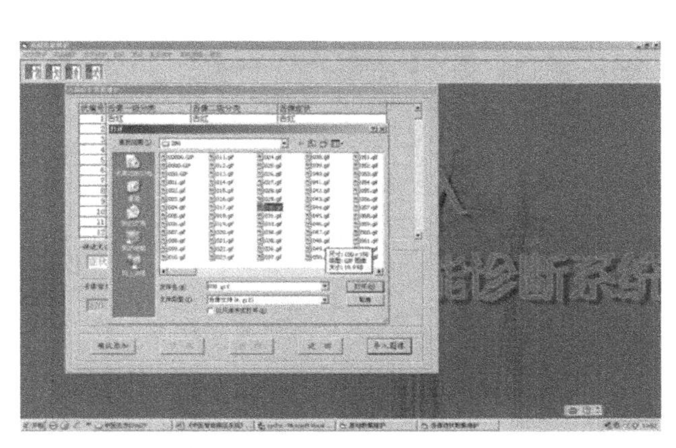

图 9.14　基础数据维护

图 9.15　主症分类数据维护

③可对主症的各种一、二级症状从“主症编号”“主症一级分类”“主症二级分类”3 个项目上进行快速查找定位，符合条件的记录将以蓝色突出显示，同时查找信息细节将在界面“主症信息”栏内显示。

④对于需要而系统中未曾加入的主症症状，可单击界面“添加”按钮，“主症信息”栏内将自动生成最小“主症编号”，由用户添加相应主症信息。之后单击“确认添加”按钮即可，如图 9.16 所示。

⑤对于不符合需要的主症症状，可单击界面“修改”按钮，“主症信息”栏内将显示所选记录细节，由用户做相应主症信息修改。之后单击“确认修改”按钮即可，如图 9.17 所示。

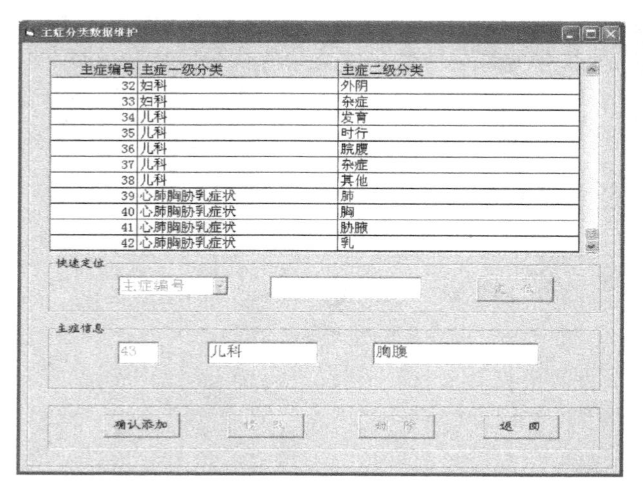

图 9.16　主症一、二级症状添加

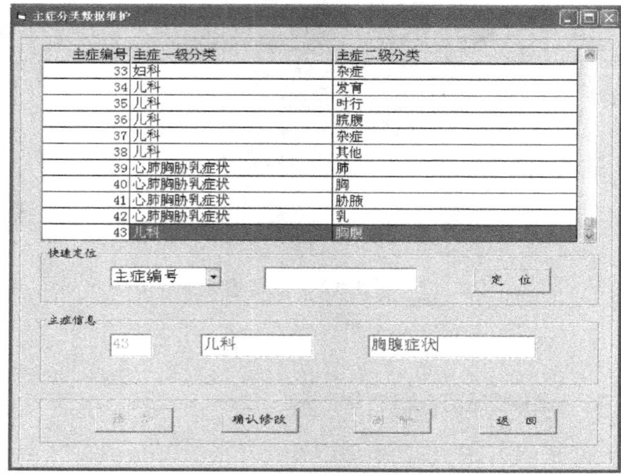

图 9.17　主症修改

⑥对于不需要的主症症状，可单击界面“删除”按钮，弹出“删除记录”对话框。确认删除点“是”，放弃删除点“否”即可，如图 9.18 所示。

⑦单击“返回”按钮，即可返回主界面。

建议：如果主症分类下面已经有具体的主症症状，最好不要删除和修改，以免影响后面具体症状的使用。

（2）主症症状维护

步骤如下。

①进入“基础数据维护”界面，如图 9.14 所示。

②从菜单选择“症状维护”→“主症维护”→“主症症状维护”，进入“主症症状数据维护”界面，如图 9.19 所示。

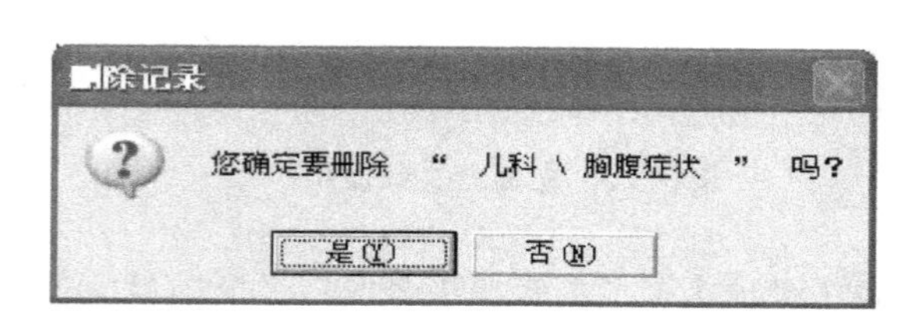

图 9.18　主症删除

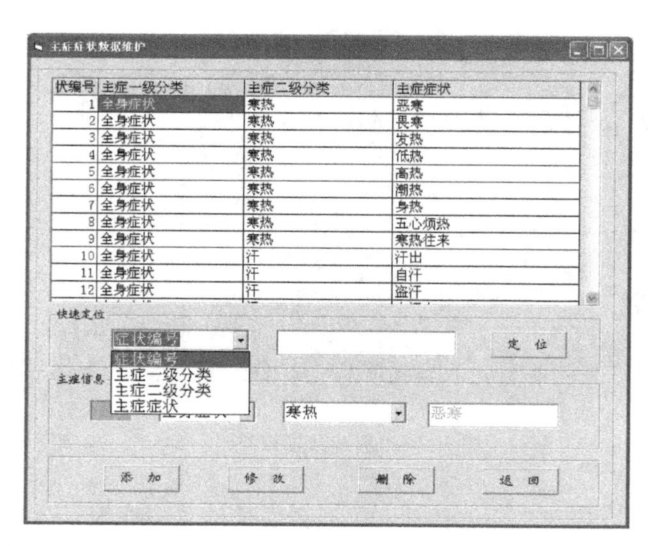

图 9.19　主症具体症状维护

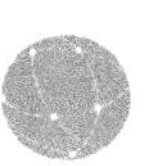

③可对主症的各种一、二级及具体症状从“主症编号”“主症一级分类”“主症二级分类”“主症症状”4个项目上进行快速查找定位，符合条件的记录将以蓝色突出显示，同时查找信息细节将在界面“主症信息”栏内显示。

④对于需要而系统中未曾加入的主症症状，可单击界面“添加”按钮，“主症信息”栏内将自动生成最小“主症编号”，分别从两个下拉框中选择相应的“主症一、二级症状”并由用户键盘添加相应“主症具体症状”信息。之后单击“确认添加”按钮保存即可，如图9.20所示。

⑤对于不符合需要的主症症状，可单击界面“修改”按钮，“主症信息”栏内将显示所选记录细节，由用户做相应主症信息修改。之后单击“确认修改”按钮保存即可，如图9.21所示。

图9.20　主症一、二级症状添加

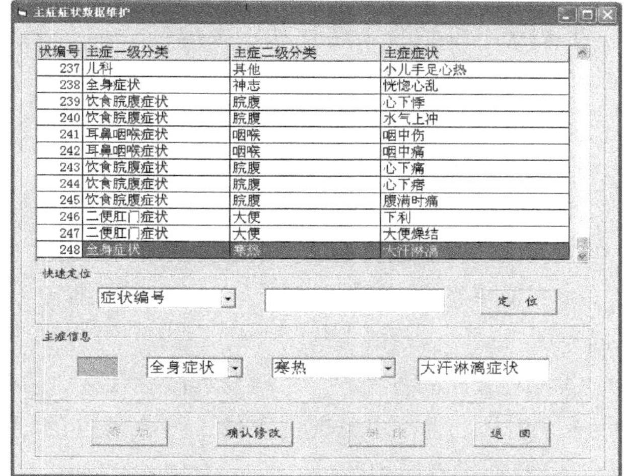

图9.21　主症具体症状修改

另外，如果该症状在处方中已经使用，则不允许修改，修改时会弹出警告提示，如图9.22所示。

图9.22　修改警告

⑥对于不需要的主症症状，可单击界面“删除”按钮，弹出“删除记录”对话框。确认删除点“是”，放弃删除点“否”即可，如图9.23所示。

⑦单击“返回”按钮，即可返回主界面。

另外，如果该症状在处方中已经使用，则不允许删除，删除时会弹出警告提示，如图9.24所示。

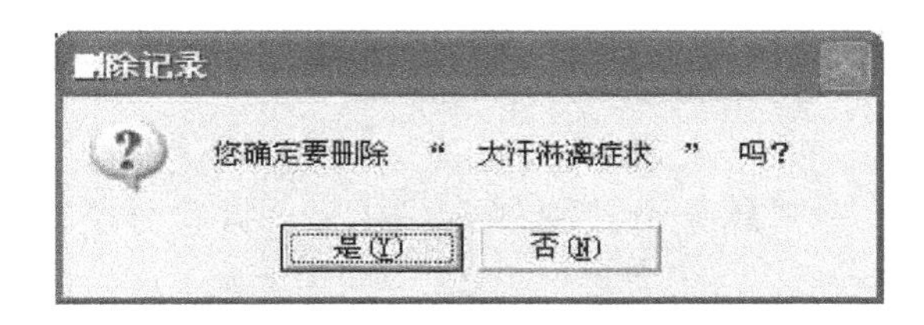

图9.23　主症具体症状删除

图9.24　删除警告

9.3.2　兼症维护

（1）兼症分类维护

步骤如下。

①进入“基础数据维护”界面。

②从菜单选择“症状维护”→“兼症维护”→“兼症分类维护”，进入“兼症分类数据维护”界面。

③可对兼症的各种一、二级症状从“兼症编号”“兼症一级分类”“兼症二级分类”3个项目上进行快速查找定位，符合条件的记录将以蓝色突出显示，同时查找信息细节将在界面“兼症信息”栏内显示。

④对于需要而系统中未曾加入的兼症症状，可单击界面“添加”按钮，“兼症信息”栏内将自动生成最小“兼症编号”，由用户添加相应兼症信息。之后单击“确认添加”按钮保存即可。

⑤对于不符合需要的兼症症状，可单击界面“修改”按钮，“兼症信息”栏内将显示所选记录细节，由用户做相应兼症信息修改。之后单击“确认修改”按钮保存即可。

⑥对于不需要的兼症症状，可单击界面“删除”按钮，弹出“删除记录”对话框。确认删除点“是”，放弃删除点“否”即可。

⑦单击“返回”按钮，即可返回主界面。

（2）兼症症状维护

步骤如下。

①进入“基础数据维护”界面。

②从菜单选择“症状维护”→“兼症维护”→“兼症症状维护”，进入“兼症症状数据维护”界面。

③可对兼症的各种一、二级及具体症状从“兼症编号”“兼症一级分类”“兼症二级分类”“兼症症状”4个项目上进行快速查找定位，符合条件的记录将以蓝色突出显示，同时查找信息细节将在界面“兼症信息”栏内显示。

④对于需要而系统中未曾加入的兼症症状，可单击界面“添加”按钮，“兼症信息”栏内将自动生成最小“兼症编号”，分别从两个下拉框中选择相应的“兼症一、二级症状”并由用户添加相应“兼症具体症状”信息。之后单击“确认添加”按钮保存即可。

⑤对于不符合需要的兼症症状，可单击界面“修改”按钮，“兼症信息”栏内将显示所选记录细节，由用户做相应兼症信息修改。之后单击“确认修改”按钮保存即可。

⑥对于不需要的兼症症状，可单击界面“删除”按钮，弹出“删除记录”对话框。确认删除点“是”，放弃删除点“否”即可。

⑦单击“返回”按钮，即可返回主界面。

9.3.3 脉象维护

（1）脉象分类维护

步骤如下。

①进入“基础数据维护”界面。

②从菜单选择“症状维护”→“脉象维护”→“脉象分类维护”，进入“脉象分类数据维护”界面。

③可对脉象的各种一、二级症状从“脉象编号”“脉象一级分类”“脉象二级分类”3个项目上进行快速查找定位，符合条件的记录将以蓝色突出显示，同时查找信息细节将在界面“脉象信息”栏内显示。

④对于需要而系统中未曾加入的脉象症状，可单击界面“添加”按钮，“脉象信息”栏内将自动生成最小“脉象编号”，分别从两个下拉框中选择相应的“脉象一、二级症状”并由用户添加相应“脉象具体症状”信息。之后单击“确认添加”按钮保存即可（注：测试结果表明界面中并没有对应于“脉象一、二级症状”的下拉框）。

 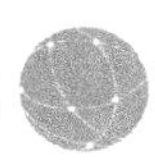

⑤对于不符合需要的脉象症状，可单击界面“修改”按钮，“脉象信息”栏内将显示所选记录细节，由用户做相应脉象信息修改。之后单击“确认修改”按钮保存即可。

⑥对于不需要的脉象症状，可单击界面“删除”按钮，弹出“删除记录”对话框。确认删除点“是”，放弃删除点“否”即可。

⑦单击“返回”按钮，即可返回主界面。

（2）脉象症状维护

步骤如下。

①进入“基础数据维护”界面。

②从菜单选择“症状维护”→“脉象维护”→“脉象症状维护”，进入“脉象症状数据维护”界面。

③可对脉象的各种一、二级及具体症状从“脉象编号”“脉象一级分类”“脉象二级分类”“脉象症状”4个项目上进行快速查找定位，符合条件的记录将以蓝色突出显示，同时查找信息细节将在界面“脉象信息”栏内显示。

④对于需要而系统中未曾加入的脉象症状，可单击界面“添加”按钮，“脉象信息”栏内将自动生成最小“脉象编号”，分别从两个下拉框中选择相应的“脉象一、二级症状”并由用户添加相应“脉象具体症状”信息。之后单击“确认添加”按钮保存即可。

⑤对于不符合需要的脉象症状，可单击界面“修改”按钮，“脉象信息”栏内将显示所选记录细节，由用户做相应脉象信息修改。之后单击“确认修改”按钮保存即可。

⑥对于不需要的脉象症状，可单击界面“删除”按钮，弹出“删除记录”对话框。确认删除点“是”，放弃删除点“否”即可。

⑦单击“返回”按钮，即可返回主界面。

9.3.4　舌象维护

（1）舌象分类维护

步骤如下。

①进入“基础数据维护”界面。

②从菜单选择“症状维护”→“舌象维护”→“舌象分类维护”，进入“舌象分类数据维护”界面。

③可对舌象的各种一、二级症状从“舌象编号”“舌象一级分类”“舌象二级分类”3个项目上进行快速查找定位，符合条件的记录将以蓝色突出显示，同时查找信息细节将在界面“舌象信息”栏内显示。

④对于需要而系统中未曾加入的舌象症状，可单击界面“添加”按钮，“舌象信息”栏内将自动生成最小“舌象编号”，分别从两个下拉框中选择相应的“舌象一、二级症状”并由用户添加相应“舌象具体症状”信息。之后单击“确认添加”按钮保存即可（注：测试结果表明界面中并没有对应于“舌象一、二级症状”的下拉框）。

⑤对于不符合需要的舌象症状，可单击界面“修改”按钮，“舌象信息”栏内将显示所选记录细节，由用户做相应舌象信息修改。之后单击“确认修改”按钮保存即可。

⑥对于不需要的舌象症状，可单击界面“删除”按钮，弹出“删除记录”对话框。确认删除点“是”，放弃删除点“否”即可。

⑦单击“返回”按钮，即可返回主界面。

（2）舌象症状维护

步骤如下。

①进入“基础数据维护”界面。

②从菜单选择“症状维护”→“舌象维护”→“舌象症状维护”，进入“舌象症状数据维护”界面。

③可对舌象的各种一、二级及具体症状从“舌象编号”“舌象一级分类”“舌象二级分类”“舌象症状”4个项目上进行快速查找定位，符合条件的记录将以蓝色突出显示，同时查找信息细节将在界面“舌象信息”栏内显示。

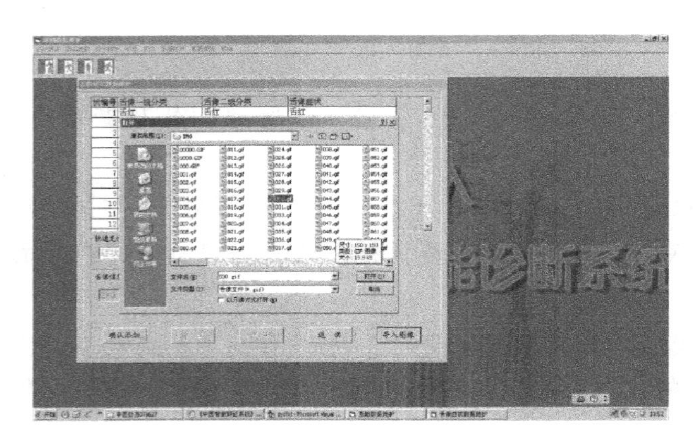

图9.25　舌象“导入图像”界面

④对于需要而系统中未曾加入的舌象症状，可单击界面“添加”按钮，“舌象信息”栏内将自动生成最小“舌象编号”，分别从两个下拉框中选择相应的“舌象一、二级症状”并由用户添加相应“舌象具体症状”信息。通过“导入图像”可以导入该舌象症状相应的图像，如图9.25所示。如果需要加载新的舌象图片，需要把该图片复制到安装目录的IMG目录下，再导入图像。导入之后单击“确认添加”按钮保存即可。

⑤对于不符合需要的舌象症状，可单击界面“修改”按钮，“舌象信息”栏内将显示所选记录细节，由用户做相应舌象信息修改。之后单击“确认修改”按钮保存即可。

⑥对于不需要的舌象症状，可单击界面“删除”按钮，弹出“删除记录”对话框。确认删除点“是”，放弃删除点“否”即可。

⑦单击“返回”按钮，即可返回主界面。

9.3.5　药品维护

（1）药品维护界面简介

药品维护界面由两部分组成，分别为“中药基本信息”和“中药明细”（图9.26）。当在药品表中选择记录或利用“记录定位”栏里的“药品编号”“药品名称或别名”“输入简码”进行记录定位之后，可单击“中药明细”页面浏览相应药品的详细介绍（图9.27）。

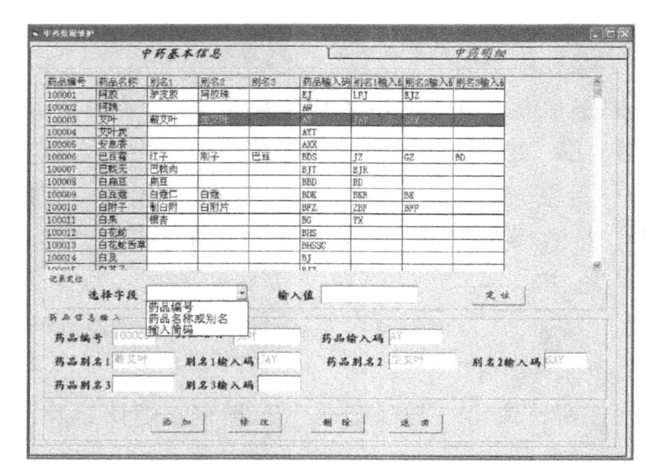

图9.26　中药基本信息

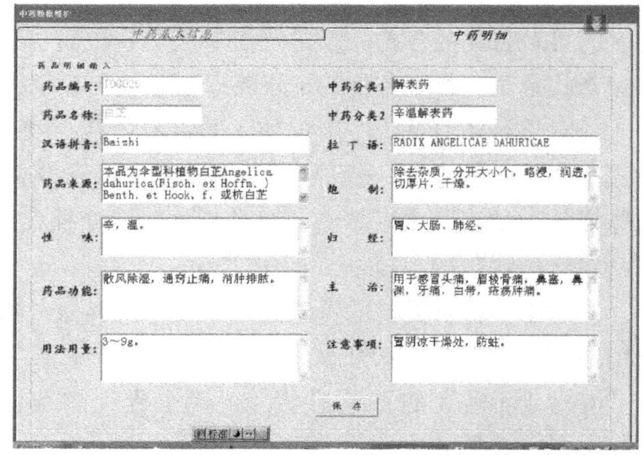

图9.27　中药明细

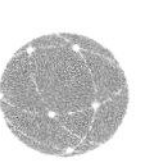

（2）药品添加

①单击“添加”按钮，系统自动生成“药品编号”，用户录入药品名称及别名等项目，相应输入码为名称的汉语拼音首字母。

②单击进入“中药明细”界面，添加药品其他相关信息，包括“药品来源”“炮制”“用法用量”等项目。

③单击“保存”按钮保存信息即可。

④单击“返回”按钮，返回主界面。

（3）药品修改

①在药品表中选择药品或利用“记录定位”栏里的“药品编号”“药品名称或别名”“输入简码”进行记录定位之后，单击“修改”按钮。

②用户可按需求更改各项内容，单击“中药明细”页面，其中的项目也可做相应更改。

③单击“确认修改”按钮，保存所修改内容。

④单击“返回”按钮，返回主界面。

（4）药品删除

①在药品表中选择药品或利用“记录定位”栏里的“药品编号”“药品名称或别名”“输入简码”进行记录定位。

②单击“删除”按钮，弹出“删除处方”对话框，确认删除选“是”，取消操作选“否”。

③单击“返回”按钮，返回主界面。

（5）中药单位维护

①药品单位添加。单击“添加”按钮，录入相关单位，单击“确认添加”保存即可。

②药品单位修改。单击“修改”按钮，修改原有单位，单击“确认修改”保存即可。

③单击“删除”按钮，弹出“删除药品单位”对话框，确认删除选“是”，取消操作选“否”。

④单击“返回”按钮，返回主界面。如图9.28所示。

9.3.6　处方维护

（1）添加处方

步骤如下。

①进入“基础数据维护”界面，选择菜单栏中的“处方维护”→“添加处方”，进入“添加处方”界面（图9.29）。

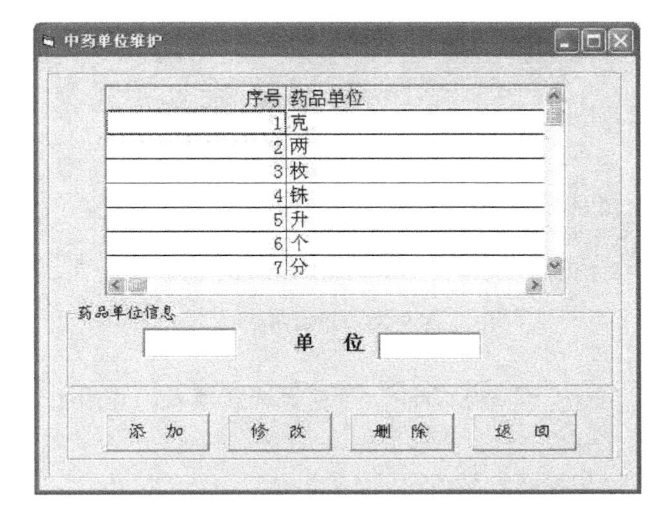

图9.28　中药单位

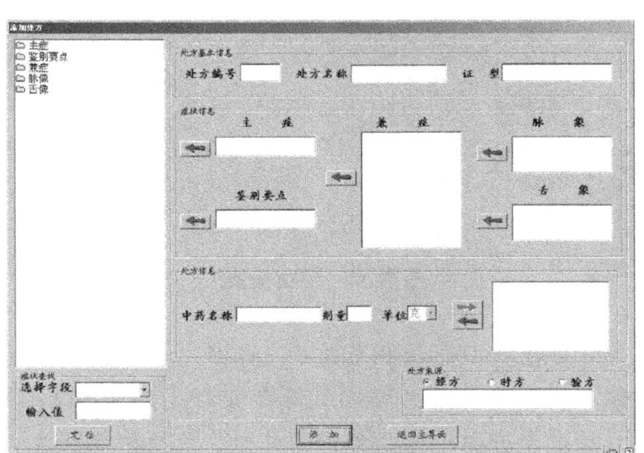

图9.29　添加处方界面

②单击“添加”按钮，系统自动生成“处方编号”，用户在“处方基本信息”栏中录入相应“处方名称”和“证型”，如果新输入的“处方名称”和处方库中的某个处方名称相同，系统弹出相应的提示信息，如图9.30所示。核对修改处方名称后即可继续添加其他姓名。

③“症状信息”借助左端“主症”“鉴别要点”“兼症”“脉象”“舌象”所组成的树形结构选入（图9.31）。在其展开的分枝中选择所需的具体症状，即可填入相应症状的列表框中。如有误选，利用其左端蓝色箭头去除即可。

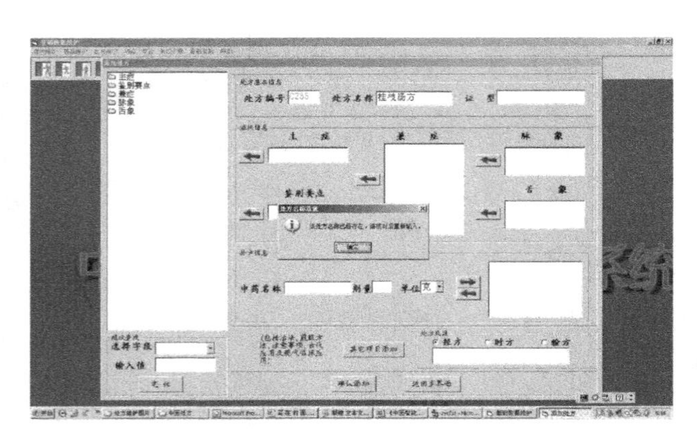

图9.30　输入“处方名称”重复的提示

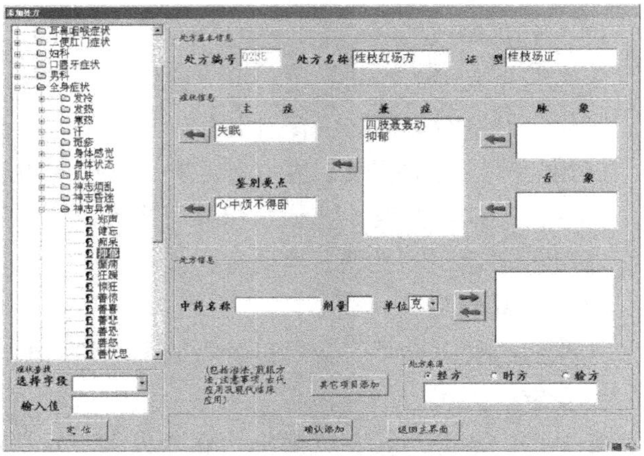

图9.31　添加症状

④对于不确定其所在目录的具体症状，可利用界面左下端“症状查找”来确定其路径。选择症状所属字段，输入具体症状，单击“确认”或回车后将弹出相应的症状路径，再从左端树形结构中查找添入即可（图9.32）。

⑤在“处方信息”栏的“中药名称”中输入所需药品名的拼音首字母，将自动弹出相应药品选择框，可双击选中某种药品。输入“剂量”“单位”“炮制方法”，单击向右箭头填入药品框内。误输入的药品利用向左箭头删除即可（图9.33）。

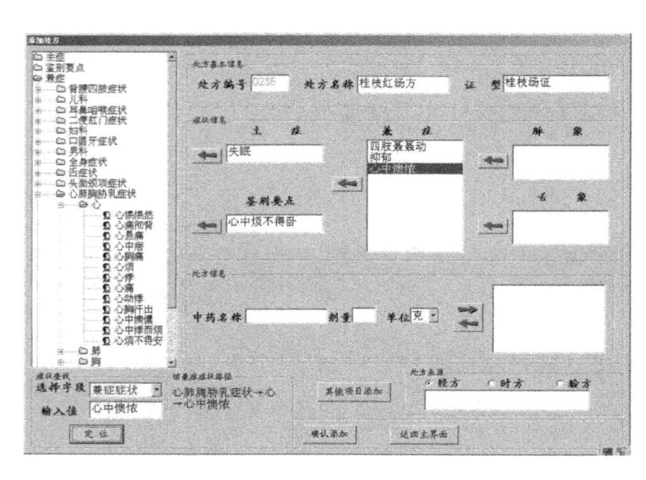

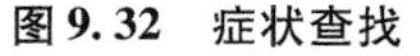
图9.32　症状查找

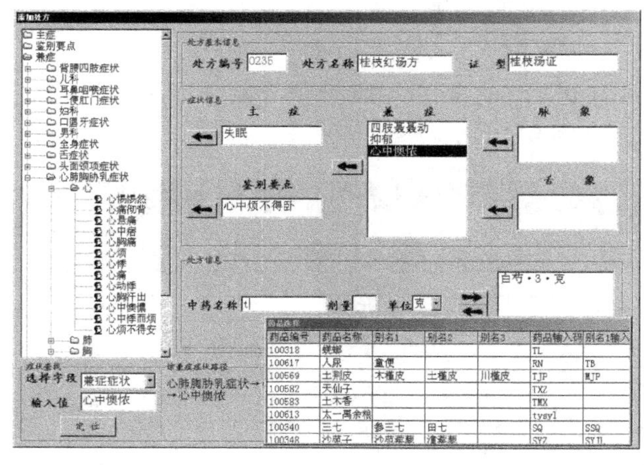

图9.33　添加药品

⑥单击“其他项目添加”，将相应处方的“治法”“主治”“煎服方法”等项目选择填入，并标明处方来源后单击“确认添加”保存即可（图9.34）。

⑦多个处方添加重复以上步骤，添加结束单击“返回主界面”按钮返回。

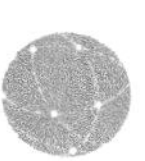

（2）修改处方

步骤如下。

①进入“基础数据维护”界面，选择菜单栏中的“处方维护”→“修改处方”，进入“修改处方”界面。

②从界面处方表中选择所要修改的处方，或从左端“记录定位”栏按照“处方编号”“处方名称”对处方进行定位（图 9.35），也可对“主症症状”“鉴别要点”等具体症状进行定位，方便添加或修改相应具体症状（图 9.36）。

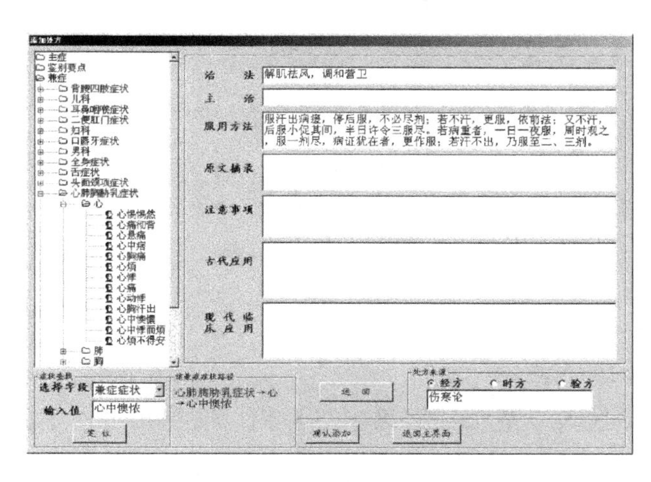

图 9.34　其他项目添加

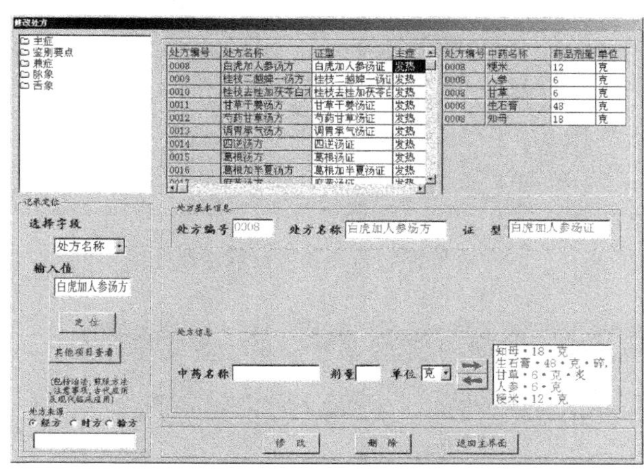

图 9.35　处方定位

③单击“修改”按钮，除“处方编号”外其他项目均可修改，用户在“处方基本信息”栏中修改相应“处方名称”和“证型”（图 9.37）。“处方信息”栏中添加、删除或修改原有药品信息（修改方式参见“添加处方”第⑤条）。

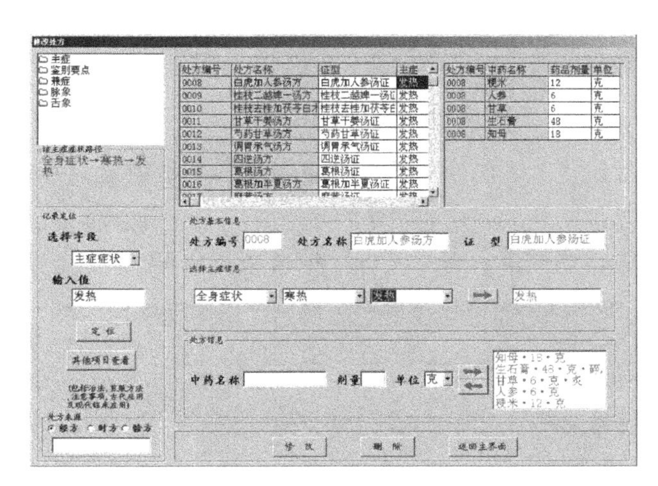

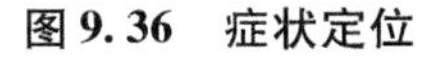
图 9.36　症状定位

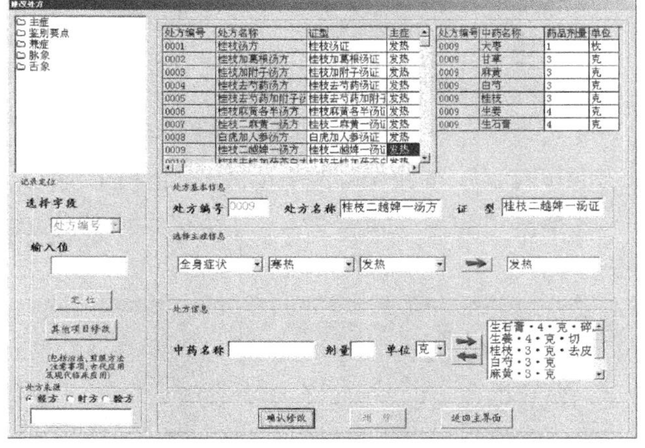

图 9.37　药品修改

④“症状信息”借助左端“主症”“鉴别要点”“兼症”“脉象”“舌象”所组成的树形结构产生。双击所需修改项目，出现其对应的“症状信息”栏。添加过修改的症状信息可从其下拉框中分别选择，单击向右箭头，存入对应的症状框内即可（图 9.38）。对于难以查找的各种具体症状，可参见步骤②中的“症状定位”后再执行步骤④。

⑤单击“其他项目修改”按钮，进入“其他项目修改”界面，直接录入修改即可（图 9.39）。

⑥待所有所需项目修改完毕，单击“确认修改”按钮，保存即可。

⑦单击“删除”按钮可删除多余处方，“返回”按钮返回主界面。

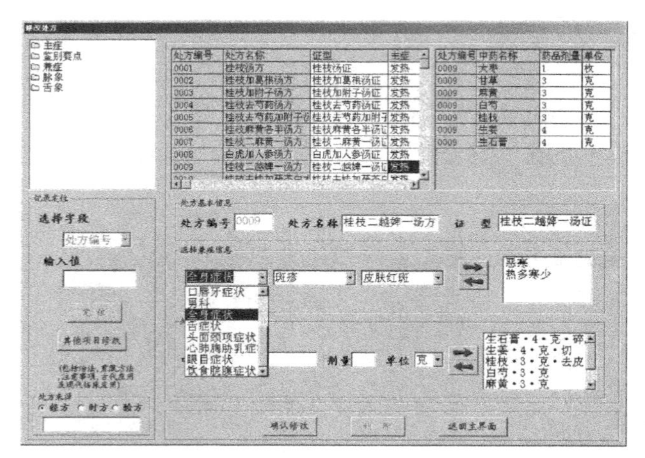

图 9.38　各种具体症状修改

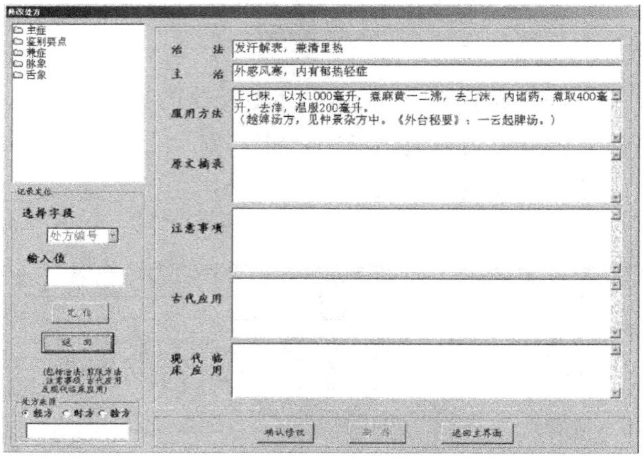

图 9.39　其他项目修改

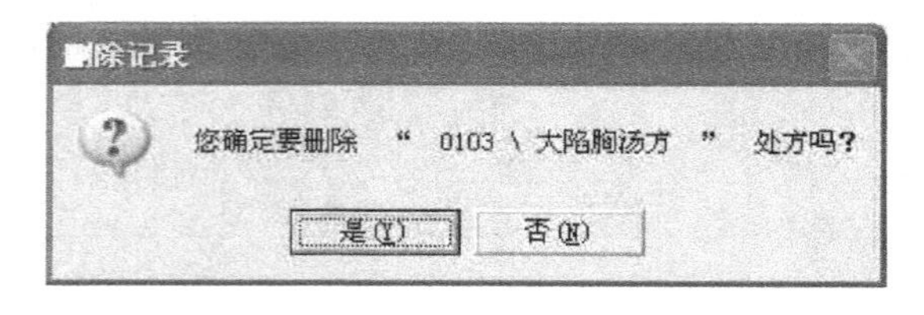

图 9.40　删除处方

（3）删除处方

步骤如下。

①进入“基础数据维护”界面，选择菜单栏中的“处方维护”→“删除处方”，进入“删除处方”界面。

②从界面处方表中选择所要删除的处方，或从左端“记录定位”栏按照“处方编号”“处方名称”定位。

③单击“删除”按钮，弹出“删除处方”对话框，确认删除选“是”，取消操作选“否”（图 9.40）。

④单击“修改”按钮可修改处方，“返回”按钮返回主界面。

9.3.7　初诊

步骤如下。

①进入“基础数据维护”界面。

②从菜单选择“初诊”或单击快捷菜单第 1 个按钮，进入“初诊”界面。录入患者基本信息，并单击“保存首页”按钮保存患者基本信息（图 9.41）。

③单击“初诊”按钮进入“诊断”界面，根据患者口述病情录入“主诉”项目（图 9.42）。

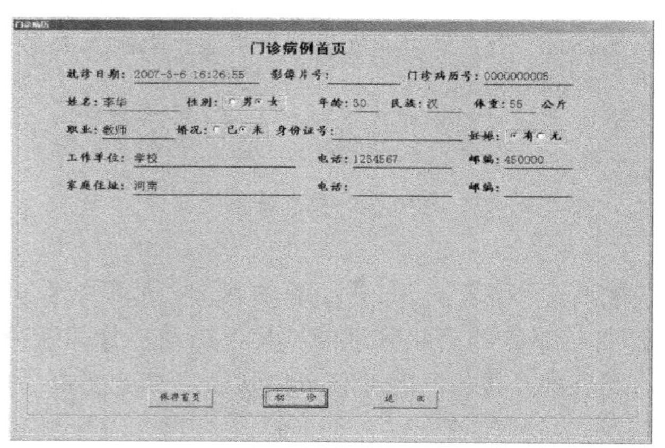

图 9.41　门诊病历

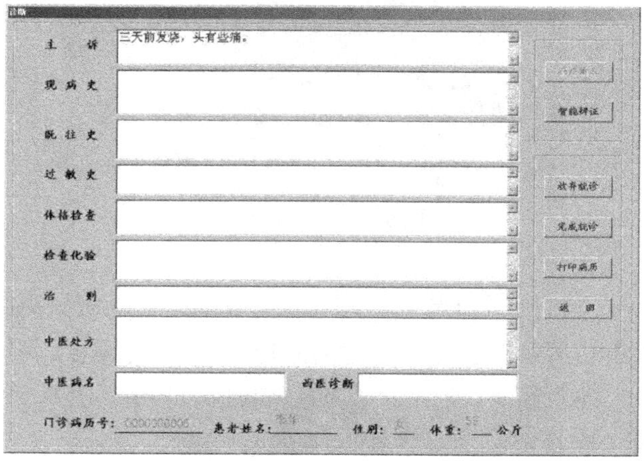

图 9.42　诊断主诉

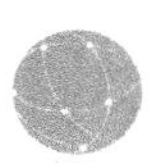

④根据患者主诉及医师所查舌象、脉象填写现病史。将光标放至“现病史”内（此时只可以通过“病症输入”选择输入，不可用键盘输入），单击界面右上“病症输入”按钮，进入“智能辨证”的“辨证信息阶段”。从左端的病症树形结构中选择与主诉相符的症状信息填入各病症栏内，误输入或不需要的项目可利用向左的箭头删除（图9.43）。

⑤单击“返回诊断”按钮，返回诊断界面，可见各种现病史症状均已填入。此时可进行“既往史”“过敏史”“体格检查”“检查化验”和“治则”的键盘录入（图9.44）。

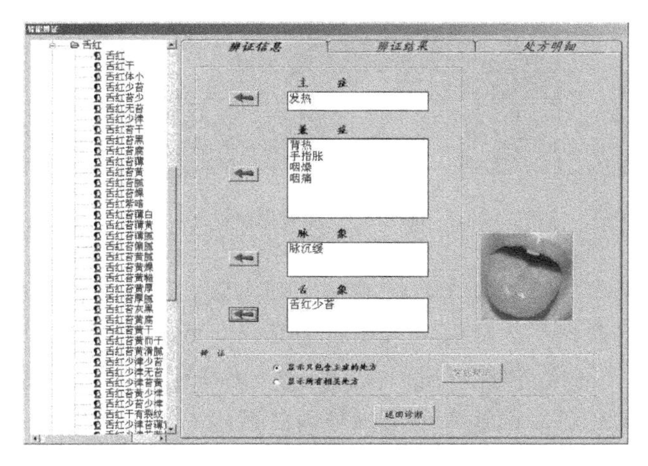

图9.43　病症输入

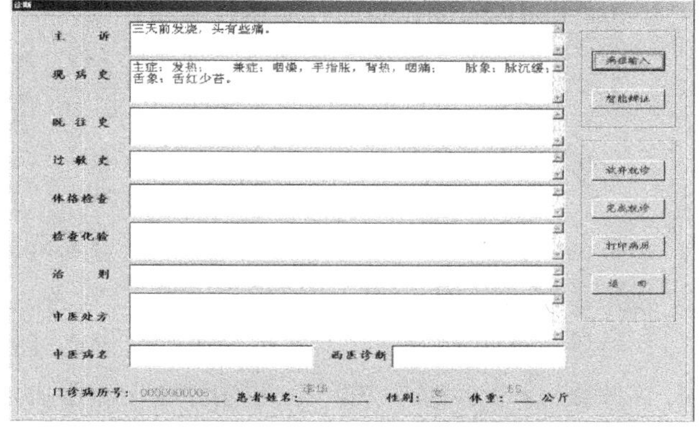

图9.44　病症输入结果

⑥单击“智能辨证”按钮，进入辨证流程。首先选择确定主症、兼症等各症状在辨证中所占的比例（图9.45）。

⑦单击“确定”按钮后，再次进入“智能辨证”界面，其中的“智能辨证”按钮已可用（图9.46）。从项目“显示只包含主症的处方”和“显示所有相关处方”中选择一项后单击“智能辨证”按钮进行辨证（图9.47）。

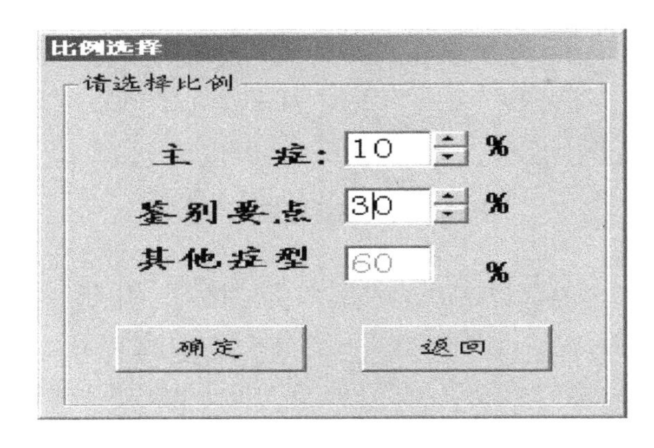

图9.45　比例选择

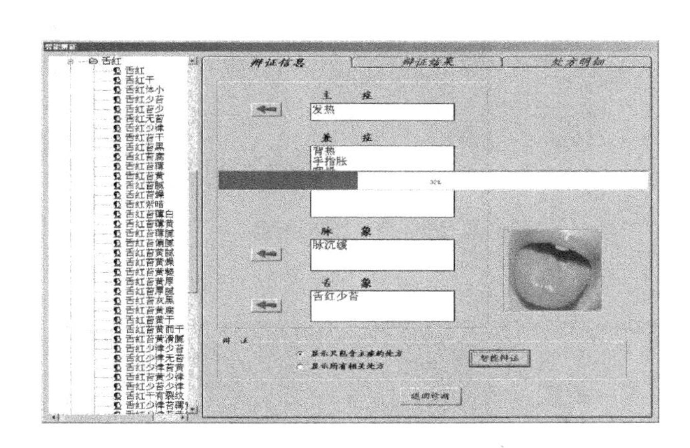

图9.46　智能辨证进度

⑧根据医生经验或“证型信息”的符合比例选择处方（图9.48）。在被选处方前的方框内打钩，所选处方列入“对应处方”栏，最多可选3个处方参考，否则进行后续操作时将弹出提示对话框。

⑨单击“显示详细处方”或直接进入“处方明细”页面参考所开处方所需药品（图9.49）。对于确定选择的中药，在其前的选框内单击即可。鼠标放于对应药品的问号上时，将有药品的详细信息弹出（注：测试结果显示实际系统并不能弹出所有药品的详细信息）。

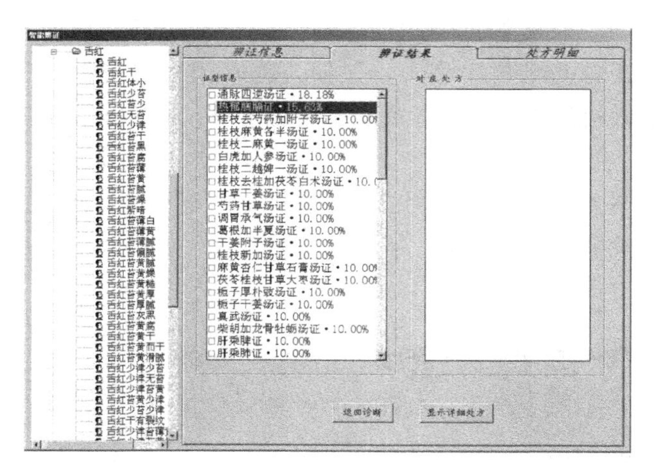

图 9.47　智能辨证结果

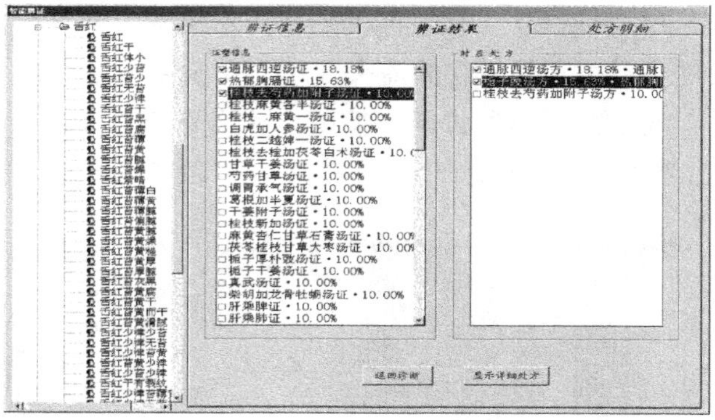

图 9.48　处方选择

⑩药品剂量以 55 kg 体重时经典方药量为参考，根据体重的递增或递减按比例增减。药品剂量、炮制、单位等均可在单击相应位置后更改（图 9.50）。修改药品名称时输入相应的简码即可出现药品选择窗口，特殊中药的煎服方法共 8 种：先煎（xj）、后下（hx）、包煎（bj）、另煎（lj）、烊化（yh）、泡服（pf）、冲服（cf）、兑服（df）。在需要输入煎服方法的药品后面输入上面括号内的简码，然后敲击回车键即可把相应的煎服方法输入，如输入 bj，则自动变为包煎。药品单位的输入方法和煎服方法相同，共有 8 种：克（k）、两（l）、枚（m）、铢（z）、升（s）、个（g）、分（f）、毫升（hs）。

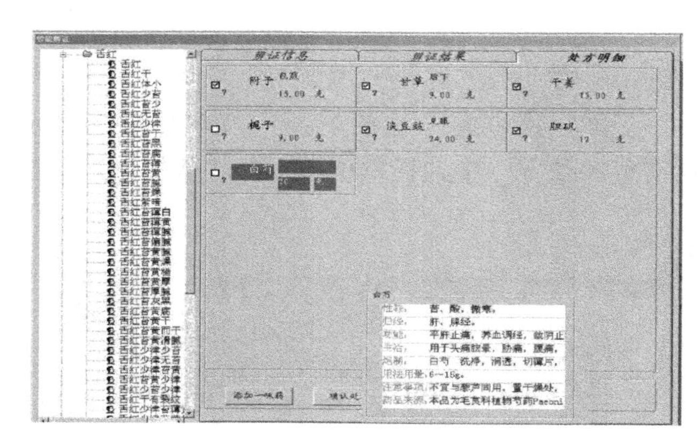

图 9.49　处方明细

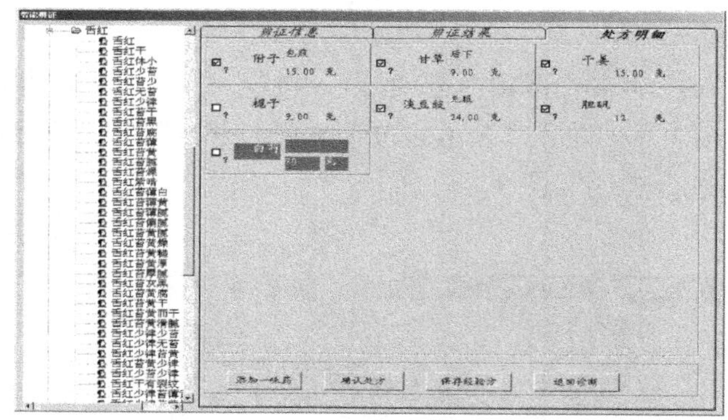

图 9.50　药品信息修改

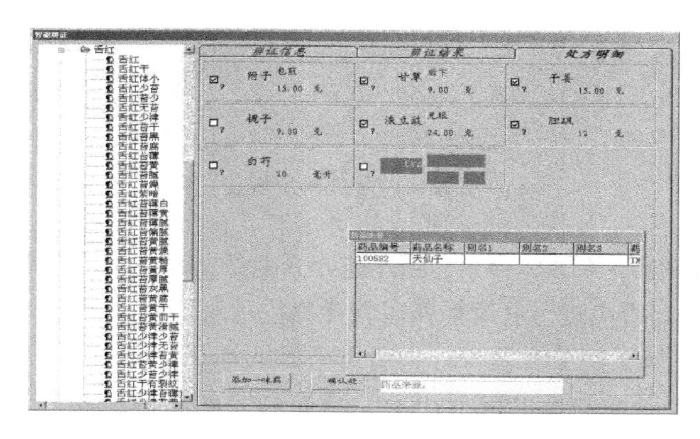

图 9.51　添加新药

⑪如需增加新的药品，单击“添加一味药”按钮进行添加（添加方式参见药品维护）（图 9.51）。

⑫然后是为处方选择药品，通过鼠标选择药品前的复选框即可。如果选择的药品中含有十八反和十九畏的药品，系统会给出友好的提示，如有必要，医生仍然可以选择这些药品（图 9.52）。

⑬单击“确认处方”以确认（图 9.53）。如果该患者有妊娠反应，此时系统会自动检测处方中有无妊娠期禁用药和慎用药，如有，系统会给出相应的提示（图 9.54）。

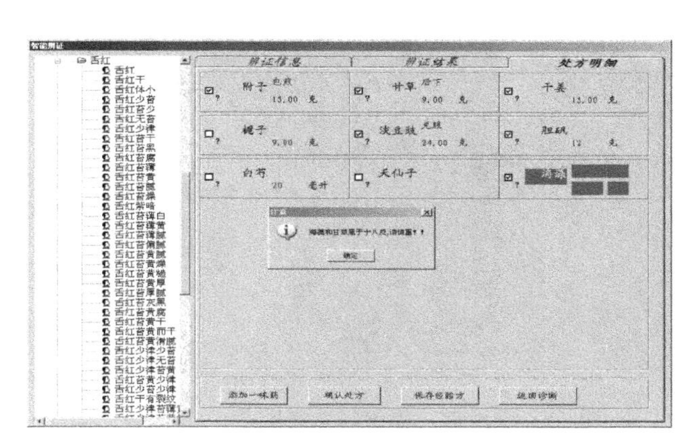

图 9.52　十八反药品提示界面

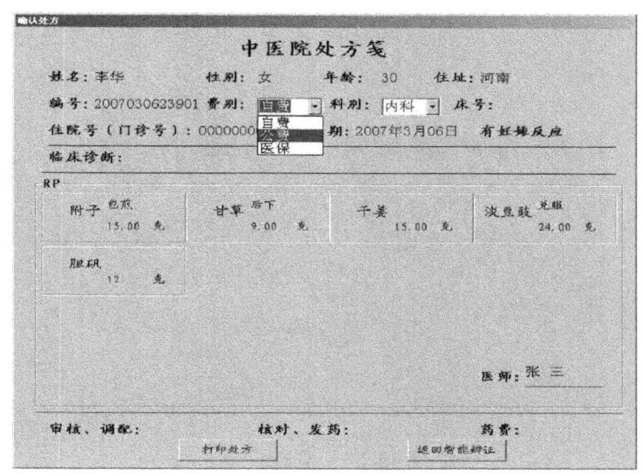

图 9.53　确认处方

⑭如需打印处方，单击“打印处方”按钮。然后单击“返回智能辨证”按钮返回“智能辨证”界面。

⑮若认为此方具有实用价值，需要保存经验方，单击“保存经验方”，输入或选择各项内容填入，单击“保存”或“取消”返回“智能辨证”界面（图 9.55）。

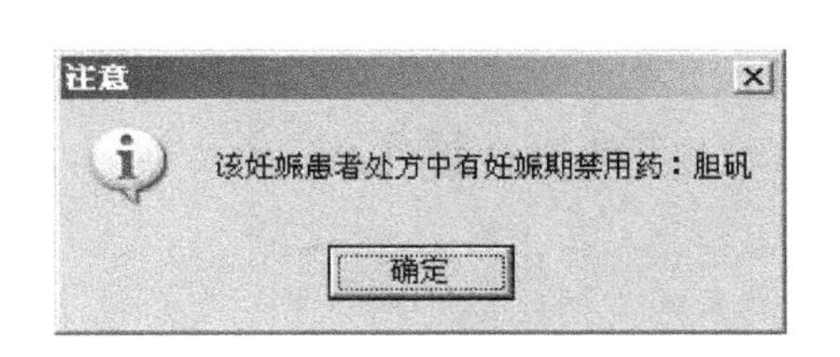

图 9.54　禁用药提示

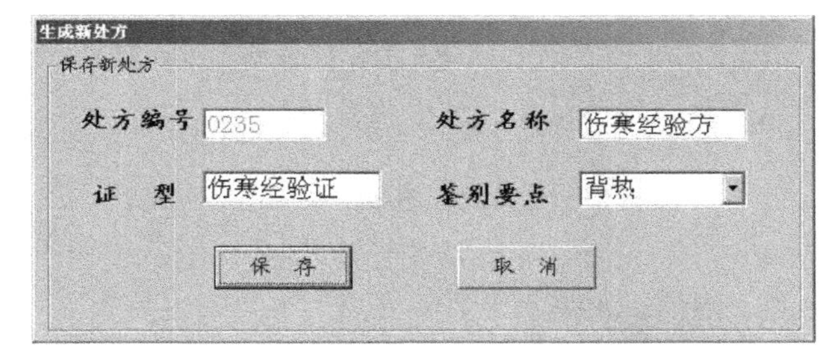

图 9.55　生成经验处方

⑯单击“返回诊断”按钮返回“诊断”界面，处方药品信息已自动填入“中医诊断”项目，单击“完成就诊”完成一人次诊断，如若中途放弃诊断，单击“放弃就诊”（图 9.56）。“打印病历”可将病历打印。单击“返回”按钮返回主界面。

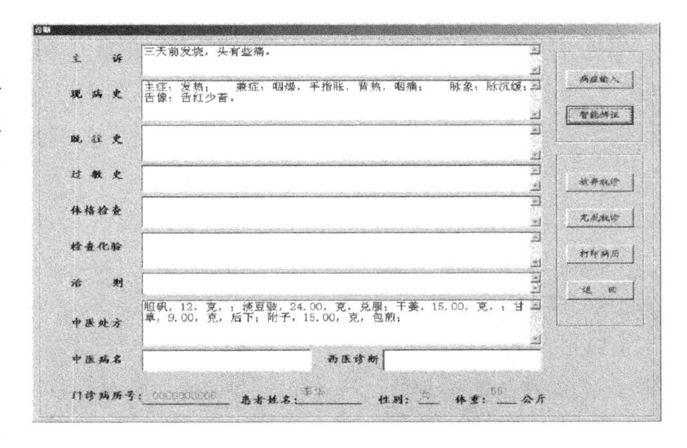

图 9.56　完成就诊

9.3.8　复诊

步骤如下。

①进入“基础数据维护”界面。

②从菜单选择“复诊”或单击快捷菜单第二个按钮，进入“复诊”界面（图 9.57）。录入患者上次的“门诊病案号”或“患者姓名”，单击“确认”按钮进入“复诊门诊病历”界面（图 9.58）。

③从表中基本情况排除同名等因素，双击选择就诊患者，双击可查看其“历史病历”（图 9.59 和图 9.60）。

④单击“复诊”按钮进入诊断，诊断过程参见“初诊”。

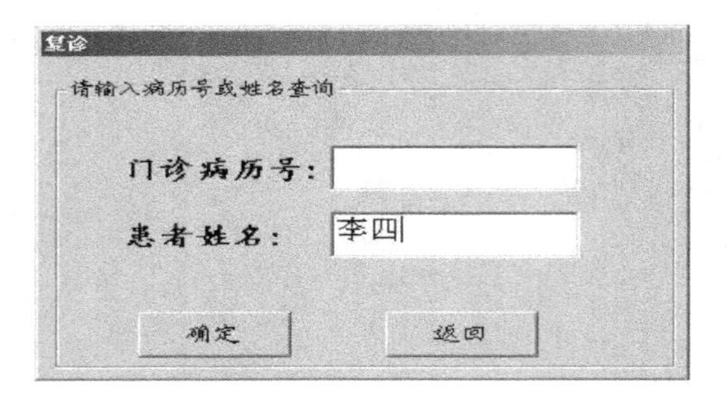

图 9.57　复诊

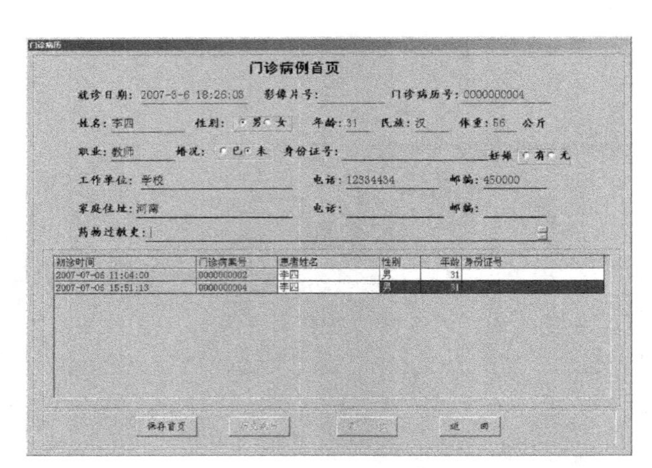

图 9.58　复诊门诊病历

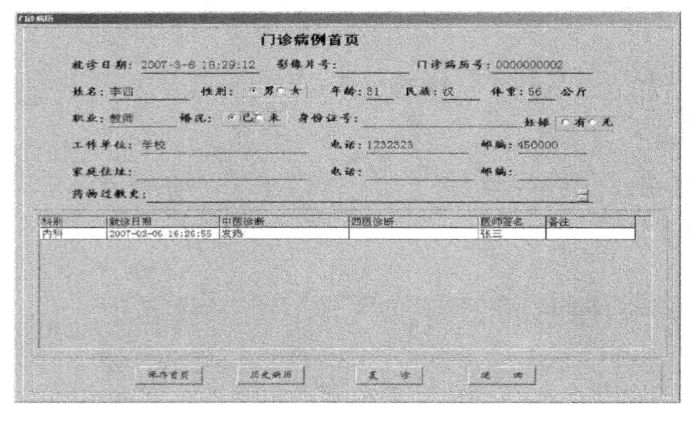

图 9.59　选择就诊患者

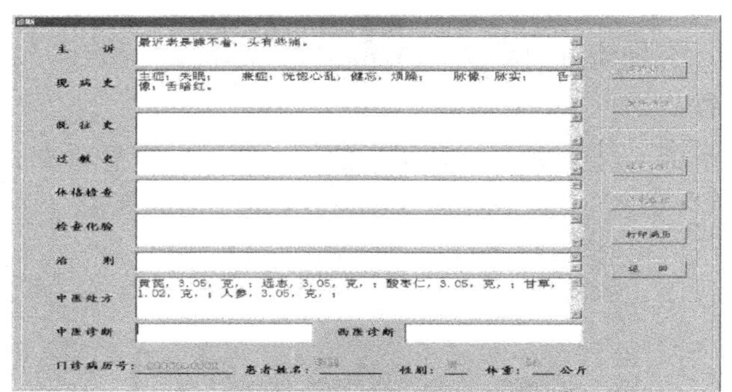

图 9.60　查看历史病历

9.3.9　用户系统维护

（1）用户添加

初始医生编号“000”，姓名“admin”，密码“000000”，请初次进入后修改密码。

添加用户步骤：系统维护→用户管理如图 9.61 所示。进入添加用户界面，如图 9.62 所示。单击“添加”，输入医生编号（用 3 位数字表示）和用户类型（“医生”用户不可以添加用户，其他功能和“管理员”用户相同），以及其他各项资料，单击“确认添加”即可。

图 9.61　系统维护

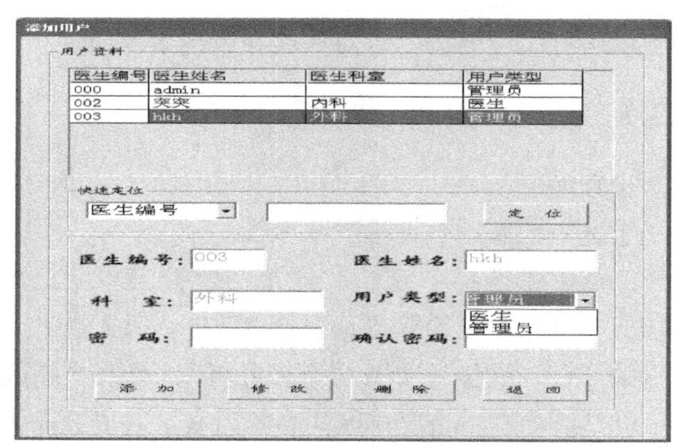

图 9.62　用户添加

注意：只有“管理员”类型的用户才可以添加新用户，以及对旧用户的修改和删除。

单击该界面的“返回”按钮，可以返回到主界面。

（2）修改、删除用户

如果需要对已经存在的用户进行修改（删除），单击修改（删除）按钮即可。

当用户记录比较多时，可以通过快速定位来定位查找用户。

①选择“医生编号”，在其后的文本框内输入需要修改（删除）的用户的编号，单击“定位”按钮，或者敲回车键即可定位到需要的用户记录上。

②选择“医生姓名”，在其后的文本框内输入需要修改（删除）的用户的姓名，单击“定位”按钮，或者敲回车键即可定位到需要的用户记录上。

单击该界面的“返回”按钮，可以返回到主界面。

（3）修改密码

进入系统维护→修改密码，进入修改密码界面，如图 9.63 所示。输入该医生的原密码即可进行修改。

9.3.10　帮助系统

在主界面上单击帮助，如图 9.64 所示，即可详细了解该系统的使用。

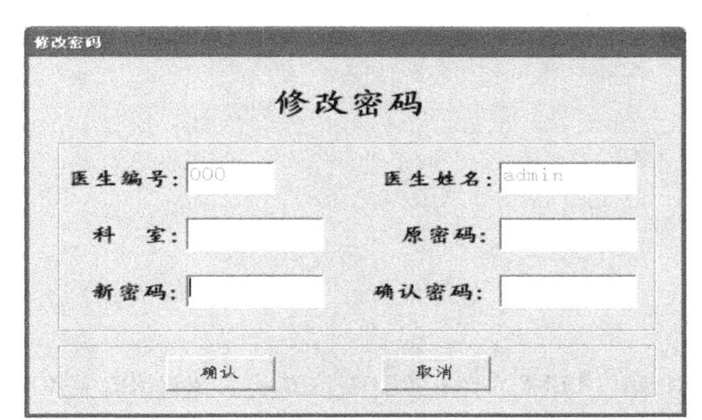

图 9.63　修改密码

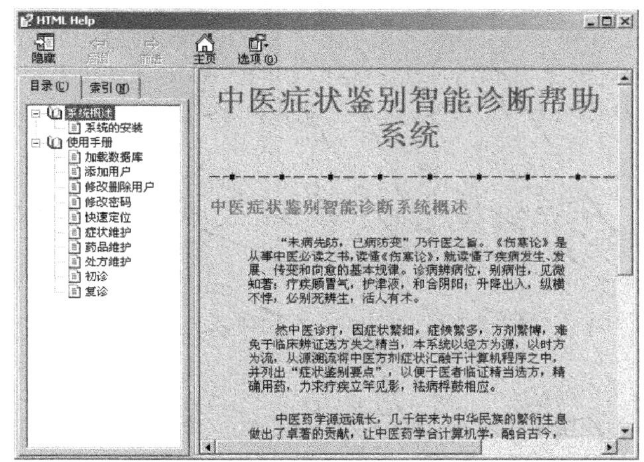

图 9.64　帮助系统

第 10 章　中医方剂信息挖掘平台关键代码

10.1　网络界面代码

```
<! DOCTYPE HTML PUBLIC " -//W3C//DTD HTML 4.0 Transitional//EN" >
<head >

<META http - equiv = Content - Type content = "text/html; charset = gb2312" >
<LINK href = "aynu. files/bnu08_top1. css" type = text/css rel = stylesheet >
<STYLE type = text/css >

BODY {
    BACKGROUND - POSITION: center 50% ; SCROLLBAR - FACE - COLOR: #c0c0c0; FONT - SIZE: 12px;
BACKGROUND - IMAGE: url ( image/bg. gif) ; SCROLLBAR - HIGHLIGHT - COLOR: #c0c0c0; SCROLLBAR -
SHADOW - COLOR: #c0c0c0; COLOR: #333333; SCROLLBAR - 3DLIGHT - COLOR: #e0e0e0; SCROLLBAR -
ARROW - COLOR: #333333; SCROLLBAR - TRACK - COLOR: #e0e0e0; FONT - FAMILY: "宋体" ; SCROLLBAR
- DARKSHADOW - COLOR: #c0c0c0
}
TD {
    FONT - SIZE: 12px; LINE - HEIGHT: 15px; FONT - FAMILY:宋体
}
TD. TableBody1 {
    BACKGROUND - COLOR: #ffffff
}
. tableBorder1 {
    BORDER - RIGHT: 1px; BORDER - TOP: 1px; BORDER - LEFT: 1px; WIDTH: 100% ; BORDER - BOT-
TOM: 1px; BACKGROUND - COLOR: #c5bdc5
}
. table {
    BORDER - RIGHT: #333333 1px solid; BORDER - LEFT: #333333 1px solid; BORDER - COLLAPSE: collapse;
BACKGROUND - COLOR: #ffffff
}
INPUT {
    BORDER - TOP - WIDTH: 1px; PADDING - RIGHT: 1px; PADDING - LEFT: 1px; BORDER - LEFT -
WIDTH: 1px; FONT - SIZE: 9pt; BORDER - LEFT - COLOR: #cccccc; BORDER - BOTTOM - WIDTH: 1px; BOR-
DER - BOTTOM - COLOR: #cccccc; PADDING - BOTTOM: 1px; BORDER - TOP - COLOR: #cccccc; PADDING -
TOP: 1px; HEIGHT: 18px; BORDER - RIGHT - WIDTH: 1px; BORDER - RIGHT - COLOR: #cccccc
}
. dh{ font - size:12px; color:#333;}
. dh A{ font - size:12px; color:#333; font - family:"宋体"}
. dh A:hover{ font - size:12px; color:990000; font - family:"宋体"}
A:link {
    COLOR: #333333; TEXT - DECORATION: none
}
```

```
A:visited {
    COLOR: #333333; TEXT - DECORATION: none
}
A:hover {
    COLOR: # 990000; TEXT - DECORATION: underline
}
A:active {
    TEXT - DECORATION: none
}
. style30 {
    FONT - SIZE: 12px; COLOR: #333333
}
BODY {
    BACKGROUND - COLOR:#FFF
}
. style37 {
    COLOR: # 990000
}
. style38 {
    COLOR: # 333333
}
H1 {
    COLOR: # 990033
}
H4 {
    COLOR: # 990033
}
H5 {
    COLOR: # 990033
}
H6 {
    COLOR: # 990033
}
. style39 {
    COLOR: #ffffff
}
. style 40 {
    FONT - WEIGHT: bold; FONT - SIZE: 16px; COLOR: # 990000
}
. kstdt{ font - size:12px; font - family:"宋体"; font - weight:bold; color:#A80000}
. kstdc{ font - size:12px; font - family:"宋体"; font - weight:bold; color:#243f6e; line - height:30px;}
. kstdc a{color:# 243f6e;font - size:12px; font - family:"宋体"; font - weight:bold;}
. kstdc a:hover{ font - size:12px; font - family:"宋体"; font - weight:bold; color:red;}
. kstdc a:visited{color:# 243f6e;font - size:12px; font - family:"宋体"; font - weight:bold;}
. kstdc span{ color:#ff0000}
</STYLE>

<TITLE>欢迎使用中医方剂知识发现与症状鉴别智能诊断系统</TITLE>

<script src = "Inc/menu. js" type = "text/javascript" > </script>
<script language = "jscript" type = "text/javascript" >
//漂浮帮助的初始位置
```

```
var x = 50 , y = 60 ;
//xin 为真,则向右运动,否则向左运动 .
//yin 为真,则向右运动,否则向左运动 .
var xin = true , yin = true ;
//移动的距离
var step = 1 ;
//移动的步长
var delay = 10 ;
function floatAD( )
{
//L 左边界,T 右边界
var L = T = 0 ;
//层移动的右边界
var R = window. document. body. offsetWidth – window. document. getElementById( " fly" ). offsetWidth ;
//层移动的下边界
var B = window. document. body. offsetHeight – window. document. getElementById( " fly" ). offsetHeight ;
//层移动后的左边界
window. document. getElementById( " fly" ). style. left = x ;
//层移动后的上边界
window. document. getElementById( " fly" ). style. top = y ;
//判断水平方向
x = x + step * ( xin? 1 : – 1 ) ;
//到达边界后的处理
if( x < L) { xin = true ; x = L ; }
if( x > R) { xin = false ; x = R }
//判断生直方向
y = y + step * ( yin? 1 : – 1 ) ;
//到达边界后的处理
if( y < T) { yin = true ; y = T ; }
if( y > B) { yin = false ; y = B ; }
//隔多少时间调用一次
setTimeout( " floatAD( ) " , delay) ;
}
</script >

</head >
< BODY leftMargin = 0 topMargin = 0 onLoad = " floatAD( ) " > < ! – – ImageReady Slices (471. jpg) – – >
< div id = " fly" style = " position : absolute ; left : 16px ; top : 59px ; width : 209px ; height : 59px ; z – index : 1 ; " >
   < a href = " http://zs. aynu. edu. cn/2010zsxx/zsxx. htm " target = " _ blank " > < img src = " http://
www. aynu. edu. cn/image/qizhi/2010zs. gif" width = " 209" height = " 59" border = " 0" / > </a >
</div >

< BODY leftMargin = 0 topMargin = 0 >
< DIV id = menuDiv
style = " Z – INDEX : 2 ; VISIBILITY : hidden ; WIDTH : 1px ; POSITION : absolute ; HEIGHT : 1px ; BACKGROUND –
COLOR : # 9cc5f8" > </DIV >
< center >
</center >

< TABLE cellSpacing = 0 cellPadding = 0 width = 1001 align = center
  border = 0 >
   < TBODY >
```

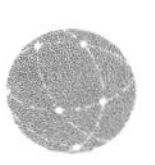

```
  < TR >
    < TD bgColor = #ffffff colSpan = 2 >
< TABLE cellSpacing = 0 cellPadding = 0 width = 1011 border = 0 >
  < TBODY >
  < TR >
    < TD width = "1011"
      height = 150 align = left vAlign = bottom background = index_top. files/aynu_top. jpg > < TABLE cellSpacing = 0
cellPadding = 0 width = 1001 border = 0 >
          < TBODY >
          < TR >
            < TD vAlign = top align = left height = 22 >   < /TD >
            < TD vAlign = bottom align = left > < DIV align = right style = " margin - right:38px;" > < /DIV > < /TD >
< /TR >
          < TR >
            < TD width = 491 >   < /TD >
            < TD width = 510 > < DIV align = right style = " margin - right:28px;" > < SPAN class = style28 >
    < a href = " http://english. aynu. edu. cn/"  style = " color:#333; text - decoration:none;
font - weight:bold" > English
Version < /a > < /SPAN > < /DIV >
            < /TD > < /TR > < /TBODY > < /TABLE > < /TD > < /TR > < /TBODY > < /TABLE >
< TABLE cellSpacing = 0 cellPadding = 0 width = 1001 border = 0 >
  < TBODY >
  < TR >
    < TD background = index_top. files/w - 2. gif height = 10 > < IMG height = 10
      src = " index_top. files/w - 2. gif"  width = 2 > < /TD > < /TR >
  < TR >
     < TD vAlign = center align = middle background = index_top. files/daohang_2. gif
   bgColor = #ffffff height = 30 > < div class = " dh" > < script type = " text/javascript" > nav( ); < /script >
                < /div > < /TD >
    < /TR > < /TBODY > < /TABLE > < /TD > < /TR >
  < TR vAlign = center align = middle bgColor = #ffffff >
    < TD colSpan = 2 > < IMG height = 10 src = " aynu. files/space10. gif"
      width = 10 > < /TD >
  < /TR >
  < TR >
    < TD vAlign = top align = right width = 730 bgColor = #ffffff >
      < TABLE height = 279 cellSpacing = 0 cellPadding = 0 width = 730 border = 0 >
        < TBODY >
        < TR >
          < TD > < IMG height = 2 src = " aynu. files/left - 1. jpg"  width = 700 > < /TD > < /TR >
        < TR >
          < TD id = #leftb1 vAlign = top align = middle bgColor = #f8f8f8 >
            < TABLE id = leftb1 cellSpacing = 0 cellPadding = 0 width = 730 border = 0 >
              < TBODY >
              < TR >
                < TD vAlign = top align = middle height = 52 >
                  < TABLE cellSpacing = 0 cellPadding = 0 width = 666 border = 0 >
                    < TBODY >
                    < TR >
                      < TD vAlign = top align = left width = 320
                        bgColor = # 990000 > < SPAN class = h51 > 中医方剂知识发现子系统 < A
                        href = " http://news. aynu. edu. cn/"  target = _blank > < SPAN
```

```
                  class = w > more. . . </SPAN> </A> </SPAN> </TD>
                <TD vAlign = top align = left width = 14 >   </TD>
                <TD vAlign = top align = right width = 13 >
                  <P>   </P> </TD>
                <TD vAlign = top align = left width = 320
                  bgColor = # 990000 > <SPAN class = h51 > 症状鉴别 <A
                  href = "http://gg. aynu. edu. cn/aytcgg/more. asp"
                  target = _blank > <SPAN
              class = w > more. . . </SPAN> </A> </SPAN> </TD> </TR>
              <TR>
                <TD vAlign = top align = left height = 22 > <IFRAME name = new
                  align = top marginWidth = 0 marginHeight = 0
                  src = "http://news. aynu. edu. cn/anew. asp" frameBorder = 0
                  width = "100% " scrolling = no height = 278 allowTransparency
                  application = "true" > </IFRAME> </TD>
                <TD vAlign = top align = left width = 14 height = 180 >   </TD>
                <TD vAlign = top align = right width = 13 height = 180 >   </TD>
              <TD vAlign = top align = left > <iframe name = new align = top
                  marginwidth = 0 marginheight = 0
                  src = "http://gg. aynu. edu. cn/aytcgg/ty1. asp" frameborder = 0 width = "100% "
                  scrolling = no height = 278 allowtransparency
                  application = "true" > </iframe> </TD> </TR> </TBODY> </TABLE> </TD>
</TR> </TBODY> </TABLE>
          <TABLE cellSpacing = 0 cellPadding = 0 width = 666 border = 0 >
            <TBODY>
            <TR>
              <TD vAlign = top align = left > <table width = "100% " border = "0" cellspacing = "0" cellpad-
ding = "0" >
                <tr>
                  <td width = "16% " height = "31" class = "kstdt" > 快速通道 </td>
                        <td width = "84% " >   </td>
                </tr>
                <tr>
                  <td colspan = "2" class = "kstdt" > <table width = "100% " border = "0" cellspacing =
"1" cellpadding = "0" bgcolor = "# cccccc" >
                    <tr>
                                <td width = "15% " align = "center" bgcolor = "#FFFFFF" class = "kstdc" >
<a href = "http://shm. aynu. edu. cn/" target = "_blank" > 主症维护 </a> </td>
                                <td width = "17% " align = "center" bgcolor = "#FFFFFF" class = "kstdc" >
<a href = "xfwj. htm" target = "_blank" > 主症分类维护 </a> </td>
                    <td width = "17% " align = "center" bgcolor = "#FFFFFF" class = "kstdc" > <a href =
"http://202. 196. 240. 37/" target = "_blank" > 主症症状维护 </a> </td>
                                <td width = "17% " align = "center" bgcolor = "#FFFFFF" class = "kstdc" >
<a href = "http://jwc. aynu. edu. cn/asjt/asjt. htm" target = "_blank" > 兼症维护 </a> </td>
                                <td width = "17% " align = "center" bgcolor = "#FFFFFF" class = "kstdc" >
<a href = "http://bbs. aynu. edu. cn/" target = "_blank" class = "kstdc" > 兼症分类维护 BBS </a> </td>
                                <td width = "17% " align = "center" bgcolor = "#FFFFFF" class = "kstdc" >
<a href = "http://news. aynu. edu. cn/syztw/" target = "_blank" > <span> 兼症症状维护 </span> </a> </td>
                    </tr>
                    <tr>
                                <td align = "center" bgcolor = "#FFFFFF" class = "kstdc" > <a href =
"http://www. aynu. edu. cn/cwcx/cwcx. htm" target = "_blank" > 脉象维护 </a> </td>
```

```
                                                <td align = " center"  bgcolor = " #FFFFFF"  class = " kstdc" > < a href =
" http://wlzy. aynu. edu. cn/"  target = " _blank" >脉象分类维护</a> </td>
                                                <td align = " center"  bgcolor = " #FFFFFF"  class = " kstdc" > < a href =
" http://yswh. aynu. edu. cn/"  target = " _blank" >脉象症状维护</a> </td>
                                                <td align = " center"  bgcolor = " #FFFFFF"  class = " kstdc" > < a href =
" http://keyan. aynu. edu. cn/ShowContent. Asp? ClassID = 10&NewsID = 619"  target = " _blank" >舌象维护</a>
</td>
                                                <td align = " center"  bgcolor = " #FFFFFF"  class = " kstdc"  > < a href = "
mailto:xzxx@ aynu. edu. cn" >医生信箱</a> </td>
                                                <td width = "17% "  align = " center"  bgcolor = " #FFFFFF"  class = " kstdc"
> < a href = " http://xcb. aynu. edu. cn/hf/"  target = " _blank" > </a> < a href = " http://xcb. aynu. edu. cn/hf/"
target = " _blank" > <span>行风评议</span> </a> </td>
                                    </tr>
                                </table> </td>
                                </tr>
                            </table>
                            <DIV style = " WIDTH: 665px; HEIGHT: 1px"

align = right> </DIV> </TD> </TR> </TBODY> </TABLE> </TD> </TR> </TBODY> </TABLE>
</TD>
      <TD vAlign = top align = left width = 271 bgColor = #f8f8f8>
        <TABLE id = boxr cellSpacing = 0 cellPadding = 0 width = 249
          border = 0> <TBODY>
          <TR>
            <TD width = 248> <IFRAME id = newslb
              src = " aynu. files/right. htm"  frameBorder = 0 width = 239 scrolling = no
              height = 400 allowTransparency> </IFRAME> </TD> </TR> </TBODY> </TABLE>
</TD> </TR> </TBODY> </TABLE>
<TABLE id = Table_01 borderColor = # 990000 height = 52 cellSpacing = 0 cellPadding = 0
width = 1011 align = center border = 0>
   <TBODY>
   <TR vAlign = top align = left>
      <TD width = 1001 bgcolor = " #FFFFFF"  height = 30>

      <!--滚动图片代码开始-->
<script language = " JavaScript" >
<!--
var flag = false;
function DrawImage(ImgD) {
   var image = new Image();
   image. src = ImgD. src;
   if(image. width > 0 && image. height > 0) {
   flag = true;
   if(image. width/image. height > =  105/80) {
      if(image. width > 105) {
      ImgD. width = 105;
      ImgD. height = (image. height * 105)/image. width;
      } else {
      ImgD. width = image. width;
      ImgD. height = image. height;

      }
```

```
        ImgD. alt = "点击查看详细信息…";
    }
    else{
        if( image. height > 80 ) {
        ImgD. height = 80;
        ImgD. width = ( image. width * 80)/image. height;
        } else{
        ImgD. width = image. width;
        ImgD. height = image. height;
        }
        ImgD. alt = "点击查看详细信息…";
    }
  }
}
// -->
</script>

<div align = 'center' id = 'demo' style = 'overflow:hidden;height:89px; width:980px; margin - top:0px; margin - bot-
tom:0px; margin - left:15px; margin - right:10px; background - color:#FFF' > <!-- 滚动区的高度和宽度 -->
<table align = 'center' cellpadding = '0' cellspace = '0' border = '0' >
<tr >
        <td id = 'demo1' valign = 'top' >
          <TABLE width = 100%  border = 0 align = center cellpadding = "4"  cellspacing = "2" >
          <TR >
                    <TD width = "105"  height = "85"  align = "center" >
<a href = "http://www. aynu. edu. cn/gaikuang/xyfg. html" > <img src = "image/1. jpg"
alt = ""  width = "105"  height = "80"  border = "0"  onload = "javascript:DrawImage( this) ;" > </a > </TD >
                    <TD width = "105"  height = "85"  align = "center" >
<a href = "http://www. aynu. edu. cn/gaikuang/xyfg. html" > <img src = "image/2. jpg"
alt = ""  width = "105"  height = "80"  border = "0"  onload = "javascript:DrawImage( this) ;" > </a > </TD >
                    <TD width = "105"  height = "85"  align = "center" >
<a href = "http://www. aynu. edu. cn/gaikuang/xyfg. html" > <img src = "image/3. jpg"
alt = ""  width = "105"  height = "80"  border = "0"  onload = "javascript:DrawImage( this) ;" > </a > </TD >
                    <TD width = "105"  height = "85"  align = "center" >
<a href = "http://www. aynu. edu. cn/gaikuang/xyfg. html" > <img src = "image/4. jpg"
alt = ""  width = "105"  height = "80"  border = "0"  onload = "javascript:DrawImage( this) ;" > </a > </TD >
                    <TD width = "105"  height = "85"  align = "center" >
<a href = "http://www. aynu. edu. cn/gaikuang/xyfg. html" > <img src = "image/5. jpg"
alt = ""  width = "105"  height = "80"  border = "0"  onload = "javascript:DrawImage( this) ;" > </a > </TD >
                    <TD width = "105"  height = "85"  align = "center" >
<a href = "http://www. aynu. edu. cn/gaikuang/xyfg. html" > <img src = "image/6. jpg"
alt = ""  width = "105"  height = "80"  border = "0"  onload = "javascript:DrawImage( this) ;" > </a > </TD >
                    <TD width = "105"  height = "85"  align = "center" >
<a href = "http://www. aynu. edu. cn/gaikuang/xyfg. html" > <img src = "image/7. jpg"
alt = ""  width = "105"  height = "80"  border = "0"  onload = "javascript:DrawImage( this) ;" > </a > </TD >
                    <TD width = "105"  height = "85"  align = "center" >
<a href = "http://www. aynu. edu. cn/gaikuang/xyfg. html" > <img src = "image/8. jpg"
alt = ""  width = "105"  height = "80"  border = "0"  onload = "javascript:DrawImage( this) ;" > </a > </TD >
                    <TD width = "105"  height = "85"  align = "center" >
<a href = "http://www. aynu. edu. cn/gaikuang/xyfg. html" > <img src = "image/9. jpg"
alt = ""  width = "105"  height = "80"  border = "0"  onload = "javascript:DrawImage( this) ;" > </a > </TD >
                    <TD width = "105"  height = "85"  align = "center" >
```

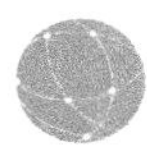

```
<a href="http://www.aynu.edu.cn/gaikuang/xyfg.html"><img src="image/10.jpg"
alt="" width="105" height="80" border="0" onload="javascript:DrawImage(this);"></a></TD>
                <TD width="105" height="85" align="center">
<a href="http://www.aynu.edu.cn/gaikuang/xyfg.html"><img src="image/11.jpg"
alt="" width="105" height="80" border="0" onload="javascript:DrawImage(this);"></a></TD>
                <TD width="105" height="85" align="center">
<a href="http://www.aynu.edu.cn/gaikuang/xyfg.html"><img src="image/12.jpg"
alt="" width="105" height="80" border="0" onload="javascript:DrawImage(this);"></a></TD>
                <TD width="105" height="85" align="center">
<a href="http://www.aynu.edu.cn/gaikuang/xyfg.html"><img src="image/13.jpg"
alt="" width="105" height="80" border="0" onload="javascript:DrawImage(this);"></a></TD>
                <TD width="105" height="85" align="center">
<a href="http://www.aynu.edu.cn/gaikuang/xyfg.html"><img src="image/14.jpg"
alt="" width="105" height="80" border="0" onload="javascript:DrawImage(this);"></a></TD>
            </TR>
            </TABLE>
        </td>
        <td id=demo2 valign=top></td>
</tr>
</table>
</div>
<script>
var Picspeed=15
demo2.innerHTML=demo1.innerHTML
function Marquee1(){
if(demo2.offsetWidth-demo.scrollLeft<=0)
demo.scrollLeft-=demo1.offsetWidth
else{
demo.scrollLeft++
}
}
var MyMar1=setInterval(Marquee1,Picspeed)
demo.onmouseover=function() {clearInterval(MyMar1)}
demo.onmouseout=function(){MyMar1=setInterval(Marquee1,Picspeed)}
</script>

<!--滚动图片代码结束-->

          <TABLE borderColor=#990000 cellSpacing=0 cellPadding=0 width=1010
border=0>
            <TBODY>
            <TR>
              <TD vAlign=center bgColor=#ffffff>
                <DIV align=left><SPAN
                class=style39><SPAN
                class=style38> 计算机与信息工程学院智能技术研究所 0372-2900207</SPAN></SPAN>
</DIV></TD>
                  <TD vAlign=center align=right bgColor=#ffffff><SPAN
                class=style39><SPAN class=style38>技术维护:</SPAN><font color="#000000"><a href
="http://wlzx.aynu.edu.cn"计算机与信息工程学院智能技术研究所</a>    </font>
</SPAN></TD>
                </TR></TBODY></TABLE></TD></TR>
```

```
<TR vAlign = center align = middle >
  <TD background = aynu. files/index_14. jpg   height = 42 > <SPAN
    class = style30 > &copy;   技术指导: 智能技术研究所     地址: 河南省安阳市   邮编:
455002   E-mail: <A
    href = " mailto: wam508@ 126. com"
 target = _blank > wam508@ aynu. edu. cn </A > </SPAN > <script language = " javascript" type = " text/javascript"
src = " http://js. users. 51. la/3648779. js" > </script >
<noscript > <a href = " http://www. 51. la/? 3648779" target = " _blank" > <img alt = " &#x6211; &#x8981; &#
x5566; &#x514D; &#x8D39; &#x7EDF; &#x8BA1;" src = " http://img. users. 51. la/3648779. asp" style = " border:
none" /> </a > </noscript > </TD > </TR > </TBODY > </TABLE >
<!-- End ImageReady Slices -->
</BODY > </HTML >
```

10.2 舌象分类、症状诊断与维护代码

```
<%@ Control Language = " C#" AutoEventWireup = " true" CodeBehind = " FeedBackEdit. ascx. cs" Inherits =
" MC. Web. Admin. Controls. FeedBackEdit" % >
<form id = " form1" runat = " server" >
    <sc: MessagePanel ID = " Messages" runat = " server" > </sc: MessagePanel >
        <div class = " menucontrol" >
        <asp: Button ID = " Button1" runat = " server" Text = " 舌象分类" class = " submit" onclick = " Button1_
Click" />    
        <asp: Button ID = " Button2" runat = " server" Text = " 信息列表" class = " submit" onclick = " Button2_
Click" />
    </div >
    <table >
        <tr >
            <td > 标题: </td >
            <td >
                <asp: TextBox ID = " txtTitle" runat = " server" Columns = " 50" class = " input req - string" > </
asp: TextBox >
            </td >
        </tr >
        <tr >
            <td > 医生编号: </td >
            <td >
                <asp: TextBox ID = " txtAuthor" runat = " server" Columns = " 50" class = " input req - string" >
</asp: TextBox >
            </td >
        </tr >
        <tr >
            <td > 内容: </td >
            <td >
                <asp: TextBox ID = " txtContent" runat = " server" Columns = " 50" TextMode = " MultiLine"
Rows = " 3" class = " input" > </asp: TextBox >
            </td >
        </tr >
        <tr >
            <td > </td >
            <td >
                <asp: Button ID = " btnSave" runat = " server" Text = " 保存" class = " submit"
```

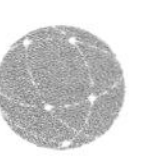

```
                onclick = "btnSave_Click"/>
            <div id = "errorDiv" > </div>
        <script type = "text/javascript" language = "javascript" >
            $ (function() {
                $ ('#<% =btnSave. ClientID % >'). formValidator( {
                    scope: '#<% =form1. ClientID% >',
                    errorDiv: '#errorDiv'
                });
            });
        </script>
        </td>
    </tr>
  </table>
</form>

using System;
using System. Collections. Generic;
using System. Web;
using System. Web. UI;
using System. Web. UI. WebControls;
using MC. VO;
using MC. BLO;
using MC. Common;

namespace MC. Web. Admin. Controls
{
    public partial class FeedBackEdit : System. Web. UI. UserControl
    {
        public int FeedBackId;
        public int ParentId =0;

        public string FeedBackEditUrl  = "FeedBack_Edit. aspx";
        public string FeedBackListUrl  = "FeedBack_List. aspx";


        protected void Page_Load(object sender,EventArgs e)
        {
            if (Request["id"] ! = null)
                FeedBackId  = Convert. ToInt32(Request["id"]);
            if (Request["pid"] ! = null)
                ParentId  = Convert. ToInt32(Request["pid"]);

            if (Request["Submit"] ! = null)
            {
                if (Request["Submit"] = = "0")
                {
                    Messages. ShowMessage("成功提交病例.");
                }
                if (Request["Submit"] = = "1")
                {
                    Messages. ShowMessage("修改病例成功.");
                }
```

```
        }

        if (FeedBackId > 0)
        {
            FeedBackInfo info = FeedBackBlo.GetInfo(FeedBackId);

            txtAuthor.Text = info.Author;
            txtTitle.Text = info.Title;
            txtContent.Text = info.Content;
        }
    }

    protected void btnSave_Click(object sender, EventArgs e)
    {
        FeedBackInfo info;

        if (FeedBackId > 0)
            info = FeedBackBlo.GetInfo(FeedBackId);
        else
            info = new FeedBackInfo();

        info.Author = txtAuthor.Text;
        info.Content = txtContent.Text;
        info.AddDate = DateTime.Now;
        info.Title = txtTitle.Text;
        info.ParentId = ParentId;

        try
        {
            if (FeedBackId > 0)
            {
                FeedBackBlo.Update(info);
                Response.Redirect(URLUtils.AddParamToUrl(Request.RawUrl, "Submit", "1"),false);
            }
            else
            {
                FeedBackBlo.Insert(info);
                Response.Redirect(URLUtils.AddParamToUrl(Request.RawUrl, "Submit", "0"), true);
            }
        }
        catch(Exception ex)
        {
            Messages.ShowError("操作失败" + ex.ToString());
        }
    }

    protected void Button1_Click(object sender, EventArgs e)
    {
        Response.Redirect(FeedBackEditUrl);
    }

    protected void Button2_Click(object sender, EventArgs e)
```

 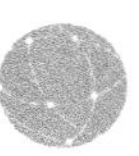

```
            {
                Response.Redirect(FeedBackListUrl);
            }
        }
}

<%@ Control Language = "C#" AutoEventWireup = "true" CodeBehind = "FeedBackList.ascx.cs" Inherits =
"MC.Web.Admin.Controls.FeedBackList" %>
<form id = "form1" runat = "server">
<sc:MessagePanel ID = "Messages" runat = "server"></sc:MessagePanel>
            <div class = "menucontrol">
            <asp:Button ID = "Button1" runat = "server" Text = "舌象症状" class = "submit" onclick = "Button1_
Click" />  
            <asp:Button ID = "Button2" runat = "server" Text = "信息列表" class = "submit" onclick = "Button2_
Click" />
        </div>
        <asp:Repeater ID = "Repeater1" runat = "server"
            onitemcommand = "Repeater1_ItemCommand">
            <HeaderTemplate>
                <table class = "listTable">
                    <tr>
                        <th>编号</th><th>医生</th><th>父级编号</th><th>标题</th><th>
内容</th><th>提交时间</th><th>操作</th>
                    </tr>
            </HeaderTemplate>
            <ItemTemplate>
                    <tr>
<td><%#Eval("id")%></td><td><%#Eval("author")%></td><td><%#Eval("parentid")%>
</td><td><%#Eval("title")%></td><td><%#Eval("content")%></td><td><%#Eval("ad-
ddate")%></td>
                        <td>
                            <asp:LinkButton ID = "lbtnUpdate" runat = "server" CommandName = "update" Com-
mandArgument = '<%#Eval("id")%>'>知识诊断</asp:LinkButton>
                            <asp:LinkButton ID = "lbtnDelete" runat = "server" CommandName = "delete" Comman-
dArgument = '<%#Eval("id")%>' OnClientClick = "return confirm('确认删除?')">删除</asp:LinkButton>
                            <asp:LinkButton ID = "LinkButton1" runat = "server" CommandName = "update" Com-
mandArgument = '<%#Eval("id")%>'>回复</asp:LinkButton>
                        </td>
                    </tr>
            </ItemTemplate>
            <FooterTemplate></table></FooterTemplate>
        </asp:Repeater>
</form>

using System;
using System.Collections.Generic;
using System.Web;
using System.Web.UI;
using System.Web.UI.WebControls;
using MC.Common;
using MC.BLO;
```

```
namespace MC. Web. Admin. Controls
{
    public partial class FeedBackList : System. Web. UI. UserControl
    {
        public string FeedBackEditUrl = "FeedBack_Edit. aspx";
        public string FeedBackListUrl = "FeedBack_List. aspx";

        protected void Page_Load(object sender, EventArgs e)
        {
            if (Request["Submit"] ! = null)
            {
                if (Request["Submit"] = = "2")
                {
                    Messages. ShowMessage("链接信息成功删除.");
                }
            }
            if (! Page. IsPostBack)
                BindRepeater();
        }
        public void BindRepeater()
        {
            this. Repeater1. DataSource = FeedBackBlo. GetQestion();
            this. Repeater1. DataBind();
        }

        protected void Repeater1_ItemCommand(object source, RepeaterCommandEventArgs e)
        {
            if (e. CommandName. ToLower() = = "update")
            {
                string id = e. CommandArgument. ToString();
                string rawurl = URLUtils. AddParamToUrl(FeedBackEditUrl, "id", id);

                Response. Redirect(rawurl, false);
            }
            if (e. CommandName. ToLower() = = "delete")
            {
                int id = Convert. ToInt32(e. CommandArgument);

                try
                {
                    FeedBackBlo. Delete(id);

                    string rawurl = Request. RawUrl;
                    rawurl = URLUtils. AddParamToUrl(rawurl, "Submit", "2");
                    Response. Redirect(rawurl, false);
                }
                catch (Exception ex)
                {
                    Messages. ShowError("删除失败" + ex. ToString());
                }
            }
        }
```

```
        protected void Button1_Click(object sender, EventArgs e)
        {
            Response.Redirect(FeedBackEditUrl);
        }

        protected void Button2_Click(object sender, EventArgs e)
        {
            Response.Redirect(FeedBackListUrl);
        }
    }
}
```

```
<%@ Control Language="C#" AutoEventWireup="true" CodeBehind="LinksEdit.ascx.cs" Inherits="MC.Web.Admin.Controls.LinksEdit" %>
<form id="form1" runat ="server">
    <sc:MessagePanel ID="Messages" runat ="server"></sc:MessagePanel>
        <div class="menucontrol">
        <asp:Button ID="Button1" runat ="server" Text ="新建链接" class="submit" onclick="Button1_Click" />  
        <asp:Button ID="Button2" runat ="server" Text="链接列表" class="submit" onclick="Button2_Click" />
    </div>
    <table>
        <tr>
            <td>链接标题:</td>
            <td>
                <asp:TextBox ID="txtTitle" runat ="server" Columns="50" class="input req-string"></asp:TextBox>
            </td>
        </tr>
        <tr>
            <td>链接地址:</td>
            <td>
                <asp:TextBox ID="txtHref" runat ="server" Columns ="50" class="input req-string"></asp:TextBox>
            </td>
        </tr>
        <tr>
            <td>备注说明:</td>
            <td>
                <asp:TextBox ID="txtDesc" runat ="server" Columns ="50" TextMode ="MultiLine" Rows="3" class="input" ></asp:TextBox>
            </td>
        </tr>
        <tr>
            <td></td>
            <td>
                <asp:Button ID="btnSave" runat ="server" Text ="保存"class="submit"
                    onclick="btnSave_Click"/>
                <div id="errorDiv"></div>
            <script type="text/javascript" language="javascript" >
```

```
                $ ('#<% =btnSave. ClientID %>'). formValidator( {
                    scope: '#<% =form1. ClientID% >',
                    errorDiv: '#errorDiv'
                });
            });
        </script>
        </td>
    </tr>
</table>
</form>

using System;
using System. Collections. Generic;
using System. Web;
using System. Web. UI;
using System. Web. UI. WebControls;
using MC. VO;
using MC. BLO;
using MC. Common;

namespace MC. Web. Admin. Controls
{
    public partial class LinksEdit : System. Web. UI. UserControl
    {
        public int LinksId = 0;

        public string LinksEditUrl = "Links_Edit. aspx";
        public string LinksListUrl = "Links_List. aspx";

        protected void Page_Load(object sender, EventArgs e)
        {
            if (Request["Submit"] != null)
            {
                if (Request["Submit"] == "0")
                    Messages. ShowMessage("链接信息成功创建.");
                if (Request["Submit"] == "1")
                    Messages. ShowMessage("链接信息成功修改.");
            }
            if (Request["id"] != null)
            {
                LinksId = Convert. ToInt32(Request["id"]);
            }
            if (! Page. IsPostBack)
            {
                if (LinksId > 0)
                {
                    LinksInfo info = LinksBlo. GetLinksInfo(LinksId);
                    this. txtDesc. Text = info. Desc;
                    this. txtHref. Text = info. Href;
                    this. txtTitle. Text = info. Title;
                }
```

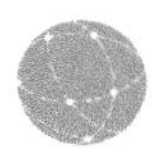

```
            }
        }

        protected void Button1_Click(object sender, EventArgs e)
        {
            Response.Redirect(LinksEditUrl);
        }

        protected void Button2_Click(object sender, EventArgs e)
        {
            Response.Redirect(LinksListUrl);
        }

        protected void btnSave_Click(object sender, EventArgs e)
        {
            if (txtTitle.Text == "" || txtHref.Text == "")
                return;

            LinksInfo info;
            if (LinksId > 0)
                info = LinksBlo.GetLinksInfo(LinksId);
            else
                info = new LinksInfo();

            info.Title = txtTitle.Text;
            info.Desc = txtDesc.Text;
            info.AddDate = DateTime.Now;
            info.Href = txtHref.Text;

            try
            {
                if (LinksId > 0)
                {
                    LinksBlo.Update(info);
                    string url = URLUtils.AddParamToUrl(Request.RawUrl, "Submit", "1");
                    Response.Redirect(url, false);
                }
                else
                {
                    LinksBlo.Insert(info);
                    string url = URLUtils.AddParamToUrl(LinksEditUrl, "Submit", "0");
                    Response.Redirect(url, false);
                }
            }
            catch (Exception ex)
            {
                Messages.ShowError("操作失败:" + ex.ToString());
            }
        }
    }
}
<%@ Control Language="C#" AutoEventWireup="true" CodeBehind="LinksList.ascx.cs" Inherits=
```

```
"MC. Web. Admin. Controls. LinksList" % >
< form id = "form1" runat = "server" >
< sc:MessagePanel ID = "Messages" runat = "server" > </sc:MessagePanel >
        < div class = "menucontrol" >
        < asp:Button ID = "Button1" runat = "server" Text = "新建链接" class = "submit" onclick = "Button1_
Click" / >   
        < asp:Button ID = "Button2" runat = "server" Text = "链接列表" class = "submit" onclick = "Button2_
Click" / >
    </div >
    < asp:Repeater ID = "Repeater1" runat = "server"
        onitemcommand = "Repeater1_ItemCommand" >
        < HeaderTemplate >
            < table class = "listTable" >
                < tr >
                    < th >医生编号</th > < th >链接名称</th > < th >链接地址</th > < th >备注说明
</th > < th >提交时间</th > < th >操作</th >
                </tr >
        </HeaderTemplate >
        < ItemTemplate >
                < tr >

< td > <% #Eval("id")% > </td > < td > <% #Eval("title")% > </td > < td > <% #Eval("href")% > </td >
< td > <% #Eval("desc")% > </td > < td > <% #Eval("adddate")% > </td >
                    < td >
                        < asp:LinkButton ID = "lbtnUpdate" runat = "server" CommandName = "update" Com-
mandArgument = '<% #Eval("id")% >' >知识判断</asp:LinkButton >
                        < asp:LinkButton ID = "lbtnDelete" runat = "server" CommandName = "delete" Comman-
dArgument = '<% #Eval("id")% >' OnClientClick = "return confirm('确认删除?')" >删除</asp:LinkButton >
                    </td >
                </tr >
        </ItemTemplate >
        < FooterTemplate > </table > </FooterTemplate >
    </asp:Repeater >
</form >

using System;
using System. Collections. Generic;
using System. Web;
using System. Web. UI;
using System. Web. UI. WebControls;
using MC. BLO;
using MC. Common;

namespace MC. Web. Admin. Controls
{
    public partial class LinksList : System. Web. UI. UserControl
    {
        public string LinksEditUrl = "Links_Edit. aspx";
        public string LinksListUrl = "Links_List. aspx";

        protected void Page_Load(object sender, EventArgs e)
        {
```

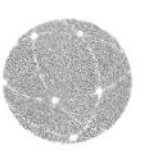

```
        if (Request["Submit"] != null)
        {
            if (Request["Submit"] == "2")
            {
                Messages.ShowMessage("链接信息成功删除.");
            }
        }
        if (!Page.IsPostBack)
            BindRepeater();
    }
    public void BindRepeater()
    {
        this.Repeater1.DataSource = LinksBlo.GetAll();
        this.Repeater1.DataBind();
    }

    protected void Repeater1_ItemCommand(object source, RepeaterCommandEventArgs e)
    {
        if (e.CommandName.ToLower() == "update")
        {
            string id = e.CommandArgument.ToString();
            string rawurl = URLUtils.AddParamToUrl(LinksEditUrl, "id", id);
            Response.Redirect(rawurl, false);
        }
        if (e.CommandName.ToLower() == "delete")
        {
            int id = Convert.ToInt32(e.CommandArgument);
            try
            {
                LinksBlo.Delete(id);

                string rawurl = Request.RawUrl;
                rawurl = URLUtils.AddParamToUrl(rawurl, "Submit", "2");
                Response.Redirect(rawurl, false);
            }
            catch (Exception ex)
            {
                Messages.ShowError("删除失败" + ex.ToString());
            }
        }
    }

    protected void Button1_Click(object sender, EventArgs e)
  {
        Response.Redirect(LinksEditUrl);
    }

    protected void Button2_Click(object sender, EventArgs e)
    {
        Response.Redirect(LinksListUrl);
    }
}
```

```
}

<%@ Control Language="C#" AutoEventWireup="true" CodeBehind="Login.ascx.cs" Inherits="MC.Web.Admin.Controls.Login" %>
<form id="form1" runat ="server">
    <sc:MessagePanel ID="Messages" runat ="server"></sc:MessagePanel>
<table align ="center" style="margin-top:50px;">
    <tr>
        <td>医生：</td>
        <td><asp:TextBox ID="txtUsername" runat ="server" class="input req-string"></asp:TextBox>
</td>
    </tr>
    <tr>
        <td>密  码：</td>
        <td> <asp:TextBox ID="txtPassword" runat ="server" TextMode="Password" class="input req-min" minlength="4"></asp:TextBox> </td>
    </tr>
      <tr>
      <td>验证码：</td>
        <td valign ="middle"><asp:TextBox ID="txtCheckCode" runat ="server" MaxLength ="4" Width="50" class="input"></asp:TextBox>
                <img src='<% =ResolveUrl("../Authcode.aspx")% >'alt="authcode" style="vertical-align:middle"/>
        </td>
        </tr>
    <tr>
        <td></td>
        <td><asp:Button ID="btnLogin" runat ="server" Text ="登录" class="submit"
                onclick="btnLogin_Click" />
            <div id="errorDiv"></div>
        </td>
    </tr>
</table>
<script type="text/javascript" language="javascript" >
    $(function() {
        $('#<% =btnLogin.ClientID %>').formValidator({
            scope: '#<% =form1.ClientID% >',
            errorDiv: '#errorDiv'
        });
    });
</script>
</form>

using System;
using System.Collections.Generic;
using System.Web;
using System.Web.UI;
using System.Web.UI.WebControls;
using MC.Common;
using MC.BLO;

namespace MC.Web.Admin.Controls
```

```
{
    public partial class Login : System. Web. UI. UserControl
    {
        protected void Page_Load( object sender, EventArgs e)
        {
            if (Request[ "Submit" ] ! = null)
            {
                if (Request[ "Submit" ] = = "1" )
                {
                    Messages. ShowError( "请输入用户名 !" );
                }
                if (Request[ "Submit" ] = = "2" )
                {
                    Messages. ShowError( "请输入密码 !" );
                }
                if (Request[ "Submit" ] = = "3" )
                {
                    Messages. ShowError( "请正确输入用户名和密码,要求字母数字或下划线." );
                    return;
                }
                if (Request[ "Submit" ] = = "4" )
                {
                    Messages. ShowError( "请正确输入验证码 !" );
                    return;
                }
                if (Request[ "Submit" ] = = "5" )
                {
                    Messages. ShowError( "用户名或密码错误 !" );
                    return;
                }

            }
        }

        protected void btnLogin_Click( object sender, EventArgs e)
        {
            if ( txtUsername. Text. Trim( ) = = "" )
            {
                string rawurl = Request. RawUrl;
                rawurl = URLUtils. AddParamToUrl( rawurl, "Submit", "1" );
                Response. Redirect( rawurl,false);
            }
            if ( txtPassword. Text. Trim( ) = = "" )
            {
                string rawurl = Request. RawUrl;
                rawurl = URLUtils. AddParamToUrl( rawurl, "Submit", "2" );
                Response. Redirect( rawurl,false);
            }
            if ( ! TextUtils. IsNormalChar( txtUsername. Text) || ! TextUtils. IsNormalChar( txtPassword. Text) )
            {
                string rawurl = Request. RawUrl;
                rawurl = URLUtils. AddParamToUrl( rawurl, "Submit", "3" );
```

```
                Response. Redirect( rawurl,false) ;

            }
            if (Session[ "auth_code" ]. ToString( ) ! = txtCheckCode. Text. Trim( ))
            {
                string rawurl = Request. RawUrl;
                rawurl = URLUtils. AddParamToUrl( rawurl, "Submit", "4") ;
                Response. Redirect( rawurl,false) ;
            }
            if ( AdminBlo. Login( txtUsername. Text, txtPassword. Text) )
            {
                Session[ "Admin_Logined" ] = txtUsername. Text;
                //登录成功
                Response. Redirect( " ~/Admin/Default. aspx" ) ;
            }
            else
            {
                //登录失败
                string rawurl = Request. RawUrl;
                rawurl = URLUtils. AddParamToUrl( rawurl, "Submit", "5") ;
                Response. Redirect( rawurl,false) ;
            }
        }
    }
}

<%@ Control Language = " C#" AutoEventWireup = " true" CodeBehind = " ModuleEdit. ascx. cs" Inherits =
"MC. Web. Admin. Controls. ModuleEdit" %>
<form id = "form1" runat = "server" >
    <sc:MessagePanel ID = "Messages" runat = "server" > </sc:MessagePanel>
        <div class = "menucontrol" >
        <asp:Button ID = "Button1" runat = "server" Text = "新建模块" class = "submit" onclick = "Button1_
Click" />   
        <asp:Button ID = "Button2" runat = "server" Text = "模块列表" class = "submit" onclick = "Button2_
Click" />
    </div>
    <table>
        <tr>
            <td>模块名称:</td>
            <td>
                <asp:TextBox ID = "txtName" runat = "server" Columns = "50" class = "input req - string" >
</asp:TextBox>
            </td>
        </tr>
        <tr>
            <td>模块地址:</td>
            <td>
                <asp:TextBox ID = "txtUrl" runat = "server" Columns = "50" class = "input req - string" > </
asp:TextBox>
            </td>
        </tr>
        <tr>
```

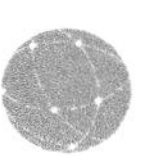

```
            <td>备注说明:</td>
            <td>
                <asp:TextBox ID="txtRemark" runat ="server" Columns ="50" TextMode ="MultiLine"
Rows ="3" class="input" ></asp:TextBox>
            </td>
        </tr>
        <tr>
            <td></td>
            <td>
                <asp:Button ID="btnSave" runat ="server" Text ="保存"class="submit"
                    onclick="btnSave_Click"/>
                <div id="errorDiv" ></div>
            <script type="text/javascript" language="javascript" >
                $(function() {
                    $('#<% =btnSave.ClientID % >').formValidator({
                        scope: '#<% =form1.ClientID% >',
                        errorDiv: '#errorDiv'
                    });
                });
            </script>
            </td>
        </tr>
    </table>
</form>

using System;
using System.Collections.Generic;
using System.Web;
using System.Web.UI;
using System.Web.UI.WebControls;
using MC.VO;
using MC.BLO;
using MC.Common;

namespace MC.Web.Admin.Controls
{
    public partial class ModuleEdit : System.Web.UI.UserControl
    {
        public int ModuleId = 0;

        public string ModuleEditUrl = "Module_Edit.aspx";
        public string ModuleListUrl = "Module_List.aspx";

        protected void Page_Load(object sender, EventArgs e)
        {
            if (Request["ModuleId"] != null)
            {
                ModuleId = Convert.ToInt32(Request["ModuleId"]);
            }
            if (Request["Submit"] != null)
            {
                if (Request["Submit"] == "0")
```

```
            {
                Messages. ShowMessage("提交信息成功。");
            }
            if (Request["Submit"] == "1")
            {
                Messages. ShowMessage("信息修改成功。");
            }
        }
        if (! Page. IsPostBack)
        {
            if (ModuleId > 0)
            {
                ModuleInfo info = ModuleBlo. GetModuleInfo(ModuleId);

                txtName. Text = info. Name;
                txtRemark. Text = info. Remark;
                txtUrl. Text = info. Url;
            }
        }
    }

    protected void btnSave_Click(object sender, EventArgs e)
    {
        ModuleInfo info;
        if (ModuleId > 0)
            info = ModuleBlo. GetModuleInfo(ModuleId);
        else
            info = new ModuleInfo();

        info. Name = txtName. Text;
        info. Remark = txtRemark. Text;
        info. Url = txtUrl. Text;
        info. AddDate = DateTime. Now;

        if (ModuleId > 0)
        {
            try
            {
                ModuleBlo. Update(info);

                string rawurl = Request. RawUrl;
                rawurl = URLUtils. AddParamToUrl(rawurl, "Submit", "1");
                Response. Redirect(rawurl,false);
            }
            catch (Exception ex)
            {
                Messages. ShowError("修改失败" + ex. ToString());
            }
        }
        else
        {
            try
```

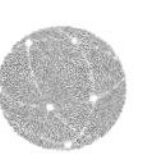

```
                {
                    ModuleBlo. Insert( info) ;

                    string rawurl  =  Request. RawUrl;
                    rawurl  =  URLUtils. AddParamToUrl( rawurl, "Submit", "0") ;
                    Response. Redirect( rawurl,false) ;
                }
                catch ( Exception ex)
                {
                    Messages. ShowError("删除失败"  +  ex. ToString( ) ) ;
                }
            }
        }

        protected void Button1_Click( object sender, EventArgs e)
        {
            Response. Redirect( ModuleEditUrl) ;
        }
        protected void Button2_Click( object sender, EventArgs e)
        {
            Response. Redirect( ModuleListUrl) ;
        }

    }
}
```

```
<%@  Control  Language  =  "C#"  AutoEventWireup  =  "true"  CodeBehind  =  "ModuleList. ascx. cs"  Inherits  =
"MC. Web. Admin. Controls. ModuleList" %>
<form id = "form1"  runat = "server" >
    <sc:MessagePanel ID = "Messages"  runat  = "server" > </sc:MessagePanel >
    <div class = "menucontrol" >
        <asp:Button ID = "Button1"  runat  = "server"  Text  = "新建模块"  class = "submit"  onclick = "Button1_
Click"  / >   
        <asp:Button ID = "Button2"  runat  = "server"  Text = "模块列表"  class = "submit"  onclick = "Button2_
Click"  / >
    </div >
    <asp:Repeater ID = "Repeater1"  runat  = "server"
        onitemcommand = "Repeater1_ItemCommand" >
        <HeaderTemplate >
            <table class  = "listTable" >
                <tr >
                    <th >管理员 </th > <th >模块名称 </th > <th >模块地址 </th > <th >创建时间 </
th > <th >备注说明 </th > <th >操作 </th >
                </tr >
        </HeaderTemplate >
        <ItemTemplate >
            <tr >
<td > <%#Eval("id")% > </td > <td > <%#Eval("name")% > </td > <td > <%#Eval("url")% > </
td >
<td > <%#Eval("adddate")% > </td >  <td > <%#Eval("remark")% > </td >
                <td >
                    <asp:LinkButton ID = "lbtnUpdate"  runat  = "server"    CommandName  = "update"  Com-
```

```
mandArgument = '<% #Eval("id")% >'>知识判断</asp:LinkButton>
                    <asp:LinkButton ID = "lbtnDelete" runat = "server" CommandName = "delete" Command-
Argument = '<% #Eval("id")% >' OnClientClick = "return confirm('确认删除吗?')" >删除</asp:
LinkButton>
                </td>
            </tr>
        </ItemTemplate>
        <FooterTemplate></table></FooterTemplate>
    </asp:Repeater>
</form>

using System;
using System.Collections.Generic;
using System.Web;
using System.Web.UI;
using System.Web.UI.WebControls;
using MC.BLO;
using MC.VO;
using MC.Common;

namespace MC.Web.Admin.Controls
{
    public partial class ModuleList : System.Web.UI.UserControl
    {
        public string ModuleEditUrl = "Module_Edit.aspx";
        public string ModuleListUrl = "Module_List.aspx";

        protected void Page_Load(object sender, EventArgs e)
        {
            if (Request["Submit"] != null)
            {
                if (Request["Submit"] == "3")
                {
                    Messages.ShowMessage("信息删除成功。");
                }
            }

            if (!Page.IsPostBack)
            {
                BindRepeater();
            }
        }

        public void BindRepeater()
        {
            this.Repeater1.DataSource = ModuleBlo.GetModuleAll();
            this.Repeater1.DataBind();
        }

        protected void Repeater1_ItemCommand(object source, RepeaterCommandEventArgs e)
        {
            if (e.CommandName.ToLower() == "delete")
```

 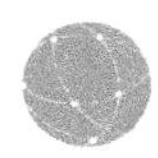

```
            {
                try
                {
                    int id = Convert.ToInt32(e.CommandArgument);
                    ModuleBlo.Delete(id);

                    string rawurl = Request.RawUrl;
                    rawurl = URLUtils.AddParamToUrl(rawurl, "Submit", "3");
                    Response.Redirect(rawurl,false);
                }
                catch (Exception ex)
                {
                    Messages.ShowError("删除失败" + ex.ToString());
                }
            }
            if (e.CommandName.ToLower() == "update")
            {
                string id = e.CommandArgument.ToString();
                string rawurl = URLUtils.AddParamToUrl(ModuleEditUrl, "ModuleId", id);
                Response.Redirect(rawurl,false);
            }
        }
        protected void Button1_Click(object sender, EventArgs e)
        {
            Response.Redirect(ModuleEditUrl);
        }
        protected void Button2_Click(object sender, EventArgs e)
        {
            Response.Redirect(ModuleListUrl);
        }


    }
}

<%@ Control Language="C#" AutoEventWireup="true" CodeBehind="NewsEdit.ascx.cs" Inherits="MC.Web.
Admin.Controls.NewsEdit" %>
<%@ Register Assembly="FredCK.FCKeditorV2" Namespace="FredCK.FCKeditorV2" TagPrefix=
"FCKeditorV2" %>
<form id="form1" runat="server">
    <sc:MessagePanel ID="Messages" runat="server"></sc:MessagePanel>
        <div class="menucontrol">
    <asp:Button runat="server" ID="Button2" Text="新建类型" class="submit" onclick="Button2_Click"
        />   
     <asp:Button runat="server" ID="Button1" Text="类型列表" class="submit" onclick="Button1_Click"
        />   
    <asp:Button runat="server" ID="btnCreate" Text="新建病例" class="submit"
        onclick="btnCreate_Click" />    <asp:Button runat="server"
        ID="btnList" Text="病例列表" class="submit" onclick="btnList_Click" />
</div>
    <table class="controlTable">
        <tr>
```

```
            < td >病例类型: </td > < td >
                < asp:DropDownList ID = "ddlNewsType" runat = "server" class = "input" > </asp:DropDownList >
            </td >
        </tr > < tr >
            < td >病例编号: </td >
            < td > < asp:TextBox ID = "txtTitle" runat = "server" Columns = "50" class = "input req - string" >
</asp:TextBox > </td >
        </tr >
        < tr >
            < td >入院信息: </td >
            < td > < asp:TextBox ID = "txtSubTitle" runat = "server" Columns = "50" class = "input" > </asp:
TextBox > </td >
        </tr >
        < tr >
            < td >医生: </td >
            < td > < asp:TextBox ID = "txtAuthor" runat = "server" Columns = "50" class = "input" > </asp:
TextBox > </td >
        </tr >
        < tr >
            < td >来源: </td >
            < td > < asp:TextBox ID = "txtSource" runat = "server" Columns = "50" class = "input" > </asp:
TextBox > </td >
        </tr >
        < tr >
            < td >简介: </td >
            < td > < asp:TextBox ID = "txtSummary" runat = "server" Columns = "50" TextMode = "MultiLine"
Rows = "2" class = "input req - string" > </asp:TextBox > </td >
        </tr >
        < tr >
            < td valign = "top" >病例: </td >
            < td >
                < FCKeditorV2:FCKeditor ID = " txtContent " runat = " server " Width = " 100% " Height =
"300px" >    </FCKeditorV2:FCKeditor > </td >
            </td >
        </tr >
        < tr >
            < td > </td >
            < td >
                < asp:Button ID = "btnSave" runat = "server"   Text = "保存"   class = "submit"
                    onclick = "btnSave_Click"/ >
                < div id = "errorDiv" > </div >
            < script type = "text/javascript" language = "javascript" >
                $ (function( ) {
                    $ ('# < % = btnSave. ClientID % > '). formValidator( {
                        scope: '# < % = form1. ClientID% > ',
                        errorDiv: '#errorDiv'
                    } );
                } );
            </script >
            </td >
        </tr >
    </table >
```

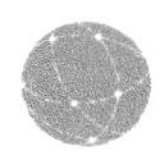

```
</form>

using System;
using System.Collections.Generic;
using System.Web;
using System.Web.UI;
using System.Web.UI.WebControls;
using MC.BLO;
using MC.VO;
using MC.Common;

namespace MC.Web.Admin.Controls
{
    public partial class NewsEdit : System.Web.UI.UserControl
    {
        public int NewsId = 0;
        public string NewsEditUrl = "News_Edit.aspx";
        public string NewsListUrl = "News_List.aspx";
        public string NewsTypeListUrl = "NewsType_Edit.aspx";
        public string NewsTypeEditUrl = "NewsType_List.aspx";

        protected void Page_Load(object sender, EventArgs e)
        {
            if (Request["NewsId"] != null)
            {
                NewsId = Convert.ToInt32(Request["NewsId"]);
            }

            if (Request["Submit"] != null)
            {
                if (Request["Submit"].ToString() == "0")
                {
                    Messages.ShowMessage("成功创建病例信息.");
                }
                if (Request["Submit"].ToString() == "1")
                {
                    Messages.ShowMessage("病例信息已成功修改.");
                }
            }

            if (!Page.IsPostBack)
            {
                dlTypeBind();

                if (NewsId > 0)
                {
                    NewsInfo info = NewsBlo.GetNewsInfo(NewsId);

                    ddlNewsType.SelectedValue = info.TypeId.ToString();
                    txtTitle.Text = info.Title;
                    txtSubTitle.Text = info.Subtitle;
                    txtAuthor.Text = info.Author;
```

```
                txtSource. Text  =  info. Source;
                txtSummary. Text  =  info. Summary;
                txtContent. Text  =  info. Content;
            }
        }
    }
    public void dlTypeBind( )
    {
        this. ddlNewsType. AppendDataBoundItems  =  true;
        this. ddlNewsType. Items. Clear( ) ;
        this. ddlNewsType. Items. Add( new ListItem( "选择类型", "0" ) ) ;
        this. ddlNewsType. DataTextField  =  "name";
        this. ddlNewsType. DataValueField  =  "id";
        this. ddlNewsType. DataSource  =  NewsTypeBlo. GetNewsTypeAll( ) ;
        this. ddlNewsType. DataBind( ) ;
    }
    protected void btnSave_Click( object sender, EventArgs e)
    {

        if ( this. ddlNewsType. Items. Count  < =  1)
        {
            Messages. ShowError( "提交信息失败,请先创建诊断类型 . " ) ;
            return;
        }
        if ( ddlNewsType. SelectedIndex  < =  0)
        {
            Messages. ShowError( "请选择诊断类型 . " ) ;
            return;
        }
        if ( this. txtTitle. Text. Trim( )  = =  ""  ||this. txtContent. Text. Trim( )  = =  "" )
        {
            Messages. ShowError( "请完整输入诊断信息 . " ) ;
            return;
        }

        NewsInfo info;
        if ( NewsId  >  0)
            info  =  NewsBlo. GetNewsInfo( NewsId) ;
        else
            info  =  new NewsInfo( ) ;

        info. Title  =  txtTitle. Text;
        info. Subtitle  =  txtSubTitle. Text;
        info. Author  =  txtAuthor. Text;
        info. Source  =  txtSource. Text;
        info. Summary  =  txtSummary. Text;
        info. Content  =  txtContent. Text;
        info. TypeId  =  Convert. ToInt32( ddlNewsType. SelectedValue) ;
        info. AddDate =  DateTime. Now;

        if ( NewsId  >  0)
        {
```

 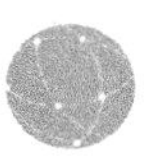

```
            try
            {
                NewsBlo. Update( info) ;

                string rawurl  =  Request. RawUrl;
                rawurl  =  URLUtils. AddParamToUrl( rawurl, "Submit" , "1" ) ;
                Response. Redirect( rawurl,false) ;
            }
            catch ( Exception ex)
            {
                Messages. ShowError( "更新失败"  +  ex. ToString( ) ) ;
            }
        }
        else
        {
            try
            {
                NewsBlo. Insert( info) ;

                string rawurl  =  Request. RawUrl;
                rawurl  =  URLUtils. AddParamToUrl( rawurl, "Submit" , "0" ) ;
                Response. Redirect( rawurl,false) ;
            }
            catch( Exception ex)
            {
                Messages. ShowError( "添加失败" + ex. ToString( ) ) ;
            }
        }
    }

    protected void Button2_Click( object sender, EventArgs e)
    {
        Response. Redirect( NewsTypeListUrl, false) ;
    }

    protected void Button1_Click( object sender, EventArgs e)
    {

        Response. Redirect( NewsTypeEditUrl, false) ;
    }

    protected void btnCreate_Click( object sender, EventArgs e)
    {

        Response. Redirect( NewsEditUrl, false) ;
    }

    protected void btnList_Click( object sender, EventArgs e)
    {

        Response. Redirect( NewsListUrl, false) ;
    }
```

```
    }
}

<%@ Control Language="C#" AutoEventWireup="true" CodeBehind="NewsList.ascx.cs" Inherits="MC.Web.Admin.Controls.NewsList" %>
<form id="form1" runat="server">
    <sc:MessagePanel ID="Messages" runat="server"></sc:MessagePanel>
    <div class="menucontrol">
    <asp:Button runat="server" ID="Button2" Text="新建病例" class="submit" onclick="Button2_Click"
        />  
     <asp:Buttonrunat="server" ID="Button1" Text="病例列表" class="submit" onclick="Button1_Click"
        />  
    <asp:Button runat="server" ID="btnCreate" Text="新建病例" class="submit"
        onclick="btnCreate_Click" />  <asp:Button runat="server"
        ID="btnList" Text="病例列表" class="submit" onclick="btnList_Click" />
</div>
    <asp:Repeater ID="Repeater1" runat="server"
        onitemcommand="Repeater1_ItemCommand">
         <HeaderTemplate>
         <table class="listTable">
             <tr>
                 <th>编号</th><th>标题</th><th>医生</th><th>患者</th><th>添加时间</th><th>类型编号</th><th>操作</th>
             </tr>
         </HeaderTemplate>
         <ItemTemplate>
              <tr>
                 <td><%#Eval("id")%></td><td><%#Eval("title")%></td><td><%#Eval("author")%></td><td><%#Eval("source")%></td><td><%#Eval("adddate")%></td><td><%#Eval("typeid")%></td><td>
                        <asp:LinkButton ID="lbtnUpdate" runat="server" CommandArgument='<%#Eval("id")%>' CommandName="update">知识判断</asp:LinkButton>
                        <asp:LinkButton ID="lbtnDel" runat="server" CommandArgument='<%#Eval("id")%>' CommandName="delete" OnClientClick="return confirm('确认删除?')">删除</asp:LinkButton>
                 </td>
             </tr>
         </ItemTemplate>
         <FooterTemplate></table></FooterTemplate>
    </asp:Repeater>
    <sc:Pager ID="Pager1" runat="server" PageSize="10" onfired="Pager1_Fired" />
</form>

using System;
using System.Collections.Generic;
using System.Web;
using System.Web.UI;
using System.Web.UI.WebControls;
using MC.BLO;
using MC.Common;
```

 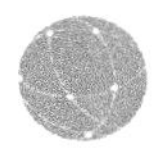

```
namespace MC. Web. Admin. Controls
{
    public partial class NewsList : System. Web. UI. UserControl
    {
        public string NewsEditUrl = "News_Edit. aspx";
        public string NewsListUrl = "News_List. aspx";
        public string NewsTypeListUrl = "NewsType_Edit. aspx";
        public string NewsTypeEditUrl = "NewsType_List. aspx";

        protected void Page_Load(object sender, EventArgs e)
        {
            if (Request["Submit"] ! = null)
            {
                if (Request["Submit"]. ToString() = = "3")
                {
                    Messages. ShowMessage("成功删病例章信息 . ");
                }
            }
            if (! Page. IsPostBack)
            {
                BindRepeater();
            }
        }
        public void BindRepeater()
        {
            Pager1. RecorderCount = NewsBlo. GetNewsAll(). Rows. Count;
            this. Repeater1. DataSource = NewsBlo. GetNewsAllPaged(Pager1. PageIndex, Pager1. PageSize);
            this. Repeater1. DataBind();
        }
        protected void Pager1_Fired(object sender, EventArgs e)
        {
            Pager1. PageIndex + +;
            BindRepeater();
        }

        protected void Repeater1_ItemCommand(object source, RepeaterCommandEventArgs e)
        {
            if (e. CommandName. ToLower() = = "delete")
            {
                try
                {
                    int id = Convert. ToInt32(e. CommandArgument);
                    NewsBlo. Delete(id);
                    string rawurl = Page. Request. RawUrl;
                    rawurl = URLUtils. AddParamToUrl(rawurl, "Submit", "3");
                    Response. Redirect(rawurl,false);
                }
                catch (Exception ex)
                {
                    Messages. ShowError("删除失败" + ex. ToString());
                }
            }
```

```
                else
                {
                    string id = e.CommandArgument.ToString();
                    string rawurl = URLUtils.AddParamToUrl(NewsEditUrl, "NewsId", id);
                    Response.Redirect(rawurl,false);
                }
            }

            protected void Button2_Click(object sender, EventArgs e)
            {
                Response.Redirect(NewsTypeListUrl, false);
            }

            protected void Button1_Click(object sender, EventArgs e)
            {

                Response.Redirect(NewsTypeEditUrl, false);
            }

            protected void btnCreate_Click(object sender, EventArgs e)
            {

                Response.Redirect(NewsEditUrl, false);
            }

            protected void btnList_Click(object sender, EventArgs e)
            {

                Response.Redirect(NewsListUrl, false);
            }
        }
}

<%@ Control Language="C#" AutoEventWireup="true" CodeBehind="NewsTypeEdit.ascx.cs" Inherits=
"MC.Web.Admin.Controls.NewsTypeEdit" %>
<form id="form1" runat="server">
    <sc:MessagePanel ID="Messages" runat="server"></sc:MessagePanel>
        <div class="menucontrol">
    <asp:Button runat="server" ID="Button2"  Text="新建病例" class="submit" onclick="Button2_
Click"
        />  
     <asp:Button runat="server" ID="Button1"  Text="信息列表" class="submit" onclick="Button1_
Click"
        />  
    <asp:Button runat="server" ID="btnCreate"  Text="新建病例" class="submit"
        onclick="btnCreate_Click" />  <asp:Button runat="server"
        ID="btnList"  Text="信息列表" class="submit" onclick="btnList_Click" />"
</div>
  <table>
        <tr>
            <td>父级类型:</td>
            <td><asp:DropDownList ID="ddlNewsType" runat="server" class="input"></asp:DropDown-
```

 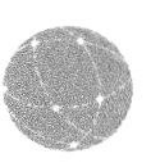

```
List > </td >
            </tr >
            <tr >
                <td >类型名称: </td >
                <td > <asp:TextBox ID = "txtName"  runat  = "server"  Columns  = "40"  class = "input req - string" >
</asp:TextBox > </td >
            </tr >
            <tr >
                <td >备注说明: </td >
                <td > <asp:TextBox ID = "txtRemark"  runat  = "server"  Columns  = "40"  Rows  = "3"  TextMode  =
"MultiLine"  class = "input" > </asp:TextBox > </td >
            </tr >
            <tr >
                <td > </td >
                <td >
                    <asp:Button ID = "btnSave"  runat = "server"  Text = "保存"  class = "submit"
                        onclick = "btnSave_Click"  / >
                    <div id = "errorDiv"  > </div >
                    <script type = "text/javascript"  language = "javascript"  >
                        $ (function( ) {
                            $ ('# <%  = btnSave. ClientID %  >'). formValidator( {
                                scope: '# <%  = form1. ClientID%  >',
                                errorDiv: '#errorDiv'
                            } );
                        } );
                    </script >
                </td >
            </tr >
        </table >
    </form >

    using System;
using System. Collections. Generic;
using System. Web;
using System. Web. UI;
using System. Web. UI. WebControls;
using MC. BLO;
using MC. VO;
using MC. Common;

namespace MC. Web. Admin. Controls
{
    public partial class NewsTypeEdit  :  System. Web. UI. UserControl
    {

        public int NewsTypeId  =  0;
        public string NewsEditUrl  =  "News_Edit. aspx";
        public string NewsListUrl  =  "News_List. aspx";
        public string NewsTypeListUrl  =  "NewsType_Edit. aspx";
        public string NewsTypeEditUrl  =  "NewsType_List. aspx";

        protected void Page_Load( object sender,  EventArgs e)
```

```
{
    if (Request["NewsTypeId"] != null)
        NewsTypeId = Convert.ToInt32(NewsTypeId);

    if (Request["Submit"] != null)
    {
        if (Request["Submit"] == "0")
        {
            Messages.ShowMessage("成功创建病例.");
        }
        if (Request["Submit"] == "1")
        {
            Messages.ShowMessage("病例类型已成功修改.");
        }
    }
    if (! Page.IsPostBack)
    {
        ddlNewsTypeBind();

        if (NewsTypeId > 0)
        {
            NewsTypeInfo info = NewsTypeBlo.GetNewsTypeInfo(NewsTypeId);

            ddlNewsType.SelectedValue = info.ParentId.ToString();
            txtName.Text = info.Name;
            txtRemark.Text = info.Remark;
        }
    }
}
public void ddlNewsTypeBind()
{
    this.ddlNewsType.AppendDataBoundItems = true;
    this.ddlNewsType.Items.Clear();
    this.ddlNewsType.Items.Add(new ListItem("选择类型", "0"));

    this.ddlNewsType.DataTextField = "name";
    this.ddlNewsType.DataValueField = "id";
    this.ddlNewsType.DataSource = NewsTypeBlo.GetNewsTypeAll();
    this.ddlNewsType.DataBind();
}

protected void btnSave_Click(object sender, EventArgs e)
{
    NewsTypeInfo info;
    if (NewsTypeId > 0)
        info = NewsTypeBlo.GetNewsTypeInfo(NewsTypeId);
    else
        info = new NewsTypeInfo();

    info.Name = txtName.Text;
    info.Remark = txtRemark.Text;
    info.AddDate = DateTime.Now;
```

 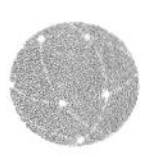

```
        info. ParentId = Convert. ToInt32( ddlNewsType. SelectedValue) ;

        if (NewsTypeId > 0)
        {
            try
            {
                NewsTypeBlo. Update( info) ;
                string rawurl = Request. RawUrl;
                rawurl = URLUtils. AddParamToUrl( rawurl, "Submit", "0") ;
                Response. Redirect( rawurl,false) ;
            }
            catch (Exception ex)
            {
                Messages. ShowError( "更新失败" + ex. ToString( ) ) ;
            }
        }
        else
        {
    try
            {
                NewsTypeBlo. Insert( info) ;
                string rawurl = Request. RawUrl;
                rawurl = URLUtils. AddParamToUrl( rawurl, "Submit", "0") ;
                Response. Redirect( rawurl,false) ;
            }
            catch (Exception ex)
            {
                Messages. ShowError( "添加失败" + ex. ToString( ) ) ;
            }
        }
    }

    protected void Button2_Click( object sender, EventArgs e)
    {
        Response. Redirect( NewsTypeListUrl, false) ;
    }

    protected void Button1_Click( object sender, EventArgs e)
    {

        Response. Redirect( NewsTypeEditUrl, false) ;
    }

    protected void btnCreate_Click( object sender, EventArgs e)
    {

        Response. Redirect( NewsEditUrl, false) ;
    }

    protected void btnList_Click( object sender, EventArgs e)
    {
```

```
                Response. Redirect( NewsListUrl, false) ;
            }
        }
}

<% @ Control Language = " C#" AutoEventWireup = " true" CodeBehind = " NewsTypeList. ascx. cs" Inherits =
" MC. Web. Admin. Controls. NewsTypeList" % >
< form id = " form1" runat = " server" >
        < sc: MessagePanel ID = " Messages" runat = " server" > </sc: MessagePanel >
            < div class = " menucontrol" >
    < asp: Button runat = " server" ID = " Button2" Text = " 新建病例" class = " submit" onclick = " Button2_
Click"
        / >    
    < asp: Button runat = " server" ID = " Button1" Text = " 信息列表" class = " submit" onclick = " Button1_
Click"
        / >    
    < asp: Button runat = " server" ID = " btnCreate" Text = " 新建病例" class = " submit"
        onclick = " btnCreate_Click" / >     < asp: Button runat = " server"
        ID = " btnList" Text = " 信息列表" class = " submit" onclick = " btnList_Click" / >
</div >
    < asp: Repeater ID = " Repeater1" runat = " server" onitemcommand = " Repeater1_ItemCommand" >
        < HeaderTemplate >
            < table class = " listTable" >
            < tr > < th > 编号 </th > < th > 父级编号 </th > < th > 类型名称 </th > < th > 备注说明 </th >
< th > 操作 </th > </tr >
        </HeaderTemplate >
        < ItemTemplate >
            < tr > < td > <% #Eval( " id" ) % > </td > < td > <% #Eval( " parentid" ) % > </td > < td > <% #
Eval( " name" ) % > </td > < td > <% #Eval( " Remark" )% > </td > < td >
                < asp: LinkButton ID = " lbtnUpdate" runat = " server" CommandName = " update" CommandArgu-
ment = ' <% #Eval( " id" ) % > ' > 知识判断 </asp: LinkButton >
                < asp: LinkButton ID = " lbtnDel" runat = " server" CommandName = " delete" CommandArgument
= ' <% #Eval( " id" ) % > ' OnClientClick = " return confirm( '确认删除?' )" > 删除 </asp: LinkButton >
            </td > </tr >
        </ItemTemplate >
        < FooterTemplate >
          </table >
        </FooterTemplate >
    </asp: Repeater >
</form >

using System;
using System. Collections. Generic;
using System. Web;
using System. Web. UI;
using System. Web. UI. WebControls;
using MC. BLO;
using MC. Common;

namespace MC. Web. Admin. Controls
{
    public partial class NewsTypeList : System. Web. UI. UserControl
```

```
{
    public string NewsEditUrl = "News_Edit.aspx";
    public string NewsListUrl = "News_List.aspx";
    public string NewsTypeListUrl = "NewsType_Edit.aspx";
    public string NewsTypeEditUrl = "NewsType_List.aspx";

    protected void Page_Load(object sender, EventArgs e)
    {
        if (Request["Submit"] != null)
        {
            if (Request["Submit"] == "3")
            {
                Messages.ShowMessage("成功删除信息类型.");
            }
        }

        if (!Page.IsPostBack)
        {
            RepeaterBind();
        }
    }
    public void RepeaterBind()
    {
        this.Repeater1.DataSource = NewsTypeBlo.GetNewsTypeAll();
        this.Repeater1.DataBind();
    }

    protected void Repeater1_ItemCommand(object source, RepeaterCommandEventArgs e)
    {
        if (e.CommandName == "delete")
        {
            int id = Convert.ToInt32(e.CommandArgument);

            try
            {
                NewsTypeBlo.Delete(id);

                string rawurl = Request.RawUrl;
                rawurl = URLUtils.AddParamToUrl(rawurl, "Submit", "3");
                Response.Redirect(rawurl,false);
            }
            catch (Exception ex)
            {
                Messages.ShowError("删除失败" + ex.ToString());
            }
        }
        if (e.CommandName == "update")
        {
            string id = e.CommandArgument.ToString();
            string rawurl = URLUtils.AddParamToUrl(NewsTypeEditUrl, "NewsTypeId", id);
            Response.Redirect(rawurl,false);
        }
```

```
        }

        protected void Button2_Click(object sender, EventArgs e)
        {
            Response.Redirect(NewsTypeListUrl, false);
        }

        protected void Button1_Click(object sender, EventArgs e)
        {

            Response.Redirect(NewsTypeEditUrl, false);
        }

        protected void btnCreate_Click(object sender, EventArgs e)
        {

            Response.Redirect(NewsEditUrl, false);
        }

        protected void btnList_Click(object sender, EventArgs e)
        {

            Response.Redirect(NewsListUrl, false);
        }
    }
}
```

```
<%@ Control Language = "C#" AutoEventWireup = "true" CodeBehind = "PictureEdit.ascx.cs" Inherits =
"MC.Web.Admin.Controls.PictureEdit" %>
<form id = "form1" runat = "server">
    <sc:MessagePanel ID = "Messages" runat = "server"></sc:MessagePanel>
    <div class = "menucontrol">
    <asp:Button ID = "Button1" runat = "server" Text = "上传图片" class = "submit"
        onclick = "Button1_Click"/>  
    <asp:Button ID = "Button2" runat = "server" Text = "图片列表" class = "submit"
        onclick = "Button2_Click"/>  
</div>
  <table>
    <tr>
        <td valign = "top"> <table>
                    <tr>
                        <td>图片名称:</td> <td>
                            <asp:TextBox ID = "txtName" runat = "server" Columns = "40" class = "input req
-string"></asp:TextBox>
                        </td>
                    </tr>
                    <tr>
                        <td>链接地址:</td> <td>
                            <asp:TextBox ID = "txtHref" runat = "server" Columns = "40" class = "input">
</asp:TextBox>
                        </td>
                    </tr>
```

 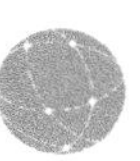

```
                <tr>
                    <td>图片说明:</td> <td>
                        <asp:TextBox ID="txtDesc" runat="server" Columns ="40" TextMode ="Mul-
tiLine" Rows ="3" class="input" > </asp:TextBox>
                    </td>
                </tr>
                <tr>
                    <th>展示类型:</th>
                    <td>
                      <asp:DropDownList ID="ddlShowType" runat ="server" >
                        <asp:ListItem Text ="选择展示类型" Value ="0" > </asp:ListItem>
                        <asp:ListItem Text ="首页滑动展示" Value ="1" > </asp:ListItem>
                        <asp:ListItem Text ="首页列表展示" Value ="2" > </asp:ListItem>
                      </asp:DropDownList>
                    </td>
                </tr>
                <tr>
                    <td>选择图片:</td>
                    <td>
                        <asp:FileUpload ID="FileUpload1" runat="server" Width="350px" class=
"input req-string" onchange="javascript:previewPic(this.value)" />
                    </td>
                </tr>
                <tr>
                    <td> </td>
                    <td>
                        <asp:Button ID="btnUpload" runat="server"  Text ="上传图片"  onclick
="btnUpload_Click" class="submit"/>
                               <div id="errorDiv" > </div>
                             <script type="text/javascript" language="javascript" >
                                 $(function() {
                                     $('#<% =btnUpload.ClientID %>').formValidator({
                                         scope: '#<% =form1.ClientID% >',
                                         errorDiv: '#errorDiv'
                                     });
                                 });
                                 function previewPic(val) {
                                   alert(val);
document.getElementById('<% =Image1.ClientID% >').src = val;
                                 }
                             </script>
                    </td>
                </tr>
            </table> </td>
        <td valign ="top" >
            <asp:Image ID="Image1" runat ="server" onerror="this.onerror=null;this.src='/Admin/images/
nophoto.jpg'" />
        </td>
    </tr>
  </table>
</form>
```

```
using System;
using System.Collections.Generic;
using System.Web;
using System.Web.UI;
using System.Web.UI.WebControls;
using MC.VO;
using MC.BLO;
using MC.Common;

namespace MC.Web.Admin.Controls
{
    public partial class PictureEdit : System.Web.UI.UserControl
    {

        public int PictureId = 0;

        public string PictureEditUrl = "Picture_Edit.aspx";
        public string PictureListUrl = "Picture_List.aspx";


        protected void Page_Load(object sender, EventArgs e)
        {
            if (Request["Submit"] != null)
            {
                if (Request["Submit"].ToString() == "0")
                {
                    Messages.ShowMessage("成功添加图片信息.");
                }
                if (Request["Submit"].ToString() == "1")
                {
                    Messages.ShowMessage("图片已成功修改.");
                }
            }
            if (Request["id"] != null)
            {
                PictureId = Convert.ToInt32(Request["id"]);
            }

            if (!Page.IsPostBack)
            {
                if (PictureId > 0)
                {
                    PictureInfo info = PictureBlo.GetInfo(PictureId);

                    txtDesc.Text = info.Desc;
                    txtHref.Text = info.Href;
                    txtName.Text = info.Title;
                    Image1.ImageUrl = info.Url;
                }
            }
        }
```

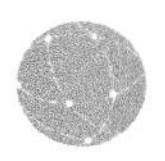

```
protected void Button1_Click(object sender, EventArgs e)
{
    Response.Redirect(PictureEditUrl);
}

protected void Button2_Click(object sender, EventArgs e)
{
    Response.Redirect(PictureListUrl);
}

protected void btnUpload_Click(object sender, EventArgs e)
{
    string imgFilePath = "";
    if (! FileUpload1.HasFile)
    {
        Messages.ShowError("请选择图片文件!");
        return;
    }
    if (txtName.Text == string.Empty)
    {
        Messages.ShowError("请输入图片名称!");
        return;
    }
    string filename = FileUpload1.FileName;
    if (TextUtils.IsImgFilename(filename))
    {
        string fileSuffix = TextUtils.GetFileExt(filename);
        string newfilename = Guid.NewGuid().ToString();
        newfilename += "." + fileSuffix;

        string physicalPath = ConfigUtils.GetProductImgPhysicalDirectory() + newfilename;
        imgFilePath = ConfigUtils.GetProductImgVirtualDirectory() + newfilename;

        try
        {
            FileUpload1.SaveAs(physicalPath);
        }
        catch (Exception ex)
        {
            Messages.ShowMessage("图片上传失败" + ex.ToString());
        }
    }
    else
    {
        Messages.ShowMessage("图片格式不正确。");
        return;
    }

    PictureInfo info;
    if (PictureId > 0)
        info = PictureBlo.GetInfo(PictureId);
    else
```

```
                info = new PictureInfo();

            info.Desc = txtDesc.Text;
            info.AddDate = DateTime.Now;
            info.Title = txtName.Text;
            info.Href = txtHref.Text;
            info.Url = imgFilePath;
            info.Type = Convert.ToInt32(ddlShowType.Text);

            try
            {
                if (PictureId > 0)
                {
                    PictureBlo.Update(info);
                    string rawurl = Request.RawUrl;
                    rawurl = URLUtils.AddParamToUrl(rawurl, "Submit", "1");
                    Response.Redirect(rawurl, false);
                }
                else
                {
                    PictureBlo.Insert(info);

                    string rawurl = Request.RawUrl;
                    rawurl = URLUtils.AddParamToUrl(rawurl, "Submit", "0");
                    Response.Redirect(rawurl, false);
                }
            }
            catch (Exception ex)
            {
                Messages.ShowError("添加失败" + ex.ToString());
            }
        }
    }
}
```

10.3 药品维护页面源代码

```
<!--#include file="conn.asp" -->
<!--#include file = "formate.asp" -->
<!DOCTYPE HTML PUBLIC "-//W3C//DTD HTML 4.01 Transitional//EN"
"http://www.w3.org/TR/html4/loose.dtd">
<html>
<head>
<meta http-equiv="Content-Type" content="text/html; charset=gb2312">
<title>中药基本信息</title>
<style type="text/css">
<!--
body,td,th {
    font-family: Times New Roman,Times, serif;
    font-size:10pt;
}
```

 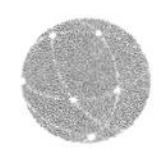

```
body {
    margin - top: 0px;
    margin - bottom: 0px;
}
-->
</style>
<link href = "style/style. css" rel = "stylesheet" type = "text/css" >
</head>

<body>
<table width = "778" border = "0" align = "center" cellpadding = "0" cellspacing = "0" >
  <tr>
    <td> <img src = "image/banner3. jpg" width = "778" height = "143" border = "0" usemap = "#Map" >
      <map name = "Map" >
        <area shape = "rect" coords = "33,113,84,136" href = "index. asp" >
        <area shape = "rect" coords = "102,113,177,134" href = "glory. asp" >
        <area shape = "rect" coords = "197,114,269,136" href = "appreciate. asp" >
        <area shape = "rect" coords = "288,114,361,135" href = "innovation. asp" >
        <area shape = "rect" coords = "385,115,456,136" href = "share. asp" >
        <area shape = "rect" coords = "470,115,569,135" href = "harvest. asp" >
        <area shape = "rect" coords = "590,117,732,134" href = "ishow. asp" >
      </map> </td>
  </tr>
</table>
<table width = "778" border = "0" align = "center" cellpadding = "0" cellspacing = "0" >
  <tr>
    <td height = "180" > <table width = "778" height = "346" border = "0" cellpadding = "0" cellspacing = "0" >
      <tr>
        <td height = "346" valign = "top" > <table width = "100% " border = "0" cellspacing = "0" cellpadding
= "0" >
            <tr>
              <td width = "15% " height = "19" > <img src = "image/nologo. gif" width = "88" height = "31" > </
td>
              <td width = "85% " class = "content" > <a href = "ishow. asp" >中药明细 show </a> <img src =
"image/arrow11. gif" width = "9" height = "7" > <a href = "ishow_teamwork_list. asp" >记录定位</a> <img src
= "image/arrow11. gif" width = "9" height = "7" >药品名称或别名</td>
            </tr>
            <tr>
              <td colspan = "2" > <table width = "100% " height = "84"  border = "0" cellpadding = "0" cellspac-
ing = "0" >
                  <tr>
                    <td width = "2% " height = "69" > <div align = "center" > </div> </td>
                    <td width = "98% " valign = "top" >
                      <%
                      id = request. querystring( "id" )
                      set rs = server. CreateObject( "adodb. recordset" )
                      sql = "select * from ishow where id = "&id
                      rs. open sql,db,1,3
                      rs( "viewcount" ) = rs( "viewcount" ) +1
                      rs. update

                      if request. form( "active" ) = "" then
```

```
elseif session("username") ="" then
response.redirect "accessdeny.htm"
else
                content=trim(request.form("content"))
                if content="" then
                    response.write"<script language=javascript>alert('输入简码!');history.back(-1)</script>"
                else
                set rscomment = server.CreateObject("adodb.recordset")
                sqlcomment = "select * from comment"
                rscomment.open sqlcomment,db,1,3
                rscomment.addnew
                rscomment("ctype")="中药基本信息"
                rscomment("adder")=session("username")
                rscomment("content")=content
                rscomment("objid")=id
                rscomment.update
                rscomment.close
                set rscomment=nothing
                'response.redirect "news.asp"
                response.write "<script>alert('药品添加!');location.href('ishow_teamwork_detail.asp?id='&id&")</script>"
                end if
                end if
                %>
                  <table width="100%"  border="0">
                  <tr>
                    <td><div align="center"></div>
                      <div align="center" class="newstitle"><%=rs("title")%></div></td>
                    <td width="1%" rowspan="6" class="content"><div align="left"></div>
                        <div align="left"></div></td>
                  </tr>
                  <tr>
                    <td><div align="center"><span class="content">添加:<%=rs("adder")%>  发布时间:</span><%=rs("addtime")%><span class="content">    药品统计:<%=rs("viewcount")%></span></div></td>
                  </tr>
                  <tr>
                    <td height="1" background="image/dot.jpg"></td>
                  </tr>
                    <% if rs("image1")<>"" then%>
                  <tr>
                    <td><div align="center"><a href="upload/ishow/<%=rs("image1")%>"><img src="upload/ishow/<%=rs("image1")%>" border="0" width="400"></a></div></td>
                      </tr>
                    <% end if%>
                    <% if rs("image2")<>"" then%>
                    <tr>
                    <td><div align="center"><a href="upload/ishow/<%=rs("image2")%>"><img src="upload/ishow/<%=rs("image2")%>" border="0" width="400"></a></div></td>
                  </tr>
                    <% end if%>
```

 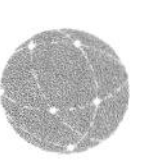

```
                        <% if rs("image3")<>"" then%>
                        <tr>
                        <td><div align="center"><a href="upload/ishow/<% =rs("image3")%>
"><img src="upload/ishow/<% =rs("image3")%>" border="0" width="400"></a></div></td>
                      </tr>
                              <% end if%>
                      <tr>
                        <td><div align="left"><span class="content">用法用量:<br>
                          <% =formate(rs("content"))%></span></div></td>
                      </tr>
                      <tr>
                        <td> </td>
                      </tr>
                      <tr>
                        <td height="1" colspan="2" background="image/dot.jpg"></td>
                      </tr>
                    </table>
                    </td>
                </tr>
              </table></td>
            </tr>
          </table></td>
          <td width="152" valign="bottom" background="image/rightbg.jpg"><img src="image/qqq6.jpg"
width="152" height="346"></td>
        </tr>
      </table></td>
    </tr>
    <tr>
      <td><table width="100%" height="443" border="0" cellpadding="0" cellspacing="0">
        <tr>
          <td height="6" valign="top"><div align="left">
              <table width="100%" border="0" cellpadding="0" cellspacing="1" bgcolor="#F3F3F3">
                <tr>
                  <td height="20" valign="bottom" class="titleb"><img src="image/4.gif" width="16"
height="14">知识判断</td>
                </tr>
              </table>
          </div></td>
        </tr>
        <tr>
          <td height="3" valign="top" class="content"><div align="center">医生交流</div></td>
        </tr>
        <tr>
          <td height="41" valign="middle">
          <%
            set rs1 = server.CreateObject("adodb.recordset")
            sql1 = "select * from comment where ctype='药品修改' and objid="&id
            sql1 = sql1 + " order by time desc"
            rs1.open sql1,db,1,3
            if rs1.eof then
            response.Write("当前没有药品修改信息!")
            end if
```

```
            dim pagenum
            dim ipage,i
            ipage = 1

            rs1. pagesize = 10
            pagecount1 = rs1. pagecount
            if request. QueryString( "pagenum" ) =0 or request. QueryString( "pagenum" ) = "" then
                pagenum = 1
            else
                pagenum = request. QueryString( "pagenum" )
                rs1. absolutepage = trim( request. QueryString( "pagenum" ) )
            end if
            % >
          < % do while not rs1. eof and i < 10% >
          < table width = "95% " border = "0"  align = "center"  cellpadding = "0"  cellspacing = "1"  bgcolor = "#ABC-
DB1" >
                < tr >
                  < td height = "25"  bgcolor = "#DFDFDF" > < table width = "100% " border = "0"  cellspacing =
"0"  cellpadding = "0" >
                        < tr >
                          < td width = "10% "  class = "content" > < img src = "image/bt_right_arow. gif"  width =
"11"  height = "11" >医生: </td >
                          < td width = "74% " > < %  = rs1 ( "adder" )% > </td >
                          < td width = "16% "  class = "content" > < %  = rs1 ( "time" )% >   </td >
                        </tr >
                  </table > </td >
                </tr >
                < tr >
                  < td height = "48"  bgcolor = "#FFFFFF" > < %  = rs1 ( "content" )% > </td >
                </tr >
              </table >
              < br >
              < %
                i = i + 1
                rs1. movenext
                loop
                % > </td >
        </tr >
        < tr >
          < td height = "20"  valign = "middle" > < div align = "center" > < span class = "content" > ( < span class
= "txt" > < %  = pagenum% > </span >/ < span class = "txt" > < %  = pagecount1% > </span > )         < span
class = "txt" >
          < % do while ipage < pagecount1 + 1% >
          < a
         href = ishow_teamwork _detail. asp? pagenum =  < %  = ipage%  > &id =  < %  = rs ( " id" )%  >  > < %  =
ipage%  >  </a >
          < %
            ipage = ipage + 1
            loop
            % >
          </span > </span > </div > </td >
```

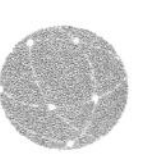

```
        </tr>
        <tr>
          <td height="22" valign="bottom" bgcolor="#F3F3F3"><img src="image/213.gif" width="16"
height="14"> <span class="titleb">医药信息</span></td>
        </tr>
        <tr>
          <td height="248" valign="middle"><form name="form1" method="post" action="">
              <table width="60%" border="0" align="center" cellpadding="0" cellspacing="0">
                <tr>
                  <td width="10%"> </td>
                  <td width="90%"><div align="center">
                      <textarea name="content" cols="50" rows="10" id="content"></textarea>
                  </div></td>
                </tr>
                <tr>
                  <td> </td>
                  <td><div align="center"> <br>
                          <input type="submit" name="Submit" value="提交">
                          <input name="active" type="hidden" id="active" value="yes">
                  </div></td>
                </tr>
              </table>
          </form></td>
        </tr>
      </table></td>
   </tr>
</table>
</body>
</html>
<%
rs.close
set rs=nothing
rs1.close
set rs1=nothing
db.close
set db = nothing
%>
```

10.4　医生用户模块个人信息显示页面源代码

```
<!--#include file = "conn.asp"-->
<!--#include file = "formate.asp"-->
<%
username=session("username")
sql="select * from [user] where username='"&username&"'"
set rs=server.CreateObject("adodb.recordset")
rs.open sql,db,1,3
%>
<!DOCTYPE HTML PUBLIC "-//W3C//DTD HTML 4.01 Transitional//EN"
"http://www.w3.org/TR/html4/loose.dtd">
<html>
```

```
< head >
< meta http - equiv = "Content - Type"  content = "text/html; charset = gb2312" >
< title >医生资料 < /title >
< style type = "text/css" >
< ! --
body {
      margin - left: 0px;
      margin - top: 0px;
      margin - bottom: 0px;
}
-->
< /style >
< link href = "style/style. css"  rel = "stylesheet"  type = "text/css" >
< style type = "text/css" >
< ! --
a:link {
      text - decoration: none;
}
a:visited {
      text - decoration: none;
}
a:hover {
      text - decoration: none;
}
a:active {
      text - decoration: none;
}
-->
< /style >
< link href = "style/style1. css"  rel = "stylesheet"  type = "text/css" >
< style type = "text/css" >
< ! --
. style3 { color: #FF0000 }
-->
< /style >
< /head >

< body >
< table width = "778"  border = "0"  align = "center" >
       < tr >
       < td >   < /td >
    < /tr >
    < tr >
       < td height = "326" > < table width = "70% " border = "0"  align = "center" >
          < tr >
             < td height = "1"  background = "image/dot. jpg" > < /td >
          < /tr >
          < tr >
             < td width = "82% " > < table width = "100% "  height = "170"  border = "0"  cellspacing = "1"  bgcolor = "#
CCCCCC" >
                   < tr >
                      < th height = "30"  background = "image/web_Menu_bgImage. gif"  bgcolor = "#FFFFFF"  class = "ti-
```

```
tleb" scope = "col" > <% = session("username")% >医生资料 </th >
            </tr >
            <tr >
              <th height = "56" bgcolor = "#FFFFFF" scope = "col" > <table width = "100% " height = "135" border = "0" cellspacing = "1" bgcolor = "#CCCCCC" >
                <tr >
                  <th height = "133" bgcolor = "#FFFFFF" scope = "col" > <form action = "admin/user_mod_save. asp" method = "post" enctype = "multipart/form - data" name = "form1" >
                      <table width = "100% " border = "0" cellspacing = "1" bgcolor = "#F6F6F6" class = "text" >
                        <tr bgcolor = "#FFFFFF" >
                          <td width = "13% " > <div align = "right" > <span class = "content" >用户名 </span > : </div > </td >
                          <td width = "48% " > <div align = "left" >
                            <span class = "content" > <% = rs("username")% > </span > </div > </td >
                          <td width = "39% " rowspan = "9" > <span class = "content" >
                           <a href = "upload/userImage/ <%  = rs("image")% >" > <img src = "upload/userImage/ <%  = rs("image")% >" width = "200" border = "0" > </a >
                          </span > </td >
                        </tr >
                        <tr bgcolor = "#FFFFFF" >
                          <td > <div align = "right" > <span class = "content" >真实姓名 </span > : </div > </td >
                          <td width = "48% " > <div align = "left" > <span class = "content" > <% = rs("name")% > <font id = UserID_FontID color = gray > </font > </span > </div > </td >
                          </tr >
                        <tr bgcolor = "#FFFFFF" >
                          <td width = "13% " > <div align = "right" class = "content" >部门: </div > </td >
                          <td > <div align = "left" class = "content" > <%  = rs("dept")% >
                          </div > </td >
                          </tr >
                        <tr bgcolor = "#FFFFFF" >
                          <td > <div align = "right" > <span class = "content" >入职日期: </span > </div > </td >
                          <td >
                            <div align = "left" class = "content" > <%  = rs("joinyear")% > </div > </td >
                          </tr >
                        <tr bgcolor = "#FFFFFF" >
                          <td > <div align = "right" class = "content" >职称: </div > </td >
                          <td > <div align = "left" > <span class = "content" >
                            <%  = rs("level")% >
                            级 </span > </div > </td >
                          </tr >
                        <tr bgcolor = "#FFFFFF" >
                          <td width = "13% " > <div align = "right" class = "content" >性别: </div > </td >
                          <td > <div align = "left" > <span class = "content" >
                            <%  = rs("sex")% >
                          </span >
                          </div > </td >
                          </tr >
                        <tr bgcolor = "#FFFFFF" >
                          <td width = "13% " > <div align = "right" class = "content" >籍贯: </div > </td >
```

```
    <td> <div align="left"> <span class="content">
      <% =rs("comefrom")%>
    </span>
    </div> </td>
    </tr>
  <tr bgcolor="#FFFFFF">
    <td> <div align="right" class="content">MSN: </div> </td>
    <td> <div align="left"> <span class="content">
      <% =rs("msn")%>
    </span>
    </div> </td>
    </tr>
  <tr bgcolor="#FFFFFF">
    <td> <div align="right"> <span class="content"> QQ: </span> </
div> </td>

    <td> <div align="left"> <span class="content">
      <% =rs("qq")%>
    </span>
    </div> </td>
    </tr>
  <tr bgcolor="#FFFFFF">
    <td> <div align="right" class="content">联系地址: </div> </td>
    <td colspan="2"> <div align="left"> <span class="content">
      <% =rs("addr")%>
    </span>
    </div> </td>
  </tr>
  <tr bgcolor="#FFFFFF">
    <td> <div align="right" class="content">联系电话: </div> </td>
    <td colspan="2"> <div align="left"> <span class="content">
      <% =rs("tel")%>
    </span>
    </div> </td>
  </tr>
  <tr bgcolor="#FFFFFF">
    <td> <div align="right" class="content">电子邮箱: </div> </td>
    <td colspan="2"> <div align="left"> <span class="content">
      <% =rs("email")%>
    </span>
    </div> </td>
  </tr>
  <tr bgcolor="#FFFFFF">
    <td> <div align="right" class="content">座右铭: </div> </td>
    <td colspan="2"> <div align="left"> <span class="content">
      <% =rs("belief")%>
    </span>
    </div> </td>
  </tr>
  <tr bgcolor="#FFFFFF">
    <td valign="top"> <div align="right" class="content">自我介绍: </div>
</td>

    <td colspan="2" valign="top"> <div align="left"> <span class="content">
```

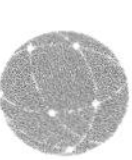

```
                    <% =formate(rs("about"))% >  </span > </div > </td >
                  </tr >
                  <tr bgcolor = "#FFFFFF" >
                    <td > <div align = "center"  class = "content" > </div > </td >
                    <td > <div  align = " center"  class = " content" > < a  href = " index. asp" > 返 回
</a > </div > </td >
                    <td bgcolor = "#FFFFFF" > <div align = "left" > <span class = "content" > <a href
= "user_info_mod. asp" >修改个人资料 </a > </span > </div > </td >
                  </tr >
                </table >
              </form > </th >
            </tr >
          </table > </th >
        </tr >
      </table > </td >
    </tr >
    <tr >
      <td >  </td >
    </tr >
  </table > </td >
</tr >
<tr >
  <td bgcolor = "#DAF3EF" > <div align = "center"  class = "content" > </div > </td >
</tr >
</table >
</body >
</html >
<%
rs. close
set rs = nothing
db. close
set db = nothing
% >
```

10.5　个人信息修改页面源代码

```
<!-- #include file  =  "conn. asp" -->
<%
username = session("username")
sql = "select  *  from  [user]  where  username = '" &username&"'"
set rs = server. CreateObject("adodb. recordset")
rs. open sql,db,1,3
% >
<!  DOCTYPE HTML PUBLIC " -//W3C//DTD HTML 4. 01 Transitional//EN"
"http://www. w3. org/TR/html4/loose. dtd" >
<html >
<head >
<meta http - equiv = "Content - Type"  content = "text/html; charset = gb2312" >
<title >管理员 </title >
<style type = "text/css" >
<!--
```

```
body {
    margin-left: 0px;
    margin-top: 0px;
    margin-bottom: 0px;
}
-->
</style>
<link href="style/style.css" rel="stylesheet" type="text/css">
<style type="text/css">
<!--
a:link {
    text-decoration: none;
}
a:visited {
    text-decoration: none;
}
a:hover {
    text-decoration: none;
}
a:active {
    text-decoration: none;
}
-->
</style>
<link href="style/style1.css" rel="stylesheet" type="text/css">
<style type="text/css">
<!--
.style3 {color: #FF0000}
-->
</style>
</head>

<body>
<table width="778" border="0" align="center">
  <tr>
    <td> </td>
  </tr>
  <tr>
    <td height="326"><table width="100%" border="0">
      <tr>
        <td height="1" background="image/dot.jpg"></td>
      </tr>
      <tr>
        <td width="82%"><table width="100%" height="170" border="0" cellspacing="1" bgcolor="#
CCCCCC">
          <tr>
            <th height="30" background="image/web_Menu_bgImage.gif" bgcolor="#FFFFFF" class="ti-
tleb" scope="col">医生个人资料修改</th>
          </tr>
          <tr>
            <th height="56" bgcolor="#FFFFFF" scope="col"><table width="100%" height="135" bor-
der="0" cellspacing="1" bgcolor="#CCCCCC">
```

 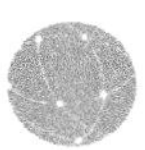

```
<tr>
    <th height="133" bgcolor="#FFFFFF" scope="col"> <form action="user_info_save.asp" method="post" enctype="multipart/form-data" name="form1">
        <table width="100%" border="0" cellspacing="1" bgcolor="#F6F6F6" class="text">
            <tr bgcolor="#FFFFFF">
                <td width="15%"> <div align="right"> <span class="content">用户名</span>:</div></td>
                <td width="85%"> <div align="left">
                    <% =rs("username")%> <input name="username" type="hidden" value="<% =rs("username")%>">
                    <span class="content">(由管理员设定,不能更改)</span></div></td>
            </tr>
            <tr bgcolor="#FFFFFF">
                <td> <div align="right"> <span class="style3"> * </span> <span class="content">真实姓名</span>:</div></td>
                <td width="85%"> <div align="left">
                    <input name="name" type="text" id="name" value="<% =rs("name")%>" size="20" maxlength="20">
                        <font class=content id=UserID_FontID color=gray>请填写您的真实姓名。用户名不允许修改。</font></div></td>
            </tr>
            <tr bgcolor="#FFFFFF">
                <td width="15%"> <div align="right" class="content"> <span class="style3"> * </span>登录密码:</div></td>
                    <td> <div align="left">
                    <input name="password" type="password" id="password" size="20" maxlength="20">
                        <font class=content id=PassWord_FontID
color=gray>密码由英文字母和数字组成。</font> </div></td>
            </tr>
            <tr bgcolor="#FFFFFF">
                <td width="15%"> <div align="right" class="content"> <span class="style3"> * </span>确认密码:</div></td>
                <td> <div align="left">
                    <input name="repassword" type="password" id="repassword" size="20" maxlength="20">
                        <font color=gray class="content" id=RePassWord_FontID>请再输入一遍以确保您能正确记住这一密码。</font> </div></td>
            </tr>
            <tr bgcolor="#FFFFFF">
                <td width="15%"> <div align="right" class="content">部门:</div></td>
                <td> <div align="left">
                    <select name="dept" id="dept">
                        <option value="<% =rs("dept")%>"> <% =rs("dept")%> </option>

                        <option value="101">101</option>
                        <option value="102">102</option>
                        <option value="103">103</option>
                        <option value="104">104</option>
                        <option value="105">105</option>
```

```
                <option value="106">106</option>
                <option value="107">107</option>
                <option value="108">108</option>
                    </select>
        </div></td>
    </tr>
    <tr bgcolor="#FFFFFF">
        <td><div align="right"><span class="content">入职日期:</span></div></td>
        <td>
            <div align="left">
                <select name="joinyear" id="year">
                        <option value=<%=rs("joinyear")%> selected><%=rs("joinyear")%></option>
                        <option value="2001">2001</option>
                        <option value="2002">2002</option>
                        <option value="2003">2003</option>
                        <option value="2004">2004</option>
                        <option value="2005">2005</option>
                        <option value="2006">2006</option>
                        <option value="2007">2007</option>
                </select>
            </div></td>
    </tr>
    <tr bgcolor="#FFFFFF">
        <td><div align="right" class="content">职称:</div></td>
        <td><div align="left">
            <select name="level" id="level">
                <option value=<%=rs("level")%> selected><%=rs("level")%></option>
                    <option value="1">1</option>
                    <option value="2">2</option>
                    <option value="3">3</option>
                    <option value="4">4</option>
                    <option value="5">5</option>
                        </select>
                <span class="content">级</span></div></td>
    </tr>
    <tr bgcolor="#FFFFFF">
        <td width="15%"><div align="right" class="content">性别:</div></td>
        <td><div align="left">
            <select name="sex" id="sex">
                <option value=<%=rs("sex")%> selected><%=rs("sex")%></option>
                <option value="男">男</option>
                    <option value="女">女</option>
            </select>
        </div></td>
    </tr>
    <tr bgcolor="#FFFFFF">
        <td width="15%"><div align="right" class="content">籍贯:</div></td>
        <td><div align="left">
```

 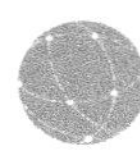

```
                    <SELECT class = from
          name = comefrom >
                        <option value = <%  = rs("comefrom")% > selected > <%  = rs("come-
from")% > </option >
                        <OPTION value = 北京 > 北京 </OPTION >
                        <OPTION value = 上海 > 上海 </OPTION >
                        <OPTION value = 天津 > 天津 </OPTION >
                        <OPTION value = 重庆 > 重庆 </OPTION >
                        <OPTION value = 湖北 > 湖北 </OPTION >
                        <OPTION value = 河北 > 河北 </OPTION >
                        <OPTION value = 山西 > 山西 </OPTION >
                        <OPTION value = 内蒙古 > 内蒙古 </OPTION >
                        <OPTION value = 辽宁 > 辽宁 </OPTION >
                        <OPTION value = 吉林 > 吉林 </OPTION >
                        <OPTION value = 黑龙江 > 黑龙江 </OPTION >
                        <OPTION value = 江苏 > 江苏 </OPTION >
                        <OPTION value = 浙江 > 浙江 </OPTION >
                        <OPTION value = 安徽 > 安徽 </OPTION >
                        <OPTION value = 福建 > 福建 </OPTION >
                        <OPTION value = 江西 > 江西 </OPTION >
                        <OPTION value = 山东 > 山东 </OPTION >
                        <OPTION value = 河南 > 河南 </OPTION >
                        <OPTION value = 海南 > 海南 </OPTION >
                        <OPTION value = 广东 > 广东 </OPTION >
                        <OPTION value = 广西 > 广西 </OPTION >
                        <OPTION value = 湖南 > 湖南 </OPTION >
                        <OPTION value = 四川 > 四川 </OPTION >
                        <OPTION value = 贵州 > 贵州 </OPTION >
                        <OPTION value = 云南 > 云南 </OPTION >
                        <OPTION value = 西藏 > 西藏 </OPTION >
                        <OPTION value = 陕西 > 陕西 </OPTION >
                        <OPTION value = 甘肃 > 甘肃 </OPTION >
                        <OPTION value = 宁夏 > 宁夏 </OPTION >
                        <OPTION value = 青海 > 青海 </OPTION >
                        <OPTION value = 新疆 > 新疆 </OPTION >
                        <OPTION value = 澳门 > 澳门 </OPTION >
                        <OPTION value = 香港 > 香港 </OPTION >
                        <OPTION value = 台湾 > 台湾 </OPTION >
                        <OPTION value = 国外 > 国外 </OPTION >
                        <OPTION
          value = 其他 > 其他 </OPTION >
                        </SELECT >
                  </div > </td >
                </tr >
                <tr bgcolor = "#FFFFFF" >
                  <td width = "15% " > <div align = "right"  class = "content" > 个人照片: </div >
</td >
                  <td > <div align = "left" >
                    <input type = "file"  name = "file" >
                  </div > </td >
                </tr >
                <tr bgcolor = "#FFFFFF" >
```

```
<td> <div align = "right" class = "content" >MSN: </div> </td>
<td> <div align = "left" >
  <input name = "msn" type = "text" id = "msn" value = " <% = rs("msn")% >"
size = "20" maxlength = "100" >
</div> </td>
</tr>
<tr bgcolor = "#FFFFFF" >
<td> <div align = "right" > <span class = "content" > QQ: </span> </
div> </td>
<td> <div align = "left" >
  <input name = "qq" type = "text" id = "qq" value = " <% = rs("qq")% >" size
= "20" maxlength = "100" >
</div> </td>
</tr>
<tr bgcolor = "#FFFFFF" >
<td> <div align = "right" class = "content" >联系地址: </div> </td>
<td> <div align = "left" >
  <input name = "addr" type = "text" id = "addr" value = "北京" size = "40" max-
length = "100" >
</div> </td>
</tr>
<tr bgcolor = "#FFFFFF" >
<td> <div align = "right" class = "content" >联系电话: </div> </td>
<td> <div align = "left" >
  <input name = "tel" type = "text" id = "tel" value = "010" size = "20" maxlength
= "100" >
</div> </td>
</tr>
<tr bgcolor = "#FFFFFF" >
<td> <div align = "right" class = "content" >电子邮箱: </div> </td>
<td> <div align = "left" >
  <input name = "email" type = "text" id = "email" value = " <% = rs("email")% >"
size = "30" maxlength = "100" >
</div> </td>
</tr>
<tr bgcolor = "#FFFFFF" >
<td> <div align = "right" class = "content" >座右铭: </div> </td>
<td> <div align = "left" >
  <input name = "belief" type = "text" id = "belief" value = " <% = rs("belief")% >"
size = "60" maxlength = "255" >
</div> </td>
</tr>
<tr bgcolor = "#FFFFFF" >
<td valign = "top" > <div align = "right" class = "content" > 自我介绍: </div >
</td>
<td> <div align = "left" >
  <textarea name = "about" cols = "50" rows = "8" id = "about" > <% = rs( "a-
bout")% > </textarea>
</div> </td>
</tr>
<tr bgcolor = "#FFFFFF" >
<td>  </td>
```

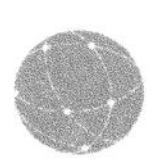

```
                        <td> <div align="left">
                                <input type="submit"  name="Submit"  value="确定" >
                                <input type="reset"  name="Submit"  value="清除" >
                        </div> </td>
                        <input name = "active" type = "hidden" id = "active" value = "yes" >
                    </tr>
                    <tr bgcolor="#FFFFFF" >
                        <td colspan="2" > <div align="center" > </div> </td>
                    </tr>
                </table>
            </form> </th>
        </tr>
    </table> </th>
  </tr>
 </table> </td>
</tr>
<tr>
  <td>  </td>
</tr>
</table> </td>
</tr>
<tr>
  <td bgcolor="#DAF3EF" > <div align="center"  class="content" > </div> </td>
</tr>
</table>
</body>
</html>
<%
rs.close
set rs = nothing
db.close
set db = nothing
%>
```

10.6　个人信息保存页面源代码

```
<!--#include file="conn.asp" -->
<% response.buffer = ture% >

<%

    Set Upload  =  Server.CreateObject("Persits.Upload")

    ' we use memory uploads, so we must limit file size
    Upload.SetMaxSize 200000000, True

    ' Save to memory.  Path parameter is omitted
    Upload.Save

    Dim ranNum
    randomize
```

```
            ranNum = int(999 * rnd)
    CreateName = year(now)&month(now)&day(now)&hour(now)&minute(now)&second(now)&"_"&ranNum
        NewName  =  CreateName

        ' Access subdirectory specified by user
        username = trim(Upload.Form("username"))
        name = trim(Upload.Form("name"))
        password = trim(Upload.Form("password"))
        repassword = trim(Upload.Form("repassword"))
        dept = trim(Upload.Form("dept"))
        joinyear = trim(Upload.Form("joinyear"))
        level = trim(Upload.Form("level"))
        sex = trim(Upload.Form("sex"))
        comefrom = trim(Upload.Form("comefrom"))
        msn = trim(Upload.Form("msn"))
        qq = trim(Upload.Form("qq"))
        addr = trim(Upload.Form("addr"))
        tel = trim(Upload.Form("tel"))
        email = trim(Upload.Form("email"))
        belief = trim(Upload.Form("belief"))
        about = trim(Upload.Form("about"))

        '输入合法性判断
        if name = "" or password = "" or repassword = "" then
            response.write"<script language=javascript>alert('带*的必须填写!');history.back(-1)</script>"
        end if

        sql  =  "select * from [user] where username='"&username&"'"
        set rs = server.CreateObject("adodb.recordset")
        rs.open sql,db,1,3
        if password <> repassword then
            response.write"<script language=javascript>alert('两次密码输入不一致,请重新输入密码!');his-
tory.back(-1)</script>"

          else
          'save to DB ------------------------------------------------
          rs("name") = name
          rs("password")  =  password
          rs("dept")  =  dept
          rs("joinyear")  =  joinyear
          rs("level")  =  level
          rs("sex")  =  sex
          rs("comefrom")  =  comefrom
          rs("msn")  =  msn
          rs("qq")  =  qq
          rs("tel")  =  tel
          rs("addr")  =  addr
          rs("email")  =  email
          rs("belief")  =  belief
          rs("about")  =  about

          ' Build path string
```

 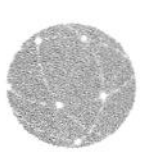

```
            Path  =  Server. MapPath( "upload/userImage" )

            ' Create path, ignore "already exists" error
            Upload. CreateDirectory Path, True

            ' Save files to it. Our form has only one file item
            ' but this code is generic.
            dim fsize
            dim fullFname
            For Each File in Upload. Files
              Fname =  NewName & "_" & "用户头像" &"_"& name & File. ext
              fullFname = Path & "\" & Fname
              File. SaveAs fullFname
              fsize = File. size
            NEXT

              'Application. Lock
              'Application( "TotalFileSize" )  =  Application( "TotalFileSize" )  +  fsize( i - 1)
              'Application. Unlock
            if fsize < >0 then
            rs( "image" ) = Fname
            end if

            rs. update
            rs. close
            set rs = nothing
            db. close
            set db = nothing
            response. write " < script > alert('修改成功!');location. href('index. asp') </script > "
       end if
% >
```

10.7 用户登录页面源代码

```
<! DOCTYPE HTML PUBLIC " -//W3C//DTD HTML 4. 01 Transitional//EN"
"http://www. w3. org/TR/html4/loose. dtd" >
< html >
< head >
< meta http - equiv = "Content - Type"  content = "text/html; charset = gb2312" >
< title > 医生登录 </title >
< link href = "style. css"  rel = "stylesheet"  type = "text/css" >
< style type = "text/css" >
<!--
body {
      margin - top: 100px;
      margin - bottom: 0px;
      background - image: url( images/body - back. jpg);
      margin - left: 0px;
}
-->
</style >
```

```
<style>
<!--
a{text-decoration:none}
a:link{color:#ffffff}
a:visited{color:#ffffff}
a:active{color:#ffffff}
a:hover{color:#0000ff}
-->
</style>
<link href="style/style.css" rel="stylesheet" type="text/css">
<style type="text/css">
<!--
.style6{color: #FFFFFF}
-->
</style>
</head>

<body>
<table width="301" height="143" border="0" align="center" cellpadding="0" cellspacing="0">
  <tr>
    <td height="126"><img src="image/userlogin.jpg" width="600" height="126"></td>
  </tr>
  <tr>
    <td height="17"><form name="form2" method="post" action="checkuserlogin.asp">
        <table width="100%" border="0" cellspacing="0" cellpadding="0">
          <tr>
            <td width="96%" height="126" background="image/Admin_Login2.gif"><table width="
100%" border="0" cellspacing="0" cellpadding="0">
                <tr>
                  <td width="14%"> </td>
                  <td width="31%"> </td>
                  <td width="32%"> </td>
                  <td width="23%"> </td>
                </tr>
                <tr>
                  <td height="44"> </td>
                  <td valign="top"><input name="username" type="text" id="username" size="15">
</td>
                  <td valign="top"><input name="userpwd" type="password" id="userpwd" size="15">
</td>
                  <td valign="top"><input type="submit" name="Submit" value="Enter"></td>
                </tr>
                <tr>
                  <td> </td>
                  <td> </td>
                  <td> </td>
                  <td> </td>
                </tr>
            </table></td>
            <td width="4%"><div align="right"><img src="image/Admin_Login3.gif" width="92"
height="126"></div></td>
          </tr>
```

```
            </table>
        </form> </td>
    </tr>
</table>
</body>
</html>
```

10.8　医生密码核对页面源代码

```
<!--#include file="conn.asp"-->
<%
username=trim(request.Form("username"))
userpassword=trim(request.Form("userpwd"))

if username="" or userpassword="" then
    response.write"<script language=javascript>alert('医生用户名或密码未输入');history.back(-1)</script
>"
end if
%>
<%
sql = "select * from [user] where username='"&username&"' and password='"&userpassword&"'"
set rs = db.execute(sql)
if not rs.eof and not rs.bof then
  Session("username")=username

  response.redirect "index.asp"
'if rs.RecordCount>0 then
' response.redirect "/lab/conts/index.asp"
'if name="hfy" and password="hfy" then
'response.redirect "/lab/conts/index.asp"
else
    response.write"<script language=javascript>alert('医生名或密码错误!');history.back(-1)</script>"
end if
%>
```

10.9　医生注销页面源代码

```
<%
Session("username")=""
'response.write"<script language=javascript>alert('注销成功!')</script>"
response.write "<script>alert('注销成功!');location.href('index.asp')</script>"
%>
```

10.10　系统管理员登录页面源代码

```
<! DOCTYPE HTML PUBLIC "-//W3C//DTD HTML 4.01 Transitional//EN"
"http://www.w3.org/TR/html4/loose.dtd">
<html>
<head>
```

```
< meta http - equiv = "Content - Type" content = "text/html; charset = gb2312" >
< title >后台管理</title >
< link href = "../style. css" rel = "stylesheet" type = "text/css" >
< style type = "text/css" >
< !--
body {
      margin - top: 100px;
      margin - bottom: 0px;
      background - image: url(../images/body - back. jpg);
      margin - left: 0px;
}
-->
</style >
< style >
< !--
a{text - decoration:none}
a:link{color:#ffffff}
a:visited{color:#ffffff}
a:active{color:#ffffff}
a:hover{color:#0000ff}
-->
</style >
< link href = "../style/style. css" rel = "stylesheet" type = "text/css" >
< style type = "text/css" >
< !--
. style6{color: #FFFFFF}
-->
</style >
</head >

< body >
< table width = "301" height = "143" border = "0" align = "center" cellpadding = "0" cellspacing = "0" >
  < tr >
    < td height = "126" > < img src = "../image/Admin_Login1. gif" width = "600" height = "126" > </td >
  </tr >
  < tr >
    < td height = "17" > < form name = "form2" method = "post" action = "checklogin. asp" >
        < table width = "100% " border = "0" cellspacing = "0" cellpadding = "0" >
          < tr >
            < td width = "96% " height = "126" background = "../image/Admin_Login2. gif" > < table width = "
100% " border = "0" cellspacing = "0" cellpadding = "0" >
                < tr >
                  < td width = "14% " >   </td >
                  < td width = "31% " >   </td >
                  < td width = "32% " >   </td >
                  < td width = "23% " >   </td >
                </tr >
                < tr >
                  < td height = "44" >   </td >
                  < td valign = "top" > < input name = "adminname" type = "text" id = "adminname" size = "15" >
</td >
                  < td valign = "top" > < input name = "adminpwd" type = "password" id = "adminpwd" size =
```

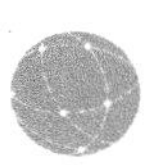

```
"15" > </td >
                <td valign = "top" > <input type = "submit"  name = "Submit"  value = "Enter" > </td >
              </tr >
              <tr >
                <td >   </td >
                <td >   </td >
                <td >   </td >
                <td >   </td >
              </tr >
          </table > </td >
          <td width = "4% " > <div align = "right" > <img src = "../image/Admin_Login3.gif"  width = "92"
height = "126" > </div > </td >
        </tr >
      </table >
    </form > </td >
  </tr >
</table >
</body >
</html >
```

10.11　系统管理员登录错误页面源代码

```
<!-- #include file = "conn.asp" -->
<%
name = trim(request.Form("adminname"))
password = trim(request.Form("adminpwd"))

if name = "" or password = "" then
    response.write" <script language = javascript > alert('管理员用户名或密码未输入');history.back(-1) </
script > "
end if
% >
<%
sql  =  "select  *  from admin"
set rs  =  db.execute(sql)
if rs("adminname") = name and rs("adminpwd") = password then
  Session("adminname") = name
  Session("adminpassword") = password
  session("username") = admin

  response.redirect "index.asp"
'if rs.RecordCount > 0 then
' response.redirect "/lab/conts/index.asp"
'if name = "hfy"  and password = "hfy"  then
'response.redirect "/lab/conts/index.asp"
else
    response.write" <script language = javascript > alert('管理员用户名或密码错误!');history.back(-1) </script > "
end if
% >
```

10.12 后台管理页面源代码

```
<! DOCTYPE HTML PUBLIC " -//W3C//DTD HTML 4.01 Transitional//EN"
"http://www.w3.org/TR/html4/loose.dtd">
<html>
<head>
<meta http-equiv="Content-Type" content="text/html; charset=gb2312">
<title>后台管理</title>
<link href="../style.css" rel="stylesheet" type="text/css">
<style type="text/css">
<!--
body {
      margin-top: 100px;
      margin-bottom: 0px;
      background-image: url(../images/body-back.jpg);
      margin-left: 0px;
}
-->
</style>
<style>
<!--
a{text-decoration:none}
a:link{color:#ffffff}
a:visited{color:#ffffff}
a:active{color:#ffffff}
a:hover{color:#0000ff}
-->
</style>
<link href="../style/style.css" rel="stylesheet" type="text/css">
<style type="text/css">
<!--
.style6{color: #FFFFFF}
-->
</style>
</head>

<body>
<table width="301" height="143" border="0" align="center" cellpadding="0" cellspacing="0">
  <tr>
    <td height="126"><img src="../image/Admin_Login1.gif" width="600" height="126"></td>
  </tr>
  <tr>
    <td height="17"><form name="form2" method="post" action="checklogin.asp">
        <table width="100%" border="0" cellspacing="0" cellpadding="0">
          <tr>
            <td width="96%" height="126" background="../image/Admin_Login2.gif"><table width="
100%" border="0" cellspacing="0" cellpadding="0">
                <tr>
                  <td width="14%"> </td>
                  <td width="31%"> </td>
```

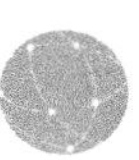

```
                    <td width = "32% " >  </td >
                    <td width = "23% " >  </td >
                  </tr >
                  <tr >
                    <td height = "44" >  </td >
                    <td valign = "top" > <input name = "adminname" type = "text" id = "adminname" size = "15" >
</td >
                    <td valign = "top" > <input name = "adminpwd" type = "password" id = "adminpwd" size = "
15" > </td >
                    <td valign = "top" > <input type = "submit" name = "Submit" value = "Enter" > </td >
                  </tr >
                  <tr >
                    <td >  </td >
                    <td >  </td >
                    <td >  </td >
                    <td >  </td >
                  </tr >
              </table > </td >
              <td width = "4% " > <div align = "right" > <img src = "../image/Admin_Login3. gif" width = "92"
height = "126" > </div > </td >
            </tr >
          </table >
      </form > </td >
    </tr >
</table >
</body >
</html >
```

10.13　添加用户页面源代码

```
<%
if session( "adminname" ) = "" then
response. write" <script language = javascript > alert('对不起你不是管理员!');history. back( -1) </script > "
end if
% >
<! DOCTYPE HTML PUBLIC " -//W3C//DTD HTML 4. 01 Transitional//EN"
"http://www. w3. org/TR/html4/loose. dtd" >
<html >
<head >
<meta http - equiv = "Content - Type" content = "text/html; charset = gb2312" >
<title >后台管理 </title >
<style type = "text/css" >
<!--
body {
      margin - left: 0px;
      margin - top: 0px;
      margin - bottom: 0px;
}
-->
</style >
<link href = "../style/style. css" rel = "stylesheet" type = "text/css" >
```

```
<style type="text/css">
<!--
a:link {
    text-decoration: none;
}
a:visited {
    text-decoration: none;
}
a:hover {
    text-decoration: none;
}
a:active {
    text-decoration: none;
}
-->
</style>
<link href="../style/style1.css" rel="stylesheet" type="text/css">
<style type="text/css">
<!--
.style3{color: #FF0000}
-->
</style>
</head>

<body>
<table width="778" border="0">
  <tr>
    <td> </td>
  </tr>
  <tr>
    <td height="326"><table width="100%" border="0">
      <tr>
        <td height="1" background="../image/dot.jpg"></td>
      </tr>
      <tr>
        <td width="82%"><table width="100%" height="170" border="0" cellspacing="1" bgcolor="#
CCCCCC">
          <tr>
            <th height="30" background="../image/web_Menu_bgImage.gif" bgcolor="#FFFFFF" class="ti-
tleb" scope="col">添加新用户</th>
          </tr>
          <tr>
            <th height="56" bgcolor="#FFFFFF" scope="col"><table width="100%" height="135" bor-
der="0" cellspacing="1" bgcolor="#CCCCCC">
              <tr>
                <th height="133" bgcolor="#FFFFFF" scope="col"><form action="user_add_
save.asp" method="post" enctype="multipart/form-data" name="form1">
                  <table width="100%" border="0" cellspacing="1" bgcolor="#F6F6F6" class=
"text">
                    <tr bgcolor="#FFFFFF">
                      <td width="15%"><div align="right"><span class="style3">*</span>
<span class="content">用户名</span>:</div></td>
```

 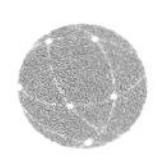

```
<td width="85%"><div align="left">
  <input name="username" type="text" id="username" size="20" maxlength="20">
    <span class="content">用户登录时所用的 ID 号</span> </div></td>
</tr>
<tr bgcolor="#FFFFFF">
  <td><div align="right"><span class="style3">*</span><span class="content">真实姓名</span>:</div></td>
  <td width="85%"><div align="left">
    <input name="name" type="text" id="name" size="20" maxlength="20">
      <font class=content id=UserID_FontID color=gray>请填写您的真实姓名。用户名不允许修改。</font></div></td>
</tr>
<tr bgcolor="#FFFFFF">
  <td width="15%"><div align="right" class="content"><span class="style3">*</span>登录密码:</div></td>
  <td><div align="left">
    <input name="password" type="password" id="password" size="20" maxlength="20">
      <font class=content id=PassWord_FontID
color=gray>密码由英文字母、数字组成。</font> </div></td>
</tr>
<tr bgcolor="#FFFFFF">
  <td width="15%"><div align="right" class="content"><span class="style3">*</span>确认密码:</div></td>
  <td><div align="left">
    <input name="repassword" type="password" id="repassword" size="20" maxlength="20">
      <font color=gray class="content" id=RePassWord_FontID>请再输入一遍以确保您能正确记住这一密码。</font> </div></td>
</tr>
<tr bgcolor="#FFFFFF">
  <td width="15%"><div align="right" class="content">部门:</div></td>
  <td><div align="left">
    <select name="dept" id="dept">
      <option value="--请选择--" selected>--请选择--</option>
      <option value="101">101</option>
      <option value="102">102</option>
      <option value="103">103</option>
      <option value="104">104</option>
      <option value="105">105</option>
      <option value="106">106</option>
      <option value="107">107</option>
      <option value="108">108</option>
</select>
</div></td>
</tr>
<tr bgcolor="#FFFFFF">
  <td><div align="right"><span class="content">入职日期:</span></div>
</td>
  <td>
    <div align="left">
```

```
<select name="joinyear" id="year">
      <option value="请选择入职年份" selected>请选择入职年份</op-
tion>
      <option value="2001">2001</option>
      <option value="2002">2002</option>
      <option value="2003">2003</option>
      <option value="2004">2004</option>
      <option value="2005">2005</option>
      <option value="2006">2006</option>
      <option value="2007">2007</option>
   </select>
  </div></td>
</tr>
<tr bgcolor="#FFFFFF">
  <td><div align="right" class="content">职称:</div></td>
  <td><div align="left">
   <select name="level" id="level">
      <option value="1" selected>1</option>
      <option value="2">2</option>
      <option value="3">3</option>
      <option value="4">4</option>
      <option value="5">5</option>
        </select>
    <span class="content">级</span></div></td>
</tr>
<tr bgcolor="#FFFFFF">
  <td width="15%"><div align="right" class="content">性别:</div></td>
  <td><div align="left">
   <select name="sex" id="sex">
     <option selected>请选择</option>
     <option value="男">男</option>
        <option value="女">女</option>
   </select>
  </div></td>
</tr>
<tr bgcolor="#FFFFFF">
  <td width="15%"><div align="right" class="content">籍贯:</div></td>
  <td><div align="left">
   <SELECT class=from
name=comefrom>
      <option value="请选择">--请选择籍贯--</option>
      <OPTION value=北京 selected>北京</OPTION>
      <OPTION value=上海>上海</OPTION>
      <OPTION value=天津>天津</OPTION>
      <OPTION value=重庆>重庆</OPTION>
      <OPTION value=湖北>湖北</OPTION>
      <OPTION value=河北>河北</OPTION>
      <OPTION value=山西>山西</OPTION>
      <OPTION value=内蒙古>内蒙古</OPTION>
      <OPTION value=辽宁>辽宁</OPTION>
      <OPTION value=吉林>吉林</OPTION>
      <OPTION value=黑龙江>黑龙江</OPTION>
```

```
                    <OPTION value=江苏>江苏</OPTION>
                    <OPTION value=浙江>浙江</OPTION>
                    <OPTION value=安徽>安徽</OPTION>
                    <OPTION value=福建>福建</OPTION>
                    <OPTION value=江西>江西</OPTION>
                    <OPTION value=山东>山东</OPTION>
                    <OPTION value=河南>河南</OPTION>
                    <OPTION value=海南>海南</OPTION>
                    <OPTION value=广东>广东</OPTION>
                    <OPTION value=广西>广西</OPTION>
                    <OPTION value=湖南>湖南</OPTION>
                    <OPTION value=四川>四川</OPTION>
                    <OPTION value=贵州>贵州</OPTION>
                    <OPTION value=云南>云南</OPTION>
                    <OPTION value=西藏>西藏</OPTION>
                    <OPTION value=陕西>陕西</OPTION>
                    <OPTION value=甘肃>甘肃</OPTION>
                    <OPTION value=宁夏>宁夏</OPTION>
                    <OPTION value=青海>青海</OPTION>
                    <OPTION value=新疆>新疆</OPTION>
                    <OPTION value=澳门>澳门</OPTION>
                    <OPTION value=香港>香港</OPTION>
                    <OPTION value=台湾>台湾</OPTION>
                    <OPTION value=国外>国外</OPTION>
                    <OPTION
        value=其他>其他</OPTION>
                    </SELECT>
                </div></td>
            </tr>
            <tr bgcolor="#FFFFFF">
                <td width="15%"><div align="right" class="content">个人照片:</div>
</td>
                <td><div align="left">
                    <input type="file" name="file">
                </div></td>
            </tr>
            <tr bgcolor="#FFFFFF">
                <td><div align="right" class="content">MSN:</div></td>
                <td><div align="left">
                    <input name="msn" type="text" id="msn" value="0" size="20" maxlength
="100">
                </div></td>
            </tr>
            <tr bgcolor="#FFFFFF">
                <td><div align="right"><span class="content"> QQ:</span></
div></td>
                <td><div align="left">
                    <input name="qq" type="text" id="qq" value="0" size="20" maxlength
="100">
                </div></td>
            </tr>
            <tr bgcolor="#FFFFFF">
```

```
                        <td><div align="right" class="content">联系地址:</div></td>
                        <td><div align="left">
                          <input name="addr" type="text" id="addr" value="北京" size="40" max-
length="100">
                        </div></td>
                      </tr>
                      <tr bgcolor="#FFFFFF">
                        <td><div align="right" class="content">联系电话:</div></td>
                        <td><div align="left">
                          <input name="tel" type="text" id="tel" value="010" size="20" maxlength
="100">
                        </div></td>
                      </tr>
                      <tr bgcolor="#FFFFFF">
                        <td><div align="right" class="content">电子邮箱:</div></td>
                        <td><div align="left">
                          <input name="email" type="text" id="email" value="@" size="30" max-
length="100">
                        </div></td>
                      </tr>
                      <tr bgcolor="#FFFFFF">
                        <td><div align="right" class="content">座右铭:</div></td>
                        <td><div align="left">
                          <input name="belief" type="text" id="belief" value="无" size="60" max-
length="255">
                        </div></td>
                      </tr>
                      <tr bgcolor="#FFFFFF">
                        <td valign="top"><div align="right" class="content">自我介绍:</div>
</td>
                        <td><div align="left">
                          <textarea name="about" cols="50" rows="8" id="about">无</textarea>
                        </div></td>
                      </tr>
                      <tr bgcolor="#FFFFFF">
                        <td> </td>
                        <td><div align="left">
                              <input type="submit" name="Submit" value="确定">
                              <input type="reset" name="Submit" value="清除">
                        </div></td>
                        <input name = "active" type = "hidden" id = "active" value = "yes">
                      </tr>
                      <tr bgcolor="#FFFFFF">
                        <td colspan="2"><div align="center"></div></td>
                      </tr>
                    </table>
                  </form></th>
                </tr>
              </table></th>
            </tr>
          </table></td>
        </tr>
```

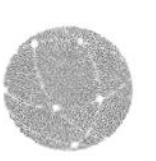

```
        <tr>
          <td> </td>
        </tr>
      </table></td>
    </tr>
    <tr>
      <td bgcolor="#DAF3EF"><div align="center" class="content"></div></td>
    </tr>
</table>
</body>
</html>
```

第 11 章　航空票务大数据管理平台研究

伴随着经济的不断发展，必然带动交通业和旅游业的不断扩大，特别是航空售票和订票的信息管理日益复杂，传统的售票方式已经难以满足快节奏、高效率的现代生活需求，这就要求航空公司要有一套好的售票数据库系统。

一个正常运营的航空公司需要管理所拥有的飞机、航线的设置、客户的信息等，但更重要的是还要提供票务管理。面对各种不同种类的信息，需要合理的数据库结构来保存数据信息，以及有效的程序结构支持各种数据操作的执行。对数据的添加、修改、删除及查询等方面的操作应简单易行，并且具有较好的稳定性。

航空票务大数据管理平台主要采用 VS + sqlserver 作为开发工具进行开发与设计。本平台的使用界面具有十分人性化的特征，具有方便的查询功能，售票、网上订票等方面的操作简单易行，并且具有较好的稳定性。

11. 1　安装及配置

11. 1. 1　附加 SQL Server 2005 数据库

①将 App_ Data 文件夹中的 . mdf 和 . ldf 文件复制到 SQL Server 2005 安装路径下的 MSSQL. 1 \ MSSQL \ Data 目录下。

②选择“开始/程序/Microsoft SQL Server 2005/SQL Server Management Studio”项，进入“连接到服务器”页面，如图 11. 1 所示。

③在“服务器名称”下拉列表中选择 SQL Server 2005 服务器名称，然后单击“连接”按钮。

④在“对象资源管理器”中右键单击“数据库”节点，在弹出的菜单中选择“附加”项，弹出“附加数据库”对话框，如图 11. 2 所示。

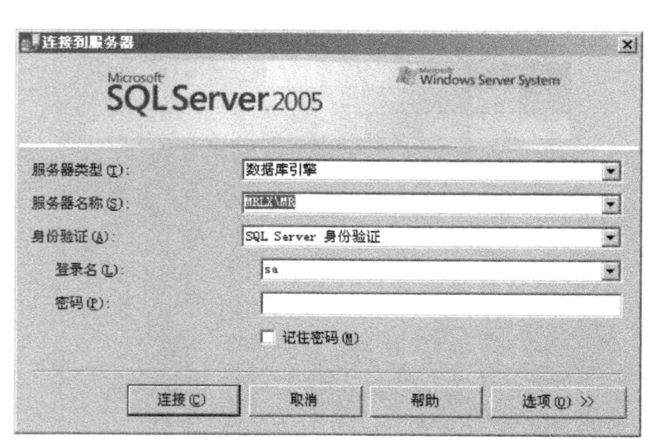

图 11. 1　连接到服务器

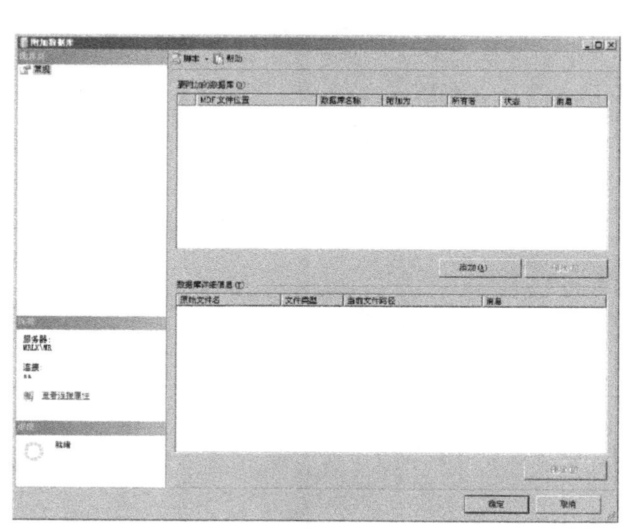

图 11. 2　附加数据库

⑤单击“添加”按钮，在弹出的“定位数据库文件”对话框中选择数据库文件路径。

⑥依次单击“确定”按钮，完成数据库附加操作。

11.1.2　配置 IIS

①依次选择“开始”/“设置”/“控制面板”/“管理工具”/“Internet 信息服务（IIS）管理器”选项，弹出“Internet 信息服务（IIS）管理器”窗口，如图 11.3 所示。

②选中“默认网站”节点，单击右键，选择“属性”。

③弹出“默认网站属性”对话框，如图 11.4 所示，单击“网站”选项卡，在“IP 地址”下拉列表中选择本机 IP 地址。

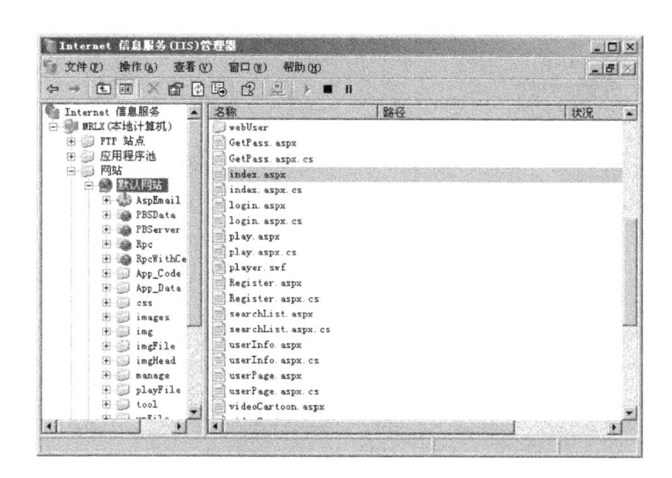

图 11.3　Internet 信息服务（IIS）管理器

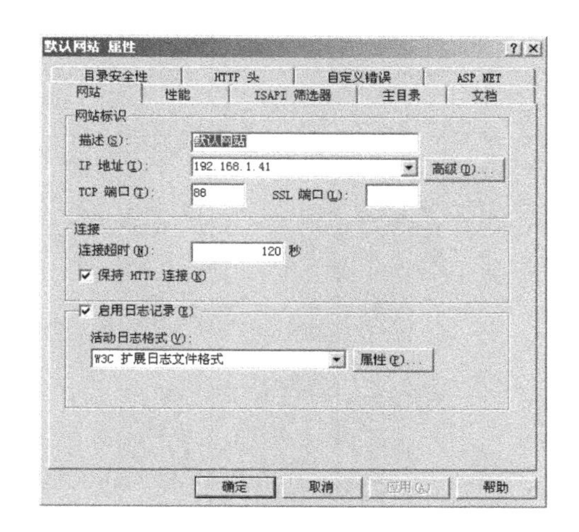

图 11.4　默认网站属性

④单击“主目录”选项卡，如图 11.5 所示。单击“浏览”按钮，弹出“浏览文件夹”对话框，选择自己的网站路径。

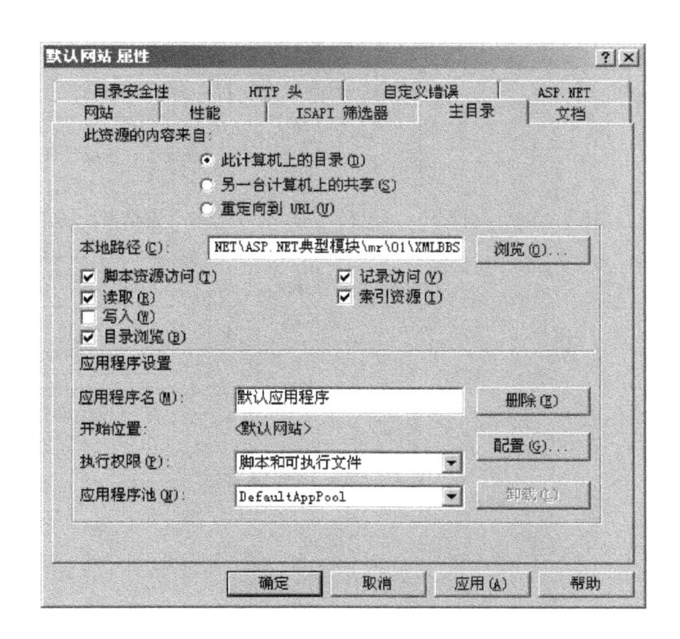

图 11.5　选择网站路径

⑤选中首页文件“Default.aspx”，单击鼠标右键，在弹出的菜单中选择“浏览”菜单项。

11.2 系统平台功能

平台主要包含前台管理、后台管理两大模块，每个模块又包含若干子模块，具体如图 11.6 所示。

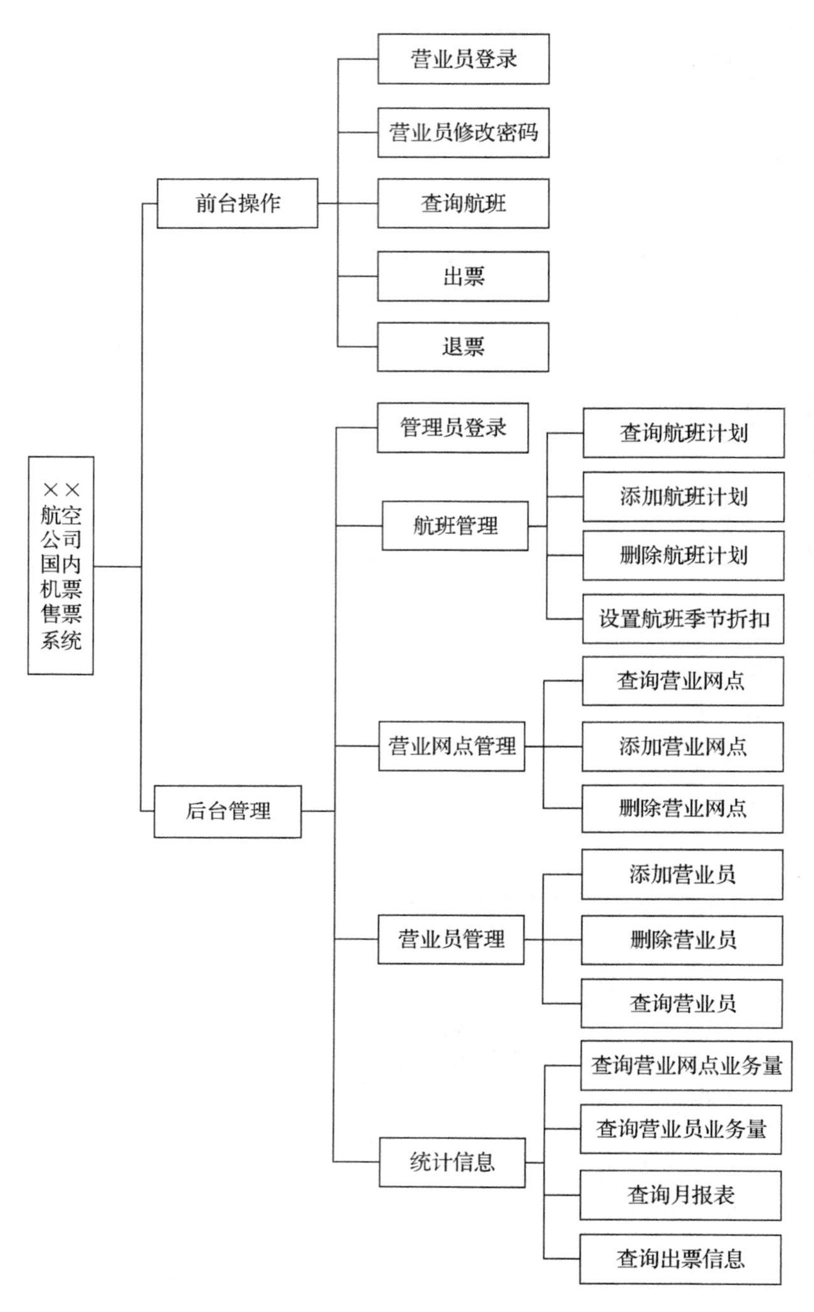

图 11.6 详细功能模块

11.3 首页功能介绍

登录网站后首页界面如图 11.7 所示。

在首页中普通用户可以查看最新的打折信息和航班信息，并且可以查看乘坐航班的注意事项。同时，

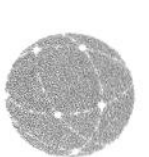

提供了一些常用的网站链接，可以方便地查询天气、火车、公交、电子地图、日历和时间，为出行提供便利。

11.3.1　航班查询模块

首页中的航班查询功能在首页就可以使用，对不熟悉网络的客户来说非常简单直观且方便（图11.8）。

图 11.7　网站首页

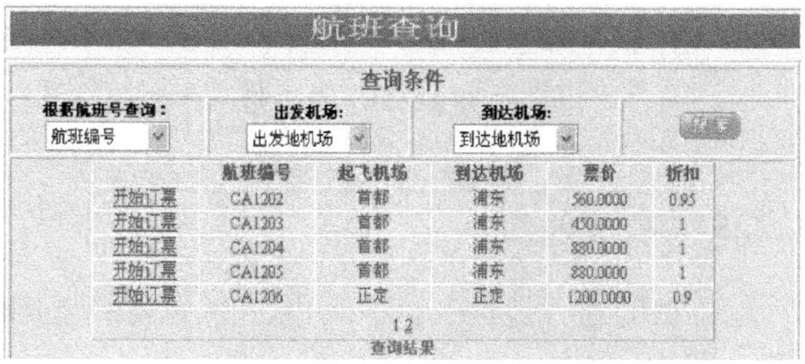

航班查询

查询条件

根据航班号查询：	出发机场：	到达机场：
航班编号	出发地机场	到达地机场

	航班编号	起飞机场	到达机场	票价	折扣
开始订票	CA1202	首都	浦东	560.0000	0.95
开始订票	CA1203	首都	浦东	450.0000	1
开始订票	CA1204	首都	浦东	880.0000	1
开始订票	CA1205	首都	浦东	880.0000	1
开始订票	CA1206	正定	正定	1200.0000	0.9

1 2

查询结果

图 11.8　航班查询

查询时可以根据出发机场和到达机场进行查询，查询结果会实时在页面中显示，还会显示最新的机票价格和折扣。

11.3.2　最新的航班信息

在首页中会显示最新的航班信息和折扣（图 11.9）。

在此模块中可以看到最新的折扣和航班价格，方便客户选择合适的航班出行（图 11.10）。

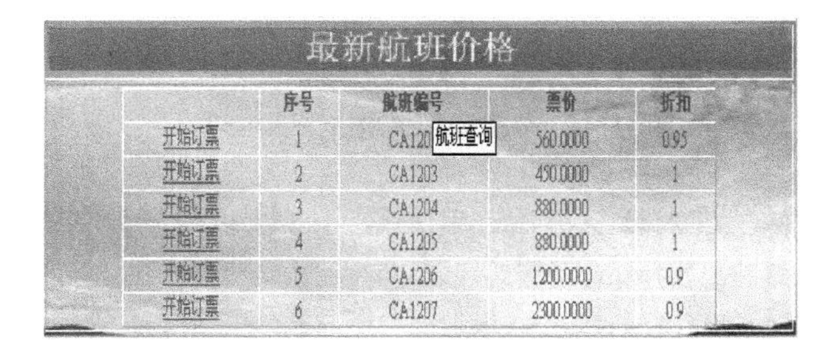

最新航班价格

	序号	航班编号	票价	折扣
开始订票	1	CA120[illegible]	560.0000	0.95
开始订票	2	CA1203	450.0000	1
开始订票	3	CA1204	880.0000	1
开始订票	4	CA1205	880.0000	1
开始订票	5	CA1206	1200.0000	0.9
开始订票	6	CA1207	2300.0000	0.9

图 11.9　航班查询

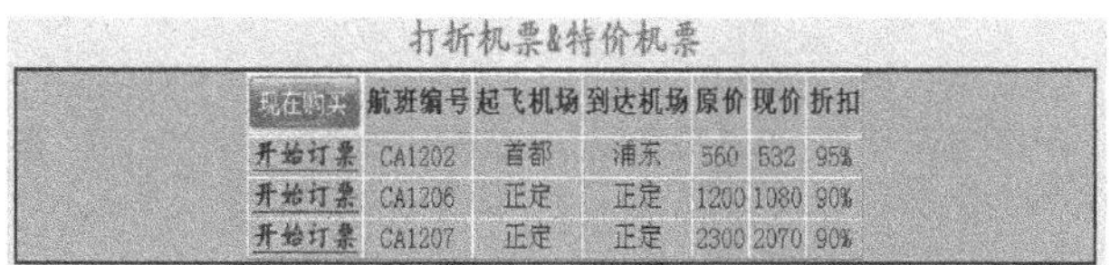

打折机票&特价机票

现在购买	航班编号	起飞机场	到达机场	原价	现价	折扣
开始订票	CA1202	首都	浦东	560	532	95%
开始订票	CA1206	正定	正定	1200	1080	90%
开始订票	CA1207	正定	正定	2300	2070	90%

图 11.10　打折航班信息

11.3.3　机票常识介绍

乘坐飞机有很多注意事项，对于初次乘坐飞机的乘客来说这些注意事项是很陌生的，有了这个模块可以很好地辅助乘客出行，避免不必要的麻烦（图 11.11）。

11.3.4 旅行工具箱

对于出行的旅客来说，天气、目标地的交通和出行线路都很重要，首页提供的旅行工具箱可以为客户的出行提供方便。

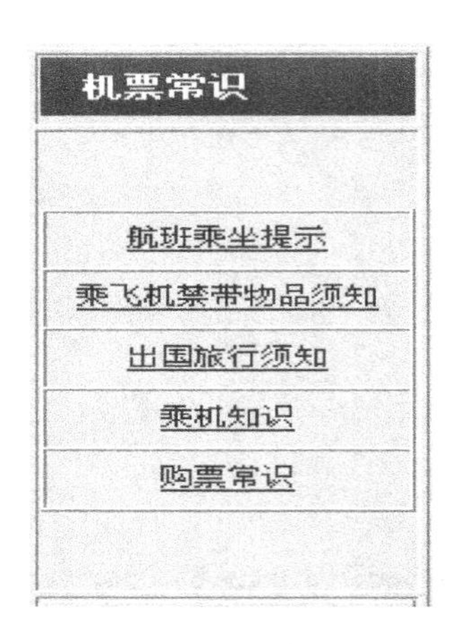

图 11.11 机票常识介绍

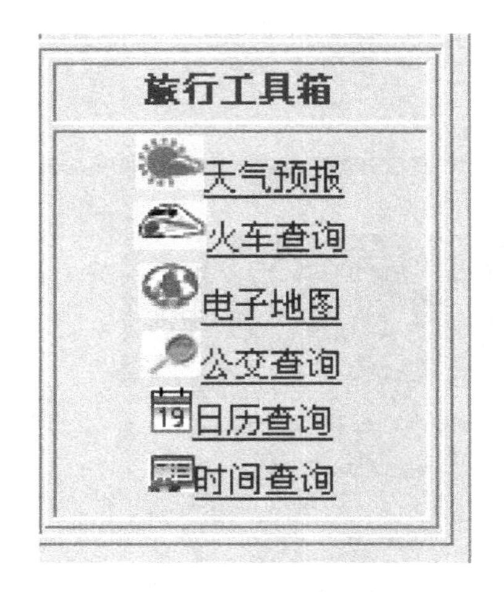

图 11.12 旅行工具箱

11.3.5 购票入口

在首页的左方提供了订票入口（图 11.13），同时在航班旁边也提供了订票入口可以方便地进入订票页面（图 11.14）。

图 11.13 订票入口

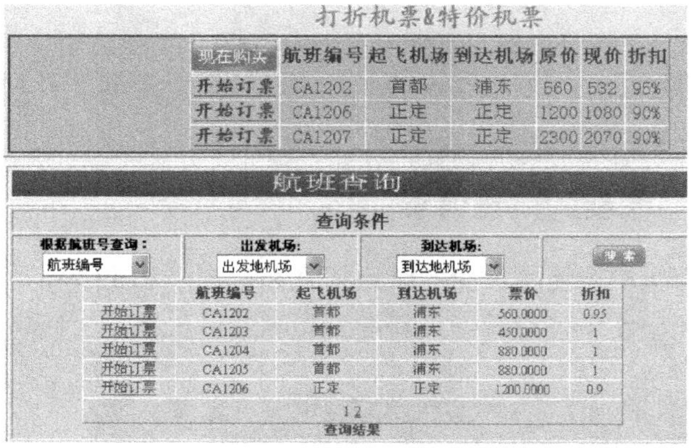

打折机票&特价机票

现在购买	航班编号	起飞机场	到达机场	原价	现价	折扣
开始订票	CA1202	首都	浦东	560	532	95%
开始订票	CA1206	正定	正定	1200	1080	90%
开始订票	CA1207	正定	正定	2300	2070	90%

航班查询

查询条件

根据航班号查询：航班编号　出发机场：出发地机场　到达机场：到达地机场

	航班编号	起飞机场	到达机场	票价	折扣
开始订票	CA1202	首都	浦东	560.0000	0.95
开始订票	CA1203	首都	浦东	450.0000	1
开始订票	CA1204	首都	浦东	880.0000	1
开始订票	CA1205	首都	浦东	880.0000	1
开始订票	CA1206	正定	正定	1200.0000	0.9

1 2

查询结果

图 11.14 航班详细信息

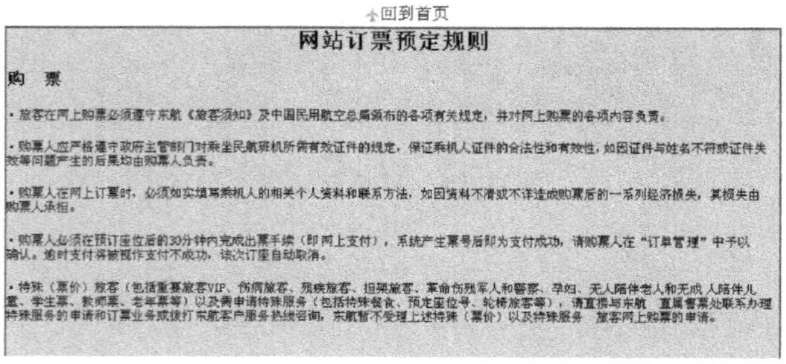

回到首页

网站订票预定规则

购　票

• 旅客在网上购票必须遵守东航《旅客须知》及中国民用航空总局颁布的各项有关规定，并对网上购票的各项内容负责。

• 购票人应严格遵守政府主管部门对乘坐民航班机所需有效证件的规定，保证乘机人证件的合法性和有效性，如因证件与姓名不符或证件失效等问题产生的后果均由购票人负责。

• 购票人在网上订票时，必须如实填写乘机人的相关个人资料和联系方法，如因资料不清或不详造成购票后的一系列经济损失，其损失由购票人承担。

• 购票人必须在预订座位后的30分钟内完成出票手续（即网上支付），系统产生票号后即为支付成功，请购票人在“订单管理”中予以确认。逾时支付将被视作支付不成功，该次订座自动取消。

• 特殊（票价）旅客（包括重要旅客VIP、伤病旅客、残疾旅客、担架旅客、革命伤残军人和警察、孕妇、无人陪伴老人和无成人陪伴儿童、学生票、教师票、老年票等）以及需申请特殊服务（包括特殊餐食、预定座位号、轮椅旅客等），请直接与东航 直属售票处联系办理特殊服务的申请和订票业务或拨打东航客户服务热线咨询，东航暂不受理上述特殊（票价）以及特殊服务 旅客网上购票的申请。

图 11.15 订票规则

进入订票口后，首先是网站订票规则，如图 11.15 所示。

用户单击“已阅读”就可以进入订票页面，单击“退出”回到首页（图 11.16）。

在此页面中带（＊）为必填内容，填写客户的姓名、身份证号、航班号、仓位等级等。这些都关系到机票的价格运算。

基准票价（Full Price）：是指某个航班在没有

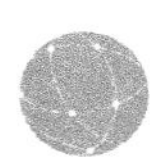

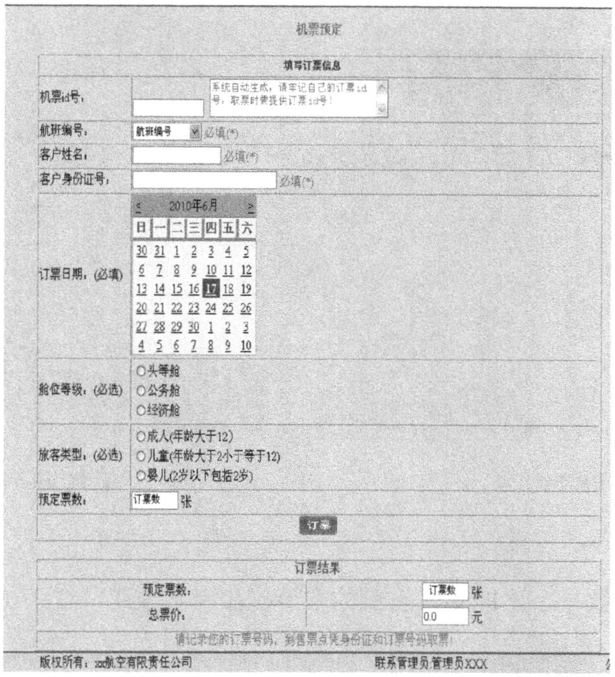

图 11.16　订票页面

季节折扣时的一张经济舱成人票的价格，该价格作为该航班计划的基准价格，最终机票价格应该在此基础上乘以季节折扣、舱位折扣和乘客类型折扣。

订票结果中会显示客户的订票数和订票价格，同一身份证号所购同一航班机票数不能超过 5 张。

订票完成后请客户记住订票 ID 号，客户取票时需要提供身份证和订票 ID 号才能取票。

11.4　管理员功能介绍

11.4.1　管理员登录

在首页的左上方有登录入口，选择自己的角色—管理员登录，进入管理页面。登录时需要填写正确的验证码（图 11.17）。

管理菜单包含了管理员模块的功能，如图 11.18 所示。

图 11.17　管理入口

11.4.2　航班管理

（1）查询航班计划

通过查询条件，管理员可以方便地查询需要的航班信息，默认显示所有的航班信息（图 11.19）。

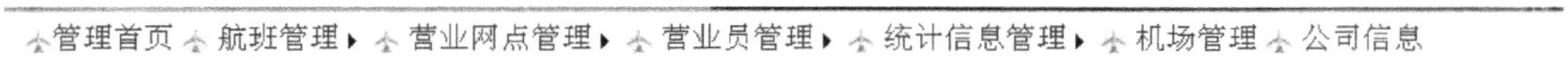

管理首页　航班管理　营业网点管理　营业员管理　统计信息管理　机场管理　公司信息

图 11.18　管理菜单

（2）航班计划管理

页面下方的航空计划表显示了所有的航空计划，管理员可以选择一个航空计划进行修改和删除操作

(图 11.20)。管理员可修改所有的航班信息，所以在管理员权限分配时一定要慎重。

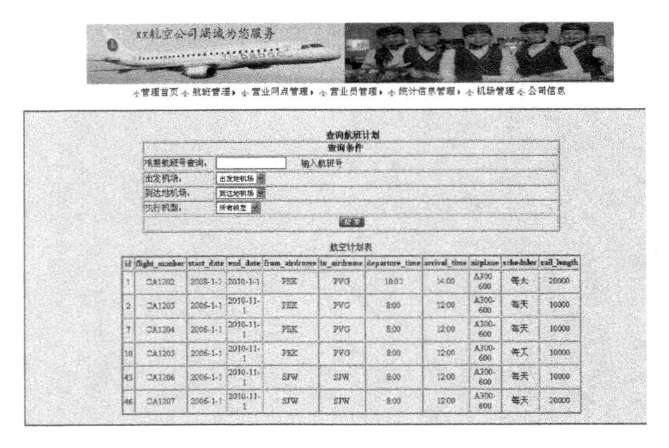

id	flight_number	start_date	end_date	from_airdrome	to_airdrome	departure_time	arrival_time	airplane	scheduler	sail_length
1	CA1202	2008-1-1	2010-1-1	PEK	PVG	10:00	14:00	A300-600	每天	20000
2	CA1203	2006-1-1	2010-11-1	PEK	PVG	8:00	12:00	A300-600	每天	10000
7	CA1204	2006-1-1	2010-11-1	PEK	PVG	8:00	12:00	A300-600	每天	10000
10	CA1205	2006-1-1	2010-11-1	PEK	PVG	8:00	12:00	A300-600	每天	10000
43	CA1206	2006-1-1	2010-11-1	SJW	SJW	8:00	12:00	A300-600	每天	10000
46	CA1207	2006-1-1	2010-11-1	SJW	SJW	8:00	12:00	A300-600	每天	20000

图 11.19　查询航班计划

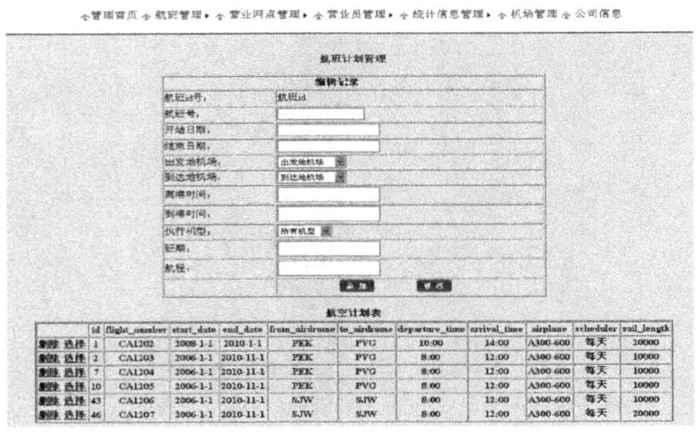

	id	flight_number	start_date	end_date	from_airdrome	to_airdrome	departure_time	arrival_time	airplane	scheduler	sail_length
删除 选择	1	CA1202	2008-1-1	2010-1-1	PEK	PVG	10:00	14:00	A300-600	每天	20000
删除 选择	2	CA1203	2006-1-1	2010-11-1	PEK	PVG	8:00	12:00	A300-600	每天	10000
删除 选择	7	CA1204	2006-1-1	2010-11-1	PEK	PVG	8:00	12:00	A300-600	每天	10000
删除 选择	10	CA1205	2006-1-1	2010-11-1	PEK	PVG	8:00	12:00	A300-600	每天	10000
删除 选择	43	CA1206	2006-1-1	2010-11-1	SJW	SJW	8:00	12:00	A300-600	每天	10000
删除 选择	46	CA1207	2006-1-1	2010-11-1	SJW	SJW	8:00	12:00	A300-600	每天	20000

图 11.20　航班计划管理

(3) 航班折扣管理

管理员可以根据公司的要求，实时更改航班的季节折扣和基准票价（图 11.21）。

11.4.3　营业网点管理

(1) 营业网点查询

通过查询条件：所有数据、营业网点 ID 或营业网点名称进行查询（图 11.22）。

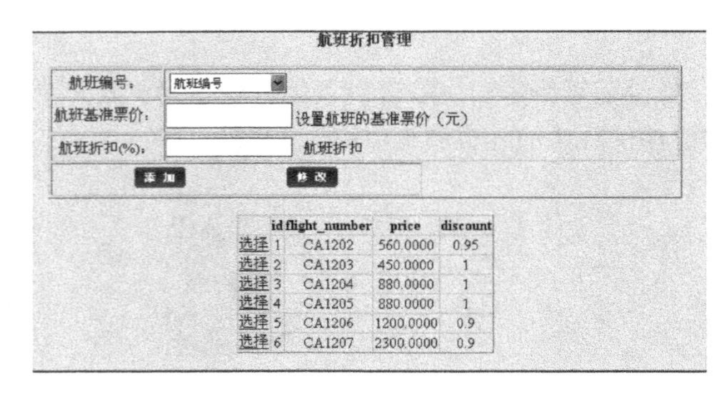

	id	flight_number	price	discount
选择	1	CA1202	560.0000	0.95
选择	2	CA1203	450.0000	1
选择	3	CA1204	880.0000	1
选择	4	CA1205	880.0000	1
选择	5	CA1206	1200.0000	0.9
选择	6	CA1207	2300.0000	0.9

图 11.21　航班折扣管理

营业网点查询

查询条件：所有数据　关键字：　查询

id	name	address	telephone	province	city
1	海淀区西静园分点	海淀区西静园12号	0372252255	北京	北京
2	海淀区中关村分点	海淀区中关村12号	1234567	北京	北京
3	天津神武路分点	天津神武路1号	123567	天津	天津
4	天津第一分点	天津第一路1号	123567	天津	天津
18	重庆神武路分点	重庆神武路1号	2222222	重庆	重庆
20	重庆神武路分点	重庆神武路1号	2222222	重庆	重庆
21	重庆神武路分点	重庆神武路1号	2222222	重庆	重庆
22	重庆神武路分点	重庆神武路1号	2222222	重庆	重庆
23	重庆神武路分点	重庆神武路1号	2222222	重庆	重庆
24	重庆神武路分点	重庆神武路1号	2222222	重庆	重庆
25	重庆神武路分点	重庆神武路1号	2222222	重庆	重庆

图 11.22　营业网点查询

(2) 营业网点管理

通过查询营业网点获得所要管理的营业网点信息，然后对营业网点信息进行管理，可以进行修改、添加和删除操作（图 11.23）。

营业网点管理

	id	name	address	telephone	province	city
删除 选择	1	海淀区西静园分点	海淀区西静园12号	0372252255	北京	北京
删除 选择	2	海淀区中关村分点	海淀区中关村12号	1234567	北京	北京
删除 选择	3	天津神武路分点	天津神武路1号	123567	天津	天津
删除 选择	4	天津第一分点	天津第一路1号	123567	天津	天津
删除 选择	18	重庆神武路分点	重庆神武路1号	2222222	重庆	重庆
删除 选择	20	重庆神武路分点	重庆神武路1号	2222222	重庆	重庆
删除 选择	21	重庆神武路分点	重庆神武路1号	2222222	重庆	重庆
删除 选择	22	重庆神武路分点	重庆神武路1号	2222222	重庆	重庆
删除 选择	23	重庆神武路分点	重庆神武路1号	2222222	重庆	重庆
删除 选择	24	重庆神武路分点	重庆神武路1号	2222222	重庆	重庆

1 2

网点ID：　输入4位整数以内
网点名称：　输入40个字符以内
网点地址：
联系电话：
所在省份：北京
所在城市：北京
增加　修改　删除

图 11.23　营业网点管理

11.4.4　营业员管理

(1) 营业员查询

通过查询条件：所有数据、营业网点 ID、营业员 ID 或营业员姓名进行查询（图 11.24）。

(2) 营业员管理

通过查询营业员获得所要管理的营业员信息，然后对营业员信息进行管理，可以进行修改、添加和删除操

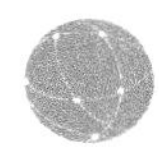

作（图 11.25）。

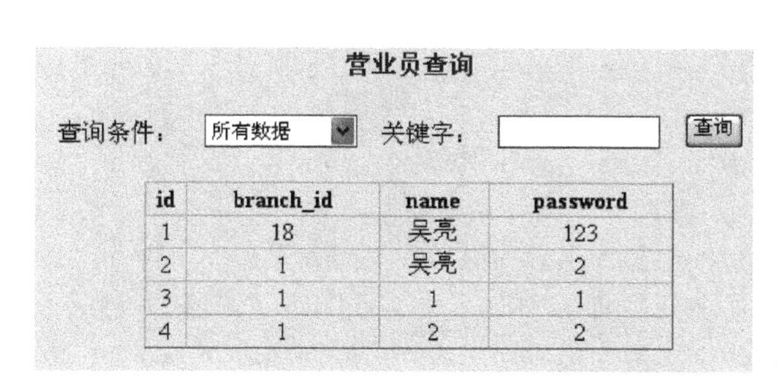

id	branch_id	name	password
1	18	吴亮	123
2	1	吴亮	2
3	1	1	1
4	1	2	2

图 11.24　营业员查询

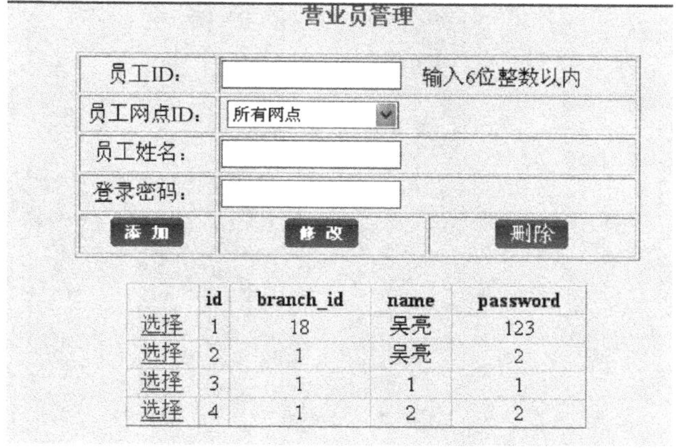

	id	branch_id	name	password
选择	1	18	吴亮	123
选择	2	1	吴亮	2
选择	3	1	1	1
选择	4	1	2	2

图 11.25　营业员管理

11.4.5　统计信息管理

（1）查询营业总额

通过查询条件：所有数据、营业网点、营业员进行统计，即可获得查询目标的营业总额（图 11.26）。

（2）查询月报表

按时间查询业务量，选择年、月进行查询，即可获得目标时间内的营业情况，并列举出该时间段内的所有票据信息（图 11.27）。

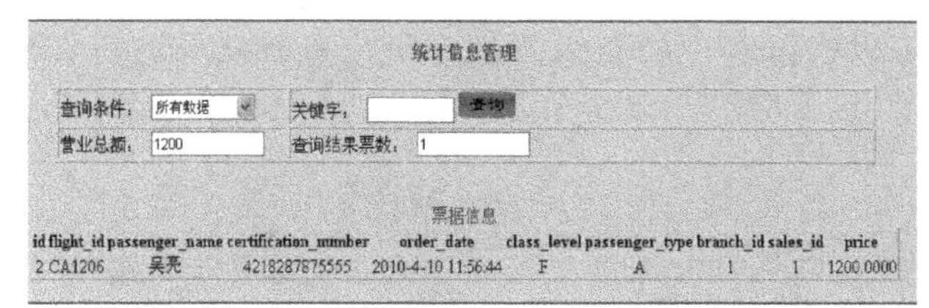

id	flight_id	passenger_name	certification_number	order_date	class_level	passenger_type	branch_id	sales_id	price
2	CA1206	吴亮	4218287875555	2010-4-10 11:56:44	F	A	1	1	1200.0000

图 11.26　查询营业总额

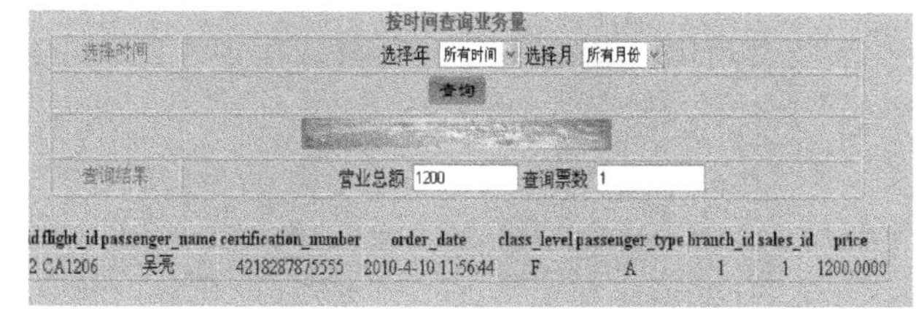

id	flight_id	passenger_name	certification_number	order_date	class_level	passenger_type	branch_id	sales_id	price
2	CA1206	吴亮	4218287875555	2010-4-10 11:56:44	F	A	1	1	1200.0000

图 11.27　查询月报表

11.4.6　机场管理

可以对机场进行管理，如修改机场信息：机场代码、所在省份、所在城市、机场名称。也可以添加、删除机场信息（图 11.28）。

11.5　售票员功能介绍

11.5.1　售票员登录

在首页左上方的登录入口登录售票页面，如图 11.29 所示。

售票页面菜单如图 11.30 所示。

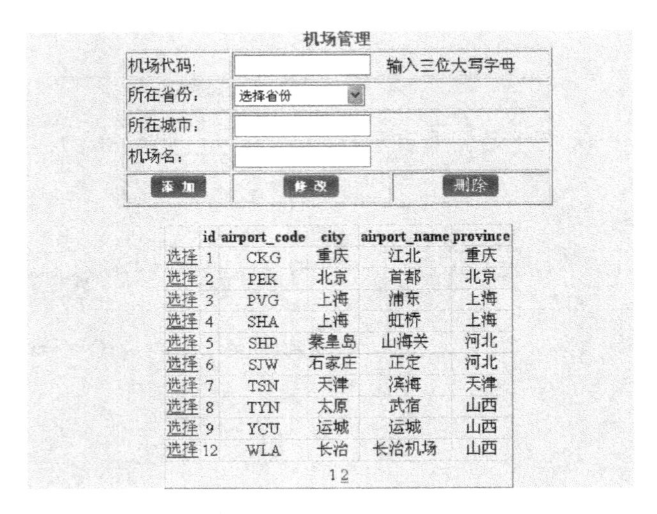

	id	airport_code	city	airport_name	province
选择	1	CKG	重庆	江北	重庆
选择	2	PEK	北京	首都	北京
选择	3	PVG	上海	浦东	上海
选择	4	SHA	上海	虹桥	上海
选择	5	SHP	秦皇岛	山海关	河北
选择	6	SJW	石家庄	正定	河北
选择	7	TSN	天津	滨海	天津
选择	8	TYN	太原	武宿	山西
选择	9	YCU	运城	运城	山西
选择	12	WLA	长治	长治机场	山西

图 11.28　机场管理

图 11.29　登录售票页面

修改密码　查询航班　售票　客户订票后管理

图 11.30　售票页面菜单

11.5.2　售票员修改密码

修改密码界面如图 11.31 所示。

11.5.3　售票员查询航班计划

售票员可以查询航班计划，当其在工作岗位上时可以根据客户的要求查询航班信息，从而进行售票（图 11.32）。

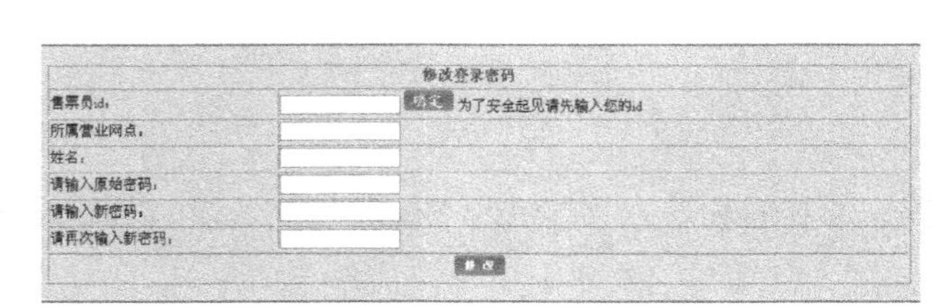

图 11.31　修改密码

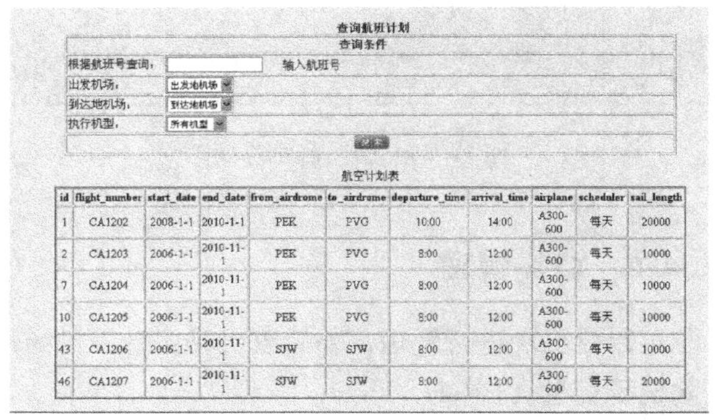

id	flight_number	start_date	end_date	from_airdrome	to_airdrome	departure_time	arrival_time	airplane	scheduler	sail_length
1	CA1202	2008-1-1	2010-1-1	PEK	PVG	10:00	14:00	A300-600	每天	20000
2	CA1203	2006-1-1	2010-11-1	PEK	PVG	8:00	12:00	A300-600	每天	10000
7	CA1204	2006-1-1	2010-11-1	PEK	PVG	8:00	12:00	A300-600	每天	10000
10	CA1205	2006-1-1	2010-11-1	PEK	PVG	8:00	12:00	A300-600	每天	10000
43	CA1206	2006-1-1	2010-11-1	SJW	SJW	8:00	12:00	A300-600	每天	10000
46	CA1207	2006-1-1	2010-11-1	SJW	SJW	8:00	12:00	A300-600	每天	20000

图 11.32　航班计划查询

11.5.4　售票员售票

售票员填写客户的信息和要求，进行机票预订或售票工作（图 11.33）。

11.5.5　提取已预订机票

对于部分已经预订过机票的客户，可以让其根据订票 ID 号和身份证信息进行取票（图 11.34）。

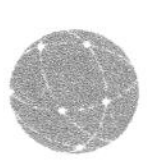

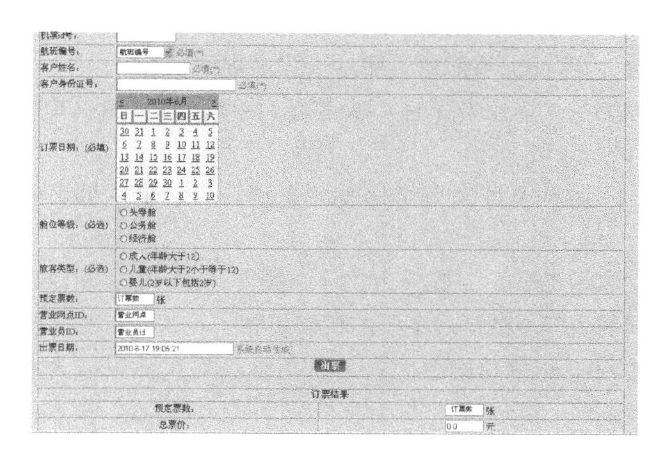

图 11.33　售票

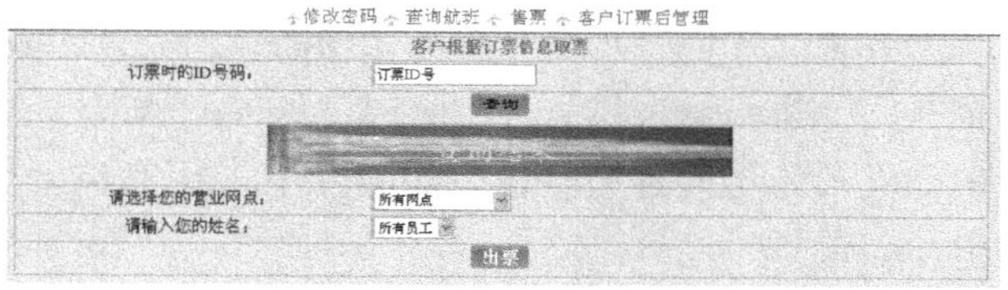

图 11.34　提取预订机票

11.6　机场术语

航班计划（Flight Scheduler）：用来描述由某个航空公司执行的某个定期航班的计划表。例如：由中国国际航空公司执行的每天早上 8：00 从北京起飞，上午 10：00 到达上海的 CA1202 就是一个航班计划。

属性：航班号、起始日期、结束日期、出发地、目的地、离港时间、到港时间、里程、飞机机型、班期、基准票价。

航班（Flight）：用来描述在某个确定日期执行某个定期航班计划的一次航班。例如：2008 年 5 月 25 日从北京飞上海的 CA1202 就是一个航班的实例。

属性：航班计划、出发日期、各舱剩余座位数、折扣。

起始日期（Start Date）：用来描述某个航班计划开始的日期。

结束日期（End Date）：用来描述某个航班计划结束的日期。

营业网点（Branch）：用来描述航空公司的某个分支机构，该机构能使用该系统为顾客提供查询航班和出票的服务。营业网点通过若干台终端机器与航空公司的服务器相连。

属性：编号、名称、地址、电话。

营业员（Sales）：用来描述在营业网点操作该系统的操作人员，每个营业员必须凭姓名和密码登录系统后才能为顾客提供服务，同时在服务器端要记录每个营业员的工作时间及业务量。

属性：编号、姓名、密码、所属营业网点编号。

航班号（Flight Number）：由航空公司给航班计划定义的唯一标识号码，该号码由 2 位英文字符和 4 位数字组成，2 位英文字符是航空公司编码，4 位数字是航班编码。例如：CA1202 就是一个航班计划的航班号，其中 CA 代表中国国际航空公司，1202 代表航班的编号。

出发地（From City）：用来描述某个航班计划的起飞城市和机场，所有国内机场均用 3 个英文字母的代码表示。

目的地（To City）：用来描述某个航班计划的到达城市和机场，所有国内机场均用 3 个英文字母的代码表示。

离港时间：(Departure)：用来描述某个航班计划从出发地机场离开的时刻，离港时间一般代表飞机舱门关闭、不再接收乘客的时刻。该时间精确到分钟。

到港时间：(Arrival)：用来描述某个航班计划到达目的地机场的时间，到港时间一般代表飞机舱门开启、允许乘客下飞机的时刻，该时间精确到分钟。

出发日期（Date）：用来描述某个航班的出发日期，该日期精确到某一天。

班期（Scheduler）：用来描述某个航班计划在一周之内哪些天有航班，哪些天没有航班。

舱位等级（Cabin Class）：用来描述航班的不同舱位，一般分为 3 种：头等舱（F）、公务舱（C）、经济舱（Y）。不同的舱位等级具有不同的机票折扣。

实际情况中，航空公司定义的舱位等级可能更复杂，在本项目中为简化业务模型，只对舱位等级做上述 3 种划分。

乘客类型（Passenger type）：用来描述乘坐航班的乘客的类型，一般分为 3 种：成人（A）（age > 12），儿童（C）（2 < age≤12），婴儿（I）（0≤age≤2）。不同的乘客类型具有不同的机票折扣。在这 3 种乘客类型中，成人和儿童占用座位，而婴儿不占用座位，婴儿票不能单独出售，一张婴儿票必须凭一张成人票售出。

飞机机型（Airplane Model）：用来描述执行某个航班计划的飞机的型号，一般来讲，一个航班计划的各次航班都应该采用同种机型的飞机来执行。不同的飞机型号有不同的航程及各舱座位数。

实际情况中，各种机型的座位数是不一样的，同一机型可分若干系列，如 B737（波音 737）有 B737 - 200、B737 - 300、B737 - 900 等多个系列，每个系列座位数都不一样。即使是同一型号、同一系列的机型，所属的航空公司不同，座位数也会不同，因为航空公司在购买飞机时，会根据自己的需要要求厂家采用不同的布局，不同的布局会有不同的头等舱、公务舱、经济舱座位数。在本项目中为简化业务模型，认为同种型号的飞机各舱座位数是固定的。

基准票价（Full Price）：是指某个航班在没有季节折扣时的一张经济舱成人票的价格，该价格作为该航班计划的基准价格，最终机票价格应该在此基础上乘以季节折扣、舱位折扣和乘客类型折扣。

季节折扣（Season Discount）：航空公司根据不同季节的客流状况调整的航班折扣，只有经济舱的成人票才享受季节折扣。

舱位折扣（Class Discount）：不同舱位在基准价格基础上的价格系数，头等舱为 1.5，公务舱为 1.3，经济舱为 1.0。

乘客类型折扣（Passenger Discount）：不同乘客类型在基准票价基础上的价格系数，成人为 1.0，儿童为 0.5，婴儿为 0.1。

机票订单（Ticket Order）：一张成功出票的机票记录。

机票价格（Ticket Price）：一张机票的价格，机票价格由以下公式计算：

经济舱成人票票价 = 基准价格 × 季节折扣

其他舱位乘客票价 = 基准价格 × 舱位折扣 × 乘客类型折扣

燃油税：国家统一征收的，由乘坐民航飞机的乘客负担的一种税收，计算办法：800 km 以内（含）的航程，每人税费为 60 元，800 km 以上的航程每人税费为 100 元，儿童票减半收取，婴儿票免收燃油税。燃油税的征收不区分乘客舱位。该项税费捆绑在机票上，由航空公司代收代缴。

机场建设费：国家统一收取的，由乘坐民航飞机的乘客负担的一种收费项目，用于支援民航机场的建设。收取办法：乘坐 70 座以下（含）的小飞机，每人每次收取 10 元；乘坐 70 座以上的大飞机，每人每次收取 50 元。儿童和婴儿都不收取机场建设费。机场建设费的征收不区分乘客舱位。该项收费捆绑在机票上，由航空公司代收代缴。

机票应收款：一张机票的应收款 = 机票价格 + 燃油税 + 机场建设费。

第12章　物业管理大数据协同处理平台研究

物业管理是一个国家城市化发展的产物。我国物业管理发展近40年来，在现代化城市发展和房地产经营管理中发挥了重要作用。然而，随着人们生活水平的不断提升，物业管理中存在的问题开始凸显，并日益严峻。如何提升物业管理水平，有效保障居民的生活品质，成为一个重要的研究课题。目前，以“互联网+”为核心的信息技术已成为未来经济社会发展的重要引擎，正深刻影响着各行各业的转型发展。同时，大数据给人们的生活带来了重大影响，也影响着现代管理系统的发展，将大数据这一新兴技术和方法与物业管理相结合，为物业管理的创新、应用开辟了新视角。

通过利用“互联网+”和大数据技术，采用UML面向对象建模设计思路，对物业管理系统结构、业务流程等方面进行分析，搭建此物业管理大数据协同处理平台，实现利用信息化手段对物业管理中常见的小区部分、楼宇部分、设施设备部分、物业部分、住户部分、车位部分进行针对性管理。

物业管理大数据协同处理平台能够实现并满足物业管理工作人员及小区业主的功能需要，同时，可提高物业管理水平及日常工作效率，并且具有设计优秀、体贴用户、使用方便、提供全面而易用的功能、具有很好的用户界面等特点，赢得了很多用户的青睐。

12.1　平台安装及配置

12.1.1　附加SQL Server 2005数据库

①将App_ Data文件夹中的.mdf和.ldf文件复制到SQL Server 2005安装路径下的MSSQL.1\MSSQL\Data目录下。

②选择“开始/程序/Microsoft SQL Server 2005/SQL Server Management Studio”项，进入“连接到服务器”页面，如图12.1所示。

③在“服务器名称”下拉列表中选择SQL Server 2005服务器名称，然后单击“连接”按钮。

④在“对象资源管理器”中右键单击“数据库”节点，在弹出的菜单中选择“附加”项，弹出“附加数据库”对话框，如图12.2所示。

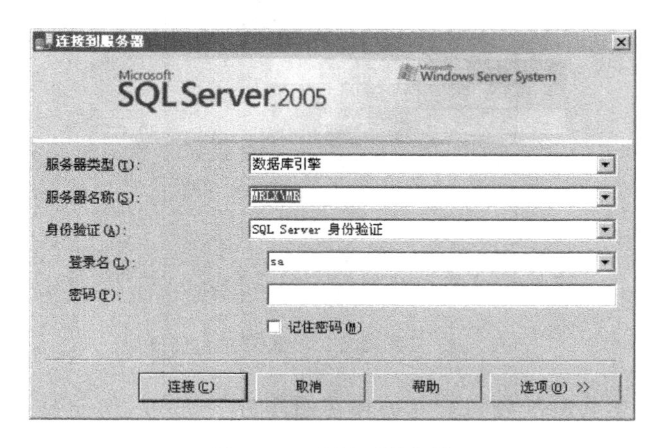

图12.1　连接到服务器

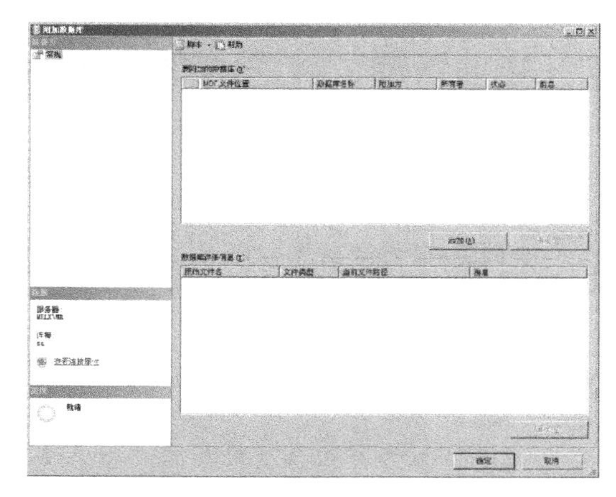

图12.2　附加数据库

⑤单击“添加”按钮，在弹出的“定位数据库文件”对话框中选择数据库文件路径。

⑥依次单击“确定”按钮，完成数据库附加操作。

12.1.2 配置 IIS

①依次选择“开始”/“设置”/“控制面板”/“管理工具”/“Internet 信息服务（IIS）管理器”选项，弹出“Internet 信息服务（IIS）管理器”窗口，如图 12.3 所示。

②选中“默认网站”节点，单击右键，选择“属性”。

③弹出“默认网站属性”对话框，如图 12.4 所示，单击“网站”选项卡，在“IP 地址”下拉列表中选择本机 IP 地址。

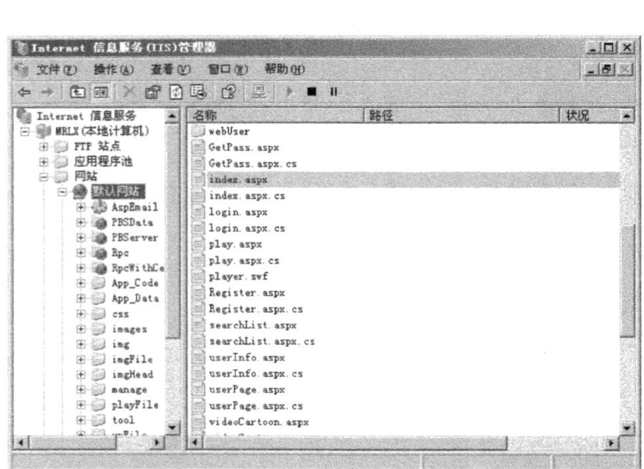

图 12.3 Internet 信息服务（IIS）管理器

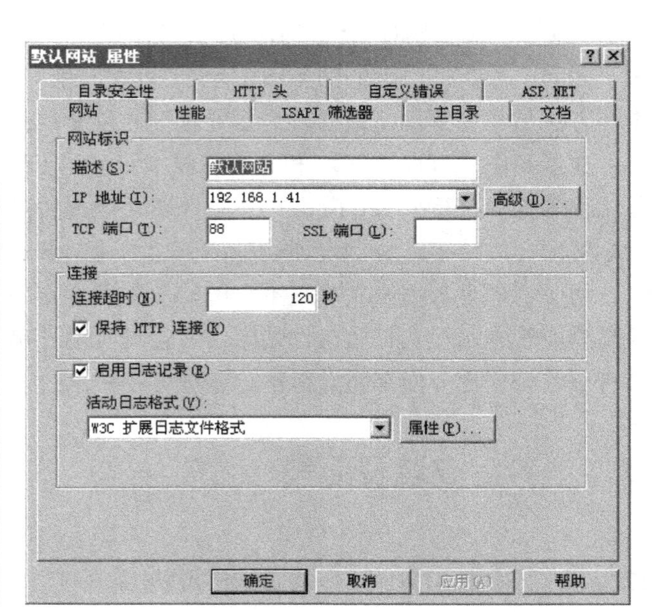

图 12.4 设置 IP 地址

④单击“主目录”选项卡，如图 12.5 所示。单击“浏览”按钮，弹出“浏览文件夹”对话框，选择自己的网站路径。

⑤选中首页文件“index. aspx”，单击鼠标右键，在弹出的菜单中选择“浏览”菜单项。

12.2 物业管理大数据协同处理平台功能

平台系统功能如图 12.6 所示。

12.3 管理员功能介绍

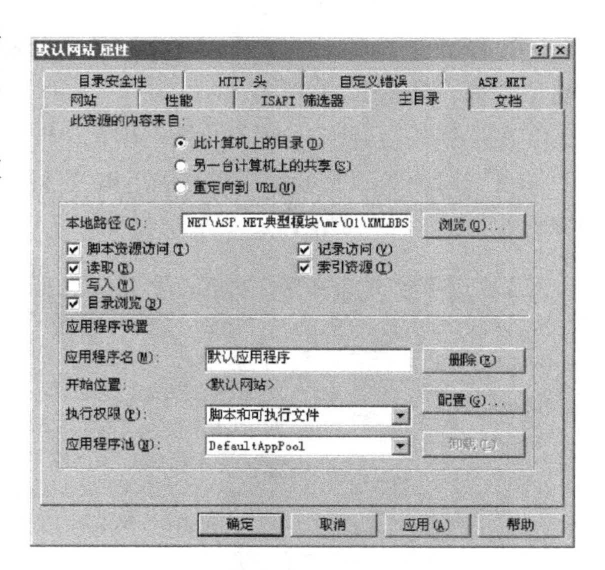

图 12.5 设置网站主目录

12.3.1 登录网站界面

在首页中可以输入登录名和密码后登入系统，登录角色分为管理员和普通用户（图 12.7）。默认管理员登录名和密码都为 admin，登录系统后可以添加普通用户。

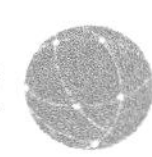

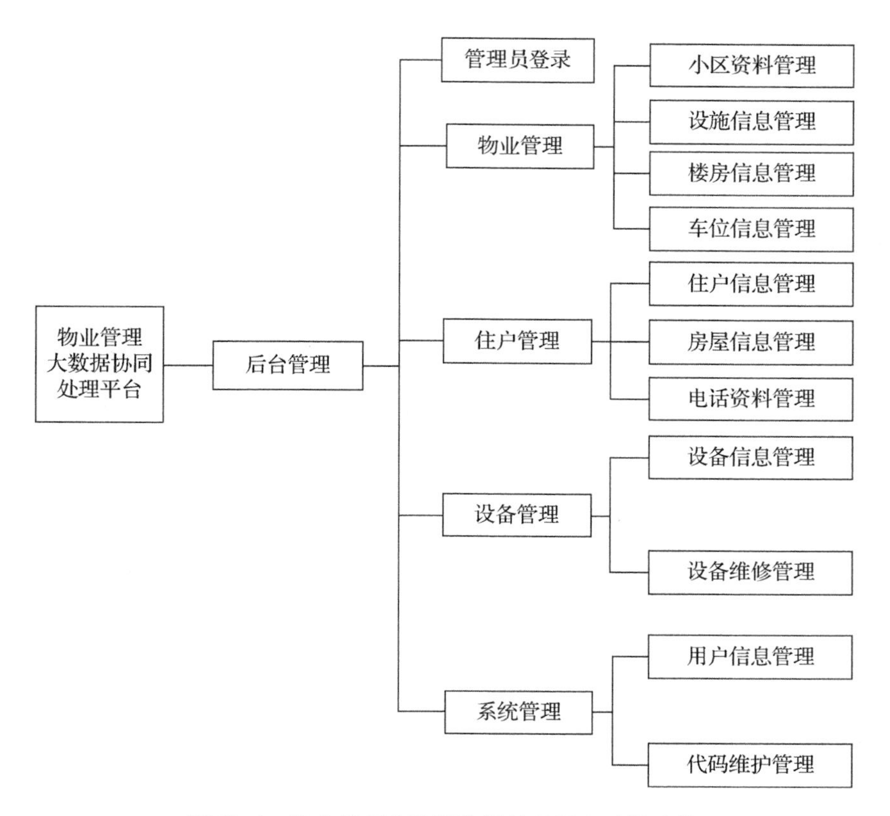

图 12.6　物业管理大数据协同处理平台系统功能

图 12.7　登录界面

12.3.2　系统主页面

登录后的界面如图 12.8 所示，单击上方的菜单可以分别进行物业管理、住户管理、系统管理，在页面的左上方可以进行相应菜单下的详细管理。默认登录后的界面为物业管理。

12.3.3 物业管理模块信息

小区管理主页面如图 12.9 所示。选择物业管理中的小区概况可以查看当前小区的情况，单击“修改”可以修改当前小区的情况（图 12.10）。

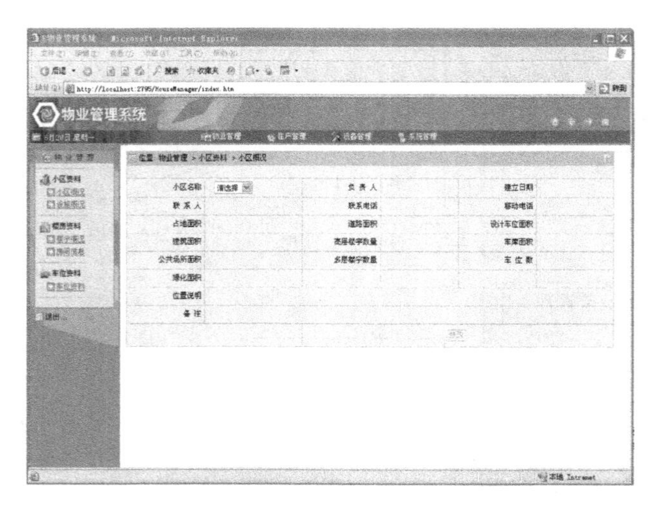

图 12.8 系统主页面

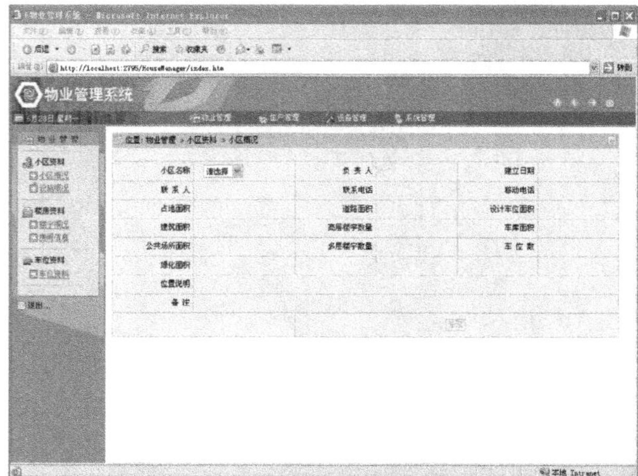

图 12.9 小区管理主页面

选择物业管理中的设施概况可以查看当前小区的配套设施情况，如图 12.11 所示。

图 12.10 小区管理修改页面

图 12.11 小区设备管理主页面

对每一个配套设施可以进行修改和删除，单击可以修改，单击可以删除（图 12.12）。

单击增加可以添加新的小区配套设施（图 12.13）。

选择物业管理中的楼宇概况可以查看当前小区的楼宇情况，如图 12.14 所示。

对每一个楼宇可以进行修改和删除，单击可以修改，单击可以删除（图 12.15）。

单击增加可以添加新的小区楼宇情况（图 12.16）。

选择物业管理中的房间信息可以查看当前小区楼宇的房间情况，查询时要在页面上方选中楼宇的编号，并可以打印输出当前的房间信息（图 12.17）。

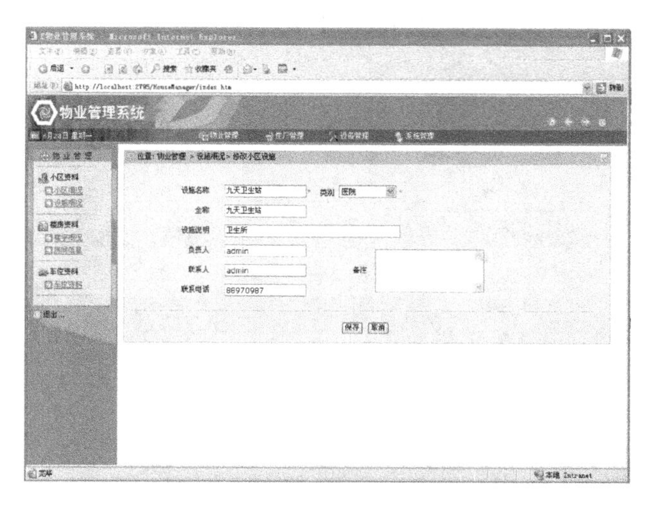

图 12.12　小区设备修改页面

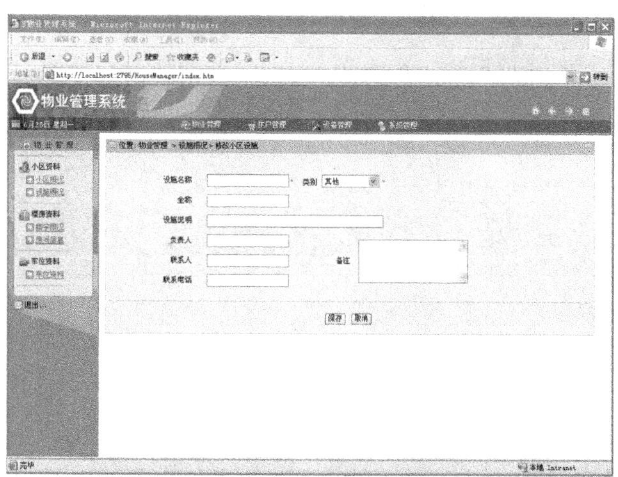

图 12.13　小区设备添加页面

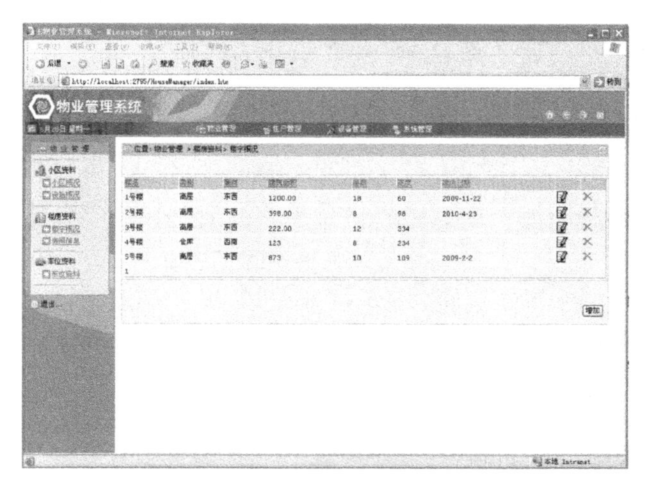

图 12.14　小区楼宇管理主页面

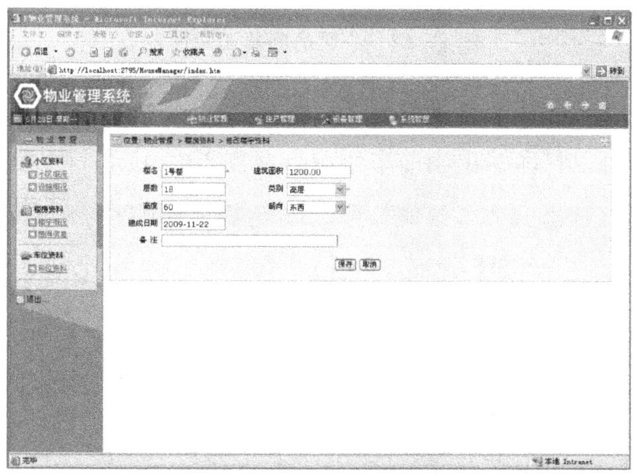

图 12.15　小区楼宇修改页面

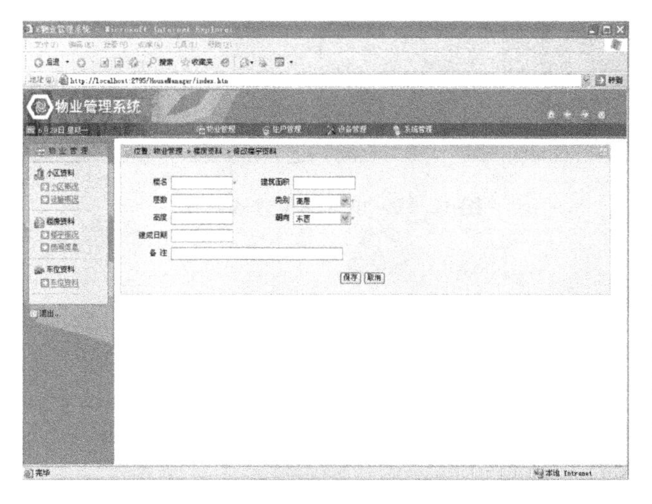

图 12.16　小区楼宇添加页面

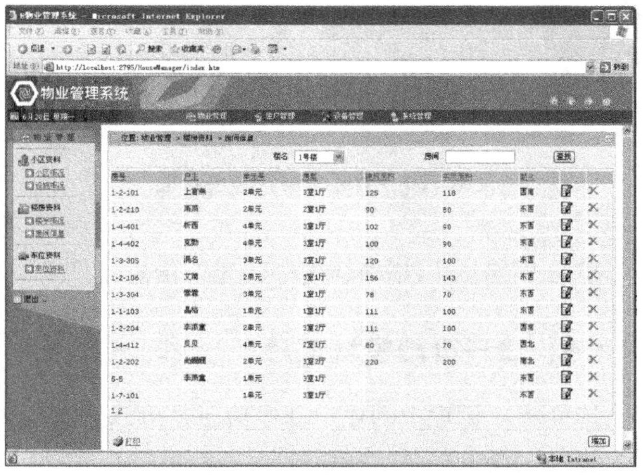

图 12.17　小区房间管理主页面

对于每一个楼宇的房间可以进行修改和删除，单击可以修改，单击可以删除（图 12.18）。

单击增加可以添加新的小区楼宇的房间情况（12.19）。

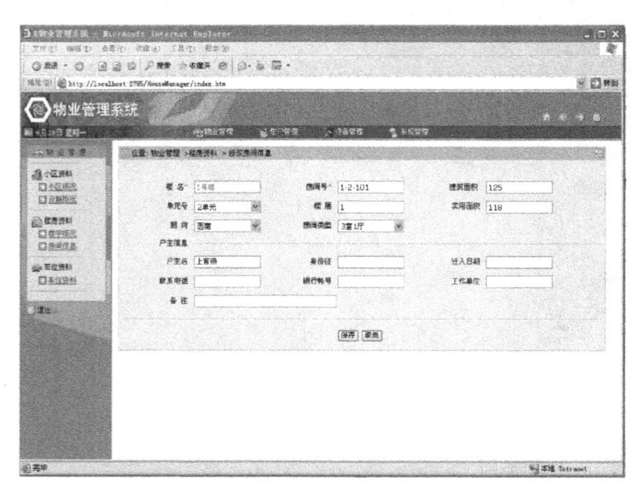

图 12.18　小区房间修改页面

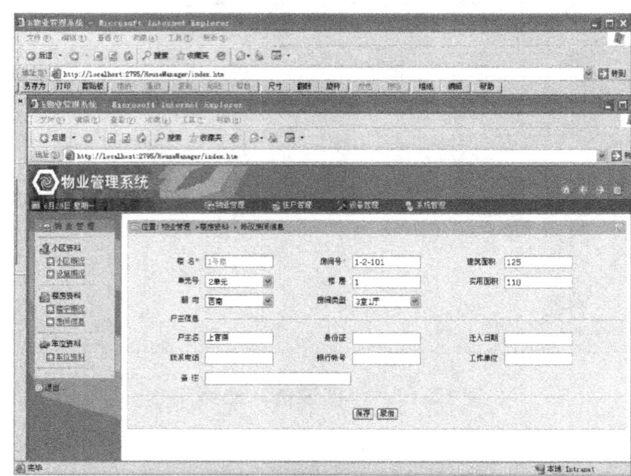

图 12.19　小区房间添加页面

选择物业管理中的车位资料可以查看当前小区的停车位情况，可以通过输入车位号或承租人来查询，并可以打印输出当前车位信息（图 12.20）。

对每一个车位信息可以进行修改和删除，单击可以修改，单击可以删除（图 12.21）。

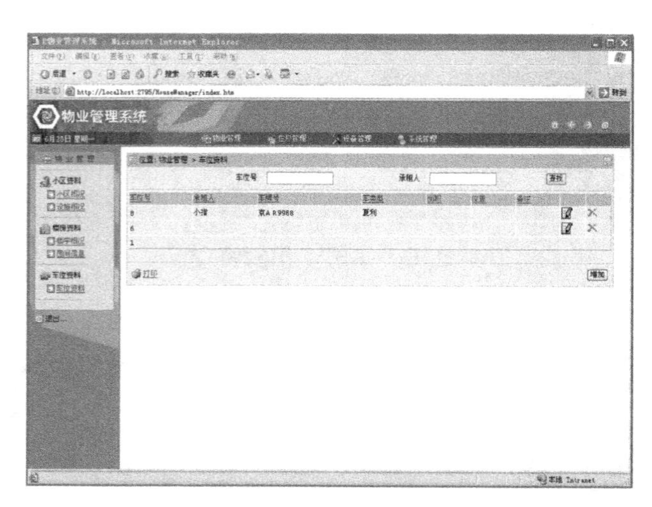

图 12.20　小区车位管理主页面

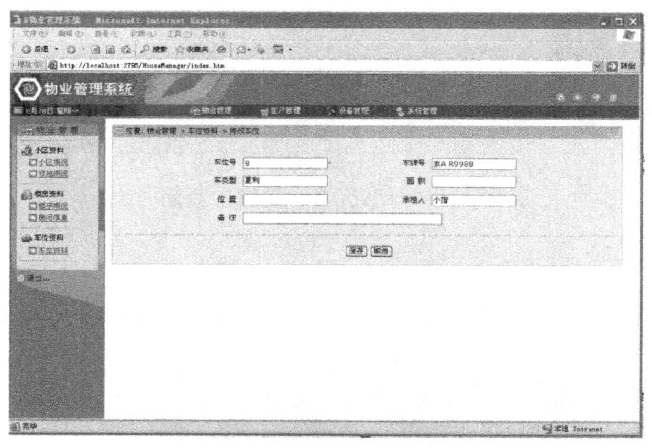

图 12.21　小区车位修改页面

单击增加可以添加新的小区车位信息（图 12.22）。

12.3.4　住户管理模块信息

选择住户管理中的住户基本信息，可以查看当前小区的住户情况，并可以打印输出，还可通过输入业主编号、业主姓名、身份证号、是否入住进行详细查询（图 12.23）。

对每一位用户的信息可以进行修改和删除，单击可以修改，单击可以删除，单击添加可以添加用户信息（图 12.24）。

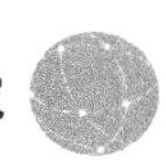

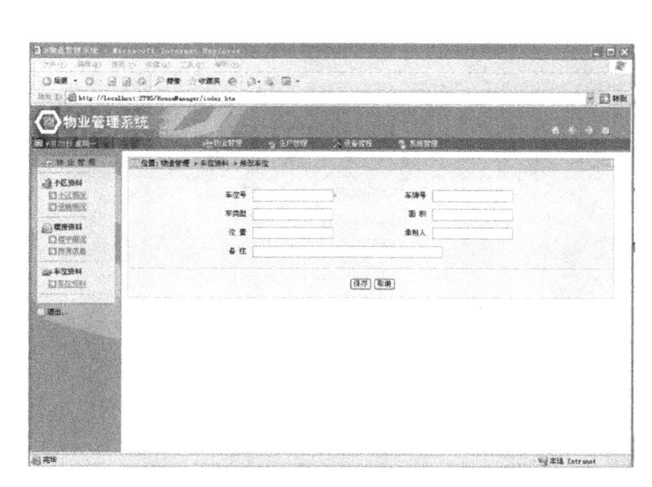

图 12.22　小区车位添加页面

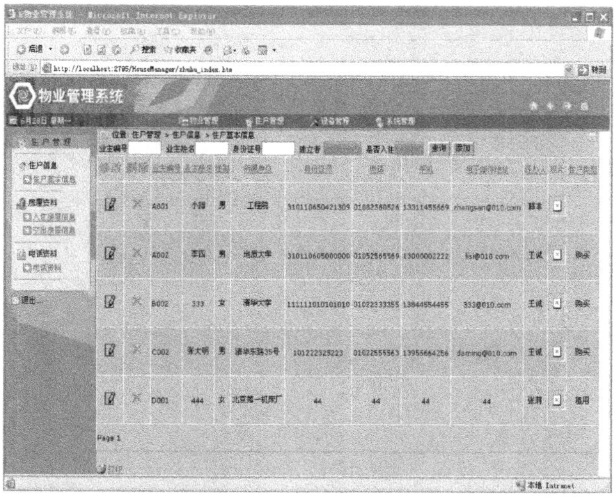

图 12.23　住户管理主页面

选择住户管理中的入住房屋信息可以查看当前小区的入住情况，并可以打印输出，还可通过选择房号、户主、单元号、房型、实用面积、朝向等进行详细查询（图 12.25）。

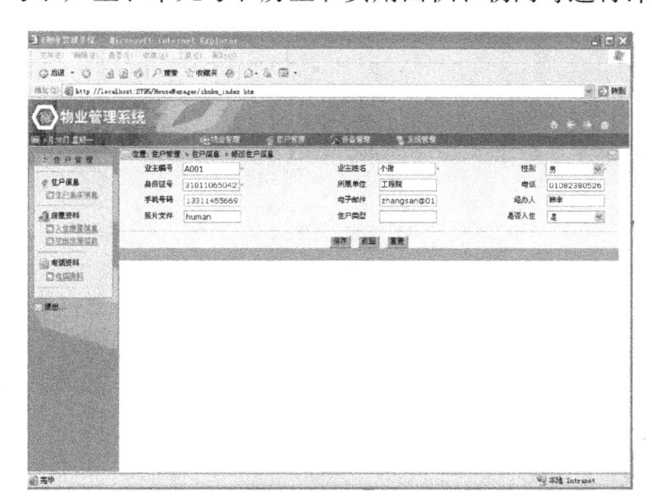

图 12.24　住户添加页面

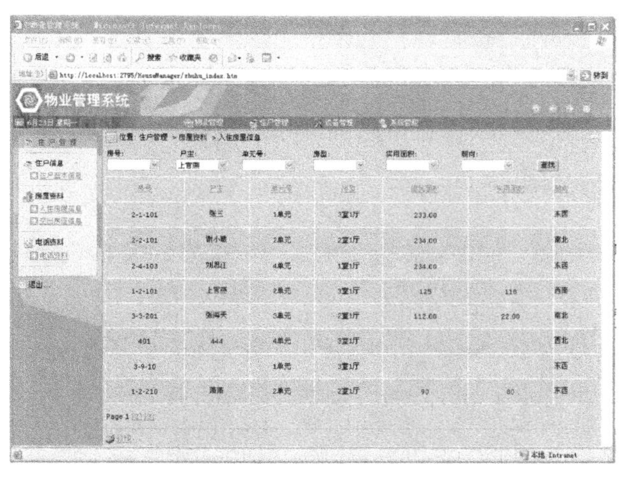

图 12.25　入住房屋信息页面

选择住户管理中的空出房屋信息可以查看当前小区的未入住情况，并可以打印输出，还可通过选择房号、户主、单元号、房型、实用面积、朝向等进行详细查询（图 12.26）。

选择住户管理中的电话资料信息可以查看当前小区住户的电话，需在页面上方选中楼宇的编号，也可以直接输入房间号来查询，并可以打印输出当前的电话资料（图 12.27）。

对每一位住户的电话信息可以进行修改和删除，单击 可以修改，单击 可以删除，单击 增加 可以添加用户信息（图 12.28）。

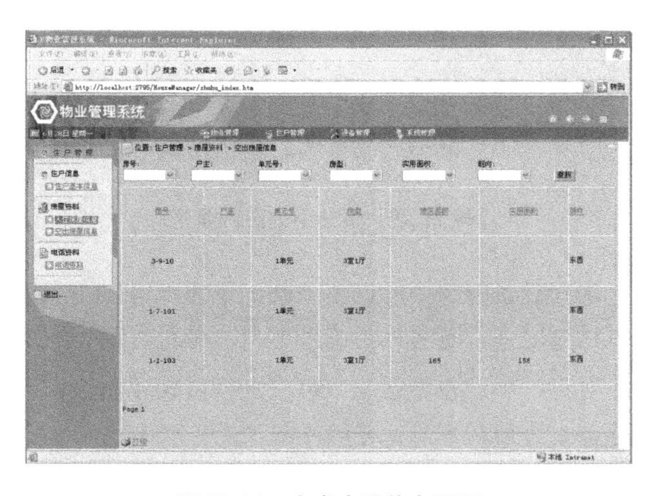

图 12.26　空出房屋信息页面

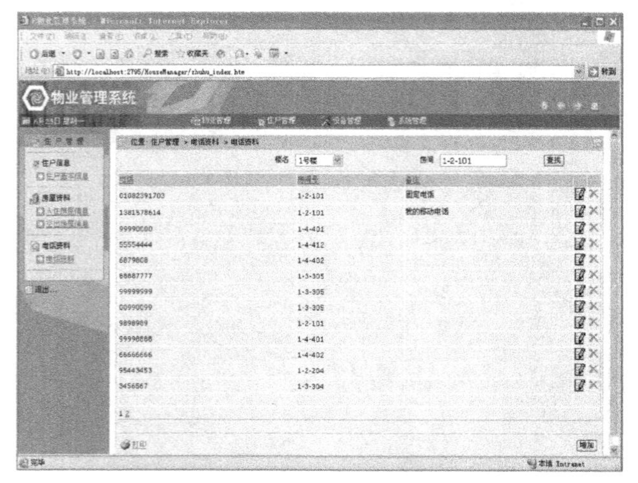

图 12.27　电话资料信息页面

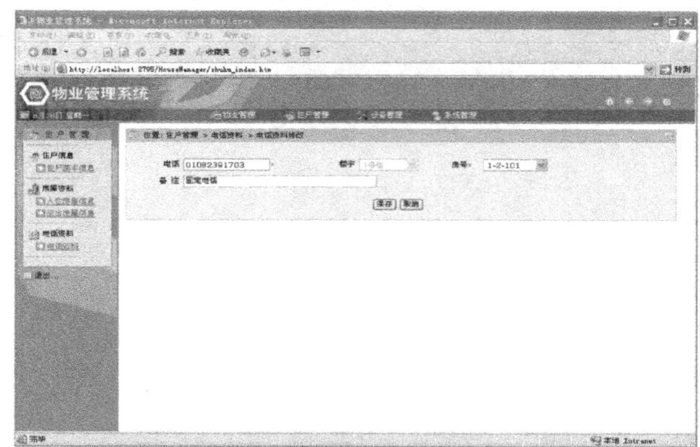

图 12.28　电话资料信息修改页面

12.3.5　设备管理模块信息

选择设备管理中的设备明细表单可以查看当前小区的各项设备信息，并可以打印输出，还可以通过输入设备名称或生产厂商进行查询（图 12.29）。

对每一项设备可以进行修改和删除，单击可以修改，单击可以删除，单击添加可以添加设备信息（图 12.30）。

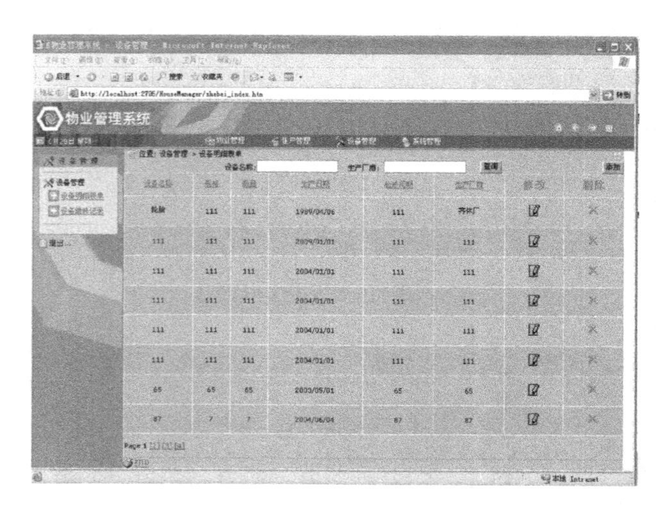

图 12.29　设备明细主页面

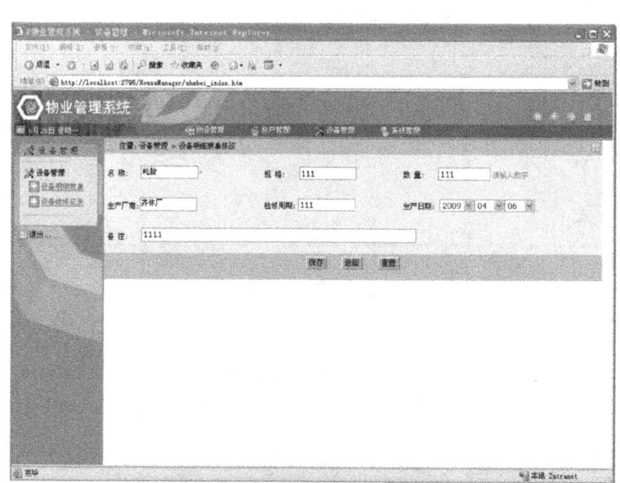

图 12.30　设备信息修改页面

选择设备管理中的设备维修记录表单可以查看当前小区各项设备的维修情况，并可以打印输出，还可以通过输入设备名称、施工单位、是否付款、施工日期等进行查询（图 12.31）。

对每一项设备维修记录可以进行修改和删除，单击可以修改，单击可以删除，单击添加可以添加设备维修信息（图 12.32）。

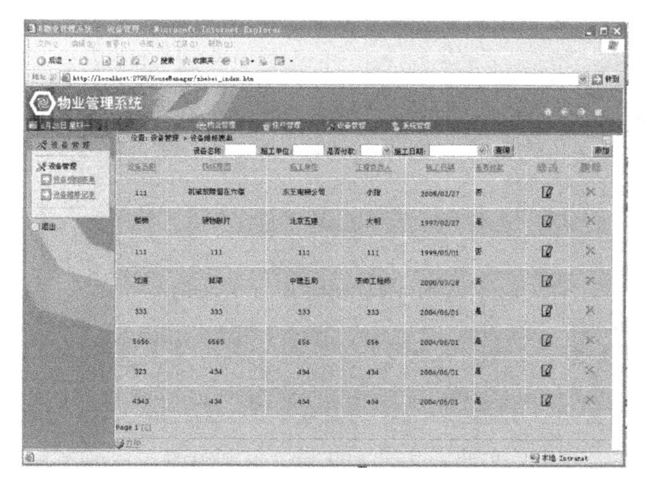

图 12.31　设备维修记录主页面

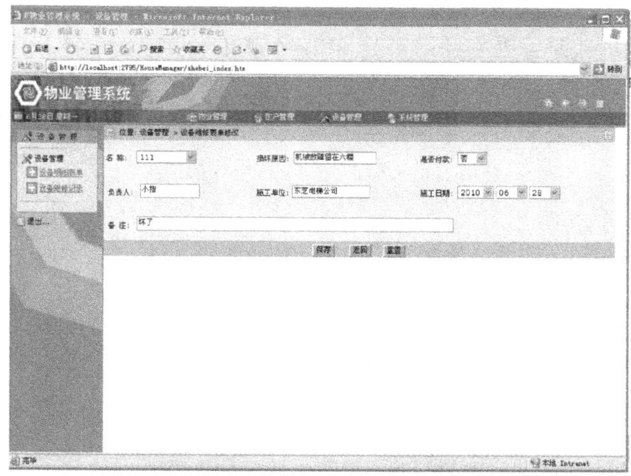

图 12.32　设备维修记录修改页面

12.3.6　系统管理信息模块

选择系统管理中的用户管理可以查看当前可以登录本系统的用户信息，并可以打印输出，还可以通过输入登录名进行查询（图 12.33）。

对每一位住户的电话信息可以进行修改和删除，单击可以修改，单击可以删除，单击增加可以添加用户信息（图 12.34）。

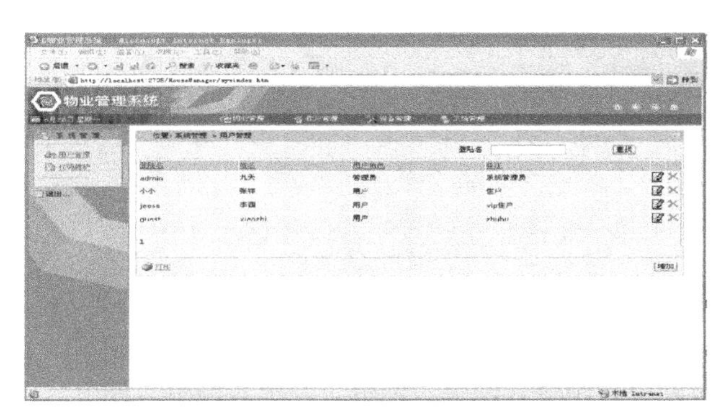

图 12.33　用户信息管理主页面

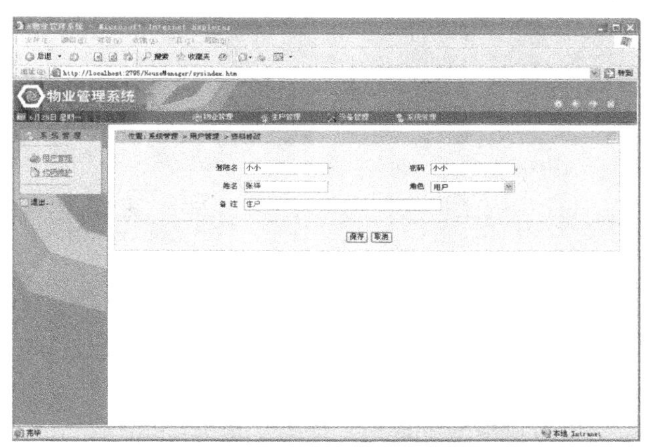

图 12.34　用户管理信息修改页面

为了系统的可扩展性，可选择系统管理中的代码维护，对单元号、房间类型、楼宇类别、设施类型、朝向等各项类别内容进行扩展和删除，以设施类型为例，可以添加或删除各种设施情况，以方便应对实际情况进行调整（12.35）。

12.4　普通用户功能介绍

在首页中可以输入登录名和密码登入系统，登录角色分为管理员和普通用户。默认普通用户登录名和密码均为“小小”，如图 12.36 所示。

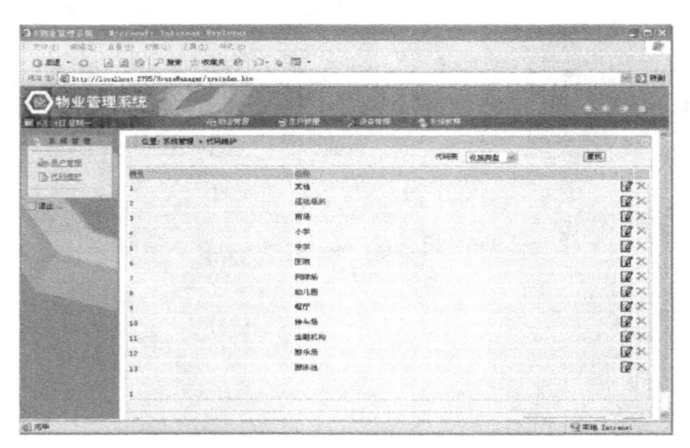

图 12.35　设施代码维护页面

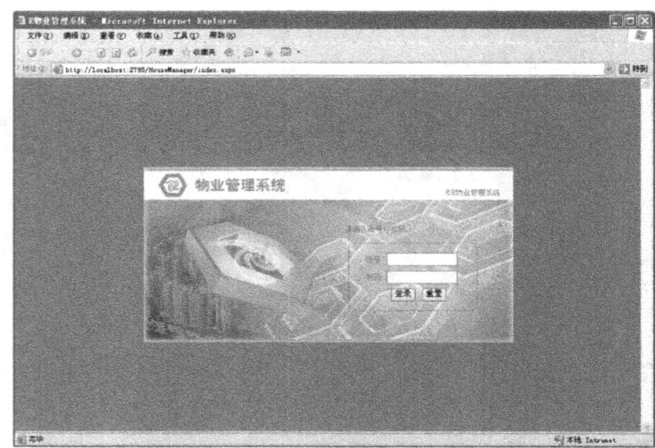

图 12.36　普通用户登录页面

普通用户登录系统后只能进行内容的查看，但不能进行内容的修改，如果修改的话会显示“您无权限访问该页信息”的提示。

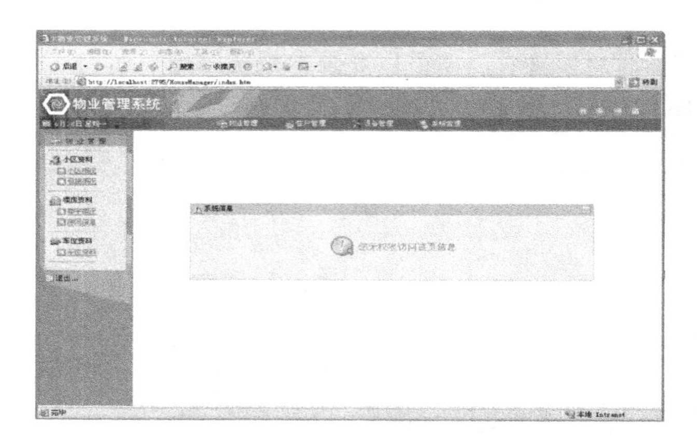

图 12.37　普通用户主页面

后　记

本书的研究工作得到了作者所在科研团队同仁的大力支持、指导和无私帮助。

李东琦副教授、谷川副教授、熊晶博士、郭涛教授、孙华博士、薛笑荣博士等，在周易文化信息处理平台建设研究，以及相关关键技术算法设计和关键代码的编写中做出了大量贡献。刘国英教授、崔金玲教授、张长青博士、周宏宇讲师、葛文英副教授、葛彦强副教授、赵哲副教授、尚标硕士等，在甲骨文碎片缀合平台建设研究，以及相关关键技术算法设计和关键代码的编写中做出了大量贡献。熊晶博士、李东琦副教授、谷川副教授、栗青生博士、张曙光副教授、王于讲师等，在《周易》中象学、术学之演变与推理的智能化支撑平台建设研究，以及相关关键技术算法设计和关键代码的编写中做出了大量贡献。宋强教授、刘国英教授、周宏宇讲师、于小亿博士、袁红照博士等，在烧结矿化学成分大数据计算平台建设研究，以及相关关键技术算法设计和关键代码的编写中做出了大量贡献。谈慧教授、杨庆祥教授、周宏宇讲师、刘国英教授，在中医方剂信息挖掘平台建设研究，以及相关关键技术算法设计和关键代码的编写中做出了大量贡献。谷川副教授、李东琦副教授、张红军副教授等，在航空票务大数据管理平台建设研究，以及相关关键技术算法设计和关键代码的编写中做出了大量贡献。李东琦副教授、谷川副教授、谢静讲师、宋微讲师等，在物业管理大数据协同处理平台建设研究，以及相关关键技术算法设计和关键代码的编写中做出了大量贡献。

我们的同事们，刘永革教授、刘明亮教授、于江德教授、王立新教授、常保平教授、史创明教授、王庆飞教授、王瑞庆教授、王希杰副教授、吴勤霞副教授、张瑞红副教授、刘运通副教授、梁燕军副教授、支丽平副教授、王雷副教授、赵业清副教授、刘学莉高级实验师、郭磊副教授、赵元庆副教授、高峰讲师、赵红丹讲师、宋俊昌讲师、郑霞讲师、吕静讲师、康晶讲师、韩娇红讲师、李娜讲师、马辉讲师、史小松讲师、王继鹏讲师、王鸣涛讲师、李晓讲师、王晓罗讲师、张红彩讲师、张荣芳讲师、王振斌讲师、王永国讲师、周卉讲师、王金凤讲师、赵志华教授、张道森教授、张丽平教授、温长青教授、王志安教授、郭文献教授、王冠英教授、方向林教授、景新力教授、童建国教授、宫宝安教授、袁付顺教授等，在本书的有关研究与实践中，付出了辛勤的汗水，给予了我们很多帮助和支持，在此特向他（她）们表示感谢。

著　者

2018 年 6 月 18 日